权威・前沿・原创

皮书系列为

“十二五”“十三五”国家重点图书出版规划项目

国家科普能力发展报告（2017~2018）

REPORT ON DEVELOPMENT OF THE NATIONAL SCIENCE POPULARIZATION CAPACITY IN CHINA (2017-2018)

主　编／王康友

图书在版编目（CIP）数据

国家科普能力发展报告. 2017－2018 / 王康友主编
. －－北京：社会科学文献出版社，2018. 7
（科普蓝皮书）
ISBN 978－7－5201－2837－7

Ⅰ. ①国… Ⅱ. ①王… Ⅲ. ①科普工作－研究报告－中国－2017－2018 Ⅳ. ①N4

中国版本图书馆 CIP 数据核字（2018）第 109981 号

科普蓝皮书
国家科普能力发展报告（2017～2018）

主　　编 / 王康友

出 版 人 / 谢寿光
项目统筹 / 邓泳红　薛铭洁
责任编辑 / 薛铭洁　祝　祺

出　　版 / 社会科学文献出版社 · 皮书出版分社（010）59367127
　　　　地址：北京市北三环中路甲 29 号院华龙大厦　邮编：100029
　　　　网址：www. ssap. com. cn
发　　行 / 市场营销中心（010）59367081　59367018
印　　装 / 三河市龙林印务有限公司

规　　格 / 开 本：787mm × 1092mm　1/16
　　　　印 张：34. 5　字 数：520 千字
版　　次 / 2018 年 7 月第 1 版　2018 年 7 月第 1 次印刷
书　　号 / ISBN 978－7－5201－2837－7
定　　价 / 158. 00 元

皮书序列号 / PSN B－2017－632－4/4

本书如有印装质量问题，请与读者服务中心（010－59367028）联系

科普蓝皮书编委会

顾　　问　徐延豪

编委会主任　王康友

编委会副主任　颜　实　钱　岩

编委会成员　（按姓氏笔画排序）

王玉平　王丽慧　王康友　尹　霖　包　晗
杜　鹏　何　薇　张　超　陈　玲　周寂沫
郑　念　赵立新　钟　琦　钱　岩　高宏斌
谢小军　颜　实

主　　编　王康友

常务副主编　郑　念

副 主 编　尹　霖　王丽慧

课题组长　王康友　郑　念

课题组成员　（按姓氏笔画排序）

丁晓庆　马冠生　王大鹏　王丽慧　王　明
王康友　牛桂芹　尹　霖　付萌萌　匡文波
祖宏迪　任嵘嵘　刘　娅　齐培潇　汤书昆
严　俊　杜发春　杜光旭　杜　鹏　佟贺丰
张思光　张晓磊　张　超　张增一　郑　念
颜　实

主编简介

王康友　中国科普研究所所长，研究员，中国青少年科技辅导员协会副理事长、中国科普作家协会副理事长、中国科学技术大学人文与社会科学学院兼职教授。先后从事管理科学研究、科协工作理论研究、科普理论与科普政策研究、公民科学素质建设研究，主持多项中国科协调查类、政策类课题研究，有关成果多次获得批示。出版《对内实用管理之道》等十余部著作。

序

党的十九大报告提出了我国发展新的历史方位——中国特色社会主义进入了新时代。与此相应，我国的科普工作也全面迈进了一个新时代，这就是以人民为中心，大力提升公民科学素质，为建成创新型国家和建设世界科技强国服务，实现科普信息化、智能化、国际化。为实现这一目标，需要我们大力提升国家科普能力，筑强创新发展的科普之翼，使科学普及与科技创新比翼齐飞，才能实现新时代科普发展的新使命。

《关于加强国家科普能力建设的若干意见》（国科发政字〔2007〕32 号）指出，“国家科普能力表现为一个国家向公众提供科普产品和服务的综合实力”，“主要包括科普创作、科技传播渠道、科学教育体系、科普工作社会组织网络、科普人才队伍以及政府科普工作宏观管理等方面”。《国家中长期科学和技术发展规划纲要（2006～2020 年）》（国发〔2005〕44 号）也强调，加强国家科普能力建设是“提高全民族科学文化素质，营造有利于科技创新的社会环境”的重要一环，是打造创新发展的科普一翼的重要举措。由此可见，通过持续对国家科普能力的研究，摸清我国科普能力的“家底”，是一项十分重要的基础性工作。

2017 年 6 月，中国科普研究所首次发布《国家科普能力发展报告（2006～2016）》，引起业内和学界广泛关注。该研究结果对于进一步促进科普和科学文化建设、提升我国公民科学素质具有重要的指导和参考作用。呈现在读者面前的这本科普能力蓝皮书，在上一本研究的基础上，进一步对我国科普能力建设影响大、作用大的因素进行深入研究，从新媒体科普的视角分析了新媒体对科普能力的影响，并分别从政府部门、人民团体、高校、科研院所、网络科普平台尤其是“科普中国”等角度对科普能力建设和发展情况进行了评估性研究。

数字化和互动性是新媒体的基本特征。新媒体作为一种发展极为迅速的信息传播平台，具有即时性、便捷性、互动性和针对性等特点，是热点科普、应急科普、精准科普的重要手段和工具，是现代社会中打通科普末梢循环，实现科普最后一公里供给的有效媒介，是今后科普发展的重要方向。

“工欲善其事，必先利其器”。新媒体就是新时代做好科普工作的利器，是新时代国家科普能力建设的“牛鼻子工程”。习近平总书记明确指出，“手段创新，就是要积极探索有利于破解工作难题的新举措新办法，特别是要适应社会信息化持续推进的新情况，加快传统媒体和新兴媒体融合发展，充分运用新技术新应用创新媒体传播方式，占领信息传播制高点。”我们研究和建设新媒体科普平台，就是贯彻落实习近平科技创新思想的实际行动和具体体现。

2018 年是我国改革开放 40 周年，也是中国科协成立 60 周年。中国科普研究所奋发进取，砥砺前行，主动在科普理论、政策等领域研究并发布了一批具有创新性、引领性的研究成果，《国家科普能力发展报告（2017～2018）》是其中的一项重要成果。我希望中国科普研究所汇聚更多地社会研究力量，顺应信息化快速发展的潮流，深入研究科普理论和实践中的主要问题和突出矛盾，提出解决方案和对策建议，多出成果、多出精品，切实肩负起中国科普研究国家队的光荣使命，勇于担当，充分发挥国家科普智库的作用。同时，要力争使国家科普能力研究在习近平新时代中国特色社会主义思想指导下，站在新的历史起点上，围绕落实科普工作新要求、新部署，以“国际化、信息化、协同化”为导向，放眼国际，布局全国，推动我国科普事业再上新台阶，为建设世界科技强国、实现中华民族伟大复兴中国梦，为构建人类命运共同体发出中国科普的时代强音。

中国科协副主席、书记处书记
徐延豪
2018 年 6 月 13 日

摘　要

随着我国互联网普及率的大幅提高和网民规模的不断扩大，特别是手机网民规模的迅速增大，以及公众获取科普信息方式的转变，新媒体作为一个更加自由化、多样化、便捷化的载体传播平台，以现代互联网科技手段，用通俗易懂的方式和公众愿意接受的视角，向社会公众传播各类新的信息。

《国家科普能力发展报告（2017～2018）》（以下简称《报告》）根据新时代的发展特征，从新媒体的视角对国家科普能力进行研究，继续从科普基础设施、科普人才、科普经费投入、科学教育环境、科普作品传播、科普活动六大维度剖析国家科普能力的变化趋势。《报告》包括1个总报告、5个专题报告和5个案例报告。《报告》分析了我国新媒体的总体发展概况，以此为切入点测度新媒体视角下国家科普能力的发展指数；并对学科科普能力、高校及科研机构科普能力、政府及人民团体科普能力以及医学科普能力等进行深入研究；在专题研究的基础上，对个别有代表性的科普主体和区域的科普能力进行剖析。

《报告》对新媒体视角下我国国家科普能力的现状与发展趋势展开分析研究，发现新时代科普能力建设的重点，总结经验，提出建议；在数据分析和案例研究基础上发现规律，为进入新时代大幅提升我国国家科普能力、解决科普不平衡不充分问题、更为大幅提升公民科学素质、建设世界科技强国提供有力支撑和决策参考。

目 录

Ⅰ 总报告

Ⅱ 专题篇

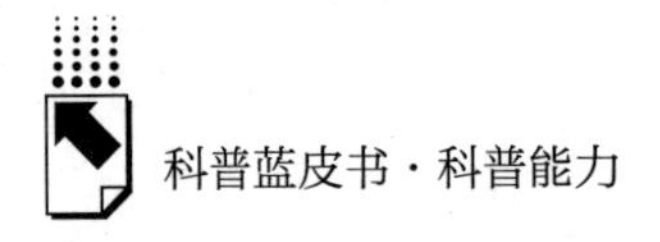

Ⅲ　案例篇

皮书数据库阅读**使用指南**

总 报 告

B.1 新媒体视角下中国国家科普能力发展研究

王康友 颜 实 郑 念 齐培潇 王丽慧 王 明*

摘 要： 为继续推进实施《国家中长期科学和技术发展规划纲要（2006～2020年）》（国发〔2005〕44号）和《全民科学素质行动计划纲要（2006～2010～2020）》（国发〔2006〕7号），营造激励自主创新环境，创建创新型国家，建设世界科技强国，继续加强国家科普能力建设，提高公民科学素质，意义重大。为顺应"互联网+"和科普信息化建设的新时代发展趋势，本报告主要从新媒体视角对2016年国家科普能力发展指数进行测算，并进一步分析我国新媒体科普传播能力，提出对策建议并展望未来的发展趋势。

* 王康友，中国科普研究所所长，研究员，《科普研究》主编；颜实，中国科普研究所副所长，编审；郑念，中国科普研究所科普政策研究室主任，研究员；齐培潇，中国科普研究所助理研究员；王丽慧，中国科普研究所助理研究员；王明，湖南科技大学法学与公共管理学院公共管理系副主任，中国科普研究所在职博士后。

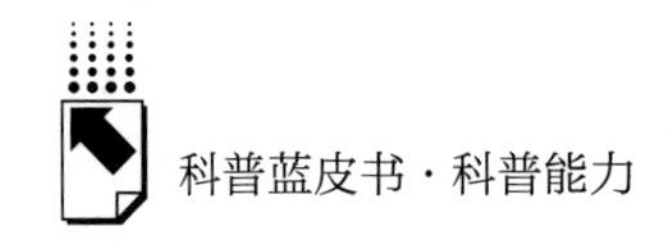

关键词： 新媒体视角　国家科普能力　信息化建设

一　我国新媒体发展概况和国家科普能力建设

近年来，随着我国互联网普及率的大幅提高，网民规模尤其是手机网民规模迅速增大，以及公众获取科普信息方式转变，新媒体已经成为一个更加自由化、多样化、便捷化的载体传播平台。与此同时，新媒体的内容产出者，作为私人化、自主化、平民化和泛在化的信息传播者，以现代互联网科技手段，用通俗易懂的方式和公众愿意接受的视角，向社会公众传播各类新的信息。所以，利用新媒体平台获得各类型信息成为现代快节奏社会中公众更加乐于接受的途径。

（一）我国新媒体发展概况

1. 新媒体的内涵及表现

对于新媒体的定义，学者们各持己见。本报告指出，新媒体是指借助互联网络传播信息的媒介，互动性是其本质特征，PC 端、移动端等已成为现代社会信息传播的中枢系统。“数字化和互动性是新媒体的根本特征”“新媒体是指今日之新，而非昨日之新和明日之新”。图 1 显示了新媒体的外延扩展范围。

2016 年，习近平总书记在主持中央政治局集体学习时指出，“当今世界，网络信息技术日新月异，全面融入社会生产生活，深刻改变着全球经济格局、利益格局、安全格局。世界主要国家都把互联网作为经济发展、技术创新的重点，把互联网作为谋求竞争新优势的战略方向。虽然我国网络信息技术和网络安全保障取得了不小成绩，但同世界先进水平相比还有很大差距。我们要统一思想、提高认识，加强战略规划和统筹，加快推进各项工作”①。

根据中国互联网络信息中心（CNNIC）最新发布的《第 41 次中国互联网络发展状况统计报告》，截至 2017 年底，我国网民规模达到 7.72 亿，新增网民 4074 万；互联网普及率达到 55.8%；手机网民规模达到 7.53 亿，网民中使

① 《以 6 个“加快”建网络强国》，《人民日报》（海外版）2016 年 10 月 10 日，第 1 版。

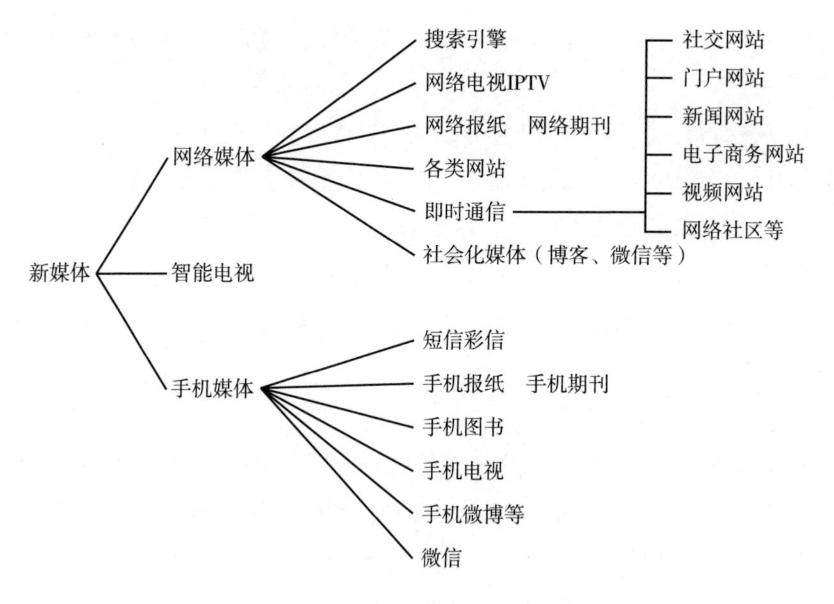

图1　新媒体的外延扩展范围

资料来源：匡文波，《新媒体科普传播效果的实证研究报告》。

用手机上网的人群占比高达97.5%。“互联网+”持续助推产业结构优化升级，数字经济成为新的引擎，互联网和数字化推动传统科普向信息化科普转型升级，公众利用新媒体更为便捷地获取自己所需要的科普信息，新媒体成为科普信息化工程建设的重要领域。

而且，移动端的各种媒介应用已经成为公众获取信息的主要途径。2017年，我国手机网民规模持续提高，同比增长8.24%，同时，随着智能手机的飞速发展，手机用户规模也不断上升，应用场景更加丰富。例如，我国网民搜索引擎用户规模63956万，网民使用率为82.8%；网络新闻用户规模64689万，网民使用率为83.8%；在线教育用户规模15518万，网民使用率为20.1%；其中，手机搜索引擎用户规模为62398万，网民使用率为82.9%；手机网络新闻用户规模为61959万，网民使用率为82.3%；手机在线教育用户规模为11890万，网民使用率为15.8%。

2017年，搜索引擎继续保持移动化趋势。手机搜索引擎用户继续成为搜索应用用户规模增长的主要推动力量。互联网新闻资讯平台竞争从单纯流量向内容、形式、技术等多维度转移。优质内容成为争夺焦点，在用户需求不断提

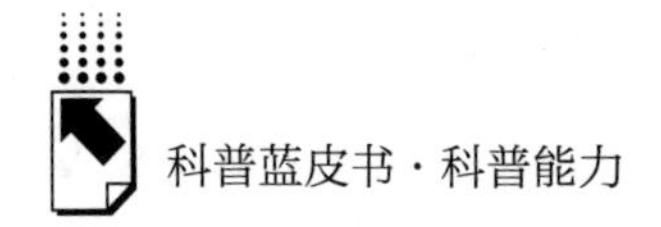

升的促进下，新闻资讯平台在内容推荐、营销推广以及互动沟通等方面得到进一步发展。

在服务覆盖上，截至2017年底，微信城市服务达到9930项。其中，教育服务累计用户数2008万，覆盖城市362个，覆盖省份31个；医疗服务累计用户数2867万，覆盖城市186个，覆盖省份30个；气象服务累计用户数3398万，覆盖城市362个，覆盖省份31个。移动互联网时代，各类新媒体平台成为越来越重要和普遍的信息传播载体。相关数据显示，人们每天在微信公众平台平均阅读文章接近6篇。

2. 新媒体与科普信息化

在新媒体蓬勃发展的新时代，我国的科普工作也应及时地顺应时代发展，不断改进科学普及的传播手段和传播途径。新媒体使得普通公众也成为一种“媒体”，一人一媒体，所有人向所有人传播。① 在每个人都拥有“麦克风”的全新语境下，如何让科普信息从海量信息和言论评述中“脱颖而出”，获得大众的关注和认可，需要科普工作者更加重视对新媒体的有效利用。科普工作不能满足或限制于传统的普及手段和传播途径，而是要突破常规，充分发挥诸如微信、微博、新闻客户端等各种新媒体平台的作用，让公众自发地参与其中并乐于接受，而不是一味地依靠灌输式的单向传播。科普新媒体传播就是要突破传统技术、理念、机制、体制的约束，构建科普新媒体传播的新方式。

（二）新媒体科普的发展优势

1. 新媒体科普发展潜力巨大

近年来，随着智能化的快速发展，网民利用互联网的习惯不断迁移，尤其是智能手机成为用户的首选设备，越来越多的人利用新媒体平台获取自己所需要的信息和知识，占据用户90%②以上的时间，大大提高了用户利用碎片化时间来获取信息的效率。图2显示了2016年12月至2017年11月中国新闻资讯媒体月度覆盖规模，图3显示了2016年12月至2017年11月中国新闻资讯媒体月度总有效使用时间。

---

① 王康友、谢小军、周寂沫：《互联网时代的科学普及》，《科普研究》2017年第5期。

② 艾瑞咨询，http：//www. iresearch. com. cn，2018年1月。

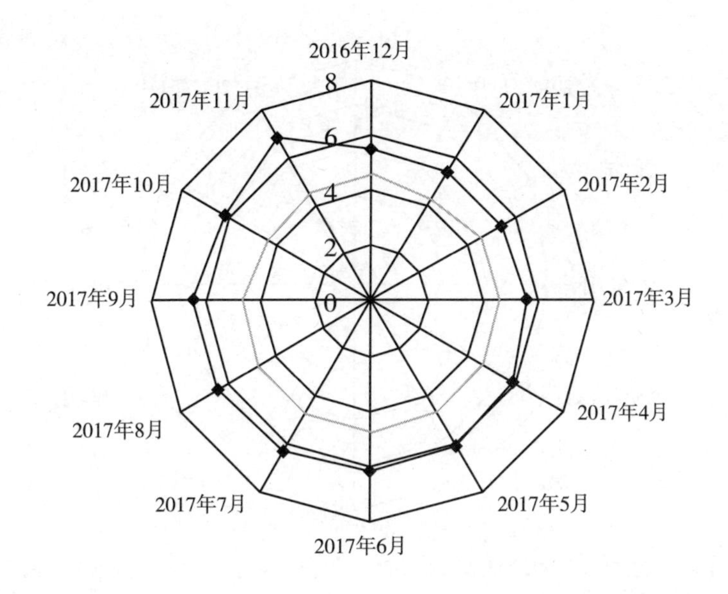

图2　2016年12月至2017年11月中国新闻资讯媒体月度覆盖规模

资料来源：（1）mUserTracker，基于日均400万台手机、平板移动设备软件监测数据与超过1亿台移动设备的通信监测数据，联合计算研究获得；（2）iUserTracker家庭办公版，基于对40万个家庭及办公（不含公共上网地点）样本网络行为的长期监测数据获得。

相对PC端，移动资讯用户规模占整体网民规模的57%，增长空间仍然巨大。根据艾瑞咨询的相关报告，2017年11月，PC端新闻资讯媒体覆盖人数比例达到84.5%，高于移动端新闻资讯媒体覆盖人数比例（57.8%）。但是，我国目前手机网民规模已经达到7.53亿人，使用手机上网的人占总网民的97.5%，所以，从移动互联网的这一规模来看，移动端资讯媒体有巨大的增长潜力。

另外，根据mUserTracker的数据监测结果，2017年新闻类移动APP月度覆盖人数较2016年有了较大的提升，同比增幅最大达到37.1%；移动资讯用户规模月均增长显著，达到30%。从新媒体的发展程度看，新技术的有效利用以及移动智能的迅猛发展为新媒体科普带来良好契机。

2. 新媒体科普即时便捷

科学信息涉及人们生活的各个方面，随着信息更新速度的加快，人们需要学习的科学信息日益增多。在快节奏的现代社会，人们更愿意即时便捷地获取

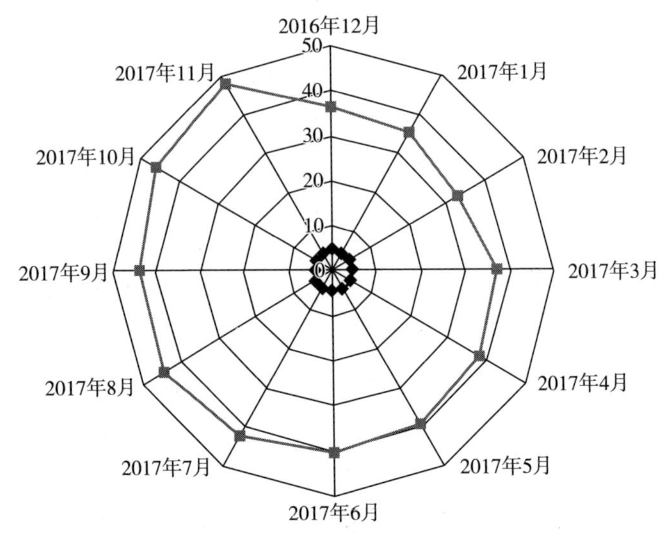

图3　2016 年 12 月至 2017 年 11 月中国新闻资讯媒体月度总有效使用时间

资料来源：（1）mUserTracker，基于日均 400 万台手机、平板移动设备软件监测数据与超过 1 亿台移动设备的通信监测数据，联合计算研究获得；（2）iUserTracker 家庭办公版，基于对 40 万个家庭及办公（不含公共上网地点）样本网络行为的长期监测数据获得。

与自己当前的工作或生活密切相关的有效信息，而新媒体在信息传播速度、广度及信息更新速度上有着天然的突出优势，可以为人们提供最便捷省力及成本最小的获取途径和通道。科技信息通过新媒体渠道的传播效率大大超过传统大众媒体，尤其是在一些重大的突发性事件中，新媒体更是科普最有力的平台和途径。图 4 显示手机端媒体是获取科普信息的首选渠道，占比高达 96.08%；从报纸获取科普信息占比仅为 2.01%。

另外，传统媒体的覆盖范围有较大的局限性，而新媒体则借助智能手机和移动互联网实现了个体全天候对外部信息的获取。通过微信、微博、移动互联网电视等设备，人们获取科普信息的方式愈发便捷，以往不能进行科普的时间和场合都可以通过移动互联网下的新媒体形式实现碎片化的即时传播。图 5 显示，从传统媒体中获取科普信息的人已经非常少，占比仅为 2.61%。图 6 显示，以微信、微博为代表的新媒体平台已经成为公众获取科普信息的最重要媒体类型，二者占比达到 92.0%。

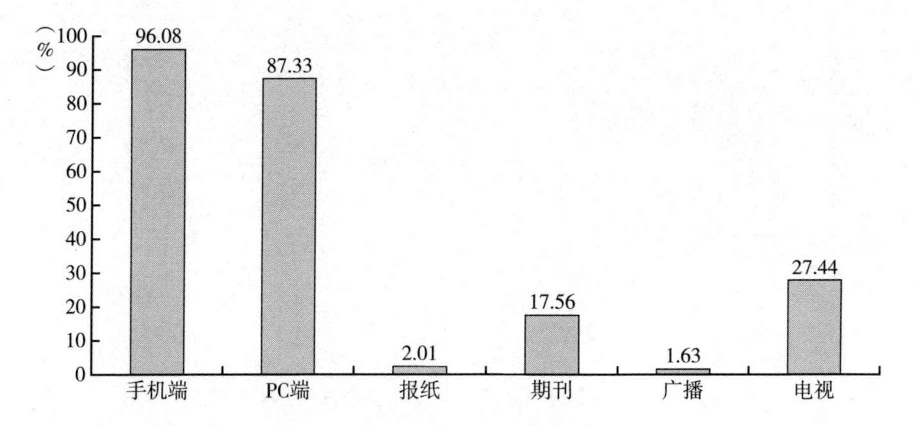

图4　科普信息获取渠道

注：抽样调查的样本规模为4000份，分别在北京、上海、广州、武汉等四个城市进行。调查时间为2017年12月，回收有效样本3431份。

资料来源：匡文波，《新媒体科普传播效果的实证研究报告》。

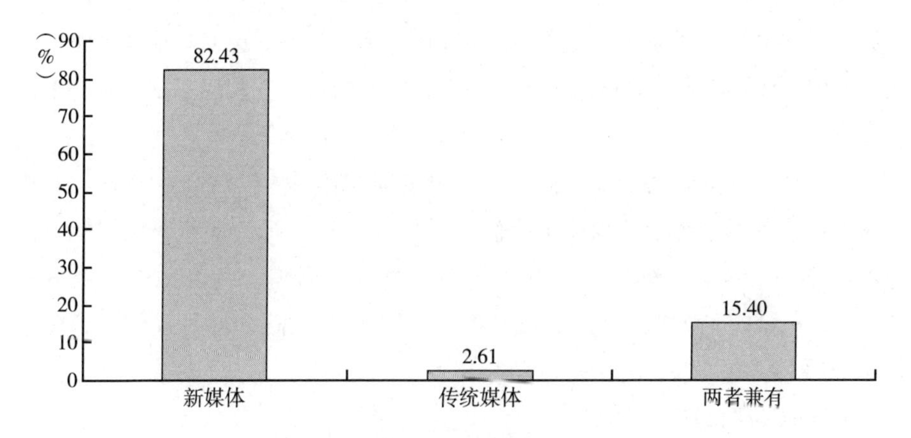

图5　从新媒体获取科普信息已成主流

注：抽样调查的样本规模为4000份，分别在北京、上海、广州、武汉等四个城市进行。调查时间为2017年12月，回收有效样本3431份。

资料来源：匡文波，《新媒体科普传播效果的实证研究报告》。

3. 新媒体科普互动参与性强

伴随公众整体信息素养的不断提升，人们对科普信息的需求水准也水涨船高，这也让科普传播者和受众之间的“知识沟”日渐缩小。通过百度百科、维基百科、谷歌搜索等各种搜索引擎和开放信息平台，专业人士和普通民众可

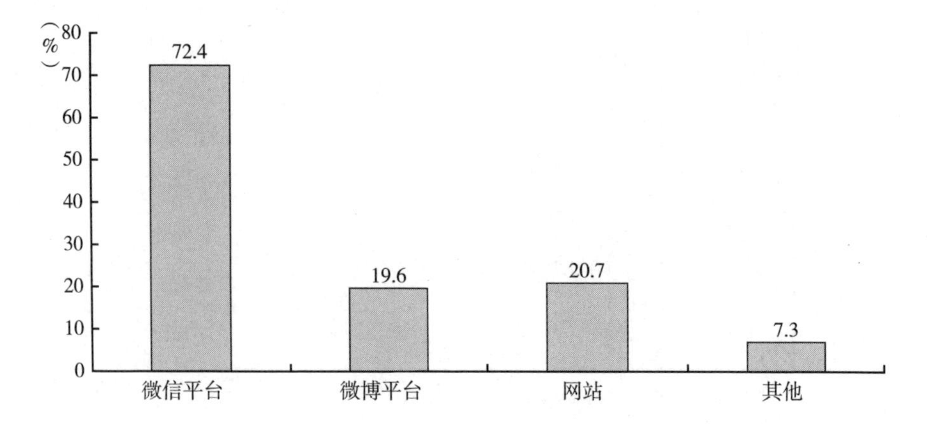

图 6　微信、微博成为公众获取科普信息的主要新媒体类型

注：抽样调查的样本规模 4000 份，分别在北京、上海、广州、武汉等四个城市进行。调查时间为 2017 年 12 月，回收有效样本 3431 份。

资料来源：匡文波，《新媒体科普传播效果的实证研究报告》。

以针对一些科技问题进行深层对话，大大提升了对问题探讨的互动性和相互问询的价值，而多方意见在网络平台的展现，则不断接近真相，不断充实和丰富科普信息资源。

新媒体由于其自身的互动性，加之很多新媒体具有可视化的特点，影像与声音结合的视频形式不仅便于人们接受科普信息，而且有利于人们反复地观摩和学习。所以，现在很多科普网站、微信、微博、百度贴吧、今日头条、UC 头条中的微视频科普资料，都非常有助于人们获得科普信息，传播效果显著。

4. 新媒体科普针对性强

传统科普形式大多拘泥于专题讲座和科普会议、科普咨询等，受众本身的知识背景、水平、兴趣、素养等各个层面都不尽相同，这让群体性的科普活动难以准确地把握传播受众的知识水平和难易程度。而新媒体则可以根据用户的兴趣和自身需求，充分尊重个体的兴趣特点，利用大数据统计精准提供针对性强的解决方案和应对策略，从而达到更好的科普传播效果。

（三）新媒体与国家科普能力建设

移动互联的迅猛发展正在深刻地影响着现代社会的变迁，智能手机、移动

APP 的广泛应用，为新媒体的发展提供了平台和环境，也为从信息化角度推动国家科普能力建设提供了契机和便利。新媒体的发展已经影响科普能力建设的诸多层面。

第一，新媒体丰富了科普基础设施的内容建设。互联网、信息化和新媒体基础设施的发展促使信息传播的广度和深度不断扩展和延伸。从 PC 端的固定网络模式到移动互联网的形成，再到大数据、云计算、虚拟现实、增强现实、人工智能等高新技术的发展与更新，使得新媒体的发展和科普信息的传播不断融合，形成科普领域的科普信息“物联网”，是未来科普信息化的发展趋势。而且新媒体的发展在今后将继续依赖于新技术的驱动，所以科普信息化工作应进一步和大数据、网络直播、VR/AR 等新媒体产业深度融合与交叉。

第二，新媒体优化了科学教育的环境。科学教育环境对学生群体的思想、观念、价值观等都具有重要的导向、熏陶和激励作用。加强新媒体互动平台建设，利用大数据平台抓取学生群体的特征数据，针对学生群体的人文素质、知识素质、心理素质等营造良好氛围和科普教育平台，把握新媒体网络环境下学生群体的特征和传播方式的变化，从而提高教育受众的主体性，再加以“学生体”信息呈现的方式，潜移默化地影响其价值观①。坚持以育人为本，不断壮大掌握新媒体技术的师资力量，探索新媒体语境下的科普教育方式，满足学生群体的发展需要。

第三，新媒体改变了科普传播的形式。随着新媒体产业的加速发展，科普信息基于移动互联和大数据的公众需求也在不断地更新，精准推送满足公众即时所需能够在未来带来商业机遇；公众的时间将成为未来新媒体科普争取的焦点，在网民规模达到一定数量级后，公众的时间将成为科普聚焦的竞争因素；另外，音频、视频领域快速发展，也在逐步取代文字和图形信息，成为下一个科普信息传播的阵地，在互联网高速发展的时代，能够快速、直接获取生动、有趣并通俗易懂的科普信息是公众越来越喜欢的方式。

---

① 高国平：《新媒体时代民办高校思想政治教育环境优化分析》，《文教资料》2016 年第 32 期。

在推进新媒体科普发展的过程中，仍然要把握好以下方向。

第一，以内容为王，推进新媒体科普信息的内容建设，使得信息本身更具时代性、前沿性、科技性、针对性以及便利性，强化信息内涵和互联网信息平台的生态文明建设，使公众能够从科普信息中真正受益。在新媒体时代，内容建设，特别是原创内容，总是稀缺的，也是吸引公众关注的重要因素，因此，内容建设是新媒体时代科普工作应该关注的重点。在科普信息呈现上，以互动为典型特征的新媒体科普传播更具优势，基于互联网丰富的信息内容为公众提供了更多的选择，以内容为基础，匹配新媒体互动平台。

第二，公众需求为导向，新媒体科普应该坚持公众价值的选择。公众才是新媒体的终端服务对象，新媒体科普的发展一方面是市场的带动，另一方面就是公众需求的拉动，所以，对科普信息的获取体验也由公众完成。新媒体科普的最大特点就是公众与科普信息的互动、公众与公众之间的互动。公众的满意程度体现了新媒体科普信息是否能够满足公众的真正需求，因此，新媒体科普应始终站在公众的视角考虑，才能体现出新媒体科普的强大能力。

第三，坚持推进实施“互联网+科普”的工作计划，同时重视网络科普信息的科学性。要善用信息化这一利器，加快提升科普资源生产力，推动科普工作由单一渠道传播向融合传播转变。[①] 建议发布新媒体科普发展中长期规划，以指导科普工作又快又好地融入新媒体的飞速发展进程，发展壮大以主流科普信息化媒介平台为中心的新媒体科普阵地。同时，加大甄别网络科普信息科学性的力度，及时处理虚假信息。

第四，加大力度培养、培训新时期新媒体科普人才，制定相应的人才管理体制机制。研究制定新媒体科普高端人才引进和管理办法，建立人才库。发挥新媒体科普人员的舆论导引力和公信力，适应新媒体平台科普信息的创新创作和创造力，增强公众的认同感。

---

① 怀进鹏：《打造新时代创新发展的科普之翼》，《人民日报》，http://news.sciencenet.cn/htmlnews/2018/4/408595.shtm，发布时间：2018年4月10日。

二　新媒体视角下中国国家科普能力发展概况

（一）国家科普能力发展指数的变化趋势

2017年6月，中国科普研究所首次发布《国家科普能力发展报告（2006～2016）》，对我国2006～2015年的国家科普能力发展指数进行了系统分析。结果显示，2006～2015年，我国科普能力发展指数呈现逐年递增趋势，综合科普能力建设效果显著。

为继续研究和了解我国科普能力的发展情况，课题组根据已有的国家科普能力发展指数评价指标体系①，仍然采用基于标准比值法的综合评价指数编制方法分析2016年我国科普能力发展指数（$DINSPC_{2016}$）。根据计算公式 $DINSPC_{at} = \frac{\sum_{i}^{n} \frac{P_{at}^{i}}{P_{0}^{i}} W^{i}}{\sum_{i}^{n} W^{i}}$，计算2016年国家及区域科普能力发展指数。

如前文所述，随着我国互联网普及率的不断攀升以及智能化技术的不断成熟和普遍应用，各大新媒体平台已然成为新时代科普信息传播的主要载体，传统的科普传播方式和载体逐渐表现出趋弱的一面，例如，在2016年，“科普音像制品光盘发行总量”“科普音像制品录音、录像带发行总量”“科技类报纸发行量”“电视台科普节目播出时间”“电台科普节目播出时间”在新媒体迅猛发展的时代都出现不同程度的下降，其中，传统科普传播媒介“科普音像制品光盘发行总量”和“科普音像制品录音、录像带发行总量”同比下降幅度最大，分别下降56.15%和77.20%。事实上，在新媒体不断发展的形势下，诸如“科普期刊种类”“科普音像制品出版种数”“科普音像制品光盘发行总量”“科普音像制品录音、录像带发行总量”“科技类报纸发行量”“电视台科普节目播出时间”和“电台科普节目播出时间”等均在2014年就出现不同程度的下降。

① 王康友主编《国家科普能力发展报告（2006～2016）》，社会科学文献出版社，2017，第26页。

所以，为顺应新时代发展的特征和趋势，课题组就国家科普能力分析指标的权重分配问题咨询了来自科协系统和相关研究机构的专家，主要针对“互联网普及率（%）”“科普期刊种类（种）”“科普音像制品出版种数（种）”“科普音像制品光盘发行总量（张）”“科普音像制品录音、录像带发行总量（盒）”“科技类报纸发行量（份）”“电视台科普节目播出时间（小时）”“电台科普节目播出时间（小时）”“科普网站数量（个）”等指标，在全面统筹、重点考量的基础上，对这些指标的权重进行重新分配赋权，以使整套指标体系符合新媒体背景下科普工作重心转移的时代特征。

依据重新赋权后的指标体系，计算2016年中国国家科普能力发展指数，结果如表1所示。原始数据除特殊说明外，均来源于《中国科普统计（2017）》、《中国统计年鉴（2017）》和《中国互联网络发展状况统计报告》（第39、40、41次）。

表1　2006～2016年国家及区域科普能力发展指数

年份	2006	2008	2009	2010	2011	2012	2013	2014	2015	2016
全国	1.00	1.25	1.52	1.64	1.75	1.88	1.96	2.03	2.05	2.10
东部地区	1.46	1.71	2.16	2.32	2.47	2.58	2.75	3.03	3.06	3.19
中部地区	0.87	1.13	1.30	1.34	1.51	1.61	1.55	1.52	1.49	1.71
西部地区	0.63	0.95	1.10	1.23	1.32	1.48	1.60	1.55	1.64	1.79

注：①科普能力发展指数的计算不包括香港、澳门和台湾地区。

②东部、中部、西部地区按照《中国科普统计》进行划分。东部地区包括北京、天津、河北、辽宁、上海、江苏、浙江、福建、山东、广东和海南11个地区；中部地区包括山西、吉林、黑龙江、安徽、江西、河南、湖北和湖南8个地区；西部地区包括内蒙古、广西、重庆、四川、贵州、云南、西藏、陕西、甘肃、青海、宁夏和新疆12个地区。

从表1可以看出，2016年，我国科普能力发展指数为2.10，与2015年相比，增长了2.44%。从新媒体视角看，对总指数增长贡献率最大的来自“科普网站数量”和“互联网普及率”，两者对国家科普能力的贡献率分别为9.16%和24.27%，贡献率同比增长74.48%和81.53%；随着智能（云）电视的发展，“电视科普节目播出时间”对国家科普能力的贡献率都达到4.68%，同比增长32.86%。但是，对于传统的科普宣传方式而言，其对国家科普能力的贡献率就非常的有限了，例如，“科普音像制品出版种数”“科普音像制品光盘发行总量”“科普音像制品录音、录像带发行总量”三项指标对国家科普能力发展指数的贡献率分别只有0.21%、0.01%和0.01%，且贡献率同比都出现下降，分别下降84.27%、96.75%和98.40%，贡献率降幅极大。

从一级指标看，相较2015年，在2016年，六个分项指标中科普经费、科普基础设施和科学教育环境三项的发展指数均有明显上升，尤其是科学教育环境一项，随着互联网普及程度深化，各种网络资源对教育环境的影响越来越大，其发展指数上升显著，同比增长27.19%。科学教育环境和科普基础设施成为推动2016年国家科普能力提升的两个重要因素。

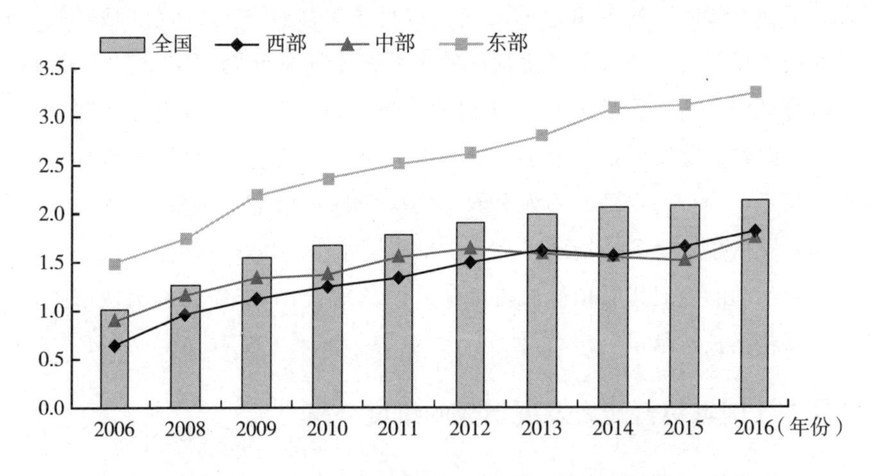

图7　2006～2016年国家及区域科普能力发展指数走势

从区域层面看，如图7所示，在2016年，东部地区的科普能力发展指数为3.19，相较2015年增长了4.25%，继续超过全国以及中西部地区的水平，保持领先优势。快速增长的原因和全国类似。科普经费、科普基础设施和科学教育环境成为推动东部地区科普能力提升的三大要素，发展指数分别为3.43、3.75和5.02，并且分别显著高于全国2.02、2.55和2.30的水平。

中部地区的科普能力发展指数在经历自2013年连续三年下降的情况后，在2016年出现明显提升，达到1.71，增幅14.77%，虽然仍然低于全国水平，甚至低于西部地区的水平，但是和全国水平的差距却有明显缩小，从2015年0.27的差距缩小到0.18。从分项指标看，中部地区除了科普人员和科普活动两项的发展指数有较小下降外，科普经费、科普基础设施、科学教育环境和科普作品传播的发展指数均有提升，增幅分别为 4.74%、7.41%、0.20% 和 8.42%。科普基础设施和科普作品传播是推动中部地区科普能力提升的主要因素。而且中部地区科学教育环境的发展指数为 3.18，超过全国该项指标水平 15.22%。但是中部地区科普经费和科普基础设施的发展指数均低于西部地区，这也是中部地区科普能力发展指数略低于西部地区的一个原因。

西部地区的科普能力发展指数在 2016 年继续保持增长趋势，达到 1.79，比 2015 年增长 9.15%，已经连续四年超过中部地区的水平；和全国水平的差距也在进一步缩小，从 2015 年的 20.00% 缩小至 2016 年的 14.76%，说明我国在大力推动西部地区科普事业的发展上取得了阶段性成功，政策倾斜效果显著，为进一步解决我国科普事业发展的不平衡不充分问题奠定了坚实的基础。科学教育环境、科普经费和科普基础设施是推动西部地区 2016 年科普能力提升的主要因素，其发展指数分别为 3.09、1.96 和 1.95，且科学教育环境的发展指数高于全国平均水平，约为全国平均水平的 1.12 倍。对比 2015 年，在科普活动发展指数的全国平均水平和东中部地区水平均出现下降的情况下，西部地区科普活动的发展指数依然保持增长，同比增长 21.13%，也为西部地区科普能力保持增长贡献了一定力量。

（二）国家科普能力发展指数的维度分析

1. 科普人员

如图 8 所示，2006～2016 年，我国科普人员发展指数呈现先上升后缓慢下降的趋势，年均增速 8.06%，总体向好。2016 年我国科普人员发展指数为 1.90，同比下降 5.94%，但下降趋势有所放缓。

2016 年，我国共有科普人员 185.24 万，同比下降 9.81%。其中，科普专职人员为 22.35 万，同比增长 0.90%，中级职称以上或大学本科以上学历人员为 13.34 万，占比 59.66%，同比增长 1.91%。由于我国科普专职人员基本分布于科协系统，编制约束明显，所以年均增速较为缓慢。科普兼职人员为 162.88 万，同比下降 11.11%，中级职称以上或大学本科以上学历人员 86.62 万，占比 53.18%，同比下降 2.10%。相对科普专职人员而言，我国科普兼职人员队伍更为壮大，可能与兼职人员大多来自科研院所、高等院校、企业等机

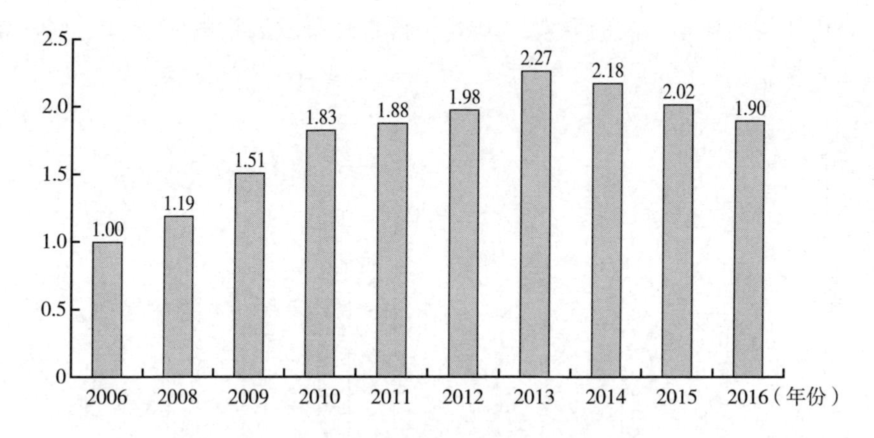

图8　2006～2016 年科普人员发展指数变化

构有关。此外，无论是专职人员还是兼职人员，高层次人才的比例均超过50%，说明我国科普人才队伍的专业素质呈现逐年上升趋势。再者，由于农村科普工作覆盖面更广，任务繁重，各级政府都非常重视农村的科普工作，所以农村科普人员在 2016 年共计 57.13 万，占比 30.84%。

在科普专职人员中，2016 年有管理人员 4.70 万；科普创作人员 1.41 万，同比增长 6.08%。在科普兼职人员中，2016 年共有注册科普志愿者 231.54 万；兼职人员年度实际投入工作量为 185.46 万人月，同比增长 4.02%。

从相对指标的数量看，2016 年全国每万人拥有科普专职人员 1.62 人，每万人拥有科普兼职人员 11.78 人，每万人拥有注册科普志愿者 16.74 人。自 2006 年以来每万人拥有科普专职人员、每万人拥有科普兼职人员、每万人拥有注册科普志愿者的年复合增长率分别为 0.56%、0.77%、17.97%，增长率依然偏低。相对于我国庞大的科技人力资源，各类科普人员的数量仍显不足。目前，在科技工作者群体中同时从事科普工作的人员比例偏小，所以，虽然我国科普人才队伍在不断壮大，但随着社会的发展与需求以及主要矛盾的转化，科普人才总量依然严重不足。

2. 科普经费

如图 9 所示，2006～2016 年，我国科普经费发展指数总体呈现上升趋势，效果明显，各年增速快、慢间隔出现，除在 2015 年出现负增长以外，其余各年份均为正向增长，年均增速为 10.08%，是国家科普能力六个构成

要素中年均增速第三高的要素。2016 年科普经费发展指数为 2. 30，同比增长 2. 22%。

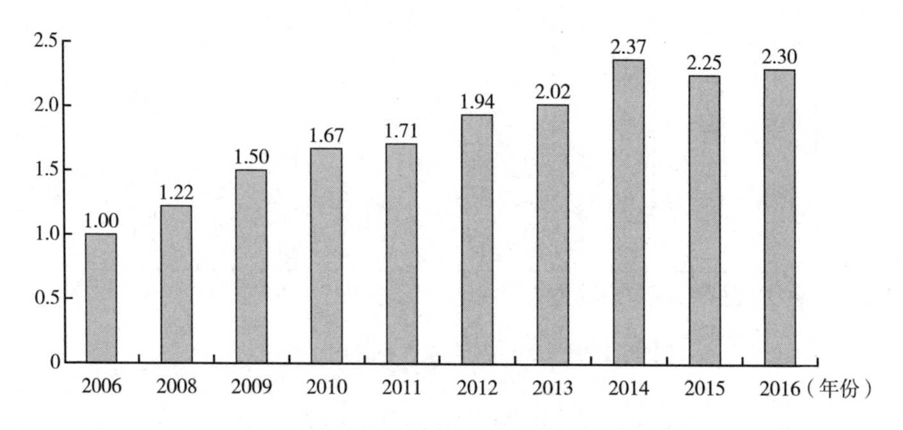

图 9　2006 ~2016 年科普经费发展指数变化

2016 年，科普经费仍然主要由政府财政承担，年度科普经费筹集总额为 151. 98 亿元，同比增长 7. 63%，人均科普经费筹集总额 10. 99 元，同比增长 6. 70%，人均科普经费筹集总额的年均复合增长率为 10. 78%。其中，政府拨款 115. 75 亿元，占筹集总额的 76. 16%，同比增长 8. 52%。我国科普专项经费 62. 00 亿元，人均 4. 48 元，同比略有下降，下降 2. 61%。2006 ~2016 年，人均科普专项经费年均复合增长率为 12. 85%。科技活动周经费筹集额 5. 03 亿元，其中政府拨款 4. 66 亿元，占比 92. 64%。此外，2016 年，社会捐赠科普经费 1. 57 亿元，同比增长 41. 50%，但社会筹集额占科普经费总额的比例还是不高。而从发展趋势看，更多地吸引社会资本进入科普领域应成为重要途径。

虽然从中央到地方各级政府都是越来越重视科普工作，科普经费的投入力度也在稳步加大，但是，科普经费筹集额占 GDP 的比重依然偏低，2016 年仅为 0. 20‰，而且在 2006 ~2016 年，其年均复合增长率为负值（ -0. 40%）；财政支出科普经费（政府拨款）占国家财政总支出的比重同样偏低，2016 年为 0. 62‰，且年均复合增长率也为负值（ -2. 39%）。

在年度科普经费使用上，2016 年全国共计 152. 21 亿元，同比增长 3. 89%，其中，行政支出 25. 03 亿元，科普活动支出 83. 74 亿元，占比超过

50%，达到55.02%；科普场馆基建支出33.84亿元，同比增长9.55%，其中，政府拨款支出14.17亿元，同比增长27.43%，在基建支出中，场馆建设支出16.98亿元，展品、设施支出13.58亿元，两项共占基建支出的比例高达90.31%。

3. 科普基础设施

科普基础设施是国家科普能力建设中非常重要的组成部分，是连接科普与公众最为直接的桥梁，也是实现科普公共服务均衡发展的前提。如图10所示，2006～2016年，我国科普基础设施发展指数一直在稳步上升，没有出现负增长，2016年我国科普基础设施发展指数为2.55，同比增长5.81%，年均增速11.36%，比科普经费发展指数的年均增长率高出1.28个百分点，成为推动2016年国家科普能力大幅提升的第二要素。

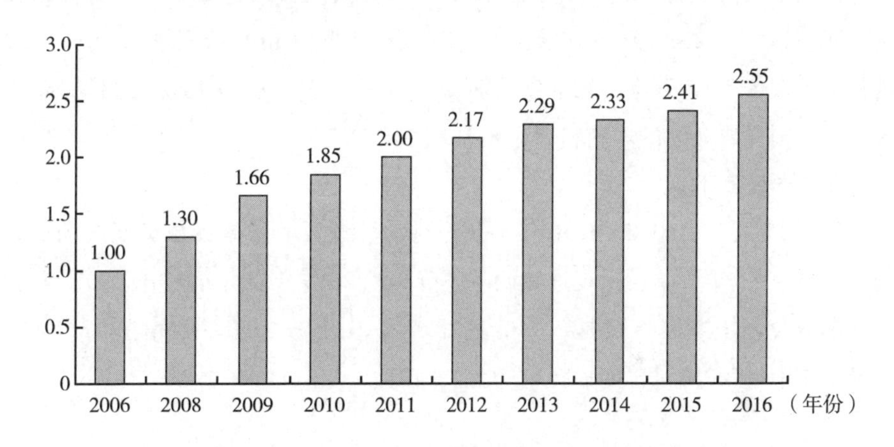

图10　2006～2016年科普基础设施发展指数变化

从基础数据看，我国科普基础设施总量增长明显，尤其是科技馆和科学技术类博物馆的数量逐年增加。2016年，全国拥有科技馆473个，较上年增加29个，科学技术类博物馆920个，较上年增加106个；各级科协合计科技馆数量587个，比上年增加142个，其中，建筑面积8000平方米以上的有98个；实行免费开放的科技馆有325个；展厅面积达到154.70万平方米，同比增长26.80%；全年参观人数5786.70万人次，其中，少儿参观人数为2883.30万人次，同比分别增长37.23%和21.61%。

在科技馆和科学技术类博物馆的利用上，效率不断提高。2016年，科技

馆和科学技术类博物馆展厅面积之和达到 439.71 万平方米，年均复合增长率 11.89%；科技馆和科学技术类博物馆参观人数共计 16662.29 万人次，同比增长 9.58%，年均复合增长率 15.84%；每百万人拥有科技馆和科学技术类博物馆 1.01 座。科技馆和科学技术类博物馆单位展厅面积年接待观众为 37.89 人次/平方米，年均复合增长率 3.53%。2016 年，全国有青少年科技馆 596 个，年均复合增长率 5.24%；科普宣传专用车 1898 辆，同比增长 1.23%；科普画廊 21.02 万个，年均复合增长率 4.14%。此外，以数字科技馆为代表的新型传媒不断涌现，比如由国家财政投资建设的科普网站共 2975 个，科普中国 e 站 11770 个，打破了传统科普场馆与设施的局限性，极大地扩展了科普的空间。

再从基层情况看，2016 年，农村中学科技馆的数量达 293 个；科普画廊展示面积达到 522.40 万平方米；地（市）级和县（市）级科普大篷车 1109 辆，下乡次数 3.75 万次，较上年增加 1.18 万次，公众受益人数达 2867.80 万人次；中国科协命名的农村科普示范基地 4889 个。

4. 科学教育环境

如图 11 所示，2006～2016 年，我国科学教育环境发展指数呈现波动上升趋势，自 2011 年开始，出现连续两年下降，从 2014 年又开始上升。2016 年我国科学教育环境发展指数是 2.76，同比增长 27.19%，年平均增速 12.72%，是推动 2016 年我国科普能力提升的首要因素。

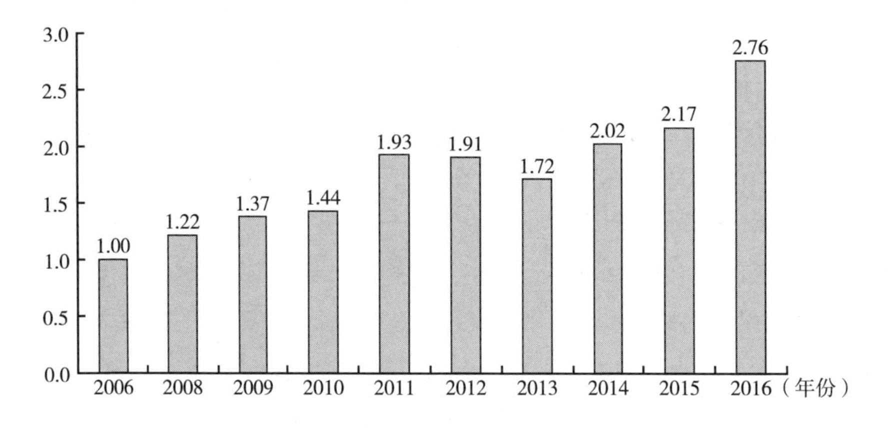

图 11　2006～2016 年科学教育环境发展指数变化

2016 年，全国共举办青少年科技兴趣小组 22. 24 万个，参加人数 1715. 18 万人次，同比分别下降 2. 54% 和 3. 10%，但参加人次基本稳定在 2000 万人次上下，由于我国青少年人口出现下降趋势，所以人均参加科技兴趣小组次数仍然保持稳定增长。青少年科技馆站 596 个，比上年增加 4 个；举办科技夏（冬）令营 1. 41 万次，参加人数 303. 64 万人次，同比分别下降 1. 40% 和 14. 50%。科协合计编印青少年科技教育资料 550. 10 万册。

2016 年，科协合计举办青少年科普宣讲活动 2. 97 万次，其中，专家报告 1. 27 万次，受众人数共计 4060. 40 万人次，同比分别增长 8. 05%、6. 97% 和 34. 01%；举办青少年科技竞赛 1. 09 万项，参加人数 3663. 40 万人次；组织青少年参加国际及港澳台科技交流活动 248 次，参加人数 8367 人次；举办青少年科学营 1767 次，参加人数 25. 92 万人次；举办青少年科技教育活动和培训 2. 51 万次，培训人数达 681. 70 万人次，同比分别增长 23. 82% 和 19. 39%。另外，中学生英才计划培养学生人数也达到 2. 55 万人。

此外，2016 年我国广播综合人口覆盖率和电视综合人口覆盖率分别为 98. 4% 和 98. 9%，呈现逐年上升趋势。互联网普及率达到 53. 2%，增势非常明显，较上年增加 2. 9 个百分点，以“互联网 + 科普”模式为主的新媒体科普形式以及平台为科普信息化建设奠定了坚实的基础。

5. 科普作品传播

如图 12 所示，2006 ~ 2016 年，我国科普作品传播发展指数分别在 2011 年、2013 年、2014 年和 2016 年出现四次下降，波动明显。虽然在 2015 年出现较大增长（增长率为 26. 19%），但年平均增速只有 5. 29%，是六个维度中年均增速最低的一个。

2016 年，我国科普作品传播发展指数为 1. 48，同比下降 6. 92%。在各分指标中，除了“科普图书总册数”“科普期刊种类”“科普音像制品出版种数” 3 项出现小幅增长外，其余如“科普音像制品光盘发行总量”“科普音像制品录音、录像带发行总量”“科技类报纸发行量”“电视台科普节目播出时间”“电台科普节目播出时间”都出现不同程度的下降，其中，“科普音像制品光盘发行总量”和“科普音像制品录音、录像带发行总量”同比下降幅度最大，分别达到 56. 15% 和 77. 20%。最可能的原因是，随着我国互联网普及率的逐年递增，各类基于互联网的新媒体科普平台不断涌现，在当今信息繁多、时间

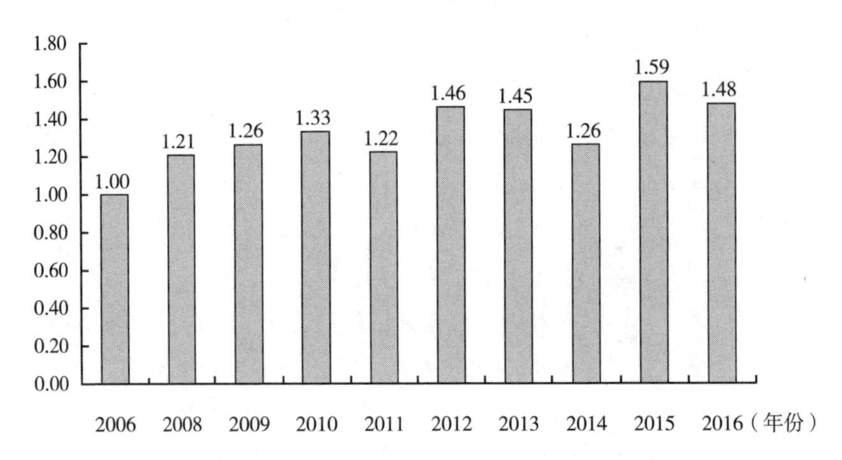

图12　2006～2016年科普作品传播发展指数变化

碎片化加剧的时代，新媒体科普成为公众根据自身需求快速、及时、准确了解不同类型科普信息的便利渠道。这也是本报告在后文专门分析新媒体科普的原因。

2016年，全国共出版科普图书11937种，同比下降28.09%，发行量13487万册，比上年增加130万册，分别占全国出版图书种数和出版总册数①的2.39%和1.49%，平均每万人拥有科普图书975册。出版科普期刊1265种，共15970万册，同比下降11.11%，分别占全国出版期刊种数和总册数②的12.54%和5.93%，平均每万人拥有科普期刊1155册。科技类报纸年发行量26741万份，占全国报纸发行总量③的0.69%，平均每万人拥有科技类报纸1934份。全国发行科普（技）音像制品5465种，发行光盘433万张，录音、录像带发行总量36万盒。

另外，2016年，全国电视台播出科普（技）节目13.5万小时，电台播出科普（技）节目12.7万小时，同比分别下降31.47%和12.41%；国家财政投资建设的科普网站2975个，同比下降2.84%。

6.科普活动

如图13所示，2006～2016年，我国科普活动发展指数基本上呈现增、减

①　根据《2016年全国新闻出版业基本情况》，全国共出版图书499884种，总印数90.37亿册。

②　根据《2016年全国新闻出版业基本情况》，全国共出版期刊10084种，总印数26.97亿册。

③　根据《2016年全国新闻出版业基本情况》，全国报纸发行总量为390.07亿份。

交替出现的态势，但整体增长幅度大于下降幅度，年平均增速 6.45%，仅高于科普作品传播发展指数的年均增速。2016 年，我国科普活动发展指数 1.59，同比下降 8.09%，这是继 2010 年后第二次出现相对较大的下降。

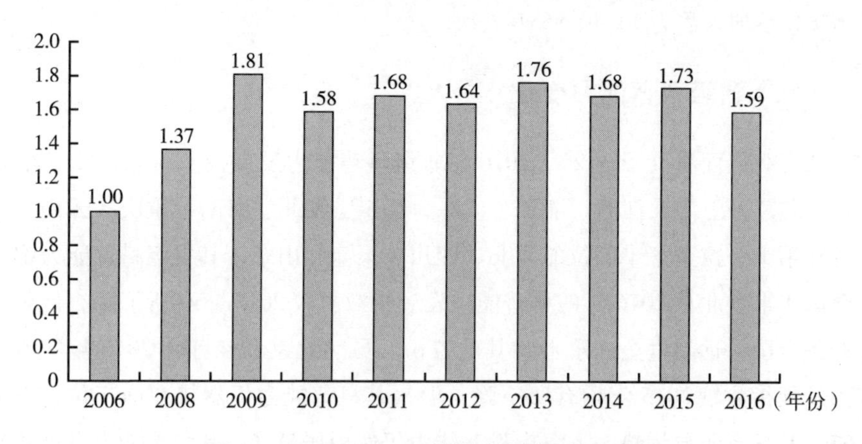

图 13　2006～2016 年科普活动发展指数变化

2016 年，全国举办科普（技）讲座 85.69 万次，依旧是科普（技）讲座、展览和竞赛三类活动中举办最多的一类，参加人数 14583.62 万人次，同比下降 2.67%。全国举办专题科普（技）展览 16.58 万次，同比增长 2.92%，参观人数 21266.62 万人次，参观科普（技）展览的人数比参加科普（技）讲座的人数多出 6683.00 万人次，表明公众更加倾向于科普（技）展览这样的活动。各类机构共举办科普（技）竞赛 6.45 万次，同比增长 16.43%，参加人数达到 11250.31 万人次。

自习近平总书记提出“科技创新、科学普及是实现创新发展的两翼，要把科学普及放在与科技创新同等重要的位置”的论断，越来越多的科研机构、大学越发积极地参与到各类科普活动中，并形成对社会公众开放的长效机制。2016 年，全国共有 8080 个向社会公众开放的科研机构、大学，同比增长 11.59%，并呈现逐年递增趋势，参观人数达到 863.37 万人次，同比增长 3.86%，平均每个开放单位年接待参观人数 1068.52 人次。此外，科普国际交流举办 2481 次，同比增长 8.86%，参加人数为 61.68 万人次。

对实用技术培训，2016 年共举办实用技术培训 64.69 万次，参加人数为 7746.69 万人次，同比下降 18.82%。全国开展的重大科普活动中有 1000 人次以上参加的共有2.75万次，相比2015年有所下降。

科技活动周依然是全国最大规模的群众基础较为广泛的科普活动，影响力巨大。2016年，科技活动周共举办科普专题活动12.85万次，同比增长9.36%，参加人数为14740.85万人次。

（三）省级科普能力变化

从省级层面看（见表2），2016年省级科普能力发展指数排名前十位的依次是：北京、上海、江苏、浙江、广东、辽宁、湖北、海南、重庆、云南，加上排在第十一位至第十四位的河北、四川、天津和山东，其省级科普能力都高于全国水平。北京2016年的科普能力发展指数虽较2015年有所下降，但是依然领跑全国，远超过全国水平和其他省份。虽然北京和江苏在2016年的科普能力发展指数较2015年均有所下降，但是其科普能力仍然排在前三位，发展稳定，并具有明显优势。上海市科普能力仍然稳居第二，其科普能力发展指数较2015年有所上升。

表2　2015年和2016年省级科普能力发展指数比较及排名变化

省份	2015年		2016年		2016年较2015年位次变化情况
	发展指数	位次	发展指数	位次	
北京	9.47	1	7.68	1	0
上海	5.58	2	5.79	2	0
江苏	4.41	3	3.66	3	0
浙江	2.77	5	3.58	4	+1
广东	2.55	8	3.44	5	+3
辽宁	2.79	4	3.24	6	-2
湖北	2.63	6	2.77	7	-1
海南	1.07	29	2.73	8	+21
重庆	2.48	9	2.63	9	0
云南	2.58	7	2.59	10	-3
河北	1.56	20	2.55	11	+9
四川	2.01	12	2.24	12	0
天津	1.99	13	2.13	13	0
山东	2.14	11	2.11	14	-3
福建	2.17	10	2.08	15	-5

续表

省份	2015 年		2016 年		2016 年较 2015 年位次变化情况
	发展指数	位次	发展指数	位次	
陕　西	1.74	17	2.05	16	+1
湖　南	1.85	14	2.02	17	+3
河　南	1.49	23	1.94	18	+5
青　海	1.83	15	1.86	19	-4
甘　肃	1.38	25	1.84	20	+5
内蒙古	1.52	22	1.76	21	+1
新　疆	1.82	16	1.70	22	-6
江　西	1.73	18	1.67	23	-5
宁　夏	1.58	19	1.65	24	-5
广　西	1.43	24	1.60	25	-1
贵　州	1.54	21	1.55	26	-5
安　徽	1.31	26	1.51	27	-1
黑龙江	1.14	28	1.49	28	0
山　西	1.00	30	1.32	29	+1
西　藏	1.27	27	0.98	30	-3
吉　林	0.57	31	0.79	31	0

注：表中地区以 2016 年各省份科普能力发展指数由高到低依次排序。“0”表示位次无变化，“+”表示位次较 2015 年上升，“-”表示位次较 2015 年下降。

2016 年北京市科普能力发展指数较 2015 年下降 18.9%，主要是因为科学教育环境和科普作品传播两个指标的发展指数下降明显，如在科学教育环境指标中，“参加科技竞赛人次数”大幅减少，降幅达到 89.00%；在科普作品传播指标中，“科普图书总册数”和“科普音像制品录音、录像带发行总量（盒）”都出现明显下降，下降幅度分别为 60.88% 和 99.75%。原因可能是北京新媒体的大量应用与普及对传统的图书，尤其是录音（录像）带制品的发行带来很大的冲击。

浙江省的位次较 2015 年上升 1 位，排名第四，浙江省的科普能力发展指数一直稳定在全国第四至第六名。广东省的位次较 2015 年上升 3 位，排名第五，作为人口与经济大省，广东应该更加注重将科学普及放在与地区科技创新、经济金融发展等更为匹配的位置。东北三省之中，辽宁省的科普能力显著优于黑龙江和吉林，2016 年，其科普能力位次虽较 2015 年下降 2 位，排名第六，但是其科普能力发展指数却较 2015 年提升了 16.13%（见图 14），其地区科普能力建设的典型经验应该被推广至东北其他两省。

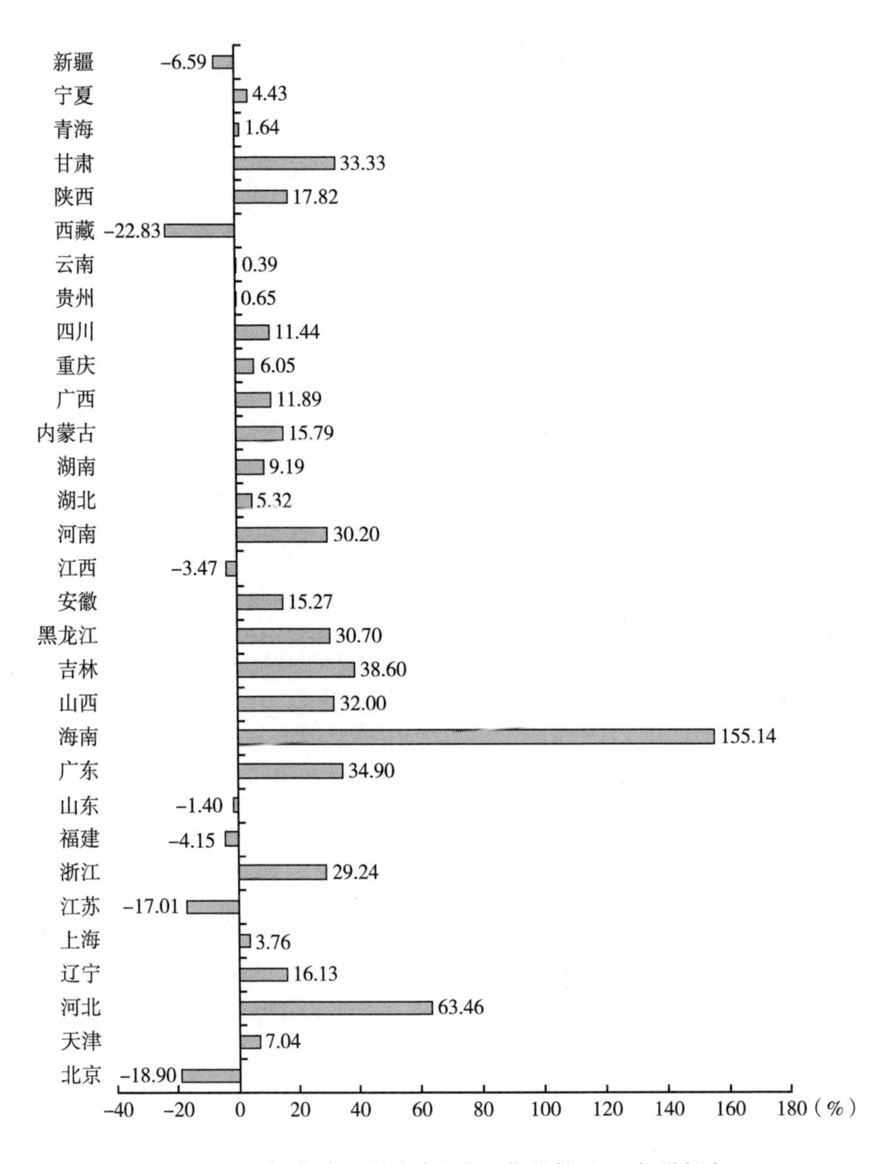

图 14　2016 年省级科普能力发展指数较 2015 年增长率

在排名前十位的省份中，海南省的成绩最为突出，其 2016 年科普能力发展指数达到 2.73，较 2015 年提高了 155.14%，位次从 2015 年的第二十九位一跃上升到2016年的第八位，究其原因，海南省在2016年注重发展科普基础设施，落地实效显著，其科普基础设施指数为9.61，远远超过全国2.55的平均水平，其中，指标“科技馆和科技博物馆单位展厅面积年接待观众人次（人次/平方米）”在2016年猛增到1294.74人次/平方米，指标“科技馆和科学技术博物馆参观人数之和”同比增长193.56%。另外，科普经费大幅提升是海南省科普能力得以快速提升的又一因素，例如，“年度科普经费筹集总额”在2016年达到11745万元，同比增长23.66%，“人均科普专项经费”由2015年的3.30元显著提高到2016年的7.44元。这些都是导致海南省2016年科普能力大幅度跃进的主要原因。

福建省是唯一一个科普能力发展指数排名跌出前十的东部省份，2016年排在第十五位，发展指数同比下降4.15%。因为科普作品传播和科普活动这两个维度的发展指数同比均出现明显下降，尤其是科普作品传播的指数，同比分别下降57.46%和24.08%。其中，“科普图书总册数”同比下降75.95%，“电台科普节目播出时间”同比下降63.72%，甚至“科普网站数量”也同比下降41.46%；在科普活动的分指标中，以“参加科普讲座人次数”和“重大科普活动次数”降幅最为明显，分别同比下降41.39%和51.92%。这些都是导致福建省2016年科普能力下降的主要原因。

另外，在2016年，省级科普能力发展指数排名最后十位的依次是：新疆、江西、宁夏、广西、贵州、安徽、黑龙江、山西、西藏、吉林。可见，排名最后十位的省份中，中西部地区的省份均占五席。

西藏的科普能力发展指数排名虽在2014年和2015年稍有上升，但在2016年又下跌至第三十位，发展指数低于1。吉林省的科普能力发展指数虽然较2015年提高了38.60%，但是排名在2016年继续垫底，已经连续三年排名最后。新疆的科普能力发展指数同比下降6.59%，位次也由第十六位降至第二十二位，下跌明显。而且，新疆、江西和宁夏在2016年的排名均跌出前二十位，排在全国后十位。

河北、河南和甘肃三省份，无论是省级科普能力发展指数还是排名均上升较为显著，发展指数同比分别增长63.46%、30.20%和33.33%。河北省得益于京津冀一体化发展的继续深化、雄安新区建设的不断推进以及北京2022年冬奥会工程的大力支撑，其科普能力发展指数在2016年提高了不少，达到

2.55，较上年增长63.46%，首次超过全国水平，位次从2015年的第二十位快速上升到第十一位，达到历史最好水平。河南省2016年在科学教育环境和科普作品传播两个方面均发展得较为突出，为其科普能力的提升奠定了基础。甘肃省2016年在科学教育环境、科普活动和科普人员方面的发展相对较好，使其科普能力在2016年提升较快。

另外需要提及的是，天津市作为四大直辖市之一，地处京津冀一体化建设带，其科普能力发展指数却自2013年到2015年持续三年下降。2016年其科普能力发展指数虽然同比增长7.04%，但是仅高出全国水平1.43%，而且排名没有变化，仍旧排在第十三位，从分指标看，科普人员、科普基础设施、科学教育环境和科普活动的发展指数均有不同程度的下降，其中以科普活动和科普基础设施这两项指数下降最为明显，同比分别下降22.33%和21.76%。

三　新媒体视角下国家科普建设面临的问题

科技进步和互联网的快速发展使得科学普及越发具有优势，在2016年，新媒体的发展为国家科普能力的提升贡献了较大力量，使得发展指数同比增长了2.44%。例如，“互联网普及率”对国家科普能力的贡献率由2015年的13.37%上升到2016年的24.27%，增长81.53%，其贡献率增速最大；“科普网站数量”对国家科普能力的贡献率由2015年的5.25%上升到2016年的9.16%，增长74.48%，其贡献率的增速仅次于“互联网普及率”。但是也应该认识到，由于新媒体自身的发展也存在一些不足与问题，所以，对于新媒体科普而言，其在机制改革、行业监管、人才管理、评价体系、产权维护等方面同样存在一些问题。

（一）新媒体科普的组织机制仍然比较固化

面对移动互联网迅猛发展所带来的信息传播模式的快速转变与发展要求，新媒体科普传播的内部机制改革应当及时跟进，而我国在组织机构设置、人员队伍配备、设施规划和建设等方面都没有做出相应的调整。在目前科普统计的相关指标中，极少有直接涉及新媒体科普的指标，仅可以找到间接代表新媒体科普的统计项目，没有及时跟上新形势的变化，所以国家科普能力评估指标也只能根据现有数据来设计。同时，目前科普领域中利用新媒体传播的运行机制仅仅是表面上向信息化靠拢，实际上其仍然依照传统科普传播的模式发展，没有很好地遵循互联网新媒体的发展规律，固化现象明显，新媒体科普传播的职能偏弱。在与新媒体不断融合的过程中，很多传统的科普传播部门仅仅增加所谓的新媒体传播部门，但是在实际工作中并没有发挥出新媒体科普传播的实际作用，与其他的协调组织不够通畅，导致新媒体科普工作的转型实际上还是按照传统的模式向前推进，没有形成新媒体工作自身发展的新特色、新思路。

（二）新媒体科普的行业监管与规制管理较为滞后

新媒体的科普机构大多遵循企业管理方式，以产业发展的组织形式成立，但在管理上缺少规制和政策。互联网信息技术的快速发展使信息生产者能够轻易地从网络上获得所需信息。因此，传播信息的合理性与科学性对新媒体科普传播的行业监管提出了新的要求。目前，由于信息需求者可能缺乏一定的专业知识和甄别信息真伪的能力，一些“不良”的信息发布者发布虚假信息，传播乱象不断出现。内容缺乏审核把关，再加上网络的匿名性特点，使得信息“鱼龙混杂”，一些谣言、谎言、流言或者片面之词、夸大之辞、炒作之辞时有涌现，欺骗或误导公众，使公众的认识出现偏差。[①] 但是相应的监管措施和规制办法却没有及时跟进。传统媒体的信息传播平台之间具有明显的排他性，所以现行信息传播环境中基本上还是针对各个不同传统媒体的相对独立的监管体系，但是新媒体的发展使得信息传播同时兼容了几种不同的传播形式和手段，这就迫使监管体系由纵向管理向横向管理推进，所以，目前对新媒体科普信息传播的监管存在一定盲区。

（三）新媒体科普人才缺失

在新媒体科普中，对人才的质量和数量都要求较高。做新媒体科普，要会科普内容创新、懂互联网信息技术、能够抓取科普热点信息，还要将科普信息进行及时普及，了解新媒体平台的最新运作模式，这使得此类综合型科普人才

---

① 王康友、谢小军、周寂沫：《互联网时代的科学普及》，《科普研究》2017 年第 5 期。

的有效供给不足。所以，建立一支新媒体科普综合业务水平较高、互联网思维丰富的专业科普人才队伍是非常关键，也是非常困难的。

（四）新媒体科普缺乏较为权威的评价体系

目前，新媒体科普更多的还是效仿传统科普传播模式，只是将信息放在网上而已，没有发挥出不同新媒体平台的优势，使得诸多新媒体科普传播实质上都是趋同的。同时，也没有针对不同新媒体科普信息平台的评价体系或实施标准。现行较为常见的评价基本是以平台粉丝量、信息点赞数或者内容转载次数、浏览量为基准来考量，如 WCI（Wechat Communication Index），但是在实际操作中，这些指标很可能出现失真。而且，现在新媒体平台基本属于企业经营，其更加注重企业发展的经济规模和收益，对信息传播的社会影响往往是忽略的。

（五）新媒体科普中内容的产权维护较为困难

因为数字媒体和网络媒介的显著特点之一就是容易被复制、修改和再传播[①]，所以新媒体科普传播中，信息内容的知识产权维护就比较困难，例如，传统纸质等形式的素材被数字化后版权归属问题，数字化后的科普传播内容在传播过程中的法律责任问题，数字化科普传播素材在网络渠道中的版权问题，不同数字化的科普传播素材在不同传播渠道、不同表现形式中的趋同，版权纠纷问题等[②]。科普信息内容的作者如果不能合法拥有知识产权，那么新媒体科普传播的效果和内容真实性就得不到很好的保障。

四　国家科普能力发展走势及对策建议

（一）国家科普能力建设的未来走向

1. 基于科普产业发展的市场化科普

科普服务是一个需要投入人力、物力等多种要素的综合性活动。传统公益

---

① 罗子欣：《新媒体时代对科普传播的新思考》，《编辑之友》2012 年第 10 期。

② 邓爱华：《新形势下科普新媒体传播的问题与建议》，《科技传播》2017 年第 4 期。

性科普服务正在面临主体单一、运营资金短缺、供需失衡等困境，与之相矛盾的是，随着知识消费时代的来临，人们对科普类服务产品有着十分强烈的需求。例如，果壳网推出的用于知识交易的分答产品，用发展产业的运作方式发展科普事业更有利于提高科普资源的使用效率。2016 年国务院办公厅印发的《促进科技成果转移转化行动方案》（国办发〔2016〕28 号）和 2017 年科技部、中央宣传部印发的《“十三五”国家科普与创新文化建设规划》（国科发政〔2017〕136 号），均在不同程度上提及发展科普产业的问题。

基于市场的基础调节作用发展科普产业，提供科普服务，一方面需要积极推动科普服务与传统商业活动的融合，打造“科普 + 旅游”“科普 + 游戏”“科普 + 电影”等多种“科普 +”新业态；另一方面，需要遵循科普产业发展规律，推动供给侧改革创新，以供给创造和推动需求。只有科普产业得到发展，才能使科普产业和科普事业并举，才能使科普之翼更加坚强，使之与科技创新比翼齐飞。我们主张将科普服务视为一种文化服务，推进科普服务供给体制的改革，实行公益科普与市场科普并举发展，形成双重服务供给体制。[①] 各级科普部门应该主要面向社会公众提供基础性科普服务，并将其作为国家现代公共文化服务体系的重要组成部分。与此同时，要鼓励各类市场主体、创新主体基于自身科普资源优势、技术优势、平台优势提供商业化的科普服务。两类服务各有取向，互为补充。

2. 基于新兴传播技术的信息化科普

推进科普信息化建设是国家科普能力建设的重要方向。科普信息化建设的目的是构建线上线下一体化的国家科普体系，做好科普发球端最先一公里的内容建设、科普传播的渠道建设，还要做好科普末端循环的最后一公里的终端呈现和效果评估工作，形成科普全链条的高效率运行模式。

第一，以互联网技术推动传统科普资源在线传播。打造科学权威的“科普中国”品牌，鼓励各类科研机构、社会主体或个人参与网络科普资源建设，发展科普新媒体，共同将线下科普资源推送到网络平台，打造在线科普品牌和精品栏目。同时，积极发展移动科普平台，建设如“中国科学探索中心”公

① 王明、郑念：《基于行动者网络分析的科普产业发展要素研究——对全国首家民营科技馆的个案分析》，《科普研究》2018 年第 1 期。

众号和其他移动APP，发展在线科普超市和科普云服务。

第二，以新媒介技术推动科学传播方式的创新。改变传统以图文为表达元素的纸媒传播方式，发展以声像为主的视听传播。以动画动漫、纪实影像、科幻电影、科学访谈类电视广播节目等形式，将传统科普内容形象化、可视化、移动化，推动科学传播方式由传统媒体向融媒体转变。

第三，以新兴数字技术发展新型科普形态。依托人工智能（AI）、虚拟现实（VR）等新技术建设在线科普实验室、在线科普互动社区、在线知识分享平台，鼓励各类市场主体将科普融入在线教育、生活与健康在线服务、在线娱乐休闲等活动，开发基于社交媒介分享和位置服务的在线科普游戏、在线健康科普等互动参与型科普产品，推动科普服务的社会化、市场化和功能化。

3. 基于人民生活需求的精准化科普

随着新时代我国社会主要矛盾的转化，科普也要为解决主要矛盾服务，不仅要成为创新发展之重要一翼，而且要为满足人民多样化的需求服务，为解决科普的不充分不平衡发展而服务。进入新时代，中国科普事业肩负着神圣使命，满足人民群众对美好生活的向往，践行以人民为中心的发展理念，以全民科学素质的持续提升构筑未来发展新优势，厚植国家创新发展的科技和人力资源基础，必须以新的理念武装科普工作。[①] 为此，针对社会公众的实际生活需求，未来科普工作，特别是政府主导的公益性科普服务，应围绕基本公共服务的需求，加强供给与需求对接的有效性，提升精准科普服务能力。

一方面，需要建立多主体科普协同机制，形成强大的科普合力。首先，需要各级政府做好顶层设计，建立各级科普资源信息库，收录各级科普组织的科普服务项目与内容信息，建立各级科普服务的供给方平台（Supply Side Platform，SSP），为政府根据公众科普需求调配有效的科普资源创造条件。其次，建立公众科普需求的在线表达机制，建立科普服务的需求方平台（Demand Side Platform，DSP）。例如，某城市社区可以就本社区居民的实际需要在线申请相应的科普服务内容和服务方式，并由政府根据公众需求去协调科普服务供给，形成多主体协同参与科普服务的供给机制。最后，探索建立科普

① 怀进鹏：《打造新时代创新发展的科普之翼》，《人民日报》2018年4月10日，第12版。

服务成效的评价体系，使得科普受众可以通过各类媒介对科普工作成效进行反馈式评价，以及时发现存在的问题并进行相应改进，进一步提升科普的精准性。

另一方面，需要借助大数据管理的思维，调查研究社会重点人群的共性需求和科普服务偏好，进行针对性科普服务。例如，针对农村居民，可以重点围绕节能环保、生态保护、科学农耕、应急避险、健康生活等与其日常生活息息相关的领域进行科普，同时注意科普内容和科普方式的创新，以本土喜闻乐见、接受度较高的形式提升科普的实际成效，将科普转化为改善居民生活和生产的一种能力，增强公众参与科普的获得感。

4. 基于公众参与科学的众包化科普

伴随互联网的发展，利用公众智慧共同参与企业生产与服务活动的众包模式正在兴起，不仅宝洁、星巴克、耐克等全球知名公司发展了众包平台，而且诸如 Inno Centive、Science Exchange、Idea Connection 等众包社区也诞生了。当前，众包模式引起了学界的广泛关注，而且，其适用范围正从商业领域向更广泛的社会领域扩散，其中就包括与科学有关的众包活动。尤其是随着科研众包的发展，不少西方国家的科研机构开始招募和吸纳公众进行天文监测、自然物种跟踪记录与保护等科普活动。例如，牛津大学组织公众参与天文星系在线分类的“Galaxy Zoo”活动、联合国世界粮食计划署开发“Free Rice”众包科普游戏①②。此类现象表明，众包科普具有广泛的社会基础和科普产业发展的潜质，为“基于科普产业的发展提升国家科普能力建设”提供了一种新的思路。

在此背景下，科普应该积极转向“公众参与科学”的科普新范式，鼓励各类科普主体、组织和个人发展线上与线下相结合的公益性或营利性众包科普项目。协同政府部门、企业以及网络运营商等多种主体，探索各具特色的众包科普服务模式。邀请公众共同参与科普内容创作、科普设施的设计与制作、科普项目的策划与运营等活动，在参与体验行动中进行自我教育和自我科普，培养科学志趣和创新能力。

---

① 赵宇翔：《科研众包视角下公众科学项目刍议：概念解析、模式探索及学科机遇》，《中国图书馆学报》2017 年第 5 期。

② 潘津：《把青少年科学调查体验活动“众包”出去》，《天津科技》2014 年第 5 期。

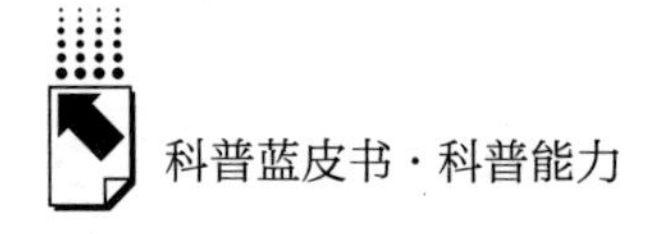

（二）对策建议

2017年是我国国家信息化规划的推进元年，也是“十三五”时期中国科协部署推进科普信息化建设的关键一年，科普工作应该顺应时势、把握机遇，在新媒体蓬勃发展的背景下，大力推进科普能力建设。因此，本报告提出以下对策建议。

1. 加快深化新媒体科普组织机制改革

新媒体科普组织机制改革应该以互联网理念为基础，首先从思维模式上进行转变，进而推进工作模式和经营方式的转变。将科普信息化与新媒体深度融合发展，使其逐步扩展到新媒体科普机构的内部体制、新媒体传播渠道、科普信息内容等范畴。以信息化重构科普服务流程，深刻洞察“顾客”需求①，并根据市场和国家的需求不断完善新媒体科普的运行机制。例如，央视新闻坚持“移动优先”战略，在渠道多样化方面积极布局，构建了“两微一端”加央视新闻移动网的新媒体矩阵，使得越来越多的用户投身到央视新闻的怀抱中，截至2017年11月底，“央视新闻”新媒体用户突破3.45亿；与此同时，央视新闻移动网面向全国广电机构开放矩阵号，将自身打造为移动端的融媒体内容聚合平台。②《人民日报》则早在2015年就通过“两微一端”等渠道，完善其新媒体领域布局。

2. 逐步建立新媒体科普行业监管体系

新媒体的发展为科学普及带来信息获取便利的同时，也让许多别有用心之人趁机扰乱信息市场，谣传、误传等非科学性信息频频出现在网络上，对公众获取真正的科普信息造成误导。所以，加快制定新媒体科普行业规制或自律协议是新媒体科普的有力保障，行业规制是一种外部监管，行业自律协议是内部约束。传播媒体的纵向监管体系已然不能满足媒体融合发展的现状，因此，在科普信息生产、制作、发布以及管理等涉及不同部门的诸多环节，都应实施全程横向、纵向监管，避免监管盲区和不必要的重复监管，减少资源浪费。

---

① 怀进鹏：《打造新时代创新发展的科普之翼》，《人民日报》，http：//news.sciencenet.cn/htmlnews/2018/4/408595.shtm，发布时间：2018年4月10日。

② 艾瑞咨询，http：//www.iresearch.com.cn，2018年1月。

3. 强化新媒体科普的人才培养与激励

加大对新媒体科普创作人才、信息编辑人才、传播技术人才、平台维护人才等的培养，定期组织内部培训和外部联合培养。在人员激励上，应注重对新媒体科普传播中有突出贡献的人员的奖励，激发工作人员的动力。例如，杭州日报集团将传统媒体信息传播业绩和新媒体传播业绩的考核同等对待，定期评选信息传播好的稿件，进行分别奖励，还制定实施了《新媒体数据监测统计办法》，范围适用其属下重点新闻网站、微博、微信公众号以及移动端，以此作为内部新媒体参评各类奖项的依据。①

4. 建立新媒体科普权威评价体系

新媒体技术为科学信息的传播与普及带来诸多优势，但是由于现行监管模式和体系的滞后，新媒体科普评价体系的发展没有跟上新媒体科普的发展进程，在利用新媒体进行科学知识普及的同时也产生了如缺乏科学性的谣言信息、信息知识产权不明晰、利益主体不明确等问题。所以，应当建立科学合理的新媒体科普评价体系标准，通过对新媒体科普数据的实时监控和评估，总结有益经验，及时发现劣势和不足。可以达到净化新媒体科普环境的目的，使得新媒体科普信息传播、新媒体科普产业发展以及公众、网民等能够处在一个良性循环发展的空间中。

5. 加强维护新媒体科普信息内容的知识产权

不恰当的科普信息内容、不标注信息来源的随意复制、不合理或缺乏科学性的信息传播等行为非常不利于新媒体科普的良性发展。科普内容原创是新媒体科普传播应该注重的重要原则之一。因为网络内容存在容易搜索、容易下载的特性，导致抄袭现象较为严重，原创性不足，所以应建立新媒体科普信息的知识产权保障体系，支持原创有效维护科普信息生产者的知识产权。另外，还需要制定一系列网络信息下载（转载）、引用等方面的规范以及侵权保护的惩罚措施等。

总之，随着“创新两翼论”的提出以及公众对科普需求的日益增长，加强新时代科普能力建设、提升公民科学素质再次受到中央及各级政府的高度

---

① 《杭州日报报业集团四举措系统化推进媒体深度融合》，人民网，http://media.people.com.cn/n1/2016/1207/c40606-28929927.html，2016年12月7日。

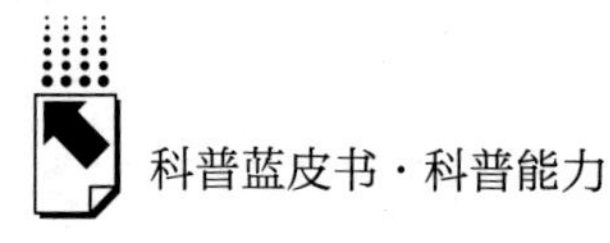

重视。审视新时代科普工作面临的新形势，未来国家科普能力建设应在市场化、信息化、精准化和大众化四个方向上寻求突破。同时，通过对国家以及各区域省份进行科普能力建设的动态监测和评估，发现科普能力建设中的问题和不足，实施针对性的提升计划，切实提升国家科普能力，打造创新发展的坚强科普之翼，助力中华民族腾飞，为实现中华民族伟大复兴中国梦做出科普贡献。

专 题 篇

B.2

我国政府部门和人民团体科普能力建设

刘 娅 佟贺丰 于 洁 黄东流 赵 璇*

摘 要： 本文以中央、国务院各有关部门及其直属单位和人民团体在内的30个部门为研究对象，以2011～2015年这些部门的科普统计调查数据和公开发布的254份科普工作政策文本为基础，对各政府部门和人民团体在“十二五”期间的科普能力建设情况进行了综合评价，并对其政策文本的外部特征和内容特征进行了深入分析，在此基础上提出了针对我国政府部门和人民团体科普能力建设和政策制定的相关建议。

关键词： 科学普及 能力评价 政策分析 人民团体 “十二五”

* 刘娅，中国科学技术信息研究所，研究员；佟贺丰，中国科学技术信息研究所，研究员；于洁，中国科学技术信息研究所，副研究员；黄东流，中国科学技术信息研究所，助理研究员；赵璇，中国科学技术信息研究所，编辑。

一 “十二五”期间我国政府部门和人民团体科普能力评价

（一）研究背景

科普是指“以浅显的、公众易于理解、接受和参与的方式向普通大众介绍自然科学和社会科学知识、推广科学技术的应用、倡导科学方法、传播科学思想、弘扬科学精神的活动”①。自《全民科学素质行动计划纲要（2006~2010~2020）》颁布以来，我国公民科学素质水平整体提高，科普资源不断丰富，基础设施建设持续推进，人才队伍不断壮大。及时、准确、全面把握科普工作的开展状况、水平以及不足，对于国家/区域的整体发展能力提升具有重要作用。

国内学者关于科普能力评价的研究主要集中在国家、社会、政府等宏观和中观层面以及社区、高校基层层面，对科普能力指标体系的构建更多关注于国家和地区层面。例如，翟杰全提出了包括50个指标的国家科技传播能力评价模型②，张艳等人构建了全国科普示范县（市、区）的评价体系③；李健民等人归纳了科普能力评价的相关要素，包括主体要素、客体要素、支撑要素、载体要素、内容和手段要素等④；邱成利从制定政策、投入保障、绩效考核等方面提出了拓展和丰富我国科普资源的主要途径⑤；在评价方法选择上，李婷、张慧君等人采用主成分分析法构建了区域科普能力评价

---

① 《科学普及》，百度百科，https：//baike. baidu. com/item/% E7% A7% 91% E5% AD% A6% E6% 99% AE% E5% 8F% 8A/833042？fr = aladdin。

② 翟杰全：《国家科技传播能力：影响因素与评价指标》，《北京理工大学学报》（社会科学版）2006年第8期，第36页。

③ 张艳、石顺科：《全国科普示范县（市、区）的示范期评价体系构建》，《科普研究》2013年第5期，第21~24页。

④ 李健民、杨耀武、张仁开：《关于上海开展科普工作绩效评估的若干思考》，《科学学研究》2007年第S2期，第331~336页。

⑤ 邱成利：《推进我国科普资源开发与建设的若干思考》，《中国科技资源导刊》2015年第3期，第1~6、14页。

指标[①][②]；任嵘嵘等人将熵权法与 GEM 相结合，建立了科普能力评价分析模型[③]；佟贺丰等人采用层次分析法，构建了地区科普力度评价指标体系[④]。卓丽洪等基于牛顿第二定律原理，研究了地区科普驱动力测算模型[⑤]。国外学者中，Godin 和 Gingras 从投入和产出两端评价一国的科学文化发展水平，构建了测量国家科学文化的社会组织模型[⑥]；Arne Schirrmacher 论述了科学教育和新闻媒体传播对科普的影响[⑦]；FábioC Gouveia 等人指出评估的主要指标应包括活动的社会影响，活动对公众的态度、行为层面变化等方面的影响[⑧]。

综上所述，目前国内外对科普能力评价的研究多集中于国家和区域等宏观层面，评价指标和评价方法的选择也较为多样化，但针对行业部门、人民团体等行为主体的科普工作研究尚属空白。因此，如何科学评价和分析不同行业部门、人民团体的科普能力，准确找出科普能力建设的短板和提升科普能力的有效对策，是科普研究的重要内容。

（二）研究框架

我国自 2004 年以来开展全国科普统计调查工作，从人员、场地、经费、传媒和活动 5 个维度进行了全方位的数据调查。调查对象涉及全国 31 个省、自治区、直辖市（不含香港特别行政区、澳门特别行政区和台湾地区），包括

---

① 李婷：《地区科普能力指标体系的构建及评价研究》，《中国科技论坛》2011 年第 7 期，第 12 ~ 17 页。

② 张慧君、郑念：《区域科普能力评价指标体系构建与分析》，《科技和产业》2014 年第 2 期，第 126 ~ 131 页。

③ 任嵘嵘、郑念、赵萌等：《我国地区科普能力评价—基于熵权法 - GEM》，《技术经济》2013 年第 2 期，第 59 ~ 64 页。

④ 佟贺丰、刘润生、张泽玉等：《地区科普力度评价指标体系构建与分析》，《中国软科学》2008 年第 12 期，第 54 ~ 60 页。

⑤ 卓丽洪、李群、王宾等：《中国地区科普驱动力指标体系构建与评价》，《中国科技论坛》2016 年第 8 期，第 95 ~ 101 页。

⑥ Godin B，Gingras Y.：“What is Scientific and Technological Culture and How is Measured? A Multidisc Tensional Model”，*Public Understanding of Science* 2000（3），pp. 43 – 58.

⑦ Arne Schirrmacher：“Popular Science Between News and Education：A European Perspective”，*Science & Education* 2012（3），pp. 289 – 291.

⑧ FábioC. Gouveia、Eleonora Kurtenbach：“Mapping the web relations of science centres and museums from Latin America”，*Scientometrics* 2009（3），pp. 491 – 505.

发改委、教育、科技管理、工信等30余个部门和人民团体的中央、省级、地市级和县级四级单位。调查数据是开展相关科普研究的坚实基础。

本部分研究基于2015年科普统计调查数据，以中共中央、国务院各有关部门及其直属单位和人民团体在内的30个部门为研究对象（见表1），从总体层面和部门层面两个维度，对各政府部门和人民团体在“十二五”期间的科普能力建设情况进行综合评价与分析。

表1　政府部门和人民团体覆盖范围

序号	部门/团体	序号	部门/团体
1	发改委	16	体育
2	教育	17	安监
3	科技管理	18	食品药品监管
4	工信	19	林业
5	民委	20	旅游
6	公安	21	地震
7	民政	22	气象
8	人力资源和社会保障	23	粮食
9	国土资源	24	中科院
10	环保	25	社科院
11	农业	26	共青团
12	文化	27	工会
13	卫生计生	28	妇联
14	质检	29	科协
15	新闻出版广电	30	其他

研究采用定性和定量相结合的研究方法，综合考虑科普投入（人员、设施、经费等）、科普产出（科普媒介、科普活动等）等要素，结合实证研究支撑数据的可获得性、客观性和稳定性等考虑，并根据专家意见设计了一套既包含绝对指标，也包含相对指标的科普能力建设评价指标体系（见表2）。

考虑各指标数据存在量纲差异，有时序性且为正向指标，为了使不同度量值之间的特征具有可比性，需进行数据标准化处理。借鉴联合国开发计划署（UNDP）人类发展指数（HDI—Human Development Index）指标计算方法的思

表 2　我国政府部门和人民团体科普能力指标体系

目标	一级指标	权重	二级指标	权重	指标具体含义
部门科普能力	科普人员服务能力	20	平均每填报单位科普人员数	7	(专职人员数 + 兼职人员数)/填报单位数
			中级职称及大学以上学历科普人员比例	7	(专职中级职称及大学以上学历科普人员 + 兼职中级职称及大学以上学历科普人员)/(专职人员数 + 兼职人员数)
			科普兼职人员年平均工作时间	6	兼职人员投入工作量/兼职人员总数
	科普基础设施能力	20	科普场馆单位展厅面积年接待观众人数	7	(科技馆参观人次 + 科技类博物馆参观人次)/(科技馆展厅面积 + 科技类博物馆展厅面积)
			平均每填报单位科普场馆建筑面积	7	(科技馆建筑面积 + 科技类博物馆建筑面积)/填报单位数
			科普场馆基建支出金额	6	科普场馆基建支出
	科普活动组织能力	20	平均每填报单位三类主要科普活动举办次数	7	(科普讲座举办次数 + 科普展览举办次数 + 科普竞赛举办次数)/填报单位数
			平均每填报单位三类主要科普活动参加人次	7	(科普讲座参加人次 + 科普展览参加人次 + 科普竞赛参加人次)/填报单位数
			科技活动周科普活动参加人次	6	科技活动周科普活动参加人次
	科普创作与传播能力	15	科普创作人员数量	5	科普创作人员数量
			平均每填报单位出版科普图书册数	5	出版科普图书册数/填报单位数
			科普网站数量	5	科普网站数量
	科普经费保障能力	20	社会科普经费筹集比例	7	(捐赠 + 自筹资金 + 其他收入)/科普经费筹集额
			平均每填报单位科普活动支出金额	7	科普活动支出总额/填报单位数
			科普专项经费筹集额	6	科普专项经费筹集额
	科普政策支持能力	5	部委级部门出台科普政策数量	5	部委级部门出台科普政策数量

路，本文采用阈值法处理数据，即以指标的最大值和最小值的差距进行数学计算，评价值取值范围介于 0 ~ 100。具体计算方法是：在各评价对象某项指标

的所有时序实际值 X 中取极大值和极小值，计算二者之差作为基准值，并计算评价对象实际值与最小值之差占基准值的百分比，再将结果乘以100作为评价对象在该指标的评价值 Y_i，计算公式如下：

$$Y_i = \frac{X_i - \min(X_i)}{\max(X_i) - \min(X_i)} \times 100$$

在确定评价值 Y_i 和各指标权重之后，便可算出各评价对象在科普人员服务能力、科普基础设施能力、科普活动组织能力、科普创作与传播能力、科普经费保障能力、科普政策支持能力各维度得分情况。W_i 为二级指标权重，i 为整数，计算公式如下：

$$Z_s = \sum Y_i * W_i$$

Z_s 表示相应各维度的能力得分，$s=1$，2，3，4，5，6。将6个维度科普能力分数相加求和，即得到某评价对象科普能力的综合得分 N。

（三）“十二五”期间我国政府部门和人民团体科普能力总体表现

1. 综合情况

从图1可以看出，“十二五”期间各政府部门和人民团体科普能力状态呈出较大的差异性，大致表现为“持续上升”“持续下降”“基本平稳”以及“上下波动”四种形态。科协和卫生部门在五年时间内保持了能力持续增强的态势；地震则呈现能力持续下降的态势；公安、教育、民政、农业、气象、人力资源和社会保障、食品药品监管、文化8个部门和团体的能力表现较为稳定；发改委、妇联、工会、工信、共青团、国土资源等19个部门和团体的能力表现则处于较为不稳定状态，年度起伏比较大。所有部门和团体中，相比较而言科协处于第一梯队位置，五年中其科普能力一直排在各部门的首位，并且呈现逐年增强的态势，2011年能力值为43.65，2015年达到55.23。以“十二五”期间科普能力平均值计算，科协的科普能力是体育的9.27倍。第二梯队包括科技管理、教育、中科院、卫生和农业，其科普能力均值在20~30。文化、旅游和共青团等15个部门和团体属于第三梯队，其科普能力均值在10~20。粮食、发改委、妇联、民委、民政、安监、食品药品监管、人力资源和社会保障以及体育属于第四梯队，其科普能力均

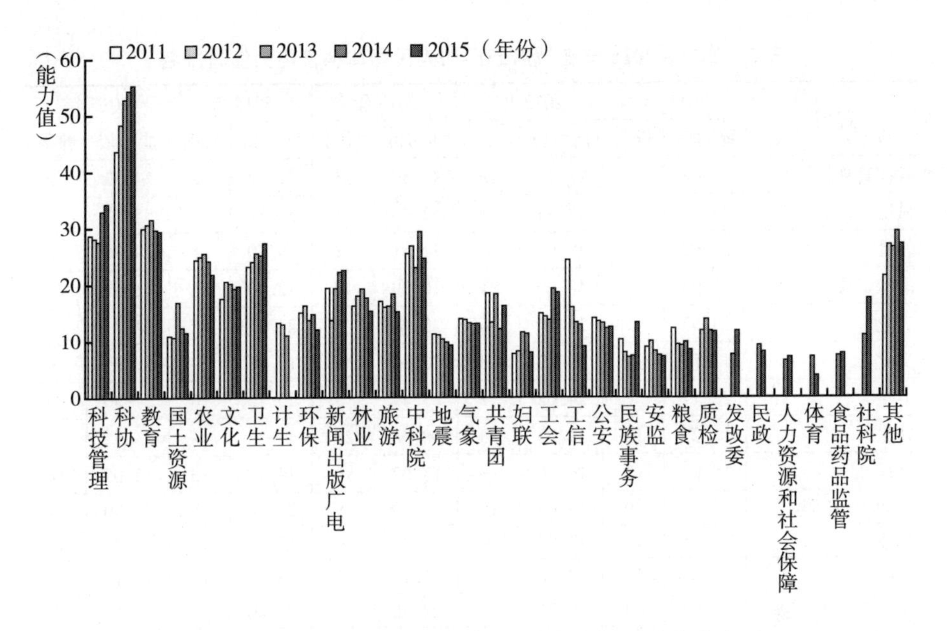

图1　2011～2015年各政府部门和人民团体科普能力表现

值都在10以下，这些部门和团体大部分是近两年新加入科普统计范围的，科普能力值较低可能和刚刚纳入统计范围，调查表回收数量不多有一定关系。

各个部门和团体在2011～2015年科普能力值排名的变化情况也不一样。从表3可以看出，科协的科普能力值处于持续上升状态，而且排名一直处于第一位的位置。科技管理的科普能力值整体处于稳中有升状态，前三年排名均为第三位，2014年、2015年均上升到第二位。教育则与科技管理的表现正好相反，其科普能力值在前三年均排在第二位，而2014年、2015年则回落到第三位。中科院的科普能力值排名在第四名至第七名起伏，2011年和2014年达到峰值，2013年的排名最低。农业的科普能力值排名在第五名至第八名，虽然整体上一直位列前十位，但排名持续下降。卫生部门的科普能力值排名在第四名至第七名，2014年卫生部门和计生部门合并后，科普能力值稳中有升，2015年的排名已经上升到第四位。其他和团体从排名来看，总体上位列前十以外，且各部门和团体的排名基本上都呈现了上下起伏的波动状态。

表3　2011～2015年各政府部门和人民团体科普能力值与排名

部门	2011年		2012年		2013年		2014年		2015年	
	能力值	排名	能力值	排名	能力值	排名	能力值	排名	能力值	排名
科技管理	28.68	3	28.11	3	27.60	3	32.89	2	34.32	2
科协	43.65	1	48.34	1	52.78	1	54.31	1	55.23	1
教育	29.92	2	30.63	2	31.51	2	29.70	3	29.36	3
国土资源	10.93	21	10.69	21	16.89	12	12.40	16	11.53	21
农业	24.35	5	24.90	6	25.47	6	24.15	7	21.77	8
文化	17.53	11	20.52	8	20.18	8	19.25	9	19.66	9
卫生	23.17	7	24.02	7	25.49	5	25.13	6	27.30	4
计生	13.22	18	12.93	18	10.98	21	—	—	—	—
环保	15.02	14	16.26	10	13.67	16	14.75	13	12.05	18
新闻出版广电	19.37	9	13.69	15	19.33	9	22.18	8	22.50	7
林业	16.21	13	17.94	9	19.21	10	17.63	12	15.27	13
旅游	17.03	12	15.96	11	16.19	13	18.33	11	15.17	14
中科院	25.43	4	26.78	5	22.96	7	29.40	4	24.61	6
地震	11.23	20	11.09	20	10.34	22	9.78	23	9.24	22
气象	13.93	17	13.80	14	13.20	18	13.02	14	13.11	16
共青团	18.44	10	13.29	17	18.34	11	12.13	18	16.24	12
妇联	7.74	24	8.18	24	11.54	20	11.29	20	7.96	26
工会	14.88	15	14.31	13	13.75	15	19.24	10	18.56	10
工信	24.32	6	15.91	12	13.29	17	12.87	15	9.06	23
公安	14.05	16	13.46	16	13.16	19	12.24	17	12.45	17
民委	10.22	22	7.97	25	7.08	25	7.34	27	13.24	15
安监	8.91	23	9.92	22	8.21	24	7.43	26	7.21	28
粮食	12.17	19	9.33	23	9.19	23	9.79	22	8.40	24
质检	—	—	11.80	19	13.80	14	11.74	19	11.58	20
发改委	—	—	—	—	—	—	7.53	25	11.73	19
民政	—	—	—	—	—	—	9.17	24	8.06	25
人力资源和社会保障	—	—	—	—	—	—	6.46	30	7.09	29
体育	—	—	—	—	—	—	7.15	29	3.82	30
食品药品监管	—	—	—	—	—	—	7.34	28	7.73	27
社科院	—	—	—	—	—	—	10.91	21	17.44	11
其他	21.40	8	26.96	4	26.49	4	29.35	5	27.11	5

注：①2014年国务院机构改革将卫生计生合并，新成立国家卫生部门和计划生育委员会，故2014年、2015年卫生部门数据是部门合并后数据，计生部门不再单独统计。

②质检、发改委、民政、人力资源和社会保障、体育、食品药品监管、社科院由于纳入全国科普统计工作时间不同，因此这7个部门没有连续5年数据。

2. 分能力表现

对所有部门和团体六个维度的科普分能力在各年度的表现分别进行计算可以看到，科普分能力年度表现在具有相似性同时存在差异性。总体上看，各科普分能力按年度的整体形态结构基本类似（见图2），由此反映了整体意义上科普能力构成的稳定性。六个维度的分能力中，“科普人员服务能力”表现最好，“科普经费保障能力”次之，“科普基础设施能力”“科普活动组织能力”和“科普创作与传播能力”还有待进一步加强，“科普政策支持能力”表现较弱。各分能力的年度情况反映出变化差异性。虽然“科普人员服务能力”在分能力中整体表现较好，但年度表现上却呈现整体下滑的态势，2015年是表现最弱的一年。“科普经费保障能力”表现为先升后降的态势，2015年虽然略有回升，但仍弱于2011~2013年各年度的表现。“科普基础设施能力”“科普活动组织能力”的表现均在2011年最好，随后呈现先降后升再降的态势，相对而言“科普基础设施能力”的波动幅度要小一些，“科普活动组织能力”2015年的表现最弱。“科普创作与传播能力”处于先升后降再升的态势，2014

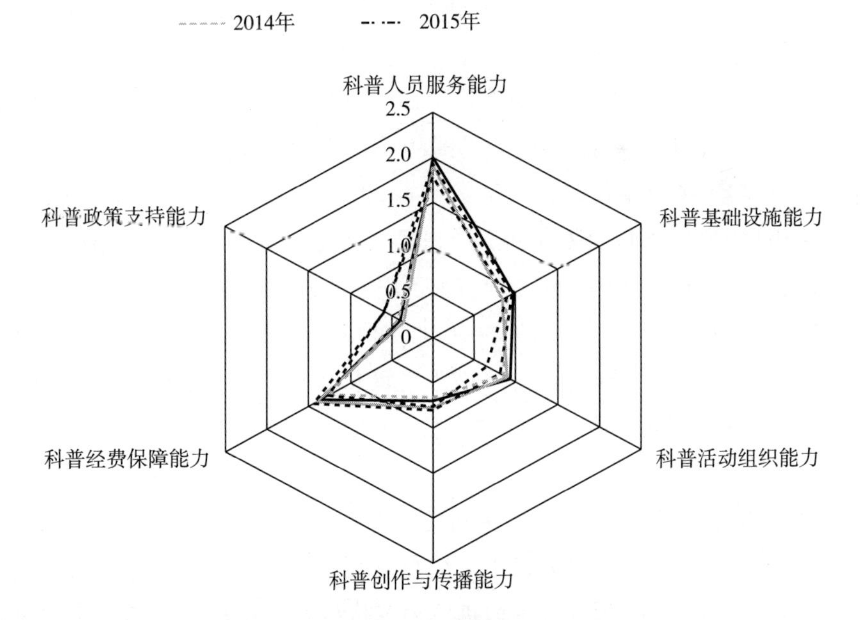

图2　六个维度科普分能力的历年情况对比

年表现最弱。“科普政策支持能力”处于先降后升再降再升的态势，2015 年表现最好。由此可以看出，“科普人员服务能力”整体表现较好但年度表现减弱的状态说明此方面能力建设尚需要强化。同时，“科普经费保障能力”“科普基础设施能力”“科普活动组织能力”弱化的趋势也显示这三方面能力建设不能掉以轻心。而“科普政策支持能力”虽然整体上较弱但正在有所改善的表现，说明了政策环境建设力度在向好发展。

（四）“十二五”期间我国政府部门和人民团体综合科普能力值前五位的个体表现

以下对各部门类型在“十二五”期间各年度科普能力值加总平均后，选取排名前五位的部门类型进行个体情况分析。首先，以二级指标评价值为基础，按照“科普人员服务能力”“科普基础设施能力”“科普活动组织能力”“科普创作与传播能力”“科普经费保障能力”“科普政策支持能力”六个一级指标维度，分项进行年度情况分析；其次，根据各一级指标得分表现，进行年度整体能力的综合评价与对比。所有分析均以评价值为基础开展，具有相对性特点。此外，由于 2014 年卫生部门和计生部门合并，因此对该部门的分析将基于 2014 ~ 2015 年数据开展。

1. 科协

2011 ~ 2015 年科协在“科普人员服务能力”维度的二级指标表现如图 3 所示。“平均每填报单位科普人员数”在 2011 ~ 2015 年呈现先降后升态势，2015 年相对最强，2012 年相对最弱，其他三年处于中间状态。该指标整体表现较其他两个指标强，因此对“科普人员服务能力”的影响较大。“中级职称及大学以上学历科普人员比例”在 2011 ~ 2015 年表现为先升后降状态，2014 年相对最优，2015 年相对最弱。“科普兼职人员年平均工作时间”在 2011 ~ 2015 年能力表现呈现先降后升再降的态势，2013 年相对最好，2015 年相对较弱。

2011 ~ 2015 年科协在“科普基础设施能力”维度的二级指标表现如图 4 所示。“科普场馆单位展厅面积年接待观众人数”能力表现呈现先降后升再降的态势，波动幅度不大。“平均每填报单位科普场馆建筑面积”的表现在 2011 ~ 2015 年呈现逐年上升状态，2015 年表现相对最好，2011 年相对最弱。

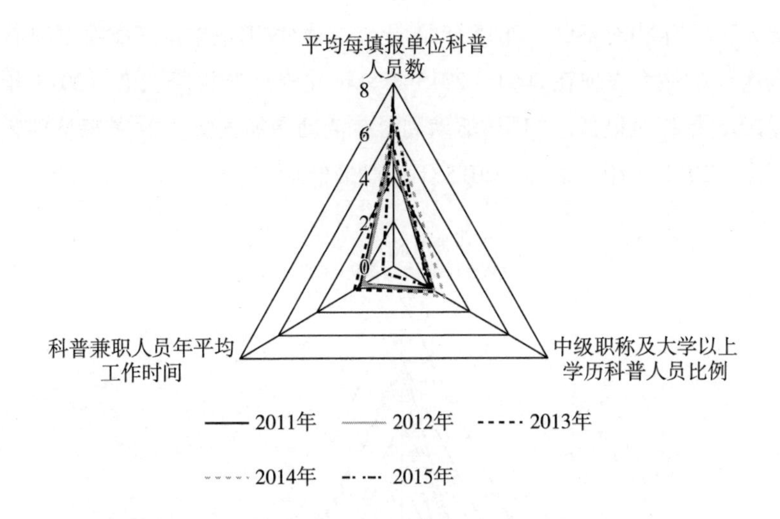

图3 “十二五”期间科协“科普人员服务能力”表现

“科普场馆基建支出金额”整体呈现高低交替波动的态势，2014 年相对最强，2011 年相对最弱。

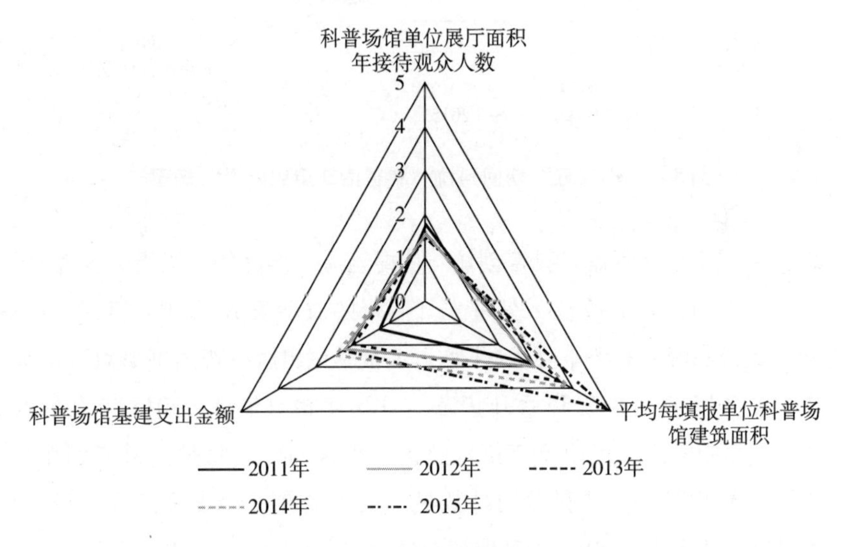

图4 “十二五”期间科协“科普基础设施能力”表现

2011～2015 年科协在“科普活动组织能力”维度的二级指标表现如图 5 所示。“平均每填报单位三类主要科普活动举办次数”的表现为低高交替波动的态势，2013 年相对最强，2015 年最弱。“平均每填报单位三类主要科普活动参加人次”的能力表现在 2011 ~2015 年呈现先降后升再降状态，2014 年相对最高，2015 年相对最低。“科技活动周科普活动参加人次”的表现呈现整体下降的状态，2011 年相对最高，2015 年相对最低。

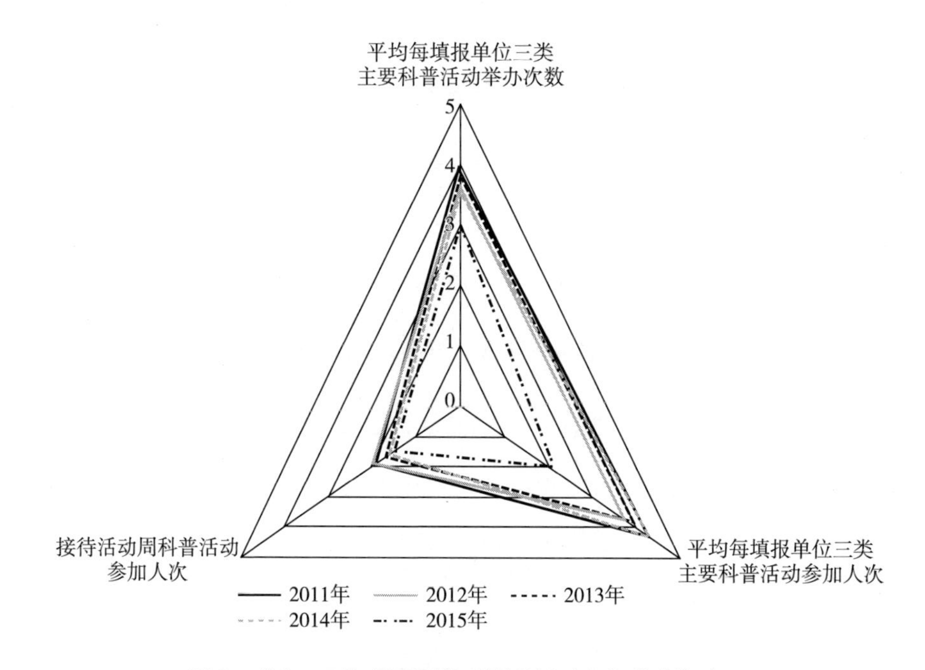

图 5 “十二五”期间科协“科普活动组织能力”表现

2011 ~2015 年科协在“科普创作与传播能力”维度的二级指标表现如图 6 所示。“科普创作人员数量”呈现先升后降的波动态势，2011 年相对最低，2013 年达到最高峰后有所下降。“平均每填报单位出版科普图书册数”的能力表现 2011 ~2015 年呈现先降后升状态，2013 年相对最低，2015 年大幅度提升，达到五年中最高。但由于该指标整体表现较弱，因此对“科普创作与传播能力”的影响较小。“科普网站数量”的表现在五年中呈先升后降态势，2014 年表现相对最强，2011 年表现相对最弱。

2011 ~2015 年科协在“科普经费保障能力”维度的二级指标表现如图 7 所示。“社会科普经费筹集比例”在五年中呈现了先降后升再降的状态，指标值较弱，对“科普经费保障能力”的影响较小，2011 年相对最高，2015 年相

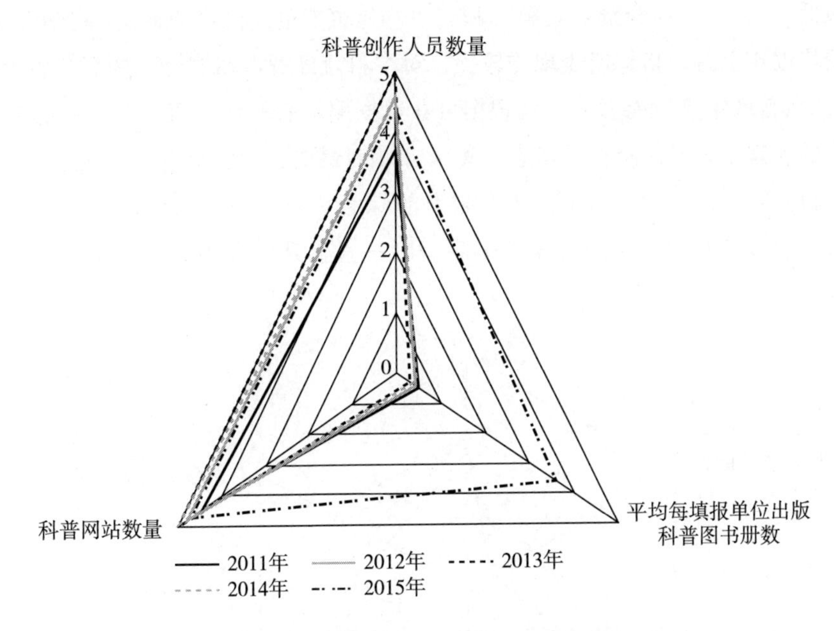

图 6 “十二五”期间科协“科普创作与传播能力”表现

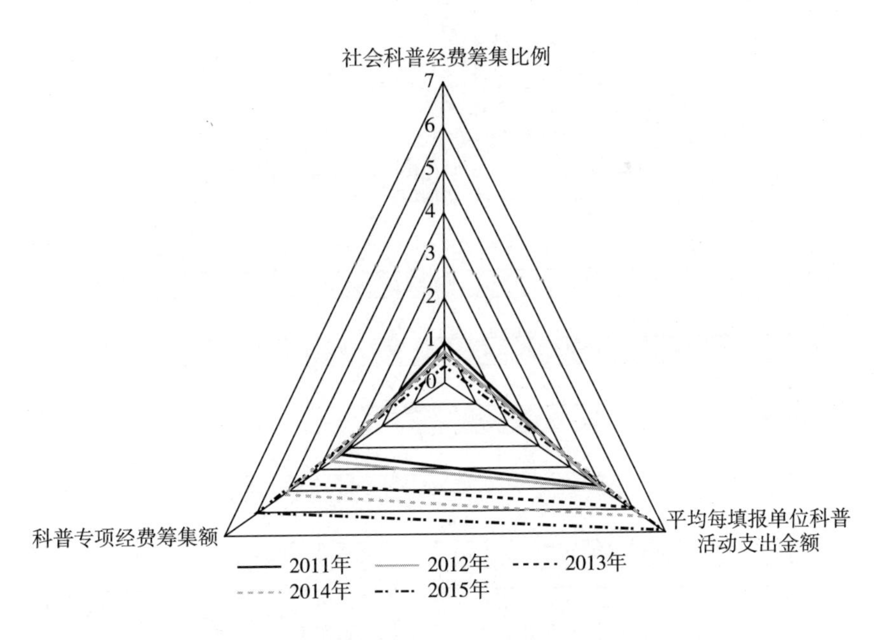

图 7 “十二五”期间科协“科普经费保障能力”表现

对最低。“科普专项经费筹集额”和“平均每填报单位科普活动支出金额”的表现均逐年上升，指标值表现均较强，对“科普经费保障能力”的影响较大。

“科普政策支持能力”方面根据可获数据测算后的评价值显示，科协在五年内的表现是先升后降再升状态，2011 年相对最弱，2013 年相对最强。

科协在“十二五”期间科普能力的综合表现如图 8 所示。可以看出，2011～2015 年科协科普能力整体表现呈现一直上升的态势，综合评价值介于

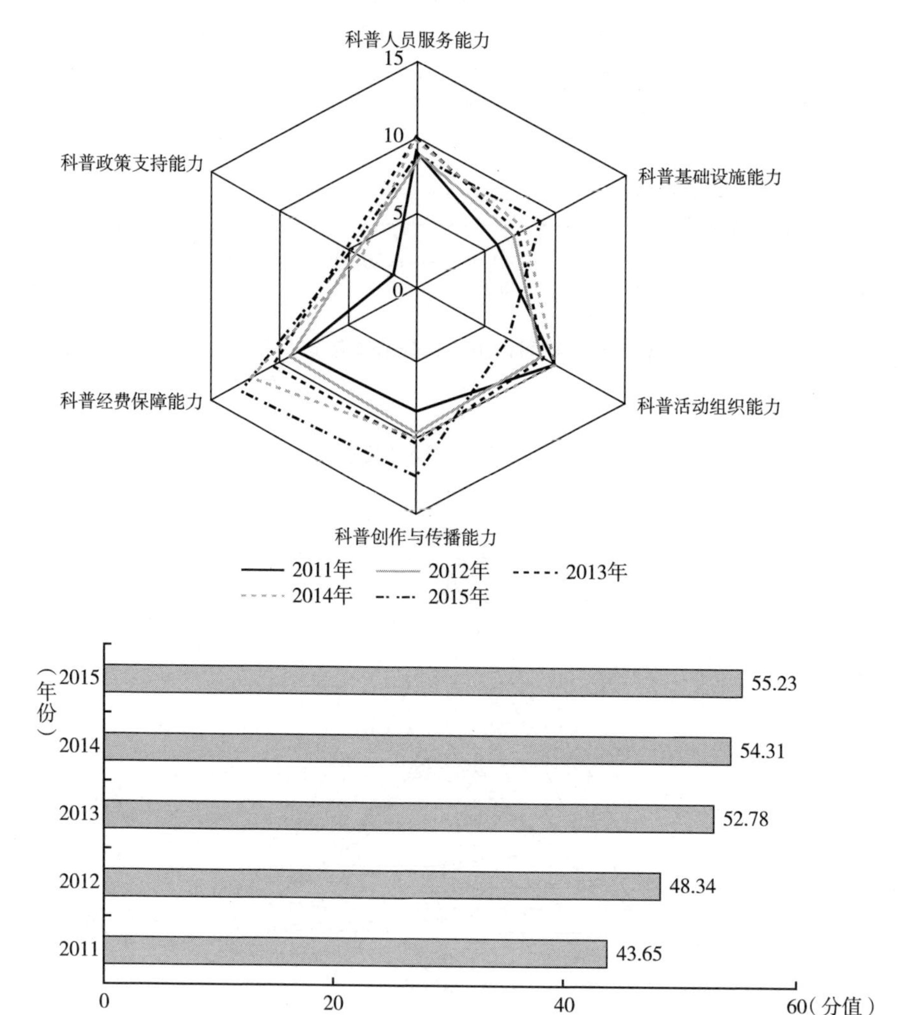

图 8 “十二五”期间科协科普能力综合表现

43～56。从6项分能力的具体表现来看，综合能力持续提升主要归因于“科普基础设施能力”和“科普经费保障能力”的逐年增强。“科普政策支持能力”对综合能力的影响相对较小。“科普活动组织能力”在2015年有较大幅度降低。其他指标总体上比较稳定。未来科协的科普工作还需要在“科普活动组织能力”方面进行提升。

2. 科技管理

2011～2015年科技管理在“科普人员服务能力”维度的二级指标表现如图9所示。“平均每填报单位科普人员数”在2011～2015年的表现呈现先降后升态势，2013年相对最弱，2015年达到最强。“中级职称及大学以上学历科普人员比例”的表现在2011～2015年处于先升后降再升的波动状态，2014年相对最弱，2015年表现最优。“科普兼职人员年平均工作时间”表现为先降再升再降，总体呈现下降的态势，相对而言2011年最好，2015年最弱。

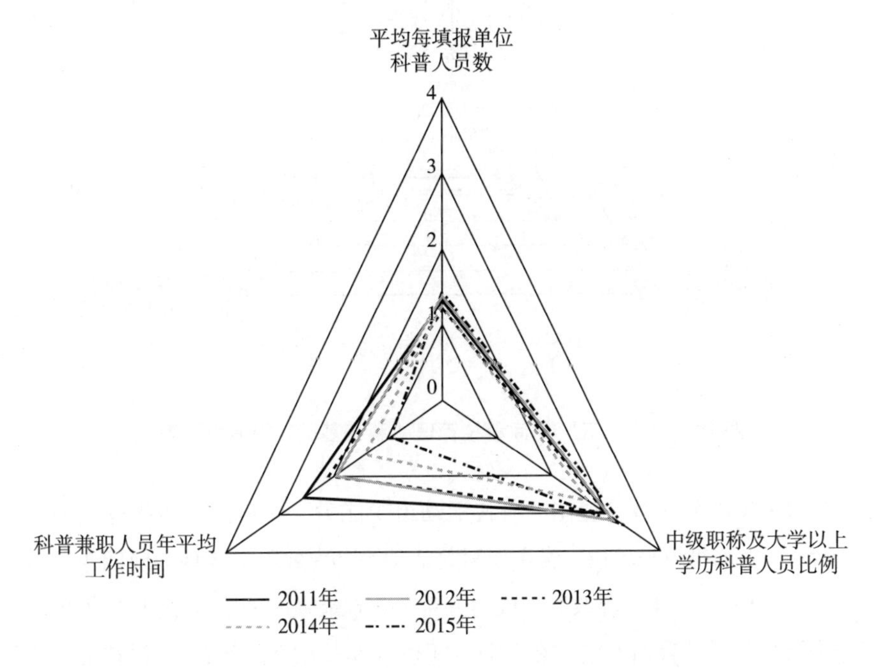

图9 “十二五”期间科技管理“科普人员服务能力”表现

2011～2015年科技管理在“科普基础设施能力”维度的二级指标表现如图10所示。“科普场馆单位展厅面积年接待观众人数”呈现先升后降再升的态势，2012年达到最强以后开始逐渐减弱，2015年又有所回升。“平均每填报单位科普场馆建筑面积”的表现呈现先降后升的态势，2012年达到最弱后开始持续增强，2015年的表现达到最优。“科普场馆基建支出金额”表现为先降后升再降的态势，其中2014年的表现极其突出，当年的基建支持金额规模为其他年度的4～5倍，因此评价值也远高出其他年度。其余年度中2015年表现相对突出。

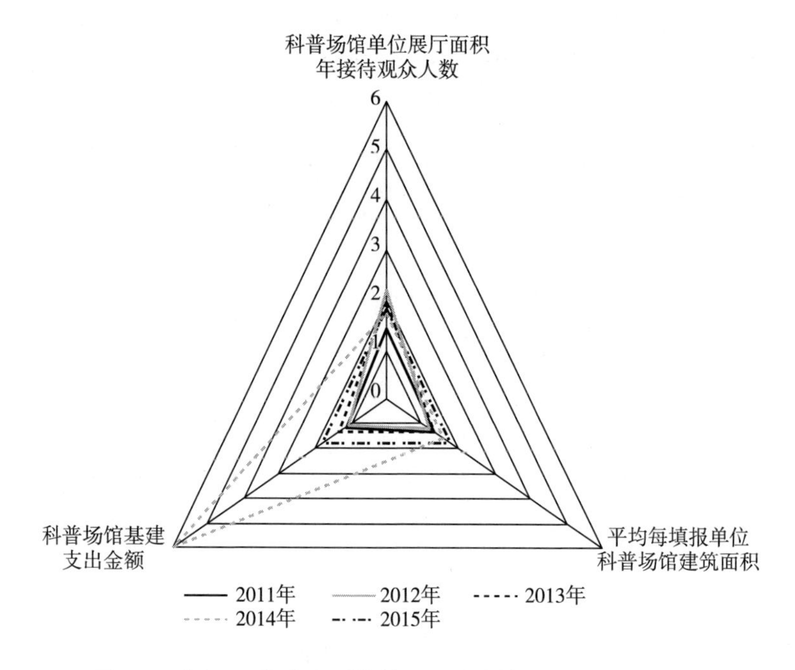

图10 “十二五”期间科技管理“科普基础设施能力”表现

2011～2015年科技管理在“科普活动组织能力”维度的二级指标表现如图11所示。“平均每填报单位三类主要科普活动举办次数”的表现为前四年呈持续下降态势，但2015年情况改善，成为五年中表现最强的一年。“平均每填报单位三类主要科普活动参加人次”在2011～2015年呈持续下降状态。“科技活动周科普活动参加人次”的表现呈现先降后升再降再升态势，其中2015年的表现非常突出，参加人次在数量规模上基本达到其他年度的3～4倍。

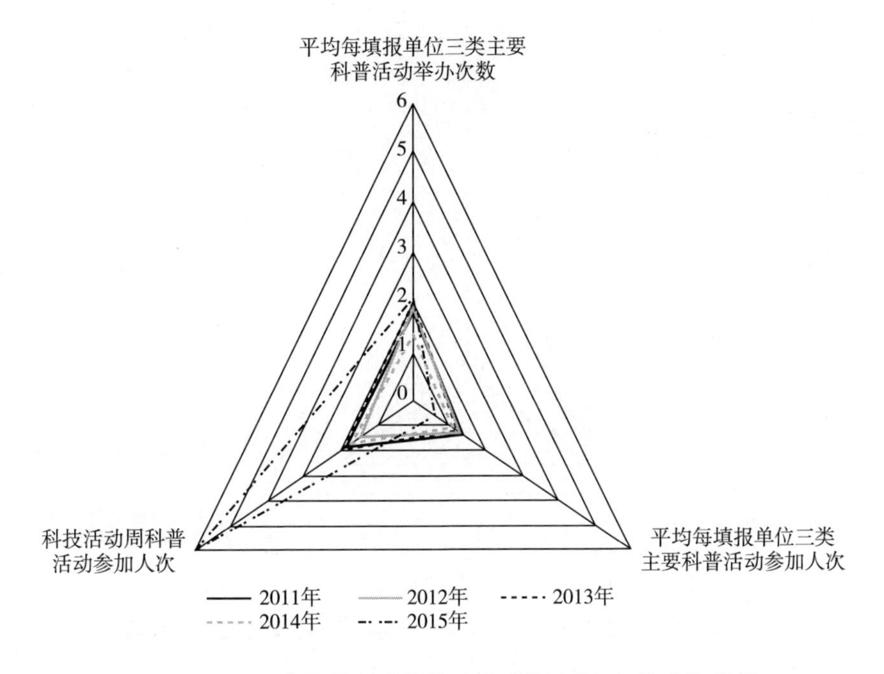

图 11　“十二五”期间科技管理“科普活动组织能力”表现

2011 ~ 2015 年科技管理在“科普创作与传播能力”维度的二级指标表现如图 12 所示。“科普创作人员数量”呈现先升后降再升的波动态势，2011 年相对最低，2012 年达到最高峰后开始下降，2015 年有所回升。“平均每填报单位出版科普图书册数”的表现在前四年持续下滑，2015 年出现回升。三个指标中，该指标整体表现较弱，因此对“科普创作与传播能力”的影响较小。“科普网站数量”的表现为先升后降再升，相对而言 2013 年表现最弱，2015 年表现最强。

2011 ~ 2015 年科技管理在“科普经费保障能力”维度的二级指标表现如图 13 所示。“科普专项经费筹集额”呈现先降后升再降的态势，2011 ~ 2013 年相对比较稳定，2014 年大幅度增强，成为五年中表现最佳的一年。2015 年出现回落，但仍强于 2011 ~ 2013 年各年表现。“社会科普经费筹集比例”在五年中呈现了先降后升再降再升的波动态势，2014 年最弱，2015 年表现最好。“平均每填报单位科普活动支出金额”2014 年的表现虽然比 2013 年有所回落，但五年总体呈现了增强态势，2015 年表现位于五年之首。

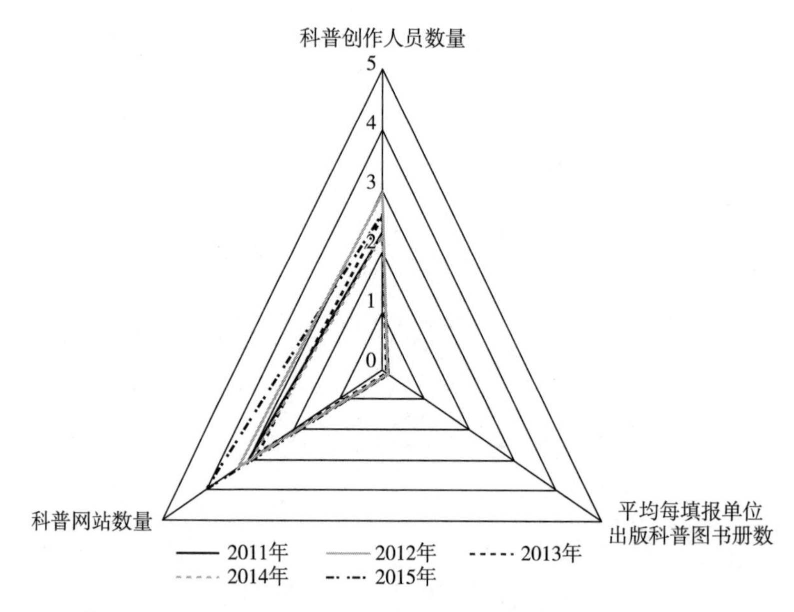

图 12　“十二五”期间科技管理“科普创作与传播能力”表现

三项指标说明五年来科技管理对科普工作方面经费支持力度总体在不断加大，工作执行也在增强。

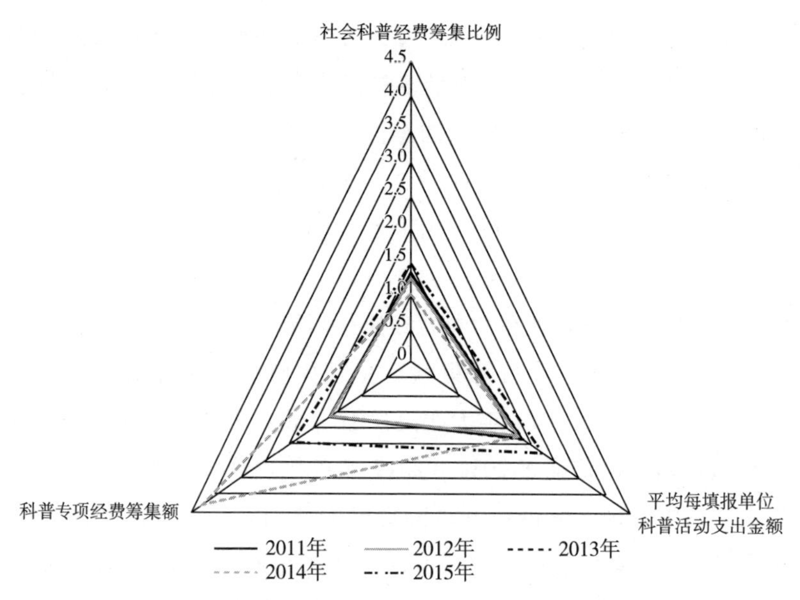

图 13　“十二五”期间科技管理“科普经费保障能力”表现

“科普政策支持能力”方面根据可获数据测算后的评价值显示，科技管理在五年内的表现是先降后升的状态，总体上有一定弱化。2011 年是五年中最强的一年。

“十二五”期间各年度科技管理科普能力综合评价值介于 27 ~ 35。综合表现如图 14 所示，呈现先降后升的态势，2011 ~ 2013 年呈下降态势，2014 年开始上升，2015 年达到五年中的最高。分析构成综合能力 6 个维度的具体表现，2015 年的最佳综合表现应主要归功于“科普活动组织能力”的大幅提升和

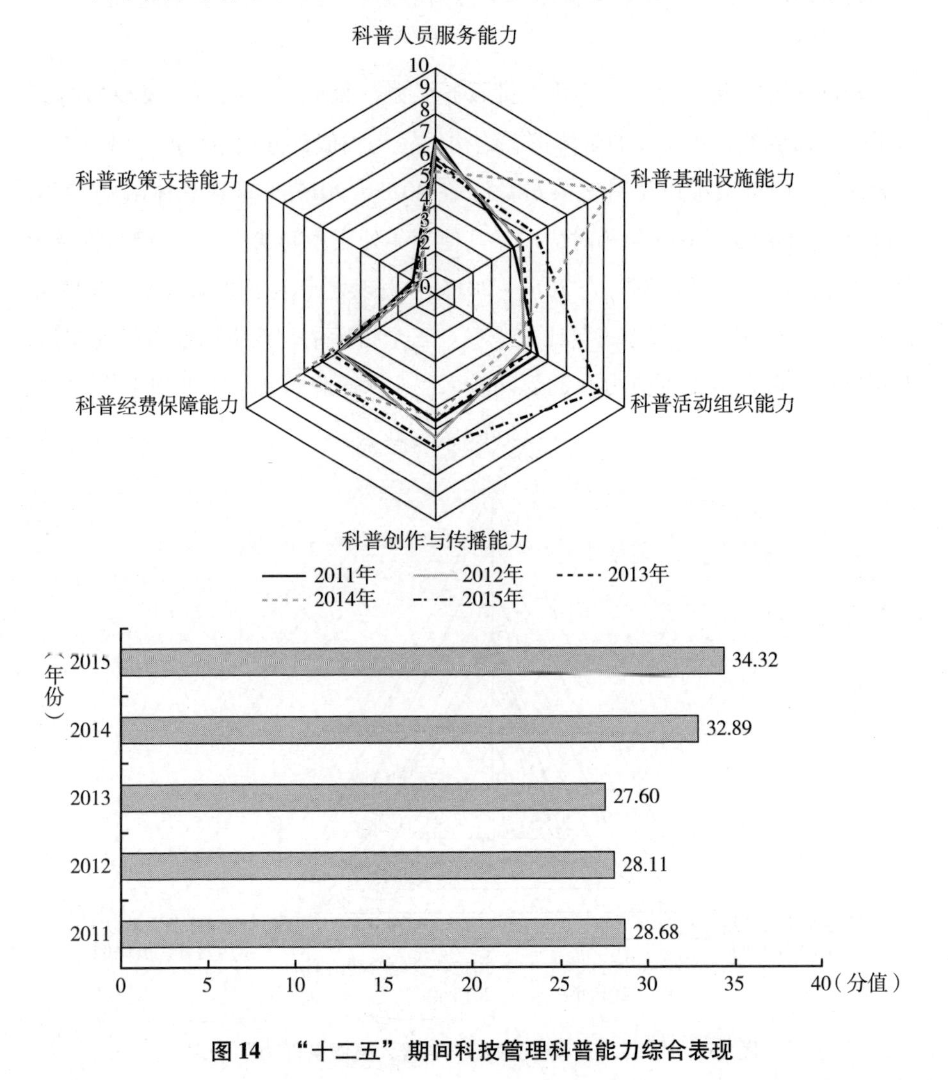

图 14 “十二五”期间科技管理科普能力综合表现

“科普创作与传播能力”与“科普基础设施能力”的改善。2014年的综合表现良好主要与“科普基础设施能力”和“科普经费保障能力”的增强有关。但同时可以看到，五年中虽然“科普基础设施能力”和“科普经费保障能力”整体上表现为上升态势，但“科普人员服务能力”却整体呈现下降态势，且其他三个维度也一直处于上下起伏的不定状态。因此，“科普人员服务能力”和“科普政策支持能力”是科技管理未来科普工作需要强化的着力点，同时“科普活动组织能力”和“科普创作与传播能力”也需要保持其稳定性。

3. 教育

2011～2015年教育在“科普人员服务能力”维度的二级指标表现如图15所示。可以看到，各年度的整体形态结构均较为相似，分项指标的表现则有所差异。“平均每填报单位科普人员数”在2011～2015年呈现总体减弱态势，2011年相对最强，2015年相对最弱，其他三年处于中间状态。“中级职称及大学以上学历科普人员比例”在2011～2015年表现处于上下波动状态，2013年和2015年相对更优，其他三年比较平稳。三个指标中，该指标整体表现较强，因此对“科普人员服务能力”的影响较大。“科普兼职人员年平均工作时间”

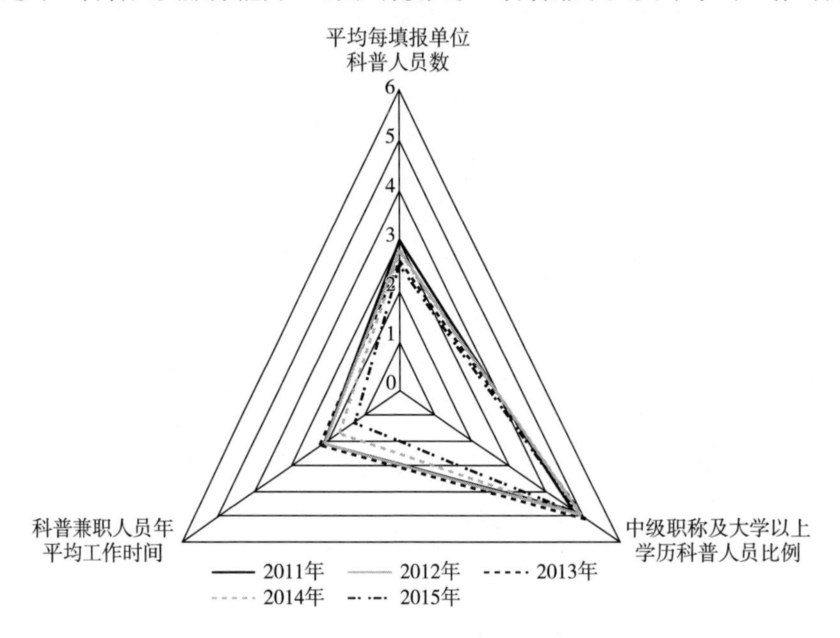

图15 “十二五”期间教育“科普人员服务能力”表现

在 2011 ~2015 年能力表现呈现总体下降的态势，2011 ~2013 年较好，其他两年相对较弱。

2011 ~2015 年教育在“科普基础设施能力”维度的二级指标表现如图 16 所示。“科普场馆单位展厅面积年接待观众人数”能力表现呈现总体下降的态势，前三年相对更强，后两年逐步弱化。“平均每填报单位科普场馆建筑面积”的表现处于上下波动状态，2012 年和 2014 年相对更好，2015 年相对最弱。“科普场馆基建支出金额”先升后降，整体呈现上升态势，2014 ~2015 年相对最强，2011 年最弱。三个指标中，该指标整体表现相对强一些，因此对“科普基础设施能力”的影响也较大。

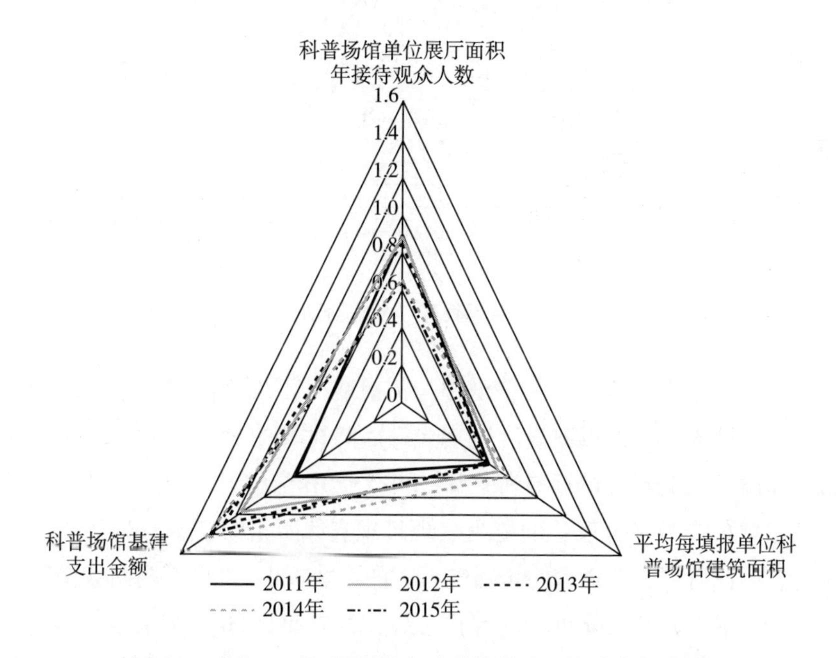

图 16　“十二五”期间教育“科普基础设施能力”表现

2011 ~2015 年教育在“科普活动组织能力”维度的二级指标表现如图 17 所示。“平均每填报单位三类主要科普活动举办次数”的表现为先升后降，总体为下降态势，2012 ~2013 年相对更强，2015 年最弱。“平均每填报单位三类主要科普活动参加人次”的能力表现呈现直线下滑状态。“科技活动周科普活动参加人次”的能力表现亦呈现整体下降状态，但下降幅度较

“平均每填报单位三类主要科普活动参加人次”要小一些，2015 年的表现略有回升。

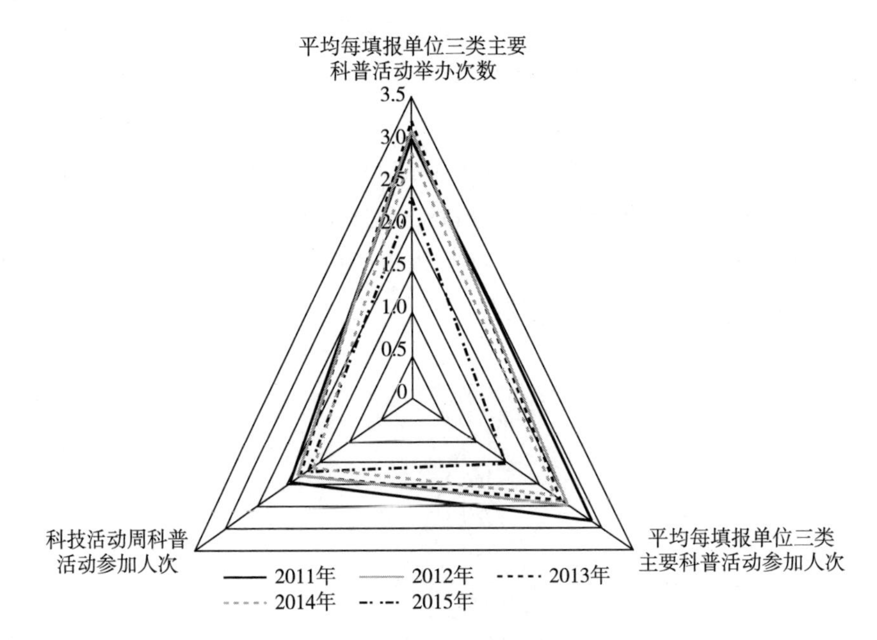

图 17　“十二五”期间教育“科普活动组织能力”表现

2011～2015 年教育在“科普创作与传播能力”维度的二级指标表现如图 18 所示。“科普创作人员数量”呈现先升后降再升的波动态势，2011 年相对最低，2013 年达到最高峰后有所下降，2015 年开始出现回升迹象。“平均每填报单位出版科普图书册数”的能力表现呈现直线下滑状态，且远弱于其他两项指标，因此对“科普创作与传播能力”的影响较小。“科普网站数量”的表现在五年中呈现先升后降再升的起伏态势，相对而言 2015 年表现最强，2014 年表现最弱。

2011～2015 年教育在“科普经费保障能力”维度的二级指标表现如图 19 所示。“科普专项经费筹集额”在五年中呈现了直线上升态势。而“社会科普经费筹集比例”却表现出整体下滑的状态，虽然 2014 年较 2013 年有所回升，2015 年却下降到最低点。但由于该指标整体表现较强，因此在三个指标中对“科普经费保障能力”的影响依然较大。上述情况说明“十二五”期间教育的科普经费投入仍然以公共财政投入为主，社会投入力量在较为薄弱的同时力度

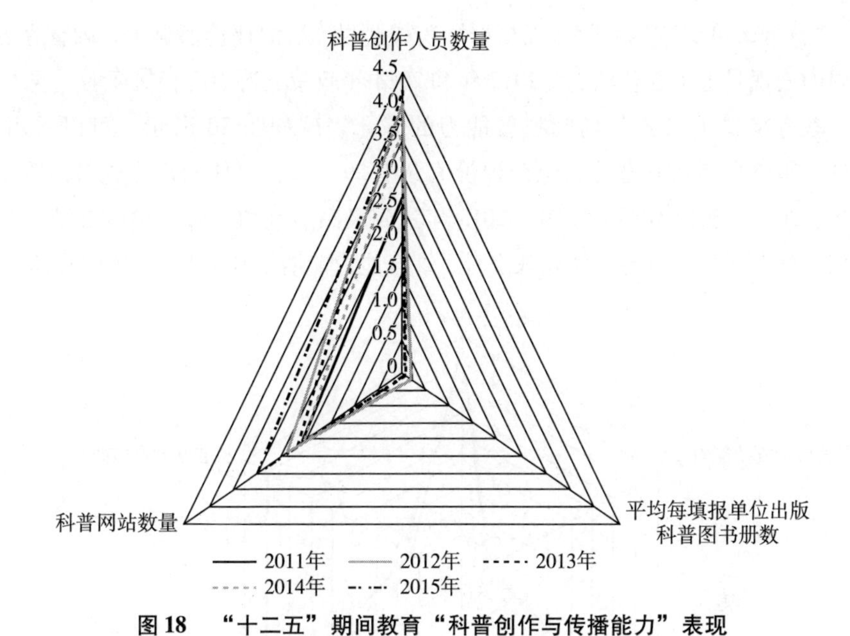

图 18 “十二五”期间教育“科普创作与传播能力”表现

还在下降。“平均每填报单位科普活动支出金额”在五年中保持了持续增强态势，说明教育在利用经费开展科普工作方面力度在不断加大。

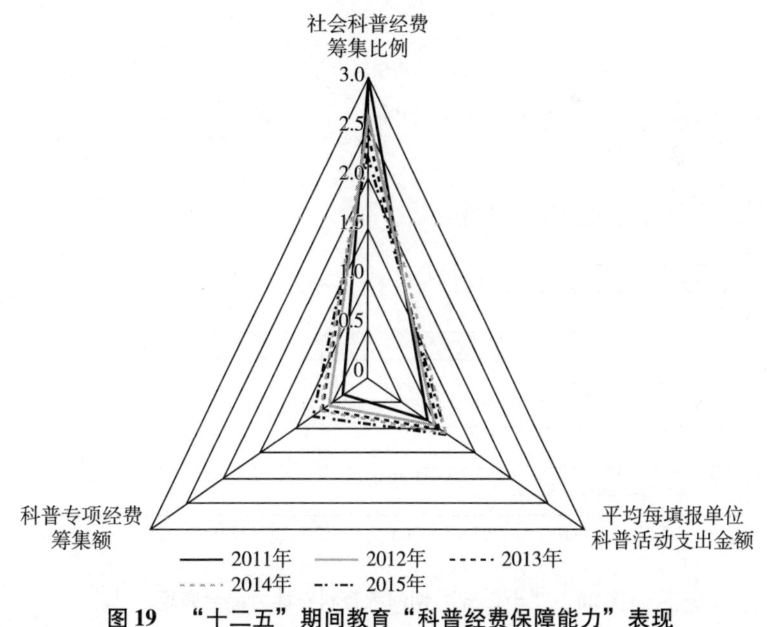

图 19 “十二五”期间教育“科普经费保障能力”表现

“科普政策支持能力”方面根据可获数据测算后的评价值显示，教育在五年内的表现是上下起伏状态，2012 年和 2014 年政策支持力度相对要弱一些。

教育在“十二五”期间科普能力的综合表现如图 20 所示。可以看出，2011～2015 年教育科普能力综合评价值介于 29～32，整体表现为先升后降的态势。2011～2013 年持续上升，2013 年达到最高后开始下降，2015 年为五年最低。从 6 项分能力的具体表现来看，综合能力前期提升主要与“科普人员服

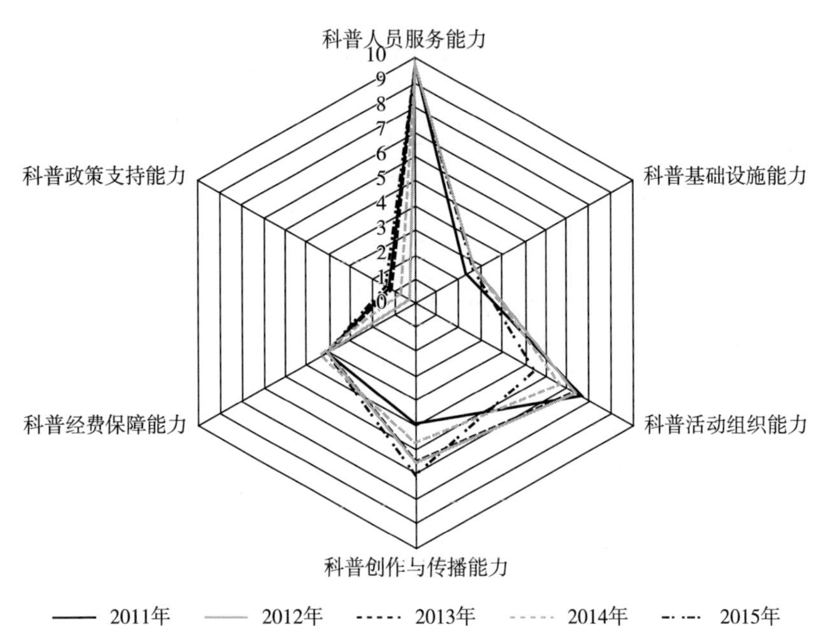

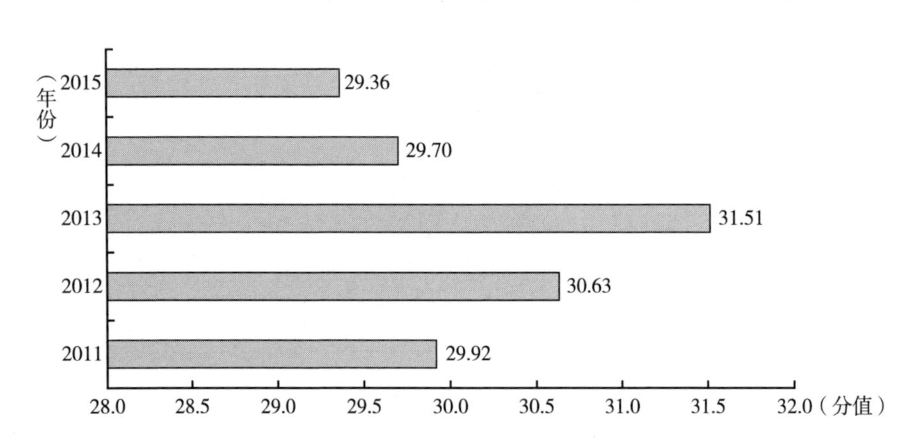

图 20　“十二五”期间教育科普能力综合表现

务能力”“科普基础设施能力”以及“科普创作与传播能力”的增强有关，而后期下降可主要归因于“科普活动组织能力”的减弱，虽然同期部分其他分能力也有不同程度下滑。“科普经费保障能力”在五年期间基本保持稳定。“科普政策支持能力”对综合能力的影响相对一直较小。未来教育的科普工作还需要对“科普活动组织能力”“科普基础设施能力”以及“科普政策支持能力”进行更多提升。

4. 中科院

2011～2015年中科院在“科普人员服务能力”维度的二级指标表现如图21所示。“平均每填报单位科普人员数”呈现先降后升再降态势，2014年相对最强，2012年相对最弱，其他三年处于中间状态。“中级职称及大学以上学历科普人员比例”的表现处于上下交替波动状态，2013年相对最优，2014年相对最弱。“科普兼职人员年平均工作时间”表现为先升后降再回升的状态，2012相对较好，2014～2015年相对较弱。三个指标中，“中级职称及大学以上学历科普人员比例”指标整体表现较强，因此对“科普人员服务能力”的影响较大。

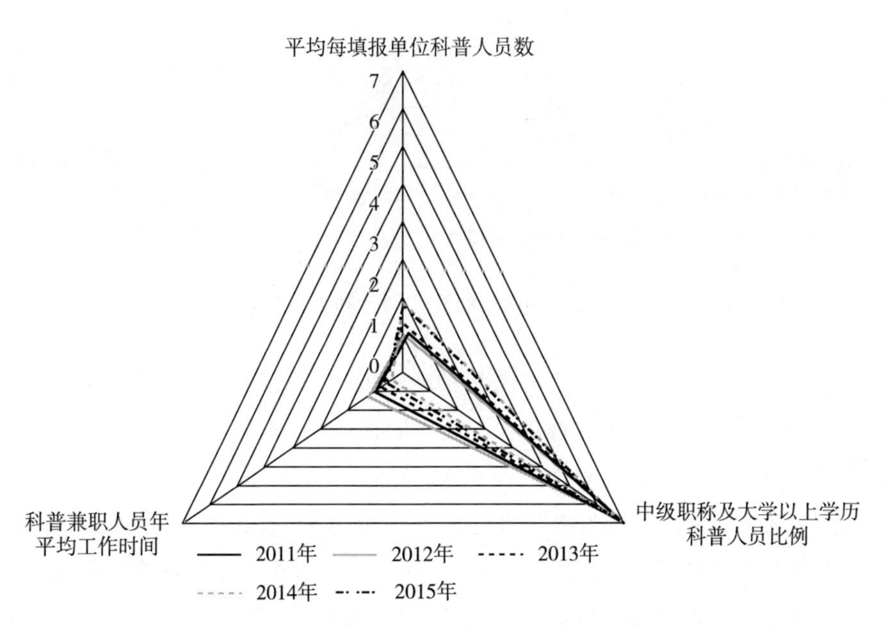

图21　“十二五”期间中科院“科普人员服务能力”表现

2011～2015年中科院在“科普基础设施能力”维度的二级指标表现如图22所示。“科普场馆单位展厅面积年接待观众人数”表现为先降后升的态势，前两年相对较弱，后三年相对更强。“平均每填报单位科普场馆建筑面积”的表现在2011～2015年呈现先降后升再降的状态，2014年表现相对最好，2013年相对最弱。“科普场馆基建支出金额”表现为先升后降再回升，2015年相对最强，2011年最弱。该指标在三个指标中整体表现很弱，因此对“科普基础设施能力”的影响很小。

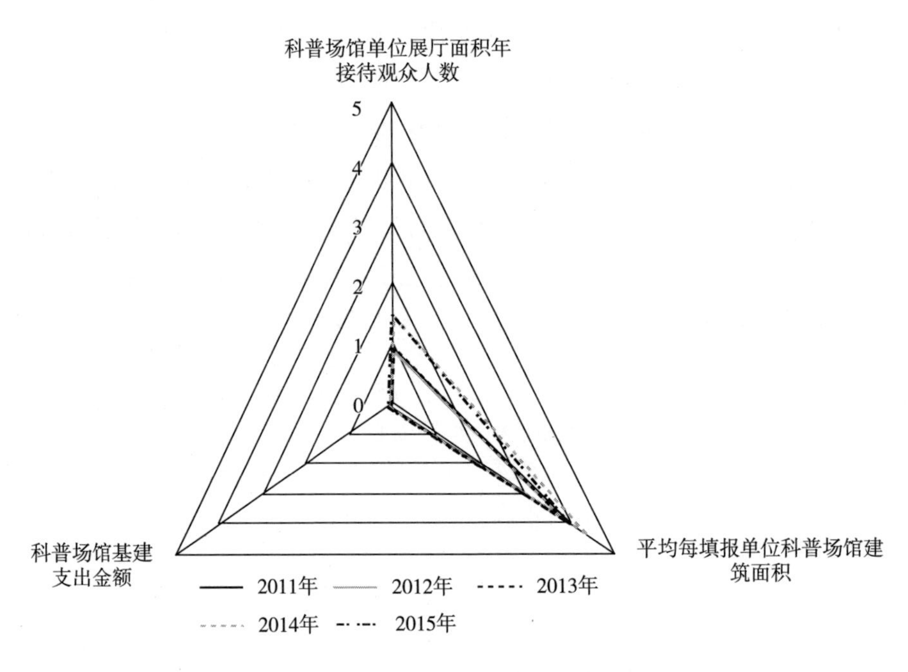

图22 “十二五”期间中科院“科普基础设施能力”表现

2011～2015年中科院在“科普活动组织能力”维度的二级指标表现如图23所示。三个二级指标均表现为上下波动的状态。“平均每填报单位三类主要科普活动举办次数”表现为2012年相对最强，2013年最弱。“平均每填报单位三类主要科普活动参加人次”表现为2014年涨幅较大且相对最强，2015年大幅回落且相对最弱。“科技活动周科普活动参加人次”五年内指标值偏低且波动幅度很小，因此对“科普活动组织能力”的影响较小。

2011～2015年中科院在“科普创作与传播能力”维度的二级指标表现如

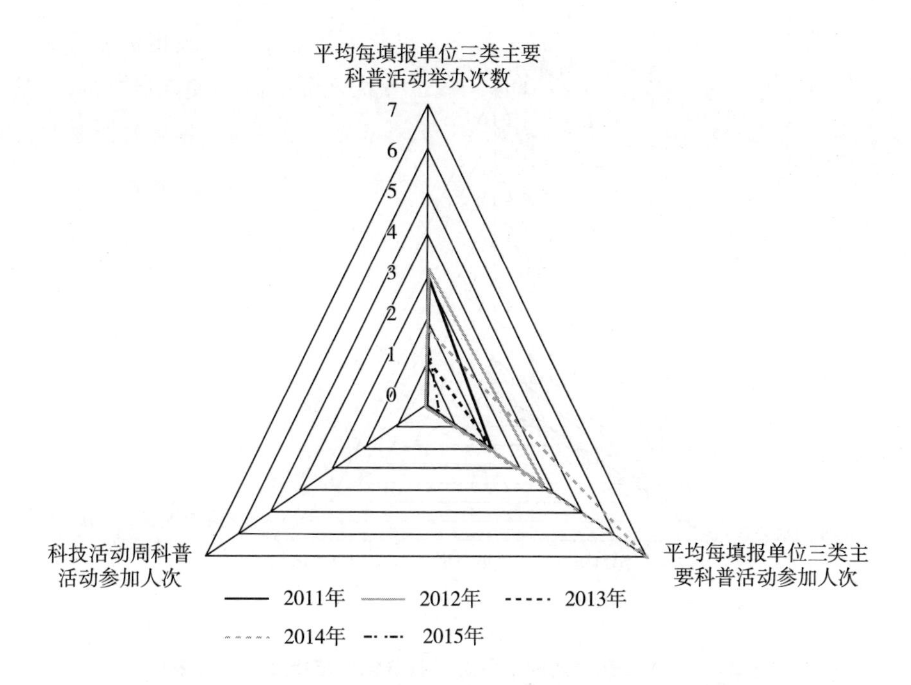

图 23　“十二五”期间中科院“科普活动组织能力”表现

图 24 所示。“科普创作人员数量”呈现先升后降再升的态势，2011 年相对最低，2015 年相对最高。“平均每填报单位出版科普图书册数”的能力表现 2011～2015 年呈现先降后升状态，指标值整体相对较低，因此对“科普创作与传播能力”的影响较小。“科普网站数量”在五年中呈现先升后降再升的态势，相对而言 2012 年和 2015 年表现最强，2014 年表现最弱。

2011～2015 年中科院在“科普经费保障能力”维度的二级指标表现如图 25 所示。三个二级指标在五年中均表现为先升后降再升的状态。“社会科普经费筹集比例”指标值相对较高，对“科普经费保障能力”的影响相对较大，其中，2014 年相对最高，2013 年相对最低。“科普专项经费筹集额”指标值偏低，波动幅度很小，对“科普经费保障能力”的影响相对很小。“平均每填报单位科普活动支出金额”表现为 2014 年最弱，2015 年最强。

“科普政策支持能力”方面根据可获数据测算后的评价值显示，中科院在五年内的表现是上下起伏状态，2013 年和 2015 年两年政策支持力度相对要强一些，2012 年指标值为 0，即未出台政策支持。

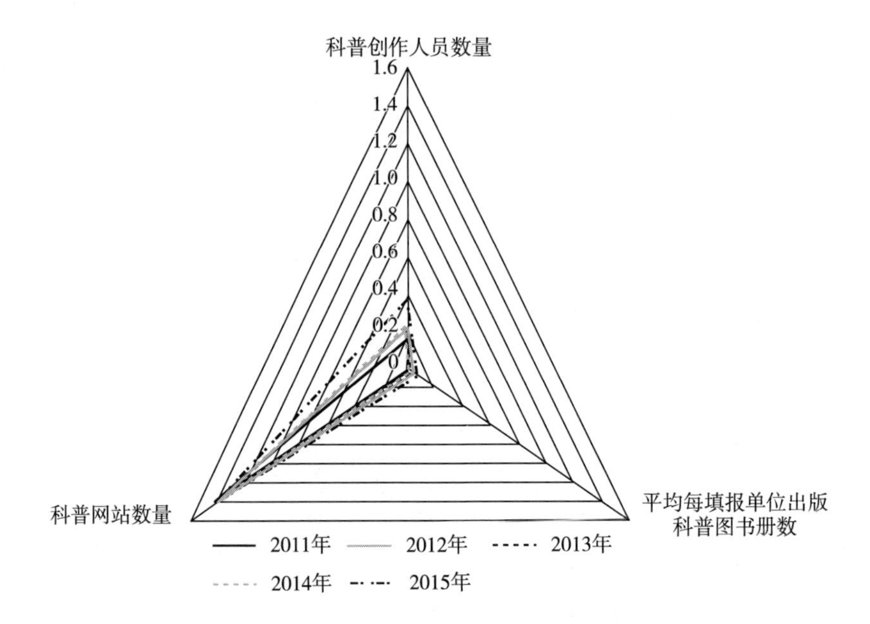

图24　“十二五”期间中科院“科普创作与传播能力”表现

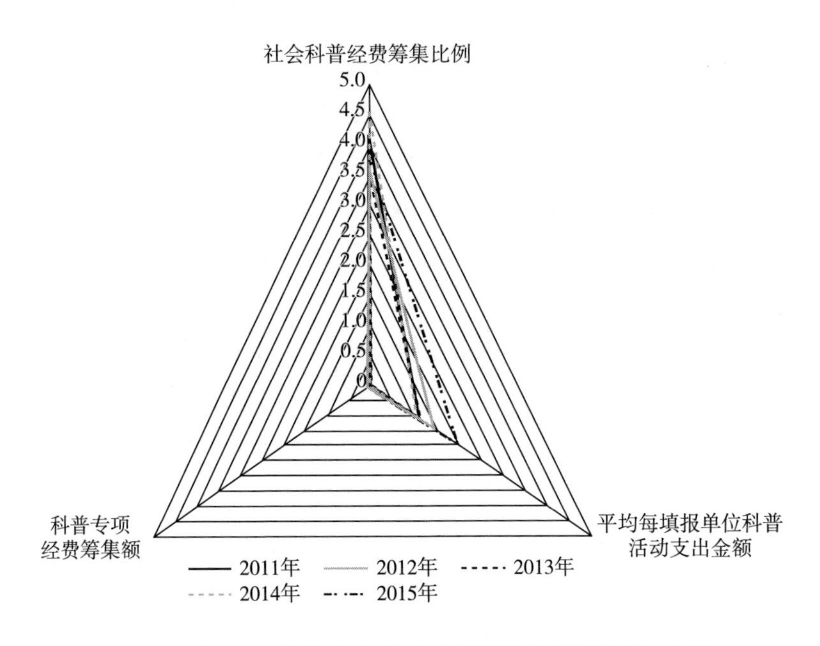

图25　“十二五”期间中科院“科普经费保障能力”表现

中科院在“十二五”期间科普能力的综合表现如图 26 所示。可以看出，2011～2015 年中科院科普能力综合评价值介于 22～30，整体表现为高低交替的波动态势，2013 年相对最低，2014 年达到最高后又开始下降。从 6 项分能力的具体表现来看，2012 年综合能力的上升主要归因于“科普活动组织能力”和“科普创作与传播能力”的增强。2013～2014 年科普能力综合表现由弱变强，主要与“科普基础设施能力”“科普活动组织能力”“科普经费保障能力”的提升有关。2015 年科普能力综合表现下降，主要

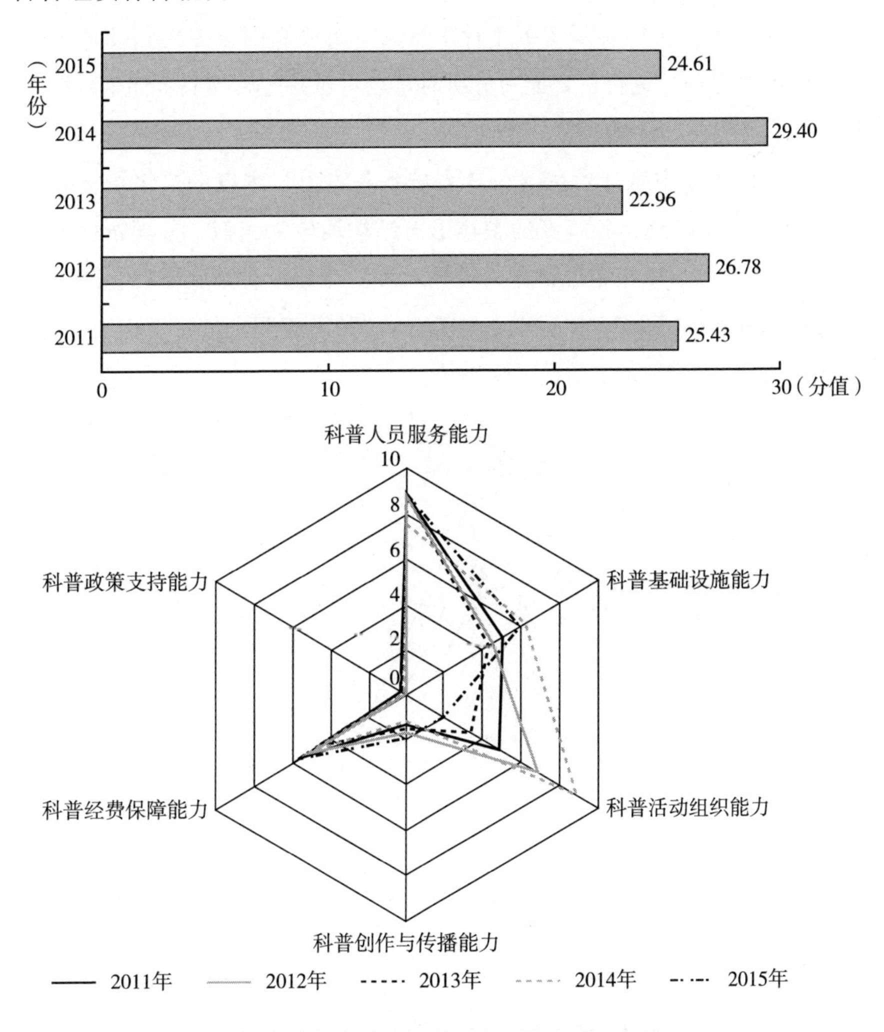

图 26　“十二五”期间中科院科普能力综合表现

归因于“科普基础设施能力”和“科普活动组织能力”的减弱。“科普人员服务能力”的表现在五年期间基本保持稳定，且指标值较高。“科普创作与传播能力”和“科普政策支持能力”指标值一直较低，对综合能力的影响相对较小。未来中科院的科普工作还需要在“科普基础设施能力”“科普活动组织能力”“科普创作与传播能力”“科普政策支持能力”方面进行更多提升。

5. 卫生计生

2014 年国务院机构改革将卫生计生合并，新成立国家卫生和计划生育委员会，因此本部分在进行科普能力分析时重点对合并之后的卫生计生数据进行分析。

2014 ~2015 年卫生计生在“科普人员服务能力”维度的二级指标表现如图 27 所示。可以看到，各年度的整体形态结构均较为相似，分项指标的表现有所差异。“平均每填报单位科普人员数”和“中级职称及大学以上学历科普人员比例”在 2014 ~2015 年呈现上升势头。“科普兼职人员年平均工作时间”能力表现在 2014 ~2015 年呈现下降态势。

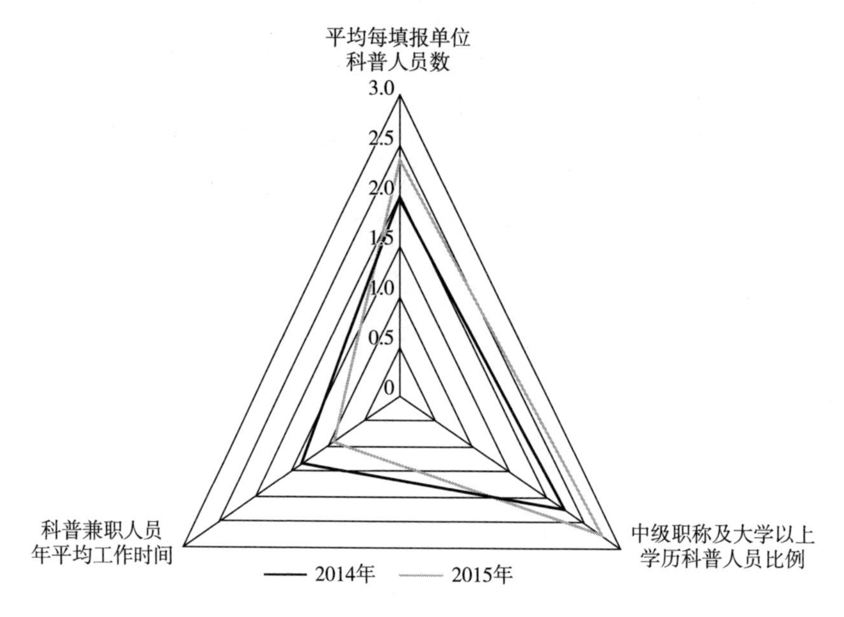

图 27　2014 ~2015 年卫生计生“科普人员服务能力”表现

2014～2015年卫生计生在“科普基础设施能力”维度的二级指标表现如图28所示。“科普场馆单位展厅面积年接待观众人数”和“平均每填报单位科普场馆建筑面积”的表现均出现下滑。“科普场馆基建支出金额”表现基本稳定。相比较而言，“科普场馆单位展厅面积年接待观众人数”对“科普基础设施能力”形成的影响更大。

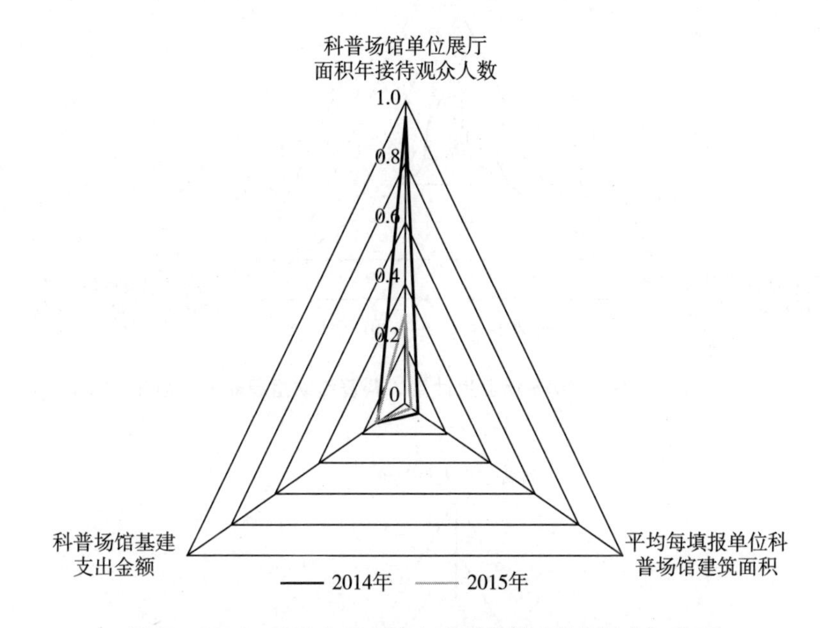

图28　2014～2015年卫生计生“科普基础设施能力”表现

2014～2015年卫生计生在“科普活动组织能力”维度的二级指标表现如图29所示。“平均每填报单位三类主要科普活动举办次数”的表现呈现上升态势，“平均每填报单位三类主要科普活动参加人次”和“科技活动周科普活动参加人次”的能力表现均呈现下降状态。相比较而言，三个指标中“平均每填报单位三类主要科普活动举办次数”对“科普活动组织能力”的影响更大。

2014～2015年卫生计生在“科普创作与传播能力”维度的二级指标表现如图30所示。“科普创作人员数量”呈现相对稳定态势。“平均每填报单位出版科普图书册数”和“科普网站数量”表现为上升状态。相比较而言，三个指标中“科普网站数量”对“科普创作与传播能力”的影响更大。

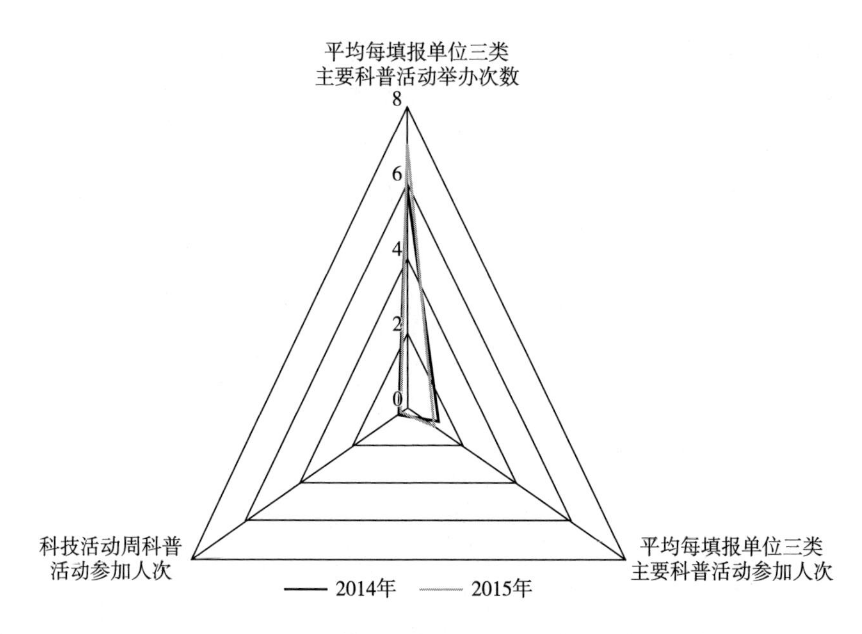

图 29　2014～2015 年卫生计生“科普活动组织能力”表现

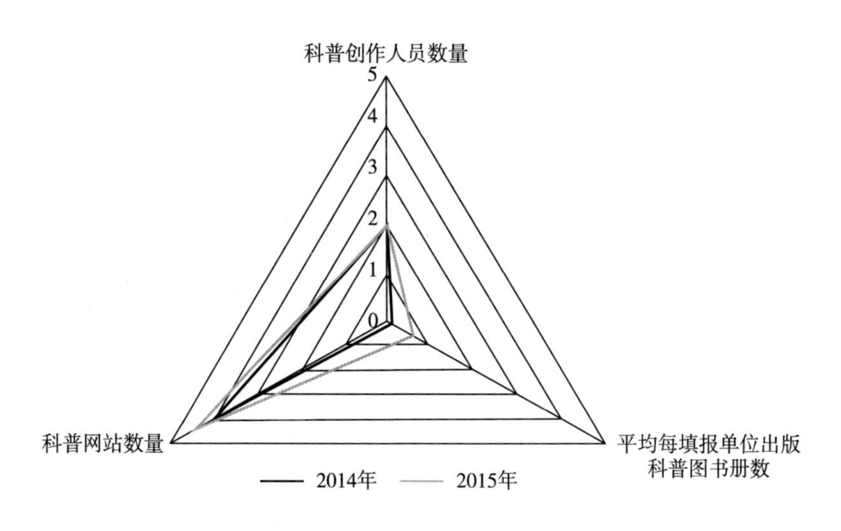

图 30　2014～2015 年卫生计生“科普创作与传播能力”表现

2014～2015 年卫生计生在“科普经费保障能力”维度的二级指标表现如图 31 所示。“科普专项经费筹集额”呈现上升态势，而“社会科普经费筹集比例”在同期却表现出下滑状态。上述情况说明卫生计生的科普经费投入中公共财政投入力度在加强。“平均每填报单位科普活动支出金额”呈现上升态势。相比较而言，三个指标中“科普专项经费筹集额”对“科普经费保障能力”的影响要弱一些。

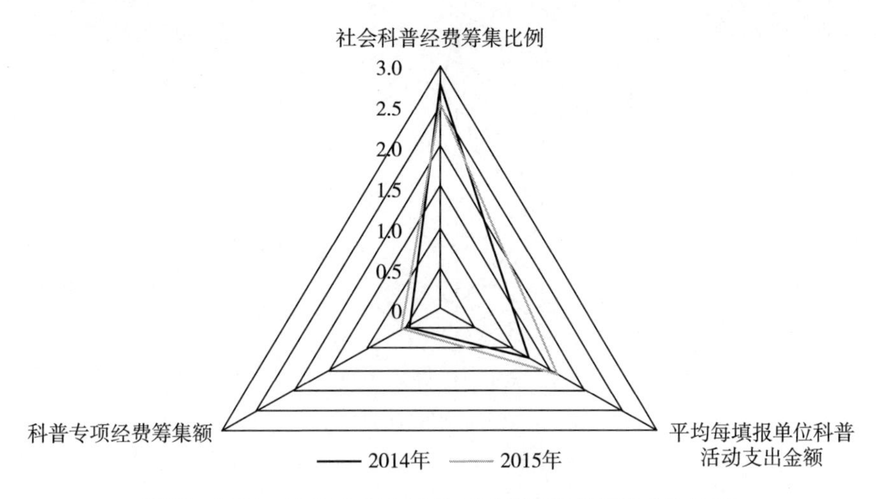

图 31　2014～2015 年卫生计生“科普经费保障能力”表现

“科普政策支持能力”方面根据可获数据测算后的评价值显示，卫生计生在两年内的表现是增强状态。

对各二级指标评价值进行综合得到卫生计生在 2014～2015 年科普能力的表现，如图 32 所示。可以看出，卫生计生科普能力综合评价值介于 25～28，呈现上升态势。从 6 个一级指标的具体表现来看，能力上升原因在于除“科普基础设施能力”以外的其他 5 项分能力都有所提升。未来卫生计生除了仍需要继续加强各方面工作以外，对“科普基础设施能力”提升方面应当更加重视。

二　“十二五”期间我国政府部门和人民团体科普政策文本

（一）研究背景

科普能力发展与国家/地区/行业科普政策关系密不可分。科普政策作为国家/地区/行业科普能力建设的供给侧要素，为科普工作开展提供法理依据，对

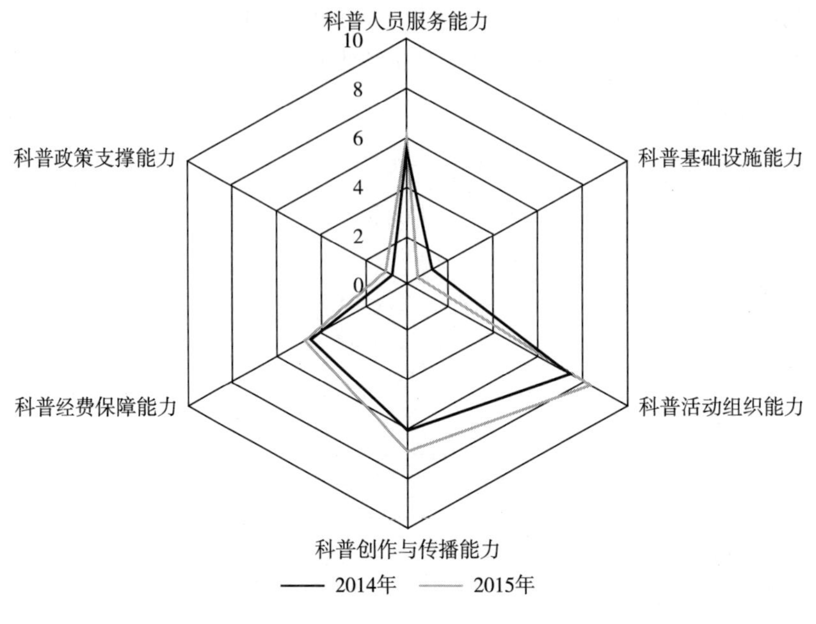

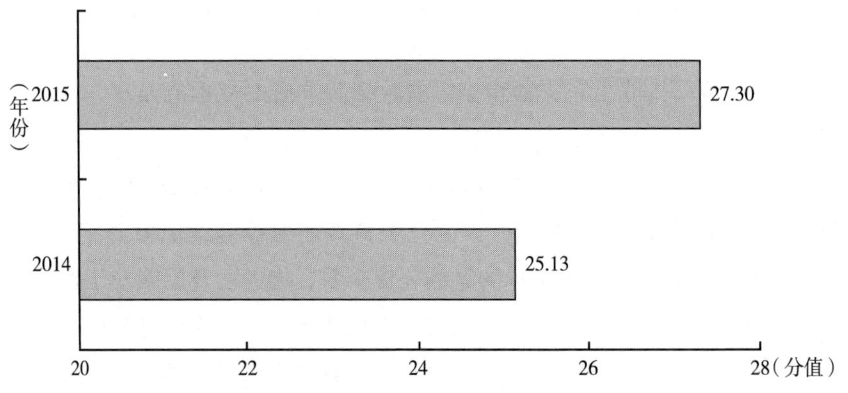

图 32　2014～2015 年卫生计生科普能力综合表现

于营造科普传播的良好环境，促进科普工作发展具有重要意义①。政府部门/人民团体科普政策是我国科普政策的重要组成部分，其内涵是：我国政府部门/人民团体独立或联合制定并颁布实施的，指导和管理本部门科普工作的

① 任福君、翟杰全：《我国科普的新发展和需要深化研究的重要课题》，《科普研究》2011 年第 5 期，第 8～17 页。

行为规范，涉及法律制度建设、规划制定、资源配置、组织建设、合作协调等方面。这些政策以全国性科普政策为指导，通过对本部门与科学技术普及相关工作的具体部署，进行方向上的引导，以实现部门科普工作发展目标。

公共政策文本是特定的公共政策现象。政策文本文以理解、解释这种现象为基础，进而揭示现象背后可能存在的意义关联和结构形式①②。我国当前对科普政策文本的研究大多是对科普政策发展历程的梳理以及对部分科普政策典型案例的分析。例如，朱效民分析了改革开放30年来我国科普政策的演变、科普研究的现状和科普事业的未来③；佟贺丰梳理了新中国成立以来我国重要科普政策法规，将我国科普政策与国外科普政策进行了对比，并对我国科普政策的制定提出了建议④；裴世兰等学者分析了我国科普政策法规的基本体系，对重要的全国性科普政策和法规进行了讨论，并对我国科普政策法规运行中存在的问题进行了剖析⑤；刘立将我国科普政策划分为六类，并对科普政策的政策文化进行了研究⑥；等等。从已有研究来看，涉及我国科普政策现行制定状况的系统性、整体性研究并不多，尤其缺乏对“十二五”期间政策制定主体的分析。从研究方法上看，已有研究中定性研究较多，定量分析较少，也没有从部门视角对政策文本进行深入的外部特征和内容特征挖掘。

科普政策是引导科普事业发展的重要手段，关系着国家的长远利益。因此，本部分研究对“十二五”期间我国不同政府部门和人民团体颁布的科普政策文本开展系统性梳理，把握其特征、结构、变化以及语境等，以期对“十三五”期间以及未来我国科普事业发展和相关政策制定起到一定参考作用。

---

① 宁骚：《公共政策学》，高等教育出版社，2011。

② 杨正联：《公共政策文本解读的方法论》，《理论探讨》2007年第4期，第143~147页。

③ 朱效民：《30年来的中国科普政策与研究》，《中国科技论坛》2008年第12期，第9~13页。

④ 佟贺丰：《建国以来我国科普政策分析》，《科普研究》2008年第4期，第22~26页。

⑤ 裴世兰、汪丽丽、吴丹、陈晨：《我国科普政策的概括、问题和发展对策》，《科普研究》2012年第4期，第41~48页。

⑥ 刘立、常静：《中国科普政策及科普政策文化初探》，《河池学院学报》2010年第4期，第1~5页。

（二）研究框架

1. 研究内容

科普政策文本是科普政策的存在形式，包括法律、措施、规定、方针、准则、规划、计划、纲要、方案、细则、条例、通知、意见等类型。政策文本的外在形态体现了政策的形成过程，政策制定主体的参与进程，政策的约束性以及利益相关者之间的关系等。政策文本的内容则反映了政策制定主体希望通过该政策达到的目的、关注要点、促成目的所采取的措施、政策对象以及政策有效期等。要形成对科普政策的准确把握，仅从科普政策的外在形态出发去理解远远不够，还必须基于政策本身的内容去剖析，以获取评价性的判断，并从中提炼出政策文本的本质特征以及背后隐藏的价值和态度等政策含义。由此，才能够较为全面地反映我国不同科普政策对科普工作支持的方式、内容、力度和演化，以及在政策工具选择上的共性和差异。

基于以上分析，本文提出如图 33 所示的科普政策文本分析研究框架，以政策文本的外部特征和内容特征为分析视角，再分别在两个视角内基于多个维度，由表及里来揭示不同的要素特征①。

科普政策文本的外部特征分析主要围绕发文规模、发文主体、合作网络及类别特征四个方面。

（1）发文规模分析。对政策文本的总量以及年度分布等情况进行数理统计，掌握“十二五”期间科普政策出台的总体状况和变化趋势。

（2）发文主体分析。发文主体指制定和发布政策文本的中央一级政府部门（国务院组成部门及其直属机构与直属事业单位）和人民团体。政策文本既可以由某个机构单独发布，也可由多个机构联合发布。发文主体分析反映了国家权力部门对科普事业发展引领和指导的参与程度。

（3）发文主体的合作网络分析。多部门联合发布政策是政策领域普遍存在的现象。不同部门联合制定政策是合作关系的直接反映。同样，对联合发文的政策文本进行制定主体剖析，不仅可以把握各政策主体对某一领域政策制定

① 马文峰：《试析内容分法在社科情报学中的应用》，《情报科学》2000 年第 4 期，第 346 ~ 349 页。

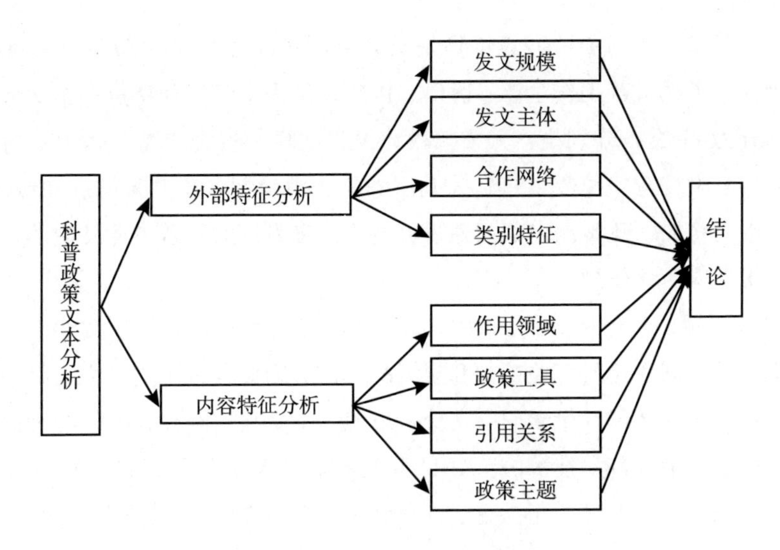

图 33　科普政策文本分析模型

的参与程度，同时还可以反映这些制定主体之间在共同推进该领域发展方面的协作表现，由此揭示不同部门之间的沟通与配合状况。

（4）发文类别特征分析。政策文件是以权威形式、按照一定标准制定的文件，因此具有不同分类。根据当前我国政府公文形式分类以及科普政策功能、制定主体和下发对象等特点，本文将科普政策文件划分为法律、规划、计划、纲要、方案、细则、条例、规定、意见、决定、公告、通知、办法以及其他共 14 个类别。不同类别政策在规范性、约束性以及可操作性等方面具有不同表现，对其进行分析可以揭示出对科普政策执行的不同要求。

科普政策文本内部特征分析将基于政策文件的内容，围绕政策作用领域、政策工具、引用关系以及政策主题方面开展讨论。

（1）政策作用领域分析。公共政策具有调控、制约、导向、分配等功能，因此政策方案必然要考虑针对什么方面发力，以促成该方面问题的改进和解决。本部分研究通过把握对不同作用领域的制导、管理和控制功能，来理解科普政策如何在总体上实现对科普事业发展的有序推动。根据当前我国科普工作内容，本文借鉴 2015 年度全国科普统计调查工作思路，将科普政策作用领域划分为“科普人员”“科普场地”“科普经费”“科普传媒”“科普活动”“其他”6 类。

（2）政策工具分析。政策工具是政策文本中用以保证政策目标实现的手段与措施。考虑科普工作主体、客体、内容以及需求等方面特点，本文将政策工具划分为12类，分别是：人才培养、设施建设、资金支持、技术支持、信息支持、金融支持、税收支持、公共服务、法规管制、公共采购、知识产权、其他。本文将揭示政策制定部门通过哪些手段来发挥对科普事业发展的直接推动和间接导向两种作用。

（3）引用关系分析。我国政府部门或人民团体发布的政策文件中，有相当一部分是贯彻和执行有关精神和规划的文件，因此在政策文本中会附上相关政策内容。借鉴文献计量学的引文分析思想，本文将这类政策文件视为被引用文件。例如，中国科学技术协会2011年发布的《关于命名2011~2015年度全国科普示范县（市、区）的决定》（科协发普字〔2011〕21号）是根据《全民科学素质行动计划纲要（2006~2010~2020）》的相关精神进行部署的。本文将对在政策文本中引用的相关政策进行分析。引用关系分析能够反映政策的承接性和关联性，对理解政策的发展脉络、系统性和指导性具有较好作用。

（4）政策主题分析。对政策文本的文字内容开展分析，以关键词来体现政策的核心内容，从而揭示“十二五”期间我国不同政府部门和人民团体对科普政策的关注重点。

2. 研究对象

本文以2015年度全国科普统计调查工作设定的30个部门为研究对象（见表1），以这些部门所发布的科普工作相关政策文件为分析基础。各部门用中央一级政府部门和人民团体进行具体表征。例如，科技管理用国家科学技术部进行表征，科协用中国科学技术协会进行表征。

3. 研究方法与工具

研究方法采用文献计量法、内容分析法、社会网络分析法等。

（1）文献计量法指利用统计学方法对文献的基本特征进行统计分析，用数据来描述政策文本的特征，以反映总体分布形态以及基于时间序列的变化趋势。

（2）内容分析法指对研究对象的内容选取有意义的材料来推断研究对象本质的方法。本文主要从关键词入手，用关键词特征反映政策的内容特征。

（3）社会网络分析法是社会学领域用以分析不同社会单元所构成网络中

社会关系的结构及其属性的定量分析方法。本文探讨基于政策制定主体联合发文关系而构建的一个群体内成员的相互关系网络，因此合作网络分析是对1－模网络的分析。分析内容包括：①网络构成分析：计算网络成员构成、网络规模大小、网络密度等基本属性指标。②中心性分析：对网络中成员的点度中心度、中间中心度以及接近中心度进行测度。

软件工具选择：分词工具选用中国科学院 NLPIR 汉语分词系统，该工具能够多角度满足对大数据文本的处理需求；数据处理工具选用 Excel；社会网络分析工具选用加州大学欧文分校研究人员开发的 Ucinet 和 NetDraw。

4. 数据搜集与处理

综合考虑数据的权威性、公开性、相关性和可得性，本文选取“十二五”期间，即 2011～2015 年的政策文本数据。通过数据库检索（如万方知识服务平台、北大法宝）、网络搜集（通过各中央部委和人民团体门户网站以及百度搜索引擎）、文献调研（相关政策汇编文本查阅）等方式，以“科普”“科学技术普及”“科学普及”“技术普及”“科学传播”“科技传播”“科学素养”“科学素质”“公众理解科学”“科学教育”为检索词，搜集上述各部门的政策文本。所有政策文本均要求以公开形式发布，未对外公开或无法查阅的政策文本不纳入本文的研究范围。

根据政策反映内容经过筛选与整理，剔除不符合本文内容的文本，最终确定 254 份文本作为研究对象。在此基础上，对政策文本进行了分类与标引加工。其中，部分字段处理方式如下。

发文主体：本部分研究中所涉及的政府部门和人民团体按照 2015 年度全国科普统计调查工作的设定划分到 30 个部门类型。鉴于部分联合发文涉及的具体发文单位较多，例如，2015 年度国务院食品安全委员会办公室牵头发布的食安办〔2015〕第 5 号文件，参与联合发文的单位共有 18 个；2012 年国家发展和改革委员会牵头发布的发改环资〔2012〕第 194 号文件，参与发文单位 17 个。这些文件中，全国爱国卫生运动委员会、中央直属机关工作委员会等制定单位不属于 30 个部门类型，且出现的频次很少，因此在数据标引时这些单位均被统一标引到“其他”类型中。如果某文件已经被标引过“其他”类型，再出现其他需要标引到“其他”类型的发文主体时，将不再被重复标引。

引用关系：本文中将科普政策文本中明确提及的、有完整文件名称的政策文本标引为该科普政策文本的引用文件。

政策作用领域：政策文件可能同时致力于多个领域问题的解决，因此一份政策文件标引时可能会被复分到不同政策作用领域。

政策工具：政策文件可能会同时采用多种政策工具来解决问题，因此一份政策文件标引时可能会被复分到不同政策工具领域。

（三）“十二五”期间我国政府部门和人民团体科普政策外部特征分析

1. 政策发文规模

根据所获调查数据，2011～2015 年我国中央一级政府部门和人民团体公开发布的与科普工作相关的政策文本共计 254 份，年度发文规模均在 30 份以上，如图 34 所示。2011 年最少，发文 33 份，2015 年发文数量最多，达到 61 份。254 份政策文本中，179 份为各中央政府部门或人民团体的单独发文，约占总体发文量的 70%。其中，2013 年单独发文数量最多，达到 44 份，2015 年排第二位，为 42 份。2011～2015 年中央一级各政府部门和人民团体与其他联合发布了 75 份与科普事业相关的政策文件，约占总体发文量的 30%。各年度的联合发文数量规模在 10～20 份。

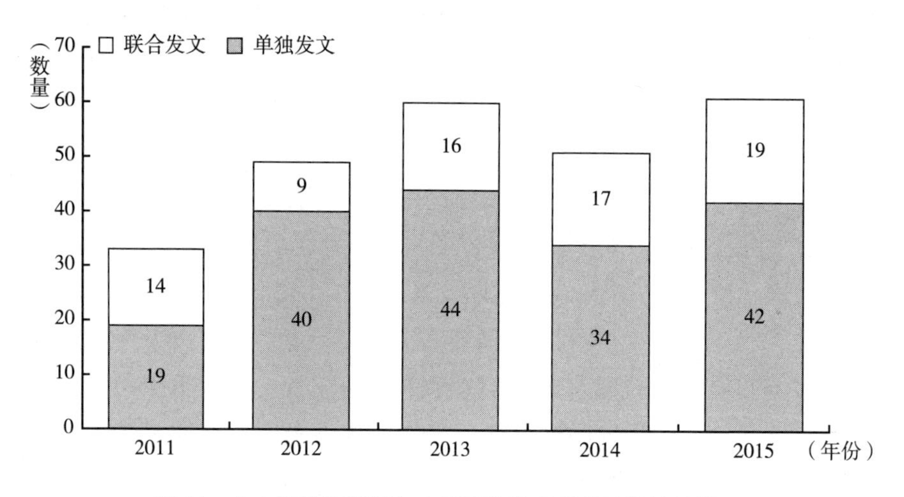

图 34　中央级政府部门和人民团体发布科普政策总体情况

75 份联合发文由两个以上部门联合发布，分布情况如图 35 所示。其中，由 2 个单位（注：不同单位可以同属于一个部门类型。例如，中央直属机关工作委员会和中国关心下一代工作委员会均属于“其他”分类）联合发文的政策数量最多，为 24 份，占联合发文量的 32%；其次是由 3 个单位联合发文的政策，数量为 18 份，占联合发文量的 24%；再次是 10 个以上单位联合发文的政策，数量为 15 份，占联合发文总量的 20%。“十二五”期间每年都有 10 个以上单位的联合发文，多涉及包括节能科普宣传、卫生科普宣传以及食品安全科普宣传等在内的全国性科普工作。

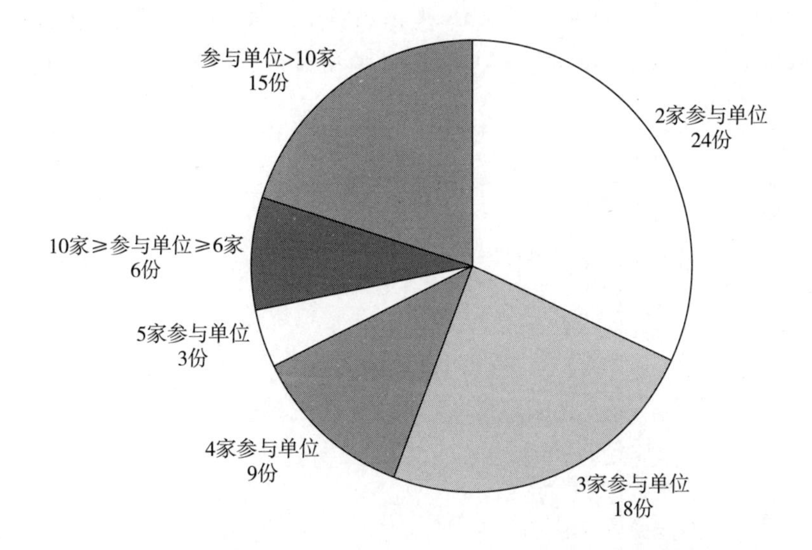

图 35　中央级政府部门和人民团体联合发布科普政策数量分布

2. 政策发文主体所在部门类型

对254 份政策文本进行分析，可以发现我国参与科普政策制定的政策主体数量众多，如图 36 所示。30 个部门类型中，仅有体育、林业、旅游和社科院没有出台科普政策，其余 26 个类型的部门均参与了科普政策的制定工作。其中，科协的表现最为抢眼，参与了 156 份政策制定，显示出其在推动我国科普事业发展中的核心引领作用。图 36 显示，除科协以外，科技管理、教育是我国科普政策制定的中坚力量，科技管理由于工作定位与科学技术自身的研究、发展与应用紧密相关，而教育则是科学技术知识传播的最重要践行者，因此二者工作中多有关涉科普工作的部署。同时，共青团、妇联两部门由于其工作涉及科普工作的主要工作对象，而农业、环保、卫生计生的工作覆盖了灾害防治、农业技术应用、环境生态、可持续发展治理、卫生健康等我国科普工作的重点内容，因此这些部门在参与科普政策制定中也发挥了有利作用。此外，新闻出版广电、工信作为我国公共科普传播渠道的最重要保障部门，在扩展科学传播活动的时间与空间范围方面负有法定义务，因此对相关科普政策制定的参与程度也较高。需要说明的一点是，图 36 中“其他”类型参与了 45 份科普政策文本的制定。虽然政策数量较多，但参与的具体单位有 31 家之多，且其中 17 家单位仅参与 1～2 份政策制定，因此该部门分类中各具体单位对科普政策制定的作用是比较分散且有限的。

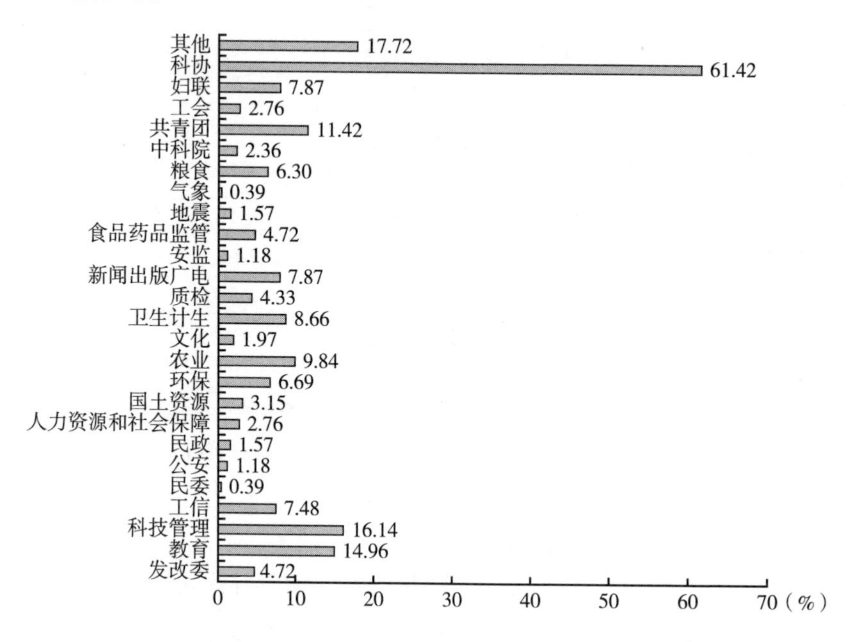

图 36　中央级政府部门和人民团体参与科普政策制定占比情况

参与 179 份单独发文制定的政策主体部门类型共有 16 类，如图 37 所示。16 个部门类型表现之间的差异非常明显。显然，在我国中央一级部门和人民团体科普政策的独立制定中，科协表现得一枝独秀。“十二五”期间中国科学技术协会单独颁布了 124 份科普政策文件，约占部门单独发文总量的 69%。

与科协相比，其他的单独发文量远远落后。虽然科技管理排在第二位，但其16份的单独发文量只约占单独发文总量的9%。再次为国土资源，单独发文量为8份。30个列入本文的部门分类中，有14个部门类型未发现在“十二五”期间单独发布了与科普事业相关的政策文件。

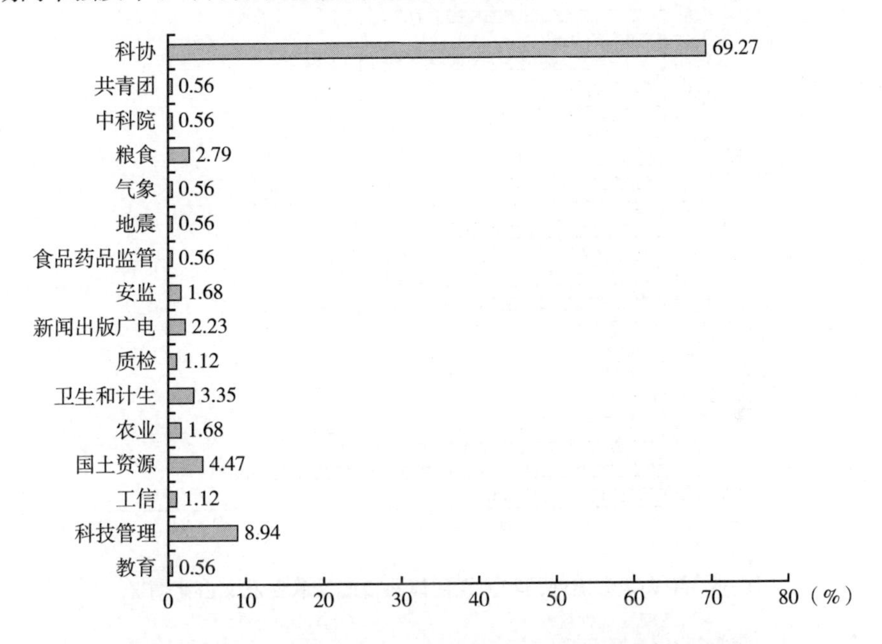

图37　中央级政府部门和人民团体科普政策单独发文占比情况

23个部门类型参与了75份科普政策文本的联合制定，共涉及53个具体单位参与。总体而言，联合发文政策制定主体的发文分布形态与单独发文政策制定主体的发文分布形态明显不同。如图38所示，发文主体之间的发文数量差别相对要小一些，说明我国科普工作的推动很大程度上需要各相关公共部门共同参与，联合作战。其中，教育和科协属于第一梯队。二者在联合发文中承担了最积极的角色，各自政策的联合发文量均达到联合发文总量的40%以上。共青团和科技管理属于第二梯队，二者政策的联合发文量也均达到联合发文总量的30%以上。第三梯队成员包括农业、妇联、环保、新闻出版广电、卫生计生、工信，这些类型部门各自涉及的联合发文量也均达到联合发文总量的20%以上。同样需要说明的是，虽然“其他”分类所涉及的制定政策数量较多，但参与的具体单位有31家，且其中17家单位仅参与1~2份政策制定，因此该部门分类中各具体单位通过各自科普政策对科普事业发展的影响作用较为有限。

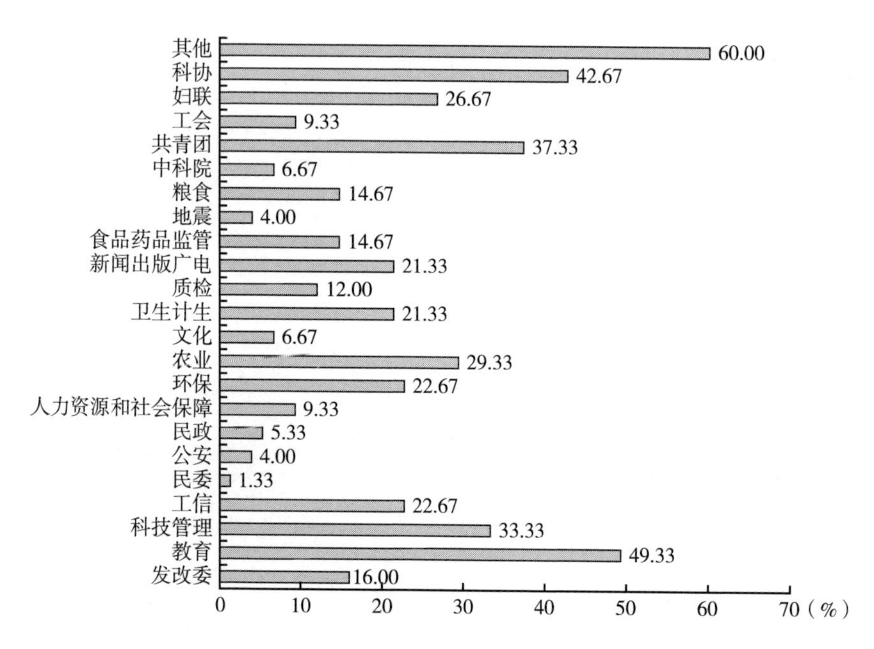

图 38 中央级政府部门和人民团体科普政策联合发文占比情况

3. 政策联合发文主体合作网络

本文所搜集的 75 份联合发布政策文本由 53 家中央级单位参与制定。其中，有 17 家单位仅参与 1～2 份联合政策的制定，因此和其他单位实际形成的合作关系很少。鉴于此，本部分研究对操作性和揭示效果两个维度进行综合权衡后，选取参与制定联合发布政策文本数量 >2 份的 36 家中央一级单位作为研究对象，即社会网络分析中行动者集合内的行动者。

利用 Ucinet 软件对合作关系矩阵进行测算，该关系网络中成员共建立了 342 次点对点关系，关系强度的平均值为 5. 1491。将赋值矩阵二值化处理后测算，得到网络密度为 0. 5429。在可联通的成员对中，两个成员之间的平均捷径距离为 1. 467，也即平均而言网络中两个成员通过不到 2 个其他成员即可建立起合作关系。测算结果还显示，网络中两个成员之间的捷径距离在 1～2 的比例约达到 99%。同时，该整体网的凝聚力指数计算结果为 0. 770，分离指数为0.230。上述测算结果表明，该合作网络凝聚力较强，是一个成员之间具有紧密联系的网络。网中成员之间比较容易建立起较为密切的合作关系。并且，由于网络密度比较大，故网络整体对其成员个体行为会形成较大的影响力，网络能够为成员提供相关的支撑，同时也可能会对其在网络中的行为产生影响和限制。

社会网络分析对个体成员“中心度”的研究分为三种类型：度数中心度、中间中心度和接近中心度。度数中心度反映了网络成员与其他成员的直接关联性；中间中心度反映了网络成员对网络中信息流动的控制程度；接近中心度反映了网络成员在传播信息过程中对其他成员的不依赖程度。本文中对三类中心度计算均进行标准化处理，因此结果为相对值。

度数中心度分析结果如图39所示。网络成员的相对度数中心度计算结果分布在0.05~0.97，因此整体而言网络中成员的行动能力比较强。从图39可以看到，网络成员大致形成5个梯队。教育部为第一梯队，处于网络最中心位置，相对度数中心度在网络成员中最高，达到0.97，因此它在网络中与其他成员的交往能力最强，是最活跃的成员。教育部和网络中34位成员进行了联合发文，与其合作次数在10次及以上的单位达到13家。共产主义青年团中央委员会、工业和信息化部、国家食品药品监督管理总局、国家新闻出版广电总局、农业部、中国科学技术协会、环境保护部、中华全国妇女联合会、国家发展和改革委员会9位成员属于第二梯队，相对度数中心度介于0.70~0.90，是网络中建立合作关系的活跃成员，各自都与网络中25~31位成员建立了合作关系，并且其中很多的合作关系也很密切。国家卫生和计划生育委员会、国家工商行政管理总局、国家质量监督检验检疫总局、商务部、科学技术部、人力资源和社会保障部、中华全国总工会、国务院国有资产监督委员会以及国家机关事务管理局9位成员分布在第三梯队，相对度数中心度介于0.50~0.70。它们均与网络中18~24位成员建立了合作关系，是网络中较为活跃的成员。与前三个梯队相比，其他17位成员在网络中都不是活跃成员。其中，财政部、国家粮食局、交通运输部等13位成员处于第四梯队圈内，相对度数中心度介于0.30~0.50。它们各自与网络中12~17位成员建立了合作关系。而国家海洋局、中国地震局、中国科学院、中共中央组织部属于第五梯队，4位成员的相对度数中心度介于0.05~

0.30，说明其在网络中的交往能力较差。它们仅和网络中个位数成员有合作，并且合作强度也较弱。

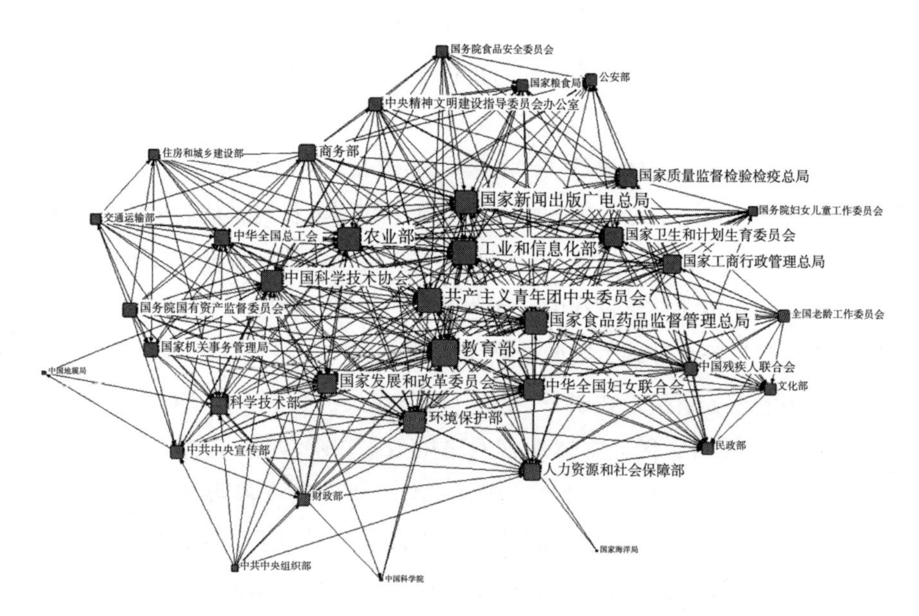

图 39　基于度数中心度的中央级政府部门和人民团体科普政策合作网络

中间中心度分析结果如图 40 所示。网络成员的相对中间中心度计算结果分布在 0～0.09，因此整体而言网络中成员之间相互控制的能力并不强。如果大致将成员按照 5 个梯队进行划分。教育部依然为第一梯队，其相对中间中心度在网络成员中最高，为 0.09，因此相对而言是网络中对其他成员交往最具有控制力的成员，网络中信息流动较多需要通过它才能达成。共产主义青年团中央委员会、中国科学技术协会、工业和信息化部以及科学技术部属于第二梯队，其相对中间中心度介于 0.03～0.06，这表明 4 位成员在网络中也是保证信息流动的较重要角色，对其他成员的交往相对而言具有较强的控制能力。第三梯队成员包括农业部、国家新闻出版广电总局、国家食品药品监督管理总局、环境保护部、中华全国妇女联合会、国家发展和改革委员会、中共中央宣传部、人力资源和社会保障部以及国家卫生和计划生育委员会 9 位成员，其相对中间中心度介于 0.01～0.03，它们对网络中其他成员的交往具有一定的控制能力，但力度较弱。国家质量监督检验检疫总局、国家工商行政管理总局、商务部、中华全国总工会、国务院国有资产监督委员会、国家机关事务管理局、中央精神文明建设指导委员会办公室、财政部、中国残疾人联合会、国务院妇女儿童工作委员会、国家粮食局这11位成员属于第四梯队，其相对中间中心度介于0.003~0.01，它们对网络中其他成员具有微弱的控制能力。此外，包括中国地震局在内的其余11位成员的相对中间中心度结果为0，说明这些成员对网络中其他成员交往没有任何控制能力。

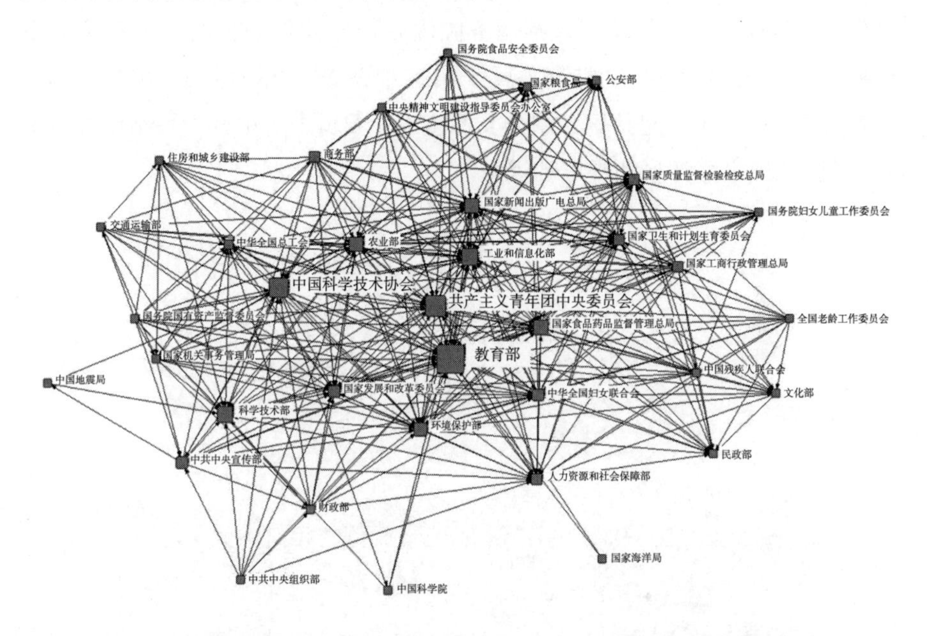

图40　基于中间中心度的中央级政府部门和人民团体科普政策合作网络

接近中心度分析结果如图41所示，网络结构与基于相对度数中心度形成的图39类似。相对接近中心度计算结果与前述相对度数中心度结果相比，整体而言成员之间的差异性要小一些。网络成员的相对接近中心度分布在0.47~0.97，说明成员在不受其他网络成员控制的能力表现方面整体表现比较强势，信息传递的独立性高。如果将网络成员也划分为5个梯队，则36位成员的大致分布如下。第一梯队仍然是教育部，其相对接近中心度为0.97，因此它在网络中自我行动能力非常强，最不易受到其他成员的控制。共产主义青年团中央委员会、工业和信息化部、国家食品药品监督管理总局、国家新闻出版广电总局、农业部、中国科学技术协会、环境保护部7位成员属于第二梯队，它们的相对接近中心度分布在 0.81 ~0.90，因此成员的自我行动能力也很强。中华全国妇女联合会、国家发展和改革委员会、国家卫生和计划生育委员会、国家工商行政管理总局、国家质量监督检验检疫总局、商务部、科学技术部、人力资源和社会保障部以及中华全国总工会 9 位成员属于第三梯队，它们的相对接近中心度介于 0.70 ~0.80，因此这些成员在信息传递自主性的表现方面也较强。相对接近中心度介于 0.60 ~0.70 的成员属于第四梯队，包括国务院国有资产监督委员会、国家机关事务管理局等在内的 14 位成员。属于第五梯队的是相对接近中心度介于 0.47 ~0.60 的成员，包括国务院妇女儿童工作委员会、中共中央组织部、中国科学院、国家海洋局和中国地震局。

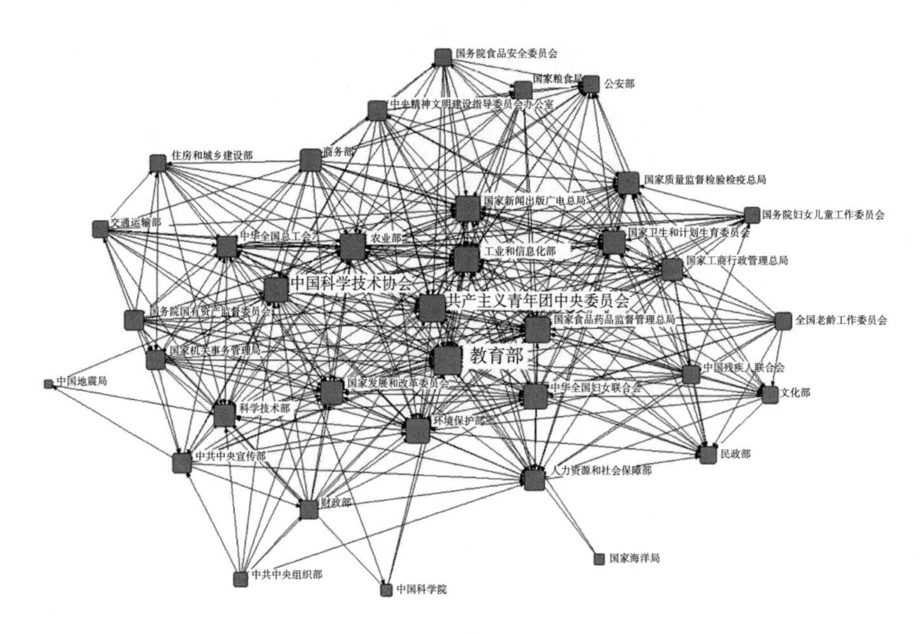

图 41　基于接近中心度的中央级政府部门和人民团体科普政策合作网络

中心性分析可以看出，36 位成员在促成网络关系形成中表现突出的如下。一是教育部。其在交往能力、控制能力以及独立性三个方面的表现均一枝独秀，因此成为促成网络合作关系建立中最为关键的角色。教育部作为主管全国各级各类教育工作统筹规划和协调管理全国教育事业其他成员的机构，由于其在人才培养、知识资源提供、科普场地建设以及受众对象等科普工作要素的组织和协调方面具有其他无法企及的天然优势，在社会的知识传播事业中很容易成为其他青睐的合作对象，故毫无争议地担当了该社会网络中最关键的中间人角色；二是共产主义青年团中央委员会、工业和信息化部各自表现也很强。前者作为引导、组织、服务、维护全国8000多万名青年的组织，与科普事业的人才培养以及受众对象联系非常紧密；后者在网络资源共建共享以及信息化推进方面负有法定义务，是科学普及渠道的重要支撑。因此，二者也成为该科普政策网络关系中的主要推手。三是中国科学技术协会、科学技术部两位成员，虽然二者在交往能力以及独立性两方面的表现并没有排在前五位，但在控制能力方面却双双进入。这表明，相比大多数成员而言，二者对其他成员在网络中的行为具有较大的影响力。究其原因，应当在于二者的职能与科学技术工作主体（科研人员）和客体（研究开发）直接相关，因此在科学技术普及的内容主题选择以及支持的人员队伍方面更具有引导性优势。

4. 政策发文类别

对254份科普政策文本分析发现，“十二五”期间我国中央一级政府部门和人民团体发布的254份政策可以归到8种类别中（见图42）。其中，230份政策文本是以“通知”的方式发布的。其他数量相对较多的文件类别是“决定”和“意见”。对单独发文和联合发文进行进一步分析，二者的类别分布形态基本保持一致。

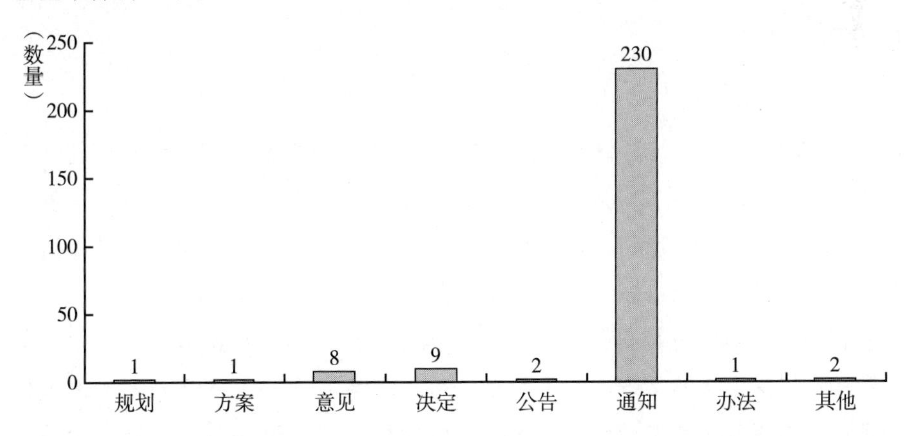

图42　中央级政府部门和人民团体科普政策发文类型分布

对政策文本类别的规范性和指导性进行分析，几类发文类别相比较，“通知”“意见”的规范性较弱，指导性较强；“决定”“方案”“办法”“公告”的规范性强，指导性弱；“规划”的规范性中等，指导性中等。从254份政策文件来看，占发文总量约91%的“通知”类政策文本绝大部分内容是对某个特定领域的科普工作的具体规定，例如“组建科学传播专家团队”“全国学会科普工作考核”“国际减灾日主题宣传”等。也有少部分是对前期某些整体性工作规划的具体落实或补充性说明等，例如“2013年地方《科学素质纲要》实施工作会通知”，等等。这些政策虽然针对特定主题的工作给出了相关规定，但基本属于对具体工作的指示性意见，并没有非常严格的约束作用。同期，我国中央级政府部门和人民团体发布其他规范性较强的政策较少。这种情况总体而言与我国科普政策环境建设的时代背景是相适应的。2006年和2007年，国家先后出台了《全民科学素质行动计划纲要（2006～2010～2020)》和《关于加强国际上科普能力建设的若干意见》两份纲领性文件，对我国科普事业发展做出了较为长期的、基本框架性的、较为全面的系统性制度安排。因此在这样的前提下，“十二五”期间各部门出台的政策文本虽然呈现一定的规范性和约束性特征，但更多强调从指导层面上来加强工作的可操作性，从而使前瞻性纲领性文件设计的各项着力点能够通过各项具体工作进行承接和落实。

（四）“十二五”期间我国政府部门和人民团体科普政策内容特征分析

1. 政策作用领域

对254份文本进行分析发现，科普政策文件对6类作用领域均有覆盖，如图43所示。其中，占总量约37%的文件致力于“科普活动”领域。这表明“十二五”期间各政府部门和人民团体最为重视科普活动，通过各类具体活动部署实现各部门科普目标的达成；科普政策重点关注的另外两个作用域一个是“科普场地”，强调支撑科普活动开展的基地建设、设施建设等工作，相关文件数约占发文总量的25%；另一个是“科普传媒”。作为科普工作实现的重要渠道，政策对其关注度也颇高。再者，政策对于“科普人员”培养也给予了较多重视，力图通过打造各类优秀科普人才队伍来推动科普工作有效开展。相对而言，直接涉及“科普经费”的政策安排略少一些。“其他”类别政策文本虽然占比不低，但内容非常分散，涉及了与前5个作用领域无关的工作会议、分工、检查以及考核等主题。

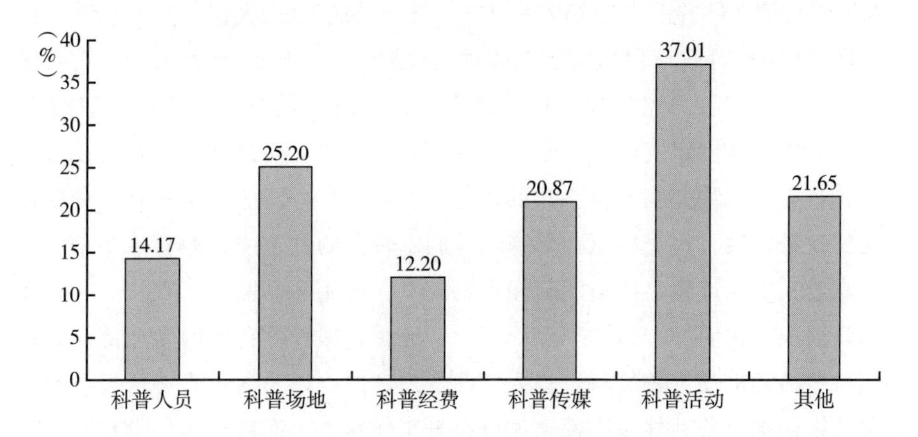

图43　中央级政府部门和人民团体科普政策按作用领域划分的分布情况

科普政策文本作用领域在2011～2015年各年度的分布形态大致相似，如图44所示，但具体情况之间有一定差异性。2011年、2014年、2015年政策文本中涉及“科普活动”的政策文件在当年政策文件的占比均达到40%以上，明显高于其他年份的情况。“科普人员”相关政策中，2015年较其他年度在当年政策文件的占比低一些，接近10%，其他年份则在10%～20%。“科普场

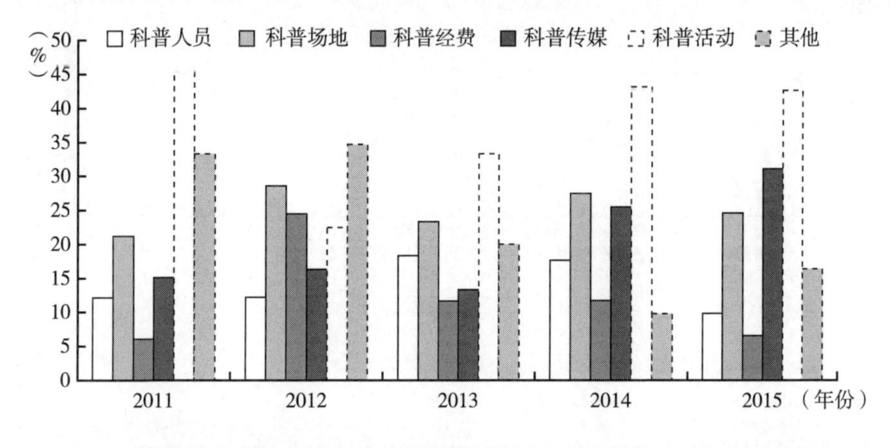

图44　中央级政府部门和人民团体科普政策按作用领域划分的年度分布情况

地”相关政策文件在当年政策文件的占比保持在20%～30%，比较稳定。涉及“科普经费”的政策文件在当年政策文件的占比中，2012年最高，达到约25%，其他年份则在6%～12%。2014年和2015年涉及“科普传媒”政策文本在当年政策文件的占比为25%～31%，高于其他年份的情况。

将254份科普政策根据制定主体对其政策作用领域进行划分，26类政策制定主体的政策着力点呈现一些共性特征，同时也具有各自特点，如图45所示。显然，各制定主体参与制定的政策中，科协、科技管理、教育在大多数科普政策领域均充当了排头兵的角色。“科普活动”是最受所有政策主体重视的政策领域，这个特点在参与政策制定较多的发改委、教育、工信、环保、农业、卫生计生、质检、新闻出版广电、食品药品监管、粮食、共青团和妇联表现非常明显。包括环保、农业、地震、粮食等在内的专业部门强调利用科普活动推动本领域科普投入资源实现产出，以及通过支持科普场地和科普传媒两类科普载体来支撑本领域科普工作落地。而肩负为科学技术工作者服务、为提高全民科学素质服务职责，以促进科学技术的繁荣和发展，促进科学技术的普及和推广为己任的科协，以及作为国家科技事业直接主管部

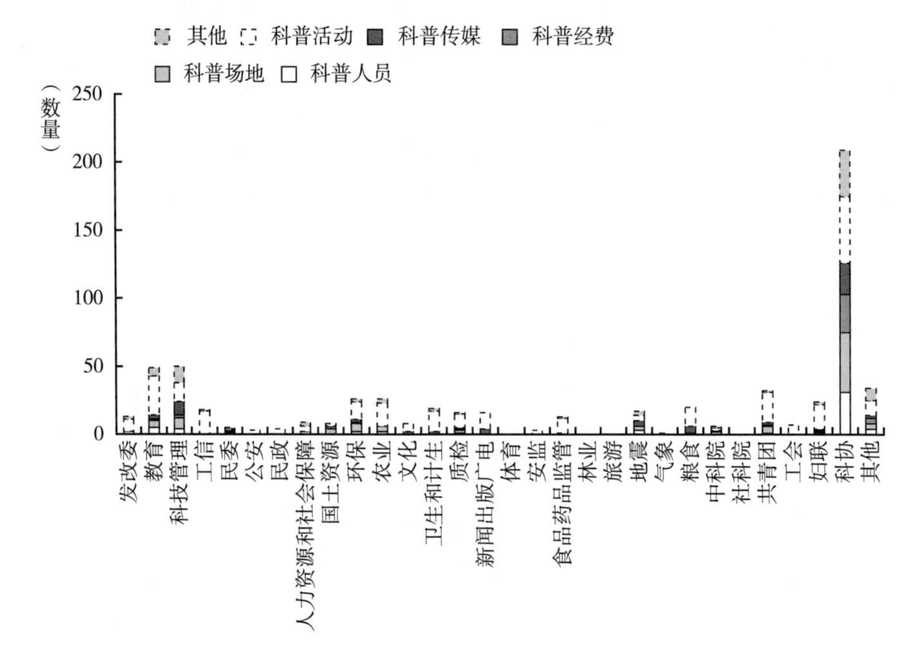

图45　中央级政府部门和人民团体科普政策按作用领域划分的分布情况

门的科技管理的表现与上述组织则不同。二者科普政策的视野更宽，对6个政策作用领域均实现覆盖，力度大且相对而言比较均衡。这从另一个侧面再次表明科协和科技管理两类部门是利用科普政策大力推进科普事业发展的强力部门，二者均从内容、途径、方法、人力、物力、监督等多个角度来环环相扣地介入，从而以基本达到全程覆盖的政策体系，以点促面地实现对科普事业发展的全方位引导。

2. 政策工具使用

政策工具是为实现一定政策目标而采取的包括策略、方法、技术、机制、行动以及为之配置的人力、设备、资源等手段①。对254份政策文件所使用政策工具的统计结果显示，一共采用了10种政策工具来支撑政策目标的实现，仅“金融政策”和“公共采购”两种工具未被使用，如图46所示。这表明科普领域目前工作的性质、内容和规模尚未达到需要通过包括信贷、资本市场等在内的国家宏观金融政策工具进行干预的程度。同时数据也说明，目前包括政府部门、事业单位、公共组织以及非营利的国有企业等在内的公共部门，尚未通过法定的形式和程序来购买与科普相关的产品和服务，以满足自身工作需要的行为。这也可能表明在通过公共采购来创造和培育市场，从而拉动社会需求方面，科普领域还有待进一步挖潜。

根据图46的统计结果，科普领域采用的10种政策工具中“信息支持”排在第一位，254份政策文件中约50%的政策文件采用了这一工具。这一工具的采用体现了科普工作的特点。科学传播是向受众传播科学知识、科学方法、科学思想和科学精神的工作，因此必然会涉及大量信息和知识的传递与交流，尤其在当今信息社会中这个特点的表现更为明显。故通过与信息提供相关的支持手段来推进科普工作，是我国政府部门和人民团体在制定政策时所采取的最为普遍的工具手段。254份政策文件中约33%的政策文件采用了“公共服务”这一工具。“公共服务”作为排在第二位的工具，体现了政府部门等公共部门的职能定位。促进社会整体进步是公共部门的工作职责，而公民科学素质提升是促进社会进步的重要基础，因此各类公共部门运用其管理公共事务的职能向

① 赵筱媛、苏竣：《基于政策工具的公共科技政策分析框架研究》，《科学学研究》2007年第1期，第52～56页。

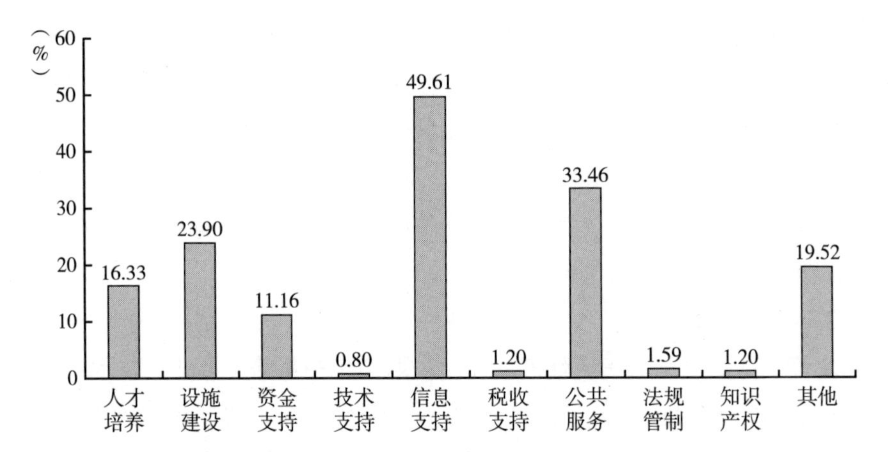

图 46　中央级政府部门和人民团体科普政策按采用政策工具划分的分布情况

社会提供具有普及性、平等性、便利性、多样性、公益性的相关科普服务，是其落实工作职责的一项具体体现。从所涉及的具体政策文本来看，这些公共服务借助多种形式开展，包括举办科技周、科技宣传日，针对特定人群或主题进行知识普及和帮扶，以及开展技能培训等。这类工作普适性较强，受众对象广泛，来自于社会不同群体。此外，图 46 还显示，“设施建设”和“人才建设”两种政策工具也较为得到政府部门和人民团体的重视。“设施建设”作为硬件，“人才建设”作为软件，是保证科普事业存在并正常运行的基本条件。从长远的视角来看，二者对科普事业发展具有明显的带动和支撑作用。因此，通过加强对二者的建设工作来夯实科普工作的资源基础，是保证我国科普事业可持续发展的重要抓手。另外，254 份政策文本中有约 11% 的政策采用“资金支持”工具来直接对开展的科普项目以及科普人员进行择优支持。与上述四类工具相比，“十二五”期间我国政府部门和人民团体在科普领域对税收优惠类财政政策工具以及知识产权管理等政策工具的使用还比较少，这方面的工作尚待探索。

图47 展示了 254 份政策文本按照采用政策工具划分的年度分布情况。可以看到，“信息支持”工具在 2011 ~ 2015 年各个年度所发布的政策文本中均占比最高，除 2012 年、2013 年以外，其他年份均达到当年发文量 50% 以上的规模，2015 年更是达到近 67%，因此同样说明这种政策工具是科普政策中最主要并一以贯之采用的一类工具。“公共服务”是另一类较为

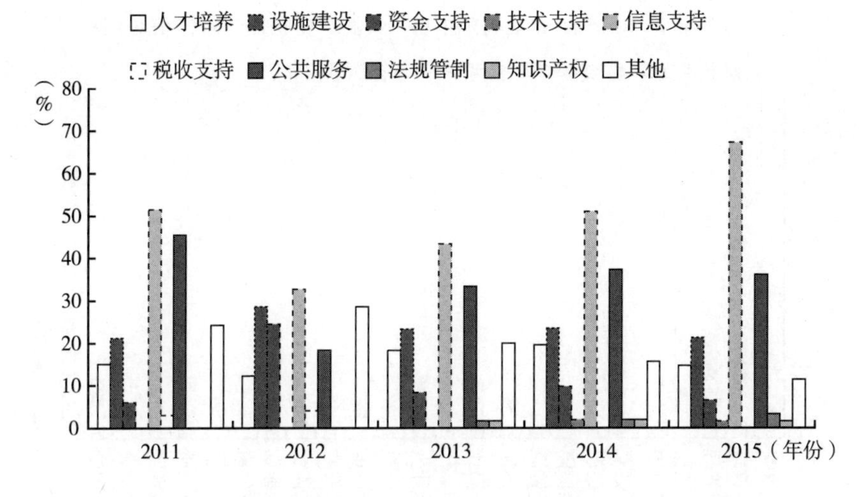

图 47　中央级政府部门和人民团体科普政策按采用政策工具划分的年度分布情况

普遍采用的工具，除 2012 年在本年度所发布政策中采用率稍低以外，其他 4 年中均稳居第二位（保持在 30%～45%）。“其他”政策工具虽然在各个年份所发布的政策文本中占比也较高，但由于其内容涉及了会议、评比、监测、考核等一系列较为零碎但庞杂的措施，因此不做具体分析。此外，“设施建设”采用率也较高，在各年度政策文本的占比均达到 20% 以上，且呈现了较为稳定的状态。“人才建设”类工具在各年度政策文本中占比均比“设施建设”略低，基本保持在 10%～20%，因此也是较为稳定使用的政策工具。其他五类政策工具除 2012 年“资金支持”在当年政策文本占比达到 24% 外，在 2011～2015 年各个年度政策文本中占比均未超过 10%，且各年度的占比分布也不均衡，因此相比较而言，这几种政策工具不是科普政策所采用的常规性工具，是根据工作需要因事、因时而使用的辅助性工具。

图 48 显示了 254 份科普政策文本在各类型部门中按照所采用政策工具进行划分后的分布情况，大致可以反映出参与政策制定的 26 类部门对政策工具的偏好。共性特征是：整体而言 26 类部门在各自参与制定的政策中均普遍使用“信息支持”和“公共服务”两种政策工具作为最主要的政策工具。其中，公安、民政、文化、卫生计生、食品药品监管、安监、粮食、工会、妇联等在

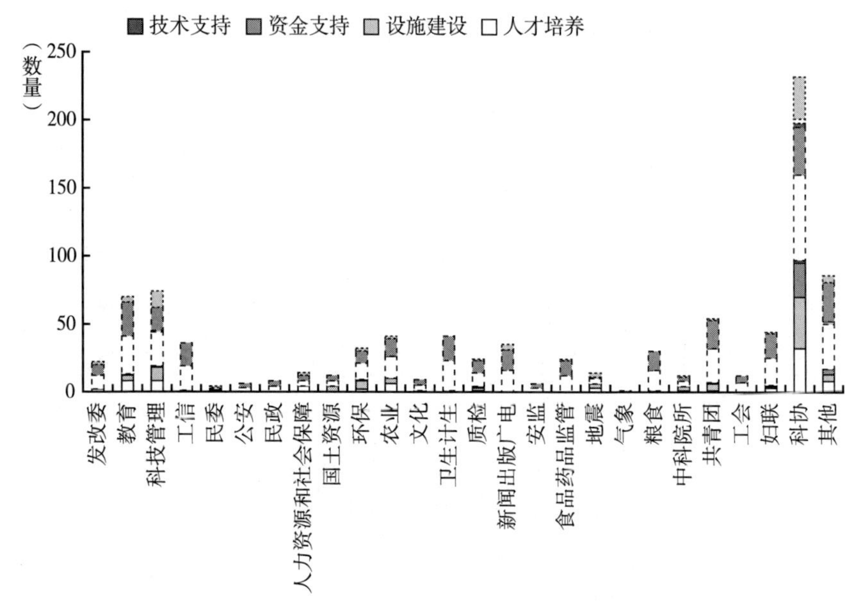

图 48　中央级政府部门和人民团体科普政策按采用政策工具划分的分布情况

这方面表现得非常突出，其政策文本所采用的政策工具基本集中在这两类（相关政策文件基本占到本部门发布文件的 70% 以上）。其他类型部门虽然也重视“信息支持”和“公共服务”两类工具，但也不同程度地通过其他类型工具来引导科普工作开展。例如，教育、科技管理、人力资源和社会保障、农业、地震以及科协较多采用了“人才培养”工具；科技管理、国土资源、环保、地震、中科院以及科协对“设施建设”工具也很青睐。在“资金支持”工具采用方面，科协比较突出，其政策文本中约有 16% 采用了此项工具。除“其他”外的 25 类部门中，采用过 5 种及以上政策工具的部门类型有 10 类，分别是：教育（6 种）、科技管理（7 种）、环保（6 种）、农业（5 种）、质检（6 种）、地震（5 种）、中科院（5 种）、共青团（6 种）、妇联（6 种）以及科协（9 种）。其中，科协不仅采用的政策手段最为多样，而且与其他类型部门的情况相比，各类工具之间的均衡性也较好。这在一定程度上反映出科协在利用科普政策工具推进工作上，是一种多管齐下并互有配合的整体布局。

3. 政策引用关系

政策文件的内容中常常出现对其他政策文件的引用，通常以“按照”“贯彻”“根据”等书写格式出现。政策文件之间的引用关系是一种重要的信息资源。被引用政策可以为引用政策提供有力论据，以增加引用政策的价值、权威性和信息量，同时反映了政策之间的关联性和继承性，展示出政策发展的脉络。

对254份科普文本整理后发现，其中178份政策文本有过对其他政策文本的引用情况。被引用政策文件数量为129份。这些文件的被引用形态呈现明显的长尾效应，被引用政策文本向少数文本集中，大部分政策文本的被引用情况是零散和少量的，但累积起来的数量却比较大。其中，被引用次数≥3次的政策文本共计20份，如表4所示。

表4　被引用次数≥3次的政策文本

序号	文件名称	被引次数
1	《全民科学素质行动计划纲要(2006～2010～2020)》(国务院,2006)	51
2	《全民科学素质行动计划纲要实施方案(2011～2015年)》(国务院,2011)	36
3	《中华人民共和国科学技术普及法》(全国人民代表大会,2002)	18
4	《科普基础设施发展规划(2008～2010～2015)》(国家发展改革委、科技部、财政部、中国科协,2008)	7
5	《国家中长期科学和技术发展规划纲要(2006～2020年)》(国务院,2006)	6
6	《关于厉行节约反对食品浪费的意见》(中共中央办公厅,2014)	6
7	《食品安全宣传教育工作纲要(2011～2015年)》(国务院食品安全委员会,2011)	6
8	《科技部科技统计工作管理办法》(科技部,2007)	5
9	《中共中央、国务院关于深化科技体制改革　加快国家创新体系建设的意见》(中共中央办公厅、国务院,2012)	4
10	《国家中长期教育改革和发展规划纲要(2010～2020年)》(国家中长期教育改革和发展规划纲要工作小组办公室,2010)	4
11	《国家中长期人才发展规划纲要(2010～2020年)》(中共中央办公厅、国务院,2010)	4

续表

序号	文件名称	被引次数
12	《国土资源科普基地推荐及命名暂行办法》(国土资源部,2009)	4
13	《全国青少年农业科普示范基地管理办法(试行)》(农业部、共青团中央,2011)	4
14	《农民科学素质教育大纲》(农业部、中国科协等17部委,2007)	3
15	《国家环保科普基地申报与评审暂行办法》(国家环保局,2006)	3
16	《国土资源"十二五"科学技术普及行动纲要》(国土资源部,2011)	3
17	《国务院关于加强食品安全工作的决定》(国务院,2012)	3
18	《关于开展"首届全国大中学生海洋知识竞赛"活动的通知》(国家海洋局,2008)	3
19	《关于开展节俭养德全民节约行动的通知》(中共中央宣传部,2014)	3
20	《听取全民科学素质行动计划纲要实施情况汇报的会议纪要》(国务院,2012)	3

对被引用次数≥3次的20份政策文件进行解读，可以看出这些被引用政策文件呈现较为明显的特点。首先，20份政策文件根据被引用情况可以明确地被划分为两组。第一组包括被引用次数达到了两位数以上的3份文件，最高的为51次，最低的为18次。第二组包括其余17份文件，其被引用次数均为个位数，最高的为7次，最低的为3次。两组之间的被引用次数差别是非常明显的，这表明少数政策是我国各项科普政策的立本之源。其次，从政策文本的类型来看，20份文件主要以纲要、规划、法律、方案、办法、决定和意见等形式出现，大部分属于规范性文件，因此整体而言规范性和强制力比较强，在社会整体或某一领域范围内具有普遍约束力。再次，从内容上看20份被引政策文件中绝大部分文件表现出与科学技术事业的整体关联性。并且大部分是针对科普工作的专门政策，少部分是与科普事业关联的其他政策，例如《国家中长期科学和技术发展规划纲要（2006～2020年）》《国务院关于加强食品安全工作的决定》等。总体而言，科普专项政策的被引用量远远高于其他相关政策的被引用量。最后，从政策的制定主体来看，20份高被引政策文本具有等级结构，存在层次梯度性。其中，11份政策文件是由中共中央、国务院、全国人大一级机构制定的国家顶层政策，9份是由不同中央一级部门联合或独立制定的部委政策。20份文件

中绝大部分政策的作用范围是面向全国性的科普工作。尤其是从被引用次数居于前三位的政策看，更是如此。《全民科学素质行动计划纲要（2006～2010～2020）》（以下简称《科学素质纲要》）由国务院于2006年发布，该文件是我国历史上第一次关于提高公民科学素质的文件，并明确提出了科普工作面向的四大人群和实施的四大工程，由此奠定了我国15年内国家科普事业发展的基本走向。2011年由国务院发布的《全民科学素质行动计划纲要实施方案（2011～2015年）》（以下简称《科学素质纲要实施方案》），承接《科学素质纲要》的精神，并结合“十一五”期间科普事业发展状况，进一步丰富了“十二五”期间科普工作内容，包括通过增加社区居民扩大面向人群，通过增设科普人才建设扩展实施工程加强人才队伍建设等。2002年由全国人民代表大会颁布的《中华人民共和国科学技术普及法》是世界上第一部关于科普事业发展的法律，从立法的高度体现了国家意志，是保证我国科普工作进入法制化轨道的基石。由此可见，上述三份政策文件是支持我国科普事业发展的纲领性文件，它们处于我国科普政策话语活动等级的顶端，是科普事业政策体系内的元政策，对体系内其他政策话语具有很强的语境制约功能。

4. 政策主题分析

中国科学院NLPIR软件可以对分析文本对象提取50个关键词，在统计关键词时除了采用传统的词频排序以外，还采用了按照信息熵进行排序的方法。该方法不仅考虑词频，也考虑到词在文中的位置，因此可以较为准确地反映词在文本中的重要性。

将待分析的政策文本按照全部样本、联合发布样本对各个政策文本进行合并，然后采用NLPIR分词系统的“关键词提取”功能文件按照信息熵进行分词。在此基础上，分别对每个文件所提取的关键词进行人工筛选，删除一些表征意义不明显的关键词，比如“国家卫生计生委”“国家粮食局”“引领”等词，再合并一些意义相同的关键词，如“全民科学素质”“公民科学素质”“科学素质”等，最终得到2个关键词集。

（1）政府部门和人民团体发文关键词总体分析

254份政策文本提取的前50个关键词经人工筛选后得到39个关键词，如表5所示。

表5 中央级政府部门和人民团体的254份政策文本高信息熵关键词

序号	关键词	序号	关键词	序号	关键词
1	节能减排	14	农村科普带头人	27	科技工作者
2	食品安全	15	中国流动科技馆	28	科普场馆
3	防震减灾科普	16	环保科普	29	气象预报
4	社区科普大学	17	答题	30	东部地区
5	农村实用人才	18	节粮	31	人民群众
6	公民科学素质	19	科普影视作品	32	预防接种
7	人才队伍建设	20	基层科普	33	科普图书
8	优秀科普作品	21	农村妇女	34	中西部地区
9	科普信息化建设	22	科学就医	35	水生野生动物
10	中国科学技术馆	23	移动端科普	36	宣传月活动办公室
11	社区居民	24	科普志愿者	37	国土资源科普
12	社区科普	25	典型案例	38	微信
13	科普大篷车	26	防灾减灾	39	生态文明

关键词结果显示，2011～2015年我国中央一级政府部门和人民团体发布的科普政策对如下方面工作形成了重点指导。一是在《科学素质纲要》和《科学素质纲要实施方案》的指引下，科普政策强调通过提升公民科学素质来推动全民在科学方面的创造性，从而实现科普事业对国家创新驱动发展战略的支撑作用。二是政策支持的工作内容主要着眼于民生需求，大力推进科技惠民。支持领域的覆盖范围非常广泛，涉及了节能减排、食品安全、防灾减灾、粮食安全、科学就医、卫生保健、地质环境保护、动物保护等多方面工作，力求在这些领域内以人民群众易于理解的方式，不断探索与民生相关科技的落地。尤其在通过节能减排进行环境保护的科普宣传方面，“十二五”期间科普政策将其作为支持的重中之重，强调通过人与自然和社会的和谐共生，实现在良性循环下的全面发展。这样的政策倾斜与党的十八大以来，我国把生态文明建设放在突出地位的国家意志是一脉相承的，体现了国家发展战略在科普领域工作的落地。三是科普工作重点针对范围聚焦于基层。一方面强调社区作为科普工作落地基点的重要性，通过创建社区科普大学、加强针对社区居民的科普活动等不同方式来贴近居民、贴近生活、贴近需求，探索“十二五”期间科普工作新途径。另一方面突出强调了针对农村地区特殊人群（包括农村妇女和农村实用人才等）的科普工作，致力于通过促进其科学素质/技能的提升，

来带动我国广大农村地区的经济发展和社会生态改善。四是大力支持多元化科普手段和渠道的采用。约30%的关键词与传播手段和传播渠道有关，既包括传统的影视作品、图书、宣传月等传播媒介，也强调利用先进技术手段来促进科普信息化建设，尤其是移动端科普。这表明“十二五”期间，国家政策在鼓励不同媒体和渠道发挥比较优势的同时，也积极推动科普手段和渠道的创新化，希望充分发掘新媒体科普宣传功能，由此推动科普工作适应社会发展潮流。五是强化科普人才队伍建设工作，重点通过对农村科普带头人、科普志愿者等的培养和使用以及引入科研人员的力量，来解决面向基层的科普人才短缺、高水平科普人才匮乏等问题，从而促进科普工作者队伍能力的改善。六是在科普场馆和设施建设方面，重点支持以科技大篷车、流动科技馆等多种形式加强针对基层和偏远地区的科普公共服务，从而充分发挥科普场馆的辐射和带动作用。

（2）政府部门和人民团体联合发文关键词分析

75份联合发布政策文本提取的前50个关键词经人工筛选处理后得到35个关键词，如表6所示。

表6　中央级政府部门和人民团体75份联合发布政策文本高信息熵关键词

序号	关键词	序号	关键词
1	节能减排	19	生态文明
2	防震减灾	20	质量安全
3	科学素质	21	营养包
4	农村实用人才	22	现代农业
5	听力残疾	23	科研院所
6	人才队伍建设	24	母乳喂养
7	食品安全	25	奖补
8	农产品质量安全	26	流动科技馆
9	节能降碳	27	创新创造
10	环保科普	28	法律法规
11	节粮	29	社会力量
12	高校博物馆	30	典型案例
13	农村妇女	31	地震灾害
14	科学就医	32	吸烟者
15	控烟	33	主流媒体
16	食品安全风险	34	老年听力残疾
17	环境宣教	35	宣传报道
18	科普志愿者		

从上述关键词可以看出，2011～2015 年我国中央一级政府部门和人民团体联合发布的科普政策呈现了以下几个侧重点。首先，多份联合制定政策的出台体现了在《科学素质纲要》大框架下，科普工作由“国务院领导实施、各部门分工负责、联合协作”工作机制在“十二五”期间的稳定运行。虽然联合政策的制定主体非常多元化，但政策支撑的科普工作重点内容具有较为明显的行业特征，在专题性和系列性方面的表现较为突出，非常强调在环境、医疗、卫生保健、农业、食品、地质灾害等传统科普领域的工作。这些工作多通过主题日或科普活动周等科普活动来具体实施。其次，75 份联合发布政策强调科普工作责任者的培养问题。科普人才短缺且结构失衡的问题长期以来一直是我国科普事业发展的瓶颈，因此“十二五”期间的联合政策继续坚持将建设具有一定专业水平、高素质的科普工作队伍，来作为促进科普事业发展重要保障的方法。政策从不同角度涉及了针对科研机构、高校、科普志愿者队伍以及农村地区的科普人才工作。强调通过培训与研修、团队建设、高层次专业化教育等多种手段，培养多方面全方位的不同层次科普人才；同时，具有较高信息熵的关键词也显示，联合发布政策也重视博物馆、流动科技馆等科普场地和设施的建设，并强调通过典型案例搜集、主流宣传等方式来扩大科普传播的效果。

（五）结论与建议

基于对“十二五”期间我国中央一级政府部门和人民团体发布的与科普工作相关的政策文本的分析，可以得出如下结论。

1. 科普政策是“十二五”期间我国政府部门和人民团体推动科普工作的有力推手

“十二五”期间中央一级政府部门和人民团体保持年均 50 余份科普政策发布的规模。这些政策是《科学素质纲要》和《科学素质纲要实施方案》等我国科普政策语境中纲领性政策之下的辅助性政策，是部门层级根据本部门实际情况对国家纲领性文件的分解与具体化，反映了各政府部门和人民团体对科普工作的认识和价值观。各政府部门和人民团体的政策通过直接或间接的方式，在分配相关科普资源、解决与社会发展需求相适应并关涉科学技术的相关问题，以及规范科普工作相关行为方面发挥了引导和扶持作用，更多强调从指导层面上来增强具体工作的可操作性，从而使前瞻性纲领性文件设计的各项着力点能够通过部门具体工作进行承接和落实。

2. 科普政策分布整体呈现以科协为主、其他为辅的格局

可获数据显示，“十二五”期间30个部门类型中85%以上以不同力度出台了相关科普政策。科普政策整体上呈现以科协为主、其他为辅的态势，体现了科普工作各政府部门和人民团体“分工负责、联合协作”机制的落实。从数量规模看，政策格局是以科协为领军，以教育和科技管理为中坚力量，以农业、环保、卫生等部门为落地支撑的金字塔形结构。从协作情况看，30个部门类型中75%以上建立了协作关系，合作范围较为广泛。其中，教育部在协作网络中发挥了最为重要的作用，其交往能力、控制能力以及独立性三个方面的表现均较为突出，是促成部门协作关系建立的最关键角色。同时，共青团、科协以及科技管理等，由于分别具有在科普受众、科普人力资源、科普内容资源等方面的优势，因此在协作网络中也发挥着重要作用。

3. 科普政策工作内容体现时代要求，覆盖面广并富有部门特色

“十二五”期间部门科普政策结合国情和世情，响应了《科学素质纲要实施方案》和《国家科学技术普及“十二五”专项规划》等国家科普工作顶层政策文件的要点要求，内容覆盖面非常广泛且具有各部门特色。一是强调支持通过正规、非正规和非正式的学习和培训等渠道，大力推进科技惠民，着眼于改善民生需求。同时，让人们以终身学习方式吸纳科学技术知识和信息，增强适应社会发展需求的劳动力技能，从而充分融入不断发展的社会。二是“十二五”期间科技创新对我国经济社会发展的促进作用日益显著，因此各部门政策强调通过提升公民科学素质，来推动全民在科学方面的参与性与创造性，从而加速全社会科技进步与创新，实现科普事业对国家创新发展的支撑作用。三是倡导在生态文明的理念下建立资源节约型、环境友好型社会，实现人与自然的和谐，促进经济社会全面、协调和可持续发展。四是专业部门强调在本领域投入科普资源，以支撑科普工作落地。相比较而言，科协和科技管理科普政策的视阈更广，对内容、途径、方法、人力、物力、监督等不同政策作用领域均实现较大力度且较均衡化的覆盖。

4. 多元化政策工具是科普政策得以落地的有力支撑

“十二五”期间我国中央一级政府部门和人民团体发布的科普政策基本是鼓励性政策，即运用覆盖策略、方法、机制以及行动等的各类鼓励性手段，充分调动相关参与方的积极性，推动科普工作朝着特定目的方向发展。在具体政

策工具采用中，以“信息支持”类工具向社会提供“公共服务”，是采用率最高的工具手段。此外，“设施建设”“人才建设”作为保证科普事业正常运行的硬软件基本条件，在政策制定中也成为政府部门和人民团体保证公共科普事业可持续发展的重要抓手。不同政策工具交互作用，构成了张弛有度、层序分明的科普政策作用网。各政府部门和人民团体运用这些政策工具，引导向社会提供具有普及性、平等性、便利性、多样性和公益性的各类科普服务，实现了其科普工作职能的具体落实。

5. 科普政策存在不均衡、宣传不到位等问题

尽管我国不同政府部门和人民团体的科普政策体系较为完善，内容涉及广泛，但也存在不少问题。首先，我国不同政府部门和人民团体科普政策制定情况存在较大差异，少数部门未发现出台政策的明确证据，说明其对科普工作的支持态度较弱。其次，部分科普政策的内容不具体、不清晰、针对性不强，会造成执行上存在困难；再次，由于科普工作管理模式带有较强的自上而下的行政化色彩，造成部分科普政策的内容固化且实施途径狭窄，在创新性和适应时代发展性方面存在不足，且当前科普工作所强调的部分内容也没有很好地反映在科普政策中，如科普产业发展等；最后，部分政府部门和人民团体的科普政策宣传工作做得不到位，例如在官方网站上未发布相关政策。这势必造成公众无法获取科普政策信息或部分信息缺失，进而影响受众对科普工作的参与度。

针对上述问题，为了优化有利于我国科普事业发展的政策环境，未来我国政府部门和人民团体科普政策制定工作可以考虑从如下方面更多发力。

1. 部分政府部门和人民团体需强化科普工作意识，加强科普政策制定

科普工作（尤其是涉及公共利益的科普事业）的推进离不开强有力的公共政策支持。“十二五”期间我国部分政府部门和人民团体相关政策支持力度不足的状况，在一定程度上反映出这些部门对科普工作重视程度不够、积极性不高。在效能和法律范围内科普事业是属于我国政府部门和人民团体职责范围内需要解决的公共问题，而政策是这些部门提高科普事业管理水平、有效履行职责的重要支撑。因此，部分政府部门和团体需要加强其科普工作意识，提升对科普工作重要性的认识，强化对不同政策手段和工具的运用，对职能范围内的科普工作通过政策手段进行系统性的规划和部署，使本部门科普工作和业务工作互促并赢。

2. 科普工作主导部门需以政策为纽带，加强与其他的联合与协调

虽然科普工作的推进在全国各政府部门和人民团体难以做到一盘棋，但应当尽量避免短板效应，而政策是改善的有效手段。因此建议科协、科技管理、教育等我国科普工作主导部门更加主动地发挥自身优势，以强带弱、以先带后，通过联合其他制定政策以及共同推进工作等方式，帮扶一些能力较弱的部门尽快融入科普事业圈内。使其能够借助合力开展本部门工作，并借鉴他方经验逐步凝练自身的科普工作思路、方法和培养能力，在此基础上逐步缩小和其他的差距。

3. 部门科普政策内容体现部门特色同时应及时根据时代需求进行适应性调整

《科学素质纲要》和《科学素质纲要实施方案》等政策文件是国家顶层对科普工作所面临形势的全面判断和长期把握，统领全国科普工作未来发展的长远方向。而部门科普政策是在顺应国家发展战略的大前提下体现自身工作理念的发展型公共政策，因此既要在反映工作特色的基础上考虑工作继承性，也要致力解决当今社会面对的、本领域内与科学技术有关的热点和难点问题，因此内容上要更加具有针对性和适应性。同时，政策制定主体也需要培养前瞻性意识。未来中国社会发展需要不断满足人民日益增长的美好生活需要，因此全社会对安全、稳定、和谐、绿色、生态将会提出更高的要求，故政策制定主体要有发展眼光，能够对一定时期内本领域的科普发展情况进行预判，从而确保本部门政策布局为未来工作开拓预留足够的发展空间。

4. 加大宣传力度，完善科普政策传播渠道

受众对科普政策的理解影响着其参与科普工作的热情，因此科普政策同样也需要宣传普及。我国政府部门和人民团体都应积极将科普政策宣传纳入本部门的科普工作内容，尽量做到科普政策宣传的多渠道、全媒体覆盖。一是通过培训会、宣介会、科技周、科技日等科普活动组织方式，对政策进行双向沟通式的宣讲；二是发挥图书、报纸、广播、电视等传统媒体的宣介作用，通过专刊、专版、专栏等进行单向式的传播；三是充分利用互联网中新媒体传播的泛在优势，在政府部门和人民团体的官方网站开辟专门区域，或通过微博、微信等渠道，采用文字、图片、视频等多种形式，以易于理解的方式来介绍或解读科普政策，扩大政策信息的覆盖范围。

5. 建立对科普政策实施效果的反馈机制

从政策执行效果来看，受众对政策的认知情况、对政策的顺利实施和政策价值的实现程度具有较大影响。同时，政策在执行过程中会出现许多新问题和新情况，受众在对已有政策体验过程中也会不断基于这些新问题和新情况形成思考，这些认识对政策的再输出具有重要意义。因此，建议科普政策制定部门对重要科普政策实施效果开展多维度评估，既可以基于受众认知层面，也可以基于社会福祉和经济层面，从而及时把握受众对科普政策的理解情况以及社会的需求。这种“自下而上”式的反馈是对传统科普政策“自上而下”式制定机制的有效补充，将对科普政策环境的不断完善起到有力推动作用。

B.3

高校科普文化建设现状与对策研究

王　明　刘缅芳　张晓磊　王合义　龙晓琼*

摘　要： 高等学校既是传播科学知识、培养科技人才的重要主体，也是承载社会科普服务的重要组织之一。推动高校科普工作的开展，根本上是要建设高校科普文化，并通过科普文化的社会化传播来促进高校面向社会的科普服务供给。本文将高校科普工作置于文化建设理论视野下加以考量和分析，以湖南省高校为主要研究对象，兼顾其他省市高校，目的是通过访谈和问卷调查等方式剖析当前高校科普文化建设的现状与问题，并提出促进高校科普能力建设的相应对策。

关键词： 高校科普文化　科普需求　科普供给　社会服务　激励制度

一　高校科普文化建设内涵解析

（一）科普与科学传播

1. 科普的三个层次

科普，科学普及的简称。它是指利用各种传媒，以浅显的方式向普通大众

* 王明，博士，湖南科技大学法学与公共管理学院公共管理系副主任，硕士生导师，中国科普研究所博士后，主要研究方向：应急科普与舆情管理、科普产业政策等；刘缅芳，博士，湖南科技大学数学与计算科学学院系副主任，主要研究方向：智能系统、复杂网络与科学传播；张晓磊，博士，中国科普研究所博士后，主要研究方向：科普能力评价与科普政策；王合义，东华理工大学创新创业教育学院党委书记，博士，主要研究方向：高校科普能力；龙晓琼，湖南科技大学中级会计师，硕士，主要研究方向：高校教育管理。

普及科学技术知识、倡导科学方法、传播科学思想、弘扬科学精神的活动[①]。也有人认为，科普是在制度化学校教育之外以采用公众易于理解接受和参与的方式，通过出版、展览、讲座、网络等，普及自然科学和社会科学知识，传播科学思想，弘扬科学精神，倡导科学方法，推广科学技术应用活动，旨在提高公民科学素养，提高劳动生产技能，从而提高综合国力[②]。

无论何种定义，科普的本质是对社会公众价值观、世界观和方法论的培育。从科普的过程与目标来看，本文认为，科普应该在三个层次发挥作用：第一个层次是科普能不能引起公众的兴趣，因为兴趣会使其产生对科学知识、科学现象的注意或关注，故第一个层次应该是感觉和兴趣的层次；第二个层次就是能够把感知科学现象背后的科学知识内化为自身的一种意识，纳入自己的知识体系，形成知觉和意识的第二个层次；第三个层次是把这种意识能够自主转化为处理事务的一种应用能力，也就是能力素质层次。

2. 科普与科学传播

虽然学术界目前对“科学传播”尚没有形成一个统一的定义，但是，一个基本共识是，科学传播不仅指科学共同体向社会公众进行科学传播，还包括科学共同体内部的彼此传播与交流。从这个角度而言，科学传播是指科学技术知识通过跨时空的扩散使不同个体间实现知识共享的过程。承担着把科技知识从其拥有者传递给接受者，使接受者了解、学习和分享这些知识信息的任务，基本功能是把科学家的“私人知识”转化为“社会共享知识”，实现科技知识的传播和扩散，并通过知识传播和扩散促进科学技术的发展和社会的进步[③]。

一般认为，对科学传播规律的认识，至少经历了传统科普（公众接受科学）、公众理解科学和科学传播（公众参与科学）三个阶段。在三个阶段之中，“传统科普（公众接受科学）是政府立场，公众理解科学是科学共同体立场，而科学传播则是公民立场”[④]，因此，科学传播是在对传统科普进行的批

① 郎杰斌、杨晶晶、何姗：《对高校开展科普工作的思考》，《大学图书馆学报》2014 年第 3 期，第 60 ~ 63 页。

② 杨清媛：《从传统科学普及到科学传播》，《中外企业家》2011 年第 14 期，第 233 ~ 234 页。

③ 翟杰全、杨志坚：《对“科学传播”概念的若干分析》，《北京理工大学学报》（社会科学版）2002 年第 3 期，第 86 ~ 90 页。

④ 刘华杰：《科学传播的三种模型与三个阶段》，《科普研究》2009 年第 4 期，第 33 ~ 35 页。

评反思，进而提出的一种更具包容性的概念。特别是近年来，已有越来越多的人感到，我们传统的“科普”概念过于狭窄，因而主张从科学传播或科学文化的视角重新思考科普问题①。事实上，科学传播更加强调新兴媒介对于科学普及手段的革新，因为科学传播作为人类传播的一个重要分支，是伴随人类技术与科学的产生而产生的一种社会实践活动，它通过各种新兴媒介，将人类在认识自然和社会实践中所产生的科学知识与技术知识，在包括科学家在内的社会全体成员中传播与扩散，并由此倡导科学方法，传播科学思想，弘扬科学精神②。

（二）高校科普的内涵与功能

1. 高校科普的内涵

高校是求知的殿堂。高等教育分为两大部分，一是专业教育，二是普识教育。因此，高校科普就是在大学里开展以普及科学知识、倡导科学方法、传播科学思想、弘扬科学精神、树立科学道德观、增强广大师生对科学的社会责任感为宗旨的科学教育。科普内容是社会科学领域和自然科学领域最新的理论成果和前沿知识③。也有人认为，高校科普是指高等院校的组织、机构和个人利用高校的设施、设备和人员开展的科普活动与行为④。

本文认为，将高校科普理解为一种科普教育或者仅仅是针对大学生的科普活动，显得过于狭隘。从职能角度而言，高校不仅有创造知识、培养人才的职责，更有服务社会、传承文化的使命，因此，高校科普的对象不仅仅是本校学生，而且应该包括本校教师，不仅需要针对高校内部人群而科普，更需要面向社会人群提供科普服务。在资源共享与协同治理的时代，高校科普的主体也不一定局限于本校的科普组织及科普工作者，而应该广泛实现内外科普主体的多元合作，利用外部的其他科普主体来共同推动高校内部科普和外部的科普能力建设。

---

① 段惠军：《科技工作者的道德修养与科学文化建设刍议》，《经济与管理》2015 年第 2 期，第 8 页。

② 黄时进：《网络时代科学传播受众的“使用与满足”——一项关于上海社区居民网络使用的实证研究》，《新闻界》2008 年第 6 期，第 54 ~ 56 页。

③ 王蓉、宋凡金：《大学科普：高校科普理论研究和实践的结晶——兼论重庆大学科协工作创新与实践》，《西安建筑科技大学学报》（社会科学版）2011 年第 6 期，第 81 ~ 85 页。

④ 高宏斌、付敬玲、胡俊平：《高校科普研究进展》，《科技与企业》2015 年第 4 期，第 186 ~ 188 页。

因此，我们更愿意将高校科普理解为由高校主导并联合高校内外部各种科普组织或个人，整合社会科普资源，面向高校师生和社会公众开展的各种科普活动。

2. 高校科普的内部功能

就内部科普而言，国内科普工作者靳萍认为①，高校科普的主要目的是提高大学生的科学素养，激发青年学生献身科学的精神，培养大学生研究能力和创新能力，提高大学生综合素质。也就是不仅要培养大学生对未知领域的好奇心和探索激情，同时也要提升大学生的综合科学素质，并使大学生肩负起提高全民科学素养的历史使命。正如著名的科技哲学家卡尔·皮尔逊（Karl Pearson）所言，近代科学是建立在理性的事实思辨和试验分析基础之上的，这种忠于客观事实的分析思维有利于个人健康品格的发展。在高校建设科普文化有助于大学生更加理性认识“科学”，加深大学生对“创新驱动发展战略”的本质理解，理应成为高校的核心文化。

不容忽视的问题是，目前高校依然存在斯诺所言的“两种文化”割裂的现象。由于文理分科的原因，高校社会科学领域的教师与自然科学领域的教师彼此之间存在知识的隔阂，文科教师科学素养不足的问题依然严重，理应成为高校科普的对象之一。此外，随着知识领域的不断分化，新科学技术不断涌现，纵然是自然科学领域的教师，也需要不断通过科普学习来弥补其他领域的知识不足，这样可以提升自我科学素养，以便更好地作为科普主体去履行传播者的角色。由此而言，高校科普的另一功能在于提升高校教师的科学素养，淡化“两种文化”的壁垒，促进科学文化与人文文化的融合，使高校教师作为知识传播的主体能够科学地向内部师生以及社会公众传播真科学。

3. 高校科普的外部功能

科学技术对社会的影响，一方面取决于自身的发展水平，另一方面取决于被公众理解的程度。科学技术只有被广大公众所理解和掌握，才能产生巨大的物质和精神力量②。高校作为创造知识和传播知识的重要主体之一，提升社会公民科学素质亦是其职责之所在，而且，高校做好社会化科普服务对其本身也

---

① 靳萍：《科学的发展与大学科普》，科学出版社，2011。

② 柳菊兴：《论科技飞速发展背景下的大学生科普教育》，《科技进步与对策》2006年第3期，第153～154页。

具有重要价值。在国际领域，科学传播已作为大学的第三项使命被单独提出，并且在比利时和瑞典等国家，此观念已经得到广泛的认同①。总体认为，做好高校科普工作无论是对推动高校知识生产与科技创新，还是缩短科学家与社会大众之间的距离，树立与维护大学品牌形象都具有重要意义②。可以说，高校是重要的社会组织之一，其发展水平与社会进步密切相关，只有加强与公众之间的交流和互动，明确自身的社会责任，履行科学研究受社会公众监督的义务，才能获取社会公众的理解与政府支持。同时，积极开展科学传播，提高公众的科学素质和应用能力，才能更好地让科学发展造福于人民。

（三）高校科普文化的结构体系

已有研究表明，人们普遍将科普文化视为科学文化的一部分，甚至将二者相互替代。这种理解实际上只看到了科普文化的一般特质，即高校科普文化应该是高校科学文化的子集，而且具有与科学文化类似的结构体系，即由精神层次、物质层次、制度层次和行为层次构成（见图 1）。

第二种理解是将科普文化视为一种校园文化。校园文化具有陶冶、导向、约束、激励和引导等功能，对当代大学生的科学素质教育具有“润物无声”的作用。在注重培养创新型人才的今天，大学更应追求高品质、时代化、全方位的校园文化建设，尤其要推进校园科普文化和人文文化的有机融合。大学生参与科普创作、科技赛事、科技创业、社会科普服务等活动构成了当今校园科技文化的主体内容，其中科普活动具有最广泛的学生基础，一直处于校园文化的重要位置。丰富多彩的大学生科普活动不仅是校园科技文化中最活跃的成分，而且对校园其他文化形成了正面激发作用，甚至成为校园文化建设的引领者。

综合而言，本文认为，高校科普文化是既服务于内部师生、又服务于外部社会公众的文化，是由精神、物质、制度和行为四个层面的文化组成，表征于科普制度和科普行为，内化于高校求真务实的科学精神与科学风气。

---

① 张薇薇、熊建辉：《大学的第三项使命：传播公众理解科学技术——以比利时的大学为案例研究》，《池州师专学报》2006 年第 2 期，第 109～111 页。

② 东方绪、思涵：《开凿期刊与科学传播通道的探路者——专访西北大学编辑出版与传播科学研究所所长姚远教授》，《今传媒》2016 年第 8 期，第 1～3 页。

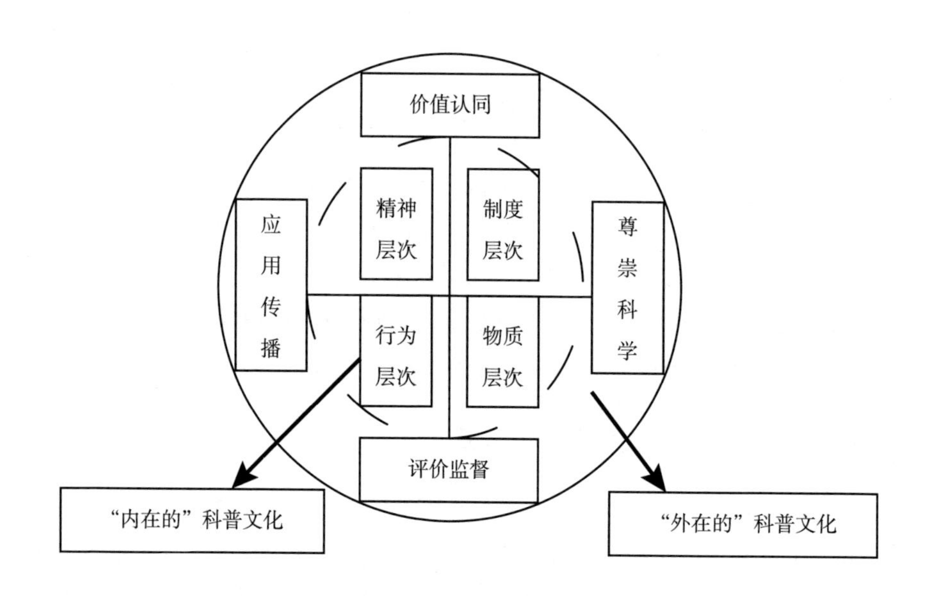

图1　高校科普文化的基本结构

（四）高校科普文化建设的范畴

一般来讲，高校科普文化建设包括高校科普设施建设、高校科普组织建设、高校科普活动建设和高校科普专业建设等几个方面。

1. 高校科普设施建设

（1）高校图书馆。高校图书馆已经成为面向大学生以及社会公众传播科学知识的主要场所，是重要的科普设施之一。因此，加强高校图书资料管理为科普服务是高校图书管理发展的基本方向，也决定着学校图书管理建设以及为社会大众服务水平的提升①。

（2）科研实验室。主要用于科研工作，较少对非本专业的学生和外部公众开放。

（3）科普橱窗。包括公共场所的科普画报张贴橱窗、科普电子屏媒、楼宇的滚动媒体等。

（4）专业科普馆。有些与学校的图书馆建设合并在一起，列有一些科普

① 张晓芸、冯丽梅、李俊峰：《面向科普服务的高校图书资料管理路径分析》，《兰台世界》2014年第17期，第82～83页。

展厅。有些高校单独建有科技馆、专业博物馆和天文馆，主要用来展示本校比较有优势或特色的学科的科普作品，比如东华理工大学的地质博物馆、华中农业大学博物馆等。

从调研情况来看，在科普设施建设上，高校单列资金用于专项科普设施建设的情况并不常见，因为教学科研或举办阶段性科普活动需要而建设的情况比较普遍。

2. 高校科普组织建设

高校科普组织主要有三类：一是高校科技协会及其分支协会；二是高校科普志愿者组织；三是学生社团组织。

第一，高校科学技术协会（以下简称高校科协）及其分支协会。据湖南省高校的调查发现，近几年，各高校已经陆续成立科技协会，多数由学校党委和行政双重领导。现实问题是，由于各高校科协刚成立，组织机构以及职能定位上仍未落到实处，在高校科普工作开展上并未发挥积极主导作用。反而是一些专业领域的分支学会，比如湖南省实验动物学会，经常会召集省内各高校的教师会员下乡进行科普宣传和技术辅导，为高校社会化科普服务发挥了很好的组织作用。

第二，高校科普志愿者组织。一类是由个别老师自愿发起成立，为学生和周边社区、中小学、企业提供科普知识宣传和援助的组织。比如重庆大学成立的“科普讲师团”。另一类是受召集而临时成立的科普组织，主要应对公共突发事件的需要。例如，2017 年 7 月，湖南省遭遇特大洪灾，湖南省科协召集了 100 多名农业、医卫和地质等方面的专家和科协工作者组成科技救灾专家服务团，分成 8 支科技救灾服务小分队分赴长沙、湘西州、益阳、邵阳、常德、怀化、娄底等重灾区，开展洪灾之后恢复生产生活的科技服务活动。

第三，学生社团组织。这类组织种类繁多，有些难以区分是科普类社团还是非科普类。目前，高校存在大量学生科技社团，比如，湖南科技大学学生学术科技协会、湖南中医药大学大学生科学技术协会等。这些学生组织主要面向学生群体开展科技社团活动，也包括面向周边社区而开展的科普活动和其他公共文化服务活动。

3. 高校科普活动建设

我国《科学技术普及法》第十五条指出：“科学研究和技术开发机构、高等院校、自然科学和社会科学团体，应当组织科学技术工作者和教师开展科普活动，鼓励其结合本职工作进行科普宣传；有条件的，应当向公众开放实验室、陈列室和其他场址、设施，举办讲座和提供咨询。”① 目前，高校科普活动最为普遍的形式是专题科普讲座、科普画报展示以及学生社团类的科技活动。从调研情况来看，科普活动形式主要有5种。

（1）传统科学传播活动。具体包括：①科普讲座。通过科普演讲的形式，利用多媒体技术和数字化媒介，由科普人员开展科普讲座或观看科普影视节目。讲座内容主要是前沿科技领域的创新进展及其对国家和社会发展的现实价值和战略意义，同时，也包括生活中的科学现象、科学原理和科学知识等；②科普参观。利用学校的科普场馆、科普实验室或校外科普基地进行参观学习，一般选在全国科普日、校园免费开放日等时段；③科普实验。现场向公众展示科学实验或模拟实验过程，通过实验演示讲解其中蕴含的科学知识、科学原理，使科普受众有比较直观的认识。例如，湖南科技大学每年邀请当地消防部门的专家来校举办讲座，现场演示各种火灾的科学自救办法；④利用各种校园媒体进行科普知识宣传活动。主要在高校网站或公共场所的宣传橱窗进行科普报道与知识宣传。

（2）科技创新创业活动。鼓励大学生参与各种科技赛事。例如，武汉市曾启动“大学生科技创业挑战赛”，在武汉地区的高校学生中，只要能够承担并能形成自主知识产权的科技创新项目都可参赛，吸引了武汉众多高校学生的参与。江西南昌大学也曾组织开展“五四创新杯”大学生电子设计制作大赛和“五四创新杯”小发明、小创意、小调研竞赛活动，有效激发了大学生的科技创业热情，培养大学生的创新精神，提高了大学生的创业意识与创作能力。

（3）科普文化节活动。主要是围绕科技与科普主题，依托高校学生社团开展各具特色的科普文化节活动。例如，武汉大学每年都会举办“研究生学术科技节”，开展专题学术报告、专业知识竞赛、学术交流研讨、综合素质拓展等丰富多彩的活动；中国地质大学各学院以“大学生青年科技节”为主线，结合专业特色，打造出“地质斋”论坛、“ACM程序设计竞赛”、“网络文化

---

① 《中华人民共和国科学技术普及法》，http：//www.npc.gov.cn/wxzl/wxzl/2002－07/10/content_297301.htm。

艺术节”、“小雨点学术沙龙”等科技活动项目品牌，激发学生的创新意识和创新热情；华中师范大学信息技术系每年举办“信息技术节”活动，通过展板展示在校学生科技创新成果①。

（4）社会科普实践活动。通过组织“大学生科技文化服务队”“博士科技服务团”“科普下基层”等实践活动，举办科普讲座和科技知识培训班，以特派专家的身份开展企业科技帮扶和支农惠农活动，开办农民科技知识夜校和知识讲座，下基层放映科教纪录片和分发科技资料等多种形式，深入农村、社区和企业，广泛宣传科学知识，讲授科学方法，推广科学技术。通过社会实践，让师生用知识回报社会，同时在科普实践中了解国情民情、丰富阅历、培养科普的责任意识。比如湖南师范大学的环保协会近年来积极开展了各类公益环保行动，积极提升市民的环保意识，在节约资源、保护生物等问题上起到了良好效果。

（5）科普第二课堂活动。科普第二课堂活动包含内容十分广泛，既包含上述科普文化节活动、社会科普实践活动，也是对上述活动的延伸与拓展，包括举办科普图片展览和橱窗板报宣传，开展科普读书会、科幻文学创作等活动；在校报校刊、校广播台、校园网上开辟科普知识专栏、专题、专版或科普公众号，创作科普歌曲、科普动画、科普微电影并进行展播交流；通过发展大学生科技社团，举办科技报告会、学术讲座、科技作品展览和大学生科技节；组织各种大学生科普赛事，包括各种“挑战杯”竞赛和学科知识与技能竞赛、科普沙龙以及科普知识竞赛、辩论赛等活动，围绕热点科学问题展开讨论，以便学生在参与在自我思辨中接受科普。

4. 高校科普专业建设

在专业性科普教育上，中国科学技术大学和华中科技大学是我国较早成立科技传播专业的高校。其中，中国科技大学从 1987 年开始设立科技传播与科技政策系，2006 年专门成立了科学传播研究与发展中心，该校通过传播学本科专业、新闻传播学一级学科硕士点以及传媒管理博士点建设，为国内科普人才的教育培养工作积累了有益的经验。在湖南省，较早培养科学传播人才且较

① 沈扬、万群：《我国中部地区高校科普人才培养现状、问题与建议》，《中国高校科技与产业化》2010 年第 4 期，第 58～59 页。

成体系的是湖南大学。该校在2005年5月成立了科技新闻与传播研究所，并从当年起，在新闻与传播学院传播专业招收科技新闻与科技传播方向硕士研究生。

随着科普重要性的日益凸显，国家科普人才的培养力度正在不断增加。2012年教育部与中国科协联合开展推进培养高层次科普专门人才试点工作，首批选择在清华大学、北京航空航天大学、北京师范大学、华东师范大学、浙江大学、华中科技大学等6所高校率先开展培养科普教育人才、科普产品创意与设计人才和科普传媒人才三个方向的试点工作，目前已基本形成了第一轮的办学经验。未来需要对这些学校在办学中的探索实践进行反思性总结，借鉴国际领域比较成熟的培养体系，尽快探讨形成符合我国科普人才培养的模式与培养方案。

二　高校科普文化感知与参与行为调查

本部分主要基于问卷调查与个别访谈，调查高校教师与学生对科普文化的感知度、参与度和满意度，分析目前高校科普文化建设存在的主要问题。

（一）调查的基本情况

1. 调查背景概述

高校既是人才培养和科技创新的重要阵地，也是服务社会、传承文化的重要主体。高校科普文化建设既涉及如何建设校内文化、开展大学生科普教育，也涉及如何发挥高校服务社会的职责，利用高校科普资源向公众开展科学传播活动，为提升全民科学素质贡献应有的力量。为了了解目前高校科普文化建设的现状，本文组织实施了本次调查。

2. 调查方法与实施步骤

主要以访谈调查和问卷调查方式进行，辅助在部分高校进行了走访参观。分为三个步骤。

步骤一：开展小规模访谈。在本文所在地区的高校，分别邀请5～10名大学生、学校科协部门的任职人员、教师进行3轮小规模访谈，听取各方对高校科普工作的直观感受与看法，初步判断高校科普文化建设现状，为教师与学生

“科普文化感知与参与行为调查问卷”设计提供依据。

步骤二：设计两套问卷并实施线上与线下调查。一是学生调查问卷。目的是从学生的科普受众需求角度来调查目前高校的科普文化建设现状。二是高校教师问卷。从科普供给的角度调查目前高校对内部学生和外部社会公众开展科普服务的情况。

步骤三：对问卷分析中尚不清晰或需进一步深入研究的问题，再次开展了小规模聚焦性访谈或走访观察。邀请相关教师和学生参加小规模座谈会和微信群讨论，辅助进行难点问题判断与原因分析。同时，借助第二十四届全国科普理论研讨会的参会机会，就难点问题向相关专家和业界人士进行了咨询，获取了有益的建议。

需要指出的是，在问卷调查过程中，部分被访者对个别选项的理解存在歧义或模糊而难以选择，负责调查的工作人员均通过线上或线下的细心解释，帮助被调查者能够准确理解并做出选择。尽管如此，问卷设计与调查工作必然还存在许多不足，不少被调查的老师和学生在调查中就此提出了很多有价值的建议，我们会在后期研究中加以改进。

（二）调查结果分析：学生卷

1. 高校对科普重视程度的自我感知

在“高校对科普重视程度”的感知上，被调查大学生表示不清楚的比例相对较高，为39.3%，不少大学生对高校科普组织工作并不是很了解。当然，被调查者中认为比较重视的也占到了31.3%，此外，有18.4%的人明确表示所在学校对科普工作不太重视（见图2）。该数据反映，目前高校科普工作的重视程度仍然不足，至少在学生中没有形成较强感知的文化氛围。其建议在于：首先要提升认识，明确高校科普工作的重要地位；其次要健全制度，确保高校科普工作的地位和作用；此外要加强科普资源建设，创建科普活动的内容载体；最后要注重科普成效，提高学生在科普中的获得感。

2. 高校学生了解科技信息的主要渠道

图3反映了高校大学生了解科技信息的主要渠道。在多项选择的调查中，高校大学生通过“网络媒体”获取科技信息的比例高达92.8%，其次是“广播电视”（52.2%）、“日常人际交往”（30.9%）和“书刊报纸”（26.1%）。所占比例较少的分别是“学校形势政策课程、科普课程”（23.9%）、“公开性科普讲座”（16.2%）和“科技展览、展出活动”（15.2%）。总体而言，随着

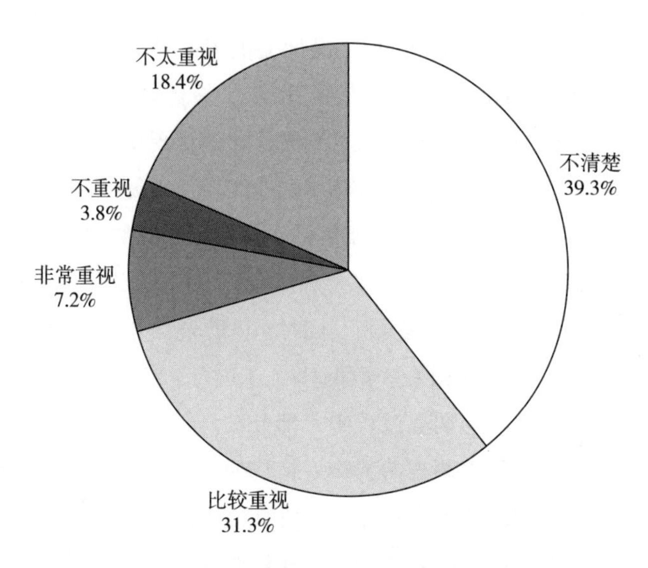

图2　高校对科普的重视程度的感知情况

网络数字化时代的到来，学生利用新媒介获取资讯已经成为比较流行的方式。另外，不容忽视的问题是，通过学习科普课程以及观看科技展览来获取信息的方式较少被选择，这在一定程度上说明，高校通过科普课程进行规范化的科普素质教育并不具有普遍性。结合访谈可知，大部分学校尚未开设科普素质课程或开课时间比较零散，对校内外科技馆资源缺乏充分利用，这是未来高校科普教育亟须加强的领域。

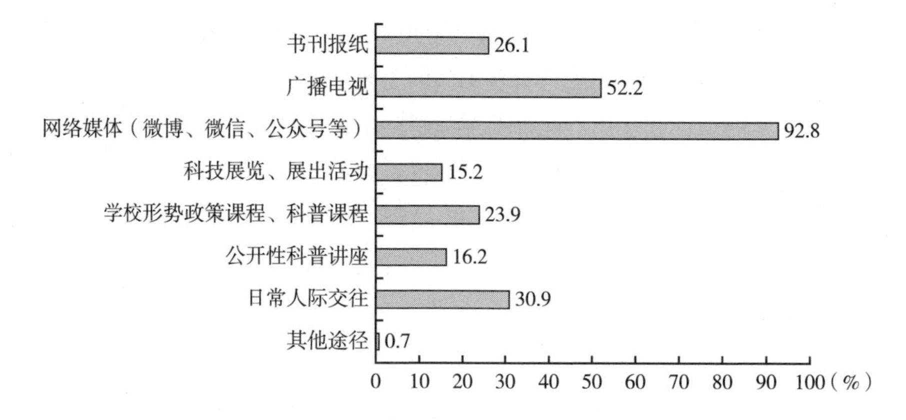

图3　高校学生了解科技信息的主要渠道

3. 高校学生参与科普活动的主要类型

如图 4 所示，在调查大学生曾参加过的科普活动类型时，他们依次选择了“看科普电影”（55. 0%）、“听科普讲座”（39. 6%）、“学习科普课程”（32. 8%）、“参观科普展览、画廊”（28. 1%）、“参加科技竞赛”（17. 6%）、“参与学校科技展演活动”（11. 4%）、“参与校外科普咨询服务活动”（10. 7%）、“组织科普文艺演出活动”（5. 0%）、“参加科普旅行”（4. 2%）。这一排序表明，高校科普活动类型仍然停留在“传播者与被传播者”单向传播的状态，因此，“观看科普电影”“听科普讲座”“学习科普课程”往往是大学生较多参与的高校科普活动，其比例相对较大。相对而言，在体验性、参与性科普活动的组织上比较少。基于这种形势，高校应围绕大学阶段科普教育的相关主题，积极倡导创作科普微电影、举办科普辩论赛、开发科普游戏、编排演出科普节目等参与式或创作式的活动，吸引大学生参与，发展自我科普教育和主动融入式科普。

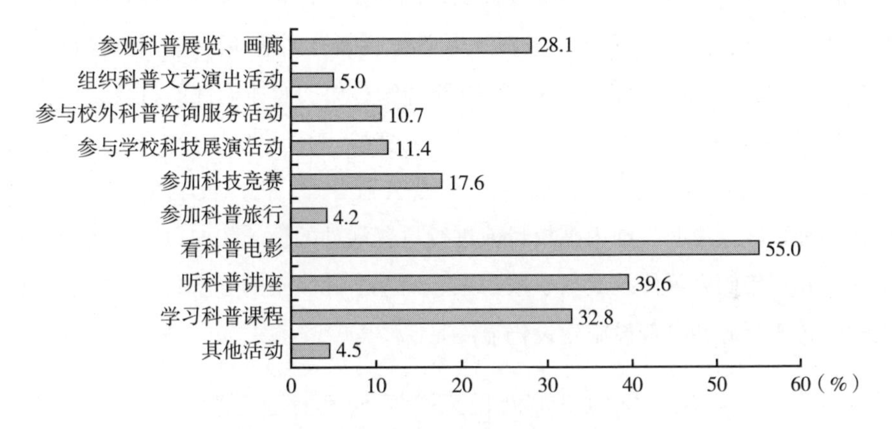

图 4　高校学生参与科普活动的主要类型

4. 高校学生参与科普活动的主要动机

图 5 显示，被调查学生认为参加科普活动主要是为了获取更多知识，提升自我科学素养。比例占到 47. 5%；25. 6% 的学生是因为个人兴趣爱好而参加科普活动；以提高人际交往、团队协作等能力为目的的学生比例为 12. 2%。数据说明，高校学生在参与科普活动时更多关注能否获得知识以及能否满足自身兴趣爱好。因此，高校面向学生开展科普工作时需要关注学生兴趣与知识需求，激发学生兴趣能够更好地提升高校科普的成效。

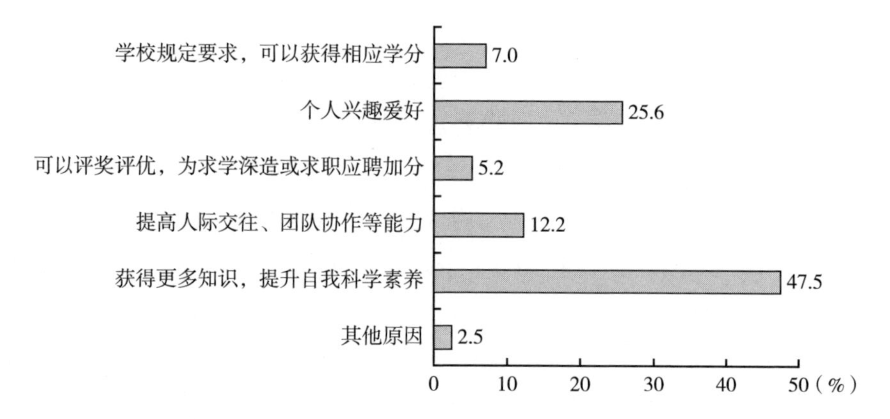

图5　高校学生参加科普活动的主要目的

5. 高校科普设施及科普资源的建设情况

在高校科普设施及科普资源建设上，图6显示，56.7%的高校目前普遍拥有科普读本/期刊/杂志/手册等；其次是学生科技社团活动设施、科普宣传栏/橱窗/楼道电子屏媒，比例为48.5%和38.5%；而拥有体验性的科普设施的比例不足20%（科普体验室/可以开放参观的实验室比例为18.9%），同时，仅有31.3%的高校拥有科普网站或栏目/科普公众号等，占比较小（见图6）。数据在某种程度上说明，国内高校目前进行科普活动的设施依旧以图文传播、社团活动和宣传橱窗等传统展教手段为主，而基于互联网的分享式、参与式和体验性的科普资源和科普设施建设仍显不足。

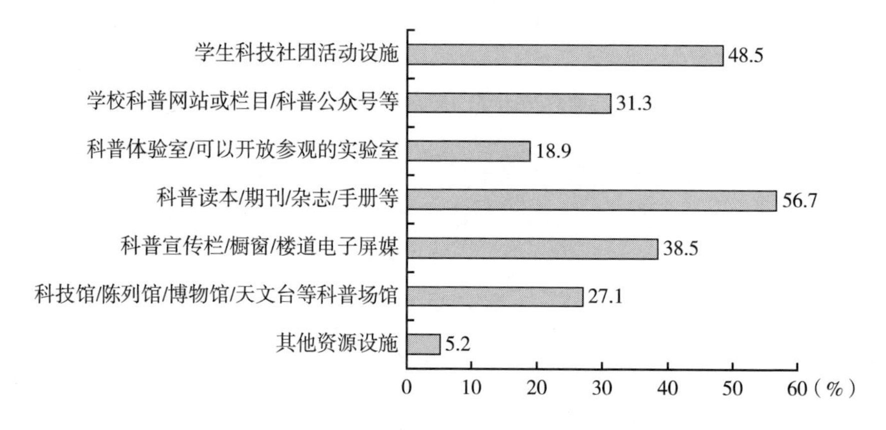

图6　高校科普基础设施及科普资源建设情况

6. 高校开展学生科普活动的主要机构

在被调查高校中，目前，开展高校学生科普活动的主要机构依次是大学生科技社团（59.9%）、学校创业团队（47.3%）、学生会（40.8%）、学校科普管理部门（26.1%）、学院学生工作部门（22.4%）和校外合作机构（15.7%）等（见图7）。由此可见，大学生科技社团、创业团队等学生自主性组织是学生科普活动的主要组织者，相对而言，学校科普工作的主管部门以及二级学院的学生工作部门的组织服务职能并没有很好的体现。针对这种现状，未来既要继续鼓励学生社团在大学生科普活动中的组织作用，同时，更要提升高校科普主管部门和学生工作部门对学生科普活动的组织与服务功能，扶持大学生科技创新创业队伍，包括创客群体、高校创新创业联盟、科技创新DIY兴趣组等，引导学生更好地参与科普相关的活动。

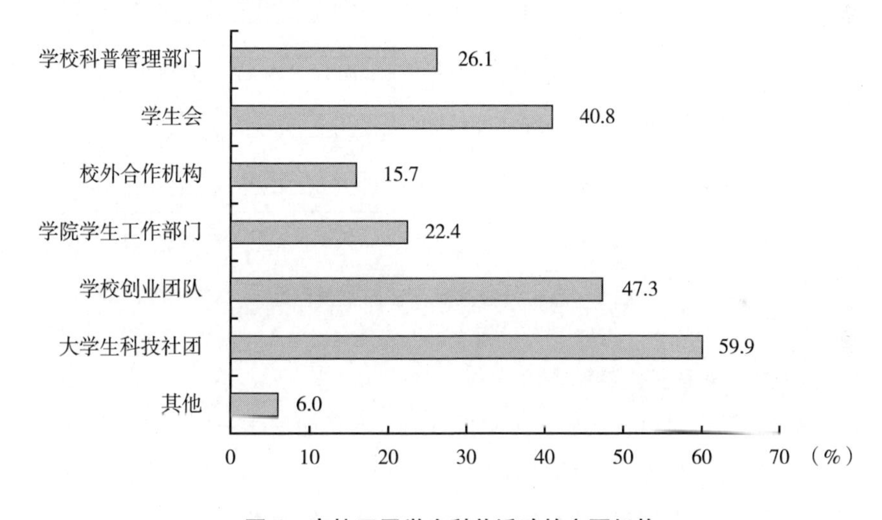

图7　高校开展学生科普活动的主要机构

7. 大学生对科普教育存在问题的感知

针对大学生科普教育存在的问题，据调查显示，没有明确将科普教育纳入大学生培养计划是最为突出的问题，比例高达54.7%（见图8）。另外，学校缺少专职的科普管理部门和组织制度、缺少专项大学生科普经费支持、科普活动形式单一、高校科普设施不足以及大学生对科普概念模糊这四个问题也比较严重。研究认为，科普工作本身就是一种教育活动，而且，就目前高校的教育模式而言，科普教育应处于基础性地位，因此，建议将科普教育纳入大学生素质教育的范畴，推进大学生科普素质课程体系建设，加快编辑出版适合大学阶段的科普教材是当务之急。此外，高校需要制定相应的支持性措施，例如，增加专项科普资金，加快高校科普基础设施的更新换代和数字化建设、支持大学生社团的科技活动，等等。

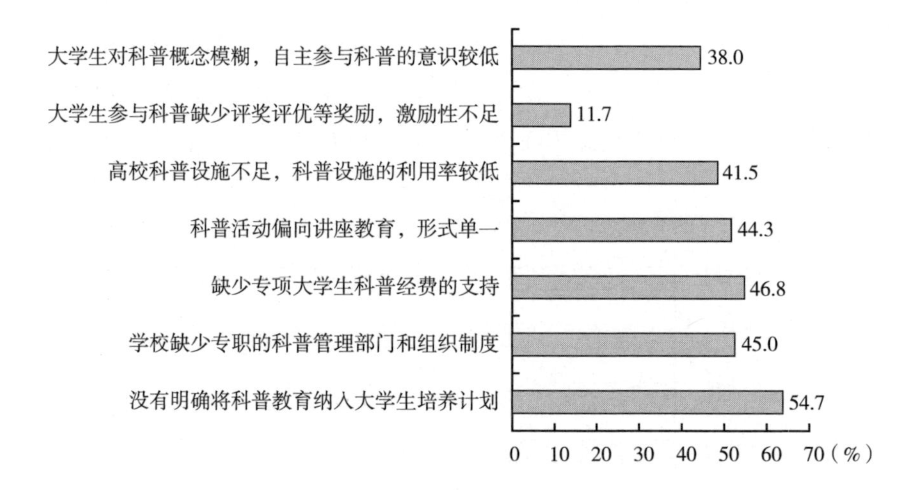

图8　高校科普教育存在的主要问题

8. 高校学生对科普内容的需求偏好

在调查大学生对科普内容的需求偏好时，希望能够学习到生活中实用的科学知识和方法的占多数，比例将近50%。其次是学习到前沿科技进展和社会热点问题中有关科学知识（32.1%）。相对来说，选择“科技创新创业方面的就业指导”和“老一辈科学家故事和科研精神”的人数较少，仅有11.4%和6.7%（见图9）。

该数据在一定程度上说明，从学生角度而言，基于个人生活需要而接受科普的动机比较强烈，“实用主义”的倾向比较明显。客观而言，从“老一辈科学家故事”中感悟求真务实的科学精神理应是大学生接受科普的主要目的之一，但是大多数学生没有选择该项。此外，“获取科技创

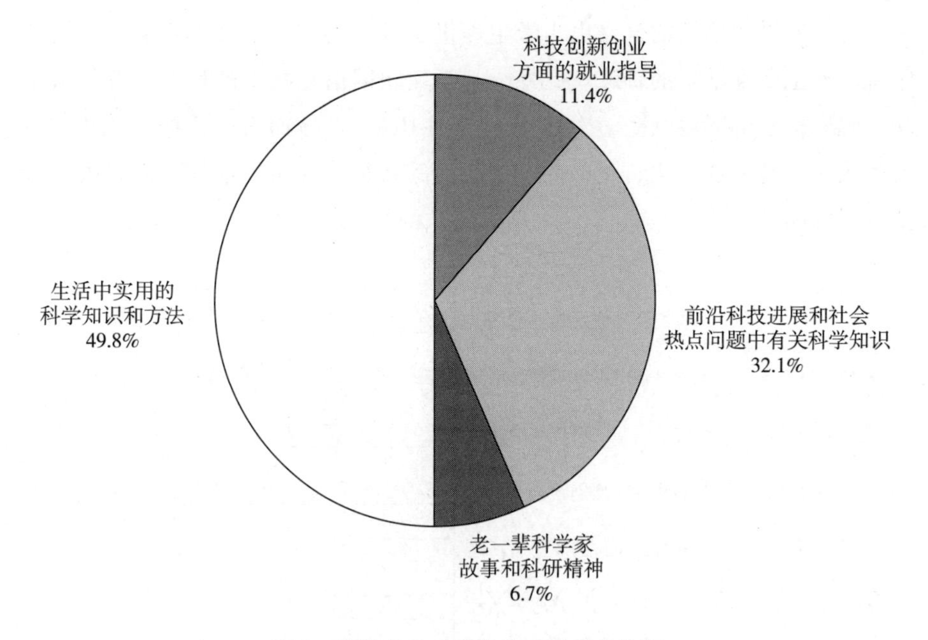

图9　高校学生对科普内容的需求偏好

新创业方面的指导”的选择人数比例也比较低。结合学生访谈可知，部分学生并未充分意识到科普与科技创新创业之间的关联性，这或许是该选项被选比例较低的一个重要原因。总体而言，加强大学科普教育应从科普概念及其核心价值入手，帮助学生更好理解“科普是什么”和“科普为什么”两个问题，借助新兴传播媒介，讲好老一辈科学家的故事，使其领会科学精神并自觉传承科学精神，摒弃唯“实用主义”的狭隘观念。

9. 高校学生期望参与校外科普活动的类型

当询问最想参与的科普活动时，被调查学生中有52.5%选择了“科普电影、科普游戏等新型创新创业活动”。其次是参加所在地区的科技馆等科普单位的志愿者活动（41.8%）、参加科技博览会或观看科普电影等观赏性活动（38.8%）、科技三下乡和农技科普活动（34.1%）、参加互动体验式科普活动（32.1%）、在社会公共场合演示科学实验或科技展演活动（29.4%）和城市社区志愿者科技咨询和技术维修服务活动（21.4%）。从偏好排序上可以看出，动手型创新创业活动是比较受当代大学生欢迎的科普活动形式，其次，与校外科普场馆的合作也为学生提供了较多的实习实践的机会，此类志愿者活动也受到学生的青睐。此外，基于互联网信息技术的科普交互体验活动、观看科普电影也颇受学生喜欢（见图10）。总体而言，这些占比靠前的活动明显表现出数字化、互动性、创新性等特征，为高校创新开展科普活动提供了方向。

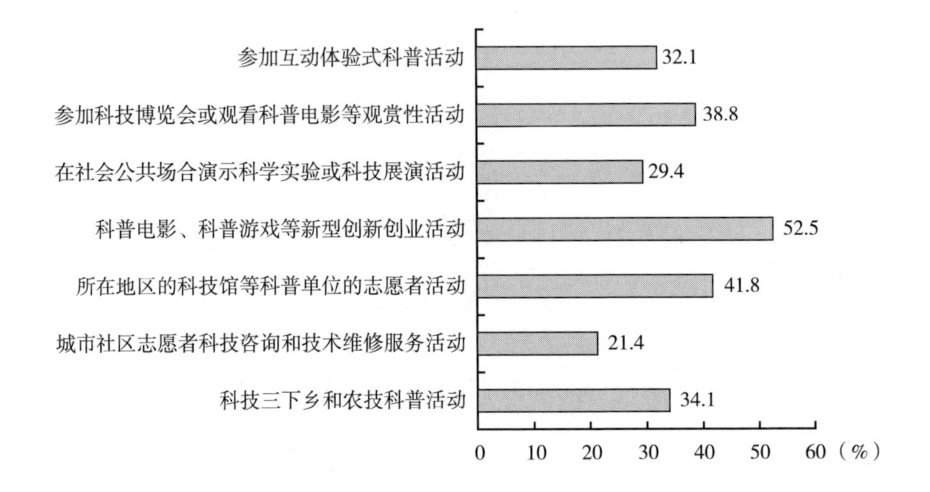

图10　高校学生期望参与校外科普活动的类型

10. 高校学生期望参与科普活动获得的激励措施

调查数据显示，不同层次高校的学生的期望存在一定差异。其中，对“985”或“211”院校的学生而言，更多希望“获得创新创业项目资金支持”，其次是“可以冲抵课程学分”和“作为保研推免、考研加分的条件”。而对于三本院校学生而言，更看重“考研加分”。此外，也有被访学生提到希望获得对口就业推荐等其他奖励（见表1）。据此，本文建议，高校可以将创新创业教育与科普教育有机融合，引导学生进行科普产品的创作与设计，推动科普领域的创新创业活动，使大学生能够更好地在实践中理解科普，通过创业推动科普产业发展。此外，建议将科普课程纳入高校学生的基础必修课程范畴，并对相关科普实践活动给予创新学分激励或作为评奖评优、就业深造的加分项目。

表 1　高校学生参与科普活动期望的激励措施

单位：%

学校类型＼期望激励	可以冲抵课程学分	获得创新创业项目资金支持	作为评奖评优条件	作为保研推免、考研加分的条件	其他奖励
“985”或“211”院校	26.3	32.4	17.7	21.0	2.8
普通一本院校	17.9	28.8	23.6	27.8	1.8
二本院校	23.3	36.4	15.6	22.2	2.5
三本院校	25.9	22.0	12.5	38.8	0.9
高职院校及以下	28.9	23.1	34.6	10.6	2.9

（三）调查结果分析：教师卷

1. 对“社会科普是高校服务社会的一种职责或使命”的看法

通过调查发现，对于“社会科普是高校服务社会的一种职责或使命”这一观点，绝大部分教师是认同的。其中，非常认同的占比为 38.7%。比较认同的占 50.4%，相比之下，不清楚、不太认同和不认同选项总占比只有 10% 左右。当前，人才培养、科学研究、社会服务和文化传承是高校的四大职责，通过调查发现，积极发挥高校面向社会的科普辐射能力、提高全民科学素质已经成为一种共识。研究认为，当前高校科普工作的重点是从理念、物质、制度、行为等多层次领域实施高校科普文化建设，鼓励高校教师进行社会化科普服务，扩大高校科普文化的社会化传播。

2. 高校对科普工作重视程度的自我感知

表 2 直观反映了各类高校对科普工作的重视情况。总体来看，被调查教师认为，目前高校对科普工作有一定的重视，但力度不够。此外，高层次院校重视程度比低层次院校要高，三本和高职院校明显重视不足。另外，在询问被调查教师所在高校是否成立“科学技术协会”时，仅有 56.3% 的被调查者确定其所在高校已成立“科协”组织。剩余 43.7% 回答不清楚或没有。课题组在走访调查中进一步发现，有些高校虽然已有“科协”组织，但成立时间较短，机构尚未健全，职能定位模糊，在不同程度上存在虚设现象，以致被调查教师并不确定本校是否成立了“科协”。众所周知，高校“科协”一直是联系高校科研工作者的纽带，也是科普的主力军，对建设高校科普文化

起着关键和主导作用。总体来看，高校目前对科普的重视程度还没有达到应有的高度。

表 2　各类高校对科普工作的重视程度

单位：%

学校类型＼重视程度	非常重视	比较重视	不清楚	不太重视	不重视
“985”或“211”院校	14.1	33.6	18.8	28.9	4.7
普通一本院校	12.1	38.8	29.7	17.9	1.5
二本院校	3.7	31.9	25.1	31.9	7.3
三本院校	1.4	18.3	21.1	54.9	4.2
高职院校及以下	5.7	20.0	28.6	31.4	14.3

3. 高校科普的人才队伍建设情况

在被调查的高校中，有直接分管科普的领导和部门占比均不足 25%；而有经常活动的科普团队只有 23.5%；与外部科普单位有合作的高校同样也只有 13% 左右。在从事科普工作的主要人员类型上，如图 11 所示，主要是在职教师和一般科研人员，被调查者中这个比例达到了 63.9%，其次是科研管理

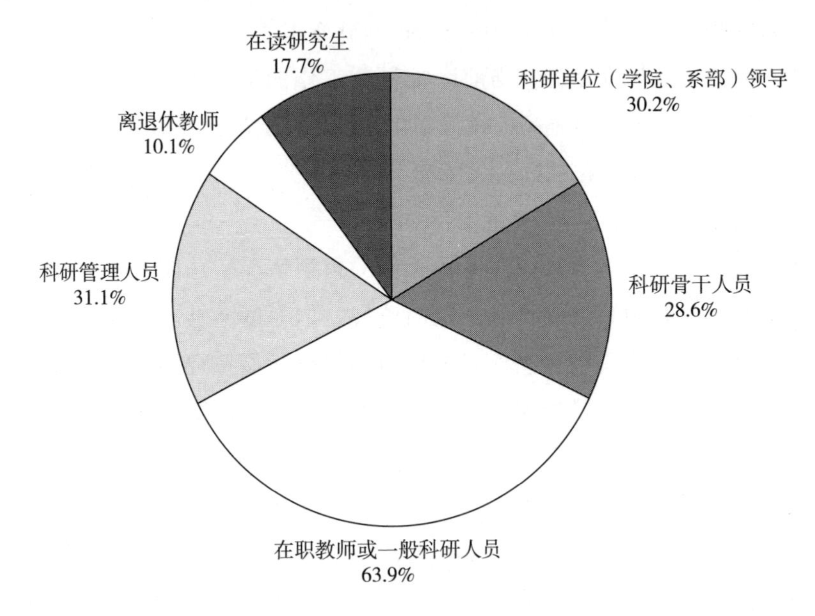

图 11　高校从事科普工作的人员类型

人员（31.1%）、科研单位领导（30.2%）和科研骨干人员（28.6%）。本文建议，各级学校应该对本校的科普人才资源进行普查，并建立信息数据库，重点鼓励科研骨干人员能够结合自身的科研成果进行社会化传播。同时，充分调动高校的学生和离退休的教师资源，鼓励其深入社会基层开展社会科普服务活动。

4. 高校科普工作的主要经费来源

表3　高校科普工作的主要经费来源

单位：%

学校类型＼经费来源	经营性收费	其他机构的赞助	学校或上级拨付	自筹经费
“985”或“211”院校	2.0	12.1	82.6	3.4
普通一本院校	1.8	2.0	80.1	16.1
二本院校	4.2	3.7	63.9	28.3
三本院校	0.0	1.4	50.7	47.9
高职院校及以下	0.0	0.0	51.4	48.6

由表3可知，高校科普工作经费主要来自学校或上级拨付（在各类高校中此项的平均占比超过60%），其次是教师自筹解决。相比较而言，经营性收费、赞助等其他的经费来源在各类高校中占比均较少。当然，表3也反映出，随着学校层次的降低，获得赞助经费越来越少，自筹经费占比越来越高。总体看来，高校教师科普的经费来源较为单一，目前主要依靠学校或上级拨付。这在某种程度上说明，在科普工作上，高校与其他社会科普组织进行协同合作的科普机制尚不完善，而且，高校以科普资源进行市场化运营获取经费的做法也不常见。在公共事业市场化改革的大背景下，支持高校师生创新创业已经得到国家政策的鼓励，因此，根据社会公众的科普需求，高校以原创性科普项目的市场化运营以扩大科普经费来源、促进自身科普能力建设是值得提倡的。

5. 高校面向在校大学生开展科普活动的主要形式

在面向在校大学生开展科普活动的主要形式上，据调查显示，指导学生科技赛事或学生科技社团活动是最主要的形式（选择比例高达72.4%），其次是开设科普课程或科普讲座（62.2%）、开放实验室工程中心供参观学习（42.0%）和带领学生到校外科普场所参观实习（35.3%）。相比之下，创作科普展教作品、出版科普图书和组织科普文艺活动比较少（见图12）。就现实来看，高校科普活动与学生科技赛事进行捆绑是比较常见的，但对于科普创作、科普展演以及借助新媒体进行科学传播活动则明显不足。换句话说，当前高校科普工作更多是传播性活动，缺乏创造性活动，而且，传播性活动仍然以传统参观或讲座等形式进行，未来需要加强科普作品创作，利用新媒体强化数字科普能力建设。

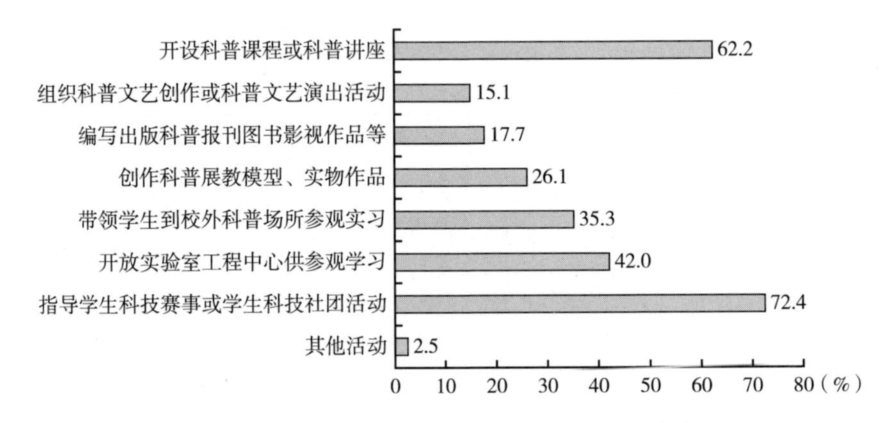

图12　高校面向在校大学生开展科普活动的主要形式

6. 高校面向社会公众开展科普服务的主要形式

如图13所示，在社会公共场所开展科普讲座或科普展演是高校面向社会公众开展科普活动最主要的形式（比例为59.7%），其次是下乡进行科普宣讲或农技指导、撰写并发表科普文章或通过自媒体传播以及科普咨询和项目评审

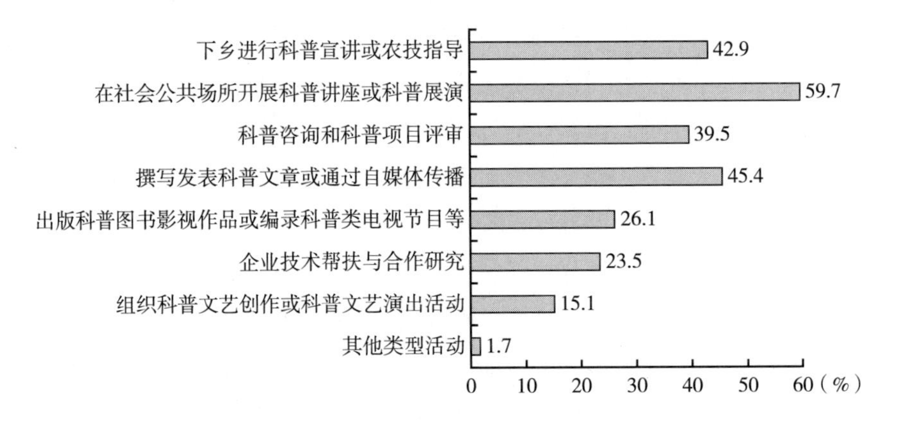

图13　教师面向社会公众开展科普活动的主要形式

这三种活动。相比之下，出版科普图书及影视作品、企业技术帮扶和组织科普文艺创作等活动相对较少。据此可知，高校教师面向社会公众开展科普活动同样以科普宣讲、发表科普文章等形式为主。对于科普创作、企业技术帮扶和合作研究这几种形式较少。随着互联网时代的到来，信息技术为科普创作以及科普方式带来了新的变革，鼓励高校教师利用互联网开展数字化科普工作应该是未来的一个主要方向。

7. 高校面向社会公众开展科普服务的主题内容

据调查显示，高校面向社会公众开展科普工作的主题丰富多样，其中生活常识方面所占比重最大，为 52.1%，其次是心理健康方面和科技发明方面，所占比例分别为 46.3% 和 43.7%，再次是食品安全和人文历史方面，占比为 38.7% 和 31.9%，而消防减灾、气候环境和医疗卫生方面比例相当，大约在 26% 左右（见图 14）。总体而言，各类主题比例相差不大，需求呈现多元化。可以发现，高校面向社会公众开展科普活动的主题大多与人们的生活密切相关，而与天文地理、人文历史相关的主题开展相对较少。本文认为，科学进步日新月异，人们对科普知识的需求呈现多样化的趋势。为了满足人们的需求，应该积极发展数字化科普，推进包括“科普中国”在内的科普网站建设，发展在线问答、科普直播等新传播方式，利用互联网更好地满足公众的科普需求。

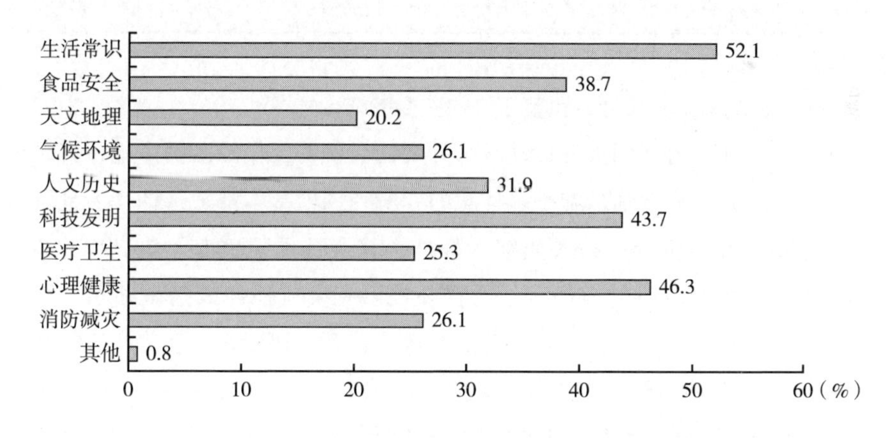

图 14　高校面向社会公众开展科普工作的主题内容

8. 高校教师从事社会科普工作的主要动机

在被调查的教师中，个人兴趣爱好是高校教师从事社会科普工作的主要动力。其次是为了获得社会认可、履行社会责任。相比之下，工作硬性规定并纳入业绩考评、商业性科普可以增加经济收入、职务晋升要求或作为加分条件以及职称评定要求等并不是主要原因。结合被调查教师的职称特征来看，高级职称教师从事科普工作主要源于兴趣和社会认可。而中低级职称者除了兴趣和社会认可之外，对增加收入、晋升发展等方面的需求也是其从事科普工作的考虑因素（见表4）。基于调查数据，本文认为，未来高校可以采取差异化的激励措施，以便满足不同教师（科普工作者）的期望，激励更多教师加入科普队伍，提升高校服务社会的科普能力。

表4　高校教师从事社会科普工作的主要动机

单位：%

工作动机 / 人员职称	个人兴趣爱好	获得社会认可，履行社会责任	工作硬性规定，可纳入业绩考核	商业性科普，可以增加经济收入	职务晋升要求或作为加分条件	职称评定要求或作为加分条件
正高	80.8	52.3	18.5	23.8	9.3	4.6
副高	58.8	48.3	27.0	19.1	23.6	26.2
中级	44.1	52.3	18.3	24.7	32.3	38.7
初级	61.4	50.5	41.6	40.6	16.8	28.7
没有职称	68.9	75.6	17.8	26.7	13.3	11.1
平均占比	62.8	55.8	24.6	27.0	19.1	21.9

9. 高校鼓励教师开展社会科普工作的主要措施

从高校管理层角度调查其推动教师开展社会科普工作的激励措施，其结果显示，目前这方面的激励措施是多样化的，所列选项基本都被选择，而且所选的比例相差不大，除将其纳入业绩考核外，其余选项比例基本在32%左右。当然，也有高达36.1%的教师表示所在高校没有实行任何鼓励教师参与社会科普工作的措施。总体而言，将科普业绩作为晋升或评职称、评奖评优的基本或加分条件、给予物质精神奖励和增加交流培训或外派学习的机会是较为普遍的措施，而将科普列为额定工作内容并进行考核的并不多见（比例只有16.8%）（见图15）。据走访调查发现，多数高校并没有把科普工作列为教师的工作职责范畴，而更多采取了鼓励性措施。换句话说，多数高校教师也没有将开展社会科普工作视为自身的本职工作，多数是自愿性行为。据此，本文认为，加强高校科普工作可以一方面适当考虑制度约束，按照学科、职称和科研业绩，分别制定相应的“科普任务”，比如，规定课题经费中划拨一定比例用于科普等。另一方面，适度加大相关激励措施的力度，引导教师树立“科普是本职工作”的意识，自觉履行服务社会的职责。

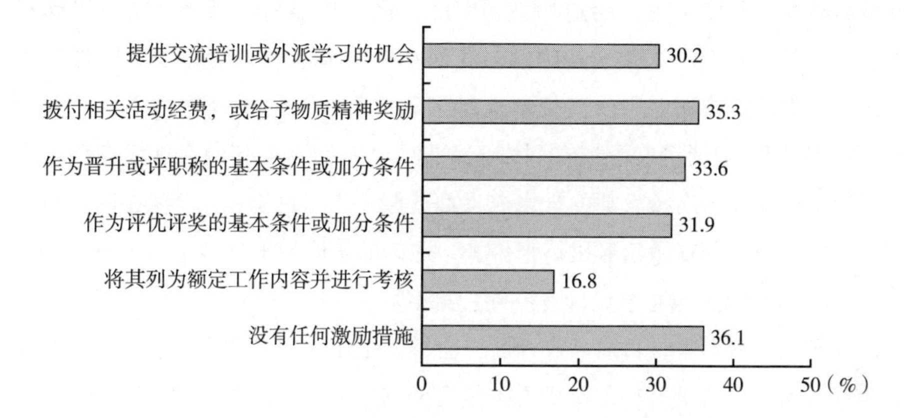

图 15　高校鼓励教师开展社会科普工作的主要措施

10. 对当前高校社会科普服务主要方向的认知

由图 16 可知，在被调查者看来，传播科学精神，塑造崇尚科学风气是当

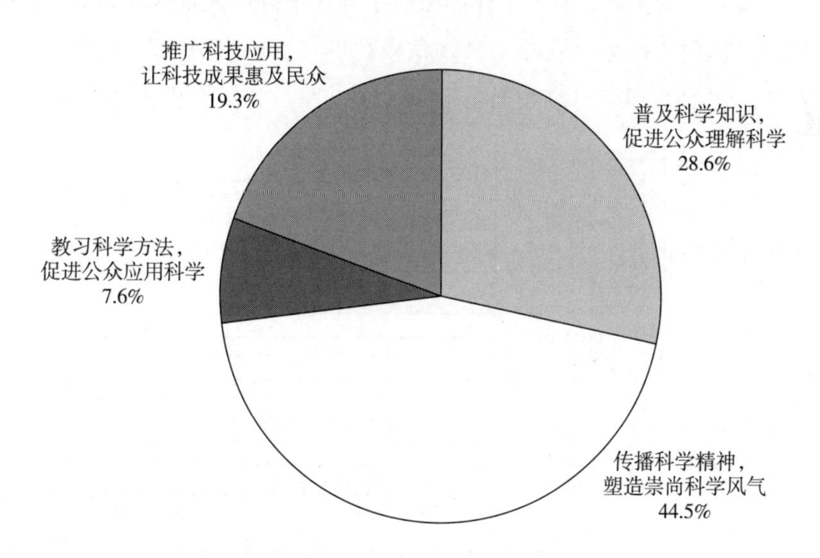

图 16　对当前高校社会科普服务主要方向的认知

前社会科普工作的重点，该项比例达到44.5%。其次是普及科学知识，促进公众理解科学（28.6%）和推广科技应用，让科技成果惠及民众（19.3%）。较少人选择“教习科学方法，促进公众应用科学”（占比仅有7.6%）。该数据从反面说明，当今社会，学术不端与科研腐败、伪科学传播等问题已经让人感到重新整饬“科学土壤”的迫切性，因此，将“传播科学精神，塑造崇尚科学风气”作为首选项。关于此问题，我们在针对个别教师的访谈中同样得以验证，不少教师在面对当前高校学术氛围和社会风气时同样直言不讳，提到“部分学生写作业或论文习惯在网络上复制”“有知名期刊的大规模撤稿令人触目惊心，有知名高校教师的学术成果都造假让人不可思议”“现在网上好多不科学的东西，都在微信群里传来传去，迷信的东西越来越多”等各种问题。

11. 目前高校开展社会科普服务的主要障碍

在被调查者看来，目前高校开展社会科普工作的主要障碍有三：一是教师教研任务繁重，从事科普工作精力不足（63.9%）；二是缺少专项科普经费的支持，科普设施不完善（62.2%）；三是缺少明确的政策导向，教师科普意识不强（60.5%）。当然，缺乏专职的科普管理部门和组织制度也是其中障碍之一（47.1%）。数据表明：一方面，从主客体角度而言，被调查者普遍认为高校作为科普服务的主体，科普工作的障碍主要在于自身，而不在于社会公众方面，因为，选项“社会公众参与科普积极性不足、组织困难”被选的比例只有21.8%。其他障碍都与高校自身因素有关。另一方面，由于本题是一道多

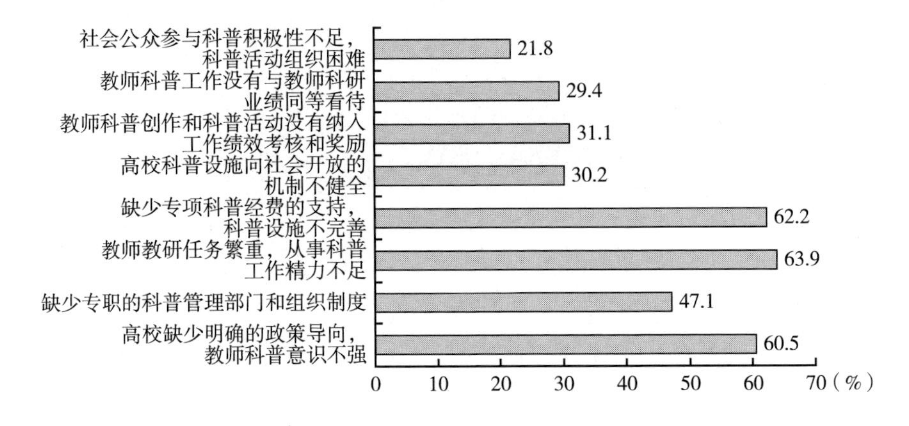

图17　目前高校开展社会科普服务的主要障碍

选题，实际上是排序优选题。从结果明显可以看出，被调查教师并没有将激励性因素视为一种主要障碍（科普工作没有与科研业绩同等看待、缺少绩效考核机制的两项被选的比例均较小，只有29.4%和31.1%），相反，将其主要归因于高校科普政策导向不明确、资金支持不足、注重科研导致教师无心顾及科普以及组织制度不完善四个因素。

由此可见，要破除现实障碍，推动高校教师从事社会科普工作，关键在于高校要从思想意识层面、政策导向层面、组织管理层面入手，确立科普与教学科研的同等地位，使高校教师树立正确的科普观念和主动参与科普的意识，并从组织上能够建立起教师开展科普的工作机制。同时，制定科普成效考核与激励制度也是促进教师开展社会科普工作不可或缺的保障。

三　高校科普文化建设的问题分析

本部分主要基于第二部分的调查结论和田野调查，并结合以往学者的研究，梳理、分析、总结目前高校科普文化建设中存在的主要问题。

（一）对高校科普认知的若干误区

1. 高校管理者对科普的认知误区

早在2001年，石新明和谢辉就曾指出，不少人对于科普内涵及其功能认识不准确，存在一些误区。主要表现以下三种①。

（1）科普多余论。科普多余论认为科普的对象主要是低学历的普通群众，认为对大学生进行科普是多余的。因为，高校学生长期接受教育，涉猎科学知识面已经较宽，科技视野相对开阔。当今科技发展日新月异，高校无法真正把握科普的方向，因此，与其加强科普建设，不如把资源投向学科专业建设，培养好专业人才。

（2）方法普及论。传统观念认为，科普内容主要是各个门类的科技知识，大学生科普主要是拓宽知识面以弥补专业教育的局限。然而，一个具有科学知识的人不一定具备科学的世界观和方法论，掌握了具体的科学知识并不能保证

① 石新明、谢辉：《论大学科普教育》，《高等理科教育》2001年第6期，第10～13页。

我们能运用科学的眼光来理解自然和社会。当前，一些地下伪科学组织和虚妄学说潜入高校，不少大学生和高学历的博士生，甚至是科技人员上当受骗的事例就充分说明了这一问题。因此，方法普及论的持有者认为，传统的知识普及论没有抓住科普的重点，具有很大的局限性。科普教育不仅要加强科学常识的普及，更要注重科学思想、科学方法和科学精神的训练。

（3）唯科技至上论。“唯科技至上论”认为，科普的实质就在于大力宣扬科技的重要性，宣扬唯科技至上论，推崇自然科学而贬低社会科学。众所周知，科学包括自然科学、社会科学和人文科学，社会的进步需要各门类科学的协同发展，尤其是在各类科学都在飞速发展和进步的今天，任何一类科学都不是万能的。正像中国科普作家协会第四次全国代表大会的代表们所认为的那样：过去科普的“科”，一般指的是自然科学，而今科普的内容已经大大拓宽①。因此，大学科普教育的“唯科技至上论”认为，科技的发展可以或能够解决人类面临的和将要遇到的所有难题，这是一种不理性的科普观，无法正确理解科学的内涵，容易陷入“科技主义”的极端思想，忽视科学的局限性，不仅是片面的而且是有害的。

本文在调查中发现，时至今日，上述认识误区依然存在，具体表现在以下两个方面：一方面，科普组织管理工作不够规范。不少高校科协是挂靠在学校的科技处部门。有的学校的科协工作是由科技处的工作人员兼任，没有专职人员。由于多数高校科协工作人员主要是行政管理人员，很少精通科学传播工作，因此，想要常态化组织开展科普活动难度系数很大。此外，高校从事科普工作的教师多出自个人自愿兼职的行为，高校对教师从事科普工作的评价普遍不够重视，严重影响了教师进行科普活动的积极性。另一方面，注重专业培养、忽视科普教育。在调查中发现，有些高校虽然开展了科普工作，但有应付任务的表现，缺乏持续性和规范性，效果不明显。究其原因，受访者普遍表示，由于激烈的生源大战和就业压力，近几年的生源减少，使部分高校不能完成招生计划，为了抢占生源，高校的人才培养与专业设置多以就业为导向，存在“以就业定招生”的思维。这种思维导致高校管理者在学生培养观念和培养体系设置上更多以就业为导向，注重专业教育，轻视了学生的科学素质教育或者说缺乏系统化的科普教育。

---

① 尹传红：《乘东风而扬帆谱新曲而高歌》，《科技日报》1999 年 12 月 13 日，第 1 版。

2. 高校教师对科普的认知分化

高校的主要工作就是围绕着人才培养和科学研究进行，课堂教学和实践环节往往注重的也是理论教学和专业知识的传授，而将科普教育视为一种补充性培养。有教师认为“科学家的使命就应该是做科研、做学问，科研是科学家的本职，科普是不务正业，会浪费时间精力”，甚至有少数人错误地认为“做不了科研才做科普”，导致科普被看作是在科研上没前途的人才去做的事情①。

调研发现，在繁重的科研和教学工作压力下，大部分高校教师无暇顾及科普工作是一个普遍的现象。特别是不少青年教师对科普教育不够重视，有的甚至认为自己的研究领域比较晦涩难懂，难以向公众进行科普；而一些有多年教龄、具备较高职称的中老年教师却认为科普教育很有必要，也非常有意义，认为科普教育不仅要在大学校园开展，而且应该从中小学阶段就开始。部分有资深教学经验的教师虽然有科普的意愿，有的还尝试申报过相关科普项目，但由于种种原因而未果，严重挫伤了其参与科普活动的积极性。

此外，部分高校教师还没有充分认识到自身也是科普对象之一。例如，在问及转基因食品是否安全时，被访谈的教师态度莫衷一是，不同学科的教师态度出现较大分歧，更有部分教师直接断定转基因食品是不健康的。这一事例足以说明，在高校教师群体内部，由于学科领域的分化造成了知识的隔阂，教师本身也存在知识盲区，就高校科普对象而言，高校教师也应列为“被科普”的对象，需要参与科普和接受科普，尤其是教师作为知识的传授者，更需要积极主动通过科普掌握并传递正确的科学知识，以免给学生“混淆视听”。

3. 大学生对科普的认知误区

对在校大学生的随机调查发现，不少大学生很少阅读科普读物，主动接受科普教育不够。这其中的原因包括：第一，部分科普书籍专业性较强，遵循讲解科学的原理和知识，晦涩难懂。当然，在访谈中，不少学生喜欢看科幻电影、阅读科幻小说。这也说明，科普本身是有需求的，问题在于如何进行和兴趣引导。第二，大学生主动参与科普的意识不强，绝大部分同学愿意把更多精力投入专业学习和对未来就业有益的实践活动中。低年级学生忙于修读基础必

① 张华凡：《高校科普课堂建设的探索》，《中国轻工教育》2017 年第 1 期，第 47 ~ 49 页。

修课，且乐于参加学生社团的文体活动，缺少引导去参与科普类活动。高年级学生忙于考研、就业，对包括科普活动在内的校园活动不太热衷。第三，大学生获取科普知识的渠道相对单一，基本局限在图书馆、展览馆或实验室等①。在被访谈的学生中，甚至有一部分同学从未去过省市所在地的科技馆。被调查的大学生普遍反映，对于不懂的科技知识，主要通过互联网检索和网络知识付费途径来解答，但是，互联网真实信息与虚假言论“鱼目混珠”，自己难以分辨检索结果的真伪。

对于高校大学生而言，目前之所以有认知上的误区，其中一个主要原因是在新生入学阶段，特别是低年级阶段，缺少有目的的科普教育引导，没有让学生在大学开始阶段就充分认识到科普的价值与必要性，导致其在高年级阶段主动接受科普、参与科普活动的动机弱化。正如访谈发现，如果学校定期组织科普活动，学生表示愿意参加，但对于将科普课程纳入大学通识课程体系，他们表现出不置可否的态度。

（二）高校科协的效能问题

1. 职能定位不清晰和运行机制不顺畅

高校科协是高校科普工作的组织者和管理者，应在高校科普文化建设中发挥主导作用，但是，据调查发现，不少地方高校的科协机构与学校科技处合并在一起，科普部门虚设情况较多，科普职能微不足道。有些高职院校，科研部门也往往不是独立部门，多与其他部门合署办公，比如科研与规划合并办公、科研与教务一起办公等。在这种情况下，本就微不足道的科协职能变得可有可无，出现了科协定位不准、职能模糊等问题。定位不准就不能把握科协工作的方向，不能准确制定出符合学校实际情况的科协工作目标，难以形成科学合理的科普文化建设的系统方案。职能模糊表现为职责不分。强调科普工作人人参与，最终却人人都没做，责任不到位，工作难以落实。一言蔽之，高校科协及其职能的不健全直接导致高校科普工作和科普文化建设缺少应有的主体。

2. 共建共享外部资源的协调能力有限

就外部关系而言，高校科协与外部各级科协在共建共享资源上同样存在不

---

① 汪中才、尚国营：《大数据视野下的高校科普工作新思路》，《经济研究导刊》2016 年第 22 期，第 171 ~ 172 页。

足。主要表现在：第一，科普资源共建共享程度不高。高校内部的科研机构、实验室、博物馆、天文馆等科普设施的社会化共享度不足，存在科普资源浪费现象，不利于高校面向社会大众的科普展教功能的充分发挥[①]。第二，在社会化科普工作的组织上，供需对接有效性不足。有些科研人员从事社会科普活动不乏是被动出席或受组织指派，科普内容要遵从策划者的设计，并不一定属于自身驾轻就熟的科研领域，导致相关科普资金投入没有起到应有的科普效果，公众对科普的满意度大打折扣[②]。第三，高校科协的资源整合能力有限，缺乏与所在地科技馆、博物馆等官方科普机构的合作，与其他科普创作、科普产品生产、科普策划运营等组织缺少业务合作，没有形成本地大科普资源的合作机制，也较少参与科普项目市场化运营活动。

3. 对外精准科普服务程度不高

根据《全民科学素质规划纲要》列明的五类重要人群，为了提高科普服务供给的精准性，准确把握各地区、各群体差异性的科普需求是前提。比如，在城市社区中，由于当地人文地理、地域风俗、饮食健康等各种因素的影响，不同社区的人群必然有科普需求的差异性，例如，喜欢嚼食槟榔的居民可能需要了解食用槟榔的利害关系，而周边区域建有核电站的居民更加需要普及与核电安全性相关的科学知识。当然，同一人群在不同时点的科普需求也具有动态变化。特别是当地发生“涉科学”议题的突发事件之后，可能更需要进行相关应急科普。结合调查情况来看，当前，传统上级指派式、任务式科普工作模式仍然普遍，高校作为科普服务的供给方之一，多少存在科普流于形式等问题，没有准确契合当地居民的科普需求，影响了受众满意度，使科普资金使用效率不高。

（三）高校科普队伍建设问题

目前高校的科普队伍基本上是由志愿性科普人员组成，缺少系统的组织管理，其中主要原因有以下三个方面。

---

① 许霞：《山东省高校科普资源开发利用现状与对策研究》，《科学导报》2017 年 5 月 5 日，第 8 版。

② 单虎：《高校开展科普工作优势独特》，《大众科技报》2011 年 9 月 6 日，第 B02 版。

一是学校知名科技工作者（学科带头人）的行政事务和科研事务繁忙，难以在科普中起到带头作用。

二是青年教师因压力大且缺乏有效激励，参与科普服务工作的积极性不足。第一，既要面临以教学科研为导向的职称评定压力，能够参与科普工作的时间并不多，导致年轻教师主动参与科普工作的动机不强。第二，由于科普项目很少纳入教师业绩考核，缺乏必要的激励与奖励，不少年轻教师也不愿将精力投入科普工作。第三，部分教师认为自己所擅长的科普内容与社会公众的科普需求不匹配，科普形式基本是传统讲座，听众参与度和满意度不高，挫伤了其积极性，导致继续参与科普工作的信心不足。

三是学生科普服务队伍。这个队伍存在人员流动大、缺乏连贯性等问题。由于学生毕业离校，每年都会面临新老志愿者的交替问题，学生志愿者开展的科普服务缺乏连贯性。无论是科普活动形式还是服务对象，许多学生自主性科普活动都是随机开展，无法持续性组织。

（四）高校科普人才培养问题

1. 人才培养规模有限

近十几年来，尽管国内很多高校成立了新闻传播学院，但是，开设科学传播专业却并不多，人才培养规模十分有限。为了加大科普人才的培养力度，2012 年教育部与中国科协联合开展了培养高层次科普专门人才的试点工作，率先在清华大学、北京航空航天大学、北京师范大学、华东师范大学、浙江大学、华中科技大学 6 所高校进行，开展科普教育人才、科普产品创意与设计人才、科普传媒人才的培养试点工作，其培养目标是具有科普场馆及相关行业各类展览与教育活动等科普产品的设计开发、理论研究组织实施与项目管理能力的高素质复合型人才。当然，国内也有一些其他高校在积极进行科学传播人才的培养探索，比如中国科学技术大学和湖南大学等。总体来看，当前科普人才培养力度在不断增大，但总体培养规模依然偏小，难以满足现实科普工作需求。特别表现为那些掌握新媒体技术、传播手段、懂策划和运营的复合型人才依然匮乏①。此外，在培养类别

① 闫隽、毕路琦、易若彤：《美国科普人才培养课程体系的新变化》，《青年记者》2017 年第 15 期，第 31～32 页。

上，专业硕士、学术博士等类型的科普人才培养较多，而会技术、懂实务的本、专科人才培养明显不足，难以满足当前社会科普工作的实际需要。

2. 文理专业界限分明

高校文理分科是普遍的做法。文理专业师生的知识交流非常少，专业界限分明。对于科普人才培养所带来的问题是明显的：一方面是理工科学生缺乏必要的人文素养培育。例如，理工科学生缺乏传播写作能力，难以从人文角度认识到科普的重要性并投身科普工作，难以运用艺术学、美学以及文学手法进行科普创作，出现“有科不能普”的问题。另一方面，对于文科类学生而言，尽管其人文素养相对丰富，善于创作小说、懂传播，但对自然科学领域的知识比较陌生、匮乏，对其科学原理一知半解，甚至迷信伪科学，难以创作高质量的科普作品，出现“有普不能科”的问题。科学网博主何学峰就曾表示，“中国的大学里就是缺少了这样的基本素质训练，所以，大学生、研究生和博士生毕业时，除了少数优秀的自学能力强、老师水平高、要求严的学生外，大多数学生的中文表达水平在高中毕业时的水平上还要打上个七八折”①。当然，从人才培养角度而言，同样由于文理分科，高校讲授新闻写作的教师科学素质不高，很难承担起为学生开设科学传播或科学写作类课程的需求②，这也是难以培养“既能科又能普”的人才的原因之一。

3. 基于学科的培养体系尚未形成

目前，国内科普人才的培养处于专业硕士培养的试点阶段。如上所述，2012 年，清华大学等国内六所高校成为首批科普硕士招收试点单位。比较各校的培养方案设置可以看出，各高校科普硕士的招生挂靠在不同学院不同专业下，有的高校偏向传播能力的培养，强化传播学、新闻采访与写作等课程学习；有的学校偏重于科普创作与科普经营，与社会科普场馆合作，强化学生实践技能的训练。总体而言，各高校对科普专业硕士人才的培养尚未形成一个共识性的培养模式，在培养课程体系上缺乏一定的共识，对科普硕士的就业方向和领域也缺乏清晰的定位。未来，需要加强现有办学院校的彼此交流，总结形

---

① 贾鹤鹏：《科学传播：写作的力量》，《科学新闻》2011 年第 10 期，第 81 页。

② 贾鹤鹏、谭一泓：《国际知名高校如何培养科学传播素质》，《科普研究》2011 年第 6 期，第 22 ~ 27 页。

成一个相对成熟的培养模式，在培养目标、培养环节设置、培养课程体系、教材选用等方面进行探讨研究。同时，在本、专科培养层次中增加科学传播专业设置，推动培养层次由专业硕士向本科与专科拓展，加大应用型、复合型人才的培养。

4. 课程教材编写困难

目前，高校科技传播专业的培养往往是在已有新闻学、传播学、科技哲学等学科基础上分支而来，对于科学传播专业而言，其本身具有复合型、跨学科的特征，因此，其培养课程的知识体系与脉络结构尚不清晰，造成相关课程的设置缺乏标准，教材编写必然存在难度，突出表现在两个方面：一方面，编写工作需要召集不同学科领域的专家学者共同编写，使得教材使用能够达到“既能培养科学素质又能培养人文素质的”“既懂理论又懂实务”的培养要求，这存在一定难度；另一方面，由于数字化时代带来了科学传播模式的巨大变革，社会实践领域对科学传播人才的知识能力需求在不断变化，那么，高校通过专业培养输出社会所需的人才，必然要求教材内容在知识与能力培养设计上具有较高的要求，这同样难度不低。

（五）高校科普管理制度问题

早在2006年，科技部、中宣部等七个部门联合下发的《关于科研机构和大学向社会开放开展科普活动的若干意见》指出，科研机构和大学要逐步设立科普工作岗位，纳入专业技术岗位范围管理。要完善业绩考核办法，将科研人员和教师参与开放的工作量，视同科研和教学的工作量，作为科研人员和教师职称评定、岗位聘任和工作绩效评价的重要依据。但从实际情况来看，高校并未真正建立起相应的组织管理制度。

1. 现有评估制度中未考量科普因素

第一，没有将科普成效纳入高校办学质量评估体系。国家对高校办学质量有一套完整的评估体系，并定期开展评估工作，评估结果直接影响高校的办学规模与学科发展，实质上是对高校形成了一个明确的工作导向。事实上，相关教学评估体系并未明确将科普工作纳入评价范畴，以致在学校层面忽视科普教育和社会科普服务的必要性，自觉参与科普的意识没有在“学校—教师—学生”的链条中进行有效的传导。第二，没有将大学生的科学素质列为学生综合素质考评或教学质量评估的指标。在调查的高校中，多数高校尽管在学校办学定位中有类似“培养学生科学素质”的表达，但在学生培养方案中却没有将科学素质明确列为培养目标，多数院校没有相关的科学素质教育课程的设置和师资安排，科普教育缺乏系统性。第三，没有制定科普工作考核制度，导致教师开展科普工作的“推动力”不足。有研究指出，高校的科研工作导向十分明显，对教师的评价体制局限于其研究成果，科普成效却不在评定考核范围之内，导致很多中青年骨干教师只专心于科研，无心从事科普活动①。与此同时，教师从事科普创作、科普研究、科普活动策划与实施上难以获得相关工作条件和时间调配上的支持。

2. 科普工作激励制度不足

激励措施的缺乏往往导致教师开展科普工作的热情不足。在调研中发现，多数教师从事科普工作是出于自愿性行为。最为关键的问题是，创造科普作品不算科研成果，科普工作业绩不能计入工作量等问题严重抑制了高校教师的科普积极性，以致有教师认为教学科研工作是其职责之所在，科普是“有余力而为”的活动。当然，观念误区也容易形成反向“抑制力”。一是认为“科普是传媒机构的事务”。例如，李大光教授曾在中国科学院进行的调查表明，科研人员中约有80%的人认为“科普有专门的人去做，自己可做可不做”。二是认为“科普不务正业，做不了科研才做科普”。这种错误观念导致一些积极从事科普的人员难以获得同行的认可，属于精神激励缺失的一种表现。

3. 科普经费投入难以保障

经费投入是开展科普工作的必要条件。由于国家对科普项目没有专门的财政拨款，社会主体对高校科普的赞助资金同样十分有限，所以，高校要进行科普工作较为常见的是自筹资金。由于很多学校没有科普专项资金规划，支持科普工作的经费往往只能从学科建设经费或学生工作经费中适度给予支持，额度有限，难以开展持续性、高质量的科普活动。当然，通过有偿科普服务是解决自筹资金不足的一个重要渠道，也是当前科普事业改革的一个重要取向。但

---

① 舒志彪、詹正茂：《大学向社会开放开展科普活动现状分析》，《科技管理研究》2009年第10期，第221～223页。

是，由于市场化科普服务目前仍处于起步阶段，而且，高校本身属于非营利性事业单位，绝大部分高校科普资源的市场化经营程度低，科研人员在科普服务中难以产生直接收益，所以，科普服务收入同样十分有限，无法满足其社会科普服务的实际资金需要。

（六）科普基础设施建设问题

第一，设施较为陈旧，陈展方式落后。不少高校虽然有开展科普活动的场馆，但是，不少设施建设时间久远、设备陈旧未更新，有些科普实验仪器及其技术已经过时或淘汰。科普展示方式仍以图文、影像或模型展示为主，导致观众参与性和体验感十分有限。另外，一些具有科研优势的高校没有很好将自身具有优势的科研成果转化为科普资源，在科研设施建设的同时较少同步进行科普设施的建设投入，尤其缺少科普作品创作和生产的投入，致使非本专业的师生以及社会公众难以接触和了解。

第二，新型科普设施建设较为欠缺。以人工智能、虚拟现实技术为基础的新型科普设施与设备比较匮乏。事实上，高校科普工作可以与外部各类科技馆、博物馆或科普企业进行业务合作，利用外部主体提供先进的数字化科普设施，实行“借馆科普”“借地科普”等资源互换或者联盟合作的科普新方式。据调查发现，这种在科普设施设备利用上的跨组织合作现象在高校并不多见。

第三，科普信息化建设比较滞后。在高校内部的传播设施建设上，多数高校仍然依托公共场所的板报橱窗进行图文内容的科普。尽管不少高校的教学楼、学生宿舍、办公楼等楼宇也安置了电子化媒体，但是，它们基本属于信息浏览设备且并非完全用于科普，多数用于校内外新闻资讯或学校形象的展示。此外，在科普网站建设上，多数学校的校园主页及其子网页上并没有完整的科普栏目或科普内容板块，也没有建立科普类微信公众号或其他新型传播平台。总体而言，数字化科普设施建设比较滞后。

（七）高校科普活动开展问题

1. 应急、热点问题关注不足

一方面，目前的高校科普教育多数还是基于传统教学的单向传输模式，大多数科普活动还是“因科而普”，没有“因需而普”、“因事而普”和“因人而普”，没有对科普对象进行必要的需求分析，不知道大学生真正关注的热点是什么，同时，缺乏科普需求的有效引导，不知道大学生真正缺失的是哪些方面的科学知识，应当引导大学生在哪些方面形成科学的认知①。在本次调查中发现，有些教师认真准备了科普内容，但学生和公众不爱听，原因在于没有从受众的角度去提炼科普主题、讲好科普故事。另外，高校科普缺乏热点意识。当今，涉科学议题的社会热点事件层出不穷，往往引发广泛关注并形成网络舆情。例如，近些年爆发引力波事件、围棋人机大战事件、“塑料”紫菜事件等。对于大多数人来说，面对这些事件，渴望了解与此相关的科学知识与科学原理。但是调查发现，较少有高校已经建立了常态化的应急科普机制，并就这些公众关注的社会热点问题及时开展校内外科普工作。

2. 科普合作与资源共享不足

长期以来，由于科普一直处于公益化的属性定位，国家相关部门也没有明确出台科普产业发展的相关税收支持政策，因此，科普产业发展以及付费科普服务发展非常缓慢。就高校科普工作而言，其发展一直处于“零收益”模式下运营，常因财力有限而难以得到大幅提升。有些高校虽然开展了不少科普活动，但大部分是完成上级交办的任务，具有相应经费的支持。此外，很少出现高校积极联合当地政府、其他高校、社会科普产业组织进行多主体合作，共同打造契合市场需求的科普产品或品牌活动，形成共享性科普经济。

当然，对于高校而言，一个最大的争议点在于，作为公益性组织，高校如何在发展科普产业发展过程中保持科普公益性与营利性平衡。现实已经证明了这种担忧，比如，有些高校与媒体联合策划科普节目，但是，合作过程中只重视自身的经济效益，忽略科普公益作用和社会效益，使得科普工作无法正常有序地进行②。

在这里，需要补充的是，地方科协既是所在地区高校科协工作的指导者，

---

① 汪中才、尚国营：《大数据视野下的高校科普工作新思路》，《经济研究导刊》2016 年第 22 期，第 171～172 页。

② 符昌昭：《高校科普工作的创新模式及存在问题与对策》，《科技资讯》2016 年第 3 期，第 137～138 页。

也是重要的业务联络者和协调者。在高校面向社会提供科普服务过程中，地方科协可以积极发挥平台搭建和供需对接的作用。比如，就城市社区的科普工作而言，基于不同社区人群的科普需求，哪些科普组织（包括高校）能够提供相关的服务？目前的问题是，缺少一个供需对接的平台建设，及时将社会群体的科普需求与有能力提供相应科普服务的高校对接起来，这是地方科协可以发挥积极作用的领域。

3. 社会化科普服务活动较少

尽管国家《科普法》和《关于科研机构和大学向社会开放开展科普活动的若干意见》等法律文件中早已明确，高校应该积极开放自身科普资源，开展社会化科普服务活动。但是，据调查发现，目前，高校主动参与社会科普服务活动仍然偏少，具体表现在：第一，校园科普活动对外开放有限。尽管高校科技馆、科技竞赛和科普展览活动能够让公众近距离感受科学的魅力，但其受众常限于本校师生，对外部公众由于存在人员管理困难而实行有条件的开放，制约了高校科普活动的对外影响力。第二，高校师生主动深入基层开展科普活动较少。调查发现，多数高校社会科普活动是受上级组织指派，科普主题与科普形式没有充分基于受众的需求而设置，往往导致公众满意度低，活动效果不佳。第三，在社会科普活动中，不少教师没有掌握有效的传播技巧，忽视受众对象的特征，难以用通俗易懂的语言和喜闻乐见的形式去表达内容，使其与受众之间很难形成有效的沟通与互动。此外，由于科普面向社会人群广泛，一旦出现错误传播，就会引致大范围的争议质疑或负面影响，因此，科普首先要确保内容的科学严谨性。但是，现实生活中，一些跨学科问题、前沿问题至今还无定论，但往往是公众倍受关注的，科普应该采用何种表达和内容呈现方式，形成一个相对客观的问题陈述，尚有不小难度。鉴于这些问题，有些高校教师担心向社会公众科普时讲不好、讲不清，进而出现退缩心理。

四　文化建设视角下高校科普能力建设

基于问卷调查和访谈所展示的主要问题，本部分提出精神、物质、制度和行为一体的文化理论框架，并以此探讨高校科普文化建设的基本路径，进而给出高校科普能力建设的若干重点对策。

（一）重塑高校科普工作理念

发展高校科普工作的关键在于理念的转变，即明确培养学生、提升学生科学素质不仅是高校的职责使命，服务社会、提升全民科学素质也是高校的职责之所在。科普是高校乃至每位教师的本职工作。高校应当承担推动“公众理解科学”和“公众参与科学”的时代责任。

1. 将科学素质培养融入大学章程和评估体系

首先，大学章程是高校办学的理念诠释和行动指南，将提升学生科学素质、服务社会科普工作列入大学章程，目的是在理念层次强化高校的科普使命。其次，建议根据《全民科学素质行动计划纲要实施方案（2016～2020年）》和《中国公民科学素质基准》，召集专家讨论高校研究生、本科生和专科生的科学素质基准，通过基准的设置，引导不同高校将学生的科学素质列入学生专业培养目标，并根据不同专业要求进行适度调整。最后，教育在高校教学质量审核性评估中增加学生科学素质指标项。在高校社会服务的综合性评价中，增加社会化科普服务成效的评估，通过评价体系的设置引导高校重视科普工作的开展，积极履行社会科普服务职责。

2. 科普理念由“知识”向“思维”转变

传统的科学传播行为致力于“知识普及”，目的是把科学共同体的“私人知识”转化为“社会共享知识”，实现科技知识的传播和扩散[①]。近年来，涉科学议题的公共事件和社会治理问题不断涌现，比如，日本福岛核危机引发的“抢盐风潮”、国内多地 PX 项目遭遇抗议事件等。一系列事件表明，科学与社会公众的距离正在拉近，仅仅普及科学知识无法使公众正确考量科技和社会的关系，提升对科学的理性思考以及增长科学行动的能力才是最为关键的。本文认为，作为科普的高级阶段，高校科普工作的重心应该是传播科学思想、科学精神和科学方法，而不仅仅是科学知识的普及。这不仅是高校科普教育的基本理念，并在高校科普教育课程的设置和培养模式中得到明显体现，同时，这也是高校面向社会公众提供科普服务的基本

① 陈姚：《科学传播视角下的中国应用技术大学职能及其实现路径》，《中国人民大学教育学刊》2015 年第 3 期，第 158～167 页。

方向，即在注重科学知识传播的同时，更加注重教习社会公众科学的思维方法和科学行动的能力。

（二）完善高校科普体制机制建设

1. 发挥高校科协的主导作用

高校科协一直是高校科普工作的主导力量。发挥高校科协的职能，需要将高校科协从一个“虚设”部门提升为“实体”部门，确立科普在高校工作中的地位，明确其与科研管理部门之间的职责区分。同时，鼓励高校科协成立高校科普协会，推进高校科普组织网络化建设。以开展全国高校科普组织网络体系建设试点为契机，加强与校外其他科普组织的沟通合作交流，借鉴其他高校的成功经验，改进工作模式，健全运行机制，提升工作能力。

在科普工作主导作用上，除了加大高校科普教育建设力度之外，高校科协需要充分发挥自身科普资源优势，引导推动高校开展社会科普工作，以科普服务社会，推动科普资源的社会化共享。一是根据社会公众的需求，组织相关教师进行科普服务，并纳入工作绩效的考核管理。二是加强与当地科协的沟通合作，联合本地区的高校、企业、科技馆、博物馆等单位，面向市民开展科普公益宣传、举办科技博览会等活动，推动高校加入联合科普行动。三是积极围绕“全国科普日”“高校科技活动周”等重要时间节点，组织高校各单位面向社会公众开放实验室和科普场馆，集中举办科普展演或服务惠民活动，扩大高校科普活动的社会影响力；四是鼓励大学生成立各种科普社团，倡导和组织大学生社团在校内外开展各种服务型科普活动，提升科普服务的实际效益。组织师生深入城市社区、企业和农村开展科技帮扶和科普宣传活动，助力污染防治与精准扶贫工作。

2. 完善高校科普人员管理制度

首先，建议进行人才存量管理。建议在各级科协的主导下，分层级建立科普人才资源库，实现信息联网。入选人才资源库的人员需具备一定的入库标准和科普培训资历，既在自身领域有丰富的科学知识，又懂得科普的基本理论和方法，实施分级的科普执业认证制度，以此获得相应的科普人才津贴。同时，人才库实行动态化管理，能进能出。另外，在建立科普人才库的同时，建立各级科普组织资源库，该库除了高校这一科普组织之外，还包括从事科普创作、科普作品设计与生产、科普设施经营、科普项目管理等在内“大科普”工作的其他本地其他各种科普组织的基本信息。该组织资源库具备检索与联络功能，便于彼此业务洽谈与合作，也便于科普需求方基于科普服务内容能够快速检索到相关服务供给者。

其次，加强人才流量建设。通过相关工作考核与激励制度的实施，引导高校教师加入科普队伍，包括青年科技工作者和热心科普的离退休人员，纳入校级科普人才资源库管理。探索实施科普工作人员的“积分—奖惩”制度，根据每次科普成效给予相应积分，传播“伪科学”行为实行扣分制和直接淘汰制，通过制度建设提高高校科普工作的规范性。

最后，培养学生科普队伍。加强高校科协对大学生科协的引导，通过学生科普社团吸纳优秀学生加入学生科普队伍。通过举办各种科普类社会服务活动，培养学生的科普志趣，引导学生毕业投身于社会科普事业或科普产业。

3. 规范高校科普活动管理制度

科普工作本身就是一种与科学有关的严谨性活动，参与科普工作的师生都应具有较高的科学素质，因此，注重制度和流程的规范是保障科普活动成效的必要基础。高校应该制定科普活动开展的管理办法、校内科普场馆开放与管理办法、服务社会科普活动的管理办法等一系列制度。为了规范管理各种科普活动，要求每一次科普活动都应该有活动方案、经费预算、人员安排、预期效果。每次活动实行举办与评估相分离，探索实行科普受众匿名在线评估，便于对科普工作目标与实际效果展开对比分析，并根据考评结果给予相应的奖惩。尽管高校科普工作制度和管理措施不存在千篇一律的做法，但是，高校必须建立起相应的科普工作管理制度，这样才能更好地为各项科普活动的开展提供规范化的指南，也便于高校科普能力的评价。

4. 强化科普业绩激励制度

研究认为，强化科普业绩激励制度需要将科普工作作为高校教学评估以及教师业绩考核的考核指标，建立教师从事社会化科普服务的激励制度。

一是建议把科普工作等同于科研工作，列入职称评定和评级评优的参考条件，把科普创作的作品同等纳入工作业绩，并将其作为职称评定的成果之一，引导大学教师重视科普工作。二是要科学合理地设计高校教师科普工作绩效的评价体系，坚持定量考核和定性考核相结合，综合考核和分类考核相结合，合理制定奖惩办法及标准。三是要求各类科研项目原则上要划拨一定比例的项目资金用于科普。在科研项目结题验收时建立科普成效评价的附加指标，鼓励将科学研究成果向科普资源转化。支持科普作品的出版，加大对科普作品出版的资金资助力度。四是建议将科普成果纳入各级科技成果奖的评选范畴。高校内部可以通过评选科普年度人物、科普创新奖、优秀科普创作奖等奖项激励高校教师投入科普工作。五是建立学生科普激励制度。将学生参与科普活动纳入实践教学体系，实行学分制管理，制定相应的奖惩措施。

（三）加强高校科普设施建设

科普基础设施是高校科普文化建设的物质基础，是高校对内开展科普活动和对外开展科普服务的基本载体。结合第三部分的问题分析，本文认为，在高校科普设施建设上，有以下几点对策建议。

1. 提高高校科普设施的利用率

加大对高校科研基础设施、研究实验基地以及科普类博物馆、陈列馆、天文馆、标本馆等展示场所的建设。有条件的高校可以结合本地特色资源或本校特色学科单独建设或联合省市政府部门共建特色科技馆或博物馆。扩大学校科技馆、博物馆以及科普实验室的社会开放度，提高高校科普设施的利用率。

2. 提升高校图书馆的科普服务功能

一是加强科普图书资料的更新采购，建立科普图书的社会开放机制。二是完善科普图书资料的检索与查询系统，按照知识关键词建立科普图书资源库，便于科普书籍的精准检索。三是利用图书馆将本校教职工的科普作品进行展示与馆藏。四是加快图书资料管理的信息化建设，利用图书馆为本校教师开发的电子科普图书、科普作品提供展示和阅读的场所。

3. 推动科普创新创业平台建设

随着社会公众科普需求的日益增长，利用科普资源进行创新创业，为社会提供科普服务是科普事业改革发展的必然趋势，由此而言，高校创新创业平台也可以成为高校学生进行科普类创新创业活动的有效载体。在这类平台的建设上，高校可以与当地创新创业中心、企业联合建立大学生科普创新创业基地，共享创新创业的平台资源。同时，可以邀请科技一线的人员担任第二指导老师，引导学生从事科普作品创作与设计、科普活动宣传与策划、科普产品的运营管理等方面的创新创业活动。

4. 发展数字化科普基础设施

互联网技术、人工智能技术等新型数字技术为科普提供了新的平台手段，创造了新的科普形态与科普模式。高校需要基于现代新兴技术，加大数字化科普设施建设，既包括高校公共领域的电子科普屏、宿舍楼宇的数字科普媒体建设，也需要完善高校科技场馆交互、体验型科普设施的配置，同时，还包括高校在线科普网站、科普栏目建设、科普公众号、科普网上论坛等网络科普平台建设，为高校的线上科普和线下科普提供设施条件。

（四）提升高校科普素质教育水平

1. 扩大专业人才的培养规模

一是拓宽科普人才的培养层次。目前，国内已有中国科学技术大学等高校在科学传播方向上探索博士层次的培养工作。2012 年，清华大学等国内六所高校又进行了科普专业硕士培养试点工作。由于科学传播是一个偏应用型的专业，建议未来在已有办学经验的基础上尽快形成有一定共识度的专业硕士培养方案，并以此为基础，在国内高校开设科学传播本科和专科专业，扩大应用型人才的培养。

二是在高校设立“科普人才创新培养班”。根据自愿入班和引导入班的原则，从高校二年级学生中挑选对科普有志趣且有一定专长的学生进入创新培养班继续培养，重点吸收在科普文学创作、科普视频制作、可视化交互设计、人工智能等领域有特长的学生，通过科协和高校共同设立相关科普创作项目予以支持，同时，与社会科普机构和企业联合开展实践技能训练，培养掌握多种技能的应用型科普人才。

三是在有条件的高校设立社会科普人才培训基地，承担科普业务培训和科普资格认证考试的实施工作。其一，承担各级科协单位组织的科普人才在职培训和继续教育工作，提升已有科普工作人员的业务素养。其二，对有意愿从事科普工作的高校师生、各类社会人员提供行业培训和资格认证考试，例如一名普通新闻记者转行做科学新闻记者，可以在有资质的高校进行科学素养以及科技新闻写作等课程的培训学习，通过考试者可以从事传播类科普工作，以此充实社会科普人才队伍。

2. 重视教师科学素质的提升

每位高校教师都身处某一个知识领域，在知识不断细化、新学科领域不断出现的时代，科技知识出现了井喷式增长。由于领域的隔阂，纵然是同一学科，不同教师对彼此领域的知识也未必全然于心。在推进高校科普能力建设过程中，教师既是科普的主体，也是被科普的对象。在前文的问题分析中已经充分阐释了这一问题。本文认为，未来提升高校教师自我科学素质的主要措施在于以下几方面。

第一，加强经验交流与科普技能培训。针对高校科普工作者，以科学传播的新媒体技术、科普作品创作、科普展览设计与制作、科学艺术学为主题，定期组织开展业务培训班和专题技能培训讲座，为高校科普工作者创造经验交流和技能学习的机会。

第二，将科普活动纳入高校教师继续教育范畴。规定教师每年参加在线科普学习的时数，将参加科普服务活动作为高校教师继续教育活动的类型之一，引导教师参加社会科普服务工作。

第三，各级科协主导建立在线科普学习平台，进行优质网络课程开发和在线投放，针对入选各级科普人才库的教师，根据自我需求在线选修相应科普课程（含科普技能实训类视频课程）来不断提升自己的科普服务能力。

第四，在科学记者、科普作家和科普企业家群体中聘请兼职教师，作为高校科学传播专业学生的课程讲授教师或技能实训的业务导师，充实高校专业科普教育的师资队伍，提升专业人才的培养质量。

3. 创新科普人才的教育模式

（1）创新科普教育模式

第一，通过文理兼招的方式培养专业科普人才。开设科学传播本科专业，实行文理兼招。探索“2+2”培养模式，即前两年主要学习有关科学的基础类课程，后两年通过“科普人才创新培养班”的选拔，学习社会心理学、新媒体技术、科普作品创作、科普展陈设计与制作、科技传播与新闻写作等专业类课程。同时，可以根据班级学生特长适度进行方向性培养。

第二，将STS教育（即科学、技术、社会）作为高校通识必修课程，促进自然科学与人文科学的互补教育，即针对文科学生加强自然科学教育和科学精神教育，针对理工科学生加强科学精神教育和人文素质教育。在课程设置上，按照“科学精神—科学知识—科学能力”的进阶性培养目标，面向全校学生分阶段设置科普教育通识课程，推动高校科普教育的重心由“知识补给”向“能力应用”转化。

第三，在新闻学、传播学、动漫设计等与科普存在关联性、互补性的专业中开设相应的科普辅修课程，包括科技新闻写作、科普创作、科普经营与管理、科幻文学等课程，激发和培养学生的科普志趣。当然，高校需要在教育经费、师资队伍、科普实践实训平台、科普教育管理制度等层面给予相应的支持，以推进高校科普教育工作顺利开展。

（2）丰富校园科普活动

虽然高校传统科普活动形式是多样化的，比如，撰写科普文章、举办科学夏令营、开展科普讲座、举行科普知识竞赛、参观科技展、举办科普作品设计大赛等，但是，目前高校科普活动的开展欠缺规范性和持续性。针对此问题，建议从学校与学院两个层级建立学生科普活动体系。通过定期开展科普活动，营建校园科普文化氛围。在此领域，东北大学曾进行了有益的探索。该校首先在学校和学院两个层级成立了各种学生科技社团。然后，学校积极支持这些学生社团在校院两个层级开展形式多样的科普活动。例如，在学校层面，该校每年面向全校师生开展普惠型、通识型科普活动 20 余项，包括“校园科普节”“大学生科普知识竞赛”“创新思维擂台赛”“科普能力挑战赛”等。在学院层面，每年由各学院基于本院学科特色而开展示范性科普活动 80 余项，包括“精英挑战赛”“工艺流程创新竞赛”“无线定位大赛”等。据统计，通过校院两级科普活动的常规化开展，该校科普工作取得了良好成效。每年学校的两级科普活动的开展吸引了两万人次参与，使得每名本科生平均每年都参加过一次科普活动。此外，通过构建校院两级普惠式、递进式校园科普创新类活动体系，该校营造了浓厚的人人能创意、人人善创造的校园科普文化氛围①。

---

① 张立志等：《“双一流”建设背景下的大学生科普教育模式——以东北大学为例》，《科技与创新》2017 年第 4 期，第 1 ~2 页。

本文认为，在科普活动开展上，除上述常态化建立两级科普活动体系之外，还有三点建议：第一，高校可以探索以“科普＋”的方式创新校园各类文化活动，即在大学各种文化活动中探索将科普作为一种工具或主题元素融入各种校园文化活动中，提升科普工作的覆盖面和渗透性。例如，探索将科普内容植入现有的校园文化活动，以大学生喜闻乐见的音乐、歌曲、舞蹈、书法、绘画等形式进行，让科普知识借助文艺表演的形式进行传播。第二，拓展科普活动类型。既要鼓励围绕科普主题举办“科技论坛”、“科普沙龙”、科普知识宣传等传播型科普活动，更要创造条件组织开展“科普动漫大赛”“科幻小说大赛”“科普微电影大赛”等创作型科普活动。第三，支持学生社团开展社会化科普服务。积极支持学生社团深入周边社区、中小学、农村、企业开展科普服务和技术帮扶活动，参与当地科普场馆的志愿者服务活动，提升高校科普工作的社会影响力。

（3）将科普教育与创新创业教育相融合

当前，在“大众创业、万众创新”的新国策下，各高校相继成立了创新创业学院，形成了以“双创”学院为中心、各二级学院和教学单位共同参与的教育机制。为了加快科普与大学生创新创业理念相融合，必须加强相关的科普创新创业的专题教育。一是考虑将科普产业内容纳入高校大学生的创新创业教育课程，指导学生挖掘科普产业项目，培养学生科普创新创业的技能。二是开展面向大学生的各种科普创新创业赛事，通过个人参赛或团队参赛的方式，引导大学生参与科普实践类创新创业活动。三是积极寻求与外部各类科普组织合作，共建科普创新创业平台，通过专项资金支持和奖励措施，联合进行特色科普项目的创业孵化工作。四是邀请业界人士参加科普类创新创业项目交流会，引导学生发挥自身的技术专长，利用科普资源联合创作科普图书、科普微电影、科普动画、科普展教产品等，设计合理的盈利模式，推动科普服务市场化运营。

4. 基于热点事件加强应急科普

身处互联网时代，社会热点问题往往以网络热点舆情的形式被公众所感知，这些热点问题恰恰可以为科普工作提供鲜活而丰富的素材。例如，2016年的“魏则西事件”，其本身不仅仅是一场医疗纠纷，更是涉及相关疾病及其疗法的科学传播问题；2017 年的“引力波事件”刷新了人们的科学认知，其背后也同样涉及了物理学、天文学等多个领域的知识。诸如此类的热点事件往往是社会公众关注的焦点，但是，囿于有限的科学知识，他们对这些层出不穷的事件充满了疑惑和求知欲。因此，当前高校除了做好传统的科普教育工作之外，更应积极关注当下的社会热点问题，结合社会热点问题开展各种形式的应急科普工作，这是高校进行科普素质教育的重要内容，也是高校服务社会科普工作的重要体现。这就要求高校科普工作需要借鉴新闻报道形式，强化时效性、影响力和显赫度①，同时，要精准把握好科普工作的切入点，及时了解受众科普需求热点，敏锐抓取公众当下关注的一些社会热点事件，适时组织学校各专业领域的教师，将热点事件背后的科学议题进行认真提炼并转化为科普内容资源，及时利用事件热点去创造科普热点。制作相关的科普图文、科普动画进行科普创作，并通过公开讲座、在线传播等多种方式，把相关的科学知识传播给高校师生及社会公众，增强高校科普活动的影响力。

5. 构建数字化科普教育模式

新技术的出现也催生了科学传播的新形式，特别是，可视化技术以及虚拟现实技术为公众理解晦涩难懂的科学提供了新的思路与方案，因此，需要积极发展新型数字化科普教育模式。一是契合学生的电子媒介使用偏好，积极开展在线科普活动，包括在线科普问答、在线科普课程、在线科普游戏、在线科普实验，等等，加快高校门户网站的科普栏目或移动科普资源建设，探索发展高校在线科普教育方式。二是有条件的高校可以加快数字化科普设施的配置，包括数字化模拟实验设备、数字化科普展示设备、交互式科普体验设备等。加快公共场所电子科普屏媒的投放和内容展播。三是各省高校可以联合成立区域性高校科普联盟，借助外部数字化科普资源用于学生科普教育，积极与数字科普场馆、科普企业以及媒体机构合作，通过科普教育内容外包或课程外包模式，借用外部资源推动数字化科普教育的发展。例如，浙江大学积极与外部媒体合作，向不同媒体推送报道学校最新科学成果、科学故事，同时，根据时事热点共同策划科学主题报道，成功构建了媒体和科学家之间“点 + 线 + 圆”相结合的科普新模式。

---

① 高钢：《新闻写作精要》，首都经济贸易大学出版社，2005。

6. 倡导深阅读抵制伪科学传播

众所周知，“倡导全民阅读”已经多次写进中央政府工作报告[①]。今天，电子阅读推动了人们读书方式进入了所谓短、平、快“微阅读”时代，这种阅读方式为人们获取知识提供便捷的同时，一些新问题也随之而来。尤其是，互联网鱼目混珠的信息和貌似真理的“伪科学”让人难辨真假，如果个人没有足够的辨识力，很容易被伪科学思想所裹挟蒙骗。

电子阅读与纸质阅读是两种不同的阅读方式，二者难分优劣，但是，微阅读与深阅读的区分则是内容深度上而言的。所谓深阅读，是指阅读经过时间拣选和验证的人文社科经典、各专业领域公认的优质书籍。之所以要倡导深阅度，因为深阅读能带来相对准确的知识、有机的知识和不可量化的“增进”[②]。在科普教育上鼓励深阅读，就是鼓励学生读正规出版的科普经典著作、优秀读物，这样可以比较系统性地阐释科学精神、科学思维和科学方法，而且这些书籍经过正规出版社的校审，严谨性与科学性可以得到保证，不会停留在一知半解或悬而未解。事实上，中国著名科学家、科普作家高士其写下了数百万字的科学小品、科学童话故事和多种形式的科普文章，引导了一批又一批青少年走上科学道路[③]。英国理论物理学家霍金撰写的《时间简史》自 1998 年首版以来，已成为全球科普的里程碑。它被翻译成 40 多种文字，销售了 1000 万册，已成为国际出版史上的奇迹[④]。这些事例足以表明深阅读对科普教育的重要价值。

高校是教书育人、倡导读书的重要场所。在科普文化建设过程中，高校应该引导大学生回归“深阅读”，举办科普专题图书展、经典科普读物推介会、读书分享会，激发学生读书兴趣，同时，通过科普教育，增强学生对网络信息的辨识能力，减少各种伪科学对校园科普文化的污染和侵蚀。

（五）推动高校科普产业的发展

科普服务是一种需要投入人力、物力等多种要素的综合性活动。传统公益

---

① 孙海悦：《倡导全民阅读第三次写入政府工作报告》，国家新闻出版广电总局网，2016 年 3 月 7 日，http：//www. bisenet. com/article/201603/156964. htm。

② 任艺萍：《回归深阅读》，《人民日报》2016 年 4 月 22 日，第 24 版。

③ 江迪：《科学正在这里交给人民——苏州打造高士其系列科普品牌纪实》，《人民政协报》2015 年 11 月 4 日，第 12 版。

④ 许明贤、吴忠超：《时间简史》（序），湖南科学技术出版社，2015。

性科普服务正在面临主体单一、运营资金短缺、供需失衡等困境。与之相矛盾的是，随着知识消费时代的来临，人们对科普类服务产品有着十分强劲的需求。果壳网推出的用于知识交易的分答产品的成功运营就是一个例证，用产业思维推动科普能力建设将是一个重要趋势。2016 年《国务院办公厅关于印发促进科技成果转移转化行动方案的通知》以及 2017 年科技部、中央宣传部《“十三五”国家科普与创新文化建设规划》中均提及科普产业问题。高校的科普资源相对丰裕，发展科普产业潜能巨大。为了推动高校科普产业的发展，需要加强政策引导，尽快出台相关科普公益服务的税收减免或抵扣措施。同时，鼓励高校师生利用自身科研成果、传播技术和专利产品，联合其他科普产业主体打造有市场需求的科普产品或科普服务，推动科普项目市场化运营。

（六）建立高校科普能力评估体系

科普能力评估既是检验高校内在科普文化建设水平的基本手段，也是促进高校提升社会科普服务水平的重要举措。由于高校科普能力评估仍处于探索阶段，本文认为，未来评估的基本思路在于分内外两个层面进行考核。内部考核通过在线教师和学生的问卷进行。考核内容包括感知、行为与结果三个层面，即对所在学校科普文化的感知水平、参与科普活动的程度以及科学素质水平的测度。外部评估是评价高校向社会提供科普服务的能力，包括科普创作水平、科学传播能力、科普受众满意度，等等。其中，针对科普受众满意度的评估可以基于“双向互动式”科普服务模式，由科普受众进行反馈式打分考核。即由社会公众通过在线评估网站或移动评估客户端，对其参与的高校科普服务活动进行匿名打分评价。最后，综合考虑活动的层次、规模与数量以及参评率，设置不同的评分系数，经过加权计算得出社会科普服务满意度的分值。在综合上述两个层面考核结果之后，可以结合高校科普资金的“投入—产出”分析，最终评价高校的科普能力。

当然，以上仅仅是对高校科普能力评估的框架性思考，具体评估操作有待后续进一步深入研究。但是，可以肯定的是，建立高校科普绩效评估体系不仅有利于科普资源的有效整合与配置，更可以对高校科普文化建设起到导向性或推动性作用。

五 促进高校科普服务社会化

高校的科普服务对象从内外角度上有两类：一是针对内部教师和学生的科普，二是针对外部公众的社会化科普。结合《全民科学素质行动计划纲要（2006～2010～2020）》当中的重点人群的划分，本文认为，高校社会化科普服务的主要人群对象有四类，即城镇社区居民（主要为高校周边社区居民以及居住在社区的城市流动人口）、未成年人（主要是高校所在地区的中小学生）、公务员及领导干部（主要是当地政府部门的行政人员）、农村人口（主要指所在地区的乡村居民）。为了进一步探讨高校科普文化的社会化传播问题，下面分别就这四类人群探讨高校科普服务供给的主要路径。

（一）面向青少年的科普服务供给

青少年群体一般处于中小学阶段。因此，围绕中小学生的科普教育问题，高校的科普服务供给主要措施在于以下几个方面。

第一，参与整理本地较具知名度的科学故事、科学典籍、科学人物和科学活动，通过图书、影像、活动传承等形式，向本地区中小学进行传播。

第二，参与制定中小学生的科普素质课程标准建设，包括教学大纲和教学内容、通用课程的教材编撰工作。按照中小学生的科普素质基准编撰科普读物。鼓励有条件的高校承接中小学科普素质教育实践课程。开放高校科普场馆，作为本地区青少年科普教育的“合作基地”。

第三，各级科协联合高校科协，组织高校科技工作者，特别是老科学家深入所在地区的中、小学校，包括农村中、小学，举办科普讲座，指导青少年的科技活动或科普试验，选拔有科学志趣的中小学生参加高校科学夏令营活动，培养科学志趣。

第四，扩大“英才计划”的实施面。各级高校重点在本地区的中小学中挑选“科学英才”，带领其开展相关科学问题的研究和科普创作活动。提高高校科技夏令营、冬令营活动的科普主题和活动内容的比重。将科普文化宣传嵌入高校的招生宣传活动中，邀请中小学生来学校参观学习和参加体验性科学活动，了解本校科学研究的主要成果和发展成就，缩短科学研究与青少年之间的距离。

第五，支持高校教师、在校研究生或优秀大学生担任中小学的课外科技兴趣小组指导老师或学校科普兼职教师，辅导中小学生开展各种课外科技活动等。

（二）面向城市居民的科普服务供给

随着我国社会管理体制的改革，社区日益成为管理城市居民和城市流动人口的基层组织。随着社会治理重心的下移，城市社区承载的公共服务职能已经越来越多，其中就包括针对社区居民科普需求而提供的科普服务。显然，单凭社区本身无法实现有效的服务供给，需要更多的外部主体参与，那么，地处一方的高校应当积极履行社会责任，主动为当地社区提供必要的科普服务，其主要的服务措施在于以下几方面。

一是依托社区科普大学，高校可以为社区提供相应科普的内容服务和科普人员支持。前提是社区管理人员需要充分调查和提炼社区民众的科普需求，通过在线申请或自主与高校寻求合作，以提供精准化科普服务。例如，春季是流感高发期，社区居民希望获得流感预防方面的健康科普服务，社区管理部门就可以与当地医学院校寻求合作与支持。

二是推动城市在线科普社区建设。首先，社区科普大学联合附近高校建立在线科普社区，以科普直播、科普视频、科普图文等多种方式进行科普，并提供各种线上科普互动服务。其次，可针对社区居民的需求，制作相关科普课程或者科普视频节目，供社区居民自行在线学习。有条件的社区可以聘请高校科普人员担任社区兼职科普顾问，定期深入社区或在线解答社区居民的疑惑。最后，及时就社会热点科学问题或突发事件进行应急科普，减少民众恐慌，抵制谣言的传播。

三是通过地方科协与高校科协联合组织，有计划地安排高校学生社团深入当地社区进行科普类展演展出、技术维修服务等活动。编排科普文艺节目、举办小型科技活动展、承担社区科普宣传栏的内容制作、电子屏媒的内容设计，利用学生的科普创意，将晦涩难懂的科学知识用生动的文字、漫画等形式展现出来，增添科学的趣味性，使科学更加“亲民”和贴近生活。当然，鼓励公益性社区服务的同时，也主张适度的营利性科普服务，鼓励包括高校在内的科

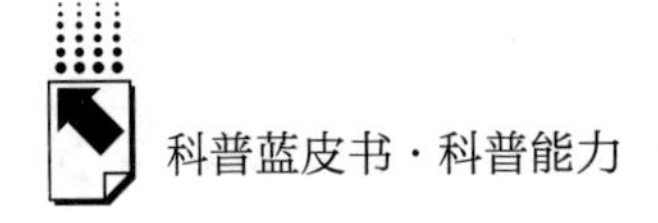

普主体，尝试对社区科普提供增值性服务，以合理的收费参与社区的科普服务市场化供给。

（三）面向农村居民的科普服务供给

农村科普服务需要围绕农业生产与农村生活的实际需要，根据农村不同地区的科普服务需求，提供精准性科普服务。在组织方式上，可以实行多高校联合模式。在人员选拔、科普主题和科普形式上进行精心设计和组织。

第一，平衡好“推送型科普”和“需求型科普”的比例，由各级科协统筹安排并通过科普人才系统进行匹配性检索，依托当前“精准扶贫”工程，安排专业技术对口的高校科技工作者前往农村进行科普服务。鼓励高校联合模式，充分整合多个高校的资源，进一步加强各高校间的合作，打造科普惠民高校服务工程。

第二，加大在校学生“三下乡”的科普服务内容。目前，大学生的暑期“三下乡”活动主要是以扶贫、支教为主题，未来需要注入与村民生产生活息息相关的科普内容。各级科协可以组织高校优秀的学生资源，建立农村科普服务团，分主题进行健康、生活、环保、扶贫等多领域的科普服务。各高校在组织大学生暑期参加农村社会实践中，应将科技服务和科普宣传作为其中重要的工作内容，鼓励大学生采用农民喜闻乐见的内容与形式开展科普教育活动，寓教于乐。尝试将科普与当地民俗文化相结合，以科学破除愚昧为主题，通过科普小品、科普游戏、科普歌舞等形式进行科普宣传。

第三，鼓励高校科普书籍向农村书屋捐赠输入。将适合农民阅读的科普读物、科普画报、惠农科技成果推送到农村，提升农民科学素养和农耕技能。

第四，围绕中国科协实施的科普惠农兴村“六个一工程”，利用暑期，分批选拔农村主要干部、科普宣传员和农民代表来高校参加短期培训，通过讲座、参观、动手实验等形式，对其进行科普技能培训。在其返乡后，利用村级科普流动站，以点带面，向更多农民传播科学知识和实用农业技术。

（四）面向领导干部和公务员的科普服务供给

面向领导干部和公务员人群，科普服务的目的是为了通过科学知识的普及提升他们的政务决策与政策制定的科学化水平以及社会综合治理能力。高校作为科普服务的供给主体之一，其服务方式在于以下三个层面。

首先，设立政府科学顾问委员会，高校知名科普专家可以成为其中成员。该委员会服务于领导干部的科普咨询和科技政策决策。此外，可以围绕当今前沿科技发展，邀请高校专家进行解读或组织领导干部和公务员到高校参加短期专题学习。

其次，针对各类涉科学议题的热点舆情问题，高校可以及时组织人员撰写相关舆情专报，对政府部门进行科普服务推送，帮助领导干部了解其中涉及的科学知识与科学原理，在舆论多元分化的形势下保持清醒的认识，正确处置涉科学议题的舆情事件，同时，还可以辅助领导干部制定正确的科技政策，防控各种涉科学议题的公共事务引致的社会风险。

最后，联合政府部门开展科普主题日活动。邀请当地政府领导干部和公务员参加高校大型科普活动，如实地参观科普场馆和科普展览、参与科普体验活动，等等。鼓励高校创办高质量的科普期刊，定期向政府领导干部和公务员进行推送。此外，建议在各级公务员选拔考试中增加科学素质内容的考核，提高其参加科普的自觉性。

参考文献

Blacy W et al. , "The Two Cultures of Science: Implications for University-Industry Relationships in the U. S. Agriculture Biotechnology", *Journal of Integrative Agriculture* 13 (2014): 455 – 466.

Feuer M J, Towne L, "Shavelson R J. Scientific Culture and Educational Research", *Educational Researcher* 31 (2002): 4 – 14.

Jon D. Miller, "The measurement of civic scientific literacy", *Public Understanding of Science* 7 (1998): 203 – 223.

Wolff-Michael Roth, Angela Calabrese Barton, Rethinking Scientific Literacy (New York: Routledge, 2004), pp. 129 – 157.

Weidenhammer E, Gross A, "Museums and scientific material culture at the University of Toronto", *Studies in History and Philosophy of Science Part A* 44 (2013): 725 – 734.

鲁海涛:《高等教育理念的演进: 以人为本的内涵式发展——以高校科普教育与学风关系的构建为观测点》,《学理论》2015 年第 21 期。

蔺光：《我国高校博物馆科普功能展现的问题及根源》，《理论界》2008 年第 11 期。

林顺洪等：《建设行业高校特色科普基地的几点建议》，《中国高校科技》2015 年第 7 期。

孟建伟、郝苑：《科学文化前沿探索》，科学出版社，2013。

靳萍：《科学的发展与大学科普》，科学出版社，2011。

《全民科学素质行动计划纲要实施方案（2016～2020 年）》，http：//www. stats. gov. cn/wzgl/ywsd/201603/t20160315_ 1331000. html。

宋文洁、王强：《高校学生科学社团参与社区科普活动的实践》，《科协论坛》2016 年第 10 期。

汤妙吉：《高校图书馆以科普活动服务地方的现状与策略》，《图书馆研究》2015 年第 1 期。

王康友等：《把科学普及这一翼打造得更加强大》，《科普研究》2016 年第 3 期。

谢祥、章鑫、沙迪：《高校博物馆发展现状、问题及对策探讨》，《自然科学博物馆研究》2016 年第 2 期。

袁勇：《高校教师科普激励机制的建立与完善》，重庆大学博士学位论文，2006。

郑念：《中国科学文化建设的模式和走向》，《科技日报》2015 年 11 月 5 日，第 6 版。

翟杰全、任福君：《大学科普的现状、问题及原因——对大学科普问题的微观政治学分析》，《科技导报》2015 年第 2 期。

张华凡：《高校科普课堂建设的探索》，《中国轻工教育》2017 年第 1 期。

曾国屏、古荒：《发展科普文化是社会主义文化大繁荣的题中之义》，《科普研究》2011 年第 6 期。

赵中梁：《以科普文化建设推动科普事业发展》，《科协论坛》2016 年第 7 期。

B.4
我国学科科普能力建设模式研究

张理茜　沙小晶　焦 健　赵 超　杜 鹏*

摘　要： 随着科学技术的迅猛发展、知识经济的兴起以及公民科学素质的逐步提高，我国的科普工作有了新的内涵和要求。科普工作不仅需要专业科普人员的努力，也越来越需要科研人员以及科研机构的积极参与。2007年提出的国家科普能力将科研机构及高校作为重要的科普主体，然而目前科研机构及高校的科普主体效果并未完全发挥，理论界对于科研机构及高校的科普关注还很不足。因此，需要将科研和科普紧密地结合起来，加强科研机构及高校科普能力建设，提高学界和社会各界对科研机构及高校科普的关注。本文首先通过梳理相关法律、法规和政策文件，明确政策中提出的需求，结合国家科普能力建设的现状和需求，分析学科科普能力建设的内涵。其次，构建学科科普能力建设的典型模式，并通过典型案例的分析，从学科科普的主体、对象、内容、方式、动力等方面，来看我国学科科普能力建设的实际状况。最后，通过分析我国学科科普能力建设中存在的问题，并借鉴国外相关经验，提出学科科普能力建设的路径及对策建议。

关键词： 学科科普能力　模式　路径

* 张理茜，中国科学院科技战略咨询研究院助理研究员；沙小晶，中国科学院科技战略咨询研究院助理研究员；焦健，中国科学院科技战略咨询研究院助理研究员；赵超，中国科学院科技战略咨询研究院助理研究员；杜鹏，通信作者，中国科学院科技战略咨询研究院研究员。

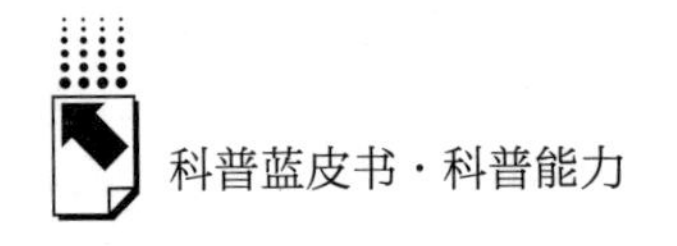

一　导言

习近平总书记在2016年“科技三会”上提出：“科技创新、科学普及是实现创新发展的两翼，要把科学普及放在与科技创新同等重要的位置。没有全民科学素质普遍提高，就难以建立起宏大的高素质创新大军，难以实现科技成果快速转化。”总书记的讲话，对于新时期推动我国科学普及事业的发展具有十分重大的意义。

在科学发展历程中，科学传播与科研探索二者是始终相伴相随的，这是科学的本质决定的。科研与科普二者之间是相互依存、相互促进的互惠关系。首先，科技创新对科普具有引导作用。科技创新在每一个历史时期始终具有先导性和关键性；同时，科技创新也促进着大众对科学知识、科学理念的理解，从而为交叉学科的发展提供了必要的社会认同和支持的基础，提供了发展交叉学科所必需的社会氛围和土壤。其次，科普是科技创新的一个动力和基础。近年来，世界各国政府非常重视科普工作，采取各种政策措施促进公众对科学的理解。国家通过制定和完善科普政策法规，推动科普工作的进展，进而形成有利于科技创新、交叉学科发展的环境。

随着科技的发展、知识经济的兴起以及公民科学素质的逐步提高，我国的科普工作有了新的内涵和要求。科普工作不仅需要专业科普人员的努力，也越来越需要科研人员以及科研机构①的积极参与。

2007年发布的《关于加强国家科普能力建设的若干意见》提出了国家科普能力的概念，科研机构是国家科普能力建设系统中的一个重要组成部分。国家科普能力的概念提出已有十年，然而目前科研机构的科普主体效果不佳，理论界对于科研机构的科普关注还很不足②。因此，亟须加强科研机构科普能力建设，提高学界和社会各界对科研机构及科研人员科普的关注。

结合实践来看，随着科普职业化趋势日益明显，科研人员的科普角色也需

① 本报告中的“科研机构”包含“科研机构和高校”，以下均简称为“科研机构”。

② 王康友：《国家科普能力发展报告（2006～2016）》，社会科学文献出版社，2017，第64页。

要进行调整。让科学家“义不容辞”地承担起当代科普的主体角色是不合理的，也是不现实的，今天科学普及的职业重担不应再加在早已分身乏术的科学家身上了①。因此，我们亟须一种途径，既可以不增加科研人员的负担，又可以高效便捷地将科研资源转化为科普资源。

鉴于此，我们尝试提出“学科科普能力”的概念，将科研和科普更好地结合起来，使科研更有动力，使科普更有基础。本文试图从学科的角度分析科普能力建设问题，丰富我国科普能力建设的内涵，提出我国高端科研资源科普化的典型模式，对于高端科研资源科普化以及学科科普能力建设提出具有可操作性的途径和建议，使得科研和科普的联系更加紧密，进一步提升国家科普能力。

2017 年 5 ~9 月，课题组展开了大量的文本调研和实地访谈，获取了相关的基础资料。接下来，首先通过梳理相关法律、法规和政策文件，明确政策中提供的条件，结合国家科普能力建设的现状和需求，分析了学科科普能力建设的内涵。其次，结合访谈资料，构建学科科普能力建设的典型模式，并通过典型案例的分析，从学科科普的主体、对象、内容、方式、动力等方面，来看我国学科科普能力建设的实际状况。最后结合国外相关经验，提出学科科普能力建设的路径及对策建议。

二　学科科普能力的内涵

学科科普能力的提出，是本文的一个尝试。本部分首先通过对我国科研机构和科学家参与科普的成绩和不足的研究，明确提出学科科普能力的实践需求。其次通过梳理《中华人民共和国科学技术普及法》（简称《科普法》）、《中华人民共和国科学技术进步法》（简称《科技进步法》）、《国家中长期科学和技术发展规划纲要（2006 ~2020 年）》、《全民科学素质行动计划纲要（2006 ~2010 ~2020）》等一系列法律、法规和政策文件，明确我国学科科普能力建设的政策环境。然后，结合我国国家科普能力的现状和需求、科学自身的发展特征等，分析学科科普能力建设的内涵和特征。

① 朱效民：《试论科学家科普角色的转变及其评估》，《自然辩证法研究》2006 年第 12 期，第 77 ~81 页。

（一）科研机构与科学家参与科普的现状

学科科普能力建设的核心就是要促使科研机构和科学家参与科普工作，提高高端科研资源转化为科普资源的能力。近年来，我国科研机构和科学家已经在积极地参与科普工作，取得了一些成绩的同时也存在一些问题。

1. 成绩

（1）科学家的科普参与度显著提升

科学家参与科普工作，一方面是源自于自身所负有的科普责任，另一方面也因为其科学代言人的身份，在科学传播过程中具有独特优势和作用。科学家集“专业眼光”与“大众视角”于一身，这恰恰是一般的科普工作者所不具备的条件。

表1　参与科普宣传工作的科技人员统计数据

年　度	2012	2013	2014	2015
科技人员参与人次(万)	373	333	391	408
活动受众人数(万人次)	17210	20252	31762	32180

资料来源：中国统计年鉴。

在过去的4年中，参加科普宣传工作的科技工作者人数逐步提升，并且参与活动的受众人数也有着明显的增加，四年的时间人数基本增加了一倍（见表1）。

对当当网2013年和2016年的科普图书排名前50位的图书进行统计发现（见表2），三年里，我国原创的科普图书有明显的增加，科学家的参与度也有大幅度提升。2016年排行前十的科普图书中，有3本是我国原创的，其中1本来自于我国科学家，而在2013年前20名的图书中科学家参与度为0。

表2　2013年和2016年当当网科普图书统计

	2013年		2016年	
	国内原创数目	科学家创作比重（%）	国内原创数目	科学家创作比重（%）
排名前10名图书	2	0	3	33
排名前20名图书	3	0	3	33
排名前50名图书	8	25	11	36.4

（2）科学家参与科普活动数量、种类明显提升

目前，互联网的迅速发展给原本需要“高投入 + 专业队伍”才能进行的科普降低了门槛，微博、微信公众号的出现增加了科普活动的平台，大大增加了科学家参与科普活动的渠道。例如，中国科协打造的“科普中国”，从 2015 年 4 月上线至今在搜狐网上已有 1902 篇文字，阅读量达到 1.7 亿次。而一些民间组织创办的科普平台也在不断涌现，例如果壳网、知识分子、赛先生、科学松鼠会等，都打造了良好的平台，可供科研人员积极参与科普。

除了网络端的科普类公众号在不断增加和完善，电视端的科普节目也不断涌现，《是真的吗》《走近科学》《开讲啦》等节目也进入了大众视野，“引力波”“虚拟现实”“人工智能”等科技词汇也成了大众熟悉的词汇。

（3）科学家的科普责任观念加强

目前我国科学家对自身的科普责任也有着广泛的共识，郭慧[①]等人的问卷调查显示 86% 的被调查者认为科研工作者是应当发展的主要群体。科学家参与科普创作的意义已经获得了科学家群体的广泛认同，多数科学家具有较强的科普责任感。果壳网[②]于 2015 年的调查显示 91.36% 的被调查者认为科普很重要，科普在公众理解科学方面发挥着无可替代的作用，而关于科普最主要的主体，69.53% 的人认为是研究者和专业领域的人。

2. 存在的问题

经过多年的发展，我国的科普能力建设取得了重要进展，但也存在着一些亟待解决的问题。与科学家和科研机构相关的问题主要体现在如下方面。

（1）科研人员参与科学传播的动力依然不足

科学家们在科学传播中热情不高、裹足不前的原因很多。首先，缺乏有效的政策引导和激励机制。我国在许多政策法规中都号召科学家积极参与科学传播，然而，这种号召缺乏具体的政策措施和机制予以落实。科学家进行科普存在“后顾之忧”，体现在同行的不理解、单位的不认可。其次，社会上一些有失偏颇的过激观点挫伤了科学家的积极性。近年来，网络暴力行为时有发生，

① 郭慧：《科学家参与科普创作现状调查和分析》，中国科普理论与实践探索——2008《全民科学素质行动计划纲要》论坛暨第十五届全国科普理论研讨会文集，中国科普研究所、广东省科学技术协会、广州市全民科学素质领导小组、广州市科学技术协会，2008，第 8 页。

② https：//www. guokr. com/article/440081/？f = wx.

一些科学家的言论被断章取义、被扭曲误读，一些正常的学术讨论、意见分歧被用来炒作。最后，科学家在科学传播方面经验不足、精力有限。科普会占用大量时间和精力，而科研工作本身已经是负担重任务多，导致大部分科研人员不愿意把精力花在产出甚微的科学传播中。

（2）高端科普资源的转化呈碎片化、同质化、分散化的特征，缺乏整合；科技资源向科普转化的渠道不畅通

目前，我国高端科普资源开发、共享方面合作交流不畅，导致很多科普作品和科普活动高成本、低水平、低质量。具体体现在各专业部门网络科普资源独立运行，网络科普资源平台没有较好整合，导致同质化现象突出。科研机构统筹整合科普资源的能力较差，导致科普资源分散化、碎片化。

科技资源向科普资源转化的渠道不畅通，导致大量科研成果和科技信息无法转化成科普资源。同时，现阶段的科普又存在两极分化的现象。一方面，现有科研机构的对外开放，基本上是学术环境展示，给同行看给自己看，缺少给公众看即给纳税人看的意识，过于学术。另一方面，科普内容有时又会过于浅显，认为公众完全不懂，缺少与公众平等交流互动。

（3）科研机构科普常态化机制并未形成

目前，我国科研机构大多围绕全国科普日、全国科技周、特定的专业纪念日（地球日、环境日、荒漠化防治日等）开展科普工作，并未形成常态化的科普机制。这一方面是由于科研机构对科普工作重视度不够；另一方面，也由于科研人员普遍有较大的科研压力，因此较少有精力从事科普工作。

在未建立常态化机制的情况下，目前的科普工作大都是“活动导向型”，场面上的效果可能比较好，然而实际效果可能并不尽如人意。

上述问题的存在都需要我们寻找一种将科研和科普有效结合的途径，使科普工作不会成为科研人员太大的负担，增加其参与科普工作的动力，增强科研机构参与和组织科普工作的能力。

（二）政策环境

中国科普面临的主要政策环境可归纳为“两法三纲”。《科普法》和《科技进步法》构筑了中国科普政策工作的基本框架。《国家中长期科学和技术发展纲要（2006～2020 年）》和《全民科学素质行动计划纲要（2006～2010～

2020)》《国家创新驱动发展战略纲要》指示了中国科普工作的基本思路。2016 年习总书记在“科技三会”上指出“科技创新、科学普及是实现创新发展的两翼，要把科学普及放在与科技创新同等重要的位置”，为新时期科普工作指明了方向。

《科普法》第三章第十五条明确提出“科学研究和技术开发机构、高等院校、社会团体，应当组织和支持科学技术工作者和老师开展科普活动，鼓励其结合本职工作进行科普宣传；有条件的，应当向公众开放实验室、陈列室和其他场所、设施，举办讲座和提供咨询。科技工作者和教师应当发挥自身优势和专长，积极参与和支持科普活动”。《科技进步法》第四章第四十四条明确提出“有条件的，应当向公众开放普及科学技术的场馆或者设施，开展科学技术普及活动”。可见，两法明确了科研机构和科技工作者在科普工作中的责任。

《国家中长期科学和技术发展纲要（2006～2020 年）》提出要“建立科研院所、大学定期向社会公众开放制度。在科技计划项目实施中加强与公众沟通交流。繁荣科普创作，打造优秀科普品牌。鼓励著名科学家及其他专家学者参与科普创作。制定重大科普作品选题规划，扶持原创性科普作品。在高校设立科技传播专业，加强对科普的基础性理论研究，培养专业化科普人才”。

2007 年制定并实施的《全民科学素质行动计划纲要（2006～2010～2020)》提出“通过‘大手拉小手科技传播行动’、科技专家进校园、中学生进科研院所等活动，组织科技工作者与未成年人开展面对面的科普活动”，“调动科技工作者科普创作的积极性，把科普作品纳入业绩考核范围；建立将科学技术研究开发的新成果及时转化为科学教育、传播与普及资源的机制”，“队伍建设：发掘兼职人才、充分调动在职科技工作者的积极性”。

2016 年 3 月国务院办公厅进一步印发了《全民科学素质行动计划纲要实施方案（2016～2020 年)》，对“十三五”期间中国公民科学素质实现跨越提升做出总体部署。提出要“充分发掘高校和科研院所科技教育资源，健全科教结合、共同推动科技教育的有效模式。推动高等院校、科研院所的科技专家参与科学教师培训、中小学科学课程教材建设和教学方法改革”。

2016 年，《国家创新驱动发展战略纲要》提出“要加强科学教育，丰富科学教育教学内容和形式，激发青少年的科技兴趣。加强科学技术普及，提高全民科学素养，在全社会塑造科学理性精神”。

除“两法三纲”以外，一些重要的国家层面和部门层面的规划也对科学家参与科普有一些阐述。《“十三五”国家科技创新规划》提出要推进科研与科普的结合，具体体现在“在国家科技计划项目实施中进一步明确科普义务和要求，项目承担单位和科研人员要主动面向社会开展科普服务。推动高等学校、科研机构、企业向公众开放实验室、陈列室和其他科技类设施，充分发挥天文台、野外台站、重点实验室和重大科技基础设施等高端科研设施的科普功能，鼓励高新技术企业对公众开放研发设施、生产设施或展览馆等，推动建设专门科普场所”。

《中国科协科普发展规划（2016～2020年）》提出要通过实施“科普传播协作工程”来发挥科学家和专家在科普传播中的生力军作用，具体表现在：“动员科学家和专家开展科普创作，举办讲座、咨询、展览等多种形式的科普活动，充分利用互联网、电台、电视台、报纸、杂志等渠道，围绕社会关切解疑释惑”，并提出要完善相应的保障机制：“建立完善科研与科普相结合的机制。推进将科普纳入各级科技计划项目、重大工程项目等的目标任务，保证一定比例经费用于科普，在项目验收中增加科普绩效考核的权重”“建立完善科技人员从事科普的激励机制。设立国家级科普奖项，奖励在科普方面做出突出贡献的科技工作者和科普工作者。建立完善科普专业人员的职称系列”。

《中国科学院科学技术部关于加强中国科学院科普工作的若干意见》提出要实施“高端科研资源科普化”计划，通过政策引导、经费支持、激励考核等措施充分调动科研人员参与科普工作的积极性。同时，还提出要建设“国家科研科普基地”，通过创作优秀科普作品、推出科普产品、培育科普活动知名品牌、建设高素质的专兼职科普队伍等途径，搭建科普工作大平台。

在新时期，科普工作处于全新的高度。2017年科技部、中央宣传部印发的《“十三五”国家科普与创新文化建设规划》进一步强调“需要进一步在全社会弘扬科学精神、普及科学知识，大幅度提升公民科技意识和科学素质，提高公民解决实际问题和参与公共事务的能力”。

从上述的政策梳理可以看出，推进科研与科普的结合，发挥科学家和专家在科普传播中的生力军作用已经成为当前科普政策中的重要组成部分。实践也证明，科学传播从“公众接受科学”到“公众理解科学”再到“公众参与科学”，科学家都扮演着十分重要的角色。目前的政策环境主要是在国家科技计划项目实施中进一步明确科普义务和要求，并提出科技设施向公众开放等措施，但如何进一步动员科学家参与科普，使高端科研资源科普化仍将是未来科普工作必须解决的重要课题之一。

（三）学科科普能力建设的必要性和意义

我国科普事业的发展与相关的政策指引有着密切的关系，也与科学的发展阶段紧密相关。同时，科研机构科普事业的发展不仅影响着国家科普能力的建设，也影响着科学自身的发展，并且有助于科技成果转移转化。

1. 国家科普能力建设迫切需要科研机构进一步发挥作用

《关于加强国家科普能力建设的若干意见》提出的国家科普能力的概念是目前为止对国家科普能力最权威、使用最为广泛的定义，这种定义不仅仅包括一个国家所包含的进行科普活动的人力、物力、财力和政策支持，也即是科普资源和支撑能力，更在纵向上包含着国家机构科普产出的变化，横向上暗含着不同国家和我国不同地区的科普能力的对比。

广义的科普经历了从传统科普，到公众理解科学，再到科学传播的转变，它们构成了一个时间发展序列。同时，科普（科学传播）主体的范围和结构也发生了许多变化，单向金字塔结构向扁平化双向平面网络发展，可能代表了一个不可逆转的趋势①。由于立场不同，科普的内容、方式、路径等都会有一些差别。我国的科普从最开始的自上而下的国家行为，发展到今天，已经在向有反思的、有公众参与的、平等的科学传播转变，而科普的立场也由最初的唯国家立场，逐步向国家立场、科学共同体立场和公民立场的结合转变。应该明确的是，科学传播并非只应有一个正确的立场，不同的立场应该被同时考虑到。国家科普能力是对三种科普立场的综合考虑，是将三种立场整合在一个大的框架下。在国家科普能力建设的大系统内，国家立场的科学传播强调自上而下的政府对科普工作的宏观管理；科学共同体立场的科学传播强调科研机构和科学家的深度参与；公民立场的科学传播则强调提高公民科学素养，增加公民

① 刘华杰：《论科普的三种不同立场》，《科学时报》2004 年 2 月 6 日，http：//www.360doc.com/content/07/0408/08/21434_436241.shtml。

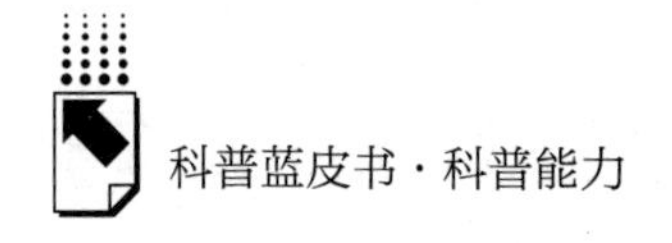

与科学家的双向交流和反馈。

国家科普能力是一个统筹的、系统的概念，其建设是一项系统性工程，需要组成系统的各个主体有机协调，相互协同，发挥系统的最大功效。国家科普能力更多地强调政府为公民提供科普产品和服务的能力，其责任主体是国家，创新主体是科研机构、企业和高校。科研机构是国家科普能力建设系统中的一个重要组成部分。国家科普能力的概念提出已有十年，然而目前科研机构的科普主体效果不佳，理论界对于科研机构的科普关注还很不足①。因此，亟须加强科研机构科普能力建设，提高学界和社会各界对科研机构科普的关注。

2. 科学自身的发展及其特性需要科学家积极参与科学传播

现代科学的发展，正在向深度和广度两个方面延伸。一方面是科学前沿不断细化和深化，向纵深发展，强调专精；另一方面是向广度发展，强调多学科的融合交叉，产生新的知识点和学科增长点。多学科的交叉融合需要各学科科研人员之间频繁地互动和交流，碰撞出思想的火花，产生新的学科增长点，进而促进学科的交叉融合以及新兴学科的出现。

吴国盛认为："科学传播涉及科学、传媒和公众三者的互动，目前国内实际上有三个圈子。第一个圈子是'科技新闻、科技记者'的圈子，他们组成了中国科技新闻学会；第二个圈子是'科普作家、科普工作者'圈子，他们组成了中国科普作家协会；第三个圈子就是我们这些在高校和学术机构从事'科学元勘'的学者了。"② 第三个圈子，即科研人员的科学传播，一方面面向公众，而另一个重要方面，即是科学共同体内的传播，旨在促进多学科的交叉融合。

此外，科学具有知识性与技能性的双重属性。纵观科学的发展，古希腊之前的知识与技能是彼此分离的，对应的"科学"只能称之为"科学雏形"而已，这种科学雏形多数是实用性、经验性和技能性的③。而在古希腊时代，科学在自由状态下的发展逐渐向纯粹的、抽象的理论性知识转变。其后，以牛顿经典力学体系建立为标志的第一次科学革命产生了近代经典科学，这是一种不包括技术在内的纯科学，也是理论形态的知识性科学。进入 18 世纪，工

---

① 王康友：《国家科普能力发展报告（2006～2016）》，社会科学文献出版社，2017，第 64 页。
② 马欣，胡锋：《科学传播不再独自等待》，《科学时报》2007 年 1 月 9 日。
③ 曾国屏等：《科学传播普及问题研究》，清华大学出版社，2015 年 7 月，第 245 页。

业革命的出现使技术获得了空前的重视和发展。在技术和科学高度发展的基础上，加上社会应用性思想的影响，19 世纪之后，科学和技术开始结合。发展到今天，知识与技能的联系越来越紧密，甚至可以说已经没有了明确的界限。但即便如此，我们也可以在某种程度上做一些划分，将科学分为纯科学和应用科学。

科学的双重属性决定了科学传播也可分为知识性传播和技能性传播，这种划分主要是针对科学传播的内容。在科学传播领域中，一个重要的问题是如何认识科学传播中的知识性与技能性的关系。这个问题在中国更为突出，表现为科学传播业界人士的传播工作与公众实际需求的矛盾，以及科学传播学术领域与技能性科学传播实践领域的关系问题①。早期的科学传播主要是自上而下的政府行为，科学知识仅仅作为一种解决生活中实际问题的工具来传播，目的是直接为生产和生活服务，其内容多为与生活和生产息息相关的技能和与之相关的自然规律等，因此以技能性为主。随着“公众理解科学”运动的产生和发展，科学传播的目的不仅仅在于提高公众的生产和生活能力，更加强调公众参与科学，这就要求加强科学的知识性传播。

知识性的科学传播需要科学家的深度参与。在科学的知识性传播方面，科学家拥有比任何人更高的公信力。科学家是知识的生产者，在公众眼里，科学家是“博学”“专业”“精通”的代名词。因而由科学家传播出来的知识具有更高的公信力。如今，科学技术的发展日新月异，科普往往与科技前沿相关，而科学家是与科学前沿最接近的人群，其对前沿的了解程度远超常人，这更增加了科学家科普的公信力。科学的专业性特征要求科学传播人员应具有较高的科学素养，而目前，这一要求和现实状况是有矛盾的，因此需要科研人员积极参与科普，提高科学传播的科学性。

在科学传播中，比“怎样传播”更为重要的一个问题是“传播什么”。科学传播的内容，一方面源自公众的需求，另一方面则源自知识提供者的选择。长期以来，科学家进行科普的内容选择，多数来自于公众的需求，这也是为何天文学、地理学等大众熟悉和感兴趣的学科比起数学和物理更容易进行科普的部分原因。但是从宏观方面来看，科普不仅仅是需求拉动的，也应

---

① 曾国屏等：《科学传播普及问题研究》，清华大学出版社，2015，第 239 页。

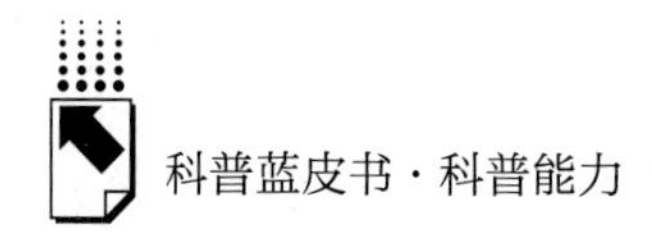

该成为供给推动的。某种程度上，应由熟悉科学的科学家们决定向公众传播什么样的知识。

第三，当前科学传播要解决学科发展与传播的不平衡性。数理类科学与博物类科学应当得到平衡的传播，当前的情况是博物类科学受到不应有的忽视①。因此亟须一种途径，可以使被传统的科学传播所忽视的学科得到积极的传播。

学科科普能力的建设并不仅仅是对基础科学知识的简单传播，它折射到科研工作中的更深层的意义应当体现在推动创新文化，启发创新意识，拓宽学科间交流融合，促进交叉学科的科研成果共享中，达到推动学科交叉、促进科学技术发展、提高公民的科学素养的目的。对于参与科普工作的科研人员而言，科普的过程不仅涉及科研人员与公众的交流，还涉及不同领域科研人员之间的交流。一方面，与不同知识背景的公众的交流，可以使科研人员站在不同的角度去思考科学问题，了解公众的需求，检验并评估自己的研究成果。另一方面，以科普活动为媒介的学科间前沿动态交流将扫除学科交叉的阻碍，打通学科间的壁垒，促进学科间的良性互补和交融。

科普和科研是科技发展进步的两个基本体现。科研是科普的源泉，为科普输送着鲜活的养分，并为科普明确方向；科普是科研的基础和目的之一，并为科研提供必要的社会支持。二者相互促进、互相影响，是辩证统一的关系。学科科普能力的提出为科普提供了新的方向和内容，也为促进交叉学科的发展提供了新的契机。

第四，科学争议迫切需要科学家发声。质疑、争论的存在，让科学有了更加丰富而真实的内涵。随着科技成果转移转化逐渐增多，科研与公众的日常生活息息相关，也越来越影响公共政策的决策。科研尤其是有争议的科学应用引起了广泛的公众关注，如 PX 项目、雾霾以及转基因食品等。这要求大众媒体提供数量更多、质量更高的科学报道内容，以回应公众关切的问题。高质量科学报道不仅要求科学传播者对相关领域具有一定基础知识，还要有较强的逻辑能力，能与科研人员进行有效沟通，判断他们的科研成果在整个领域中的相对意义和价值，识别他们背后的利益立场。显然，对大多数记者而言这是一个艰

---

① 刘华杰：《科学传播读本》，上海交通大学出版社，2007，第 10 页。

巨的任务。因此，在这个过程中，科学家如果能既作为科研人员，同时又作为科学传播者，以这样双重的身份来发声能起到事半功倍的效果。

科学传播本身就是一个复杂的过程，当涉及争议时，就变得更为复杂。科学争议不仅是出于对科学本身的理解，同时也涉及信念、价值观、利益等方面的冲突，后者显然不是有了科学知识就可消除的。科学家比起一般的科学传播人员，在公众中具有更高的可信性，科学家的直接发声，将会对争议话题的科学传播产生正面的影响。

3. 科研人员直接参与科学传播，既有助于社会对科研人员有正确的正面认识，也有助于科技成果转移转化

科学事业要健康的发展，必须取得社会的理解、认同和支持①。科技在今天已经发展成为一种庞大的社会建制，调动了大量的社会资源；公众有权知道，这些资源的使用产生的效益如何，特别是公共科技财政为公众带来了什么切身利益②。因此，亟须科研人员直接参与到科普中，使公众了解其研究成果，知晓其为科研的付出，有助于社会公众对科研人员有正确的认识。

科研人员直接参与科普，不仅仅对科学知识的传播有助益，还可以对科学方法、科学精神、科学文化等进行一些传播。而且科学具有不确定性，对于其不确定性的表达，直接参与科学研究的科研人员应该比记者等其他人具有无法替代的优势。

与此同时，科研人员将科学成果向公众传播，还有助于企业和资本了解科研人员的研究成果，进而产生合作的可能，使科研成果的转移转化可以真正落地。

（四）学科科普能力的内涵和特征

在上述背景分析的基础上，我们尝试提出“学科科普能力”的概念，试图将科研机构的科普社会责任内化和制度化，通过“学科科普能力”概念的提出将科研和科普紧密结合起来。

1. 内涵

学科科普能力是科研机构和学术团体作为科普主体，根据自己的学科特色

---

① 卞毓麟：《“科学宣传”六议》，《科学》1995 年第 1 期，第 23 ~ 26 页。

② 原科技部长徐冠华讲话，《科学时报》2003 年 1 月 17 日。

（研究内容、对象、方法、应用领域等），利用合适的途径，向科学共同体及公众提供科普产品和服务的综合实力。主要包括两个维度：第一个维度是科研资源转化能力，即将科研资源转化为科普资源的能力。第二个维度是科普支撑能力，主要包括传统的科普载体如科普场馆和现代的科学设施如大科学装置，以及传统媒体如报纸、书刊等，以及新传媒如互联网等。

学科科普的主体以科研机构和学术团体为主。学科科普的对象包括学术共同体及公众。学科科普的内容应该与学科本身和其发展息息相关，主要包括科学技术知识、科学方法、科学思想、科学精神、科学技术与社会发展信息等。

学科科普的媒介主要是指承载科普信息的形式，大致分三类：一类是传统的媒介，主要有科普图书、科普期刊、科普讲座、科普展览等形式；第二类是新媒体，如科普网站、科普微信公众号等；第三类是大科学装置。大科学装置不仅是一种科研工具，承载着科研功能，同时也可以作为一种很好的科普载体。

从科研机构和团体为公众提供科普公共产品和服务的角度出发，学科科普能力建设的内容主要包含软硬两个方面。软能力的建设是政策环境建设、宣传和交流能力、科普教育体系建设、科普资源共享机制建设四个方面；硬能力的建设指科普人才梯队建设、科研资源二次集成科普创作、科普经费以及基础设施建设四个方面。学科科普能力的建设方式根据学科的不同有其差异，高校和科研机构也有差异，可结合特殊事件进行科普，如科学领域的前沿突破、社会热点事件等。学科科普能力建设的动力处于不同学术阶段的研究人员之间存在差异。

2. 特点

学科科普能力具有如下特点。

（1）目标多样化

学科科普能力有显著的学科差异性，因为学科的不同，学科科普能力的建设目标和路径有很大的区别。笼统地讲，即由基础学科和应用学科的学科差异性导致。基础学科是以学科知识本身为研究对象的，偏学术性，如数学、物理、化学。这类学科通常离普通百姓的生活较远，公众的科普需求不强，因此其学科科普能力的建设应主要集中于面向科学共同体的传播，传播目的在于促进学科的交叉和融合，促进新兴学科的产生。而面向普通公众的传播则应采取活泼的形式，找寻与实际生活的联系点。应用学科是以解决工程实际问题、社会实际问题为研究目的的学科，如计算机科学技术、工业工程、农学、临床医学等。这类学科通常与普通百姓的生活紧密联系在一起，公众的科普需求也较强烈，因此其学科科普能力的建设应兼顾面向科学共同体的传播和面向公众的传播。可结合公众普遍关注的热点事件进行科普，达到事半功倍的效果。

（2）资源高端性

学科科普的科普资源都来源于科研人员的科研资源，与前沿紧密结合，因此比普通科普的资源更显高端。然而资源高端性也是一把“双刃剑”。一方面，高端的资源更容易引起科学共同体的兴趣，从而更有助于激发学科交叉融合的活力。另一方面，资源的高端性会使普通公众望而却步。因此，学科科普能力的建设需要处理好其资源高端性带来的利弊，充分利用其有利的一面，也要有效地规避其弊端。具体来讲，可以通过将高端科研资源转化为普通公众容易理解的科普资源的途径来实现。

（3）系统协同性

协同指各方互相配合[①]。学科科普能力的建设也是一个系统协同的过程。当科学研究积累的资源可以被同时且较低成本地应用于科普的时候，协同效应就产生了。学科科普能力将科研机构和学科特征引入系统分析框架，从而揭示从科研到科普过程中，科研人员和科普人员、科研资源和科普资源的协同演化。

以系统协同性作为学科科普能力的一个特征，背后隐含的假设是能够对学科科普能力建设系统的协同程度做出判断。目前，对系统协同度的判断，多以直观的主体互动频度和形式，以及互动的绩效为依据。因此，我们大致可以使用高和低两种水平来描述学科科普系统的协同程度：高协同性表现为主客体之间、主体之间、客体之间较为频繁的互动，科研资源与科普资源间有快速的正反馈；反之，低协同性指主体间互动不畅，科研资源与科普资源转化之间缺少反应机制。

（4）公信力

在传播学中，公信力有两大要素构成：专业权威性和可依赖程度。科学家

---

① 辞海在线辞典，http：//tool. gaofen. com/cihai/xietong. htm。

被视为真理的最终仲裁者、最权威的知识传播者以及风险社会中的最后忠告者①。在科学领域，科学家意味着专业和权威，代表着知识和真理的化身②，因此科研机构和高校具有毋庸置疑的专业权威性，并通过其对科学知识严肃传播的态度积累其可依赖性，从而使学科科普能力有很好的公信力。公信力对科研机构和科研人员而言非常重要，是通过其科研成果的有效传播建立起来的，建立在其严谨的科研态度和负责任的成果推广的基础上。学科科普能力的公信力特征是其一大优势，在传播过程中，应积极利用其公信力，开展更有影响的活动。

三 学科科普能力建设的若干典型模式

本部分基于公众的视角看科学的传播，从传播内容、传播对象、传播目的、传播载体等方面，构建学科科普能力建设的典型模式，从中抽取和提炼出一些带规律性的内容，分析这些典型模式的特征和适用面，并选取五个案例进行详细的阐释。从学科属性和公众的熟悉程度（或兴趣）方面来看，学科科普能力建设的典型模式有教育型、体验型、服务型和宣传型四种。

从学科属性的角度来看，我们通常将学科分为基础学科和应用学科。基础学科是指研究社会基本发展规律，提供人类生存与发展基本知识的学科，一般多为传统学科，如数学、物理、化学、生命科学、天文学、地球科学等。而应用学科是在基础学科上衍生的学科，以解决实际问题为研究目的。

从公众熟悉程度（或兴趣）方面来看，离公众实际生活越近或越有争议的学科，越容易吸引公众的注意。如近年来的转基因食品，广泛地引起了公众的关注。但离公众实际生活较远的学科，也并非不能吸引公众的注意力。如天文学，虽然离公众的日常生活较远，但由于近年来我国航空航天事业的飞速发展，以及人类与生俱来的探索太空的天性，很多人对天文学具有

① 〔英〕简·格雷戈里：《科学与公众：传播、文化与可信性》，江晓川等译，北京科学技术出版社，2014，第144页。

② 高衍超：《〈相同与不同〉的科普理念及其对中国科学家科普的启发》，《科普研究》2014年第4期，第85~91页。

浓厚的兴趣。

我们从上述两个角度出发，提炼了学科科普能力建设的四类典型模式。当然，这四种模式只是我们通过目前的研究得出的典型模式，并不代表可穷尽学科科普能力建设的模式。同时，我们还选取了五个典型案例对这四类模式进行了详细的阐述。这五个案例有基础学科和应用学科，以及基础学科的应用领域，也代表着不同的公众熟悉程度。

（一）教育型

1. 模式内涵

公众熟悉程度较低的基础学科，其科研成果具有基础性、前沿性等特征，与公众的现实生活相距较远。因此，这类学科的科普能力建设主要是通过教育的方式，着重于对同行及学生的科学传播。

主要目标：面向世界科技前沿，通过科技的传播与普及，促进不同学科的沟通、交流和融合，使研究者将某一学科的概念、原理、方法或技术等移植融合到另一学科领域，从而促进新的交叉学科的产生或带动已有的交叉学科的进一步发展。

传播内容：①前沿成果；②基本原理；③科研设施；④学科史（人物）；⑤科研团队。

传播对象及目的：①同行（学术交流）；②相关学科（寻求合作，获得经费）；③社会公众（社会环境，潜在的人才储备）。

传播载体：主要有学术会议、发表文章等途径，以及研究人员或团队的公共主页和微信公众平台。

2. 典型案例：高压物理

高压物理学是一门理论性较强的三级学科，其科研成果具有基础性、前沿性等特征，与公众的日常生活没有非常直接的联系，公众对其熟悉程度较低。

（1）学科状态

定义：高压物理科学是指研究物质（尤其是凝聚态物质）在高压及超高压条件下的结构、状态、性质及其变化规律的科学，属于物理学（一级学科）、凝聚态物理学（二级学科）下的三级学科。

高压物理学科的研究内容主要有：①高压相变，代表物质结构随着压力发生变化的机制以及相变过程；②状态方程，代表着凝聚态物质的能量随着压力与温度的变化规律；③实验技术，代表压力的产生与标定。

（2）学科科学意义

高压物理科学是一门边缘学科，可以与材料科学、地学、天体物理学、化学、生物等学科相结合，并且与相关的高能物理、同步辐射等技术也有着密切的联系。

在地球科学领域，高压物理的研究可以探索地球深部的物质组成和存在形式，研究地壳、地幔、地核的相互作用，并且发现行星的物质结构。在物理、化学和材料科学方面，研究极端条件下的物性，对新材料（特别是超硬材料、能源材料以及超导材料）的合成有着重要的作用，更进一步有利于工业上的应用。在生命科学与生物技术领域，高压物理对生命的起源以及蛋白质的折叠和变性有着一定的指导作用。

（3）学科科普

第一，科学传播的内容。

①前沿成果。主要是对高压物理学最新取得的科研成果的宣传。例如，某研究发现了理论上高压下一种新型的高温超导体，在发表学术论文的同时，对成果的宣传和科普，可以扩展展示成果的平台，引起更多同行的关注，也可以让更多的非科研工作者了解科学研究的最新动态。

②基本原理。对基础学科的相关衍生现象进行科普宣传，也可以是宣传的主要内容，例如金刚石硬度的来源，储氢材料的意义，这类在高压物理学科内相对基础并不前沿的知识。

③学科史（人物）。对高压物理学发展历史以及最新技术动态的宣传，用通俗易懂的方式宣传高压物理学的产生以及发展过程。

④科研团队。对科研团队的宣传可以拉近科学研究与非科研人员的距离，通过对实验室整体的介绍，对团队成员的介绍，将科研团队整体的精神面貌对外展示，有利于扩大影响力。

⑤对科研以及做事态度的宣传。对科研态度，做事严谨细致的宣传，有利于展示科学研究的严谨性，展示学科的教学理念，扩大影响力。

第二，传播对象及目的。

①同行。面向同领域的研究工作者的传播主要是为了学术交流。通常课题

组对外宣传的载体是每个课题组的公共主页，主页上对研究方向、发表论文、课题组成员以及在读和已毕业的学生做简要的介绍。

②相关学科。对相关学科的科学传播，可以寻求研究人员之间的合作机会，促进交叉学科及前沿领域的发展，以此获得更多的经费和更好的职业发展。主要通过学术会议、发表论文的形式进行。

③社会公众。对于社会公众的科学传播，可以发掘对该领域感兴趣的潜在人才，并增加普通公众对学科的理解。

第三，科普宣传方式及载体。

由于高压物理学理论性较强，内容比较枯燥，对于科技最新进展的科普宣传应该选取浅显易懂的例子，用有趣的应用吸引公众的兴趣，然后逐渐引入研究内容。比如课题组发现了一种硫化氢，在高压下有着较高临界温度超导性。可以从超导电性的应用出发，引入有较高临界温度的意义，然后再引入课题组的科研成果。也可以选取高压物理学科发展史以及科技方面的应用，对这类相对并不枯燥的内容进行生动的介绍。

总之，理论性较强的基础学科的科普方式，需要选取相对容易理解的部分作为前导内容，深入浅出，利用图片或者动画等生动的方式进行科学传播。

第四，科普宣传动力。

就学科发展而言，赢得公众以及政府对相关学科的重视和支持，有利于增加经费的投入，形成科学研究与科学传播的良性循环，可以获得较高的关注度，促进学科发展交流，对外展示科研成果。此外，就高压物理学而言，这是一门相对冷门的基础学科，如果增加宣传力度，让更多的人对基础学科有更多的了解，在招生方面也有着很好的效果。

（二）体验型

1. 模式内涵

公众熟悉程度较高的基础学科，其科研成果具有前沿性、应用性等特征。虽然与公众的实际生活相距较远，但出于公众的好奇心等因素，公众对其有强烈的求知欲和探索欲。因此，这类学科的科普能力建设主要是通过体验的形式，使公众在体验的过程中参与到学科的科学传播中来。

主要目标：借助大科学装置等基础设施，进一步加强公众对学科的了解。

同时，借助不同子学科研究人员对大科学装置的使用，加强研究人员之间的交流和合作，促进新兴前沿交叉领域的发展。

传播内容：①科研设施；②前沿成果；③基本原理；④学科史（人物）；⑤科研团队。

传播对象及目的：①同行（学术交流）；②相关学科（寻求合作，获得经费）；③社会公众（社会环境，潜在的人才储备）。

传播载体：科研设施（体验式）、公共主页、微信公众平台、学术会议、发表文章等。

2. 典型案例：天文学

（1）学科状态

拥有众多大科学装置的天文学是自然科学的基础学科之一，与数学、物理学、化学等学科并列为理学一级学科。天文学是研究宇宙空间天体、宇宙的结构和发展的学科，内容包括天体的构造、性质和运行规律等，大致可分为天体测量学、天体动力学和天体物理学三大研究领域。天文学是一门应用较为广泛的学科，可以与航空航天、测地、国防等应用型学科相结合，并且与粒子物理学、生物学、地理学都有着密切的联系。天文学的研究对象可以分为以下几个层次：行星层次、恒星层次、星系层次、宇宙层次。

（2）学科科学意义

天文学历史非常悠久，为人类生产和生活服务方面，主要体现如下。①

①精准授时。社会生活中，人类的一切生活都需要时间点，对天体位置的观测、对地球自转和公转周期进行测定，都为人类确定准确时间。

②现代测绘。确定地球上的位置离不开地理坐标，测定地理经度和纬度的最主要的方法就是天文大地测量。

③人造天体的发射和应用。所有人造天体都需要精确地设计和确定它们的轨道、轨道对赤道面的倾角、偏心率等，这些轨道要素需要进行实时跟踪。

④导航服务。天文导航以天体为观测目标并参照它们来确定舰船、飞机和宇宙飞船的位置。

---

① 孙菁菁：《浅谈天文学研究对人类发展的意义》，《科技风》2015年第18期，第209页。

⑤探索宇宙奥秘，揭示自然界规律。随着对宇宙认识的不断深入，人类从宇宙中获得地球上难以想象的新发现。

（3）学科科普

第一，科学传播的内容。

①对大科学装置自身进行宣传及科普。通过大科学装置（例如天文台）作为桥梁，可以拉近科学研究与非科研人员的距离，通过对大科学装置的参观介绍，有利于扩大影响力，让更多人了解科学研究的现状，为科研人员提供一个良好的社会舆论环境。

②对大科学装置相关的学科已有成果的宣传及科普。就天文台而言，对天文学最新取得的科研成果的宣传，面对的对象不仅可以是非科技工作者，也可以是相关领域的同行，在展示成果的同时，可以增加成果的曝光度，引起相关科研工作者的关注，增加合作的可能。

③对相关学科最新热点事件进行科普宣传。大科学装置相关学科的最新热点新闻也是科普的非常好的内容之一。例如，FAST 是可以用来探测引力波的，在科技热点出现的同时可以进行深入的介绍和分析。

④对大科学装置发展动态的宣传及科普。对大科学装置的发展历史和最新动态的介绍可以结合学科进行，可以让更多的非科技工作者对相关学科有更多的了解。也有利于扩大学科的影响力，让该学科在不同年龄层普及常识性知识，储备后继人才。

⑤对天文学科研态度的宣传。对科研态度，做事严谨细致的宣传，有利于展示科学研究的严谨性。例如，大科学装置 500 米口径球面射电望远镜 FAST 是一个体积巨大而细节非常精密的装置，对于这样一个装置的介绍可以展示出科学严谨的精神。

第二，传播对象及目的。

①同行。面向同领域的研究工作者的传播主要是为了学术交流。通常通过学术会议、发表文章等形式。

②相关学科。对相关学科的科学传播可寻求研究人员之间的合作机会，促进交叉学科及前沿领域的发展，以此获得更多的经费和更好的职业发展。

③社会公众。天文学对于社会公众的科学传播，可以发掘对该领域感兴趣的潜在人才，并增加普通公众对学科的理解。

第三，传播方式及载体。

大科学装置对外宣传的主要载体是官网的科普板块，例如国家天文台官网的科普部分就是对于天文台科普宣传的非常好的平台。国家天文台主页有专门的科普板块，对科普动态、科普基地介绍、科普图书推荐、科普视频以及科普资源的链接都有涉及。

天文学是大众接触非常密切的学科，大众对其的关注度非常高。借助一些相关的科普公众号，以及果壳网，知乎等 APP 软件可拓宽科普渠道，增加宣传所面向的对象群体，增加影响力。

对于大科学装置的参观，听工作人员对装置进行讲解介绍是一种非常好的体验式的科普宣传方式。这种方法比纸质的图书阅读更直接，更容易被接受。

第四，科普宣传动力。

就大科学装置的发展而言，赢得公众以及政府对大科学装置的相关学科的重视和支持，有利于增加经费的投入，形成科学研究与科学传播的良性循环，获得较高的关注度，促进学科发展交流。

就天文学而言，其是一门与大众联系较为紧密的学科，夜晚的星空、日全食等现象都会在日常生活中体验到。因此大众对天文学会比一般学科更加好奇，这也促进了天文学这类学科科普的发展。

（三）服务型

1. 模式内涵

公众熟悉程度较低的应用学科，其科研成果具有前沿性、应用性等特征。虽然与普通公众的实际生活相距较远，但由于成果的应用性很强，成果相关者对其有强烈的应用需求。因此，这类学科的科普能力建设主要通过服务成果相关者的形式，使其在成果的使用过程中得到科学知识。

主要目标：面向国民经济主战场，对科研成果相关者推广成果的应用。

传播内容：①成果应用；②前沿成果；③基本原理。

传播对象及目的：①成果相关者（提高行业相关部门及从业者的应用能力）；②同行（学术交流）；③相关学科（寻求合作，经费，人员）；④社会公众（社会环境，潜在的人才储备）。

传播载体：技术咨询、科普展览、科普电影、报告会、讲座、微信公众平台。

2. 典型案例：小分子 RNA 在作物抗病中的功能

（1）学科状态及科学意义

长期以来，植物病害是困扰世界农业生产的一大难题。植物病原性真菌禾谷镰刀菌是主要禾谷类作物的致病菌，可引发赤霉病或根腐病。目前主要通过施用化学农药的方法来控制小麦赤霉病的发生，但是对环境的污染严重。因此，迫切需要在分子水平上深入研究小麦自身天然免疫禾谷镰刀菌的机制。

近来，灰霉菌非编码 RNA 被发现并证明可以分泌到拟南芥和番茄中，通过与 AGO1 蛋白结合以抑制拟南芥和番茄抗病基因的表达，这种小分子 RNA 类似于病原菌的无毒效应蛋白，可以突破拟南芥的免疫系统达到侵染目的；而且还发现拟南芥的小分子 RNA 也可以分泌到灰霉菌中，通过外源施用人工合成的小分子 RNA 或 dsRNA，靶向并沉默灰霉菌 DCL 基因可以有效抑制其致病能力，揭示了一种跨物种 RNA 干涉的新机制。

本文可分为前后两个研究单元，即前期的基础研究和后期的应用研究。从学科分类标准划分（参考 GBT 13745 – 2009 学科分类与代码），第一部分的研究内容属于生物学（一级学科）、植物学（二级学科）和植物病理学（三级学科）的范畴；第二部分的研究内容属于农学（一级学科）、农艺学（二级学科）、作物遗传学（三级学科）和作物育种学（三级学科）的范畴。因此，其预期研究成果也包括两个部分：前期的基础研究成果（即非编码 RNA 跨物种行使生物学功能的分子机制）和后期的应用研究成果（即小麦抗病新品种的选育）。

（2）学科科普

第一，科学传播的内容。

①前沿成果

本案例研究将围绕主要粮食作物（小麦）高产稳产这一国家重大需求，瞄准科学前沿，综合采用各种生物技术方法，解决的关键科学问题包括：a. 解析小麦和禾谷镰刀菌的小分子 RNA 跨物种行使生物学功能的分子机制；b. 挖掘小麦非编码 sRNA 抗病新基因；c. 开发麦类作物赤霉病的绿色防控新技术；d. 选育出小麦抗病新品种。

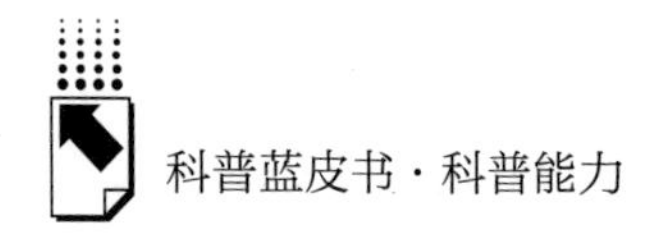

②基本原理

该研究领域涉及的关键遗传学和分子生物学基本原理是：小分子 RNA 行使 RNA 干涉和作物分子设计育种的基本原理。

RNA 干扰（RNA interference，RNAi），是指在进化过程中高度保守的、由双链 RNA 诱发的、同源 mRNA 高效特异性降解的现象。由于使用 RNAi 技术可以特异性剔除或关闭特定基因的表达，所以该技术已被广泛用于探索基因功能和传染性疾病及恶性肿瘤的基因治疗领域。①

作物分子设计育种，是在计算机平台上对植物体的生长、发育和对外界反应行为进行预测；然后根据具体育种目标，构建品种设计的蓝图，最终结合育种实践培育出符合设计要求的农作物新品种。

③科普设施

以本文团队的实验室、植物温室、农场、种质储藏室等科研设施为依托，开展以科普为主要目的的宣传活动。主要展示生物学、农业科学、分子化学、植物学、遗传学等内容的自然科学与技术。

④学科应用前景

RNA 干涉的应用主要包括 RNAi 在探索基因功能中的应用、RNAi 在基因治疗领域中的应用、RNAi 在整形外科领域中的应用、RNAi 与病毒性疾病的治疗、RNAi 与遗传性疾病的治疗、RNAi 与肿瘤病的治疗、RNAi 在植物学中的应用等方面。

⑤科研团队

关于科研团队的科普内容可包括以下几个方面：研究方向、科研项目、研究成果、发表论文、国际合作、团队成员等方面的介绍，以全面展示本文团队。

第二，传播对象及目的。

①小同行。通过与小同行的深入交流、宣传展示，达到学术交流的目的，具体说来有三点：其一，可以相互启发科研思想或思路，使研究内容更加丰富且深入；其二，对小同行科普的过程，实际上是向本领域的专家学者推荐、宣

---

① Carthew, R. W., and Sontheimer, E. J. (2009). Origins and mechanisms of miRNAs and siRNAs. Cell 136, 642-655.

传、介绍自己团队的过程；其三，更深远一些的影响在于，小的科学共同体的形成，对于本文领域的进步、相关学科的进步等方面都有非常重要的促进和保障作用。

②相关学科。对于大同行的科普，可以寻求更广泛的科研合作以及争取更多的科研经费，从而推动交叉前沿学科的发展。

③成果相关者（农业种质审定部门、省农科院、地方农技站、农民）。使科普对象了解和认识本文领域，了解其潜在价值、潜在贡献，甚至潜在负面影响，增强相关从业人员的成果应用能力。

④社会公众。科普工作可以激发具有科学研究兴趣的人从事科学研究，进行人才储备。

第三，科普方式及载体。

由于科普对象的不同，科普方式和载体也相应有所差异，以达到最好的科普效果。

面向小同行的科普，主要通过正式与非正式的学术会议、各种类型的学术交流会、研讨会和学术沙龙等开展。由于专业相同或相似，因而科普的内容一般为“前沿成果”。

面向大同行的科普主要通过正式的学术交流活动（如学术年会、院校级阶段性总结会、例行性研讨会等），向大同行展示本文团队的前沿成果、基础设施和科研团队等主要科普内容。

本案例的成果用户主要包括农业种质审定部门、省农科院、地方农技站等。鉴于这些用户或部门都属于政府行政机构，所以科普或宣传的渠道一般为信息上报或申请审批等方式。可将科普内容通过网络、电视、报纸等途径宣传展示，同时通过各地市的农技站或种子站发放宣传材料，让农民认识到本文的价值。

对学生的科普可通过举办科普教育论坛、假期参观等活动，让学生直接和间接地接触实际的科研活动、感受科研气氛，以激励学生将来投身科研的热情。

面向普通社会大众主要通过展板宣传教育、科学技术影视片播放教育、赠送科学技术普及资料书籍的方式，开展科普展览、报告会、讲座、农业技术咨询、科普电影放映等活动，让科普对象了解和认识本文领域，了解其潜在价值、潜在贡献，甚至潜在负面影响，以最大程度上获得社会大众的支持和理解。

第四，科普宣传动力。

就学科发展而言，赢得公众以及政府对相关学科的重视和支持，有利于增加经费的投入，形成科学研究与科学传播的良性循环，可以获得较高的关注度，促进学科发展交流，对外展示科研成果。

本文距离普通公众的生活较远，更多的是对成果相关者（农业种质审定部门、省农科院、地方农技站、农民）进行成果的宣传，以增加成果的应用，间接推动学科的发展。

（四）宣传型

1. 模式内涵

公众熟悉程度较高的应用学科，其科研成果具有前沿性、应用性、争议性等特征。与公众的实际生活距离较近，再加上某些研究问题的争议性，公众对其求知欲较强。因此，这类学科的科普能力建设主要是通过对其科研成果的宣传，增加普通公众的了解，减少对相关话题的误解。

主要目标：以学术交流的形式向同行宣传研究成果，促进同行间的交流，寻求更好的合作途径，促进交叉学科的发展；以微信公众平台、科普展览、报告会等形式向感兴趣的公众宣传前沿成果及成果应用，减少公众对某些敏感课题的误解。

传播内容：①前沿成果；②基本原理；③成果应用；④学科发展历程（人物）；⑤科研团队。

传播对象及目的：①同行（学术交流）；②相关学科（寻求合作，获得经费）；③成果相关者；④社会公众（社会环境，潜在的人才储备）。

传播载体：学科相关咨询、科研设施（体验式）、微信公众平台、科普展览、报告会、讲座。

2. 典型案例之一：应用心理学

应用心理学按照学科分类标准①划分应属于心理学（一级学科，学科编号

① 参考 GBT 13745 – 2009 学科分类与代码。

190）、应用心理学（二级学科，学科编号 19065）的范畴，与公众的日常生活有较紧密的联系。应用心理学是心理学中迅速发展的重要学科分支，它研究心理学基本原理在各种实际领域的应用。

（1）学科状态

目前，从学科状态来看，应用心理学是一个涉及社会生活各个领域的复合型学科，从学科知识来源来看，它研究的是一般心理学知识在具体社会情境中的应用方式、应用途径，以及在应用过程中产生和发现的各种新的心理学问题；而从学科用途上看，它的出现，是以实用为目的，是为解决日常生活中的心理问题；在学科的规范性方面，与一般心理学相比，应用心理学在一些特定领域形成了包括心理咨询在内的成熟的研究方法以及治疗方法，具有较高的规范性程度，这对于心理学知识的普及具有极为重要的意义。

目前，应用心理学主要侧重于研究以下几个方向的应用性问题：①教育心理学与学校教育问题；②临床和咨询心理学；③管理心理学；④消费心理学；⑤环境心理学；⑥法律与犯罪心理学；⑦工业和组织心理学。此外，还有运动心理学、工程心理学、康复心理学、灾难心理学等。

（2）学科科学意义

应用心理学的科学意义，一方面主要体现在应用心理学同一般心理学的关系层面上，另一方面则体现在应用心理学同它的研究对象的关系层面上。

①应用心理学在检验心理学知识、挖掘新的研究主题和研究方法，形成新的学科生长点方面，起到了非常积极的作用。

对于应用心理学来说，其科学意义不单单是对于心理学既有知识的检验，而是实实在在地拓展心理学研究范围和研究边界。首先，应用心理学为既有的心理学研究积累了源源不断的案例和资料来源，它能够为既有的心理学研究提供广阔的“实验场所”以及“实验材料”；其次，应用心理学在研究过程中所发现的各种新问题，着实为心理学提供了新的生长点。

②应用心理学本身自带的科普属性，可以使应用心理学成为沟通心理学研究与社会的桥梁，有利于扩展心理学学科的社会认可度，反过来能够促进心理学学科的发展。由于应用心理学在社会生活的方方面面具有极高的参与度，心理科学获得了广泛的社会认知以及社会认可。这一方面能够使心理学知识迅速地向社会普及；另一方面，也能够为心理学整体的学科发展获取更好的社会资源。

(3) 学科科普

第一，科学传播的内容。

应用心理学由于研究对象涉及社会生活的方方面面，因此在进行学科知识传播的过程中，也会涉及繁杂的社会情境，并根据社会情境以及传播对象的不同而采取不同的传播内容。但总体来看，随着应用心理学学科本身的日益成熟，其知识体系在逻辑上有贯通性，在传播内容上主要涉及以下方面。

情绪与心理健康问题。应用心理学关于情绪方面的传播知识包括情绪的概念、特性、作用、种类；情绪与情商、情绪与心理疾病、负面情绪的危害；情绪与心理疾病，特别是包括泛虑症、恐惧症、强迫症等焦虑症的症状及成因等。

交往与人际关系问题。在应用心理学看来，人际交往过程中的科普点包括人际知觉、人际沟通、人际吸引、人际影响等环节。

性格与个性优化问题。应用心理学关于性格与个性优化方面的科普内容包括了性格、个性与气质的关系、性格的分类，包括生物因素、个体实践、家庭环境、工作环境等因素对性格的影响。

动机与工作效率问题。包括明确人的行为背后的动机的含义及其对人行为的引发功能、指引功能与激励功能；人的多重需要即需求的层级、动机的分类；解释人行为动机的相关理论，包括驱力理论、诱因理论以及归因理论、自我效能理论等；明确动机性质对工作效率的影响。

此外，还可以传播注意与意识控制、能力与素质培养、思维与问题解决、记忆与信息获取、心理学的学科史以及与应用心理学的研究以及治疗等相关的知识。

第二，传播对象及目的。

对于应用心理学这样一门与社会生活密切相关的心理学分支学科来说，其传播对象包括两类，一类是面向同领域的研究工作者以及科普工作者，其目的是使业内同行都能够了解专业的最新进展；面向科普工作者的传播目的是尽快将应用心理学的最新成果转化为科普资源。另一类传播对象则是公众。具体来看，面向公众的应用心理学科普其目的可归纳如下。

①对于罹患心理疾病、需要通过心理学的治疗促进康复进程的公众来说，

应用心理学科普主要是以治疗为目的，即通过心理学知识的掌握来促进病患心理状态的恢复以及相应的生理状态的康复。

②对于对应用心理学有兴趣，或者在公共事件中对于应用心理学知识存在需求的一般公众来说，科学传播的目的，是通过应用心理学知识的普及来提升公众对于自身心理状态的认知水平，并在社会生活的方方面面，提高应对各种实际问题的能力。

第三，传播载体与方式。

对于应用心理学专业研究人士以及科普工作者来说，进行科学传播的方式是通过期刊、会议等同行评议机制，以论文、研究报告为主要载体；而对于公众来说，应用心理学的传播载体则包括面对面传播、线下媒介传播以及线上媒介传播三种。

①面对面传播。传播载体：语言；传播方式：治疗、研究。面对面传播主要是指公众在接受面对面的心理治疗，或者在扮演应用心理学研究对象的过程中所接触的应用心理学知识。

②线下媒介传播。传播载体：纸质文本、广播电视媒体；传播方式：书籍、杂志的流通、广播电视节目等。线下媒介传播主要是指利用传统媒体传播应用心理学知识，包括通过各种科普读物的出版，以及广播电视节目的播出。

③线上媒介传播。传播载体：网络文本；传播方式：互联网。线上媒介传播是伴随着互联网以及移动互联网的兴起而诞生的科学传播形式，相比于传统传播方式，它更为灵活，能够精确地回应各种需求。

第四，科普宣传动力。

应用心理学作为一门应用性极强的分支心理学学科，其特殊性体现在：应用心理学的研究工作与科学传播工作本身并不能够截然分开。而正是这一特点，构成了应用心理学的科普宣传最大的动力。

①对于应用心理学的研究人员来说，应用心理学中的许多研究问题本身就是来源于社会生活实践之中，具有很强的实践指向。因为这一点，通过各种科普传播活动以及相关的心理治疗、心理干预，能够为科研人员自身的研究提供充足的研究问题、研究资料以及研究灵感。

②对于应用心理学学科传播的受众来说，该学科的科普宣传动力来源于公众日益增长的对于心理健康的需求。

③围绕应用心理学相关传播机制的成熟，成为在体制机制内部推动应用心理学科普宣传工作的内在动力。

3. 典型案例之二：转基因食品

转基因食品对应的相关转基因技术科学实质上隶属于生物技术门类，按照学科分类标准[①]划分，应属于生物学（一级学科）、分子生物学（二级学科）的范畴，与公众的日常生活有较紧密的联系。

转基因食品目前以转基因作物的增产、抗虫、抗除草剂等方面为主，但更广阔前景在于抗旱、抗涝、耐寒、耐暑这些性状的转入上。尽管具有很好的社会意义和推广价值，公众对于转基因食品的认识却比较片面，也因而导致转基因食品在公众中比较有争议。在这种状态下，转基因食品的科普宣传有其自身的特征。

（1）学科状态

生产转基因食品所采用的相关转基因技术，其本质上是基于分子生物学和生物技术发展的必然产物。转基因技术，包括外源基因的克隆、表达载体、受体细胞，以及转基因途径等，外源基因的人工合成技术、基因调控网络的人工设计发展，导致了21世纪的转基因技术将走向转基因系统生物技术。

（2）学科科学意义

自1996年首例转基因农作物产业化应用以来，全球转基因技术研究与产业应用快速发展。发达国家纷纷把发展转基因技术作为战略重点，发展中国家也积极跟进。目前的发展呈现品种培育速度加快、产品化应用规模迅速扩大以及生态和经济效益显著的特征。

（3）学科科普

第一，科学传播的内容。

①前沿成果

在传播转基因技术及其产物“转基因食品”的科普知识，或者与同行交流时，其前沿成果大多都是关于基因编辑技术的范畴。

②基本原理

转基因的基本原理是将人工分离和修饰过的优质基因，导入生物体基因组

① 参考GBT 13745－2009学科分类与代码。

中，从而达到改造生物的目的。其实质是将一个生物体的基因转移到另一个生物体 DNA 中的生物技术。

③学科史（人物）

对转基因相关的发展历史的宣传，可以让更多的非科技工作者对这类关键并且日常生活中不经常接触的学科有初步的了解，有利于扩大学科的影响力，储备后继人才。

④科研团队

对科研团队的宣传可以拉近科学研究与非科研人员的距离，有利于扩大影响力，让更多人了解科学研究的现状，为科研人员提供一个良好的社会舆论环境。

⑤科研设施

本案例相关科研设施涉及生命科学的实验室、植物温室、农场、种质储藏室等。

第二，传播对象及目的。

面向同领域的研究工作者的传播主要是为了学术交流。通常通过学术会议、发表文章等形式。面向公众的科普目的主要有解转基因技术的基本原理、转基因技术在国际上的发展态势和现状、政府在国家层面上对于转基因技术的相关方针政策，以及让民众了解我国的标识政策。

第三，传播载体与方式。

通常课题组对外宣传的载体是每个课题组的公共主页，主页上对研究方向、发表论文、课题组成员以及在读和已毕业的学生做简要的介绍。面向的对象主要是同领域的研究工作者以及尚未选择方向的本科生。而面向非科研人员，可利用如下渠道。

①网络传播。在如今互联网发达的时代，网络传播是最便捷迅速的。然而转基因食品在网络上的声音并不和谐，科学家在网络上的发声和解释还有所欠缺。

②科普读物传播。通过学校教育或教材进行转基因知识的传播。这种渠道时效较慢，但是从长远来看可以解决根本问题。

③微信平台。可以借助微信平台介绍转基因的相关知识。

第四，科普宣传动力。

就学科发展而言，赢得公众以及政府对相关学科的重视和支持，有利于增加经费的投入，形成科学研究与科学传播的良性循环，促进学科发展。

通过调研，我们发现几乎所有的受访者都有一个共同的特点，那就是对于宣传和科普转基因相关知识是他们的兴趣使然。当转基因相关研究人员所做的事情得不到别人的理解或公众的认可时，他们就会有一种动力想去解释。

四 学科科普能力建设的路径分析

国际上发达国家的科学传播事业具有较悠久的历史，科研机构和科学家开展了大量的工作也积累了许多成功的经验。因此，结合我国科研机构和科学家参与科普的实际情况，围绕存在的问题，考察国外科学家和科研机构在科普中的定位及功能，深入学习、总结和借鉴国外规范做法是十分必要的。在借鉴国外经验的基础上，结合我国的实际情况，我们尝试从内容、方式、重点等方面提出我国学科科普能力建设的路径。

（一）国外科研机构和科学家的科普经验及启示

发达国家在促进科研机构和科学家从事科普工作方面有许多有效的办法。从科研机构和学术团体的层面来看，NASA、美国科促会等机构都有一些具体的举措来鼓励科研团体和机构的力量在科普中发挥作用。国外科研机构和科学家从事科普工作，主要有如下一些途径。

1. 积极参与科学教育

（1）NASA 科学教育

NASA 充分利用人们对其重大航天项目的关注，发挥太空探索独特的学科特点，利用其世界一流的设施和优秀的科学家队伍，将空间技术发展与科学教育、科学传播紧密联系起来，促进人们对航空航天及其相关科技领域的了解，激发公众在科学、技术、工程和数学（STEM）领域方面研究的兴趣和灵感，赢得他们的支持，吸引更多的青少年加入这些领域和航天事业的队伍中来。

NASA 科学教育的主要目标是，提升 NASA 和国家未来劳动力的质量，吸引更多的学生加入科学、技术、工程和数学领域，使更多的美国人参与到

NASA 的使命中。为了更好地完成目标，NASA 于 2006 年制定了科学教育战略框架，将 NASA 教育分为四个层次，并明确其对象和产出，见图 1。

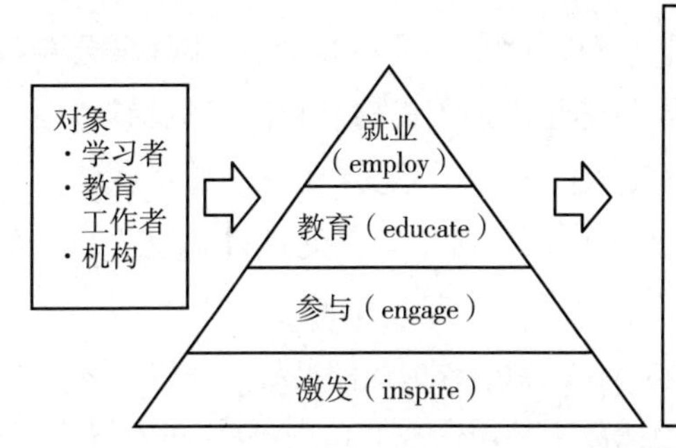

图 1　NASA 科学教育战略框架

充足的经费预算是 NASA 科学教育的重要保障，有效地协作机制是 NASA 科学教育成功的基础，其协作机制主要表现在机构内部和机构外部两个层面。

（2）美国研究机构与中学建立高效的科学传播合作伙伴关系①

美国研究机构与中学建立高效的科学传播合作伙伴关系，目的是吸引学生参与科学。华盛顿大学圣路易斯分校青年科学家项目（YSP）几乎全部由硕士研究生和志愿者组成，吸引青少年参与到科学的过程中。YSP 5 年追踪评价显示，志愿者通过参与得到了职业技能的提升。YSP 每年由大学资助经费 53500 美元，从 30 个申报项目中选出 12 个重点项目，每年有 80～120 所中学申请。每年两次征求反馈意见和建议。自从 1993 年以来，超过 7000 多名学生参与了项目。

2. 在国家科学基金和国家科技计划项目中设立科普资助机制

英国科研理事会（RCUK）及其 8 个学科理事会对其资助的项目提出了“公众理解科学”的要求，“公众理解科学”的资金占英国 5 个学科理事会总资金的 0.2%。英国粒子物理和天文研究理事会负责人拿出 1% 的经费从事科普。

美国国家科学基金会（NSF）设有“非正规科学教育项目”。该项目资助

① Michael John Bradley，Erica Siebrasse，Jennifer Mosher，Thomas Woolsey. Science Outreach atWashington University in St. Louis：The Young Scientist Program. The FASEB Journal. 2013；27：29.11.

的范围包括：开发和实施旨在提升全体公众对科学、技术、工程和数学的兴趣、参与和理解的非正规学习经验；促进非正规科学教育的知识和实践。项目经费约占 NSF 总经费的 1.1%。

NASA 要求所有获得资助的项目，提取 0.5% ~1% 的经费从事面向公众科普的“社会服务和教育”活动。日本科学技术振兴机构（JST）下设有“促进公众理解科学”部，“公众理解科学”经费占 JST 总支出的 6.7%。欧盟科技发展框架计划中专门设有“科学与社会行动计划”旨在促进科学家与公众的对话和交流。

3. 科技社团、科研机构建立提升科学家科普技能的培训机制

发达国家的科技社团、科研机构建立了相应配套的培训机构，旨在提高科学家科普技能。英国、美国、澳大利亚等国家的科学家组织、科研机构、大学等建立了帮助科学家参与科普活动的常设项目和长效机制。英国科学促进会设有培训科学家如何与公众进行有效沟通的“视点”项目。英国皇家学会要求所有科学家都必须学会如何有效地向公众传播科学。澳大利亚国立大学的科普研究和培训机构举办科学家科普培训班，进行科技传播策略方面的培训。欧盟国家相关组织编写了科学家科普实用手册，免费发放。

4. 积极开发新的科普模式，建立科学家与公众对话互动机制

除了传统的科普模式，发达国家还开发了一系列新型的科普模式。

（1）科学商店

科学商店最早于 20 世纪 70 年代起源于荷兰，之后向欧洲其他国家扩散，是一种以公众需求为导向、沟通科学家与公众的双向交流机制。公众在科学商店中提出自己需要解决的问题，然后大学和研究机制中的大学生或者科研人员根据问题设计完成课题，最后科学商店将这些研究成果以通俗易懂的方式传播给公众。

（2）共识会议制度

共识会议制度，也称为“丹麦模式”，是一种公众与科学家就某些有争议的科学技术问题进行对话交流进而形成共识的新型科普形式。共识会议制度的目的是使科学家与公众充分交流，确认公众对某一个领域科学技术的态度，然后根据他们的看法，讲解有关知识，使公众了解他们想知道的知识，以便能够对有关科学技术领域的应用做出自己的判断。20 世纪 80 年代丹麦首次举办了以转基因技

术为主题的共识会议。共识会议逐渐扩展到欧洲各国和日本、韩国、澳大利亚等国家。国际上围绕着转基因、纳米技术等具有风险和不确定性的新兴科学技术，举办了大量的共识会议，成为公众理解科学、参与科学的新模式。①

（3）美国科促会组织公众代表与科学家交流②

美国科促会积极组织公众与科学家之间的交流，就科学家应该如何做好科普，美国科促会提出如下建议：首先，科学家应该在技术研发的早期阶段就尽早让公众参与讨论，重视公众的意见，并持续达成共识。其次，评估新技术的风险与收益时，科学家与工程师们应该尊重公众的诉求与担忧，并清楚传递科学工作的伦理与价值。再次，科学界应该与社会科学家合作，利用社会科学的研究成果来更深入地理解公众对于科学与技术的态度。最后，通过开放论坛、演讲、学术沙龙等，科学家与工程师们应该创造更多与公众交流的机会，以赢得公众的信任与支持。

（4）NASA 组织观测美国境内的日全食

2017 年 8 月，几乎横扫美国全境的日全食来临，这是一个难得的理解和接触天文学的机会。美国的科学教育者做了大量的准备和工作，十分值得我们学习。尤其是做科教已经得心应手的 NASA，利用此次千载难逢的日全食机会，启动了庞大的“日食气球计划”，通过让学生们参与到观测中去的办法，让他们体验到天文学的独特魅力。

美国当地时间 2017 年 8 月 21 日，来自美国大学和高中的 57 个团队在全美境内超过 30 处同时实施高空气球发放，发放地点横贯整个日食观测的最佳路径，从俄勒冈州到南卡罗莱纳州，利用高空气球从临近空间观测日食，并将视频和图像发送到 NASA 的网站。气球在 8 月 21 日同步发放到 30.5 千米高空，在日食现象结束之后升空到顶爆裂。该项目由蒙大拿空间基金进行组织和计划，并得到了许多其他空间基金财团的资助。

5. 启示

（1）多渠道鼓励科研人员参与科普是释放科研机构科普潜力的关键

发挥科研机构的科普功能首先是具有科普素养的科技人员挖掘和积极

① http：//www. sohu. com/a/167887045_ 753093.

② http：//news. sciencenet. cn/htmlnews/2017/1/366743. shtm.

参与，针对科普工作缺少科研人员参与、电视和网络的科学知识真假难辨等问题，需要更多具有专业科学知识的科研人员参与科普，提升科普质量，在这方面科研机构大有潜力可挖，为科技工作者与公众搭建交流沟通的渠道和平台。

从西方国家的经验来看，之所以有很多科研人员亲自上阵从事科普工作，与他们的激励机制有很大关系。

（2）科技资源二次集成科普创新是提高科研机构科普能力的核心

科研设施是科研机构的独特资源，现有的科研设施经过国家科研投入与发达国家在硬件环境有了很大进步，如何在科研环境中发挥科普基础设施科普功能，还需要深入挖掘整合提升科技资源向公众尤其是向青少年的科普宣传功能，在科学资源展示细节上，例如：科学背景知识、科普解说词、可视化多媒体手段、参与互动体验、科学实践过程展示等综合手段，注重细节表达，把一个完整或阶段性科研过程和成果展示出来，让公众真正体验到科学研究与生命生活社会发展的关联，激发科学探索的精神，提高科学素质。这些都需要进行科研成果科普转化的二次集成创新。

（3）发挥专业科普组织和社会团体功能，顶层设计科普内容是提升科研机构科普能力的根本

充分发挥科研机构的科普功能，仅仅依靠科学家是不够的，必须发挥专业科普组织的力量，顶层设计科普内容。

科普组织要积极主动挖掘更多的科研人员和科普资源服务于社会科普需求，为科研人员与公众搭建交流沟通的渠道和平台。同时，对于科普的内容，也应该做一些顶层设计。针对不同的受众，选择不同的内容，增加科普活动的针对性。

需要明确的是，我国的科普硬环境与西方国家不同，因此需谨慎地借鉴其做法。

（二）学科科普能力建设的内容

学科科普能力建设是从科研机构和团体为公众提供科普公共产品和服务的角度提出的，主要包括两个方面：（1）“硬能力”包括科普人才梯队建设、科研资源二次集成科普创作、科普经费以及科普基础设施建设四个方面；

（2）“软能力”包括政策环境建设、宣传和交流、科普教育体系建设、科普资源共享机制建设四个方面（见图2）。

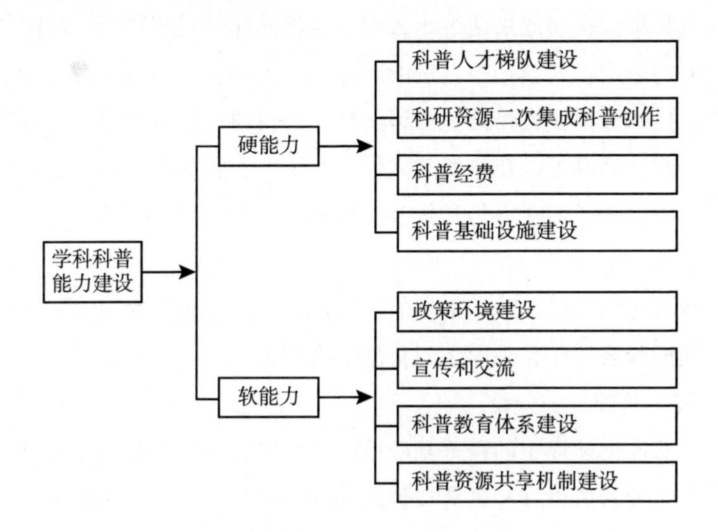

图2　学科科普能力建设的内容

1. 硬能力

（1）科普人才梯队建设

诚如美国科学家爱德华·L. 尤曼斯所说，“我们的工作是为了提升公众的科学素养，我们传播的不是迎合公众充满好奇心和偏见的垃圾，而是科学领域中权威人士们富有智慧和启发性的论文和演讲”①。我们需要像尤曼斯一样“高素养”的科学家投入科学传播的工作中。“高素养”不仅指科学工作者要具备专业科学知识，同时还要有分享科学的热情和阐释科学的能力。目前，科学家们把更多的时间用于科学研究，认为本本分分做好本职工作才能受到肯定。而且似乎在这方面也缺少相应的奖励制度。

科研人员和公众之间，需要一批既懂科研、又懂科普的人才，由他们来作为科研人员和公众沟通的桥梁和纽带，完成科学传播的重点工作。因此，学科科普能力的建设，需要形成由科学家、科普工作者、学生组成的人才梯队，结合各自的优势，合理分工，有效合作。

① 杨晶、王大明：《尤曼斯科学传播经历的启示》，《科技传播》2009年第1期，第34～36页。

(2) 科研资源二次集成科普创作

学科科普能力建设中的科普创作主要是指科研资源二次集成科普创新，鼓励科研人员将部分科研成果通过集成创新直接转化为科普产品。同时，结合现代科技发展的新成就和新趋势，借助新媒体，大力倡导科研人员与专业科普人员相结合，使部分不便直接转化为科普产品的科研成果可以通过其他形式得到传播。使科普产品既可以在科学共同体内交流，达到促进学科交叉融合发展的目的，也可以向普通公众宣传和普及，达到提高公民科学素养的目的。

(3) 科普经费

拓宽科普经费渠道。除了常规的政府拨款，还要积极吸引民间力量，拓展与企业之间的科普协作，采取多元化的筹资渠道。

(4) 科普基础设施建设

学科科普能力建设中的科普基础设施，主要指大科学装置。大科学装置是研究机构的重要科研设施，是科技创新和社会发展的基石和重要保证，不仅具有重要的科研意义，也有重要的社会意义和重大战略意义。

然而关于大科学装置的科普功能目前学界及公众认识不够。就一些从科普角度研究的论著来看，大科学装置的科普功能也远未被人们认识和发现①。

未来学科科普能力的建设应从多种途径开发大科学装置的科学功能，可以在大学中开设博物馆，还可以开放大科学装置专门研究机构。运用贴近公众的宣传手段，定期或不定期举办科学讲座、参观等活动，使公众更好地理解大科学装置存在的意义，进而理解利用大科学装置所进行的科学研究的意义。

2. 软能力

(1) 政策环境建设

优化科普政策环境，鼓励科普创新实践。建立科研机构科普活动实施效果评价机制，将科普工作纳入科研人员绩效考评体系。设立多种形式的科普奖项，研究制定鼓励科研人员从事科普工作的相关政策。

(2) 宣传和交流

一方面，加强网络、书籍等传统媒体和新媒体的作用，促使科研成果向公

① 李英杰、白欣：《大科学装置的科普功能开发与利用——以日本和中国台湾地区的加速器为例》，《科普研究》2015 年第 5 期。

众传播。另一方面，重视科研成果以发表论文、研讨会讨论等形式在学术共同体内的传播。传统的科普概念更注重科学知识对公众的普及，较少提及在学术共同体内的传播。科学知识在学术共同体内的传播可有效地促进学科的交叉和融合。

（3）科普教育体系建设

建立健全高校科普教育体系，奠定科学传播基础。将科普教育纳入人才培养计划和课程体系，促进科普活动与学校的课程教学、综合实践和研究性学习相衔接。开设通识教育，打破学科壁垒，促进自然科学与社会科学的教学互补。

（4）科普资源共享机制建设

加强科研机构与高校、地方科技馆、科协间的科普资源共享与合作，推动科普展览和展品在各类科普场馆和服务机构之间交流。

完善科普工作社会组织网络。学科科普能力建设完善的科普工作社会组织网络的支撑。科普是科学家的一项重要社会责任，然而过分强调科学家在科普中的主体作用是不明智的。科学研究本身就是一项复杂繁重的工作，而科学家的首要工作应该还是科学研究。通过建设完善的科普工作社会组织网络，可有效地帮助科学家将其成果转化为科普产品。

（三）学科科普能力建设的方式

学科科普能力的建设方式因学科、机构、年龄等不同而有差异。

1. 不同的模式有不同的学科科普能力建设方式

我们构建的学科科普能力典型模式有各自的特征，因而也对应不同的学科科普能力建设方式。具体来看，教育型更注重科研成果在学术共同体中的传播；体验型注重通过大科学装置等科研设施向公众传播学术信息；服务型更多的是注重科研成果在特定领域内的应用，故其传播方式更多地体现在培训、技术指导等方面；宣传型是为了向大众及科研人员宣传科研成果，纠正不实的传播，因此其传播方式更多的是通过讲座、微信公众号等形式。当然，对于任何类型来说，科普能力的建设都需要注重科研成果在学术共同体内的传播，上述仅仅是指重点。

2. 高校和科研机构学科科普能力建设存在差异

科研机构和高校的研究人员对于科普的认识不同，这取决于二者的工作内容和机制有一些差异。高校拥有非常丰富的科教资源，同时高校科研人员有讲课的要求，可以直接向学生传播科学知识，这在一定程度上其实就完成了一些科普。而科研机构的研究人员更多地集中于研究本身，与学生尤其是中小学生交流的机会不多。这就需要在科普之前做更多的准备。因此，高校科研人员可以更多地通过一些讲座、教育等方式对学生做一些科普，而科研机构的研究人员则可更多地通过新媒体与大众建立更广泛的联系。

3. 处于不同学术阶段的研究人员参与学科科普能力建设的方式存在差异

不同年龄的科研人员对于科普有不同的认识。对于已经在学术界拥有一定地位的科研“大佬”来说，科普是一种社会责任，也是一种兴趣，他们可以在能力范围之内力所能及地做更多的科普工作。而对于刚刚步入科研界的青年科研人员来说，在科普成果尚未纳入评价体系的评价机制下，从事科普工作则需要更多的兴趣和更大的动力，以及更多的勇气。

因此，对于研究员来说，可更多地通过讲座、科普创作等形式向公众宣传自己的研究成果。而对于青年科研人员来说，主要可通过微信公众号以及科学网等平台进行科学传播，在自己擅长的专业领域与公众交流，可在花费较少精力的情况下收到更好的效果。同时，青年科研人员也应注重通过学术会议和学术论文的发表，加强在学术共同体内的传播。

（四）学科科普能力建设的重点

1. 学科科普能力建设的重点在于科学传播模式的把握

目前，科学知识传播模式变迁中有两种较为典型的科学传播模式。模式 1 为：传播者→信息传播渠道→信息接收者。模式 2 为：科学知识生产者→信息 1→科学知识传播者→信息 2→传播渠道→科学知识接收者①。

学科科普能力建设的重点在于把握不同学科的传播特征，从而达到事半功

① 高衍超：《〈相同与不同〉的科普理念及其对中国科学家科普的启发》，《科普研究》2014 年第 4 期，第 85 ~91 页。

倍的效果，在不过多增加科研人员工作量的前提下，收到更好的科普效果。显然目前，学科的科学传播更应以模式 2 为主。科研人员在学科科普能力建设中的重点任务是将自己的科研成果转化为科学知识传播者可接受可理解的信息。

2. 学科科普能力建设的重点在于可结合特殊事件进行科普

学科科普能力的建设可结合特殊事件展开，如科学领域的前沿突破、社会热点事件等。在这个方面，科研人员具有得天独厚的优势。

针对社会热点事件或突发事件进行的科普也就是应急科普。学者朱效民曾经提出，今天的科普要求改变传统的模式，把没完没了地要求公众掌握更多的科学知识转化为一旦公众有科普方面的需求，科普工作能够马上跟进，更能让公众方便、快捷、有效地找到他们所需的知识，能够提供公众向相关权威人士咨询的渠道①。这强调的其实就是应急科普。

应急事件的应对除了需要国家自上而下的管理，也需要通过科普来提高公众应对突发事件的能力。这就需要我们的科学家能在突发事件中及时、有效地发挥自己的作用。而目前我国科研机构的应急科普工作基本处于自生自灭的状态，科学家很多时候并不能做到及时发声，不能充分有效地发挥科研机构和科学家在全民科学素质建设中的作用。学科科普能力的建设重点之一，就是要让科学家在应急事件中及时发声，减少公众的误解。

3. 学科科普能力建设的重点在于可充分利用大科学装置进行科普

大科学装置是研究机构的重要科研设施，是科技创新和社会发展的基石和重要保证，不仅具有重要的科研意义，也有重要的社会意义和重大战略意义。提高大科学装置综合利用效率并充分挖掘开发其科普功能应成为学科科普能力建设工作的重点之一。

然而目前，大科学装置的科普功能远未被人们认识和发现②。

未来学科科普能力的建设应从多种途径开发大科学装置的科学功能，使公众更好地理解大科学装置存在的意义，进而理解利用大科学装置所进行的科学研究的意义。

---

① 朱效民：《中国需建立“应急科普模式”》，《庆阳科普》2011 年第 11 期，第 1 ~4 页。

② 李英杰、白欣：《大科学装置的科普功能开发与利用——以日本和中国台湾地区的加速器为例》，《科普研究》2015 年第 5 期。

4. 学科科普能力的建设重在“学术性”与“普及性”的平衡

科学研究注重“学术性”，其内容深奥、复杂，其语言专业、简练；而科普注重“普及性”，要将深奥复杂的科学道理用简单浅显的语言进行表达。这二者似乎是相悖的。而学科科普能力的提出，提供了一种将“学术性”和“普及性”统一起来，达到有机平衡的可能。学科科普能力建设强调高端科研资源科普化，旨在将学术性的成果转化为普及性的成果。

五 关于我国学科科普能力建设的建议

科普是实现我国创新发展的其中一翼，已经成为人们社会生活中不可或缺的重要组成部分。加强我国学科科普能力建设，对提升公民科学素质、促进学科交叉融合具有至关重要的作用。根据前文的分析，我们提出以下建议。

（一）建立完善相关制度，提高科研人员参与科学传播的积极性

完善政策引导机制。增加科学传播在科研项目申报、职称评定、科研奖项评比中的比例，把科学传播作为科研项目绩效考核的内容。

完善经济激励机制。鼓励科研人员参与商业化科学传播，并对由此获得的经济收入予以税收优惠；对于超出任务量之外的公益性科学传播，给予适当的经济补助；设立科学传播奖励基金，对在科学传播方面做出突出贡献的科研人员、科技工作者予以表彰奖励。

（二）积极组织开展科学传播技能培训，增强科研人员科普能力

举办科研人员科学传播培训班，对科研人员进行必要的传播学培训、沟通技巧培训，提高他们与公众、媒体互动的自信心和能力。培养科研人员与媒体合作，用通俗的语言讲述自己的研究领域的成果以及对社会和公众的影响。

（三）加强专业科普人才培养，成为科研人员与公众沟通的桥梁

亟须一批既懂科研又懂科普的专业人才，作为连接科研人员和公众的桥梁。要积极培训与培养专业科普人才；发挥学生和科技社团的积极性，壮大科普力量；加强高等院校科技传播等专业学科建设，培养专业化科普人才。

（四）加强高端科普资源交流共享机制建设，促进资源的开发集成与共享

加强科研人员之间的交流，促进科研资源共享，有效促进学科交叉和融合。加强科研机构之间的资源共享，如大科学装置。加强科研机构与地方科技馆、科协间的科普资源共享与合作，推动科普展览和展品在各类科普场馆和服务机构之间的交流。

六 结语

学科科普能力的提出，是本文的一个尝试。对于将科研和科普更好地结合起来，还有除了学科科普能力建设之外的其他路径，本文由于时间关系暂未涉及。除了采取恰当的措施鼓励一线科研人员将科研和科普结合起来，积极参与科普工作以外，科普活动更多的还是要依靠一批从事科普创作、开展科普活动的专门人才，包括能够在科学家与公众之间搭起桥梁的科学记者、科学社团等，共同为我国的科普事业出力、献策。近年来，国内此类人才、新媒体平台已崭露头角，前者如曹天元的《上帝掷骰子吗：量子物理史话》、汪洁的《时间的形状——相对论史话》、中山大学物理系某学生（笔名“仰观苍穹思寰宇”）的《聊聊狭义相对论》等；后者如果壳网、知乎、中国数字科技馆网站、中国科普博览网站，微信公众号知识分子、赛先生等。

B.5
我国科研机构科普能力建设与成效评估研究

张思光　刘玉强　贺　赫*

摘　要： 本文在系统梳理我国科研机构科普工作的总体状况及发展趋势的基础上，从科普经费、人员队伍、政策环境、科普文化、科普资源、科普产品、科普活动等多个方面对中国科学院科普工作的实践进行描述并总结，分析科研机构科普工作所取得的成效，以及在当前形势下的不足之处。并基于此，围绕科普成效评估工作的专业要求以及科研机构科普工作的创新发展需求，本文提出了面向我国科研机构科普成效评估逻辑模型和指标体系。利用DEA方法测算了中科院部分研究所科普投入产出效率，进一步根据分类评估的思想，以中科院西双版纳热带植物园和物理研究所科普成效评价为例，说明了不同类型研究机构、不同领域科普作品所适用的评价指标。紧扣实际需求探讨提出了科研机构科普成效评估工作的组织实施的建议。

关键词： 科研机构　科普能力　科普成效　分类评价

一　引言

当前时代，科技经济发展越来越依赖科技知识的生产、扩散和应用，一来

* 张思光，中国科学院科技战略咨询研究院；刘玉强，中北大学经济与管理学院；贺赫，中国科学院西双版纳热带植物园。

国家和区域创新体系的高效运行，而这其中至关重要的是知识与信息的传播与扩散。经济合作与发展组织（OECD）在《以知识为基础的经济》一文中明确指出：科研人员与机构在网络内和网络间转移知识过程中所表现出的不同等级的“分配力”，构成了不同经济的特征。也就是说在知识经济时代，科学普及与传播成为影响科技创新、影响经济发展、影响国家实力的一种重要因素。

从国际经验看，加强科学普及与科技传播能力建设，促进知识与信息的传播，从而提升公众科学素养，早已是科技先行国家及科研部门通行的做法。首先，在国家战略层面，将促进科学普及与传播作为国家和地区发展的重要任务。例如，欧盟委员会于 2010 年公布的未来十年欧盟经济发展计划“欧盟 2020 发展战略”中提出以知识和创新为基础来发展经济，将促进科学普及与传播作为该战略中主要计划“创新联盟”的首要任务。其次，在科研部门层面，采用多种体制、机制的设计保障科学普及与传播工作的实施与开展。如，美国在联邦政府与部门中设立科学普及的机构与专项经费；美国国家科学基金会（NSF）下设教育与人力资源局，每年用于科学普及与传播的经费占到 NSF 总经费的 1% 左右；美国国立卫生研究院（NIH）下设的联络办公室，每年用于科学普及与传播的经费占比约为 3% 。再如，英国将科普工作业绩作为科研人员绩效考核指标纳入评估体系，日本采用项目资助的方式支持开展科普工作，德国将科普工作纳入国立科研机构的日常工作，利用公众开放日、科普讲座等方式面向公众开展科普工作。

目前，我国科研部门在开展科普工作方面也取得了一定的进展。习近平总书记在 2016 年召开的“科技三会”上强调科技创新、科学普及是实现创新发展的两翼，要把科学普及放在与科技创新同等重要的位置。《中华人民共和国科学技术普及法》中明确指出：“科学研究和技术开发机构、高等院校、自然科学和社会科学类社会团体，应当组织和支持科学技术工作者和教师开展科普活动，鼓励其结合本职工作进行科普宣传。”《全民科学素质行动计划纲要（2006～2010～2020）》中也要求，“鼓励科技专家主动参与科学教育、传播与普及，促进科学前沿知识的传播”。科学技术部在 2015 年发布的《关于加强中国科学院科普工作的若干意见》中也要求，中国科学院作为国家战略科技力量，在科普工作中应发挥国家队的作用，坚守“高端、引领、有特色、成体系”的科普工作定位，为实现中华民族伟大复兴的中国梦提供科学文化支撑。与此同时，以中国科学院为代表的科研机构也充分利用自身科普资源、凝练了一支科研人员参与的科普队伍，研发系列科普产品，开展了“公众科学日”“科技创新年度巡展”“老科学家科普演讲团”等在全国有较大影响的科普品牌活动。

尽管我国已经将科学普及提到国家战略层面，但面对国内外新形势，我们必须清醒地认识到科普工作面临的新挑战，主要表现为我国科研机构科普工作服务水平及科普成效存在的突出问题与矛盾，如科普工作缺乏长远谋划及合理定位，整体成效不高，社会影响力不足；在学科领域交叉融合的背景下，缺少对科学普及工作的内涵与外延的深刻认识，科学普及与科技创新活动结合不紧密；科普信息化落后于信息化发展进程，信息手段在科普工作中应用不足；科普产品的研发能力薄弱，市场化程度较低；热点、应急科普发展缓慢。如何提升我国科研机构科普工作服务水平及科普成效，使科普工作有效助力创新性国家的建设，已经成为迫切需要解决的问题。

“十三五”时期是全面建成小康社会的决胜阶段，树立和落实五大发展理念，需要公民科学素质的广泛提升，这就对科普工作提出了更高的要求，同时也为科普工作开拓了更为广阔的发展空间。以中科院为代表的国家科研机构作为国家战略科技力量，既是科技创新的火车头，也是科普工作的国家队，如何充分发挥其引领、示范作用，对于服务于全面建成小康社会和创新驱动发展，实现2020年我国科普发展和公民科学素质达到创新型国家水平，具有重要意义。

为全面创新科普工作，进一步提高科研机构科普能力和成效，完善科研机构科普工作的组织机制和运行模式，促进各类科普主体间学习交流和加强责任意识，确保科研机构科普工作顺利有序规范运行，提升科研机构科普工作的社会认知与响应，有必要开展对科研机构的科普成效评估。科普成效评估作为促进科研机构的科普工作的重要政策机制，具有十分重要的作用。

因此，本文从探索科研机构科普工作的内涵与外延出发，合理谋划科研机构科普工作在国家科普体系中的定位与作用，立足于“如何总结、评估、提升科研机构科普成效”这一核心目标，结合科研机构的组织使命及功能目标，深入分析不同学科、领域科研机构科技创新工作与不同类型科普工作的相互关系，总结科研机构科普工作的内在规律及主要特点，提炼科普工作的“行为指标”，研究设计具有一定科学性、适应性和前瞻性的科普成效评估指标体系，力求较为客观地反映体现科研机构科普工作及活动的组织特点。在理论研究基础上，选取中国科学院及下属若干科研机构作为典型案例，设计相应的科普成效评估实施方案，组织相关专家开展评估实践，并基于评估结果，结合科研机构科普工作所面临的形势，提出提升科研机构科普成效的建议。更为重要的是，本文将系统总结评估设计与实施过程中的经验与不足，提出科研机构科普成效评估工作的基本思路和整体框架及评估工作方案。

二　科研机构科普工作的实践与探索——以中国科学院为例

（一）中国科学院的科普组织体系

中国科学院是中国自然科学最高学术机构、科学技术最高咨询机构、自然科学与高技术综合研究发展中心，全院共拥有 12 个分院、100 多家科研院所、3 所大学（与上海市共建上海科技大学）、130 多个国家级重点实验室和工程中心、210 多个野外观测台站，承担 20 余项国家重大科技基础设施的建设与运行，正式职工 7 万余人，其中从事科技活动人员 5.9 万人，在学研究生 5.2 万余人[①]。

2016 年总收入 518 亿元，支出 488 亿元；共申请专利 14881 件，其中发明专利 12461 件；授权量 9786 件，其中发明专利 8170 件；获国家自然科学奖 13 项，占全国授奖总数的 31%，其中一等奖 1 项，二等奖 12 项。其他基本情况见表 1 ~ 表 5。

当前，中国科学院已经形成了由中国科学院院部与学部科普两部分组成的完善的科普工作体系。此外，为了引领、统筹全国性科普工作，中国科学院成立了若干科普网络联盟（见表 6），整合院内外科普资源，共同推动科普工作。

---

① 中国科学院：《中国科学院简介》，2016 年 12 月 5 日，http：//www. cas. cn/zz/yk/201410/t20141016_ 4225142. shtml。

表1　中国科学院科研人员规模结构统计

单位：人

学科领域	人员总计	其中:女性	中高级职称		行政管理人员
			高级	中级	
数学物理	12289	3725	5222	3791	902
化学与化工	8243	2940	3562	2597	483
地学	8361	2805	3649	2842	708
生物学	11481	5504	4211	4167	898
技术科学	20178	5929	7240	6885	1200
其他	282	124	125	110	40

资料来源：中国科学院统计年鉴2017。

表2　中国科学院科研设备

学科领域	价值总额(千元)	100千元以上(千元)	100千元以上台(套)
数学物理	14983593	11870459	21358
化学与化工	8645570	6935378	13739
地学	6376946	4914596	8411
生物学	7743202	5985835	14908
技术科学	1489932	12689118	20175
其他	82610		

资料来源：中国科学院统计年鉴2017。

表3　2016年发表科技专著和科普著作情况

学科领域	科技专著(万字)	科技专著(种)	科普著作(万字)	科普著作(种)
数学物理	1425	39	209	10
化学与化工	1960	82	109	7
地学	6537	154	1563	41
生物学	3758	81	364	16
技术科学	1545	63	93	4
其他	460	20		

资料来源：中国科学院统计年鉴2017。

表 4　中科院国家重点实验室 2016 年课题研究项目数

单位：个

学科领域	合计	国家科技重大专项	国家重点研发计划	863课题	973课题	国家基金重大项目	国家基金重点项目	国家基金创新研究群体	国家杰出青年基金	部委课题	国际合作	其他
数学物理	1864	25	84	22	130	48	64	9	22	504	33	923
化学与化工	2279	5	62	10	51	17	83	12	26	511	82	1420
地学	3377	57	157	13	119	29	105	10	28	815	110	1934
生物学	3229	92	135	26	254	44	108	14	41	809	93	1613
技术科学	3197	43	100	72	99	15	95	9	19	720	52	1973

资料来源：中国科学院统计年鉴 2017。

表 5　中科院国家重点实验室 2016 年科研经费

单位：万元

学科领域	合计	国家科技重大专项	国家重点研发计划	863课题	973课题	国家基金重大项目	国家基金重点项目	国家基金创新研究群体	国家杰出青年基金	部委课题	国际合作	其他
数学物理	179253	1262	31579	1255	14213	2527	3941	1574	1474	90025	818	30585
化学与化工	120219	187	8823	2227	5520	1682	5103	2036	2497	41137	2305	48702
地学	182854	9268	30940	2101	14341	4975	7716	2269	2585	59935	6633	42091
生物、医学	92898	6108	12781	1578	16924	2072	6266	2774	3282	6138	3549	31426
技术科学	212042	11063	19251	6617	9710	1206	5598	885	1617	87132	1413	67550

资料来源：中国科学院统计年鉴 2017。

表 6　各联盟及成员单位

联盟名称	成员单位
中国科学院网络科普联盟	北京基因组研究所、国家纳米科学中心、国家天文台、空间中心、生物物理研究所、数学与系统科学研究院、数学与系统科学研究院应用数学研究所、微电子研究所、植物研究所、高能物理研究所、计算机网络信息中心、力学研究所、遥感应用研究所、遗传与发育生物学研究所、植物研究所、周口店北京人遗址博物馆、地质与地球物理研究所、电工研究所、动物研究所、青藏高原研究所、软件研究所、自然科学史所、光电研究院、研究生院、长春应用化学研究所、东北地理与农业生态研究所、成都生物研究所两栖爬行动物、植物标本馆、成都文献情报中心、成都山地灾害与环境研究所、广州能源研究所、华南植物园、南海海洋研究所、地球化学研究所、桂林植物园、等离子体物理研究所、合肥物质科学研究院、中国科技大学、桃源农业生态试验站、庐山植物园、昆明动物研究所、昆明植物研究所昆明植物园、西双版纳热带植物园、寒区旱区环境与工程研究所、兰州地质研究所、青海盐湖研究所、西北高原生物研究所、资源环境科学信息中心、南京地质

续表

联盟名称	成员单位
	古生物研究所、南京地理与湖泊研究所、南京土壤研究所、紫金山天文台、海洋研究所、上海光学精密机械研究所、上海应用物理研究所、上海硅酸盐研究所、上海昆虫博物馆、上海天文台、大连化学物理研究所、沈阳应用生态研究所、沈阳应用生态研究所树木园、沈阳自动化研究所、金属研究所、武汉病毒研究所、武汉植物园、测量与地球物理研究所、武汉文献情报中心、国家授时中心、水土保持与生态环境研究中心、西安光学精密机械研究所、国家天文台乌鲁木齐天文站、新疆理化技术所、新疆生态与地理研究所科普中心、中国科学院上海生命科学院、江苏省中国科学院植物研究所
中国科学院天文科普网络委员会	国家天文台、国家天文台云南天文台、国家天文台乌鲁木齐天文站、国家天文台长春人造卫星观测站、国家天文台南京天文光学技术研究所、紫金山天文台、紫金山天文台青岛观象台、上海天文、国家授时中心、南京天文光学仪器有限公司
中国科学院标本馆科普网络	中国古动物馆、国家动物博物馆、微生物所菌物标本馆、海洋生物标本馆、上海昆虫博物馆、南京古生物博物馆、水生生物博物馆、南海海洋生物标本馆、昆明动物馆、两栖爬行动物植物标本馆、青藏高原生物标本馆、新疆生地所生物标本馆、南京土壤研究所土壤标本馆、昆明植物研究所标本馆、植物研究所植物标本馆
中国植物园联盟	中科院西双版纳热带植物园、江苏大阳山植物园、内蒙古蒙鄂沙生植物园、元谋干热河谷植物园、泸州市植物园、苏州市植物园、仲恺农业工程学院植物园、夏石引种树木园、大青山石山树木园、嘉兴植物园、山东药品食品职业学院百草园、南京宿根花卉植物园、丽江高山植物园、三江植物园、徐州市植物园、山东中医药大学百草园、天福国家湿地公园桥苑专类植物园、济南植物园、长春森林植物园、扬州植物园、熊岳树木园、三峡植物园、云南省林业科学院昆明树木园、中国林科院亚热带林业实验中心树木园、福建仙卉园、嘉道理农场暨植物园、峨眉山植物园、中山树木园、南宁青秀山植物园、洛阳市隋唐城遗址植物园、吉林大学农学部药用植物园、温州植物园、华中药用植物园、北京教学植物园、福建农林大学教学植物园、浙江农林大学植物园、中国药科大学药用植物园、山东中医药高等专科学校植物园、西双版纳南药园、宝鸡植物园、唐山植物园、无锡市太湖观赏植物园、成都市植物园、宁波植物园、天津热带植物观光园、湖南省南岳树木园、广东神州木兰园、张家界盛世植物园、杭州大景水生植物园、大连英歌石植物园、重庆照母山植物园、青岛市植物园、东莞植物园、洛阳国家牡丹园、湘南植物园、南昌植物园、南岭植物园、银川植物园、香格里拉高山植物园、泰山植物园、卧云山民办植物园、民勤沙生植物园、河南鸡公山植物园、厦门华侨亚热带植物引种园、贵阳药用植物园、赣南树木园、尖峰岭热带植物园、合肥植物园、兰州植物园、太原太山植物园、华西亚高山植物园、内蒙古林科院树木园、西林科院树木园、广西南宁树木园、重庆市植物园、中南林业科技大学植物园、杭州植物园、福州植物园、中科院植物研究所北京植物园、重庆市南山植物园、沈阳市植物园、上海植物园、乌鲁木齐市植物园、北京植物园、厦门市园林植物园、郑州市植物园、上海辰山植物园、深圳仙湖植物园、海南兴隆热带植物园、石家庄市植物园
中国科学院科学教育联盟	南海海洋所、力学所、半导体所、物理所、江苏植物所、湖泊所、土壤所、遗传所、生物物理所、数学院、微生物所、心理所、纳米中心、过程所、青藏高原所、深圳先进院、中科院大学、文献情报中心、网络中心、中科大、力学学会、生物物理学会、化学会、地学会、中科院文化传播中心、石探记、自然年轮、中科院沙坡头沙漠实验研究站、中科院兴凯湖湿地生态研究站、500 米口径球面射电望远镜(FAST)、中科院大亚湾综合实验站、中国科学院西双版纳热带植物园、中国科学院华南植物园、中国科学院国家天文台兴隆台站、中国科学院紫金山天文台、国家动物博物馆、中国科学院古动物馆、国家微重力实验室

（二）中国科学院下属研究机构科普能力建设情况

科普能力表现为向公众提供科普产品和服务的综合实力。结合科研机构的定位与职能，其科普能力可以大致概括为科普支撑能力、科普生产能力和科普服务能力三个主要方面。科研机构的科普支撑能力，可以进一步体现为机构政策环境、科普人员规模、科普经费强度和科普基础设施数量四个方面，反映了科研机构为科普提供支持和保障的能力。科研机构的科普生产能力，可以进一步划分为科普创作能力和科普展教品研发能力两个方面，体现为科研机构对科普文章、科普图书、科普视频、科普展品等科普内容，以及对科普相关教辅、教案、教具等展示和教育产品的产出能力。科研机构的科普服务能力，可以进一步细分为科普教育能力、科普传播能力和科普活动能力三个方面，反映了科研机构通过媒介或活动传播科普产品的能力。科研机构开展科学教育活动的规模和范围、通过传统媒体、新媒体、社交网络、移动互联网等各种渠道传播科学知识和科普内容的状况，以及举办各类科普展览、科普讲座、科技周、科学日、科学营的成效，对受到社会高度关注的科学相关事件的回应能力，都是科普服务能力的体现。

1. 中国科学院下属研究机构科普支撑能力建设情况

（1）科普政策环境培育

完善的科普政策体系是科普工作顺利开展的必要保障。中国科学院下属研究机构每年都会出台更新一批科普相关政策，来保障科普工作的顺利开展。以2016年数据为例，中国科学院下属机构发布了科普相关工作计划82项，科普报告44项，科普统计37项，各类科普工作总结82项（见图1）。

（2）科普人才队伍建设

从科普人员的总量和规模来看，根据科技部《中国科普统计》报告中2016年的统计数据，中科院专职科普人员为856人，兼职科普人员为6272人，科普志愿者2802人。从专职科普人员的规模质量来看，中科院已然形成了一支高质量的科普人才队伍（见表7）。

（3）科普经费投入

2011～2016年中国科学院科普经费年度总额平均值为8060.4万元，2015

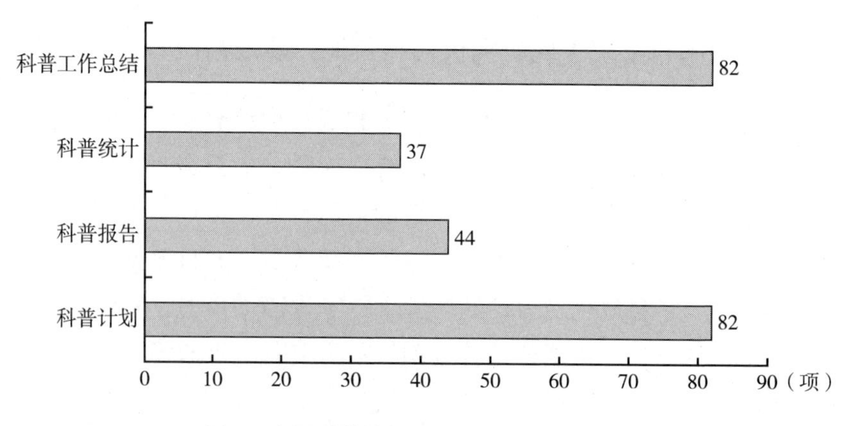

图1　中国科学院各院所科普工作制度汇总

注：2016中国科学院传播工作能力建设与工作绩效统计。

表7　2016年主要部委科普人员统计表

单位：人

一级	科普人员		
二级	专职	兼职	志愿者
填报单位	人数	人数	人数
中科院	856	6272	2802
教育	28664	318284	136502
农业	56406	152034	11495
文化	5343	21356	65252
卫生计生	13738	248235	57777
环保	2268	15023	5037
林业	13936	57018	8015
地震	2314	12427	9657
气象	1503	1503	1503
工信	1262	6410	5197

资料来源：《中国科普统计》2016年的统计数据。

年为12971.3万元。6年政府拨款平均值为3219.7万元，平均占比为40%。6年自筹科普经费平均值为3066.1万元。从中国科学院科普经费的来源来看，主要包含以下几个渠道：年度院科普经费500万~600万元，主要以科普项目的方式支持开展；地方科委以竞争性科普项目的方式支持，经费额度不固定；各级科协拨款，经费额度不固定；下属研究机构自筹，经费额度相对固定（见表8）。

表8　2011～2016年中国科学院科普经费统计

单位：万元

年份	科普经费总额	政府拨款	社会捐赠	自筹资金
2011	4653.0	1919.5	51.5	2422.7
2012	9647.5	4823.9	12	3706.8
2013	6322.4	3358.9	0.8	2246.3
2014	4930.3	1813.5	110.6	2338.9
2015	9838.1	1813.5		2338.9
2016	12971.3	5589.0	65.5	5342.9

资料来源：《中国科普统计》2010～2016年数据。

从2016年科普经费的总额及结构来看，中国科学院科普经费筹集额位列相关的各部门前列，其中自筹经费的比例远远高于其他（见表9）。

表9　2016年各相关科技部门科普经费统计

单位：万元

一级	科普经费			
二级指标	总额	政府拨款	社会捐赠	自筹资金
教育	128002	87407	2861	32860
农业	90147	75446	140	11318
文化	50379	32818	26	13217
卫生计生	79535	49534	492	26829
环保	13628	10308	57	2358
林业	41661	23377	241	9201
中科院	12971	5589	66	5343
地震	13446	10939	27	2242
气象	11325	5986	42	4490
工信	7281	5222	51	1649

资料来源：《中国科普统计》2016年的统计数据。

（4）科普基础设施建设

中国科学院科普基础设施既包括传统的科普基础设施，如科普教育基地、科技类博物馆、流动科普设施、基层科普设施等；同时也包括新兴科普设施，如科普网站、科普微博、科普 APP、科普微信等。传统科普设施和新兴科普设施的数量对比见图 2、表 10。

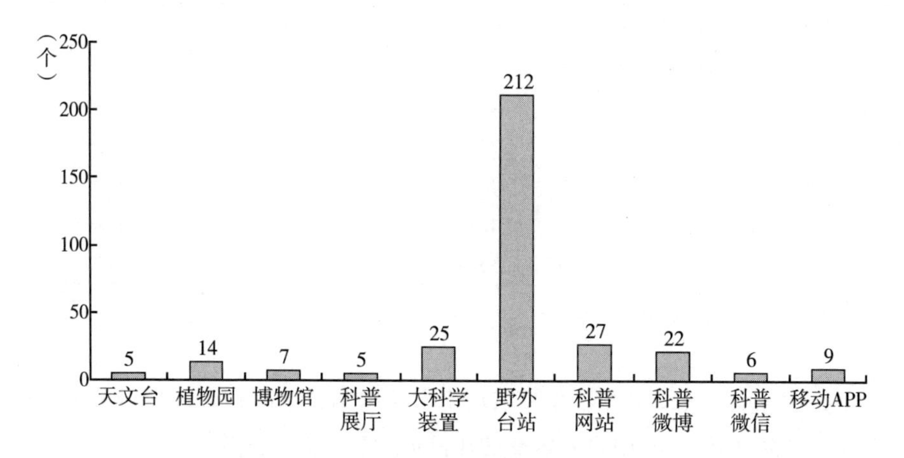

图 2　中国科学院科普基础设施

资料来源：明智科普网，http：//www.caskepu.cn/gb/stadium/index.html。

表 10　2016 年各科技相关部门科普基础设施统计

单位：个

一级指标	科普场地		
二级指标	科技馆	科学技术类博物馆	青少年科技馆站
教育	40	149	296
农业	12	24	4
文化	4	177	12
卫生计生	7	9	5
环保	2	8	4
林业	10	31	5
中科院	4	25	0
地震	12	15	8
气象	12	17	13
工信	8	17	3

资料来源：《中国科普统计》2016 年的统计数据。

2. 中国科学院下属研究机构科普服务能力建设情况

2011～2016 年，中国科学院累计举办科普讲座 18116 次，讲座参加人次

4633947 人；举办科技夏（冬）令营 1386 次，累计参加人数达 155451 余人；累计举办科普专题活动 1747 次，参加人次 2385739 人；累计举办重大科普活动 920 次（见表 11）。

表 11　中国科学院科普活动

年份	讲座举办次数	讲座参加人次	科技夏(冬)令营举办次数	科技夏(冬)令营参加人次	科普专题活动次数	科普专题活动参加人次	重大科普活动次数
2011	3404	1064982	72	11569	224	413439	108
2012	5738	1940329	246	24305	315	298401	168
2013	1567	285595	146	20942	181	444378	116
2014	1683	295786	157	18580	289	307549	137
2015	2166	393111	279	28570	421	426273	227
2016	3558	654144	486	51485	317	495699	164

资料来源：《中国科普统计》2016 年的统计数据。

3. 中国科学院下属研究机构科普产出能力建设情况

2011 ~2016 年中国科学院累计出版科普图书 239 种，发行 1315840 册；出版科普期刊 76 种，发行 51898384 册；电台、电视台累计播出科普视频 2324 小时（见表 12）。

表 12　中国科学院科普传媒统计

年份	图书种数	图书总册数	期刊出版种数	期刊年出版册数	电视科普节目时长(小时)
2011	25	113300	5	1555000	236
2012	29	195000	12	15536200	188
2013	11	62500	12	17105200	142
2014	5	44000	14	2807580	290
2015	66	246506	14	2190008	933
2016	103	654534	19	12704396	535

资料来源：《中国科普统计》2016 年的统计数据。

2016 年中国科学院出版科普期刊 19 种。在电视节目制作方面，全年达到了 535 小时。在科普网站建设方面，中科院现有各类科普网站 107 个（见表 13）。

表 13 2016 年各科技相关部委科普传媒统计

	图书出版种数		期刊出版		科普网站
填报单位	种数	册数	种数	册数	个数
教育	965	3564761	139	2059585	272
农业	1540	16650989	67	1484042	137
文化	326	1206902	37	1679796	46
卫生计生	515	5522091	134	4296607	359
环保	132	462830	33	1328500	50
林业	217	640066	67	258100	122
中科院	103	654534	19	12704396	107
地震	95	1074500	14	127420	113
气象	203	1485252	13	67656	117
工信	226	1152099	15	363600	25

资料来源：《中国科普统计》2016 年的统计数据。

4. 小结

上述结果表明，中国科学院在科普实践与探索方面，取得了一些显著成绩，形成了稳定的科普能力。但与国际先进科研机构相比，其科普能力还略显不足，与满足我国社会公众对科学技术知识的强烈渴望以及对科学院的期望还有一定的差距，这其中固然有我国科技体制、科研环境等因素的影响，但同时也反映出中国科学院科普工作及科普能力建设方面还有较大提升空间。下面从科普支撑能力、科普生产能力、科普服务能力等几个方面对中国科学院科普工作的现状加以分析。

科研机构的科普支撑能力，主要体现为机构政策环境、科普人员、科普经费和科普基础设施四方面。在科普政策方面，中国科学院做了很多开创性的工作和探索，但是，需要指出的是，当前中国科学院科普工作以及能力建设还处于开创时期，关于经费、人员等方面的政策还需要配合宏观科技体制改革进行突破，科普政策的体系化建设还需要进一步完善，科普政策的宣传推广、执行落实还需加强。在科普人员方面，从人员规模来看，已经形成了稳定的科普人员队伍。但是相比于科研人员的总体规模来看，专职科普人员的总量相对还是较小，目前中国科学院在职职工 7 万人，研究生 5.2 万人，在职职工数量/科普人员数量为82∶1，从数据显示约80名科研人员中才有1名专职科普人员，结合中国科学院研究所的实际情况，也就是研究所中无法保证每个研究部或者研究室有一名科普人员。在科普经费方面，过去5年间中国科学院的科普经费从总量来看位于我国教科文卫系统前列，从经费的结构来看，中国科学院自筹科普经费的比例也远高于其他同类机构。但是与国外先进科研机构相比，还有较大差距。国内多位学者的研究表明，美国、英国、日本等发达国家的国立科研机构的科普经费通常占总体科研经费的1.5%以上。相比之下中国科学院的科普经费占比就相对较低了，以2016年为例，中国科学院经费预算中科学技术预算约为586亿元，而科普经费为1.2亿元，占比仅为0.2%。

在科普能力生产方面，中国科学院开发了种类丰富、形式多样的科普资源。但是科普资源总量不足、结构不够合理、优秀原创资源甚少等也成为当前科学院科普资源开发的主要问题。首先，当前中国科学院科研结合科普的情况不甚理想，科技资源向科普转化的渠道不畅通，导致大量科研成果和科技信息无法转化成科普资源，进而形成了中国科学院科普资源总量偏少的局面。其次，与其他同类科研机构在科普资源开发、共享方面合作交流不畅，导致很多科普作品、科普活动高成本、低水平、低质量。再次，科普活动的信息化程度较低。云计算、大数据等信息手段在科普工作中的应用不足，泛在、精准、交互式的科普服务较少，科普网站的融合创新、迭代发展能力较弱。最后，缺少对优秀科普资源开发的激励与引导。

在科普服务能力方面，近年来中国科学院开展了各类形式的科普活动，积极普及科学知识，传播科学精神，应对社会科技热点问题，在科技界、社会公众中获得了广泛美誉度。但是在形式和内容方面，与国外先进科研机构的科普活动相比略显不足，同时也难以满足我国社会公众对于科学知识的诉求和期待。一是现有的科普活动内容较为狭窄、形式陈旧，主要局限于科学知识和实用技能的传授和讲解。二是科普活动中公众参与不足。在科普活动中虽然越来越多的科学家和科学传播人士开始重视对话，但不太注重与公众就科学的议题进行“商议”。三是热点、应急科普发展缓慢。缺少开展应急、热点科普工作的支撑队伍，未制定相应的措施和机制，缺乏有效的传播渠道。

三　科研机构科普成效评估理论研究

（一）科普评估领域已有研究评述

本文以“科普+评估”为主题词，在中国知网数据库进行检索，发现当前我国科普评估主要围绕三方面展开：一是关于地区或区域科普能力指标体系构建与评估；二是围绕科普资源配置效率展开评估；三是围绕科普效果评估（见图3）。

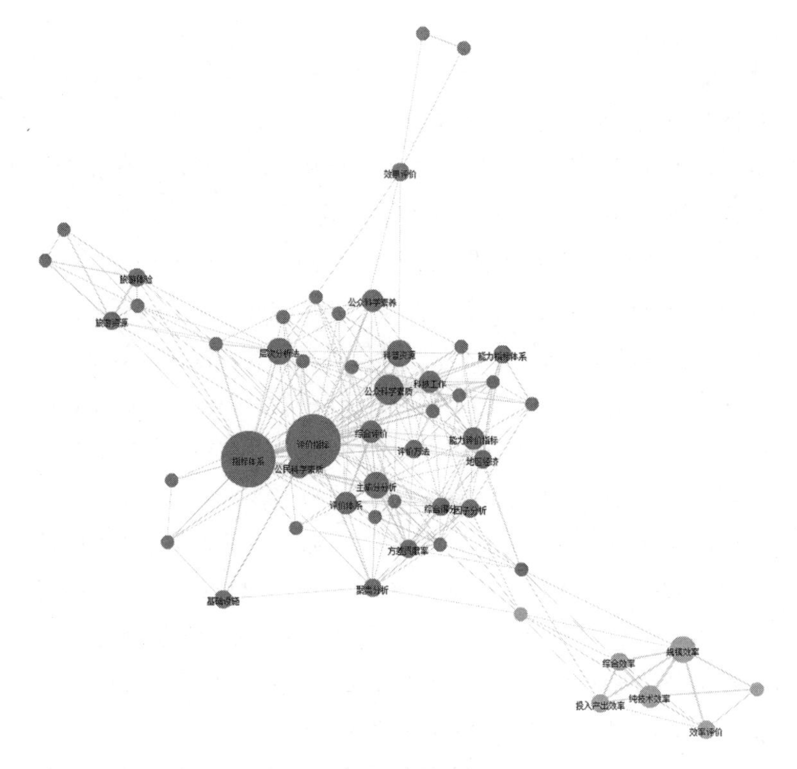

图3　“科普+评估”相关62篇文献主要关键词

1. 地区或区域科普能力指标体系构建与评估

在对地区或区域科普能力评估研究方面，我国学者的研究较为丰富。在评估指标体系构建上，基本是从科普能力的概念内涵出发，在国家科普能力指标体系基础上，依据不同的算法或理念模型来构建地区科普能力评估指标体系。例如，佟贺丰等（2008）[①] 提出的地区科普力度评估指标模型，以及李婷（2011）[②] 在国家科普能力定义的基础上所构建的地区科普能力的理论模型和指标体系。在具体的指标选择上，主要包括科普投入指标（科普人员、科普经费、科普场地等）、科普活动指标（规模、场次等）以及科普效果指标等。例如，何丹等（2014）[③] 设计了科普工作社会化格局评估指标体系，分别从科普工作有效形式、科普人员与机构规模、科普经费配置规模、科普活动组织规模和外部环境因素五个维度对北京市科普工作社会化格局情况进行数据调查，并通过数学方法对影响因素进行量化处理。在评估模型和方法上，张艳和石顺科（2012）[④] 应用因子和聚类分析方法对全国科普示范县科普综合实力进行了评估和分类，任嵘嵘等（2013）[⑤] 在对地区科普能力进行评估时，将熵权法和 GEM 有机结合起来确定指标权重。既体现了数据差异程度，又提高了专家判断的准确性和效率。张立军等（2015）首次运用分形模型对区域科普能力进行了评估，提出了促进我国区域科普工作均衡发展的政策建议[⑥]。

2. 科普资源配置效率评估

在科普资源配置效率评估方面，当前学者的研究主要是从科普投入产出角度来构建绩效模型。例如，王江平等（2014）从科普活动的基本概念和内涵出发，结合科普活动绩效评估的发展阶段和层次，将科普活动绩效评估指标体设置为 3 项一级指标（科普投入、科普活动和科普效果）、7 项二级指标、20 项三级指标[⑦]。张良强和潘晓君（2010）则在对科普资源共建共享的内涵认识

---

① 佟贺丰、刘润生、张泽玉：《地区科普力度评估指标体系构建与分析》，《中国软科学》2008 年第 12 期，第 54 ~ 60 页。

② 李婷：《地区科普能力指标体系的构建及评估研究》，《中国科技论坛》2011 年第 7 期，第 12 ~ 17 页。

③ 何丹、谭超、刘深：《北京市科普工作社会化评估指标体系研究》，《科普研究》2014 年第 3 期，第 29 ~ 33、40 页。

④ 张艳、石顺科：《基于因子和聚类分析的全国科普示范县（市、区）科普综合实力评估研究》，《科普研究》2012 年第 3 期，第 30 ~ 36 页。

⑤ 任嵘嵘、郑念、赵萌：《我国地区科普能力评估——基于熵权法 - GEM》，《技术经济》2013 年第 2 期，第 59 ~ 64 页。

⑥ 张立军、张潇、陈菲菲：《基于分形模型的区域科普能力评估与分析》，《科技管理研究》2015 年第 2 期，第 44 ~ 48 页。

⑦ 王江平、高文、靳鹏霄等：《2014 年度天津市科普活动绩效评估》，《天津科技》2015 年第 12 期，第 41 ~ 45 页。

和理解的基础上，提出了科普资源共建共享的绩效逻辑模型，建立了从科普资源共建共享水平的绩效、增强科普能力的绩效、提高科普效果的绩效等方面综合评估科普资源共建共享的绩效指标体系，并对全国各省份的绩效进行了实证评估与分析①。在研究对象上，出于数据的可获取性，多以省级或区域研究为主。例如，杨传喜和侯晨阳（2016）利用科普统计年鉴 2006 ~ 2013 年省级面板数据，运用 Malmquist 指数法对我国科普资源配置效率进行测度，从提高科普人员质量、政府主导带动社会捐赠等方面提出了一些政策建议②。

3. 科普效果评估

在科普效果的评估方面，省级或区域上，胡萌和朱安红（2012）对江西省科普效果指标体系及综合评估进行了研究，构建包括科普投入、科普社会环境、科普活动效果和科普综合产出效果四个模块在内的科普效果评估指标体系③。在针对新媒体情境下的大型科普效果评估上，潘龙飞和周程（2016）利用新媒体手段对 2015 年全国科普日活动进行评估，利用微信收集公众评估，利用微博和传统新闻报道考察媒体评估，较好地获取了相关数据，为大型科普活动的评估拓展了新方法，并结合调研内容讨论了优化大型科普活动的相关建议④。在评估的模型方法上，新近的尝试有齐培潇等（2016）利用经济学和系统科学的相关知识，分别从需求角度和投资角度构建了包含“吸引”要素的科普活动效果评估模型，是一种新的尝试⑤。

此外，还有学者对科普旅游成效进行了评估研究。研究对象以森林公园、地质公园等风景区为主。例如刘晓静等（2016）根据地质公园景区的特点，构建地质公园景区科普旅游评估指标体系，使“地质公园科普旅游”从一种抽象的概念转变为具有现实可操作性的标准⑥。王娜等（2015）运用 AHP 方

---

① 张良强、潘晓君：《科普资源共建共享的绩效评估指标体系研究》，《自然辩证法研究》2010 年第 10 期，第 86 ~ 94 页。

② 杨传喜、侯晨阳：《科普资源配置效率评估与分析》，《科普研究》2016 年第 11 期，第 41 ~ 48 页。

③ 胡萌、朱安红：《江西省科普效果指标体系及综合评估研究》，《科技广场》2012 年第 12 期，第 21 ~ 24 页。

④ 潘龙飞、周程：《基于新媒体的大型科普活动效果评估——以 2015 年全国科普日为例》，《科普研究》2016 年第 6 期，第 48 ~ 56 页。

⑤ 齐培潇、郑念、王刚：《基于吸引子视角的科普活动效果评估：理论模型初探》，《科研管理》2016 年第 S1 期，第 387 ~ 392 页。

⑥ 刘晓静、梁留科：《地质公园景区科普旅游评估指标体系构建及实证——以河南云台山世界地质公园为例》，《经济地理》2016 年第 7 期，第 182 ~ 189 页。

法对森林公园科普旅游资源进行了评估研究，并选取良凤江国家森林公园作为实证地对所构建的评估体系进行了校验①。

总的来说，评估问题一直是当前国内外科研管理领域众多学者关注的热点问题，具有十分重要的理论和现实意义。学者们关于科普评估的研究主要以地区或区域科普能力的评估研究为主，相关研究成果已经较为丰富。在对科普能力进行评估时，我国学者主要依据科普能力的概念和内涵构建指标体系，借鉴科技评估工作中从投入、产出两端进行衡量的成熟体系，将科普能力评估指标大体分为科普投入、科普产出和科普支撑条件三个维度。此外还有关于科普资源配置效率以及科普效果的评估等，但是缺乏将科普产出、效率和效果结合在一起的评估。

从有关科普成效的研究来看，国内目前尚处于起步阶段，系统综合的研究较少，关于科研机构科普成效的研究更是凤毛麟角；从已有针对科研机构开展的研究来看，多是从单一角度反映科普成效的一个侧面，缺少全面系统总结科研机构科普能力的构成及影响因素，在对策研究方面，也多是立足于科研机构自身工作的角度，缺少从引导、激励、诊断等角度提出全方位的建议。研究多是将相关组织或主体作为“黑箱”，更多将绩效或成效等同于结果或成果，忽视了行动作为组织绩效的重要维度。

（二）科研机构科普成效评估模型构建—基于软系统方法理论

为进一步提高科研机构科普能力和成效，完善科研机构科普工作的组织机制和运行模式，促进各类科普主体间学习交流和加强责任意识，确保科研机构科普工作顺利有序规范运行，提升科研机构科普工作的社会认知与响应，有必要对科研机构的科普成效进行评估。科研机构的科普成效评估作为促进科研机构科普工作的重要政策机制，具有十分重要的作用。概括起来讲，科研机构的科普成效评估主要发挥如下作用。②

（1）引导作用。科普工作的主管部门可以通过指定科普成效评估指标体系和具体的评估活动来表达其对科研机构科普工作开展的管理意志，宣传科普工作

① 王娜、钟永德、黎森：《基于 AHP 的森林公园科普旅游资源评估体系构建》，《中南林业科技大学学报》2015 年第 9 期，第 139～143 页。

② 张先恩等：《科学技术评估理论与实践》，科学出版社，2008，第 15～28 页。

管理与实践的理念、方法和技术，引导科研机构科普工作的发展方向和工作内容，积极探索科普工作服务国家战略、提升公民科学素质的工作思路和运行机制。

（2）激励作用。通过开展科研机构科普成效评估活动，将竞争机制潜移默化地引入各类科研机构之中，有助于鼓励各类科研机构明确自己的战略优势，积极借鉴优秀科研机构科普工作的管理经验，不断探索各类科研机构激励和资源整合的新机制、新思路，营造一种学习、创新的科普文化。

（3）规范和诊断作用。科普成效评估指标体系作为科研机构科普工作的一种标杆和标准，有助于各类科研机构对比自查，发现问题，从而加快科研机构科普工作的规范化、科学化和制度化，保障各类科技科研机构科普工作的可持续发展。

本文立足于“总结、评估、提升科研机构科普成效”这一核心目标，选取中国科学院下属若干科研机构作为典型案例，研究设计具有一定科学性、前瞻性和普适性的科普成效评估指标体系，力求提炼科研机构科普工作的“行为指标”，反映科研机构的组织使命及功能目标，较为客观地体现科研机构科普工作及活动的组织特点。在此基础上，基于评估结果以及科研机构科普工作所面临的形势，提出提升科研机构科普成效的基本思路与建议。本文拟借助基于软系统方法论的3E评估模型，打开科研机构科普工作这一“黑箱”，从投入—过程—产出—影响维度建立全链条式的科普成效评估逻辑框架，并应用DEA方法，对科研机构科普成效进行效率评估。

1. 软系统方法理论与“3E”评估模型

软系统方法论（Soft Systems Methodology，SSM）是Chekland发展起来的用于处理人类活动系统中由世界观和价值观差异而引发复杂问题情境的系统进路。SSM将人类所面对的系统看作是问题情境，不是单纯的工程技术系统，而是“人类活动系统”。在社会、政治、文化、人类行为等因素掺杂其中，传统的硬系统分析往往失去优势甚至失效的情景下，软系统方法论有助于逐步逐层分析和理解系统所面临的复杂环境、复杂问题，提出具备逻辑合理现实可行的解决方案及评估指标。SSM提出了7个阶段的方法论程序（见图3）。这一方法论程序包含着我们思考问题时经常采用的4种心理活动：知觉、预见、比较和决定。第一步和第二步是对问题情景的知觉；第三步和第四步是以相关系统根定义和概念模型的形式对现实问题某些方面做出预见；第五步是将概念模型和问题情景做比较；第六步根据比较的结果，决定应该做什么；第七步即采取行动，改善实际问题。

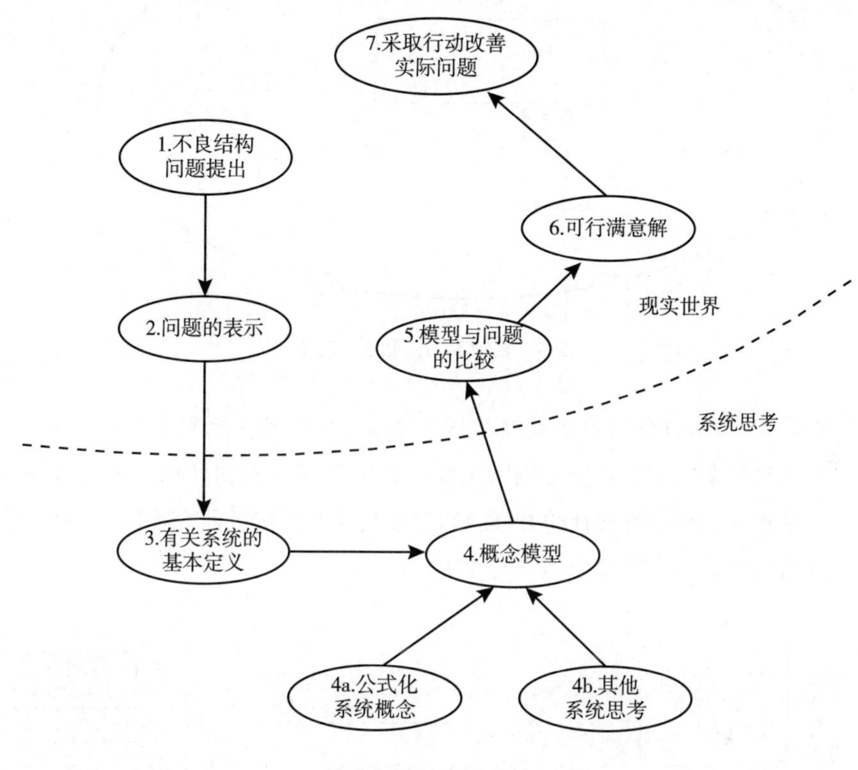

图 4　SSM 理论示意

在这 7 项步骤当中，建模、比较和讨论的三项关键活动。研究者需要对问题情境进行简明的“基本定义”（根定义），基本定义就是把任何有目的活动都表达为一种“输入—转换—输出”的逻辑形式，它同时也是对基于某一价值导向的目的行为的抽象描述，由 6 个元素构成一个“CATWOE”元素集合，这个元素集合的含义表示如下 Customer（利益相关者），Actor（执行者），Transformation（价值导向实现的过程），World View（价值导向），Owner（决策者），Environmen（环境因素）。在根定义过程中，对转换过程的有效性还需依赖于 3 个评估标准，即“3E”：系统是否产出了期望的结果（Efficacy）；系统在成果产出中是否过度使用资源（Efficiency）；产出是否对系统的外延和系统外部环境产生影响（Effectiveness）（见图 4）。

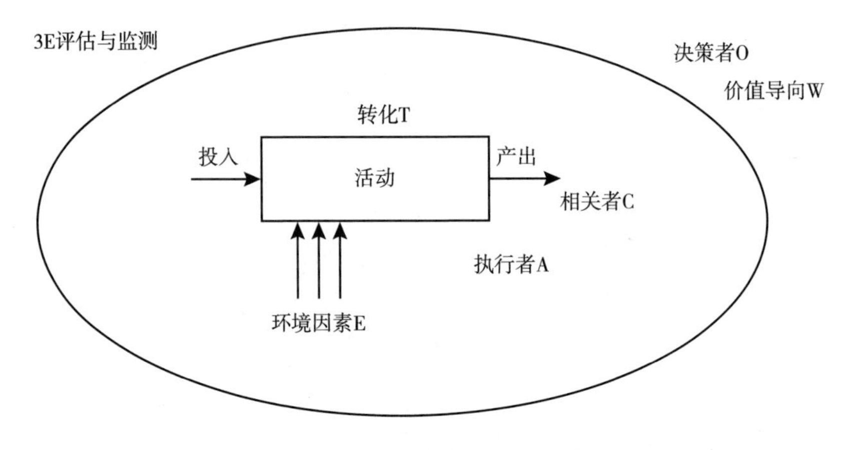

图 5　CATWOE 和 3E 示意

随着 3E 绩效评估理论的发展，其日益成为分析和诊断复杂问题的有效工具，尤其是复杂的社会环境影响下组织机构的管理分析和评估。本文依据 3E 绩效评估理论，结合科技社团开展科普活动的实际情况，研究提出面向我国科研机构科普成效评估逻辑模型（见图 6）。

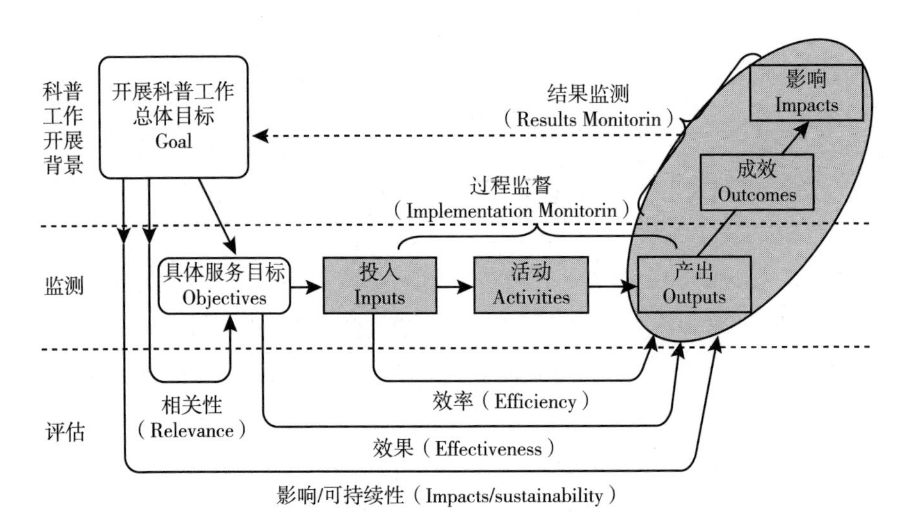

图 6　科研机构科普成效评估逻辑模型

注：评估逻辑模型设计参考基于科技部评估中心科普评估模型。

2. 科研机构科普成效评估指标体系构建

评估指标是对科普目标及特性的有机分解，其中包含了科普工作所涉及的各个组成要素及影响因素。在构建科普成效评估指标体系，或建立科普成效评估分析框架时，本文遵循科学性原则、系统性原则、独立性原则以及可操作性等基本原则。

依据我国科研机构科普工作的实践与现状，同时充分考虑科普成效评估工作的可行性和可操作性，初步考虑以能力建设、工作成效、满意度测评为重点评估内容，开展对我国科研机构科普成效的评估。其中能力建设包括：制度安排、经费保障、队伍建设、科普场地设施等方面。工作成效包括科普活动的组织、科普产品的开发以及科普工作的成效与影响。满意度测评包括政府部门的评估满意度（各类科普奖项、领导批示等），社会和媒体的评估满意度（传统媒体与新媒体的报道等）（见表 14）。

表 14　科研院所科普成效评估指标

一级指标	二级指标	评估方法
1. 科普工作目标	1. 与科技创新工作的衔接性、促进性	定性评估
	2. 对于创新人才培养的促进	
	3. 对于公民科学素养的提高	
2. 科普能力建设	4. 科普人员比例	定量评估
	5. 科普经费比例	定量评估
	6. 外部科普经费比例	定量评估
	7. 科普经费年增长幅度	定量评估
	8. 科普设施、基地等使用频次	定量评估
3. 科普文化与环境	9. 有科普相关规章制度	定性评估
	10. 有科普工作计划与总结	定性评估
	11. 参与国家或各级科普工作统计	定量评估
4. 科普活动	12. 全国科技周、全国科普日主会场活动	定量评估
	13. 院主办的各种科普活动	定量评估
	14. 科学营活动	定量评估
	15. 科学课程开发及科学探究活动	定量评估
5. 科普产品	16. 开发科普图书、教材、教辅数量	定量评估
	17. 开发科普视频率量	定量评估
	18. 开发科普（微）视频质量（如采用情况）	案例与回溯评估
	19. 开发科普展品数量	定量评估
	20. 科普展品使用情况	案例与回溯评估

续表

一级指标	二级指标	评估方法
5. 科普影响	21. 政府部门的评估满意度（各类科普奖项、领导批示等）	案例与回溯评估
	22. 社会和媒体的评估满意度（传统媒体与新媒体的报道等）	案例与回溯评估
	23. 科普工作获奖情况	案例与回溯评估

四　科研机构科普成效评估实证研究

本文在借鉴科技评估领域常用的科技评估方法，结合科普工作的特点，拟采用以下量化研究与质性研究相结合的科研机构科普成效评估方法①。

（一）基于数据包络分析方法的科研机构科普成效评估

研究拟采用上文基于软系统理论提出的评估指标，利用数据包络分析的方法，对科研机构科普成效进行定量评估。科研机构科普成效的定量评估是对于科研机构在科普领域投入、产出进行分析，科普系统是具有多种投入和多种产出的复杂系统，投入指标与产出指标之间也很难找到明确的函数关系，量纲更难统一，适合采用DEA模型对其效率进行分析评价。

1. 数据包络分析(DEA)方法

数据包络分析（DEA）方法近年来被广泛应用到效率评估当中来，其是利用数学规划，评估具有多个投入和产出的“部门”或是“单位”间的相对有效性。假设有 *N* 个部门或单位（DMUs），这 *N* 个部门或是单位具有可比性，即具有相同投入要素、相同产出的具有相同功能的实体。DEA方法通过对被评估单元的输入输出数据进行综合分析，可以得出每个输入被评估单元的综合效率，并可以依据此将各DMU定级排序，确定有效的DMU，并指出其他DMU非有效的程度和原因。如果输入越小而输出越大，则越为有效，计算结

① 张先恩等：《科学技术评估理论与实践》，科学出版社，2008，第15～28页。

果即效率值在0~1，效率值为1即为有效，效率值越接近1越接近有效。DEA方法还能判断各DMU的投入规模是否恰当，并给出了各DMU调整投入规模的正确方向①。

2. 科研机构科普成效定量评估指标的选取

目前国内外基于科普投入产出来进行科普评估的研究有限，关于指标的选取，没有权威的研究成果可供参考。借鉴相关研究成果②③④和上文中提出的评估指标体系，本文构建了科研院所科普投入产出评估指标体系（见表15）。

表15　科普投入产出评估指标体系框架

项目	指标	具体内容
投入指标	科普人员	科普专职人员 科普兼职人员
	科普场地	科技馆 科学技术博物馆 青少年科技馆 其他科普设施
	科普经费	科普经费
产出指标	科普传媒	科普图书 科普期刊 科普音像制品 科普网站 其他科普传媒
	科普活动	科普讲座 科普展览 科普竞赛 科技活动周 大型科普活动 其他科普活动

① 赵园：《要素投入对产出的实证分析》，《知识经济》2013年第1期，第6~7页。

② 佟贺丰、刘润生、张泽玉：《地区科普力度评估指标体系构建与分析》，《中国软科学》2008年第12期，第54~60页。

③ 张慧君、郑念：《区域科普能力评估指标体系构建与分析》，《科技和产业》2014年第2期，第126~131页。

④ 刘广斌、李会卓、尹霖：《我国科普产业统计指标体系构建研究》，《科普研究》2015年第6期，第51~57页。

3. 部分中国科学院下属研究机构科普成效定量评估结果

研究利用 DEAP2.1 软件中 BCC 模型计算结果如表 16 所示。其中第二到四列分别是综合效率、纯技术效率和规模效率。综合效率可分解为技术效率和规模效率，技术效率是对规模报酬可变条件下 DMU 与生产前沿面之间距离的测度，反映了决策单元的管理水平、技术水平等。规模效率是对 DMU 实际生产规模与最优生产规模之间距离的测度，反映了 DMU 资源配置水平。其中最后一列规模收益递增（irs），表明应该扩大生产规模；规模收益不变（-）表明处于一种理想的生产规模；规模收益减少（drs）表示应采取缩小规模的策略。

表 16　中国科学院下属科研机构科普投入产出效率

DMU	综合效率	纯技术效率	规模效率	e
西双版纳热带植物园	1	1	1	—
山地灾害与环境研究所	0.697	1	0.697	irs
国家天文台	1	1	1	—
海洋研究所	0.561	0.611	0.918	drs
深圳先进技术研究院	1	1	1	—
华南植物园	0.723	1	0.723	irs
计算机网络信息中心	1	1	1	irs
武汉植物园	0.733	1	0.733	irs
物理研究所	1	1	1	—
昆明动物研究所	0.814	0.825	0.986	irs
昆明植物研究所	0.561	0.567	0.99	drs
中国科学技术大学	1	1	1	—
软件研究所	1	1	1	—
上海光学精密机械研究所	0.408	1	0.408	irs
上海硅酸盐研究所	0.526	1	0.526	irs
上海生命科学研究院	1	1	1	—
沈阳应用生态研究所	0.573	0.636	0.9	drs
数学与系统科学研究院	0.599	1	0.599	irs
水生生物研究所	0.222	0.333	0.667	irs
古脊椎动物研究所	1	1	1	—
文献情报中心	1	1	1	—
自动化研究所	1	1	1	—

续表

DMU	综合效率	纯技术效率	规模效率	e
西北高原生物研究所	0.326	0.5	0.651	irs
紫金山天文台	0.301	0.5	0.601	irs
长春光学精密机械与物理研究所	1	1	1	—
植物研究所	1	1	1	—
mean	0.687	0.82	0.83	

注：分析资料来源于中国科学院 2015 年科普统计数据，由于数据缺失，这里仅对中科院 26 个研究所进行了科普投入产出效率评估。

（二）中国科学院下属研究所科普成效定性评估设计

1. 分类开展中国科学院下属研究所科普成效定性评估

中国科学院作为我国最大的科研机构，其在科学普及方面具有悠久的历史传统，并开展了多年的实践探索，具有广泛的社会影响。2017 年 5 ~ 10 月，课题组围绕我国科普相关研究问题，系统走访调研了中科院北京分院、上海分院、南京分院、成都分院、昆明分院、新疆分院，以及各分院对口联系的 30 余个研究机构，通过半结构化访谈、专家座谈等形式，与 100 余名科研与管理支撑人员进行了讨论与交流（见表 17）。

通过调研访谈工作一方面获取了中科院科普工作领域第一手翔实、准确的数据和资料；另一方面对中科院研究机构、科研人员等对科普工作的观点态度有了真实的了解。访谈主要围绕中科院科普工作的整体架构与布局、科研机构科普工作的现状与问题、科普工作的影响因素、科研机构当前科普文化建设情况、对于开展科普成效评估的建议与意见等五个方面展开。

经过系统地实地调研，本文发现由于基础研究领域、资源环境领域、高技术领域、生命科学领域的科研机构在科研资源禀赋、科研活动组织类型、科研成果表现形式等方面存在较大差异，从而决定了不同研究机构在科普工作的目标与定位、能力建设、文化环境、活动组织、产品研发、影响力等方面也存在不同，因此，本文依据已构建的评估逻辑模型，依据中国科学院科普工作的实践与现状，同时充分考虑科普成效评估工作的可行性和可操作性，同时从结合各自影响力等方面的特色与专长，设计相应的专题，分类考量和设计不同类型

表 17　调研科研院所名单

北京分院	南京分院	广州分院	四川分院	云南分院	新疆分院	武汉分院	上海分院
物理所	南京古脊椎所	华南植物园	成都山地灾害与环境研究所	昆明植物所	新疆天文台	武汉植物所	上海生科院
力学所	南京土壤所	深圳先进院	光电技术研究所	昆明动物所	新疆生地所		
网络中心	紫金山天文台	三亚深海所	贵阳地化所	西双版纳热带植物园			
心理所	南京地理与湖泊所						
文献中心							
自动化所							
海洋所							

科研机构科普成效评估。进而结合上述 DEA 方法的评估结果，结合专题调研情况，研究将重点选取确定将中国科学院西双版纳热带植物园、中国科学院计算机网络信息中心、中国科学院物理研究所作为案例研究对象，对其科普成效进行专题评估。

2. 中国科学院下属研究所科普成效定性评估方法的选择

定性评估方法，是科技评估中应用最广泛和可信度较高的评估方法，尤其是对用定量方法难以测度和判断的科研活动的价值评估（merit review），具有其他方法不可替代的优势。定性评估方法与上述多方法的补充与结合，可以有效规避定量评估和定标比超方法导致的“数字和指标导向”，以及案例回溯分析法难以大范围铺开的缺点。

案例与回溯评估法，即对关键事件或典型案例进行回顾和剖析，分析导致关键事件发生的科学内外部因素，分析研究工作环境和资助机制对取得重要成果的作用与影响，总结成功经验与不足，预见科研工作可能产生的影响，提高科学研究与科研管理工作的显示度。如上所述，本次科普成效评估将通过借鉴优秀科研机构科普工作的管理经验，鼓励各类科研机构明确自己的战略优势，不断探索各类科研机构激励和资源整合的新机制、新思路，营造学习、创新的科普文化。

（三）案例研究：中国科学院下属科研机构研究所科普成效评估

1. 西双版纳植物园科普成效评估

（1）植物园的科普角色

植物学科作为科普的一个重要分支，承担宣传植物科学知识、生态文明和环境保护意识、提高人们走进自然亲近自然爱护自然的生态意识及植物参观旅游人员的公众科学素质的功能，植物园是植物学最重要的也是最基本的科普场馆，是植物科普活动、宣传植物科普知识增强人们保护生态环境意识的重要阵地。

国际植物园保护联盟（BGCI）将植物园定义为：拥有活植物收集区，并对收集区内的植物进行记录管理，使之可用于科学研究、保护、展示和教育的机构被称之为植物园。当前，植物园的任务和功能是物种保护、科学研究、科普教育、旅游和新植物材料的产业化五个方面。全球植物园保护战略（GSPC）制定了植物园需要在2010年之前实现的目标。在实现长期最终目标的范围内，将促进植物多样性的教育和宣传作为其中的一项目标。植物园是一个活植物的博物馆，其中优美的自然景观和丰富的植物种类，为游客展示了多样植物的美丽和神奇。然而，对自然美景的展示只是第一步，所有到植物园参观游览的人都可以在此获取科学知识和接受有关科学方法和科学思想的教育。植物园中所收集的种类丰富的植物促进了有关植物多样性的教育，使人们了解植物与环境的关系、植物对人类与生态系统的重要性，并且传授有关本地植物的知识和生物多样性所受到的威胁以及在全世界和本地区保护环境的迫切性。

（2）西双版纳植物园科普能力建设情况

①科普支撑能力

表18　西双版纳植物园科普支撑能力建设统计

	科普专职人员	科普兼职人员	科普人员比例	科普经费	自筹科普经费	国家级科普基地	省级科普基地
数量	57人	22人	15%	337万元	150万元	1个	1个

资料来源：科技部科普数据统计、中国科学院科普统计、西双版纳植物园所上报信息。

②科普活动组织

表 19　西双版纳植物园科普活动组织情况统计

	科普讲座	参与人数	科学营	科技活动周	参与人次	开放日
数量	20 次	1800(人)	10(个)	1(周)	6000(人次)	1(天)

资料来源：中科院科普统计、西双版纳植物所上报信息。

表 20　西双版纳植物园开展的主要科普活动

序号	名　称
1	《认识气候变化》和《萤火虫的绚烂生活》的科普讲座
2	自然观察俱乐部
3	天使与坚果派雨林探秘活动
4	了解自己的家乡——记小街小学科普活动
5	北京三十五中学生参加科学探究活动
6	开展流浪猫控制项目
7	“成长中的望天树”科普讲座走进允景洪小学
8	“自然之门”科普活动带领幼儿探秘动物的智慧
9	版纳植物园在濒危植物保护交流会介绍环境教育经验
10	自然观察帮助我们了解身边的自然
11	《成长中的望天树》科普讲座第十二期走进社区学校
12	青岛墨尔文国际学校科学探索营
13	版纳植物园迎来北京十中科学探索营
14	北京国际大自然学校的亲子体验营
15	亲子自然体验活动
16	大山包黑颈鹤国家级自然保护区来版纳植物园交流科普教育
17	“边境地区生物多样性保护”研讨会在版纳植物园召开
18	西双版纳小学教师到版纳植物园参观学习
19	版纳植物园开展“持植物护照,识百花”春节科普活动
20	葫芦岛之恋——中科院版纳植物园 16 年前的影像
21	夜游植物园
22	“探秘雨林”亲子营
23	自然之友连续三年在版纳植物园举办冬令营—第一期
24	自然之友连续三年在版纳植物园举办冬令营—第二期
25	北京一〇一中学来参观
26	中国科学院附属实验学校学生来版纳植物园参加冬令营
27	版纳植物园西双版纳小学生举办冬令营
28	版纳植物园为百名西双版纳小学生举办冬令营
29	大象自然教育体验版纳植物园的冬令营活动
30	昆明大象自然教育再次体验版纳植物园的冬令营活动

③科普产品设计与开发

表 21　西双版纳植物园科普产品设计与开发统计

	科普图书期刊	科普视频	科普展品	科普新媒体	科普新媒体浏览量
数量	1	16545	10	2	5

资料来源：中科院科普统计、西双版纳植物所上报信息。

④科普影响

表 22　西双版纳植物园科普影响统计

报道名称	媒体名称	栏目
神奇的进化	西双版纳广播电视台	记录西双版纳栏目
断肠草该如何辨别?	湖南卫视	新闻大求真
西双版纳之五热带植物园	华数 TV	西双版纳之五
奇花异木的植物王国	CCTV－4 中文国际	《寻找最美花园》
热带雨林拾趣	西双版纳广播电视台	记录西双版纳栏目
西双版纳热带植物园举办兰花展	西双版纳广播电视台	西双版纳新闻
彩云之南的民族花园	CCTV－4 中文国际	《寻找最美花园》
威廉王子在云南发表动物保护演讲	凤凰卫视	凤凰卫视新闻
热带森林树种首次有了 DNA 条形码	云南网络广播电视台	新闻频道
中国植物园联盟公众科普计划大型科普活动开幕	西双版纳电视台	西双版纳新闻
美丽西双版纳——花儿的策略	西双版纳电视台	记录西双版纳
求真夏令营	湖南卫视	新闻大求真
评析中科院西双版纳热带植物园海南黄花梨被盗案	西双版纳电视台	律师在线
中科院植物园百万黄花梨木被盗伐另一棵被严重锯伤	辽宁卫视	第一时间
西双版纳热带植物园价值百万黄花梨被盗警方已介入调查	中国广播网	中国国情
西双版纳:中科院植物园百万黄檀被盗伐	山东卫视	早安山东
云南热带植物园价值百万黄花梨被盗	上海卫视	新闻综合
名贵树种盗伐案:中科院珍贵树种被盗植物园官微怒骂回应	辽宁卫视	说天下栏目
《暑假去游学》第 30 集绿岛奇遇	中央电视台 CCTV－4	远方的家
《暑假去游学》第 29 集绿岛奇遇(上)	中央电视台 CCTV－4	远方的家
宝贝去哪儿	湖南卫视	新闻大求真

续表

报道名称	媒体名称	栏目
中国植物园学术年会首次在云南召开共商植物园发展问题	云南电视台	新闻联播
植物园肩负生态文明建设使命	西双版纳电视台	其他栏目
州自然保护区管理局和植物园第十次科技合作交流年会召开	西双版纳电视台	新闻赶摆场
“本土物种全覆盖保护(试点)计划”实施首轮评估完成15%植物物种受威胁	中央电视台	朝闻天下
植物园做好接待工作迎接八方来客	西双版纳州电视台	西双版纳新闻
有一种草听到音乐会跳舞,是真的吗?	CCTV2-财经	是真的吗
有一种果子食用后会使酸味变甜是真的吗?	CCTV2-财经	是真的吗
有一种花是黑色的,是真的吗?	CCTV2-财经	是真的吗
爱它就请别再购买它	西双版纳广播电视台	新闻赶摆场
【实测】吃了这种神秘果一顿能喝三碗醋	都市快报	逗比实验室
首届罗梭江科学教育论坛在西双版纳举行	云南电视台	云南新闻联播
粽子飘香植物园	西双版纳电视台	新闻赶摆场

（3）植物园开展科普活动的科普成效评估

植物园在科普领域正发挥着越来越重要的作用。植物园以其科学的内涵、丰富的生物多样性以及优美的园林景观，吸引公众走进自然，而植物园中的环境教育工作者也在这一过程中通过设计活动来引导公众了解自然，了解科学。因此，植物园的环境教育工作也需要进行规范和评估，以促进相关工作的稳步开展和发展。

一个好的活动需要系统的评估，一个好的评估也要依托于精心设计的活动，二者相辅相成。科学的评价方法离不开完善的指标体系，因此，建立对环境教育活动的评估指标以及对环境教育工作者的评价体系就显得尤为重要。植物园科普活动评估包括三个方面：一是对活动参与者的影响，二是活动本身的有效性，三是对活动实施者或设计者的影响。

①对活动参与者的影响

活动参与者指的是某个科普活动所要针对的主要目标受众，所关注的是那些全程参与了活动实施过程的人，比如一场讲座、一个游戏或一期夏令营。另外，对于一些大型科普活动，活动参与者可能只参与到其中的一个片段，只了解那部分自己感兴趣的活动内容，例如青年科学节、观鸟节等。

从评估方法上看，对活动参与者的影响的评估分为定量评估和质性评估。定量评估一般通过标准化的问卷或观察法来获取数据，需要较大数量的样本以保证数据分析的有效性。通过对比参加活动前后的测量结果，可以初步了解活动是否有效，在哪些方面有效，这一有效性可能和哪些变量有关。例如，贺赫硕士研究课题就发现，植物园中的科普馆在“与教育相关的体验”方面是有效的，而且受访者的来源地、年龄和受教育程度也会对与教育相关的体验产生影响。而运用观察法对活动参与者的某些行为举止进行记录，可以帮助了解他们的行为规律，并可能部分解释问卷分析结果。质性评估一般通过标准化或半标准化的访谈来获取数据，这部分数据无法量化，一般采用质性分析的方法来得出结果。这一方法的优势是不仅可以了解参与者的感受或收获，还可以了解产生这些感受或收获的原因。对于新推出的活动，质性评估能够提供参与者的直观感受和对活动的评价，对活动的调整和提升有非常重要的作用。

需要注意的是，想通过一个科普活动让参与者在各个方面都获得提升是不可能的，因此，还必须明确科普活动所想要达到的环境教育目标，是提高觉知水平、改善态度、增加知识、培养技能，还是强调参与，继而针对这一目标来进行评估，这样才有可能做到有的放矢。

②活动本身的有效性

一个科普活动的开展不仅需要人力的投入（软件），也需要使用场地、设施和道具等（硬件）。而科普活动的实施能否对与其相关的硬件产生影响即体现了该活动的有效性。例如，笔者所在的西双版纳植物园所推出的乌兰魅影——夜游植物园活动便对相关的硬件的补充或提升产生了影响。经过近七年的发展，在保证基本照明的前提下，夜游游道上的灯光极大减少，在萤火虫密集区域的割草次数也大幅度减少，与此同时，讲解词的规范化、指星笔、手电筒和相关书籍的购买都进一步保障了夜游植物园的效果。如今，它已经是西双版纳植物园最受欢迎的科普活动之一，每到夏天，每一天都有游客报名参加该活动。

虽然一个科普活动可以通过多种方式提升其有效性，而且这一过程似乎是没有止境的，但是我们还是需要紧紧围绕其所要达到的环境教育目标来进行提升改善，不能盲目地在已经成熟的活动中添加不相关的因素。

此外，科普活动本身还存在着投入和产出的核算问题，而且有些活动可能还需要长期的经费投入。因此，我们需要明确该科普活动的目的是以经济效益优先，还是以社会效益或生态效益优先，以便在活动的设计、实施和评估阶段采取相应的策略。

③对活动实施者或设计者的影响

科普活动对活动实施者或设计者的影响可以通过自我反思的方式来进行评估，这种方式要求反思者对自身所参与的活动的相应（全部）过程进行回忆和记录，从而提取出活动中的可取之处和不足之处，分析它们和活动目标的关系，并对自己在活动中的角色和所发挥的作用进行定位，思考自己是如何完成这一定位的，完成的程度如何，继而判断活动对自身所产生的影响。

一个科普活动的设计和实施通常需要多人合作，于是，工作组成员内部进行相互评估也可以是一种方法。这样不仅可以给工作组提供机会，对活动进行总结和反思，还可以在此过程中沟通彼此的想法，为活动的进一步完善提供方向，也可能会促进更加合理的分工。

科普活动对活动实施者和设计者的影响经常被忽略，因为我们往往会更加关注活动参与者的反馈和评价，毕竟他们才是活动最重要的受众，而且可供使用的评估方法比较多。但是评估活动对实施者和设计者的影响对评估者的要求比较高，在评估过程中要在主观因素和客观条件之间进行平衡，容易产生自说自话的倾向。其实，活动的实施者和设计者可以说是活动父母，几乎全程参与了活动的产生和实践中，他们本身也在经历着成长和变化。从某种意义上说，这一类评估可以反映该活动的全貌，因此，掌握并科学运用这一评估方式十分必要。

（4）中国科学院西双版纳植物园科普成效分析

下面从科普专业队伍、科普活动、科普设施、科普传播以及科普理论研究五个方面展开西双版纳植物园的科普实践工作。

①培养科普专业队伍

西双版纳植物园已培养一支初具规模的专职科普队伍。全园专职科普人员达到57人，其中28人具有硕士以上学历，具有环境教育、生态学、社会学、文学等专业背景，他们承担全园科普活动的策划和实施、科普场馆管理、网站的运维、标识系统制作及科普讲解员培训管理等工作。西双版纳植物园还培养了一支50人左右的以傣族、哈尼族、基诺族等少数民族为主的科普讲解员队伍。科普讲解员上岗前都要系统地接受植物学、生态学、生物多样性、生态旅游、礼貌礼仪、园情州情、科普导游业务等方面的知识培训，为游客提供优质的讲解服务。同时积极组织科普讲解员参与西双版纳州、云南省乃至全国的讲解员培训和比赛，成为西双版纳植物园一道亮靓丽的风景。

②打造特色科普品牌活动

科普团队精心组织策划科普活动，科普活动形式丰富多样，打造了具有广泛影响力的科普品牌。近5年来围绕全国科技活动周、全国科普日、国际生物多样性日及“十一”、春节黄金周，学生寒暑假等开展主题科普活动，直接参与的公众达到100多万人次。结合园区科学内涵特点和景观特色，创建了“绿岛历奇”“大手拉小手”“植物艺术”“秘密花园”四大科普活动品牌，提高了公众参与度，获得了良好的社会反响。

③持续完善科普设施

西双版纳植物园在园区规划和建设中导入科普理念，特别是以创建国家5A级旅游景区为契机，在完善园区建设的同时，投入大量资金建设科普平台与科普解说系统。为向公众开放更多的科普资源，根据园区总体规划，完成园外园大游客中心、罗梭江大桥、百花园、棕榈园新区、科研中心等项目的建设，基本实现了科研、展示、住宅区的功能划分。“十二五”期间绿石林景区改造提升并开展罗梭江游船项目，实现了全园西片区、东片区、绿石林景观区的完善布局，现已建成38个特色植物专类园区，对游客开放面积扩大到近4000亩，进一步完善园区服务功能，显著提升了园区对公众的吸引力。

④利用新媒体技术拓展科普传播渠道

官网网站和专业科普网站全方位覆盖。官方网站信息丰富，主要有综合消息、科研进展、园林植物和科普活动四类信息，5年共发布这四类信息2500篇，每年更新500多条，为访问者提供多层面、多渠道的信息途径。2014年新建专业科普旅游网，设置园区信息、每月一花、热带植物、奇花异卉、生态学和植物学等多个栏目，更加直观和精美地呈现植物资源，将植物展示、科普资讯、科普活动与旅游服务有机结合，将成为重要的网络科普阵营之一。此外，还充分利用豆瓣、旅游微刊等集中展示西双版纳植物园的网络科普旅游资源。

⑤开展科普理论研究

西双版纳植物园作为中国植物园联盟理事长单位和联盟秘书处挂靠单位，精心组织联盟精品培训班。自2013年起，每年举办为期15天的“环境教育研究与实践高级培训班”，每期都有约30名学员参加，为全国各植物园及相关机构培养环境教育人才。

通过对科普旅游理念和实践的全面总结，围绕植物园科学传播理论和方法等率先在中国植物园招收科普硕士研究生，进行先进科普教育理论与方法的研究，积极探索提高公众生物科学和环境保护意识的有效途径，分别得到中国科协、国家自然科学基金、云南省科技厅、中科院西部之光等项目支持，5年来共争取科普项目22项，经费达299万元；在Biological Conservation、Environmental Education Research、Climatic Change国际专业期刊上发表多篇环境教育研究论文，在全国处于领先地位。

2. 中国科学院物理研究所科普能力建设与科普成效评估

（1）中国科学院物理研究所科普能力建设情况

①科普支撑能力

表23　中国科学院物理研究所科普支撑能力建设统计

	科普专职人员	科普兼职人员	科普人员比例	科普经费	科普经费所占比例	自筹科普经费	国家级科普基地	省级科普基地
数量	1人	18人	1.4%	150万	0.2%	20万元	1个	1个

资料来源：科技部科普数据统计、中国科学院科普统计、物理所上报信息。

②科普活动组织

表24　中国科学院物理研究所科普活动组织情况统计

	科普讲座	参与人数	科学营	科技活动周	参与人次	开放日
数量	5次	1200人	1个	1周	4800人次	1天

资料来源：中科院科普统计、物理所上报信息。

表 25　中国科学院物理研究所科普活动

序号	名　称
1	挥舞大关刀的博导走近中国的大师们
2	开放的自我文科知识分子的多种形象
3	火星救援　人类移民火星之路
4	物理所科普展品创意大赛
5	国科大招生宣传参观物理所
6	物理所第十三届公众科学日
7	“十二五”科技创新成就展
8	科学营常规活动
9	科学营常规参观活动
10	中科院科技创新年度巡展开幕式

③科普产品的设计与开发

表 26　中国科学院物理研究所科普产品设计与开发统计

	科普图书与期刊	科普视频	发表科普文章	科普展品	科学课程	科普新媒体	科普新媒体浏览量
数量	3 本	1200	1.4%	1	4800 节	1	1

资料来源：中科院科普统计、物理所上报信息。

④科普影响

表 27　中国科学院物理研究所科普影响统计

媒体报道	媒体名称	栏目	获得荣誉
《科技盛典》外尔(Weyl)半金属研究团队	中央电视台	科技盛典	科学传播平台明星用户
揭秘实践十号上的颗粒流体气液相分离试验(4 月 9 日新闻直播间)	中央电视台新闻频道	新闻直播间	科普微视频创意大赛二等奖
公众科学日公众共享“科技大餐”	中央电视台新闻频道	朝闻天下	腾讯科普 2016 年最佳运营自媒体奖
《科技盛典》外尔(Weyl)半金属研究团队	中央电视台	科技盛典	

（2）中国科学院物理研究所科普成效评估结果分析

①科普文化建设是科研机构科普工作的核心

研究机构的科普文化包括价值理念层面和制度层面，作为价值形态的科普文化其主要作用于研究机构科普传统的历史传承以及科普文化氛围的营造培育。作为制度形态的科普文化其主要作用于调节科普资源的配置，规定相应的评估标准和激励方式。中国科学院物理研究所内形成了优良的科普文化以及历史传承，赵忠贤院士、曹则贤研究员等老一辈科学家在科学普及方面发挥明德楷模的作用，激励了一代代科技工作者投身科普事业。中国科学院物理研究所的主要领导同志充分认识到科普工作的重要性，将科学普及与科技传播工作作为中国科学院物理研究所的三大使命之一，即科学研究、人才培养和科学普及，极大地增强了科研人员开展科学普及的责任感和使命感。物理所采用如科普咖啡馆、科普竞赛等多种形式在研究所内构建良好的科普文化氛围，激励研究人员开展科普活动。此外，中国科学院物理研究所通过完善科普政策，保障和激励科普工作的开展，通过制定科普管理办法、发布统计报告、工作计划与总结等多个层面逐渐完善的科普政策体系，为科普工作的开展起到了重要的推动和保障作用。

②科普能力建设是科普工作的保障

科普经费的支持力度、稳定性以及来源渠道对于培育和发展研究机构的科普能力建设至关重要。中国科学院物理研究所积极拓展科普经费渠道，一方面积极争取各级科协、地方科委等机构设立的科普项目；另一方面中国科学院物理研究所从研究所管理经费中设立科普专项经费，形成稳定的科普投入，对于科普活动的开展以及科普产品的研发都起到了重要的保障作用。此外，物理所高度重视科普队伍及组织建设、设立全职科普工作岗位，组织建立物理所科普协会、培育专兼职队伍，对于科普工作的顺利开展起到十分重要的保障和提升作用。

③科技资源科普化是提升科普工作成效的重要来源

当前我国科普资源比较短缺，加强现有科技资源科普化工作是提升科普工作成效的重要来源。中国科学院物理研究所与北京市科协合作建立北京科学中心，将现有科技资源转化为科普资源。同时激发研究所内部科研设施的科普功能，重点研发科学探究课程、科学教育丛书，发表科普文章，积极与中关村地区学校对接，开展各种科学探究活动和科技教师培训。同时积极将现有科技成果转化为科普资源，物理所科普办公室积极联系相关媒体，将物理所胡勇胜研究员关于钠离子电池的科研成果发表于光明日报、中青报等权威媒体上，一方面促进了公众对于科研成果的理解与认知，同时也促进了该项科研成果的转移转化工作，多家公司也协商共同开发钠离子电池的应用与推广。通过科技资源科普化，物理所不但提升了科普工作的成效，同时也促进了科研工作的开展与应用。

④满足公众科普需求是提升科普成效的方向所在

满足公众对科普内容的需求和科普形式的需求，是科研机构提升科普成效的方向所在。中科院物理所积极借力新媒体，打造科普新平台，树立新形象。物理所公众号已成为备受读者喜爱的“科学直通车”，成为物理所对外宣传、树立形象的新阵地。公众号从 2014 年建立以来，一共推送了 2000 篇图文消息，粉丝关注人数达到 279656 人，目前覆盖了全国 13 万名物理学科在校生中的 6 万余人，在物理学科垂直领域的影响力名列前茅。物理所通过一系列科普活动满足了公众对于科学知识的诉求，同时也积极展示了物理所的风采，提升了中科院物理所在高校、科研院所的声誉，对于物理所凝聚科研人才，构建科研队伍起到了积极的推动作用。

五 关于提升我国科研机构科普成效的建议

（一）制约我国科研机构科普成效的原因分析

在对中国科学院物理研究所科普成效评估的典型研究和总结分析的基础上，笔者进而对于我国科研机构在科普工作开展以及科普成效提升方面所面临的共性问题加以分析，主要包括以下几方面。

1. 在科普工作方面各类科普主体间尚未形成合力

当前我国科学普及工作的顶层设计方面仍然存在“九龙治水”的问题。由于部门职能分工，科普工作面临多头管理、统筹困难等问题[①]。此外，忽视

① 姜联合、袁志宁：《高端科技资源科普化能力建设实践探讨》，《国家科普能力建设北京论坛论文集》，2010，第 81 ~ 87 页。

了媒体在科学普及中的主体作用，媒体仅仅被当作将科学传播给大众的渠道而存在，其在科学普及中的作用被工具化和边缘化。相比之下，美英等国各类科普主体结合自身的使命和责任充分合作，开展了一系列富有特色、卓有成效的科普活动。如由美国科学促进会联合美国科学院、教育部等12个机构，开展的“2061计划”被认为是“美国历史上最伟大的科普和科学教育改革活动”。

2. 科研机构科普工作的体制机制仍需进一步完善

当前各类科普主体，尤其是科研机构科普能力建设方面仍面临较大的体制性障碍。在体制建设方面，科普工作的组织机构建设长期“空位”，缺少对于科普工作的总体统筹与谋划。相比之下，国外科研机构成立了各类科普组织机构并进一步完善组织体系，启动了一系列专门针对公众的有关重大科学议题的科学普及活动。如英国皇家学会成立的“公众理解科学委员会”。此外在政策层面，我国科普领域的制度安排和政策保障长期缺位。尤其是现有科普方面的经费保证、人才队伍建设等方面配套政策不完善①。相比之下，美英等国的科研机构在科普经费和科普人力资源方面具有制度化的安排和保障，极大地推动了相关组织科普活动的开展和能力的建设。

3. 亟须促进有利于科普工作的科普文化建设

在科普文化方面，研究机构没有形成相应的历史传承和文化传统，研究人员对于科普工作的态度比较淡漠。此外，在制度上也没有形成有效的科普人才选拔、评估激励以及培养机制，加上科研任务繁重及科研人员自身科普能力未能得到培养等原因，作为科技系统主体构成的科研人员的主动性和积极性远未充分调动起来。相比之下，美英等国科研机构的科学文化中，科学普及是科研机构的首要义务，科研机构积极倡导科学家与公众、媒体、公务人员开展广泛的交流与对话。

（二）提升我国科研机构科普成效的建议

1. 将科学普及牢固地嵌套于组织使命之中，积极履行社会责任

科研机构应当将科学普及工作深入嵌套于本职责任之中，认识其同技术创

① 任嵘嵘、郑念、孙红霞等：《我国科普专职人才队伍建设研究》，《科普研究》2012年第5期，第70～76页。

新一样具有战略性价值，在激励科学技术创新、培养创新人才队伍等方面都发挥着基础性作用。此外，科研机构使用公众创造的资源进行科学探索和技术创新，加强科学与社会的对话，促进公众对科学成就与技术风险的理解，深化公众参与科学实务的民主决策，从而保证科技福利的社会共享更是其应当承担的社会责任。

2. 加强与相关部门协调与合作，积极谋求国家科普体系中重要角色与作用

科研机构应当积极参与国家科普体系的顶层设计，主动探索与科技主管部门、各级科协、教育的协调、合作、交流、共享机制，针对当前我国科普工作的重点和难点，主动作为，开拓科普工作新局面。在科普经费方面，一是与科技部、基金委协商，探索在评估科技计划以及基金申请时，充分考虑该项目的科普贡献。二是积极拓宽科普经费渠道，形成“政府—机构—社会”的多元科普经费支撑渠道①。在人员队伍建设方面，与科技部、人保部协商，解决专职科普人员专业职称晋升问题。积极拓展科普兼职人员、科普志愿者的队伍建设。加强专职科普机构建设，探索建立各类科普联盟组织。

3. 从优化科普文化入手，充分激发科研人员主观能动性和责任意识

科研机构应当充分凝练自身优秀科学文化，采用专题报道、专项研究、搭建平台等方式，积极向全社会大力弘扬和传播科学思想，推动科学精神与科学文化进入社会主流价值构建。通过政策完善、经费支持、表彰奖励等方式加强科普能力建设，进一步优化现有科研环境，充分调动科研人员参与科普活动积极性。此外，充分发挥院士等高端科研人才在科学普及和知识传播方面的引领示范作用，鼓励他们针对社会关注问题进行权威解读和普及。

4. 充分挖掘科普资源存量，以开放科普资源来推动科普资源建设

科研机构应充分发挥科研设施的科普功能。同时充分挖掘科普资源存量，围绕科研设施、科研成果开发系列科普产品。采用有针对性的委托、资助和奖励等形式开发已有科普资源。建立科普开发激励机制，继续实施科普资助项目，以开放科普资源来推动科普资源建设。对于科协、教育、卫生等部门的优质科普资源，可以用协商交流、合作共享、资源互换的方式实现集成。

---

① 姜联合、袁志宁、马强等：《发达国家和我国科技计划项目科普化现状比较》，《科普研究》2010 年第 5 期，第 39～47 页。

5. 以公众科普需求为导向，探索开展形式多样的科普活动

紧密结合公众科普需求，结合重大科学事件、科研成果、社会热点等开展科普活动，就政府、社会公众普遍关注的热点、焦点问题，采用贴近实际、贴近生活、贴近群众的传播方式，如“主题巡讲”“科学论坛”等活动，持续开展有针对性的研讨和科普活动，进一步提升科普报告质量。顺应科普视频化、移动化、社交化等发展趋势，综合运用图文、动漫、音视频等多种形式，充分利用信息技术手段和传播方式，加强数字化科普，有效提升科普工作辐射力度。塑造和维护国立科研机构科普活动的品牌形象，树立科学权威、泛在传播、公益公信的鲜明品牌形象，彰显信息化社会的科普正能量，引领互联网端科普信息化思潮。

六 关于开展科研机构科普成效评估工作的建议

（一）激励卓越、注重实效，正确把握科普成效评估定位

一是要把握科研机构科普成效评估的目的。结合定量数据、典型案例和专家定性等综合评估方法开展科普成效评估，一方面要帮助科研机构推进科普工作；另一方面，通过评估进一步确立一批优秀集体和个人，为促进及推广科普工作提供参考。

二是要突出强调针对科研机构科普成效的诊断评估。通过调研、国际合作交流等方式学习国内外前沿的科普成效评估经验和方法，不断探索创新评估方式方法，持续完善科普成效评估的理论体系建设和方法。有效并充分利用各类统计数据、信息等来提高评估工作的准确性和科学性，避免评估中的重复工作，同时邀请国内外有宽阔视野的外部专家，结合定量数据和典型案例，判断科研机构科普工作的现状及优势和不足，发挥同行专家、科普专家和管理专家在科普成效评估中的诊断作用。

三是要把握好规范，突出特点分类评估。科研机构科普成效评估要尊重科研活动特点和科普活动特点，确定重点评议内容和专家构成等，实行科普成效的分类评估。

四是要减轻参评单位负担，注重实效。充分利用中央及地方、社会组织等

已有材料和公开数据，减轻参评单位负担。保证评估组织方与参评单位的充分沟通，达到评估的实效。

五是认真开展科普成效评估的预研究工作。为促使科研机构科普成效评估工作切实产生导向与激励作用，拟就科研机构科普成效评估研究布置相关课题，重点围绕科普成效评估的意义与必要性、不同类型科研机构科普活动的规律和特点研究、科普成效评估的理论与方法研究等主题组织开展研究工作。同时评估工作结束后加强总结和研究，重点围绕在实践中遇到的难点与热点问题展开理论与实践相结合的总结研究工作，以更好更有效地促进科普成效评估工作。

（二）统筹谋划、合作交流，系统设计科普成效评估工作

一是开展顶层设计，加强统筹协调。研究开展科普成效评估工作的顶层设计，全盘考虑大规模开展科研机构科普成效评估的总体框架；出台规范科普成效评估工作的制度与意见，完善体制机制建设；加强与科技部等相关主管部门、中科院等组织机构之间的合作、交流，实现统筹协调，不断完善相关部门各负其责、相互配合的工作机制，共同推进评估工作的开展。

二是精准确定参评科研机构。鉴于此次评估工作要发挥立导向、树优秀的作用，在确定参评科研机构时，优先考虑在科普工作方面有一定积累和经验的单位。具体可以由熟悉或主管科普工作的上级部门先筛选出一批参评单位，再经与评估工作主管单位和参评单位沟通后，确定参评机构的最终名单。

三是合理优化专家遴选及构成。根据参评机构科研活动特点及科普工作特点，遴选合适的评估专家。在专家构成方面，主要有三部分：同行专家、科普专家和管理专家。熟悉该机构领域内科研工作特点的同行专家（1～2名），从事长期科学传播与科普工作的一线科普专家（1～2名），以及负责科学传播及科普工作的管理专家（1名）。在专家条件方面，所遴选的专家要求具有开阔的视野、公正敢言，同时与参评单位无利益冲突。被评单位可先提名专家，由评估主管方确定最终名单。

四是充分准备并利用各项评估材料。主要评估材料包括《科研机构科普成效评估工作介绍》《我国科普工作整体情况数据报告》《参评单位自评表》《专家评议表》。其中，《科研机构科普成效评估工作介绍》由评估工作组提

供，主要向参加评估工作的专家和被评单位介绍本项评估工作的意义、要求和内容等。《我国科普工作整体情况数据报告》由评估工作组提供，用于向被评单位和专家展示我们科研机构科普工作的整体情况，以便自评和专家评议时作参照。《参评单位自评表》由评估工作方提供，由参评单位根据自身工作情况据实填写。《专家评议表》由评估工作方提供，由专家根据《参评单位自评表》，结合自身经验与意见，完成专家评议。

五是超前谋划系统设计评估全过程。根据评估工作要求，规范评估工作的设计与实施工作，各评估相关方各负其责，相互配合，共同推进评估工作的开展。在评估开展前三个月，评估主管单位负责总体协调，与科技部中科院等协商并确定被评单位；前两个月，评估工作组联系被评单位及主管单位，完成评审专家的推荐、遴选、审定及邀请；前一个月，被评单位准备自评材料，评估工作组完成数据采集及指标测算等工作；评估中，被评单位首先完成自评估，专家进而完成专家评议；评估后一个月内，评估工作组联络评估主管单位、评估专家和被评单位，完成评估结果的反馈与应用。具体流程可参照如图 7 所示。

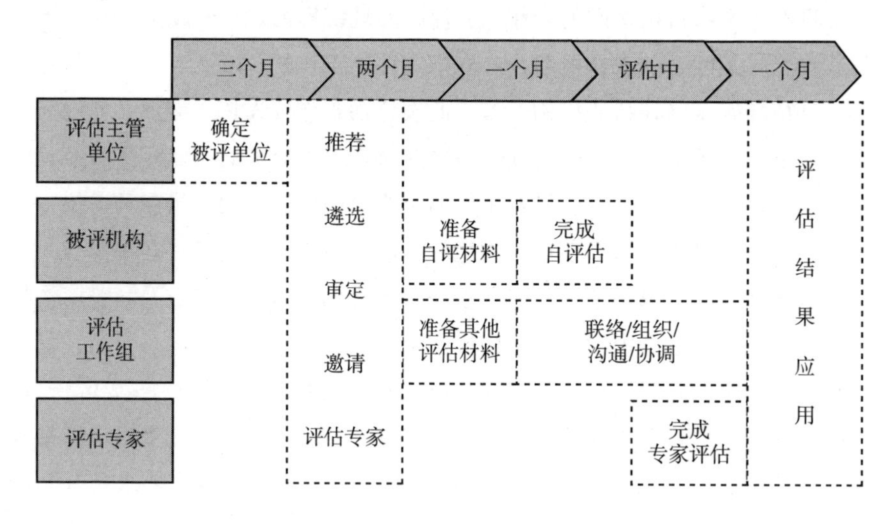

图 7　评估工作流程

（三）探索规律、推广经验，切实用好科普成效评估结果

评估工作组根据专家评议结果，结合指标体系，实现科研机构科普成效的

量化打分表，并在此基础上进一步提出如下几种评估结果的使用办法。

1. 通过政策支持、项目牵引、表彰先进等方式激发科研机构开展科普工作的积极性，建议设立以下奖项

（1）科研机构科普成效卓越集体（整体奖）：根据专家打分表和定性评议结果，根据不同类别科普活动类型，提出一批科普成效卓越的科研机构，以示奖励，激励其他科研机构进步。

（2）科研机构科普成效卓越集体（单项奖）：考虑到有些机构的科普工作整体上可能并不是特别优异，但在单项科普工作如微信公众号积累了大量听众，在较大范围内产生了显著影响，为褒奖这类机构在单项活动上的成绩，设立单项奖，同样起到激励与促进作用。

（3）科研机构科普成效卓越个人：对于个别在科普活动中表现突出，且影响深远的单个研究人员，授予“科研机构科普成效卓越个人”称号，以资奖励，并可号召其他机构与个人向其学习。

2. 做好交流合作，积极示范推广

要通过此项评估工作，积极探索科普工作规律，不断总结推广科普工作经验，召开专题工作研讨会、交流会，编写典型示范案例，推广好的经验和做法；切实发挥中国科学院科普工作国家队功能，使中国科学院在全国科研机构科普成效评估工作中发挥试点、示范作用，引领全国科研机构全面加强科普工作。

B.6
医学科普能力建设与研究

张 超　郑 念　汤 捷　姚晓群　张新庆　朱敏贞*

摘　要： 医学科普能力是指医学科普工作宏观管理、科普人才队伍建设、医学科普创作、传播能力、传播渠道，科普工作组织网络建设等方面满足提升公众健康素养需要的综合实力。医学科普能力水平既与医学科普从业人员态度、知识结构、能力结构相关，又与政策环境、经济水平、经费投入、科普能力建设的机制等因素密切相关。本文在宏观层面通过分析对比不同选样区域的政策环境、经济水平、经费投入、科普能力建设机制等方面对医学科普能力建设的影响，在微观层面通过专家访谈和问卷调查、重点访谈等考察了医学科普从业人员态度、知识结构、能力结构、展示平台、动力机制等因素，评估了以上诸因素对医学科普能力建设的影响。报告从理论上确立确认了医学科普能力建设的范围、队伍架构及不同岗位、不同角色的能力需求与特征。对医学科普能力建设中的问题，提出了相应的对策和建议。

关键词： 医学科普　医学科普能力建设　医学科普工作队伍构成　模型　能力结构

---

* 张超，北京市康润普科文化传播有限公司学术总监，主要研究方向：健康传播、科普能力建设，人文健康；郑念，研究员，中国科普研究所政策研究室主任，主要研究方向：科普评估理论、科学素养、防伪破迷等；汤捷，博士生导师，广东省健康教育中心主任，主要研究方向：健康教育、公共卫生；姚晓群，青海省健康教育中心主任，主要研究方向：健康教育；张新庆，博士，中国医学科学院协和医科大学，主要研究方向：医学伦理；朱敏贞，深圳市健康教育中心，主要研究方向：健康教育、教育心理学。

一　引言

《“健康中国2030”规划纲要》（以下简称《纲要》）指出：健康是促进人的全面发展的必然要求，是经济社会发展的基础条件。《纲要》制定中国居民健康素养平均水平的目标是2020年达到20%，2030年则达到30%。我国公民的健康素养从2008年的6.48%已经提升到2015年的10.25%，个别地区，如北京已经达到24%以上，但全国仍处于较低的水平，距离政府的要求和人民的期待差距甚远。落实《纲要》，建设健康中国，医学科普①是不可或缺的组成部分，医学科普需要科普能力。

科普能力是一项高度综合的能力，主要包括科普创作、科技传播渠道、科学教育体系、科普工作组织网络、科普人才队伍以及政府科普工作宏观管理等。医学科普能力是指医学科普创作、传播能力、传播渠道，科普工作组织网络建设、科普人才队伍建设、宏观管理等方面满足提升公众的健康素养需要的综合实力。

到目前为止国民的健康信息最重要的生产者和传播者主要是健康相关从业人员，而医学医疗工作者则是这些人员中最受欢迎、最直接和最重要的一个群体。这个群体对待科普的态度、时间、精力，在一定程度上也包括财物的投入意愿与国民的健康素养水平息息相关。而医学医疗工作者对医学科普工作的态度，又受到政策环境、自身态度、知识结构、能力结构、传播渠道和动力机制等多方面的影响与制约。

医学科普能力建设与评估课题以提高科普工作效率、提升科普效果为着眼点和落脚点。通过研究如何提升医学科普专兼职从业人员的业务能力、服务医学科普人才队伍建设、完善健康传播渠道的建设，帮助政府实现科普资源的配置与优化，最终达到公众健康素养的提升为目的的理论与实践工作。

---

① “医学科普”从本项目立项研究从医学医疗领域出发而采用的概念，也是医学医疗领域内常用的概念，从公共卫生的角度多用“健康教育”与“健康传播”的概念，因为健康涉及的因素相当庞杂，现在社会常用、政府行文使用更多的是“健康科普”。在本文中凡涉及以上概念，均可通用，表达内涵一致。

二　医学科普的属性、医学科普工作的特点

（一）医学科普的属性

据《中华人民共和国科学普及法》界定：科普是以公众易于理解、接受和参与的方式普及科学技术知识、倡导科学方法、传播科学思想、弘扬科学精神的长期性活动。什么是医学科普？它具有什么特征？医学不同于其他以解决纯自然和技术问题的学科。在表层上看它是以解决人的疾病问题为中心的学科，这也是一般公众的认识。事实上治疗疾病本身不是医学的最终目的，那医学的最终目的是什么呢？这就要问医学的学科属性问题。一百余年前著名病理学家魏尔啸就说过："医学，本质上是社会科学。"其后，医学史学家西格里斯特做了进一步的解释："医学的目的是社会性的，它的目的不仅是治疗疾病，使某个机体康复，而且还要使人能调整以适应他的环境，成为一个有用的社会成员。"从这里可看出医学只是使人从病理状态下，趋向健康的一种方式、方法，即医学通过治病让人恢复健康、恢复正常的生活。在从另一个角度看健康是什么呢？世界卫生组织（World Health Organization，WHO）于1948年把健康（health）定义为："不仅是没有疾病或缺陷，还是一种在生物、心理和社会功能上保持完好的状态。"请注意这里的健康不只是没有疾病或缺陷，还强调了人在心理和社会功能上保持完好的状态。这其实强调人的价值属性和人的社会属性。医学的本质应该是自然科学与人文学科的高度有机融合。

近年来渐为业界接受的生物—心理—社会医学模式高度概括了已知影响人类健康和疾病的因素。在生物医学模式下是以人的"病"为主，在生物—心理—社会医学模式下则是以病的"人"为中心。生物—心理—社会医学模式，要求对疾病和病人、局部和整体、科学精神和人文精神同步重视不可偏废，是人文学科和自然科学的统一，对健康相关的工作者的综合素质要求，也达到了历史的新高点。

医学科普就是通过医学、健康相关知识、技能的普及，使公众掌握这些知识、技能，不得病、少得病，使病理状态下的人远离疾病、恢复健康，更好地适应正常社会生活的传播行为。通过医学科普普及健康相关的知识技能达到提

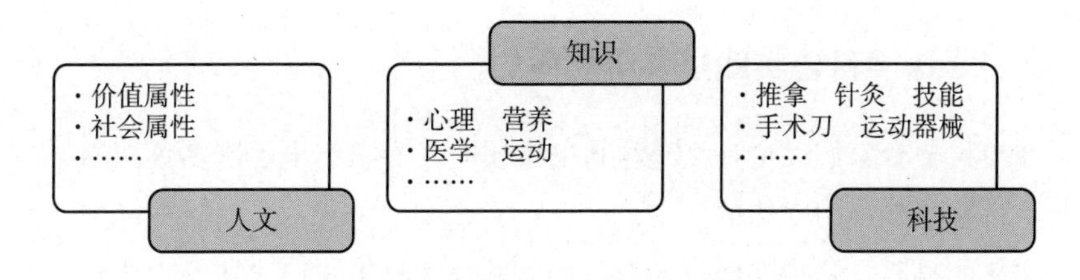

图1 专业人士疾病诊疗的流程，公众直观感知的主要是科技部分

升公民健康素养水平的同时，促进公众基本科学素质①的提升。在达到这种效果的同时也展现着医学科普工作者的人文素养水平，体现传播者人文精神追求与人文关怀能力。人文具体包括价值观、责任感、职业道德、人格修养等，生命意识即对生命的态度等。何中华认为，当“科学”与“人文”相对而言时，人文则是指以信仰为特征的意义世界及其终极指向，它以超越理性认知为其特征，从而属于价值论领域。人文精神是人文素养的灵魂。没有健康的人文精神做基础，所有的知识与技能均具有不固定性，因人因时因环境因目的不同，而导向不同的结果。我们认为健康的人文精神，对社会对环境，第一应该是无害取向；第二应该是有贡献，使周围的人和环境变得更好；第三是有建设性的贡献，能够创新和创造更有利于他人和环境的成果。

人文知识层面上，主要包括对生命的思考，完善自我，情商、同理心、关怀精神，学习医学相关人文学科，如史学、伦理学、心理学、卫生法学、哲学、社会学、卫生经济学、史学、文学、沟通学、行为学、美学、宗教等。通过这些知识的学习内化濡养自己的精神和肉体，外化展现人文情怀影响造福他人与环境（见图1）。

在能力层面上，主要包括分析和解决问题的能力、批判思维能力、审美能力、沟通能力，知识分享能力、冲突处理能力、团队合作能力等，体现在能够将所掌握的专业素养有效地服务于科普工作需要上。

通过我们对受公众欢迎的科普专家们的观察和访谈，发现人文素养确实是一个专业人士能否成为受众欢迎的科普工作者的重要分野。

---

① 公民具备基本科学素质，一般指了解必要的科学技术知识，掌握基本的科学方法，树立科学思想，崇尚科学精神，并具有一定的应用科学处理实际问题、参与公共事务的能力，即所谓的“四科两能力”。

（二）医学科普实践是多维立体的

在与科普专家们讨论什么是科普的本质时，专家给出了诸多真知灼见，也说明了科普是多维的立体的。

狭义的科普：是指将经过实验、实践验证的科学知识、技术，从专业向非专业人群的普及，是以科学为基础面向大众的普及。科在前，普在后，是科学技术的传播、普及，要告诉老百姓，维护促进自身健康的一些基础知识和技能。科普的本质就是提升一个人的科学素养。科学素养是对于一个信息的科学性、真实性、有效性、安全性评价的能力，认同的能力和执行的能力。范志红教授认为科普可以分成如下几类。实用型科普，就是解决人民生产生活中的问题，与现实生活相关；原理型科普，适用于对科学问题本身有一定的兴趣者。使其具备分析问题的能力，这对理性思维的培养也是重要的；理性精神型科普：理性精神融于实用性和科学原理的传播之中，影响人们的思维方式、思维能力，建立理性科学的思维习惯，掌握相应的思维和判断方法。思维方式改变，理性程度上升，而理性程度自然会影响人们工作、学习、生活的方方面面。

王陇德院士认为，科普就是提高人的素养。包括科技素养、健康素养、道德素养、法律素养……道德素养是基础，因为人文会影响健康。袁钟教授认为，科普是对科学知识的爱的传播（以爱为基础和目的的知识传播），科普还有一个很重要的功能，培养批判性精神，理性精神，增加信息的鉴别能力，传播知识和价值观。左小霞认为，健康科普就是让大家得到健康。科普也是慈善，谭先杰教授认为，科普是科学知识的传播，健康科普的本质是关爱。精髓是要爱民众，关爱每一个人的健康，这个就叫大爱，刘玄重教授如是说。

影响人健康的因素中，内因占 15%，外因占 85%，遗传占 15%。社会因素占 10%，医疗因素占 8%，气候地理因素占 7%，个人的生活行为方式占 60%。健康本身是多维度、多层次、立体的。这就决定了健康科普的从业人员应该以爱为出发点，以专业技能、以专业知识为切入点。无论是从科普工作的设计角度，还是从科普工作的实施过程来看，其产生的作用应该是多维多层次立体的。

（三）医学科普工作的特点

医学科普工作的特点之一是入门易，做好难。

第一，专业人员的不重视。本文的问卷调查部分1700余应答者中超过20%的被调查者认为没有专业背景的人都能做这一工作，科普很容易。这也是科普工作不受人重视和做不好的原因之一。

第二，公众的不重视。从个体来说，健康行为的养成能够带来健康的周期是比较长的，效果的体现是缓慢的，不像用药，治疗对症的话，疗效是即时显现的从直观立竿见影的功利角度看问题、处事情的人，很难认知和重视这件事。

第三，医学科普工作的难度系数高。人们常说江山易改、本性难移，医学科普做的正是这方面的工作。是以改善受众的生活行为方式、思维方式，乃至健康观、生命观和价值观为目的影响他人的一种方式。对从业者的要求相当高，除了科学知识与技术，科普从业者还应该有人文的精神和相应的知识结构这对从业人员的要求相当高。

第四，科普实践工作弹性大。正因为医学科普具有以上特点，在具体的工作中个体的发挥空间很大，与从业人员主观能动性也有关。想做可以做无穷多的事情，不想做怎么都能对付、完成任务。

第五，从管理的层面看科普工作很难出政绩。医学科普工作在具体的绩效考评上拿不出过硬的指标，考核很困难。没有量化指标，最多只是场次、参与人数，这些和最终的成果如参与者行为改变、健康素养的提升很难有线性的直接关系。现场凭借受众的知识掌握程度，技能掌握程度来给予考评的可信度又低，从长期来看健康素养可以发挥指标作用，但与具体的单位和个人同样没有线性关系。如果再考虑知行之间的距离，这里的效果就更无法考量。

基于以上原因尽管众所周知开展这一科普工作对国家、对群体、对个体均有无穷的益处，在经济上也是如此。但由于投入多，见效慢，效果难考核、拿不出可以量化的指标，对从业人员要求高，而门槛又很“低”。决定了这一工作不受重视的现状，从事这一工作的人地位很尴尬。另外国家很重视医学科普工作，但着力点好像出了问题。希望公众不得病，少得病，减轻经济负担“让受众提高健康素养，然后少得病，少看病，让门诊量降低才对，这个结果保险公司会喜欢。但医生和医院不喜欢，让社区医生负责健教，但又明确规定不能拿劳务费，钱只能买东西给听众，那医生的动力在哪？所以让医生搞健康教育，从根本上就有问题，还是让老百姓多来看病最实惠。您看现在的养生节目，中医让大家吃三七喝枸杞，西医让大家吃他汀，做检查，反正终极目标都是让老百姓去医院看病，增加门诊量。国家政策也很奇怪。”被调查的医生如是说。

三　对医学科普工作者的素质要求

科普人才是科普事业最重要的基础因素。什么样的人适合从事健康科普？结合项目的设计，前期文献汇总分析，在对专家们进行访谈时，我们直接或间接地提出了这个问题。专家们从各自的经历、思考与实践经验出发，站在历史的高度、现实的维度、国家民族公众的需求，从世界观、价值观、人生观，哲学视野、知识结构、能力结构、思想品行、个性特质等各方面和层次各抒己见。

（一）态度与价值取向

丁康教授认为：“德行，也就是思想品德，是第一位的，第二位是学问，业务能力专业能力，第三位是表达能力、表演力、感染力。”

洪昭光教授认为：“从事科普要有哲学的智慧和思辨能力，人文的情怀和温暖，科学技术的扎实功底，艺术的语言能力；让社会充满爱，让大家都健康，有足够的爱心，就能形成动力去思考去学习去实践去克服各种挫折，把这事情做好。”

胡大一教授认为：“一定要热爱这个事业，理解了健康教育会给群众、会给国家、会给全世界人民带来最贵重的东西，健康长寿。”

刘玄重教授认为：“健康教育，最基础的是热爱。没有热爱其他都谈不上，必须全身心地投入，热爱它，这是最基础。这样的人，知识稍微欠缺一点，可以学，经验少一点，可以积累，热爱是干好任何一件工作的重中之重，要热爱。热爱它，您未必能够从中发财致富，但是热爱它，把它当作事业就能把它搞好。”

谭先杰：“要爱民众，关爱每一个人，关爱每一个人的健康，这是大爱。”

丁辉教授：“爱是基础。首先你要有一颗大爱之心。要有热情，还有一颗爱心，应该有点人类情怀。”

于康教授：这个价值取向与医生的价值取向是一样的，要有医德要有爱心，首先是善，真善美这是做科普的基本。袁钟教授：健康科普是对科学知识的爱的传播（以爱为基础和目的的知识传播）。

（二）人文素养

人文素养是指包含知识、情感、理性、思想、意志等多方面的品质，其表现为一个人展示的人格、气质、修养、品德及价值取向。健康科普的目的在于传播健康知识、方法、技能，引导受众树立理性的健康观、生命观，感受自身的价值和做人的尊严、启发其思考生命的意义。只有爱不够，还要有爱的能力，在健康科普工作中爱的能力体现为过硬的专业能力，对受众发自内心的尊重与平等的态度取向，秉持负责、理解和尊重并行的传播理念，对受众的理解能力、认知层次给予充分的尊重，体现真正意义的关怀，但不是施舍。科普工作所做的是以受众可以理解和接受的程度为前提的传播，在受众可以理解的基础上前进一步即可，不以取悦为目的，不以“权威”“专业”来制造“距离”，真正的权威与需要者之间是没有距离的！

在对比、分析广受大众欢迎的医学科普工作者特质以后，发现受欢迎的科普者因其性格不同、经历有异，面对受众时的切入方式、表达形式各有特点，有学者型、演员型、讲故事型、互动型、实用型等。但认真观察他们除了有扎实的专业专科素养这一共性以外，还有以下特点。

（1）能将科普内容针对不同的受众和时空环境的需要，对科普的内容进行组织安排。

（2）都有较高的语言驾驭能力，有熟练的表达技巧，能形象生动、幽默有趣地表达专业的知识，能通而不俗地表达自己的观点，即使是概念化的内容，也能不枯燥地让人从感情到理智的接受。

（3）以受众关心的问题为核心，而不是以自己要表达的内容为核心，充分体现了人本关怀的意识和实践。

（4）能在行动上调动受众参与，情感上与受众产生高度的共鸣，让受众在轻松的氛围中，有所思、有所知、有所获而后有所为。科普者与受众之间的关系是一种人与人、生命与生命之间的互动与对话。

（5）好的科普应该以人为本，是知识、爱、愉悦与美的统一。融家庭味、生活味、现代味、人情味、文学味等“五味”于一体。融科学性、艺术性、实用性、人文关怀于一体的。要使科普在科普科学知识、技巧、方法的同时，能使受众思考自己对生命的态度，感悟到自身价值和尊严，体会到“做人的道理”，做到了科学与人文的融合。

（三）视野

视野的高度和广度，个人的价值观和认知层次，决定了他做科普工作能站多高，走多远。

胡大一教授：“找准支点，发挥杠杆的力量。我最早推技术、后来推模式，现在做资源整合，要把所有分散的力量，形成合力。”“我有一种社会责任感，愿意引领医疗界的一个变化，我有责任，也有自信能够引领医学领域的发展。我是医生里头第一个站出来，学运动、做运动、传播运动，用有氧运动来推进健康的医生，运动治疗第一批要教育的是医生。”

殷大奎教授：“健康中国离不开健康的教育，现在是做健康教育最好的时机。做健康教育要从以疾病为中心转化为以健康为中心，从文化入手。”

谭先杰教授：“信息爆炸，知识泛滥的时代，再好的内容你不去宣传别人也不知道，我这个东西对所有人都有用，我不讲别人都不知道，这是我们对社会的一种负责，是我们自身的一种社会责任感的体现。”

范志红教授：“当初的发心就是想促进大众健康，现在不是经常讲不忘初心，我觉得我基本上还是做到了。不把科普当成一个牟利的手段，谋生的手段，主要的目标还是为了促进大众的健康。会有一种价值感，现在它是我生命的一部分了。”

袁钟教授：“文化精神的优势和精神资源还有健康知识的结合。”

（四）知识结构

要做好医学科普，既需要深厚精湛的专业专科素质，也需要宽广的知识结构，并能做到横向和纵向地有机融合，才能把科普做得深入人心。对于做好健康科普需要哪些知识结构，访谈的几位专家给出了各自的见解。

王陇德教授：“交叉性的知识领域，传播学、运动学、营养学、心理学都要有所涉猎。让患者听得到、听得懂、听得进去才能改变他。”

殷大奎教授：“要触类旁通。以疾病为中心要转到以健康为中心，真正地以预防为主。健康管理、健康教育、健康促进，这些都要有。在专科的基础上，要学一些你现在认为跟你专科关系不是太大的或者是跟专科相关的一些问题。”

胡大一教授：“媒体工具，包括传统媒体、新媒体和自媒体工具，专业知识、哲学、社会、人文都需要，特别是哲学；”丁辉教授：“专业知识、社会学和心理学的知识都需要。”

洪昭光教授：“我觉得做医学健康科普，首先要认识到医学是什么。医学第一是哲学；第二是人文；第三，科技，第四，艺术。临床的、教科书的、循证医学、社会的知识。科技是需要的，但是科技远远不够，没有哲学，没有人文，科普做不好，还得有爱心。社会科学、人文科学比自然科学重要。古人讲德不近佛者不可为医；才不近仙者不可为医。”

袁钟：“扎实的科学知识、丰厚的人文知识与情怀、医学、社会、人文、心理都要懂。”

刘玄重教授：“应该跳出本专业，哲学、文学、历史、地理、风土、人情等知道得越多越好”。谭先杰教授：“具备医学知识和文学功底、专业能力等。”

于康教授：“如果涉及大的纵深的非常庞大的题目需要有博学的知识，涉及具体的个性化的，必须是具体知识点。不同的科普需求服务的结构是不一样的，有些人是想从宏观角度上明白一些道理，可以从哲学角度、宏观角度，宇宙高度去讲，高屋建瓴。有些人想了解微观角度上的一些知识，比如去选一瓶水，挑一个西红柿，就应该从专业知识点出发。不同的科普内涵素质性质都需要。”

（五）能力结构

第一，是具备“爱及爱的能力”。

第二，是专业能力、写作能力、表达能力，表演力、感染力、观察、总结和凝练能力。

第三，经验很重要。良好的心理素质，逻辑思维能力、受众分析能力、知识和技术转化成大众能理解的语言与形式的能力，抓热点的能力、传播控场能力。

第四，要有批判性精神。要有传播内容的鉴别能力，知识更新的能力、自我学习能力、终身学习能力。

还有一些个性化的认知。谭先杰教授：天赋、兴趣是第一，第二要懂得受众的需求，并且根据需求调整自己的内容。洪昭光教授：有哲学的智慧和思辨能力，有人文的情怀和温暖，有科学技术的扎实功底，有艺术的语言。胡大一教授：使用工具的能力、专业知识转化成艺术性、大众化语言的能力，坚守公益性、科学性、趣味性、通俗性、实效性。

四 专业人员对科普工作的态度、知识结构、能力需求的调查分析

为了解健康相关专业人员，包括公共卫生系统工作人员，医疗机构从业的医务工作者、医学、营养、农学、食品安全等院校的教职人员，对医学科普工作的态度及科普工作的现状、开展医学科普工作应该具有的知识结构、能力结构认知及相应的需求，课题组以网络调研的形式面向北京、江苏、甘肃、青海等省份的从业人员进行了网络调研。

调研内容包括以下几方面：专业人员对医学科普工作的态度、认知评价，专业人员参与科普工作的意愿与实践的情况，公众科普需求和从业人员科普能力自我诊断与需求，开展好科普工作是否应该有偿，所在单位对医学科普工作的态度及开展情况和所在单位科普能力建设工作的开展情况。

调查共回收问卷2000余份，其中有效问卷1304份。专业专科含：病理、检验、体检专科、护理、营养专科、运动专科、健康管理、精神心理、临床医生、公共卫生系统工作者、院校教职员工、行政管理人员等。接受调研的临床医生与护理工作者将近40%。工作年限从刚入职到20年以上不等，其中从业时长3～10年者占51%以上，职称包括初级、中级、高级，以中级及以下为主近50%。

（一）专业人员对健康科普工作的态度与认知评价

对科普工作的了解情况：选择不清楚者120人，占9.2%，不了解者36人，占2.8%，了解者1148人，占88.0%，说明接受调研的人群，多数认为自己对科普是了解的。

对科普工作重要性的认知：认为科普工作不重要的 15 人，占 1.2%，非常不重要的 109 人，占 8.4%，一般的 102 人，占 7.8%，认为重要的 547 人，占 41.9%，认为非常重要的 531 人，占 40.7%，总体认识到科普工作重要性的占到 80% 以上。说明调查者对科普工作的重要性认知程度比较高。认为从事健康科普工作有助于个人发展的为 1112 人，占 85.2%。这从侧面说明了开展科普工作有利条件。

在对科普工作所需要的能力与知识结构的认知上：认为做好科普工作不容易，需要一定的表达能力和写作能力的为 377 人，占 28.9%；认为不容易，专业内容说明白挺难的为 273 人，占 20.9%。将近 50% 的被调查者认为表达能力和写作能力对做好科普工作是重要的。这是影响专业人士科普工作效果的重要因素，也是针对专业人员开展科普能力建设工作的重要着力点。而认为做好科普工作不容易，知识结构要求很高的为 211 人，占 16.2%，比例相对较低，说明大部分人没有真正意识到知识结构对开展健康科普工作的重要性，换言之说明被调研者在什么是健康的概念上还有提升的空间。

值得注意的是认为科普很容易、有专业背景的人都能做好的人分别是 105 人，占 8.1%，163 人，占 12.5%，二者相加占 20%。要知道被调研的人多少都与科普工作有关系，他们尚且有 1/5 的人有这种看法，那一般公众会如何？也从侧面说明了科普工作不被重视的部分原因。

认为科普工作入门容易，做好难的有 175 人，只占 13.4%，则说明意识到科普工作难点的人并不是很多，坦率地说没有实践经验是认识不到这点的。这与 1/3 以上的被调查者认为科普很容易、有专业背景者都能胜任，做好不容易对知识结构要求很高的反馈，从两个方面说明这次的被调查者或说他们代表全体专业人员对科普工作特点和要求的认识还有很大的提升空间。

同时为了使调查尽量获取人们的真实态度，课题组采用归因方法，从第三方的角度设置问题："对于从事健康科普工作，您身边的同事怎么看待？"本题设置意在通过调查从第三方的角度对科普工作的态度与评价，分析影响专业人士开展科普的因素。统计调研结果与前述认为科普工作很容易和有专业背景就能做好的数据基本一致。这是科普工作中的惰性因素，即开展科普工作时的绝对不利因素。

从科普工作与自身的职责、职业发展，也就是影响人们开展工作的动力因素来看：认为与绩效考核没有关系，也就是做是奉献、不做也无所谓、对自身的发展没有帮助的是431人，占16.6%，和职称晋升没有关系的是418人，占16.1%；投入与产出比来看：认为时间精力成本太高而收获太小的是566人，占21.8%，三者加总占54.5%。这是影响科普工作的政策环境、动力机制因素，是政府、管理单位可以发挥作用的地方。

从个人对科普工作的意义认知来看：认为科普工作非常重要很有意义的是741人次，占28.5%，这与前面的直接调查认为科普非常重要的占40%以上有较大的差距，说明人们直接回答和站在旁观的角度对同一件事情看法确实有不同。这也说明专业人员对科普意义认识还有一定的提升空间，是乐于从事和能够开展好健康科普工作的基础，也是开展医学科普工作的重要因素。

对于科普讲座以及各种媒体上的健康传播活动，您的感觉是：反感61人，占4.7%，感觉一般309人，占23.7%，没有感觉46人，占3.5，想参与但没有机会307人，占23.5%，想参与但没有能力136人，占10.4%，想参与但没有时间246人，占18.9%，已经花了不少时间和精力来做从事科普199人，占15.3%。15.3%的人也就是将近1/6的人在从事科普相关的事情。另外，对科普工作持中性及负面态度的有近32%。想参与没能力、没时间和没机会的占到57%以上，更真实地反映了专业人士对科普工作的真实态度。

从影响专业人员开展健康科普工作的因素来看从高到低依次是：工作繁重，没有时间和精力开展为850人，占21.6%，专业知识、表达技巧等不能满足科普工作需要的784人，占20.0%，认为缺乏相应的激励机制为655人，占16.7%，认为缺乏资金支持的是601人次，占15.3%，缺乏政策及领导支持的是563人次，占14.3%，受众积极性不高，没有人愿意听的是396人，占10.1%，易被他人说三道四的是79人，占2.0%。

总结分析如下。

从调研方法上讲归因方法的调研更能反映人们对一件事情的真实想法。

从对科普工作态度上看，真正认为科普工作重要且有意义的应该不超过30%。绝大部分是两可之间，这是政策因素可以发挥作用的地方。

影响专业人士开展科普工作的主要因素分别是绩效考核、个人发展、投入产出比，认识到科普工作的重要并已经开始实践的15.3%人群应该得到鼓励，调动那些想参与却没有时间、没有机会和缺乏相关能力的专业人士来参与科普工作。这也是政策和能力建设、科普平台建设可以发挥作用的地方。

（二）从事科普工作是否应该有偿

从事科普工作是否应该有偿问题是一个敏感话题，也是一个复杂的问题。我们将之归于影响专业人士是否有动力开展科普工作的重要原因。传统观念中做科普就是做义工、做奉献，利用闲暇时间服务一下公众需求，本文认为科普工作就应该是义务不能考虑收益的是338 人，占25. 9%，所占比例不低。通过这个问题的设置可以看到一线工作专业人员如何看待参与科普工作与收入的问题。

在市场经济时代人们的时间和精力投放方向是受经济杠杆的调节和制约的。从影响专业人员开展健康科普工作的因素一题中认为缺乏资金支持的是601 人，占15. 3%，缺乏政策及领导支持的是563 人，占14. 3%，影响开展科普工作意愿的占29. 3%。可以得到部分的体现。62%的人参与调研者认为科普工作中应该有回报，要与绩效考核、晋升、经济收入等挂钩的是483 人，占37. 0%，单位应该给些劳务费的是151 人，占11. 6%，组织者应该给劳务费的是123 人，占9. 4%，听众应该给劳务费的是52 人，占4. 0%，这在一定程度上体现了参与调查的人员对科普是否应该与个人的发展与收益挂钩的基本态度。

做科普工作需要很多要素，但科普工作对收入的影响这一环节是最现实的。三级医疗机构专家的收入有其他方面的保障，做科普真的是做公益——有时科普对他们的直接收益是负面的影响，但也会有间接收益的提升。基层专业人士没有足够权威的背书单位，没有足够的影响力，如果没有硬性的收益保障，基本就是奉献，如果再不能认识到科普工作潜在的益处：比如树立品牌、有知名度会增加，可以转换成有形的收益的话，不得不做时，对付也是自然的事情。而医疗机构从事健康科普工作的人大部分又是护理工作者，本身也没有行医的资质和“别的干不了只能做这件事的人占 11. 4%”的观感就更影响了专业人员开展科普工作的意愿，更不愿意思考和学习如何做。导致健康科普工作的现实是一方面是强刚需、饥不择食——伪专家、伪养生信息泛滥；另一方面明星式高端专业人士从事科普的良性循环吸粉无数；还一面是基层的不发礼品就没有听众尴尬现实。

需要注意的是这个现象由来已久，随着移动互联网的发达，不是减轻，而是更重了。

（三）影响健康的因素与开展科普工作所需要的能力调查

通过对专业人员对影响健康因素的认知情况（见表1）和专业人员对医学科普能力结构方面的认知与需求（见表2）的调查反馈，可以评估被调查者对影响健康的因素认知，间接提示理想的医学科普工作者应该具有的知识结构、能力结构和个体综合素质。通过调查反馈了三方面的信息。一是被调查者对科普工作的基本认知，开展科普工作的现状；二是了解被调查者认为公众健康需求的层次；三是被调查者对公众需求和自身知识结构认知的自我判断。

表1　专业人员对影响健康因素的认知情况

专业人员对本地区医学科普内容需求认知类别	频率	百分比(%)
不清楚	7	0.13
常见疾病的防治知识与技能	344	6.57
合理膳食相关知识	741	14.16
健康的基本技能:测血压、控盐技巧、测血糖、使用体温表、正确哺乳等	396	7.57
健康的基本知识与理念	673	12.86
健康生活行为方式:日常生活行为中的点滴	891	17.03
健康相关领域最新进展	89	1.70
就医过程的注意事项	103	1.97
社会人文,亲子、夫妻等各种各类关系,生命教育等	154	2.94
食品安全、环境保护相关知识	323	6.17
心理健康相关知识	725	13.86
学校与家庭的健康教育	144	2.75
运动锻炼相关知识	642	12.27
总　计	5232	100

注：有1140人选择了2种或2种以上的因素。

表2　专业人员对医学科普能力结构方面的认知与需求

专业人员开展科普工作所需要的能力需求分类	频率	百分比(%)
策划、管理、协调、媒体协调渠道建设等方面的能力培训	717	15.0
多媒体工具应用能力、移动互联时代健康科普特点	555	11.6
科普理念研究能力方面的培训	514	10.8

续表

专业人员开展科普工作所需要的能力需求分类	频率	百分比(%)
人文知识:哲学、心理、艺术、美学等	255	5.3
受众分析能力	192	4.0
说不好	22	0.5
写作创作(科普作品、讲解脚本、科普美术、艺术加工)等方面的能力	668	14.0
知识更新及甄别能力	377	7.9
专业的表达技能、沟通及演讲技巧,传播能力等方面的能力培训	1015	21.3
专业知识的融汇、综合能力	452	9.5
合　计	4767	100.0

注：有1104人选择了2项或以上，合计4767选择结果。

从调查结果来看5232个选择中，选择健康生活行为方式：日常生活行为中的点滴891人次，占17.03%，合理膳食相关知识741人次，占14.16%，二者相加占到了30%以上，选择心理健康相关知识725人次，占13.86%，健康的基本知识与理念673人次，占12.86%，运动锻炼相关知识642人次，占12.27%，健康的基本技能：测血压、控盐技巧、测血糖、使用体温表、正确哺乳等396人次，占7.57%，食品安全、环境保护相关知识323人次，占6.17%，对比常见疾病的防治知识与技能344人次，占6.57%，说明从业人员和公众对健康的需求已经由治病转向日常生活行为对健康影响的需求。也说明部分公众已经意识到决定健康的不是疾病的诊断和治疗水平而是日常生活行为，世界卫生组织调查决定健康的因素中显示，生活行为占60%，医疗只占8%。但调查中反映心理和各类关系的需求中所占的比例：心理健康相关知识725人次，占13.86%，社会人文，亲子、夫妻等各种各类关系，生命教育等154人次，占2.94%，学校与家庭的健康教育144人次，占2.75%，加总不到20%。而影响一个人是否健康的因素中心理项就占到30%以上，心理是自身的观念与处理各种关系的能力体现，而一个人的观念和处理各关系的能力基本上是在家庭和教育环境中打下基础，从这里出发公众对健康需求的层次，可以推断是刚刚离开疾病的治疗——即健康就等于医疗——等于不得病的层次。要知道参与调查的是专业人员，他们对这一问题的认知如果不是认知不全，判断失误，就是公众对健康的认知和需求均还有很大的提升空间。

在开展健康科普工作的能力需求合计4767份选择结果中，选择专业的表达技能、沟通及演讲技巧，传播能力等方面的能力培训1015人，占21.3%，对写作创作（科普作品、讲解脚本、科普美术、艺术加工）等方面的能力培训668人，占14.0%，多媒体工具应用能力、移动互联时代健康科普特点555人，占11.6%，三者加总占46.9%。说明基层工作人员主要的能力提升需求。

本题共10个选项，最多可以选择5个。知识更新及甄别能力，专业知识的融汇、综合能力，受众分析能力，人文知识：哲学、心理、艺术、美学等和其他为后5个。如果不是强需求应该不会被选中。专业知识的融会贯通、综合能力占9.5%，知识更新及甄别能力占7.9，人文知识：哲学、心理、艺术、美学等占5.3%，受众分析能力仅占4.0%。这在一定程度解释了这几个选项被选择率偏低的原因。另外如上面对公众的健康需求判断一样，是参与调研的人员对人文与健康、知识的融汇应用和知识更新的认知有待于提升。

在是否需要参加科普能力的建设培训的选择上，认为自己不需要的占8.6%，认为自己需要的是占91.4%，说明被调查者中占绝对数量的人认为自己需要学习科普相关知识与能力。

（四）被调查者所在单位对健康科普工作的态度及科普工作开展情况

环境，局域环境对于科普的影响相当重要。设立这样的几个题目意在了解被调查者所在单位科普工作开展的情况和重视程度。

单位是否鼓励医务人员开展健康科普教育工作？72.2%的被调查者选择是。单位能否做到每周2次以上开展健康知识传播与普及？17%的被调查者选择不能。如果不是对问题理解有误的话是不应该存在这种情况的，现在各级医疗部门均负有相关的职责。

在开展健康科普途径的选择上有856人选择了2项或2项以上，具体选择如下：APP150人次，占4.6%；报纸（印刷品）520人次，占15.9%；其他236人次，占7.2%；网站645人次，占19.7%；微博317人次，占9.7%；微信公众号或订阅号886人次，占27.1%。在移动传媒时代，微信订阅号、微博和新闻客户端（APP）的作用已经大为增强，逐步有替代平面媒体（印刷品和报纸）的趋势，但 APP 的运营需要时间、人力和经费的支撑，不是一般单位能独立承担得起的。而网站则有一次性建成可长期使用的优势。所以这里的选项以微信订阅号占将近 27.1%，网站占 19.7%，平面资料占 15.9%，特别是三级医院和公共卫生系统、健康教育系统基本都会有制作，调查结果的可信度很高。

（五）被调查者所在单位科普能力建设工作开展情况

本题意在通过基层专业人员对本单位在科普能力建设方面的反馈反观他所在单位对科普能力建设的重视程度和开展情况。

在本单位科普策划、管理、协调、媒体协调渠道建设的情况调查中：不清楚 334 人，占 25.61%；无 568 人，占 43.56%，明确说有的是 402 人，占 30.83%。也就是说将近 70% 的单位没有在科普管理工作的能力建设上有过投入，也就是反映科普管理、协调工作的不受重视。

科普写作创作能力建设的情况如：科普文章、科学原理讲解脚本、科普图文视频等的美术、艺术加工等，回答不清楚 337 人，占 25.84%；无 657 人，占 50.38%；回答有的 310 人，占 23.77%。同样说明基层单位对科普工作的重视程度和投入有待提升。

科普实务工作能力建设的情况如：专家协调、现场签到、会场会务、简报撰写、听众动员等，回答不清楚的 335 人，占 25.69%；无 548 人，占 42.02%；回答有的 421 人，占 32.28%。

人际传播能力建设的情况，如何进行现场讲座，如何在广播电视等传统媒体上开展健康传播等，回答不清楚的 352 人，占 26.99%；无 595 人，占 45.62%；有 357 人，占 27.37%。

科普理论研究人员和师资人员应具有的素养和能力建设情况，回答不清楚的 357 人，占 27.40%；无 635 人，占 48.735；有 311 人，占 23.87%。

考虑本次调研 1/4 的参与者来自公共卫生系统和健康教育系统，而他们的主要职责之一就是能力建设培训，无论是对内，还是对其他医疗机构的监督指导上。以上几方面的调研结果显示开展过相关能力建设最高的内容是实务工作能力，单位才占有 32.8%，说明从专业人员的角度来看单位科普能力的重视程度和投入均有很大的提升空间。

五　部分省份医学科普工作管理人员对科普工作的态度、认知调查

科普管理工作部门是医学科普队伍的组成部分，其建设情况也是医学科普能力的重要体现。为了解决公共卫生系统和不同级别医疗机构对科普工作的态度、认知、开展科普工作的现状，以及他们对开展这项工作应该具有的知识结构、能力结构认知及相应的需求，课题组以网络调研的形式面向北京、江苏、甘肃等省市的疾病预防控制系统，健康教育系统，结核病防治，医疗机构，医学教育、营养、食品安全等专业院校的医疗专业人员、公卫人员和各级医疗机构科普工作管理人员，进行了网络调研，共回收问卷近千份，有效问卷415份。公共卫生系统参与调查级别含国家级、省/直辖市、地级/区级单位。医疗机构参与调查的单位含三级医院、二级医院、一级医疗机构，中西医结合单位和部分专科单位。参与调查单位情况统计见表3，表4。

表3　参与调查的单位级别构成

参与调查的单位级别		频率	百分比(%)	有效百分比(%)	累积百分比(%)
有效	(跳过)	287	69.2	69.2	69.2
	国家级	3	0.7	0.7	69.9
	区级	13	3.1	3.1	73.0
	区级地级市	93	22.4	22.4	95.4
	省级/直辖市	19	4.6	4.6	100.0
	总　计	415	100.0	100.0	

表4　参与调查单位的性质构成

参与调查性质	频率	百分比(%)
疾控中心	68	16.4
健康教育系统	56	13.5
结核病防治	4	1.0
医疗机构	264	63.6
医学教育、营养、食品安全等专业院校	23	5.5
合　计	415	100.0

调查包括以下五方面内容：单位科普一般情况；科普管理人员对科普工作的认知；单位开展健康科普工作的环境诊断；当前科普内容需求；科普管理工作能力需求等。

（一）单位医学科普工作的一般情况

就医疗系统和公卫系统而言，在基层一直存在科普工作管理混乱、政出多门的现象。好处是大家都关注参与共同开展科普工作，不足是容易形成大家都做，各自为政，有时候谁都不负责的情况，影响科普工作的统一规划、协调、造成重复工作、资源浪费等情况。这次调查课题组设置了这个问题想对被调查单位的健康科普工作管理、编制及预算情况进行了解。

本次调研有107份，选择了两个或两个以上科室，总计涉及部门为10个以上，印证了管理上政出多门现象的存在，具体分布情况（见表5）。被调查单位健康科普负责部门分布情况（见表5）。负责健康科普工作的部门中为独立科室是104家，占24.9%，不是独立科室是313家，占75.1%（见表6）。其中有独立预算是170家，占41%。不清楚与不是独立预算的是245家，占59%（见表7）。被调查单位中科普工作拥有独立预算的情况。（见表7）没有独立的编制与预算，科普能力建设工作的重要性得不到体现，没有经费的保障，就很难保证工作的持续性和延续性。

表5　被调查单位健康科普负责部门分布情况

健康科普负责部门分布情况	频率	百分比(%)
健康教育科	133	20.65
宣传科	114	17.70
预防保健科	91	14.13
医务科	51	7.92
门诊办	48	7.45
疾控科	42	6.52
科教科	37	5.75
院　办	31	4.81
党　办	24	3.73
其　他	73	11.34
总　计	644	100.00

表6　被调查单位中健康科普管理工作是否有独立科室

是否有独立科室负责健康科普工作	频率	百分比(%)
否	313	75.1
是	104	24.9
合计	417	100.0

表7　被调查单位中科普工作拥有独立预算的情况

健康科普工作是否有独立的预算	频率	百分比(%)
不清楚	136	32.7
否	109	26.3
是	170	41.0
合计	415	100.0

单位是否制订有完整的“年度科普工作计划”的情况调查中，有计划但不能真正落实71人，占16.0%，有计划但尚待完善143人，占32.3%，二者可以归为一类，就是有相关计划，但没有真正发挥作用，回答无的是35人，占7.9%，三者相加为56.2%。也就是大部分单位在科普工作管理制度上需要继续努力。回答有，且能严格落实194人，占43.8%。

再看人才管理机制，单位制定有“健康科普人才培养建设规划”与“管理机制”的情况调查中，有近1/4单位没有：无108人，占24.4%，有141人，占31.8%和尚待完善194人，占43.8%，二者加总占72.6%。说明相关单位均对科普人才建设工作有一定认知。需要注意的一点是，有科普人才管理机制的单位医疗机构整体要优于公共卫生系统，这可能与各自的工作分工不同，亦显示公共卫生系统在科普人才培养和开发工作上需要下功夫（见表8）。

在单位开展健康科普工作的方式上由高到低的是：健康科普讲座占15.01%，宣传栏占14.05%，发放宣传资料占13.43%，各种卫生日宣传活动占10.01%，微信公众号占9.19%，对其他业务单位的指导、管理与考核占7.65%，制作宣传片占7.31%，网站占6.40%，报纸、院刊等占5.34%；微博76人，占3.66%，与广电部门共同建设视频直播平台占2.17%，独立建设运作视频直播平台占0.91%，自媒体号占1.64，其他占3.22%。

表8 单位是否制定有“医学科普人才培养建设规划”与“管理机制”情况统计

参与调查单位性质	贵单位是否制定有“健康科普人才培养建设规划”与“管理机制”			总计
	无	有	有,但尚待完善	
疾病预防控制系统	28	11	29	68
健康教育系统	14	22	20	56
结核病防治	3	1	0	4
医疗机构	55	94	115	264
医学教育、营养、食品安全等专业院校	1	8	14	23
总　计	101	136	178	415

通过以上统计结果可以看出，到目前为止参与调查的单位在开展科普工作的方式上前五位还是以传统的科普方式如宣传栏、发放资料和卫生日活动与讲座为主，占50%以上，讲座的比例是最高的。而新媒体的利用比例相对低一些。这可能与被调查的单位性质与级别有关。在北上广深等地域的医疗机构均应有自己新媒体平台。考虑参与调查单位的性质医疗单位在一半以上，选择讲座式的科普的单位数量，理论上应该占到50%以上，因为政府有相关的要求，达不到一半则说明做得不到位。

（二）科普工作管理人员对科普工作的认知

基层科普工作管理人员在科普工作中起着承上启下的枢纽作用。他们对上学习相关政策法规，对下落实相关规划，组织科普工作的落地，横向协调专业人员开展科普工作。他们对科普工作的认知直接影响他们的主观能动性，他们组织的效果直接关系到专业人员的成就感——做科普是否有意义。他们协调的专家水平与工作效果又直接影响到参与科普活动的受众是否有收获，是否满意。对公众他们是幕后英雄，对专业人员他们既是伯乐又应该是好的导演与教练。

在本次调查中，从事科普工作的管理人员认为科普和临床治疗对社会公众和患者的重要性相同、同等重要321人，占77.30%；科普更重要75人，占18.1%；认为临床治疗更重要10人，占2.4%；其他人回答不知道。认为科普工作能够促进“提升医院形象、构建医患和谐”，同意388人，占93.5%；不同意12人，占2.9%；不知道15人，占3.6%。科普与科研的关系认为相互促进 363 人，占 87.5%；没有关系 19 人，占 4.6%；不知道 23 人，占 5.5%；相互抵消 10 人，占 2.4%。

从总体上看，被调查者对科普与科研，科普与单位形象医患关系，科普与临床三组关系的认知中 90% 以上的人均持正面理解。

在对单位开展健康科普主要目的的调查上，有 350 人选择了 2 项及以上工作。向公众普及健康知识 379 人，占 28.1%；完成上级的要求 256 人，占 19.0%；宣传单位的形象 237 人，占 17.6%；锻炼医务工作者的沟通表达能力 224 人，占 16.6%；提高患者遵医行为 188 人，占 13.9%；医院营销方式 66 人，占 4.9%。

单位开展医学科普工作，从理论上说能同步达成。完成政府的要求、宣传单位的形象、向公众普及健康知识、锻炼医务工作者的沟通表达能力、提高患者遵医行为、医院营销方式等多重目的。但不同性质、不同级别的医疗机构在开展这一工作时的目的不同，也就部分程度上决定重视程度和效果的差异。如果单纯以完成上级要求为目的的科普工作多是应付和对付的层面。而从医院的营销和形象建立为目的的传播，单位的重视程度和效果会有很大的不同。从这一调研结果来看，参与调研的单位以完成上级政府任务的比例与宣传营销为目的均占 20% 左右。宣传单位形象、医院营销方式的占 22.5%，向公众普及知识的占 28.1%。基本反映了相关单位开展科普工作的真实态度与目的。

（三）科普工作管理人员对专业人员开展科普工作难度与科普工作的环境认知

从管理者的角度看专业人员开展科普工作的难易程度应该相对客观，亦有其独有的优势。一是“第三方评估”相对客观；二是负有协调和管理职责甚至是效果评估，理论上对专业人员开展科普工作的能力，传播效果的好坏有更准确的判断。科普管理工作者认为做好科普工作对专业人员而言有一定的难度的 231 人，占 55.7%；比较困难的 49 人，占 11.8%；非常困难者 14 人，占 3.4%；一般 73 人，占 17.6%；非常轻松 48 人，占 11.6%。从有一定难度到非常困难的比例，占到 70% 以上。

此题目重点考察管理人员对专业人员开展科普工作所需的能力，比如写作、创作能力和传播能力等评估。管理人员认为困难可以包括多个侧面与层次，比如专业人员对科普工作的不重视、意识不到科普工作意义，专业人员的知识结构、能力结构不能满足科普工作的需要，或是政策与管理体制不鼓励、不利于专业人员开展科普工作，或是文化心理不利于专业人员开展科普工作等，均需要参考相关的问题界定。

从管理者的角度看影响专业人员开展科普工作的意愿与效果的因素。结果显示：科普工作需要相关能力制约了专业人员开展科普的是 163 人，占 39.28%，也就是 2/5 的管理人员认为专业人员开展健康科普的积极性、效果是由于专业人员自身的能力不能满足工作需要。认为政策及领导支持对之有影响的是 120 人，占 28.92%，也占近 30%。认为专业人员的知识结构的完善（尽量广的知识面）和人文知识素养对专业人员开展科普工作有影响的分别是 61 人，占 14.7% 和 37 人，占 8.92%。而认为动力机制建设（和政策与管理措施相关）有影响的是 13 人，占 3.13%，认为展示平台建设有影响的是 9 人，占 2.17，有 2% 的人认为受众支持与否对专业人员是否有意愿从事科普有影响。

从科普工作的管理人员认为的制约影响专业人员是否有意愿从事健康科普来看：专业人员的因素、能力知识结构和人文素养占有将近 2/3 的比重，而政策领导重视和动力机制的比重占 32%，是前者的一半。之所以有这样的看法，可能的因素：一是管理者站在组织、协调和旁观者的角度更能清晰地看到专业人员在从事科普工作时的知识结构、能力结构不足是效果不好的原因。事实上真正有天赋、有兴趣，乐于从事一件事情，并愿意为之投入时间精力和心血的人，在现阶段并不多。政策的存在在于调动态度和能力居于中间，愿意可做可不做、可投入也可以不投入的事情，投入时间精力，将应当做的事情形成合力做得更好，这才是政策与管理的本质，即所谓鼓励先进先行、促进中间。二是说明广大的专业人员在开展科普工作的能力、知识、结构和人文素养上的确有太多事情要做。三是管理人员都有对政策管理机制缺乏对科普工作的影响深度和高度的认知，更显示政策和动力机制建设的重要性。

上题是管理人员对影响专业人员开展科普工作的意愿和效果的调查分析，下面是从更宏观的角度分析开展健康科普工作中面临的主要困难，也就是管理人员在推进相关工作中遇到的主要困难。参与调研的管理人员认为：政策不明晰 105 人，占 25.3%；管理机制不完善 87 人，占 20.96%；管理关系不清晰

52 人，占 12. 53%；领导的重视程度不够 37 人，占 8. 92%。请注意当放到自己的层面时大家认知与上题的调研时出现有意思的对比。这里认为领导重视、政策因素、管理机制不完善影响自身工作推进的比例是 70% 以上。和影响专业人员开展科普工作意愿与效果的因素在专业人员因素中近 2/3 形成鲜明的对比。其中有很多值得玩味的地方。

认为临床医生教研的任务重，没时间和精力开展这些工作 30 人，占 7. 23%；专业人员知识、能力结构不能满足科普工作需要 24 人，占 5. 78%；缺乏经费支持 24 人，5. 78%；缺乏展示服务平台 15 人，占 3. 61%；缺乏优秀的策划者、执行者 11 人，占 2. 65%；专业人员不重视 13 人，占 3. 13%。患者的参与度不高 5 人，占 1. 2%；公众参与度不高 8 人，占 1. 93%；患者和公众参与度与影响专业人员开展科普工作意愿与效果的因素一题受众支持 2%，是一样的问题，都是科普的效果与受众的需求之间能否形成良性循环的问题。

对如何鼓励广大医务工作者重视和参与科普工作的调查结果：选择政策的宣传引导，号召奉献精神 172 人，占 41. 45%；动力机制的建设（经费、晋升等）100 人，占 24. 1%；完善考核的办法 31 人，占 7. 47%；展示平台的提供 57 人，占 12. 05%；赋能（给予知识结构、能力结构方面的培训与训练）52 人，占 11. 7%。

而在如何改善促进专业人员开展、从事科普方面 41. 45% 的人选择加强宣导和号召奉献，换言之就是认为专业人员的意识不够，重视程度不够，奉献精神不足。而 24. 1% 的人认为应该加强在动力机制的建设（经费、晋升等），完善考核的办法占 7. 4%。认为应该提供展示平台的占 13. 73% 和给专业人员赋能占 12. 05%；均是鼓励和改善专业人员从事科普工作需要着力的地方。

（四）被调查者对当前科普重点内容的认知

本地区关于健康科普内容的重心，应该是哪些？这一题目是调查科普管理工作者从自身的角度判断本区域现阶段公众健康科普内容的需求。不同的经济发展水平，不同的社会地位对健康的需求有层次上的差异，这一题目的选择受管理者本人的知识背景、工作经验、所处区域的不同会有不同的选择。从传播经验来看对健康知识的关注起于疾病知识信息的了解，其次是生活行为：营养运动心理等，最后是理性就医、忠于社会文化的认知与生命观、健康观和社会环境的层面。这是符合人们的认知与需求发展规律的。

384 人选择了两项以上，336 人选择了三项以上，具体如下。

疾病相关知识的传播 314 人，占 19.81%；健康生活方式（营养、运动、心理等）的传播 367 人，占 23.15%；健康的生命观、健康观 268 人，占 18.17%；理性就医观念和能力的培养 268 人，占 16.91%；良好社会健康环境的营造（无烟、限酒、健康的社会文化氛围）340 人，占 21.45%；其他 8 人，占 0.5%。

这一调研结果基本符合人们对健康需求层次的逐层递进性，也说明我国目前的健康科普层次仍旧是以疾病知识向健康生活行为方式为主的演进阶段。被调查者有 1/5 的人关注社会环境的健康是一大进步，说明科普管理工作者对环境与健康的关系有一定程度的关注。但从另一个角度看，不同层次内容的需求差异不大，也说明参与调研的管理工作者认为我国公众对健康的需求有较大提升空间，健康科普工作任重道远。

（五）科普管理工作者的能力需求

科普管理工作与专业人员开展科普工作所需要的能力是不同的。从管理的角度出发如何动员公众和专业人员参与科普，如何动员决策人员重视健康科普，如何提升科普活动的效率、效果，如何提升专业人员的科普生产创作能力和传播能力是科普管理工作者所必须考虑的。此题目以排序的形式，来了解科普管理工作者围绕策划、调研、教练等能力在其心目中的重要性。

不同能力的概念界定如下。

策划能力：对科普工作进行整体规划、单次科普活动策划的能力。

教练能力：发现和培养科普人才的能力。

团队建设能力：动员、激励、考核、目标设定等。

调查研究能力：了解公众、科普工作支持者、从业者的需求。

组织管理能力：活动策划、实施监控、效果评估，确保科普工作顺利有效地实施。

沟通协调能力：领导开发、科室协调、专家动员、资源整合、受众调动的能力。

学习创新反思与总结的能力：适应所有挑战性工作的需要的基础素质。

专业能力：专业背景的需要，如临床知识等，以利于分析受众的需要，选择适合的专科、专业人士满足不同受众的需求。

调查结果从高到低的排序是：策划能力 158 人，占 38.07%；组织管理能力 63 人，占 15.18%；团队建设能力 56 人，占 13.49%；沟通协调能力 37 人，占 8.92%；调查研究能力 35 人，占 8.43%；专业背景的需要 26 人，占 8.43%，其他 27 人，占 6.51%；学习创新反思与总结的能力 10 人，占 2.41%；教练能力 3 人，占 0.72。

选择策划能力者高居首位达 38%，有两种可能，一是调研表格在选项列举时将其放在了第一选项，二是参与调研者确实认为这一能力在他们工作的层面是最重要的能力。组织管理能力与团队建设能力加总占 26% 左右，说明管理人员都认识到二者对于开展相关工作的重要性。但美中不足的是做好管理工作特别是基层管理工作首要的因素应该是沟通协调能力，这次调研的参与者只有 8.92% 的人选择了这一能力，而学习创新反思总结的能力更是所有能力的基础，只有 2.4% 的人选择了这一能力。确实说明终身学习和自我教育的意识与行为还是有很大的提升空间的，统计情况见表 9。

表 9　科普管理工作者希望对管理协调能力重要性认知的需求强度（仅考虑首位）

能力划分	重要性认知	学习需求排序	备注
策划能力	38.07	32	
组织管理能力	15.18	10.1	
团队建设能力	13.49	12.8	
教练能力	0.72	12	
沟通协调能力	8.92	9.2	
调查研究能力	8.43	11.1	
专业背景的需要	6.27	6.5	
学习创新反思与总结	2.41	2.9	
演讲与写作能力		1.1	
科普创作能力		1.4	
其他		0.5	

六　影响和制约专业人员开展科普工作的因素

经过深度访谈不同历史阶段有代表性、广受欢迎的明星式的医学科普人物，找寻发现受欢迎科普人员具有的态度、价值取向、开展科普的动机，具有的能力结构、知识结构、作性禀赋，总结发现可以复制推广的内容，形成相应建议以向同业人员推广。受访对象包括：临床医学专家、营养学专家、医学伦理与人文专家、以专家和管理者双重身份接受采访的政府退休人员但始终活跃在科普一线的科普专家，以期发现和总结专家们对科普工作的认知、动力，面临过的困难及应对之道、什么样的态度取向、知识结构和能力人才、什么样的政策环境、管理机制才能更好地推进科普工作。

（一）传统文化、社会心理对专业人员开展科普有不利的影响

传统文化讲中庸，不鼓励公开表达自己的意见、观点，不主动展示自己学识，“人不知而不愠”。刘永峰中庸和谐文化心理对汉语表达的影响《老子第四十一章》中“大智若愚，大巧若拙，大音希声，大象无形”，才智出众的人表面看来好像愚笨，但是才智出众，不显露出来。魏人李康的《运命论》更揭示“木秀于林，风必摧之；堆出于岸，流必湍之；行高于人，众必非之”的国人特质。

开展科普工作需要面向公众当众表达，那些尚未功成名就的专业人士，如果不是有“金刚不坏之躯”，没有极强的抗打压能力的人就很难投入和坚持下来。科普重要“但我首先要混的是学术圈-——于康教授”。范志红做副教授到现在16年了，正教授评了3次，有一次已经进入公示还是被刷下来了，这里面的原因是多方面的。有人才扎堆名额太少要求高等多种因素，但范教授的科普名人效应在这里肯定不是正向的。当范志红副教授含着泪花告诉我，她已经放下不再考虑职称问题时，我们体会到的是一种无奈。

谭先杰教授的感受与感悟是：过分在意别人对你的看法，可能每个行业或者每一个领域总会有这个东西（负面意见），但是有人也会告诉你，说人家对你有看法是抬举你，如果大家都忽略你，那你很失败啊。我想这也是，那个时候太在意别人的看法，希望迎合讨好所有人，后来发现是不可能的。当然我不

能完全得罪人，但有些时候你是把控不了的，嘴在人家身上，看法在人家身上，无所谓了。

洪昭光教授：……最厉害的还有人专门出了一本书，《洪昭光健康大颠覆》，把我讲的内容一切都否定，非要辩论，我都无所谓。为什么啊？因为客观规律在，所以我对那些从来没有往心里去过，包括说我什么……这都是小事。

（二）国家的重视程度有待进一步提高、体制机制建设要细化要落地

于康教授：动力机制缺失。科普门槛低，尊重度不够。胡大一教授：我们现在的健康教育逮谁用谁，不管他能讲不能讲，现在为什么说健康能力需要培养，现在你搞健康，有的时候不是单纯的需要医学问题，他需要怎么吃，怎么动，怎么戒烟，怎么戒酒。一个是现在要培养一个东西，第一个如何引起从事这个选择作为业余爱好，甚至自己专职于这个事业，成为他的意愿和兴趣，这个意愿就像是我们做这个东西就是完全自发的，你得有社会责任感，也是做医生的责任感，清晰国家政策，培养复合型人才，发动社会力量。丁辉教授：健康传播和健康促进，健康教育，在所有的大夫晋升的时候，都不算作指标（谁愿意做科普）。做公益整体上是不赚钱的，但是做公益的专家，本身付出是要有成本的，还是要给一些成本费。洪昭光教授：收费的话有利于科普的传播，有利于提升公民的素养，只有收费大家更重视。第一意识问题，有没有想分享的意愿，有没有足够的爱心形成动力；第二个就是能力，前半截我们讨论的那些，有没有观察、总结、分析、表达的能力；第三有没有足够的平台；第四个，是动力机制。何丽教授：四大瓶颈：政策、能力、自己的职业规划还有动力机制。做科普不会使你的收入减少，做科普是修身、完善自我，同时满足社会生命的需求。殷大奎教授：给科普的同事同仁创造一个平台，让他们通过自己的讲座、通过自己的写作带来一定的收入，我觉得这个事可取。因为这对社会是有贡献的。现在他除了完成自己的工作任务以外，能够写些书。多劳多得，优质的服务，要以公益性为主，但是在这个过程中应该适当地给一些报酬。医生也是人啊，要鼓励要激励。只有广大的真正的专家形成这么一种氛围，一种强烈的为人民健康做贡献的科普、健康促进的风气，这种风才能压倒歪风。

（三）动力机制缺失：职业发展、荣誉感、成就感均不够

此次 1304 名被调查者中：62% 的参与调研者认为科普工作中应该有回报，要与绩效考核、晋升、经济收入等挂钩483 人，占37.0%；单位应该给些劳务费 151 人，占 11.6%，组织者应该给劳务费 123 人，占 9.4%；听众应该给劳务费 52 人，占 4.0%，这在一定程度上体现了参与调查的人员对科普是否应该将个人的发展与收益挂钩的基本态度。

于康教授：动力机制缺失，没有学科体系，要鼓励做真正意义上的科普，要有准入制度，要有评价体系，纳入像晋升评奖这些体系中去，才能形成一个合力，才能把科普的事真正推进。袁钟教授：市场经济下没有经济效益，没有资金收入，凡是不赚钱的行业科室都要关掉的。洪昭光教授：体制有问题，医生时间有限，临床也很忙，还要发表 SCI 文章。其实我认为医生的任务不是做 SCI 文章，我认为医生就是看病，为人民服务，在这个过程中做科普。医生临床的工作要晋升职称，临床是第一位的，科普也应该算在分里，体现科普的价值，不应该说这个都不算分，算分看你发表的 SCI 文章。评价体制有问题。另外从更宏观层面来看，医生的社会地位，医生的职业尊严，医生的生活待遇都应该达标，医生的社会地位应该有高度，医生的职业尊严也应该有一定高度。如果社会地位很低，职业没有什么尊严，生活待遇很差，还要求医生德才兼备很难。何丽教授：第一是动力机制，第二是成就感。刘玄重教授：随便举个例子，现在医务界曾经有这样一句话，你做一千例手术，不如一篇热门，你做一千次健康教育，还不如做两个手术，健康教育有自己的职称证书吗？在晋级的时候国家有政策吗？你可别忘了健康教育，国家可以节省大量的资金，你可以把这个疾病位置前移，少发病，对不对，为什么不去特别重视他，我觉得健康教育，高级健康教育师，享受正教授待遇，你这个政策一出台，你想想，多少人参与，现在是什么？殷大奎教授：第一是现在医务人员工作量太大、压力太大。他看病看不完。第二个做健康教育掌握的知识必须是比较全面的。我们现在的专家，现在学科越分越细，知识面就越来越窄。就是搞内分泌的重点就是研究糖尿病，或者是搞心血管的就重点放支架。所以这个健康是大的问题，涉及很多个系统的，你要了解情况。健康教育是语言学。有些人的确是专家，但是他就像对研究生讲课、学生讲课一样，下头是不同的对象，他听不懂。老百

姓就会觉得跟他有距离。从管理层面来说，没有认识到医务人员在为人民健康服务的过程当中健康教育的重要性。现在职称评定、晋升，你这个医生好坏都不是拿这个来评的，都是看你写了多少论文、做了多少手术、病人多少。这个重不重要？重要。但是要足够的考虑到，我让一个人不生病比治多少病人，这个意义都大。王陇德教授：对科普没有标准，从国家管理层面上，政府的管理层面上应该制定这样的规范和制度，从规范和制度上引导医务人员做这个科普。

（四）从个体角度看科普工作投入和产出失衡

科普工作需要时间精力的额外付出。从科普工作与自身的职责、职业发展、投入产出比来看，也就是影响人们开展工作的动力因素来看：与绩效考核没有关系，也就是做是奉献、不做也无所谓的431人，占16.6%，对自身的发展没有帮助，和职称晋升没有关系418人，占16.1%。从投入与产出比来看，认为时间精力成本太高而收获太小的566人，占21.8%，三者加占56.1%。这是影响科普工作的政策环境、动力机制因素，是政府、单位可以发挥作用的地方。

（五）影响专业人员的直接经济效益

对于学有专长，备受欢迎的专业人士而言科普有可能使有形收益下降。谭先杰："对医生来说，因为说我要去讲一堂课，讲一堂健康讲座，不管是讲什么，他给你的劳务费有限，因为有规定的，院士是3000元，主任是2000元，副高1000元。何况你不是院士。""可是你要去的话，来回路上的时间成本，去，回来，尽管你不掏机票人家掏，你去的时间成本其实是不合算的，而现在医生多点职业，同样的时间用在去做手术，我觉得收入应该比这个高。"

范志红教授：我出去做个讲座，人家说你是副教授，只能是教授一半的钱。我说那你就找个教授讲，你干吗要找我讲？哎呀，我们听了听觉得还是你讲得好，我说你既然觉得我讲得比较好，为什么不能给我教授的劳务费呢？我们规定就是这样的呀。我就觉得这个事不公平。

洪昭光教授当年的"健康快车"的统计数据卖了1500万册，我收了就是1万块钱，完了以后转身交给党委，交给吴英凯科普基金会，自己没有收1分钱。如果洪教授只是没有收入大家认可他奉献了也还好。还有人背后中伤说他是第二个刘晓庆，很快会被抓起来，理由是挣了不该挣的钱——如果按版税10%计算，洪教授1500万册应该有多少收入呢?

（六）个体从事科普可能对职业生涯、同事关系、人际关系产生负面影响

范志红教授：我们国家有很多的例子，在没有功成名就之前做科普不行，太早了不行，一定要当上院士，当了学科带头人再做那就没有问题，那就是属于给你增加分，增光添彩的事情。很多年轻人也加入了，这些年轻人自己20多岁30多岁，他们现在还没有功成名就，收入还是很低的，职称也没有评上去。这个时候他去做了科普了，他将来的前途怎么办？养家糊口，能不能因为这件事情得到收入，将来的晋升各种职称有没有可能，因为他的科普成绩给他算算分之类的，到现在为止我们没有这种机制。所以年轻人做科普，有可能耽误他们的职业发展，这样就会妨碍很多有才华的人投身其中。

于康教授：最早的时候也是杀出一条血路来。面对学术圈同行同事的评议，同事关系、工作关系做科普的人，扛得住同行的压力是很重要的。他自己有两条比较幸运的，一条是从医院的高层主流上比较支持，明确地说比较支持。第二个是他讲的内容，一讲出来同行一听就有判断，同行觉得这个人讲的内容是靠谱的，有证据讲科学，就会对你讲的东西比较宽容。同行不一定完全支持，但是他不会反对。也有一些人会支持。所以总体层面上就会形成整体的范围没有明确反对的声音。但是有没有反对声音？有的，从哪儿反对呢？就是从你要讲科普哪有时间看病？这种地方质疑，这种质疑我们明确地跟人家讲清楚，第一我们是用业余时间，第二我们所有医院布置的工作任务按时按量的完成，同时我们还超额完成，我们丝毫没耽误，反而做得更好，慢慢地这种反对声就小了，支持声音就多了，现在基本上没有什么反对。这个过程用了两三年。我们那时候是顶着雷，完全没有人认同你，你干吗的？旁门外道，你那不是在那乱整吗？只是我讲了大家发现还有点作用，还有些大夫自己试一试，觉得于康讲得不错，所以才慢慢理解。

（七）专业人员对科普工作的轻视

此次1304名被调查者中认为科普很容易、有专业背景的人都能做好科普

工作的人分别是105人，占8.1%，163人，占12.5%，二者相加占20%。认为科普工作入门容易，做好难175人，只有13.4%，这说明意识到科普工作难的人并不是很多，坦率地说没有实践经验是认识不到这点的。课题组采用归因方法，从第三方的角度设置问题：对于从事健康科普工作，您身边的同事怎么看待？分析影响专业人士开展科普的因素。统计调研结果有2600条回答，576人次选择了2项或以上，具体如下：147人选择不知道，占5.7%，说明被调查者没有了解过周边同事对科普工作的看法，也间接反映答题者可能对科普工作不重视，当然也可能是对其他人的看法不放在心上或者本人和科普工作本身就没有关系。认为专业不行只能干这行是的297人，占11.4%。二者加总占17.1%。这与前述认为科普工作很容易和有专业背景就能做好的数据基本一致。

再从归因的角度来看对科普工作意义的认知。认为科普工作非常重要很有意义的是741人次，占28.5%。更为让人担心的是对于科普讲座以及各种媒体上的健康传播活动，您的感觉是：反感61人，占4.7%，感觉一般309人，占23.7%，没有感觉46人，占3.5%，对科普工作持负面态度的竟然有将近1/3。

要知道被调研的人多少都与科普工作有关系，他们尚且有明显的反感、轻视科普工作，也从侧面说明了科普工作不被重视的部分原因。这是科普工作中惰性因素，即开展科普工作时的绝对不利因素。

（八）时间不够、能力不足和机会少

想参与没能力、没时间和没机会的占到57%以上。从影响专业人员开展健康科普工作的因素来看从高到低依次是本职工作繁重，没有时间和精力开展850人，占21.6%；自己的专业知识、表达技巧等方面不能满足科普工作需要的784人，占20.0%；认为缺乏相应的激励机制655人，占16.7%；认为缺乏资金支持的601人次，占15.3%；缺乏政策及领导的支持563人次，占14.3%；受众积极性不高，占没有人愿意听396人，占10.1%；易被他人说三道四79人，占2.0%。

从443名科普工作管理人员的统计结果看：认为做好健康科普工作对专业人员而言从能力的角度看有一定难度到非常困难的比例，占到70%。制约影响专业人员是否有意愿从事健康科普来看：专业人员的因素、能力知识结构和

人文素养占有将近2/3的比重，而政策领导重视和动力机制的比重占32%，是前者的一半。之所以有这样的看法可能的因素：一是管理者站在组织、协调和旁观者的角度更能清晰地看到专业人员在从事科普工作时的知识结构、能力结构不足是效果不好的原因。事实上真正有天赋、有兴趣，乐于从事一件事情，并愿意为之投入时间精力和心血的人，在现阶段并不多。政策的存在正在于调动态度和能力居于中间、愿意可做可不做、可投入也可以不投入的事情，投入时间精力，将应当做的事情形成合力做得更好，这才是政策与管理的本质。所谓鼓励先进先行、促进中间。二是说明广大的专业人员在开展科普工作的能力、知识、结构和人文素养上的确有太多事情要做。

七　全国及部分省市专职健康科普工作机构和人员情况

（一）我国专职健康科普机构设置与队伍的现状

健康教育系统是健康科普的专职机构。截至2013年底，在全国（大陆地区）为2679个，设置率为82.92%；其中，省级机构设置率为100%，地市级机构设置率为94.22%，区县级机构设置率为81.38%。从业人员情况编制内共有9092名。本科学历占40.52%，大专2468人占34.48%，硕士/博士占4.92%。专业构成：预防医学占27.23%，临床医学占15.65%，其他医学相关专业占18.74%，新闻与传播学：1.59%，其他专业占36.79%。

专职科普机构从机构设置、人员配备、专业构成等在质和量等诸多方面均不足以支撑健康中国规划对科普工作的潜在需求。

（二）部分省市健康素养水平与医学科普队伍建设、科普经费投入与居民可支配收入对照分析

课题组研究思路之一以抽查省市健康素养水平为基点倒查对比各省市健康科普队伍建设与能力情况，观察各省市政策环境、管理机制、经费投入等对科普能力建设的影响。假设情况为管理到位、投入水平会对健康科普能力产生影响，后者又直接影响各省市的健康素养水平。按这一假设，对比了北京、上

海、安徽、山东、甘肃、青海、浙江、吉林等8省市在医学科普队伍建设和公众健康素养之间的关系。科普队伍和筹集经费与使用经费资料来源于各省市2015年上报国家卫生计生委的统计信息。考虑省市面积大小、人口多少、经济发展水平不一等具体情况，课题组单独将各相关省市人均可支配收入补入，一同做统计分析，以观察经费投入与健康科普能力建设、科普投入、经济水平与健康素养之间的关系。人均可支配收入来源于2017版《中国卫生和计划生育统计年鉴》。人均科普经费来源于各省市实际科普经费使用额与人口比值汇总成2015年度部分省市健康素养水平、健康科普队伍建设、经费投入、人均可支配收入、人均科普筹集经费使用情况（见表10）。

表10　2015年度部分省市健康素养水平、健康科普队伍建设、经费投入、人均可支配收入、人均科普筹集经费使用情况

省市	北京	上海	安徽	山东	甘肃	青海	浙江	吉林
健康素养	28	22.07	7.84	12.08	6.4	5.99	18.25	9.99
健康科普专职人员	396	145	200	332	581	112	84	579
健康科普兼职人员	11964	10		19864	8594	2122	288	3215
注册健康科普志愿者	4307	23856	224	5116	454	2	942	672
年度健康科普经费筹集额（万元）	3661.842	5653.43	984.93	8118.82	2183.082	855.4	729.8	746.2
年度健康科普经费使用额（万元）	4524.918	5653.43		7053.35	2301.572	754.35	522.8	1182.8
居民收支情况（元）	52530.4	54031.8	19998.1	24685.3	14670.3	17301.8	38529	19967
人口(万)	1961200	2301391	5950100	9579310	2557530	562670	5442000	2746220
人均科普筹集经费使用额（元）	23.07	24.57	1.66	7.36	9	13.41	0.96	4.31

注：安徽只有筹集额度，没有使用额度。

资料来源：《中国卫生和计划生育统计年鉴》，中国协和医科大学出版社，2017。

为了验证课题组的假设，将相关数据以健康素养指标作为因变量，经用SPSS统计软件处理分析发现线性分析和回归分析，健康素养的水平和居民收入水平有明显的正相关，P 值 =0.000（见表11），健康素养水平与居民可支配收入相关性分析。而与健康科普队伍建设、经费投入、人均科普筹集经费没有明确相关性。出现这种情况是否就意味着课题组的假设是错误的呢？不尽然。可能的原因从表10中可以看出，北京、上海和浙江健康素养水平居前三位，北京、上海的人均科普经费使用额最高，在23～25，而浙江的人均科普经费才不到1元。北京专职科普人员是上海的2.5倍，是浙江的近5倍。北京兼职科普人员11000余人，上海才10288人。浙江的总人口是上海的1.5倍，北京的2.7倍。明显不符合常识。最大的可能是各省市的原始数据就不精准。也更说明了科普能力建设工作需要更加重视和加大投入。

表11　健康素养水平与居民可支配收入相关性分析

		健康素养	居民收支情况(元)
健康素养	Pearson 相关性	1	0.969**
	显著性(双侧)		0.000
	N	8	8
居民收支情况(元)	Pearson 相关性	0.969**	1
	显著性(双侧)	0.000	
	N	8	8

注：在1%水平（双侧）上显著相关。P 值 =0.000，健康素养的水平和居民收入水平有明显的相关性，呈现明显的正相关。

八　我国医学科普能力现状评价

当前我国健康科普队伍专职力量单薄，专业机构不健全，配置不平衡、整体队伍素质不高，经费投入不足。应进一步加强政策支持和人才综合培养，提升专业人才素质，改善和优化人才结构和配置，以适应健康科普的需求。以医务工作者为主体，健康相关专业人员普遍对科普工作重视程度不高，人文素养、科学素养、传播传媒素养、科学素养上均有较大的提升空间。建议增强政府重视程度，营造氛围，加大投入力度、优化基本公共卫生经费投入方向，完善动力机制建设，转变专业人员在科普工作方面的态度。开展对从业人员的能力建设，增加经费，单独预算。

九 针对影响制约专业人员开展科普工作的政策建议

《纲要》规定中国居民健康素养平均水平要从2015年的10%，到2020年达到20%，2030年则达到30%。我们对这一目标充满期待，我们也知道要实现这一目标任重道远，时间紧迫。要完成《纲要》的整体规划目标需做到以下几点。

从宏观层面需要政府管理部门、科普工作相关的事业单位、社会组织、社会各界的全力参与。特别是政府主管部门和以600万[①]名医务工作者为主体的健康相关行业、产业界的意识转换、能力结构的完善、动力机制建立健全和服务平台的建设。

从微观层面，需要健康相关特别是广大医务工作者自身的三个转换，一是从重视治疗向治防并重转换，以疾病为中心向以健康为中心的观念转换；二是知识结构的完善与转换，从以治疗疾病为主的专业专科知识向以影响健康的主要因素防范的相关生活方式知识转换；三是能力结构的转换，从以单一疾病治疗为主的疾病治疗技能向以指导公众获取与维持健康生活的指导技能方向转化。

欲达成以上的各种转换，健康科普能力建设是桥梁和最佳切入点。通过健康科普能力建设可以有效促进医学、医疗工作者自身的角色定位转换、知识结构和能力结构的完善。

总结本次研究的结果，影响和制约专业人员从事健康科普工作的主要因素有以下几方面：①传统文化、社会心理对专业人员开展科普有不利的影响；②国家的重视程度有待进一步提高、体制机制建设要细化要落地；③动力机制缺失：职业发展、荣誉感、成就感均不够；④从个体角度看科普工作投入和产出失衡；⑤影响专业人员的直接经济效益；⑥个体从事科普可能对职业生涯、

---

① 据2017版《中国卫生和计划生育统计年鉴》，截至2016年全国医护人员等人员总数为执业医师2651398人，注册护士3507166人，药师（士）439246人，检验师（士）293680人，乡村医生和卫生员1000324人。

同事关系、人际关系产生负面影响；⑦专业人员对科普工作的轻视；⑧时间、能力（知识结构、表达能力）和机会。

可以分为三类：一是意识问题，是社会氛围、行业态度问题。①⑥⑦传统文化、社会心理、人际关系和专业人员对科普工作的轻视态度，可以归为这一类。第二类是动力机制问题。②④⑤这三个问题均涉及科普从业人员时间、精力投入以后在绩效上不被认可，在收入上不能体现，甚至是负性的。第三类不能参与科普工作是因为能力和机会问题。解决以上问题的建议如下。

（一）营造氛围、打造职业荣耀感

总结北京地区经验说明上述第一类问题可通过政策引导、动力机制的调整来改变从业人员的态度。如北京地区由政府出面组织科普专家团队、提高门槛设立硬性要求，通过比赛告诉社会和专业机构不是所有的人都可以站出来做科普。树立了从业人员的荣耀感。带动了行业的参与。最典型的两个例子是北京协和医院已经连续两次举行健康科普大赛、科普能力大赛，发挥了良好的正面作用。北京大学第三医院为了配合北京市科普巡讲工作，主管工作人员特别向院领导申请：凡是在中央直属机关、市直机关、公安系统、教委、流动人口以及科普新星巡讲、职称都是副高及以上人员，可在年度教授考评政府指派任务中加分奖励，1 次 1 分。而发表一篇 SCI 文章才能得两分。这 1 分可直接用于职称晋升时评分，充分调动了大家的积极性，因为在临床一线各位专家工作非常繁忙，要抽出时间做科普巡讲课件及备课等工作，也占用大量业余时间，如果在医院教授考评中适当加分鼓励不仅提高了专家的科普热情，也促进健康教育工作良性循环以及健康教育管理的进一步开展。

但北京的情况是否外地均可复制是需要因情而异的。一是全国成立了健康促进工作委员会的只有北京和上海，北京是在政府的推动下、个别医疗单位的积极参与下实现的。99% 的省市科普工作均是健康教育所主抓，作为单纯的业务技术指导单位组织全社会共同关注科普工作是不现实的。二是作为政府行政性工作每一阶段都有新的工作重点。不可能年年搞比赛，依靠单独几家医院来撑起科普工作的全局。这就要完善体制机制建设，有固定的考核、晋升渠道、有固定的经费保障以利于从业人员可以持续地从容地投入时间、精力来从事这一工作，将之作为事业。

（二）结合科普工作特征，完善动力机制，与专业人员的职业发展、经济收入建立联系

只有建立一套有效动力机制，使乐于从事健康科普，并为公众接受的健康科普工作者，获得与付出相匹配的收获，才能形成科普工作的长效机制。2017年山西在这方面做出了有益的尝试，在全国率先把撰写医学科普文章纳入了高级专业技术职务任职资格评审条件中。这一信息一经公开就震动整个医务界。健康中国已经列入国家发展规划，相关部委应该将对相关人员的职业发展业绩考核与科普工作挂钩，应该加大对科普工作的投入。建立科普知识产权的保护机制，科普不代表没有原创，应建立科普知识、形式的创新。基层的医务工作者从事科普工作，应该与经济收益直接对接。不能既要马儿跑，又让马儿不吃草。

（三）完善健康科普专业机构配置，建立建设梯队化健康科普队伍体系

健康科普工作具有面向全人群、全生命周期的特点。既有耄耋老者，亦包括备孕人群，既有与时代结合紧密的互联网人群，亦有从未“触网”的全新生手。开展面向全人群的科普工作，打造掌握从疾病教育、生活行为方式养成教育到生命教育的不同层次、不同维度的专业人员构建的科普队伍，以满足不同人群需求的健康科普队伍。完善健康科普专业机构配置，截至2015年在全国范围专业科普机构：非独立机构2389个（占87.99%），主要隶属于疾病预防控制系统。独立机构326个（占12.01%），其中省级机构为14个，地市级机构为88个，区县级机构为224个，专业科普机构建设亟待完善。建立类似北京地区覆盖公共卫生系统、医疗系统，从社区、二级医疗单位、三级医疗机构、政府组织的国家级、省市级、区级健康科普队伍体系。

（四）完善专业人员的人文素养、知识结构和能力结构

通过各种形式的教育完善专业人员的人文素养、知识结构和能力结构，以利于他们开展科普工作。做好科普工作既要有意愿，亦要有能力。能够将逻辑严密、抽象的健康科学知识以形象、生动的形式让公众发自内心地接受，并践

行于日常生活之中，取得实效，这不是只要有意愿就能做好的事情，更需要做好相关工作的能力，比如，传播不同的健康知识、方法和技能时，需要针对不同受众的需要，进行分析的能力；当众演讲与人沟通时的心理素质、沟通技能；有效传播不同内容所需要的构思设计、内容的组织安排；传播现场暖场、控场、互动等对传播效果的影响等；健康科普写作、创作、创意的能力等均是科普工作所需；受文理分科较早、就业前景等影响导致的重理轻文现象比较普遍。做好科普工作最缺乏文理融通的复合型科普人才。通过各种形式的教育完善专业人员的人文素养、知识结构和能力结构，培养跨学科的科普人是当务之急。

（五）坚持公益性鼓励知识付费健康科普的产业化发展

医学科普工作必须公益化，医学科普属于公共卫生服务问题，应该是政府责无旁贷的责任和义务，传统上科普工作主要依靠政府的力量。健康的属性与健康科普工作特点是投入多，见效慢，效果难考核、拿不出快速可以量化的指标，对从业人员要求高，而门槛又很“低”。而健康的影响又是全民的，从长远来看如果处理不好又是影响和制约经济发展、国泰民安的大事，因此决定了这一事业就应该是全民的事情，政府的事情。政府责无旁贷。

但公益与市场并不矛盾。当前公众对健康的需求已经到分众化的阶段，加上移动互联的技术成熟，部分专业人员已经实现了从知识到有形效益的转化。坚持公益的同时鼓励知识付费形式的市场化发展是一个趋势。公益不是免费，是全民自己在买单，对公众要确定接受健康知识教育的标准，必要时与“医保”报销比例挂钩，逐渐推动强制性健康教育，免费的午餐谁能真正重视？

（六）加大政府投入，更要优化投入方向与重点

从部分省市健康素养水平与经费和居民可支配收入水平的线性关系可以看出经费投入与产出的直接关系。但投入就应该发挥最大价值、用在刀刃上和发挥杠杆的力量能够调动更多的社会资源和资金。国家很重视健康科普工作，但着力点好像出了问题。

建议：

（1）改变投入重物轻人的惯性，将投入的重点向科普队伍建设和个体的

能力建设方向倾斜。

（2）对基层医生开展科普工作，卓有成效的、受到公众认可和欢迎的，可以给予直接经济支持。

（3）减少给受众发礼品、发各种福利，节约下来的发给工作团队，大家才有可能真正去思考如何做好这一工作。不妨建立目标激励制度，在约定的时期内公众的健康素养提升了、发病率降低了，奖励增加，反之则减少。

（4）对备受公众认可的好的科普作品可以给予奖励——符合创新和创造的创新型国家建设需求。

（七）发挥大数据与人工智能的技术特征搭建符合移动互联时代的科普平台

在影响和制约专业人员从事和开展健康科普工作的因素中就没有机会一项。移动互联网时代，除了传统的纸媒、电台电视台和地面传播平台以外，以大数据技术为基础，可以细化公众不同维度、不同层次的需求，精准提供科普服务。移动互联网的出现为健康科普工作插上了大数据与人工智能的翅膀。为学有专长、热爱科普健康的相关人员，提供了新的平台。加强以大数据和人工智能技术为基础的科普平台是科普能力建设的重要构成。

十　医学科普队伍构成及科普能力结构模型

（一）医学科普队伍岗位构成、能力结构模型

任何一个个体都不可能独立承担医学科普工作的全部职责，完成科普工作，需要不同知识结构、能力的人才共同构建成的团队作战。医学科普工作队伍的构成应该包括以下人员：研究人员，策划组织管理协调人员，科普作品的生产创作人员，渠道建设人员，实务工作者，一线传播者和科普队伍、能力建设师资人员，他们共同完成医学科普工作。

医学科普队伍构成、能力结构模型：本文针对科普工作流程的需要，提出以下五种岗位，并提出相应的知识结构、能力结构要求。

（1）策划、管理、协调、媒体协调渠道建设 = 制片人，导演。

（2）写作创作（科普作品、讲解脚本、科普美术、艺术加工）=编剧。

（3）实务工作=剧务。

（4）传播（地面讲座专家、媒体嘉宾）=演员。

（5）科普研究队伍（师资队伍）=理论研究。

课题组根据健康科普领域的现状出发，以上述五种科普岗位角色划分，以队伍建设管理、经费投入、专业人员背景、能力建设情况和工作绩效为主要内容，尝试提出健康科普队伍建设模式的雏形（见表12），为今后继续研究该领域问题提供参考。

表12　国家医学科普能力建设模式

国家医学科普队伍建设模式							
系统		行政区域级别					
岗位		管理机制	经费投入	人数	专业/专科/职称分布	能力建设情况	工作绩效
策划组织决策、统筹协调							
实务工作							
科普理论研究/师资培训队伍							
生产创作队伍	传播专家						
	科普创作、写作						

注：系统是按专业公共卫生系统、医疗机构、健康教育系统、健康相关院校、其他等来划分。行政区域级别按省区市来区分。健康科普队伍按岗位职责界定。

（二）医学科普工作为导向的科普能力建设模型

能力是一个通用概念，在此处将其界定为：掌握和运用岗位所需的知识理论、操作方法、行为态度的综合体现，以解决实际问题的效率和效果来判定高低。不同岗位职责需要具有不同能力的人才。《国家技能振兴战略》把人的能力分成三个层次，即：职业特定能力、行业通用能力和核心能力。从科普工作实践出发，以队伍构建、岗位工作人员的人文素养、传播传媒素养、专业专科素养与科学素养作为科普工作的四个支点知识结构和能力结构相应的要求，我们构建了健康科普工作岗位与能力模型（见表13）。

表 13　医学科普工作队伍构成、能力结构模型

<table>
<tr><td colspan="6">医学科普工作队伍构成、能力结构模型</td></tr>
<tr><td>策划组织决策、统筹协调</td><td colspan="2">实务工作/传播专家/科普创作、写作</td><td colspan="3">科普理论研究/师资培训队伍</td></tr>
<tr><td colspan="6">科普工作需要的能力结构</td></tr>
<tr><td colspan="3">传播传媒素养</td><td colspan="3">科学素养</td></tr>
<tr><td>管理岗位</td><td colspan="2">写作创作、传播专家</td><td colspan="3">“四科两能力”与工作生活的有机结合能力</td></tr>
<tr><td>策划能力
组织管理能力
团队建设能力
教练能力
沟通协调能力
调查研究能力
专业背景的需要
学习创新反思与总结能力</td><td colspan="2">专业的表达技能、沟通及演讲技巧
对写作创作(科普作品、讲解脚本、科普美术、艺术加工)
多媒体工具应用能力、移动互联时代健康科普特点
策划、管理、协调、媒体协调渠道建设
知识更新及甄别能力
专业知识的融汇
综合能力
受众分析能力
学习能力、知识迁移能力</td><td colspan="3">掌握基本的科学方法,树立科学思想,崇尚科学精神,并具有一定的应用科学处理实际问题、参与公共事务的能力,即所谓的“四科两能力”</td></tr>
<tr><td colspan="3">人文素养:知识、能力、精神、态度等多个维度的综合体现</td><td colspan="3">专业专科素养</td></tr>
<tr><td>人文精神</td><td>人文知识</td><td>人文能力</td><td>专业能力 = 人文能力 + 专科技能</td><td>专科技能</td><td>专科专业知识</td></tr>
<tr><td>价值观、责任感、职业道德、人格修养,生命意识及对生命的态度</td><td>伦理学、心理学、卫生法学、哲学、社会学、经济学、史学、文学、沟通学、行为学、美学、宗教等</td><td colspan="3">情商、同理心、关怀精神,分析和解决问题能力、逻辑思维能力、终身学习反思总结能力、对于模糊性和焦虑的容忍能力、沟通技能、批判性思维能力、审美能力、沟通能力,知识分享、冲突处理、团队合作的能力</td><td>健康相关学科</td></tr>
<tr><td colspan="6">核心能力:所有职业活动中抽象出来的一种最基本的能力,普遍适用性是它最主要的特点,可适用于所有行业、所有职业</td></tr>
<tr><td colspan="6">与人交流 数学能力 信息处理 与人合作 自我学习 革新创新 外语应用 解决问题</td></tr>
</table>

参考文献

《关于加强国家科普能力建设的若干意见》(国科发政字〔2007〕32 号),中华人民共和国中央人民政府网,2008 年 2 月 5 日,http://www.gov.cn/ztzl/kjfzgh/content_

883813. htm。

白小光:《煤炭院校加强大学生军训有利于为煤炭企业培养高素质人才》,《吉林广播电视大学学报》2012 年第 3 期。

曾昭耆:《从医学的特点看医师的修养》,《临床误诊误治》2002 年第 5 期。

董士昙:《公安高等院校与人文教育》,《山东公安专科学校学报》2003 年第 5 期。

董阳:《Web2.0 时代的维基网络科普新模式——以互动百科为例》,《科普研究》2011 年第 1 期。

高家颜、张大千:《食品、药品检验专业核心能力的分析》,《科技创新导报》2010 年第 3 期。

宫恩田、叶萍:《基于能力导向的高职〈管理学基础〉教学改革探讨》,《长沙民政职业技术学院学报》2011 年第 3 期。

巩文莲:《浅谈技工院校数字化建设的必要性和发展方向》,《电脑知识与技术》2011 年第 8 期。

郝亮、牛晓静:《论高职学生知识、能力和职业素质培养》,《才智》2011 年第 22 期。

何国平、邱琳枝、薛彦莉:《现代医学模式与思维形式》,《山东医科大学学报》(社会科学版)1995 年第 2 期。

黄建始:《健康管理不能没有健康科普》,新浪网,http://blog. sina. com。

姜晓明:《基于学生科学素养培养的化学教学设计——以苏教版必修〈溴、碘的提取为例〉》,《福建教育学院学报》2012 年第 2 期。

金大鹏、张超、王培玉等:《健康科普演讲教程与实践》,人民卫生出版社,2007。

金轩岩:《理论学习提示》,《求知》2016 年第 10 期。

李华才:《确立大数据应用战略定位,助力“健康中国”精准施策》,《中国数字医学》2016 年第 9 期。

李长宁、黄相刚:《全国健康教育机构能力建设现状分析》,《中国卫生人才》2015 年第 5 期。

吕慰秋、李家宝:《当今医学科普工作的几点思考》,2007 全国中医药科普高层论坛文集,2007。

潘多拉:《尊医重卫的良好风气从何而来?》,《中国卫生人才》2016 年第 10 期。

彭国平:《企业文化对高职学生职业能力提升的研究——以武汉城市职业学院汽车专业为例》,《北京工业职业技术学院学报》2012 年第 3 期。

任祥华、张丽华、杨军、于向科:《情绪智力:大学生就业的核心竞争力》,《牡丹江教育学院学报》2011 年第 3 期。

思雨:《“健康中国 2030”规划纲要通过审议　成为推进健康中国建设的行动纲领》,《中国食品》2016 年第 18 期。

宋玫、张超:《健康科普人际传播的实践艺术》,人民军医出版社,2013。

孙金锋、宋士云：《地方高校大学生通用管理能力培养思考》，《人才资源开发》2012 年第 5 期。

王立祥：《关于精准健康传播“七母”的探讨——精准健康传播是科普人的重要使命》，《中国研究型医院》2016 年第 5 期。

王晓东：《经济犯罪侦查人员职业能力的构建与培养》，《公安研究》2013 年第 6 期。

习近平：《把人民健康放在优先发展战略地位　努力全方位全周期保障人民健康》，《共产党员》2016 年第 9 期。

习近平：《把人民健康放在优先发展战略地位》，《党政论坛》（干部文摘）2016 年第 9 期。

习近平：《把人民健康放在优先发展战略地位》，《疾病监测》2016 年第 8 期。

习近平：《把人民健康放在优先发展战略地位》，《紫光阁》2016 年第 9 期。

习近平：《在全国卫生与健康大会上强调　把人民健康放在优先发展战略地位　努力全方位全周期保障人民健康》，《中国食品药品监管》2016 年第 8 期。

杨洁：《培养核心能力：职业教育能本性与人本性的契合点》，《中国电力教育》2011 年第 10 期。

杨耀防、汪力平、舒长兴：《从医学生人文素养缺失看医学人文精神的重塑》，《九江学院学报》（自然科学版）2008 年第 1 期。

姚韵红、吴海华：《浅议幼儿游戏教学活动中的教师职业技能培养》，《云南电力大学学报》2011 年第 4 期。

赵从龙：《对农村高中普通班物理教学的思考》，《科学教育》2012 年第 5 期。

赵志群：《交通技工院校学生“职业能力”探究》，《职业》2012 年第 22 期。

《“健康中国 2030”规划纲要》，中华人民共和国中央人民政府网，2016 年 10 月 25 日，http：//www. gov. cn/zhengce/2016 – 10/25/content_ 5124174. html。

钟威、戚巍、曹宏伟、王毳：《辽宁省网络直报疑似肺结核患者转诊及追踪情况分析》，《疾病监测》2016 年第 8 期。

邹永忠、谢新明：《以就业为导向的中等职业学校课程设置模式探讨》，《中国培训》2011 年第 2 期。

案 例 篇

B.7
安徽省创新主体开展科普活动调查研究报告

汤书昆　李宪奇　郑久良　郭延龙*

摘　要：　为了探析科技创新主体开展科普活动的现状与内在机理，向有关部门提供充分的决策支持信息，研究团队组织了科技创新主体开展科普活动情况的调查。本次调查选择中国中东部地区的安徽省作为研究对象，分析了科技创新型企业、研究型高校、科研院所为主的各类细分创新团队和创新平台开展科普活动的基本情况。采用以问卷调查为主要数据采集手段，辅以文献调查与案例的研究方法，研究内容主要包括创新主体开展科普活动的情况、被调查者对开展科普活动及其效果

* 汤书昆，中国科技大学科学传播研究与发展中心主任，科技传播与科技政策系教授，博士生导师；李宪奇：安徽省未来科技发展战略研究所所长、教授；郑久良，中国科技大学科学传播研究与发展中心博士研究生；郭延龙，中国科技大学科学传播研究与发展中心博士研究生。参与课题研究的人员：叶珍珍、潘巧、王圣融、桂子璇、曹蕾、王怡青、陈欣冉、廖莹文、江顺超、陈龑，以上成员均为中国科技大学科技传播与科技政策系硕士研究生。

和短缺资源的认知等。本文在调查对象的界定与选择、创新主体类别与样本设计、线上线下调查的结合、调查激励机制建构、调查资源渠道与调查员队伍建设、调查地域分类规划、数据分析架构设计，以及其他调查技术到达与支撑层面的探索将为后续相关研究提供一手数据信息和操作方法的借鉴。

关键词： 创新主体 安徽省 科普活动 调查分析

一 概述

（一）调查的背景与目的

1. 背景

1985年，英国皇家学会发布《公众理解科学》报告，开始提出科学共同体需要从近代以来根深蒂固的学院科学的壁垒中走出来，公众理解科学成为科学家与公众的双向诉求和责任，开启了理解科学的理论与社会实践新路径；2000年，英国国会上议院发布《科学与社会》报告，推出了影响深远的科技共同体与社会公众群体对话的模式与机制，标志着国际先行国家公众参与科学事务阶段的到来。

2015年，习近平总书记在全国“科技三会”上提出：“科技创新、科学普及是实现创新发展的两翼，要把科学普及放在与科技创新同等重要的位置。”同期新华社发表的社论《让创新与科普两翼齐飞》呼吁：科技创新与科学普及要齐头并进，不可偏废。没有全民科学素质普遍提高，就难以建立起一支高素质创新大军，难以实现科技成果快速转化。科学研究既要追求知识和真理，也要服务于经济社会发展和群众生产生活。科技资源既要“顶天”，又要“立地”，如此才能形成推动社会发展的新引擎。“两翼论”标志着中国科技共同体基础使命的转型被高强度、高期待地提上了议事日程。

基于“两翼论”语境，中国科技创新主体——各类科技共同体的科普使命突然间被高度要求与放大，而长期以来，虽然中国的科普事业一直在政府主导力量的不懈努力下向前推动，但科技创新主体被赋予的科普责任并未能制度化、资源化和纳入规范的评估机制中，基本上处于自主、自由、自我要求的框架里。因此，当总书记代表最高决策层提出“两翼论”时，全国千千万万各类科技创新主体近年来开展科普工作的数量与质量情况、工作成效、动力与意愿、推动障碍等一线数据并不清楚，导致推动政策制定时缺乏翔实精准的数据基础。

2. 目的

本次研究的方式以问卷调查为主要数据采集工具，辅以文献与案例的深度解析。在范围上，选择中国中东部地区的安徽省作为采样对象，对创新型企业（最后落定为科技创新型企业）、研究型高校、科研院所为主的各类细分创新平台和创新团队开展科普活动的情况进行调研。一方面，安徽为中国各发展维度居于中游（略偏上）的省份，其样本在全国均衡尺度上的表达力较好；另一方面，课题承担单位中国科技大学科学传播研究与发展中心位于安徽省内，作为辅助政策制定的大范围问卷调查的省级区域试点，有较好的调查资源与对象接近优势，有利于试点工作的深入展开，从而为后续开展全国范围的“科技创新主体开展科普活动情况调查”探索工作经验。本研究包括：调查对象界定、调查对象选择、调查员队伍建设、调查资源渠道建立、调查市域分类与样本分配原则、创新主体类别与样本分配原则、线上线下调查的适用性研究、激励机制与标的的设计、数据分析架构，等等。

（二）关键概念的界定

1. 创新主体

20 世纪的创新经济学创始人熊彼得基于考察技术创新和制度创新的思考，把创新主体聚集在企业家、政府和制度上。在熊氏的基础上出现了一些对于创新主体的不同理解。

产学研“三元说”。英国的库克（Cooke，1992）从研究区域创新系统（regional innovation system，RIS）的角度，把创新主体界定为包括地理上相互关联的企业、研究机构及高等教育机构等构成的区域性组织。

包括政产学研中的“五元说”：在库克基础上增加了政府和中介机构两个单元形成的五元说。

融合的“三类五元说”：①科技型创新主体，即以科技为依靠取得经济利益为目标的企业；②知识型创新主体，即以提供知识和技术为目标的大学和科研院所；③服务型创新主体，即以提供创新过程中各类服务和政策为目标的政府和中介机构。

我们在本文中对创新主体的理解以产学研“三元说”为基础，强化科技型创新主体，把创新主体界定为以科技型产（企业）、学（高校）、研（院所）为主。本报告也按照这个理解框架设计调查内容、调查方法和调查样本。

2. 科学普及

我们把“科学普及”的内涵界定为普及科学技术知识、倡导科学方法、传播科学思想、弘扬科学精神的活动。科学普及概念的外延包括8个方面。

（1）科普内容创作（图文、语音、影像、动漫等创意、策划和设计）。

（2）科普传播（图书、报刊、广播、影视、网站、新媒体和综合传播平台）。

（3）科普基础设施建设与运营（博物馆、科技馆、基地、画廊等场馆设施）。

（4）科普活动（基于官方、民间或国际交流的科普日、公众科学日、科技活动周，以及会展、论坛、赛事、大篷车等活动）。

（5）科普人才培养（科普专业队伍、科普志愿者网络建设与培训）。

（6）科普研究（科普研究平台建设、理论与政策研究）。

（7）科普产业发展（科学传播与知识服务产业化相关工作）。

（8）科普管理与服务（科普政策制定、科普资源建设与整合，以及科普中介服务）。

（三）调查内容

调查问卷的基本内容是，近5年安徽省科技创新主体从事科普工作的基本情况、主要成就与关键障碍。涉及创新主体科普工作开展、科普政策与机制建设、科普动力与意愿、科普能力与潜力、科研科普协同制度障碍等。具体调查问卷内容如下。

（1）被调查者的人口学信息。

（2）被调查者对创新主体开展科普活动的认知和理解。

（3）被调查者及其所在创新主体科普活动的基本情况。

（4）创新主体开展科普活动的主要障碍。

（5）被调查者开展科普活动与科普服务的效果。

（6）科技创新主体开展科普活动缺少的关键资源。

实施版调查问卷核心内容设计的主要依据是全民科学素质纲要实施工作办公室（以下称“纲要办”）2017年6月2日颁发的《科技创新成果科普成效和创新主体科普服务评价暂行管理办法（试行）》（纲要办发〔2017〕4号）。问卷设计与修改过程：在最初2017年3～4月设计第一版问卷的基础上，根据课题委托方的要求，课题组于2017年6～7月两次与委托方讨论，及时根据最新文件的精神调整了调查问卷，以使调查成果更好地与“纲要办”的评价管理体系相对接，从而更好地贴近服务政策制定的意图。

按照“试行办法”关于“科技创新成果科普成效评价”的界定：“对科研、技术攻关、重大工程等科技创新活动过程中形成的新发现、新知识、新思想、新方法、新技术、新应用等成果，在不涉及保密情况下，面向公众及时传播、普及推广等的过程、效果的评价”，2017年8月，我们把评价内容框架安排为六个选项，即新发现、新知识、新思想、新方法、新技术、新应用。

（四）调查方法和调查工具

本次调查以问卷调查为主，配合文献调查和案例研究。问卷调查研究的逻辑路径为：目标设计—内容设计—工具设计和准备—样本和抽样方法设计—调查员招募与培训—调查实施与过程控制—问卷回收—数据统计框架设计—数据录入—统计分析—形成数据报告与分析报告。

2017年4月，大样本调查实施以前，我们就详细的调查方案征询了有关专家的意见，根据专家建议完善了调查方案。

5月16日至6月15日，我们在合肥组织了基于原调查工具的小样本调查，分别从企业、高校、院所、政府有关管理部门、科普对象、传播服务机构等

（政产学研用服）六个类别采集了若干（30份）样本，除调查内容外，重点征求被调查者对于调查本身、调查工具和调查方式的意见和建议，以期完善问卷调查工具。

2017年6月，根据小样本调查掌握的情况调整了调查问卷，删除了个别回答率较低和不可量化分析的题目。比如，“请根据第一印象回答您所在或下属单位科技创新主体（每题选填1～2项）：①科普活动的代表性机构；②科普活动的代表性活动；③科普活动的代表性成果；④科普活动的代表性荣誉”。

2017年8月，在与委托方讨论后，根据新颁布的“试行办法”调整口径，形成定稿的调查问卷。同步完成了《调查员手册》的编制与印刷。

（五）调查对象与样本结构

按照2017年初我们与课题委托方原商定的计划，科技创新主体开展科普活动的调查对象主要包括：国有创新型企业、科技创新型民营企业、科技型混合所有制企业、研究型高校、科研院所、创新型科技服务平台、科技型园区与要素聚集区等。政府有关部门、科普相关中介机构考虑少量样本作为补充和参照。调查对象的具体选择标准包括：①创新能力较强，绩效较好的创新主体为主；②地区、管辖、所有制类型的代表性；③科普机制、动力与问题有典型性，等等。设计调查总样本数2600份，按最低保障线78%有效率计算，有效样本不少于2028份。调查范围覆盖安徽省16个市级区域，调查样本分配主要参照各市创新主体占全省的比重确定，每个市域投放的样本数量不做平均分布。

样本分配公式：某市问卷调查计划样本数＝（本市高新企业数/全省高新技术企业数×100%＋本市高校数/全省高校数×100%＋本市科研院所数/全省科研院所数）/3×2600。

总样本和各市的调查对象比例分配：企业和创新要素聚集区（40%）、高校（30%）、研究院所（20%）、政府部门（6%）、中介机构（4%）（可根据具体情况适当微调）。

产学研类样本选择以承担过省级以上政府科技计划项目的创新团队为重点，政府部门、中介机构样本选择以与科普的关联紧密者为主。如中国科技大学、中国科学院合肥高等研究院、合肥国家级高新技术开发区等体量较大的创新主体，将细化到研究所、实验室、院系、代表性创新企业、创新共享平台/中心等。

课题推进过程中，我们根据纲要办新颁布的“试行办法”关于“科技创新成果科普成效评价”中的主体界定，参考安徽省科学技术情报研究所主持完成的《安徽省各市创新能力评价及分析研究》报告对安徽省16个市创新能力评价的划分标准，以及小样本调查的实际情况，调整了调查对象的结构。参照纲要办的暂行办法精神，对于调查的设计做出如下调整。

（1）样本结构重点从“创新主体”调整到“科技创新主体”，增加产、学、研特别是高新技术企业的比重，减少政、服、用的比重。

（2）调查对象选择从“一般”产学研机构调整到院、系、室、项目团队等“创新单元”，让可能会更了解创新成果科普工作开展的被调查者进入调查范围。

（3）调查目标确定从“一般抽样”调整到抽样与选择创新成就突出机构相结合，保证排名靠前的创新主体进入调查范围。

（4）调查的城市选择从全省16个地级市水平性质全覆盖改为关注安徽省的地域发展片区，按高创新城市、中创新城市、低创新城市三类进行样本城市调查，样本量也注意根据所在地目标对象的实际数量拉开差距，共选择了12个城市实施调查。

调查样本结构如下。

1. 被调查者的性别构成

表1　被调查者的性别构成

您的性别：1. 男；2. 女。			
	人数（人）	百分比（%）	有效百分比（%）
男	1211	55.8	56.12
女	947	43.7	43.88
小计	2158	99.5	100.0
缺失	11	0.5	
合计	2169	100.0	

2. 被调查者的年龄构成

表 2　被调查者的年龄构成

您的年龄:1. <20;2. 20~29;3. 30~39;4. 40~49;5. 50~59;6. ≥60。

	人数(人)	百分比(%)	有效百分比(%)
<20 岁	61	2.8	2.8
20~29 岁	837	38.6	38.8
30~39 岁	795	36.7	36.8
40~49 岁	335	15.4	15.5
50~59 岁	114	5.3	5.3
≥60 岁	17	0.8	0.8
小计	2159	99.6	100.0
缺失	10	0.5	
合计	2169	100.0	

3. 被调查者的职业构成

表 3　被调查者的职业构成

您的职业:1. 单位或部门领导;2. 专业技术人员;3. 管理干部;4. 普通员工;5. 学生;6. 退休;7. 其他。

	人数(人)	百分比(%)	有效百分比(%)
单位或部门领导	310	14.3	14.3
专业技术人员	492	22.7	22.7
管理干部	562	25.9	26.0
普通员工	531	24.5	24.5
学生	237	10.9	11.0
退休	12	0.6	0.6
其他	19	0.9	0.9
小计	2163	99.8	100.0
缺失	6	0.3	
合计	2169	100.0	

4. 被调查者的学历构成

表 4　被调查者的学历构成

您的学历:1. 高中及以下;2. 大专;3. 本科;4. 硕士;5. 博士。

	人数(人)	百分比(%)	有效百分比(%)
≤高中	49	2. 3	2. 3
大专	569	26. 2	26. 5
本科	1136	52. 4	52. 9
硕士	312	14. 4	14. 5
博士	81	3. 7	3. 8
小计	2147	99. 0	100. 0
缺失	22	1. 0	
合计	2169	100. 0	

5. 被调查者的职称构成

表 5　被调查者的职称构成

您的职称:1. 正高级职称;2. 副高级职称;3. 中级职称;4. 初级职称;5. 没有职称。

	人数(人)	百分比(%)	有效百分比(%)
正高	56	2. 6	2. 6
副高	150	6. 9	7. 0
中级	545	25. 1	25. 3
初级	385	17. 8	17. 9
无职称	1015	46. 8	47. 2
小计	2151	99. 2	100. 0
缺失	18	0. 8	
合计	2169	100. 0	

6. 被调查者的单位构成

表 6　被调查者的单位构成

您所在单位的性质:1. 国有企业;2. 民营企业;3. 混合所有制企业;4. 高等院校;5. 学术科研机构;6. 社会组织;7. 党政机关;8. 科技要素聚集区管理部门;9. 创新服务机构;10. 其他。

	人数(人)	百分比(%)	有效百分比(%)
国有企业	193	8. 9	8. 9
民营企业	1308	60. 3	60. 6

续表

	人数(人)	百分比(%)	有效百分比(%)
混合所有制企业	84	3.9	3.9
高等院校	343	15.8	15.9
学术科研机构	48	2.2	2.2
社会组织	60	2.8	2.8
党政机关	45	2.1	2.1
科技要素聚集区管理部门	25	1.2	1.2
创新服务机构	16	0.7	0.7
其他	38	1.8	1.8
小计	2160	99.7	100.0
缺失	9	0.4	
合计	2169	100	

7. 被调查者所在行业构成

表7　被调查者所在行业构成

您所在单位的行业：

1. 农林牧渔业;2. 采矿业;3. 制造业;4. 交通运输仓储邮政业;5. 传媒业;6. 软件信息服务业;7. 科学研究;8. 技术服务业;9. 教育培训;10. 医疗卫生;11. 其他。

	人数(人)	百分比(%)	有效百分比(%)
农林牧渔业	83	3.8	3.9
采矿业	35	1.6	1.6
制造业	969	44.7	45.0
交通运输仓储邮政业	40	1.8	1.9
传媒业	46	2.1	2.1
软件信息服务业	248	11.4	11.5
科学研究	132	6.1	6.1
技术服务业	172	7.9	8.0
教育培训	254	11.7	11.8
医疗卫生	79	3.6	3.7
其他	96	4.4	4.5
小计	2154	99.3	100.0
缺失	15	0.7	
合计	2169	100.0	

8. 被调查者所在单位人数构成

表 8　被调查者所在单位人数构成

您所在或所属单位的在职员工人数：1. ≤10；2. 11～20；3. 21～50；4. 51～80；5. 81～100；6. 101～300；7. 301～1000；8. 1001～2000；9. ＞2000。

	人数（人）	百分比（%）	有效百分比（%）
≤10	456	21.0	21.2
11～20	457	21.1	21.3
21～50	457	21.1	21.3
51～80	272	12.5	12.7
81～100	140	6.5	6.5
101～300	219	10.1	10.2
301～1000	91	4.2	4.2
1001～2000	17	0.8	0.8
＞2000	38	1.8	1.8
小计	2147	99.0	100.0
缺失	22	0.9	
合计	2169	100.0	

9. 被调查者所在城市构成

表 9　被调查者所在城市构成

您目前工作（学习）所在城市

	人数（人）	百分比（%）	有效百分比（%）
高创新城市	1276	58.8	58.8
中创新城市	386	17.8	17.8
低创新城市	507	23.4	23.4
小计	2169	100.0	100.0
缺失			
合计	2169	100.0	

关于科技创新城市分类及选择的说明。

根据安徽省科学技术情报研究所 2016 年 8 月发布的《安徽省各市创新能力评价及分析研究》报告对 2015 年安徽省 16 个市创新能力评价的划分标准，

安徽省各市创新能力排序将16市分为三组：

（1）高分组（>80）：包括合肥（86.42），芜湖（85.41），马鞍山（80.43），铜陵（80.37）；

（2）中分组（70~80）：包括蚌埠（78.18），滁州（76.94），宣城（74.60），淮南（74.47），六安（71.50），黄山（71.34），池州（70.63）；

（3）低分组（<70）：包括安庆（69.78），阜阳（68.99），淮北（67.98），宿州（67.48），亳州（66.17）。

2014年2月，安徽省委、省政府出台《中共安徽省委安徽省人民政府关于实施创新驱动发展战略进一步加快创新型省份建设的意见》（皖发〔2014〕4号），为保障《意见》落实，省政府配套印发《安徽省市县创新能力评价实施细则（试行）》，主要是对各市、县创新能力建立标准评价制度，实施分类指导评价，并将结果纳入政府目标管理考核。2015年，《安徽省创新能力评价实施细则》正式发布，主要对市一级进行评价。

报告以全省16个市为研究对象，根据修订的《安徽省创新能力评价实施细则》，分别从创新实力（静态）、创新潜力（动态）和综合能力（动静态各50%比例）三个角度对全省16个市的创新能力进行总体评价（见图1）。

创新实力是从静态视角对10个指标绝对值的评价，创新潜力是从动态视角对10个指标增长率的评价，而综合能力是对创新实力和创新潜力进行等权重融合，反映了16个市各指标的总量规模、增长速度以及综合水平状况。

经过课题组的多轮讨论及征求相关专家意见，在高创新城市组4个城市中选择了合肥（回收有效问卷632份，占全部有效问卷29.1%）、芜湖（回收有效问卷549份，占全部有效问卷的25.3%）、马鞍山（回收有效问卷95份，占全部有效问卷的4.4%）三市；在中创新城市组7个城市中选择了宣城（回收有效问卷168份，占全部有效问卷的7.7%）、六安（回收有效问卷105份，占全部有效问卷的4.8%）、黄山（回收有效问卷88份，占全部有效问卷的4.1%）、蚌埠（回收有效问卷15份，占全部有效问卷的0.7%）、淮南（回收有效问卷10份，占全部有效问卷的0.5%）五市，其中蚌埠选择了怀远县（对象均为农业科技服务企业）、淮南选择了高校（中国著名煤城，集中调查矿业型高校）；在低创新城市组5个城市中选择了安庆（回收有效问卷153份，

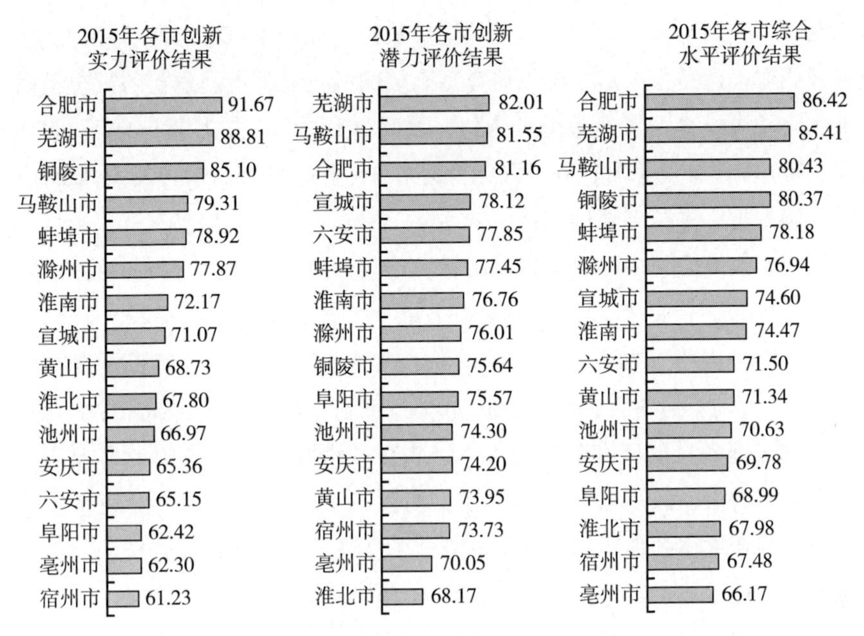

图1　2015 年各市创新实力、新潜力及综合水平的评价结果

占全部有效问卷的 7.1%）、阜阳（回收有效问卷 181 份，占全部有效问卷的 8.3%）、淮北（回收有效问卷 52 份，占全部有效问卷的 2.4%）、亳州（回收有效问卷 121 份，占全部有效问卷的 5.6%）四市。

（六）本次调查设计与实施中的体会

（1）科技创新主体的界定非常关键。因为随着中国社会发展的多元化和丰富化，随着围绕创新驱动发展重大国策布局与自主发育的组织平台/团队类型日趋多样，如果不明确界定核心的科技创新主旨，而以泛化的立场过多关注一般关联主体的科普工作开展的情况和成效，有可能采集的数据会偏离“两翼论”“协同论”要求的科技创新主体履行科普使命的宗旨。课题研究过程中的数次调整反映了研究组对科技创新主体不断凝聚收缩的修正过程，我们体会的核心是调查科技创新主体被赋予的科普使命如何激发和落地，而不是采集涉及科技或创新的多样性主体科普工作开展情况的数据。

（2）调查样本的到达渠道设计与推动资源落实非常关键。在 2017 年初承接课题时，我们与委托方交流时的共同想法是：依托省市科协科普部的链接通道展开调查，这是主渠道，辅以研究型高校的科技处渠道。最初的设想是以线下纸质问卷+招募大学生调查员为主，因此2017年6～7月就印制了2650份问卷、150本调查员手册，并且开始计划在16个地级市的学校招募120～130名学生调查员并进行到地的培训。

但开始接触设想中的渠道资源时，发现与预设差异较大。我们首先与安徽省科协科普部（包括安徽省科协党组书记、科普部长、组人部长）接洽，获得全省科协科普部门的线上微信+QQ内部联系群，并由科普部长承诺在群中“打招呼”推动。但科普部明言他们对科技创新主体［特别是高新技术企业、重要（知名度高）的研究院所与大学、高新技术园区］缺少约束力和落地资源。在随后的市、区（县）一级科协的对接（线下线上）中，发现基层科协对安徽省创新主体的主要构成——高新技术企业和园区缺乏调查资源，即便有配合的积极性也普遍表示出畏难情绪。

同步探询的另外一条线是安徽省科技厅高新处，因为感觉全省的高新技术企业高新处应该会有直接接触。通过与高新处处长的交流，获得全省高新技术企业动态名录（三年动态评审，每年名单会不同），各市、区（县）科技局负责高新企业的人员名单与联系方式。在与宣城市科技局主管局长与科普工作负责人对接时，获知全省所有科技局都有与属地高新技术企业直接联系的“热线”QQ群，而且由于涉及高新技术企业的每年度滚动评审与管理审核，科技局对高新技术企业或新创技术型企业的影响力很直接。

于是，调查组立即根据摸底情况对主渠道进行调整。

第一，通过多样化的资源拓展，将各市、区（县）科技局作为高新技术企业与科技园区的调查链接通道，依托科技局内部已经效率很高的QQ群，采取线上问卷委托发放—回收的模式调查高新技术企业与科技园区。

第二，高新技术企业部分的问卷主体上不以原先设计的由调查员去完成，因此相关企业调查执行者由科技局约定人员负责一一衔接落实，相关调查费用也按照统一标准由科技局操作支付。

第三，联想到课题组若干成员担任安徽省科普作家协会的领导职务，而协会成员来自研究型高校、科研院所的有一定比例和全省分布的优势，于是采取委托协会成员按照自愿原则招募调查员承担高校和研究院所的调查工作，采取以线下问卷为主的方式。问卷由科普作家协会秘书处负责统计与回收。相关调查费用也按照统一标准由协会秘书处操作支付。

经过以上调整，主调查渠道科技厅—局系列和科普作家协会系列较为圆满地承担并完成了4/5以上问卷的执行，而且问卷有效率很高，精准性强、保障度好。

至于科协系列、高校科技处系列只作为辅助渠道，而大规模的社会化学生调查员招募培训方式则基本放弃。

（3）本次调查选择中部省份安徽来进行，一方面是考虑到安徽的省域发展水平和科技创新、科普水平相对居中游偏上，在全国的均衡性较好；另一方面也是以一个省为示范案例，探索省级区域科技创新主体的多元特征与科普的特色。通过历时近一年的调查与分析，得出两点体会。

第一，安徽省科技创新主体的城市集中度很高，如16个市中，仅合肥与芜湖两个市，就集中了近全省1/2以上的高新技术企业（家）和2/3以上的研究型高校与科研院所。因此，原先按照预估设计的各城市调查样本分布明显不合适，不少城市全部合适创新主体都纳入样本也没有多少，而像合肥仅仅主城区的高新技术企业就超1300家（2016年底安徽全省国家级高新技术企业数3863家），只能按区的类型特色选区调查（只选了高新、包河和蜀山三区）。相信类似安徽省这样分布严重不均衡的省份在全国不会只是少数，样本投放设计必须一省一议，量身打造。

第二，最初样本分布是希望覆盖全省所有地级城市，目标是全。但在实施过程中发现由于上述严重失衡带来的巨大差异性，在全覆盖这一城市基础层级开展科普工作情况的数据分析并非最有表达力和呈现力，最好能有在科技创新主轴上更具说服力的中观结构。于是，在文献研究与访谈的基础上，我们采纳了安徽省科学技术情报研究所《安徽省各市创新能力评价及分析研究》报告对2015年安徽省16个市创新能力按照高创新城市、中创新城市、低创新城市评价分类标准，选择了采集样本较完整的10个地级城市和1个县、一个城市的单一行业主体进行了调查数据采集。我们认为，在已经实操成型的三类创新水平框架中抽样更有积极意义，同时也能减少数据价值重复性高的若干工作量。这一方法可以在下一步全国其他省份调查时作为重要参考。

二　被调查者对创新主体开展科普活动的认知情况

（一）年轻、正在受教育、高学历群体感到科普活动的信息资源短缺

在“被调查者对国内外科普信息的认知”的问题中，全体被调查者中有57.6%的被调查者选择了“很多”或“较多”这种偏向正面的选项；31.1%的被调查者选择“较少”或“很少”这种相对负面的选项；11.2%的被调查者选择“不知道或不好说”的中间选项，这说明总体样本的被调查者是倾向于肯定近五年国内外科普活动信息资源的满足程度的。

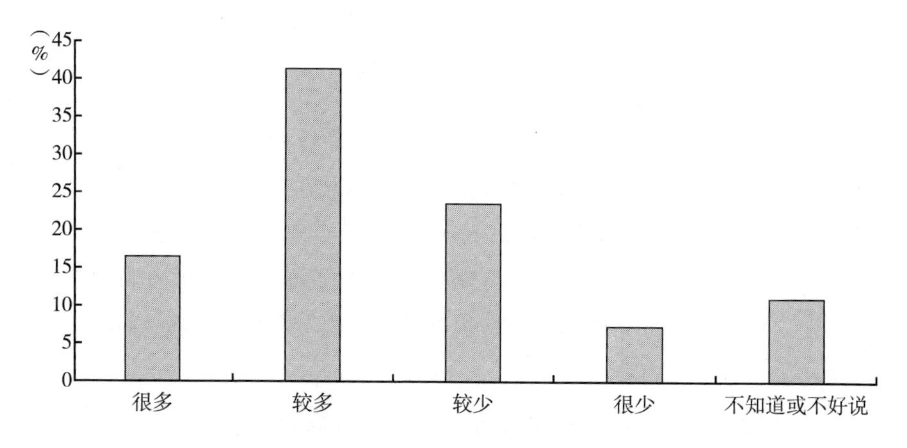

图2　全体被调查者对近五年国内外科普活动信息的认知判断

但同时也发现低年龄、高学历、正在受教育、低职称这部分群体更多感到近五年国内外科普活动的信息资源存在短缺。

由图3可见，≤29岁群体对科普活动信息的认知判断较之其他群体明显消极，由此可见当前社会情况下，新一代年轻的正在受教育的高学历群体，因为其群体的教育和学习需求，成为当前对科普活动信息需求最旺盛的群体，但近五年国内科普活动及其信息和获取渠道与该群体的要求不能匹配，进而造成科普活动缺乏活力和范围不普及的感知结果，影响了科普活动本应该更理想的传播效果。

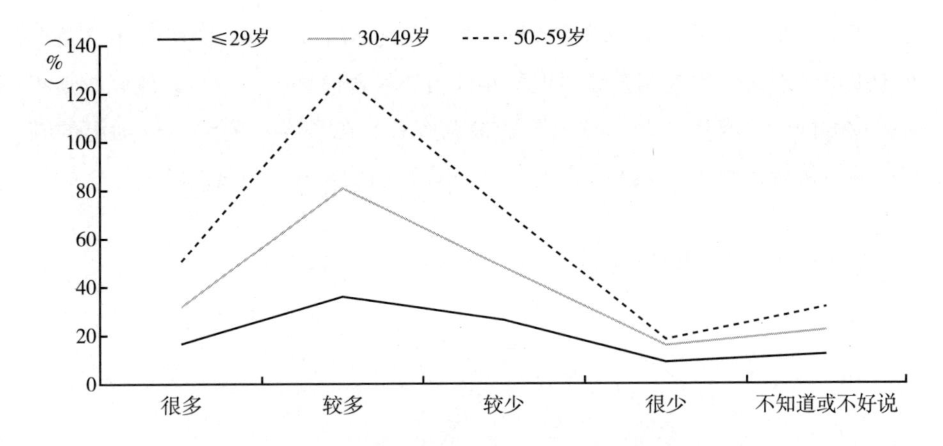

图3　不同年龄被调查者对近五年国内外科普活动信息的认知判断频率对比

（二）基层普通员工更需提高对科普活动信息的关注度

在“被调查者对近五年国内外科普信息的关注度”问题上，总体被调查者选择“经常关注”和“偶尔关注”两个积极选项的频率值为78.7%（“经常关注”为25.6%，“偶尔关注”为53.1%），选择“不太关注”和“未关注”两个消极选项的频率值为21.1%（“不太关注”为16.7%，“未关注”为4.4%），如图4所示。可以说明，被调查者对近五年国内外科普活动信息的关注度总体较高。

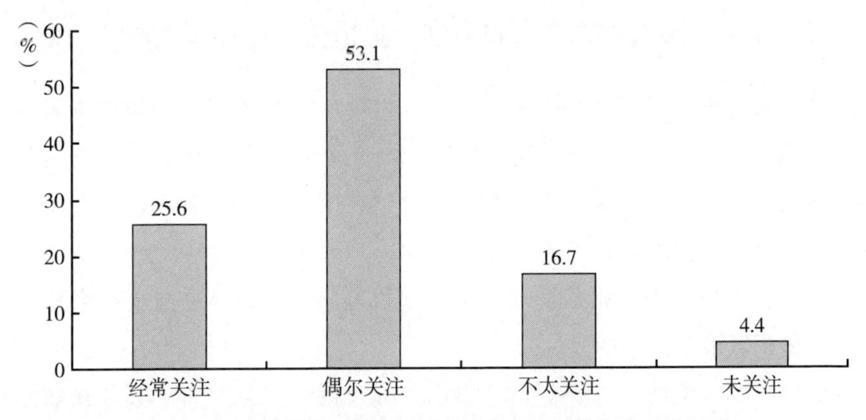

图4　全体被调查者对近五年国内外科普活动信息的关注度

但是，结合被调查者的职业分析，“单位或部门领导”“管理干部”两个处于决策管理岗位的被调查者对近五年国内外科普信息更关注，其他职业则相对关注度低，尤其是“普通员工”的被调查者，在“经常关注”选项上的频率值明显偏低，而“不太关注”选项上的频率值明显较高（见图5）。

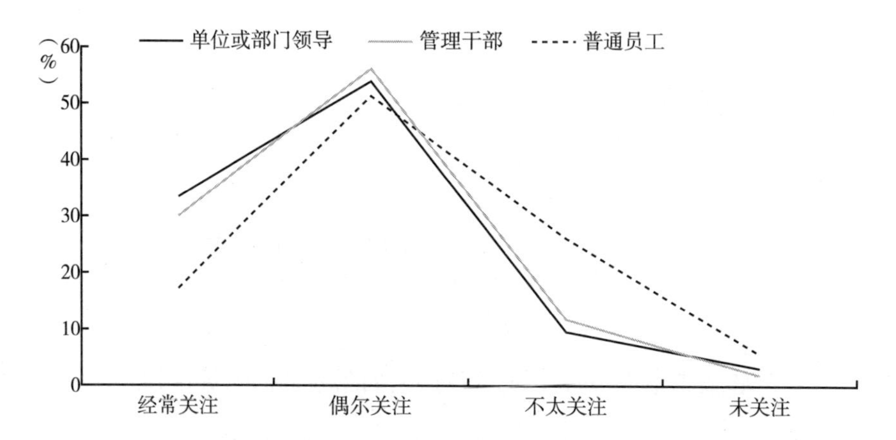

图5　决策领导岗位和基层普通员工的被调查者的关注度频率值对比

注：这里将“单位或部门领导”“管理干部”和“普通员工”三项做比较并作图。

各科技创新主体在科普信息知识获取和科普素质上显现了“头重脚轻”的结构，普通员工对科普活动的关注度明显不足，各科技创新主体需要着力提高基层普通员工对科普信息的关注。

（三）全体被调查者了解科普活动渠道依赖度轻重失衡差异明显

在“被调查者了解科普信息的渠道”的问题中，67.45%的被调查者选择通过“微信、微博”了解科普活动，51.18%的被调查者选择通过“电视”了解科普活动，35.36%的被调查者选择通过“官网”了解科普活动，32.27%的被调查者选择“报纸期刊”了解科普活动，其他了解科普活动信息渠道的选择率均低于22%，宣传科普活动的渠道效果轻重失衡，容易造成社会科普动员资源的闲置浪费（见图6）。

除“微信、微博”“电视”“官网”“报纸期刊”四项外，其他获取方式占比低很多，可能是因为“微信、微博”“电视”“官网”“报纸期刊”四项

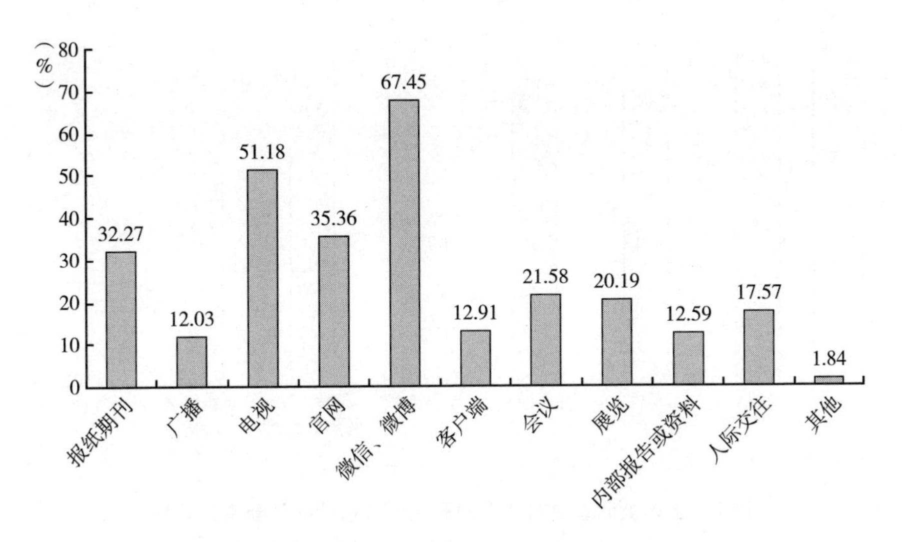

图 6　全体被调查者了解科普活动及信息的渠道认知

社会群体日常获取较为简单便捷，社交化大众媒体信息传播的过程中就包含科普活动的信息，而其他传播渠道在便捷随身性方面具有劣势及难度，不容易参与或参与需要耗费大量精力。因此科普活动的开展方式出现相对轻重分明趋势，一定程度上阻碍了科普活动资源配置在保障有效性基础上走向多元化，并且可能导致末端接受科普活动的人群也出现相应科普资源消费轻重不一的趋势。

（四）高新技术企业亟须加强科普活动参与度

在“被调查者印象中所在地开展科普活动的创新主体”的问题中，全体被调查者中有 54.69% 的被调查者选择了“企业”；56.66% 的被调查者选择了“高校”；50.16% 的被调查者选择“科研院所”，超过五成以上的被调查者在多选中选择了产、学、研为当地开展科普活动的主要创新机构，产、学、研成为主要开展科普活动的创新主体与现实符合度较高（见图 7）。

由于此次参与的被调查者超过 75% 来自产业型创新主体或高科技企业，所以选择“企业”作为所在地开展科普活动的创新主体的比例相对居中并无异样，但是在当前社会大背景要求科技创新与科普两翼并重的国策下，企业被要求更多地承担开展科普创新活动的职责，上述数据就反映出企业职责履行的

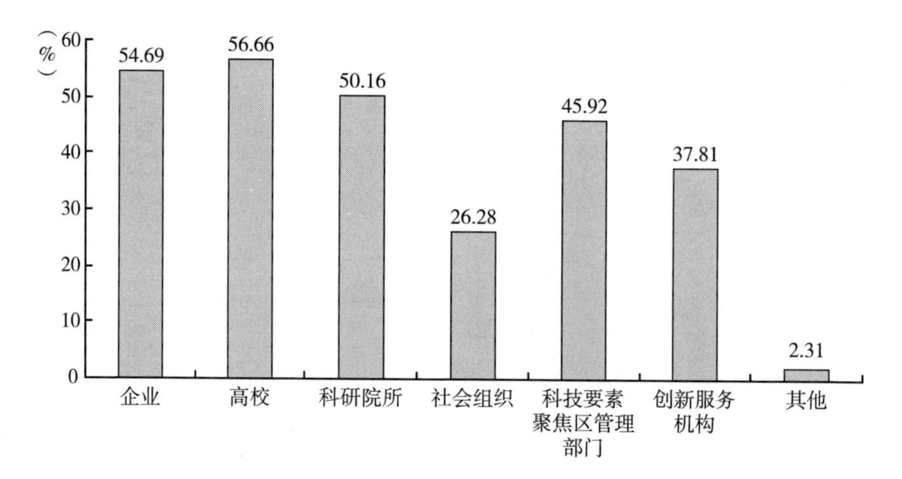

图 7　全体被调查者对所在地开展科普活动的创新主体认知

不足。传统认知上，由于企业以利润创造为首要目标，所以造成目标与现实社会公益性导向科普活动相对强烈的不匹配，需要进一步明确企业科普活动开展中合理的主体利益诉求并激发内生动力，发挥消费市场在科普活动资源配置中的决定性作用。

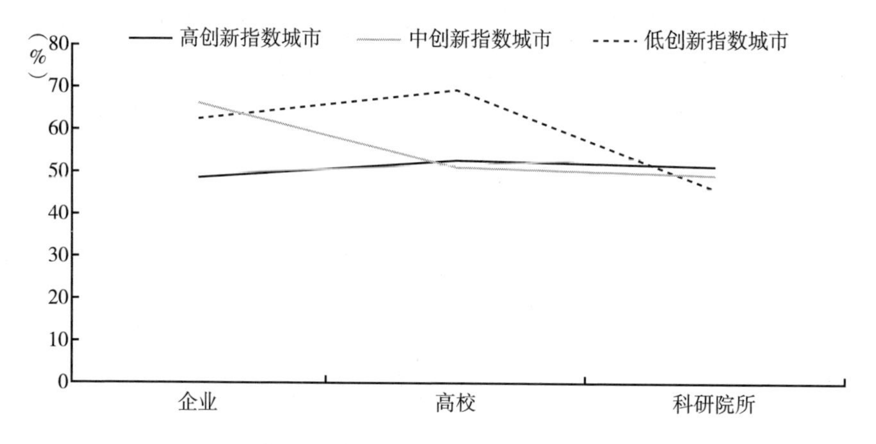

图 8　各创新指数城市对产学研开展科普活动的认知频率对比

单独将各创新指数城市被调查者选择产、学、研作为科普互动的创新主体的数据列出，可以看出，由于大部分高创新指数城市经济和科教发展相对较好，所以对企业作为开展科普活动的创新主体依赖度相对较低。低创新指数城市的被调查者对高校作为开展科普活动的创新主体依赖度明显高于其他类型城市，造成这一情况的原因可能是，在低创新指数城市的企业，高新技术企业数量和占比均无优势，创新驱动企业的能力和资源相对不足，所以作为创新能力和资源聚集相对较强的高校更多开展科普活动的能力就显得突出（见图8）。

（五）科普资源配置失衡，中低创新城市尤为明显

在“被调查者印象中创新主体开展科普活动的推动力量”一题中，总体上，被调查者选择“科技管理人员”“科研单位的领导”两项比例较高，频率值分别为“47.95%”“43.57%”。如图9所示，可以说明以上两类人群是开展科普活动的主要推动力量。

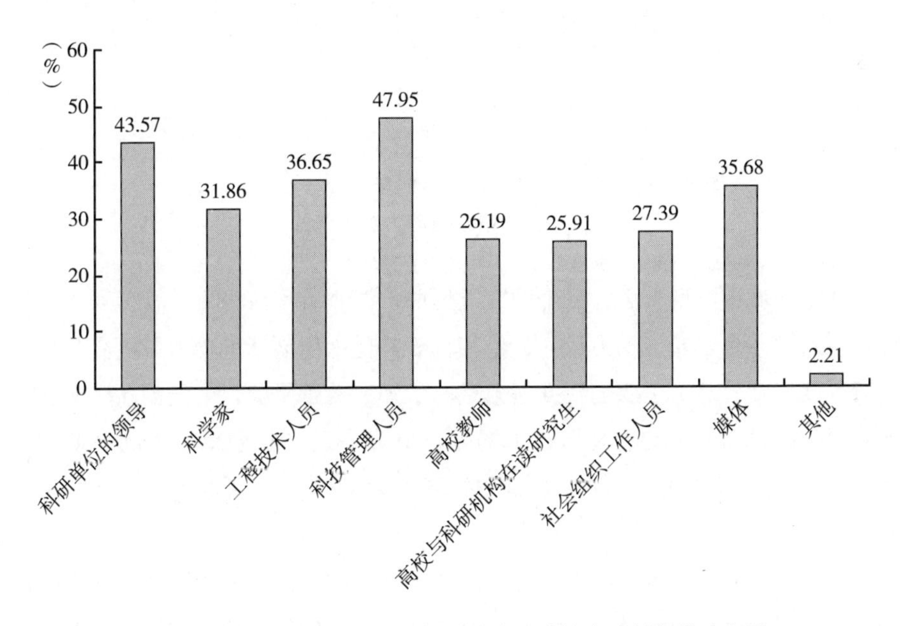

图9　全体被调查者所在地开展科普活动的主要创新推动力量

在被调查者的印象中，科技管理人员、科研单位的领导是开展科普创新活动的主要推动力量，这一点同传统认知相差不明显，反映出开展科普创新活动存在与职业岗位直接相关的先天资源配置不均衡的情况。但观察数据，被调查者对于高校与科研机构在读研究生、高校教师等推动力量的认识程度明显不

足。同时，不同类型城市的被调查者在主要创新推动力量的认知上差异也较为明显（见图10）。

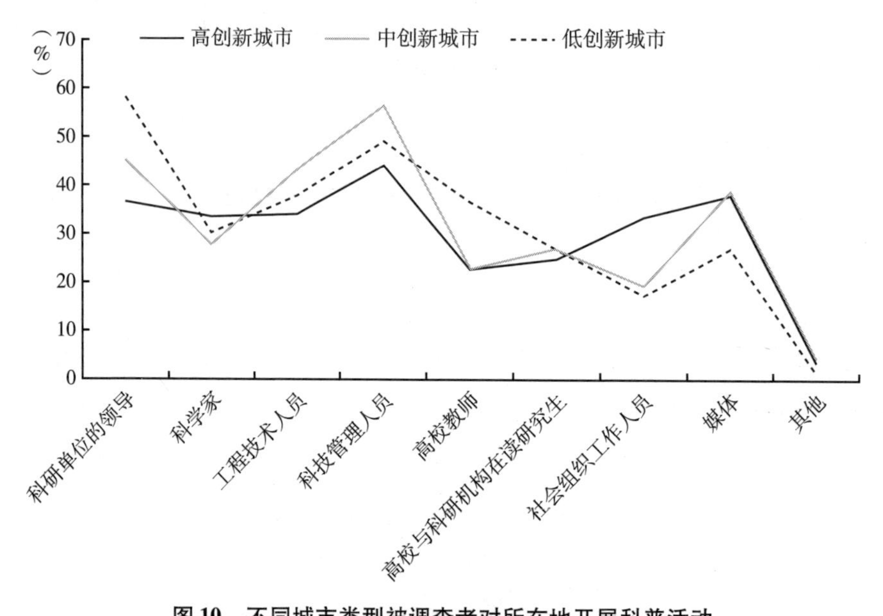

图10　不同城市类型被调查者对所在地开展科普活动主要创新推动力量的认知

从不同城市类型来看，三个城市类型的被调查者均认为科技管理人员、科研单位的领导是主要推动力量，数值相较于其他六项创新推动力量更高。城市创新程度越高，对于主要创新推动力量的认知波动越平稳，中低创新城市在九项主要创新推动力量的选择占比上的差异更为明显（高创新城市的高低差值为13.95，中创新城市为33.42，低创新城市为41.61）。其他类型样本数量过低，故不作分析。

科普活动的开展考虑社会各个层面的联动和普惠是新时期相当重要的使命。一个好的科普活动设计和评估，要看社会尽可能广泛的各个层面的参与程度。动员全社会参与到科普活动中去并获得科普福利，才能为提高创新推动力量多元发育做出高成效的贡献。

（六）被调查者认为科技创新主体开展科普活动缺乏经济效益

在“被调查者对于创新主体开展科普活动作用的判断”问题中，被调查者认为科技创新主体开展科普活动主要发挥的是社会效益层面的作用，在经济效益的发挥方面比较欠缺。从图 11 中可以看出，被调查者在社会效益的选项上的频率值较高，尤其是“让科技创新成果惠及广大人民群众”和“促进公众理解和应用科学”两个选项，分别为 70.72% 和 56.34%；而在“加速创新驱动发展”“促进‘大众创业，万众创新’”和“增进创新主体的经济效益”等描述科普活动的经济效益的选项上的频率值较低，分别为 30.52%、35.04% 和 28.03%。显然，被调查者认为各科技创新主体没有恰当地认识到开展科普活动的经济价值，科普活动的经济效益没有得到充分发挥。

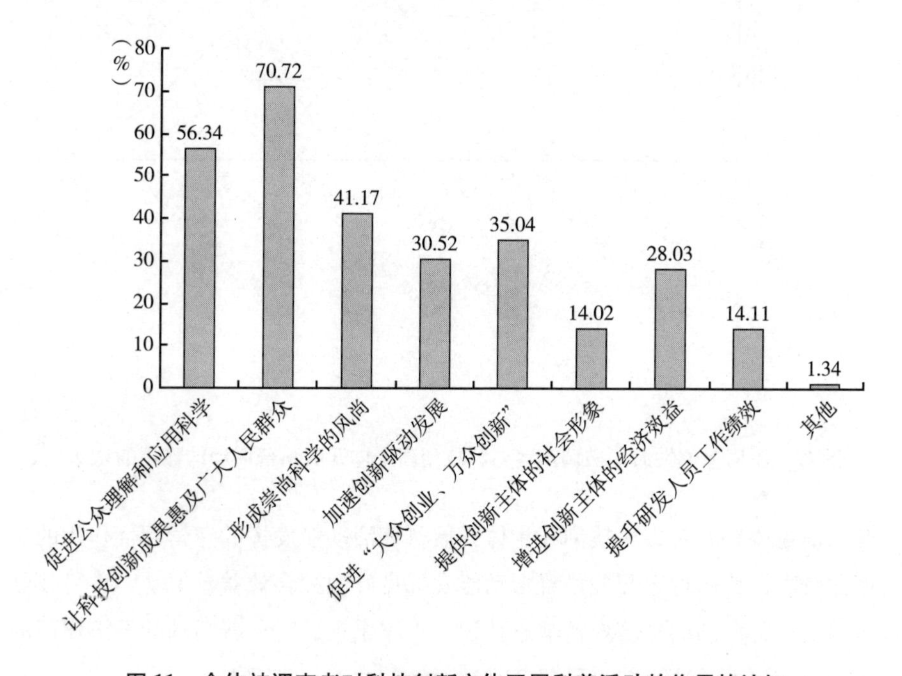

图 11　全体被调查者对科技创新主体开展科普活动的作用的认知

这种经济效益发挥不足的情况在非企业型科技创新主体上表现得更加突出，企业型科技创新主体的被调查者在“增进创新主体的经济效益”“加速创新驱动发展”两个选项上的频率值明显超过高等院校和学术科研机构这类非企业型的被调查者在此两项上的频率值（见图 12）。可以看出，相比较来说，企业型科技创新主体更关注开展科普活动带来的经济效益，非企业型科技创新主体忽视发挥科普活动的经济效益的情况尤其严重。这种情况可能与企业型科技创新主体有盈利任务，有经济目标，而非企业型科技创新主体往往只有研发任务，没有获得利润的压力，所以更容易忽视科普活动的经济效益的发挥。

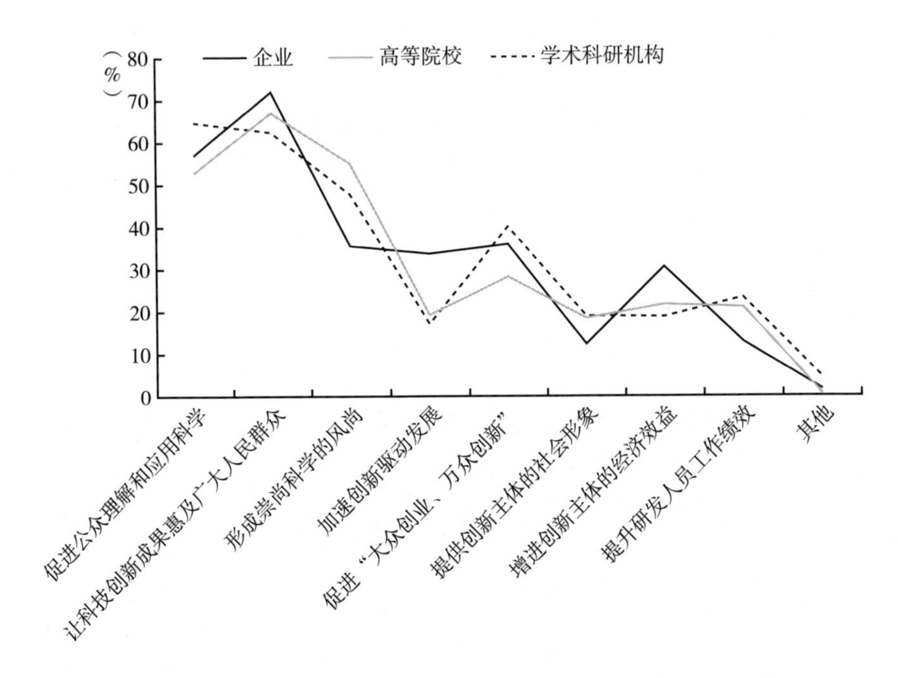

图12　不同单位性质的被调查者对科技创新主体开展科普活动的作用的认知

当前被调查者对各科技创新主体开展科普活动能发挥的非营利性作用的认可度比较高，普遍肯定开展科普活动能发挥良好的社会效益。但是，各科技创新主体对科普活动的经济效益缺乏认识，不够重视，对科普活动的经济作用的发挥很有局限性。这可能与科普活动的经济效益不够直观有关系。科普活动经济效益的实现往往不是直接投入生产，而是一个持续的、间接的过程，但科普活动的社会效益却是相对直接的，这导致很多科技创新主体容易忽视科普活动的经济效益。实际上，科普活动在创新驱动型经济发展和增进创新主体经济效益等方面也具有巨大的作用。当前中国经济面临转型，科技、创新已成为经济发展的重要驱动力，科学普及、科学传播与科技创新是不可分割的，而各科技创新主体开展科普活动的经济效益的缺失，容易造成研发与推广的断层，影响创新经济、知识经济的发展。可见，科普活动如何带动科普经济，进而推动创新型经济发展，更好地发挥经济效益是当前科技创新主体需要重点加强的工作。

（七）科普活动缺少有效的科普定位与反馈机制

在“被调查者对近五年所在地区科技创新主体开展科普活动效果判断”一题中，全体被调查者认为科普活动“效果好”的总频率为“35. 2%”，“效果差”的总频率为“34. 0%”，“不知道或不好说”的频率为“30. 5%”。总体来看，全体被调查者认为近五年所在地区科技创新主体开展的科普活动效果不够乐观，同时也有近 1/3 的被调查者对科普效果的判断不明确。

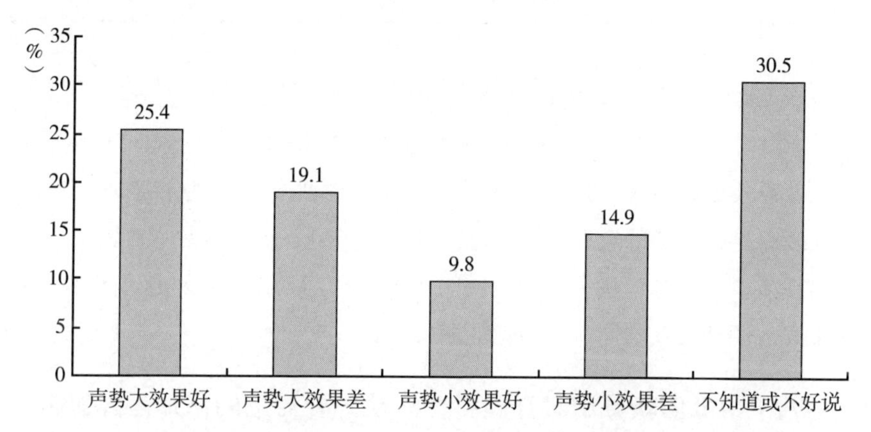

图 13　全体被调查者对近五年所在地区科技创新主体开展科普活动效果判断

从数据看，被调查者更倾向认为近五年所在地区科技创新主体开展科普活动的效果不够理想，不同行业被调查者在“效果差”选项的比例几乎都高于“效果好”的选项，且对于“不知道不好说”这一选项的比例也占有很大一部分，表明近五年所在地区科技创新主体开展科普活动的效果不足，在社会公众心中的认可度和普及度有所欠缺。

从不同行业来看，农林牧渔业、制造业、软件信息服务业等行业对科普效果“声势大效果好”的评价较高，这些行业的被调查者对于科普信息的需求相对更高，接受信息的主动性也更强。传媒业、科学研究、教育培训等行业则认为科普效果“声势大效果差”的人数占很大比例，其中传媒业尤为突出。以上行业从业者受教育程度普遍较高，这一点对应了在不同学历的被调查者对近五年所在地区开展科普活动的评价值，其中本科与硕士学历的受调查者更倾向于认为科普效果不太理想（见表10）。

表10 不同行业被调查者对近五年所在地区科技创新主体开展科普活动的评价值

	评价值		评价值
全体	1.526	软件信息服务业	1.331
农林牧渔业	1.443	科学研究	1.863
采矿业	1.83	技术服务业	1.501
制造业	1.365	教育培训	1.908
交运仓储邮政业	1.50	医疗卫生	1.279
传媒业	2.128	其他	2.075

由表10的数据可知，传媒业与其他行业的评价值比较更不乐观（传媒业2.128，其他行业2.075）。在所有行业中传媒业的被调查者更倾向认为近五年所在地区科技创新主体开展科普活动的效果不够理想。表明上述从业人群认为：地区对科普活动的重视程度不足，虽然各类科普活动的数量在增加，但受众却出现减少的趋势，从一个侧面表明传统科普活动对受众的吸引力在下降，未能很好地调动公众参与科普活动的积极性。

（八）中低创新城市对开展科普活动主要对象的认知差异显著

从总体来看，认为“行业内部高学历群体”为主要对象的人数所占百分比最高，为36.80%，超过总体的1/3，其他四项选择总体差距不明显（见图14）。

科技创新主体开展科普活动的主要对象判定很大程度上影响科普活动的开展，这同被调查者的职业、所在行业、经历等因素相关。在总体调查数据中，行业内部群体频率为55.1%、行业外部群体频率为28.3%，被调查者更倾向于认为行业内人群更应是科普活动的最主要对象。另外，高学历群体的频率为48.6%，低学历群体的频率为34.8%，被调查者更侧重于认为高学历人群应作为主要的被科普对象（见图15）。

调查数据显示：“行业内部高学历群体”在各类职业中被认为是主要科普对象的比例十分高。但是整体来看，认知情况呈现两极分化的现象，选择“不知道或不好说”选项的比例、选择除“行业内部高学历群体”外的其他选

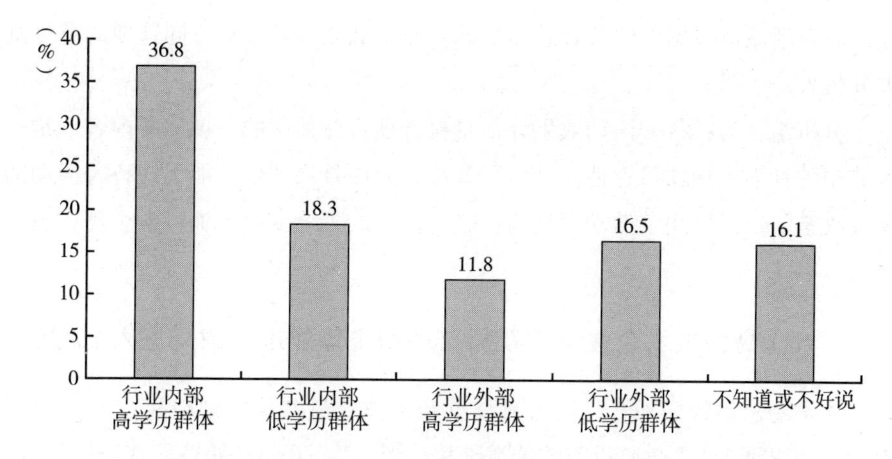

图 14　全体被调查者对科技创新主体开展科普活动最主要对象的认知

项的比例都较高，尤其在退休与其他职业人群中较为普遍，说明未将科普对象依据不同类别作精准服务划分，因此导致面向较泛科普对象的宣传并未达到预期效果，表明明确对科普活动对象的细分是很必要的。

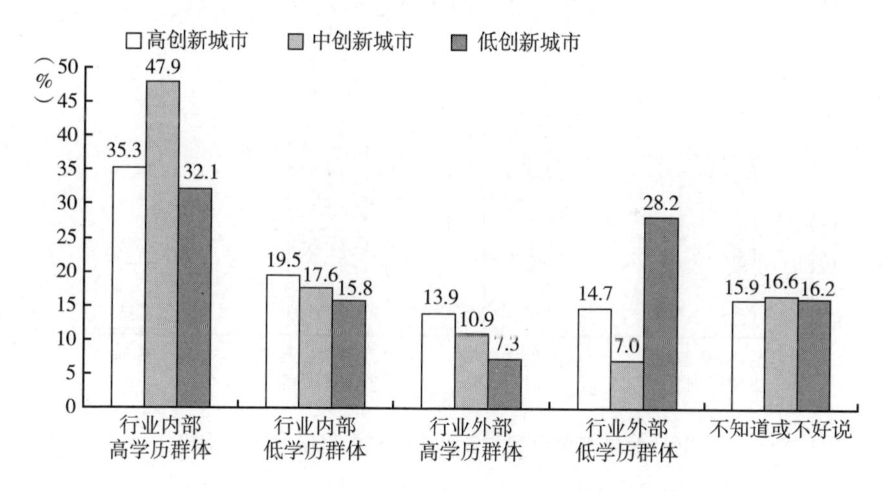

图 15　不同城市类型被调查者对科技创新主体开展科普活动最主要对象的认知

由图 15 可知，高创新城市和中创新城市被调查者选择“行业内部高学历群体”为主要对象的比重较大，中创新城市尤为突出（47.9%）。低创新城市则在“行业外部低学历群体”的选项占很大比重，其他三项的数值差异不明显。高创新城市数据大致符合总体数据，而中低创新城市对不同选项的意见则差异较大。

分析组认为：科普活动效果评估是科普项目评估中的一项重要内容，是一种典型的社会干预项目评估。针对科普活动开展效果评估，能促使科普活动的相关决策、资源利用、活动设计与实施、活动的延续变得更加科学合理，更加富有效率。

（九）高新技术企业急需在科普创新主体建设中树立主人翁意识

从本题总体数据来看，认为科技创新主体在科普中的地位是“全社会科普的主要谋划者”“政府科普政策关键执行者”“公众科普服务的资源提供者”“其他”的数据分别是24.30%、35.50%、39.20%以及0.70%。“政府科普政策关键执行者”与“公众科普服务的资源提供者”两个选项的占比差距不大（见图16）。

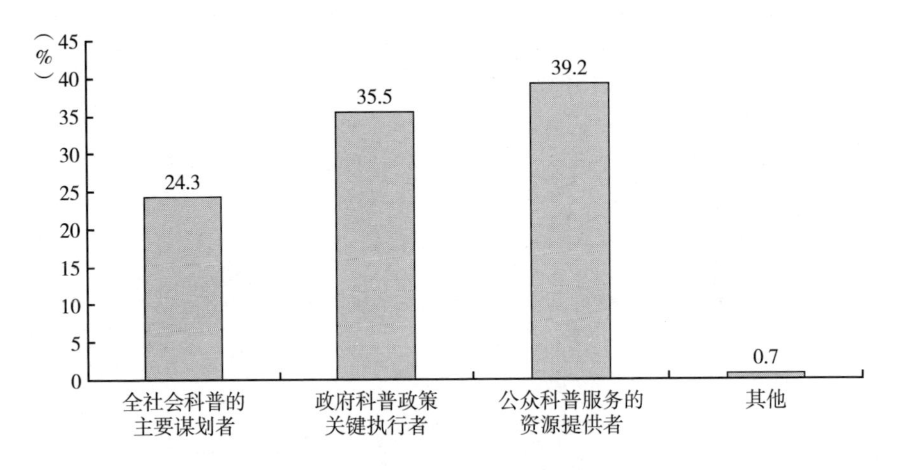

图16　全体被调查者对创新主体在科普中地位的认知

高新技术企业及新型研发机构是国家创新型城市中企业科技创新的最重要主体，分析研究企业科技创新对科普活动良好发育有多方面的积极作用。从总体调查数据来看，认为科技创新主体在科普中的地位是“公众科普服务的资源提供者”与“政府科普政策关键执行者”占比较为明显，两个选项之间在不同指标间的波动差异较大。其中“公众科普服务的资源提供者”一项尤为突出。

从不同单位性质来看，高等院校和研究机构认为科技创新主体在科普中的地位是“公众科普服务的资源提供者”占很高比例，分别为科研机构54.2%、高等院校45.5%。值得注意的是，企业认为科技创新主体在科普中的地位是“政府科普政策关键执行者”的比例较高于“公众科普服务的资源提供者”，为39.5%和37.5%。企业相较于高等院校和学术研究机构的不同，反映出企业受政府影响较大，认识到自身在科普活动中的核心地位的意识也较弱（见图17）。

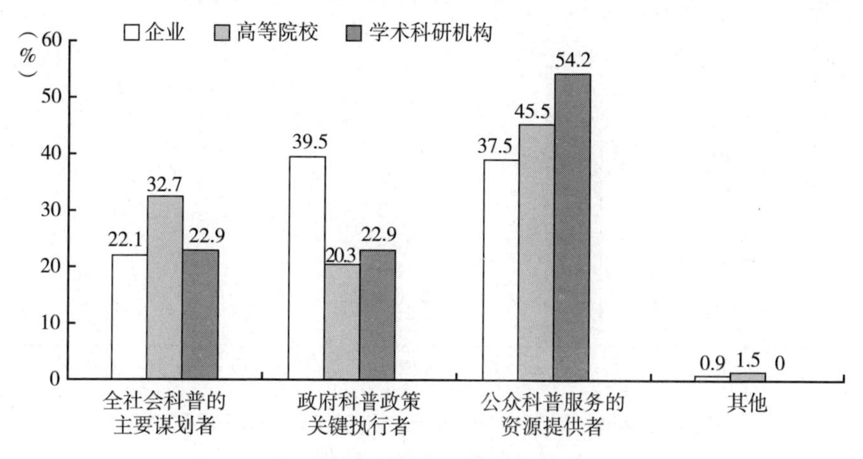

图17　不同单位性质被调查者对创新主体在科普中地位的认知

传统科普理念认为：科普行为具有公共性，因此高新技术企业开展科普活动的自身动力通常也难以激发，主要靠来自政府公共部门的外部支持力给予推动。而在“两翼论”和企业作为创新主体成为国策的今天，这种观点已经不能因应时代的新要求。事实上高新技术企业开展科普工作的动因很复杂，除了来自公共部门的支持所产生的动力，许多企业往往出于自身科技产品与科技服务的利益外溢需求而积极开展科普工作，在实践中，高新企业开展科普活动的动力是适应内外部多种需要的共同结果，因此有必要从多维动力机制建设角度开拓高新技术企业的科普空间。

（十）被调查者总体上对科普活动的发展速度持乐观态度

从总体上说，各科技创新主体对开展科普活动的发展速度持乐观态度，绝大多数被调查者认为该发展速度会快。在“被调查者对未来五年科技创新主体开展科普活动的发展速度的认知”问题上，从频率值上看，31.40%的被调查者认为该发展速度会“很快”，49.70%的被调查者认为该速度会“较快”，而认为会“较慢”和“很慢”的被调查者仅为6.20%和2.40%。持乐观预期的被调查者（包括“很快”和“较快”）达到81.10%，远远超过持悲观预期的被调查者（包括“较慢”和“很慢”）的8.60%（见图18）。

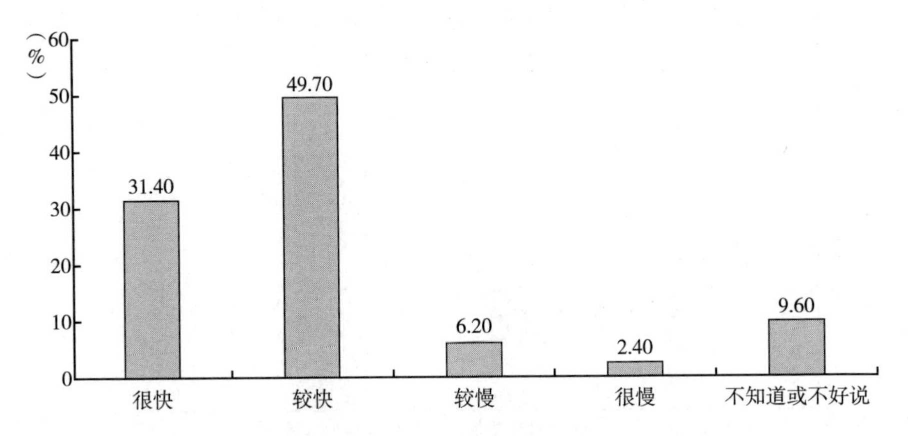

图18　全体被调查者对未来五年科技创新主体开展科普活动的发展速度的认知

但是，从城市创新等级的角度看，在“很快”这一乐观态度的选项上，频率值是随着城市创新等级的降低而增加的，而在“较慢”这一悲观态度的选项上，频率值是随着城市创新等级的降低而降低的（见图19）。因此，研究组认为城市创新等级与科普发展速度预期存在一定程度负相关。

在对科技创新主体未来五年科普活动发展速度的预期上，大多数被调查者都持乐观态度，认为发展速度会快。这反映出各科技创新主体总体上比较看好科学普及活动的发展前景，也一定程度上可以看出，目前在习近平主席强调科技创新与科学普及平衡发展的“两翼论”的背景下，各科技创新主体基本都认为科普活动的发展将迎来一阵“顺风”。城市创新等级与科普活动发展速度的预期表现出比较明显的难以重合，甚至是一定程度上的负相关，高创新等级的城市在科普活动发展速度预期上并不积极，这与科普活动发展唱好的大形势显得格格不入，是目前科普活动发展值得关注和研究的现象。

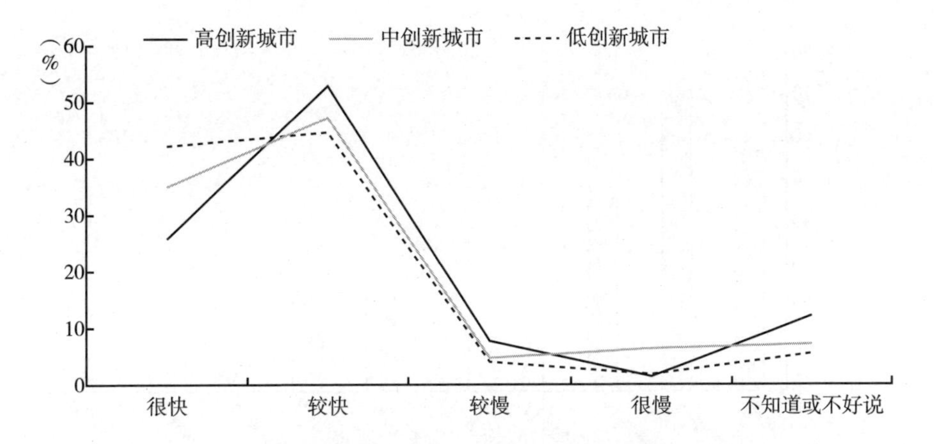

图 19　不同创新等级城市的被调查者对未来五年科技创新主体开展科普活动的发展速度的认知

三　安徽省创新主体开展科普活动的情况

（一）被调查者倾向于认为自身参与科普活动的形式传统单一

表 11　全体被调查者参加过的科普活动

单位：%

	参观科普展览、画廊	听科普讲座	看科普电影	参加科普旅行	策划或参与线上线下科普沙龙活动	策划或参与科普咨询服务活动	策划或参与宣讲普及科学知识	创作或演出科普文艺作品	策划或参与科普文章与图书撰写	其他
全体	56. 85	71. 42	47. 07	8. 94	14. 62	22. 82	23. 05	5. 58	5. 07	3. 41

表 11 显示：传统型的科普活动是被调查者参与科普活动的主要类型。在被调查者参与的科普活动中，“听科普讲座”是最主要的参与科普活动的方式，选中率为 71. 42%；其后是“参观科普展览、画廊”，为 56. 85%；“看科普电影”是 47. 07%；“策划或参与宣讲普及科学知识”以及“策划或参与科普咨询服务活动”分别占比 23. 05% 和 22. 82%；“策划或参与线上线下科普沙

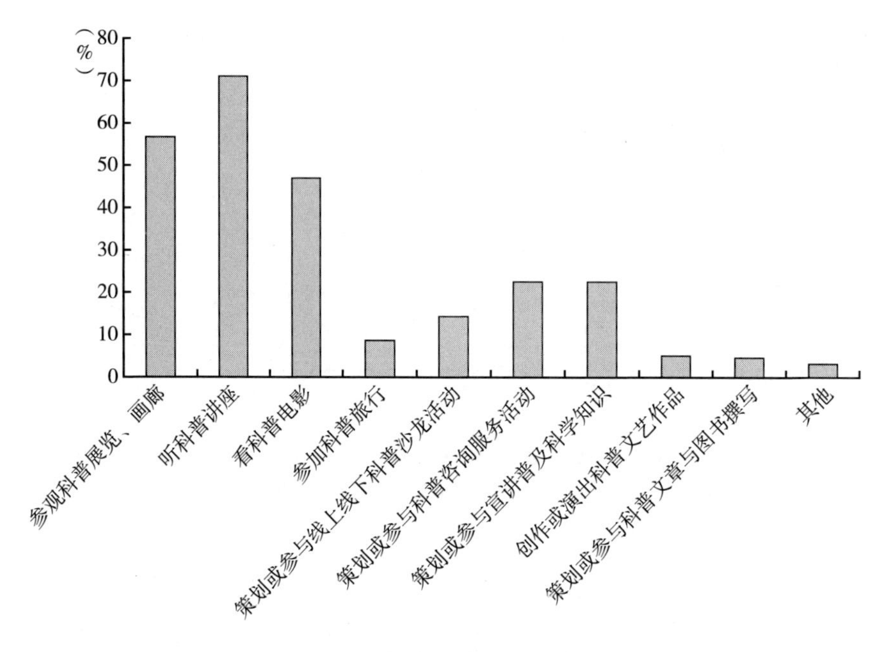

图 20　全体被调查者参加过的科普活动

龙活动”为 14.62%；“参加科普旅行”为 8.94%；“创作或演出科普文艺作品”为 5.58%；“策划或参与科普文章与图书撰写”为 5.07%；“其他”为 3.41%。

从近五年被调查者主要参与的科普活动调查数据来看，参与式科普活动中，传统的讲座、电影、展览等形式是被调查者主要的科普活动参与形式，而参加科普旅游与创作和演出科普文艺作品的比重很少；策划类和创作类科普活动比重明显低于传统的参与式科普活动，尤其是富有创新意义的创作类。这表明公众参与科普的形式依旧停留在传统层面，活动形式相对单一，公众对于科普活动的参与度也大多限于简单的参加讲座、观看科普电影等，是以“边缘型”和“灌输型”的角色参与科普活动，主动性和深入参与性偏弱。相对于一些策划型和创作型的科普活动，公众的参与度较少，这是制约科普视野发展的重要原因，公众对于科普内容的了解更多停留在观与听等感知表层，缺乏深入体验交互与策划的理解，这使得科普推广更多时候处于被动式和灌输式状态。

表 12　不同单位性质被调查者参加过的科普活动

单位：%

	参观科普展览，画廊	听科普讲座	看科普电影	参加科普旅行	策划或参与线上线下科普沙龙活动	策划或参与科普咨询服务活动	策划或参与宣讲普及科学知识	创作或演出科普文艺作品	策划或参与科普文章与图书撰写	其他
企业	57.09	74.11	45.25	6.35	13.69	22.69	23.06	3.76	3.76	3.76
高等院校	51.60	64.72	57.14	17.78	15.74	16.33	18.66	12.24	9.33	1.75
学术科研机构	64.58	70.83	35.42	18.75	10.42	22.92	33.33	14.58	14.58	2.08
其他	62.91	54.3	45.03	13.25	21.19	35.76	28.48	7.28	6.62	2.65

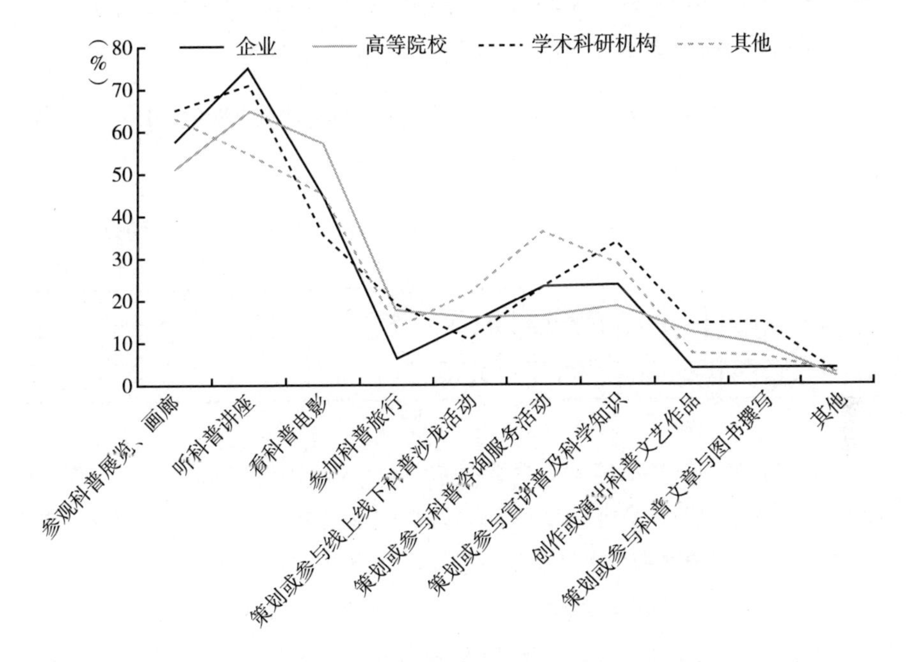

图 21　不同单位性质被调查者参加过的科普活动

从不同单位性质的被调查者参加科普活动的类型来看，企业被调查者通过“听科普讲座”方式参加科普活动的比例为 74.11%，为最高；高等院校被调查者通过“看科普电影”方式参加科普活动的占比 57.14%；学术科研机构在选项“参观科普展览，画廊”的选项中占比最高，为 64.58%。我们可以看出各创新主体类型被调查者参与的科普活动主要都为传统型，且占比较大。说明创新主体开展科普活动的形式较为传统而单一，新型科普活动方式走向大众的渠道并不通畅，创新型科普活动面向公众群体的范围拓展较少（见表12）。

造成被调查者参与科普活动形式较为传统而单一的原因，分析组认为可能是由于创新主体对于新型科普活动宣传力度不够，公众参加创新型科普活动的渠道较少。创新主体应利用自己的行业资源优势加强新型科普活动的宣传与普惠力度，让更多的公众了解新型的科普活动，增加他们对于科普活动的兴趣，让公众参与科普活动时不仅仅是作为知识的接受者，同时也逐步进步为新知识的传播者和科普活动的策划者。按照新的国家发展战略，创新主体需要引入把公众作为科学技术的使用者、消费者、利益相关者，以及政策参与者等角色的新型科普活动形式，扩大公众深度参与科普活动的渠道，进而建立起以公众为中心，以公众的科技需求为定位导向的新一代科普工作模式。

（二）被调查者认为创新主体开展科普活动自发性较弱

表13　全体被调查者对所在（或下属）单位科研人员开展科普活动的动力认知

单位：%

	政策引导	社会认可	科学理想	社会责任	项目任务要求	工作绩效考核	经济收入	其他
全体	65.10	35.78	22.87	38.08	41.49	32.69	31.35	1.52

被调查者认为创新主体开展科普活动的动力认知中，“政策引导”成为被调查者对创新主体开展科普活动的动力认知的最主要因素，为65.10%。“项目任务要求”“社会责任”“社会认可”因素的频率分别为41.49%、38.08%、35.78%。被调查者对创新主体开展科普活动的动力认知中，“科学理想”“工作绩效考核”“经济收入”因素的选择相对较少，频率分别为22.87%、32.69%和31.35%（见表13）。

从近五年来被调查者对所在单位科研人员开展科普活动的动力认知数据来看，不论学历、行业、职称等各种维度，都认为所在单位科研人员开展科普活动最主要的动力是政策的引导，其次是“项目任务要求”。分析组认为：这体现了国家政策导向的有效性和有力性，以及各科技创新主体已经在各项工作和考核中

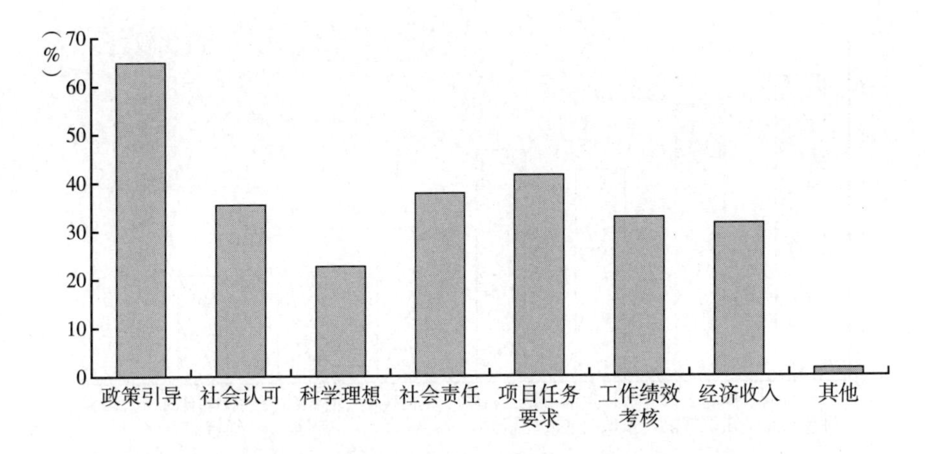

图22　全体被调查者对所在（或下属）单位科研人员开展科普活动的动力认知

重视了科普工作；但同时，也反映出目前各科技创新主体开展科普活动仍较为被动，各科技创新主体开展科普活动主要还是在完成硬性任务，缺乏主动性和精神层面的动力。例如，被选择的最少的动力要素是“科学理想”，这说明各创新主体从业人员科学抱负意识不强，科学素养的弱项还有待提升（见图22）。

（三）被调查者对参与科普活动目的的认知明确

表14　全体被调查者对参加科普活动目的的认知

单位：%

	了解行业科技动态	提高工作知识技能	增长生活知识技能	提升科学素养	发展兴趣爱好	增长社会经验	希望增加经济收益	其他
全体	63.12	57.49	43.85	47.95	21.07	23.05	22.36	1.61

科普活动参与者参加科普活动的目的差异较大。科普活动参与者参加科普活动的目的选择数据分别为“了解行业科技动态”（63.12%）、“提高工作知识技能”（57.49%）、“提升科学素养”（47.95%）、“增长生活知识技能”（43.85%）、“增长社会经验”（23.05%）、“希望增加经济收益”（22.36%）、“发展兴趣爱好”（21.07%）、“其他”（1.61%）（见表14、图23）。

从近五年来被调查者参与科普活动的主要目的来看，多数人都希望可以起

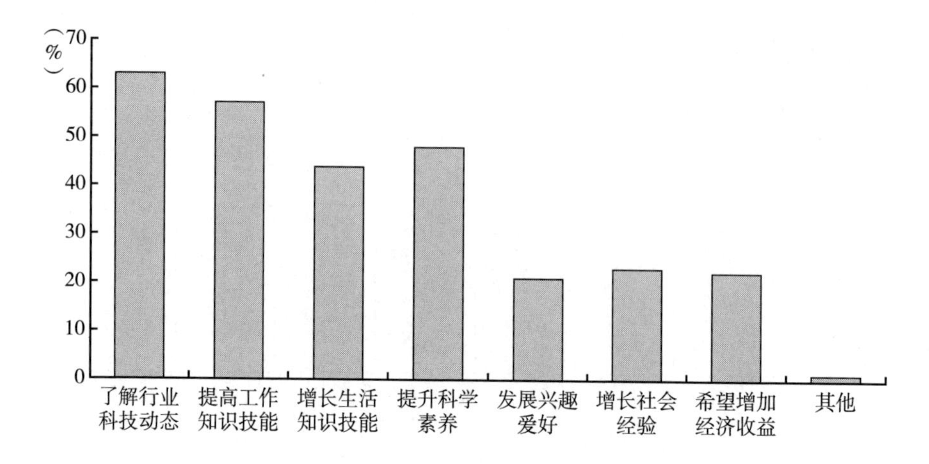

图 23　全体被调查者对参加科普活动目的的认知

到对工作和生活有帮助的作用，而这一特点在不同年龄、不同职业和单位性质的人群中更加明显地被体现出来。年轻群体更注重通过科普活动增加生活和社会经验以及个人素质的培养，30～49 岁人群更关注科技动态和生活工作技能，50 岁以上中老年群体更注重经济收益等。“单位或部门领导”中认为参加科普活动的主要目的是“了解行业科技动态”“提高工作知识技能”“希望增加经济收益”，普通员工则认为是“增长社会经验”，学生群体目的更多为“提升科学素养”“发展兴趣爱好”。本题调查数据显示：参与科普活动的目的中“发展兴趣爱好”的比重最低，只有年轻群体有一定比例选择了这个目的项。

调查数据表明：安徽省区公众参与科普活动的目的与自身工作和提升自身能力等因素紧密相关，属于实用目的突出的，而把参与科普活动作为兴趣爱好的因素相关度很弱，这种现象对于未来科普事业的发展明显不利。因为科普工作中一个关键的因素就是培养受众对科学的兴趣，这是优质科学传播的基础和起点。当大众对于参与科普活动的兴趣爱好较低时，进行科普知识的传播将会缺乏文化与情感、职业理想等的融入。如何通过了解不同科普活动参与者的需求，来调整科普活动的形式和内容，增加大众对于科普活动的内生兴趣，增强科普活动的体验感和主动性，让大众真正参与科普活动，让科普融入生活，让科普活动成为人生爱好，这是新一代科普工作者创新设计与规划的立场。

（四）传统载体在科普活动开展中占了较大比重，新型社交载体的应用占比较突出

表 15　全体被调查者对所在团队科普活动载体的认知

单位：%

	科普场馆或参与式体验中心	科普报纸	科普刊物	科普广播	科普电视	科普网站	科普微信微博或客户端	其他	以上都没有
全体	32.73	29.41	37.48	11.2	16.09	30.52	33.2	1.94	20.01

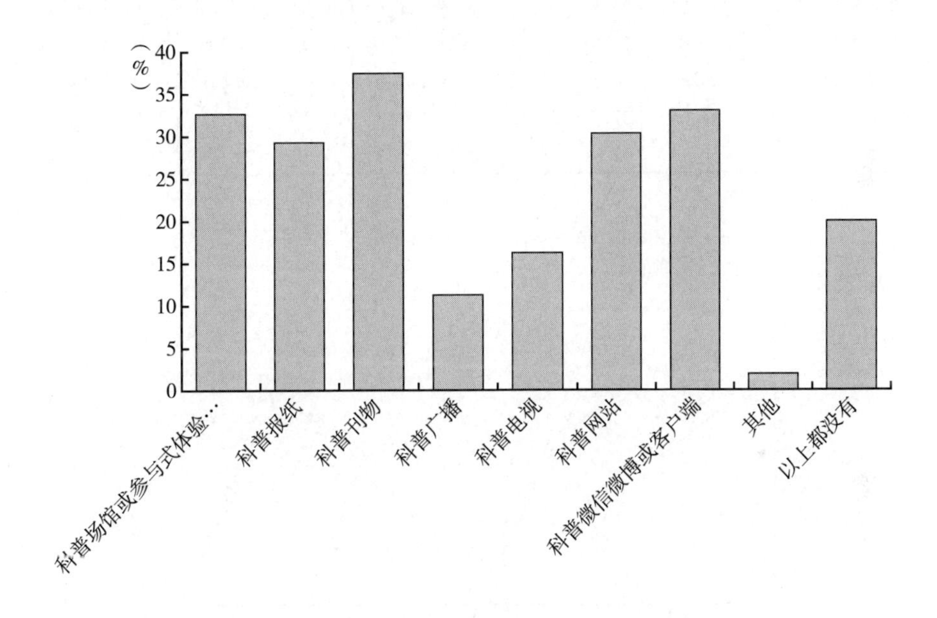

图 24　全体被调查者对所在团队科普活动载体的认知

从本题数据可以看出，在新媒体时代，科普活动中的传统载体仍占较大比重。“科普刊物”是创新主体选择比例最高的科普活动载体，占 37.48%；其次是“科普微信微博或客户端”，占 33.20%；再次是“科普场馆或参与式体验中心”，占 32.73%；紧随其后的是“科普网站”与“科普报纸”，分别占 30.52% 和 29.41%。虽然部分科普刊物已然开始实行电子刊物和纸质刊物同步发展的双行道，但“科普刊物”“科普报纸”“科普电视”三类传统载体选

择率加权达82.98%，而科普网站、科普微信和微博或客户端三类新媒体选择加权比为63.72%，比传统载体的选择比率低了近二成，这一趋势也反映了新媒体相关的科普载体在当前阶段单位与团队选择科普载体时仍然没有形成主流优势（见表15、图24）。

表16　不同职业被调查者对所在团队科普活动载体的认知

单位：%

	科普场馆或参与式体验中心	科普报纸	科普刊物	科普广播	科普电视	科普网站	科普微信微博或客户端	其他	以上都没有
单位或部门领导	35.81	26.13	36.77	8.39	10.65	29.68	33.87	1.61	20.00
专业技术人员	29.07	26.63	34.35	11.38	15.04	31.91	32.32	1.63	23.17
管理干部	29.72	34.52	43.42	5.69	14.41	32.03	36.30	1.78	16.73
普通员工	34.65	27.31	30.13	14.31	16.57	32.39	32.96	2.82	21.66
学生	37.13	32.91	48.10	21.10	25.32	21.10	29.96	0.84	16.46

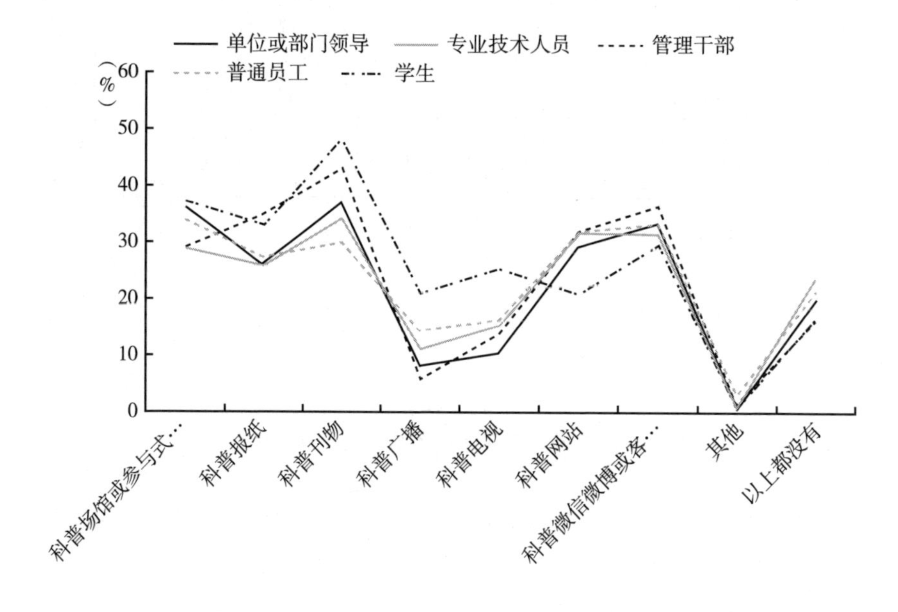

图25　不同职业被调查者对所在团队科普活动载体的认知

资料显示：学生、管理干部群体认知倾向于传统科普活动载体，在不同职业的被调查者中，学生群体和管理干部群体显示了对传统科普活动载体的感知偏好。学生职业被调查者认为“科普刊物”（48.10%）、“科普场馆与参与式体验中心”（37.13%）和“科普报纸”（32.91%）是其所在院校或科研机构使用度较高的科普活动载体；而管理干部职业的被调查者认为其所在单位更多通过“科普刊物”（43.42%）、“科普微信、微博或客户端”（36.30%）和“科普报纸”（34.52%）作为科普活动的载体。在前三位科普活动载体中，科普刊物以及科普报纸两类传统载体入选（见表16、图25）。

分析组认为：学生群体和管理干部群体在参与科研活动的过程中常常会接触“科普刊物”和“科普报纸”这类传统科普活动载体。传统的科普活动载体拥有专业的采编队伍、成熟的生产发布流程，以及多年来的积累的专业优势，因此传统的科普活动载体带来的信息往往具有专业性、权威性。因此学生群体和管理干部群体使用它们来获取专业性知识，而他们所在的科研院校或机构或许更倾向于看重具有权威性和专业性的科普活动载体。

中高层干部群体已显示出关注新媒体趋势，管理干部人群、单位或部门领导人群开始重视新媒体渠道发展。管理干部将“科普微信、微博或客户端”选为仅次于“科普刊物”的科普活动载体，占比36.30%；单位或部门领导选择“科普微信、微博或客户端”作为科普载体的比例为33.87%。两大群体都高于年轻学生群体对新媒体载体的关注（29.96%）。

分析组认为：这或许是由于管理干部、单位或部门领导所在的单位提供科技知识、科技服务时，需要密切贴近公众实际科普需求，紧跟公众对科普知识的关注动向，而新媒体载体正是打开公众接触科普活动实时信息的钥匙。显然，作为单位的中高层领导群体已经意识到了新媒体载体在科普活动中所具备的传播及时性优势，而这一关注也有助于未来科普活动规划中面向受众的政策设计导向的形成。

分析组倾向于认为：科普活动载体重心已经到了可以向新媒体方向靠拢的转型阶段。当下，新媒体以其跨越时间空间、不受地域限制、海量信息容量、个性定制化选择和即时交互性等特点，在信息传播媒介中占到突出位置。新媒体在科普方式的延伸以及提升用户的参与性、交互性等方面发挥着传统媒体不可替代的作用。根据中国互联网络信息中心（CNNIC）在京发布第41次《中国互联网络发展状况统计报告》显示，截至2017年12月，我国网民规模达

7.72亿人，普及率达到55.8%，全年共计新增网民4074万人，增长率为5.6%。随着中国网民规模的持续增长和新媒体发展速度的持续攀升，新媒体与科普活动的融合趋势势不可当。需要关注科普活动载体的发展速度落后于电子媒介时代的载体更新速度这一现象的负面影响。

（五）被调查者认为创新主体科学传播内容倾向于内部型专业型知识

表17　被调查者认为所在（或下属）研究所、院系、实验室、企业研发中心科学传播的主要内容

单位：%

	科学通识	本行业相关科技知识信息	本单位科技产品有关知识信息	本单位科技服务有关知识信息	节庆活动有关科技知识信息	社会热点问题有关科学知识信息	其他
全体	35.22	66.21	60.67	44.58	15.91	28.77	3.96

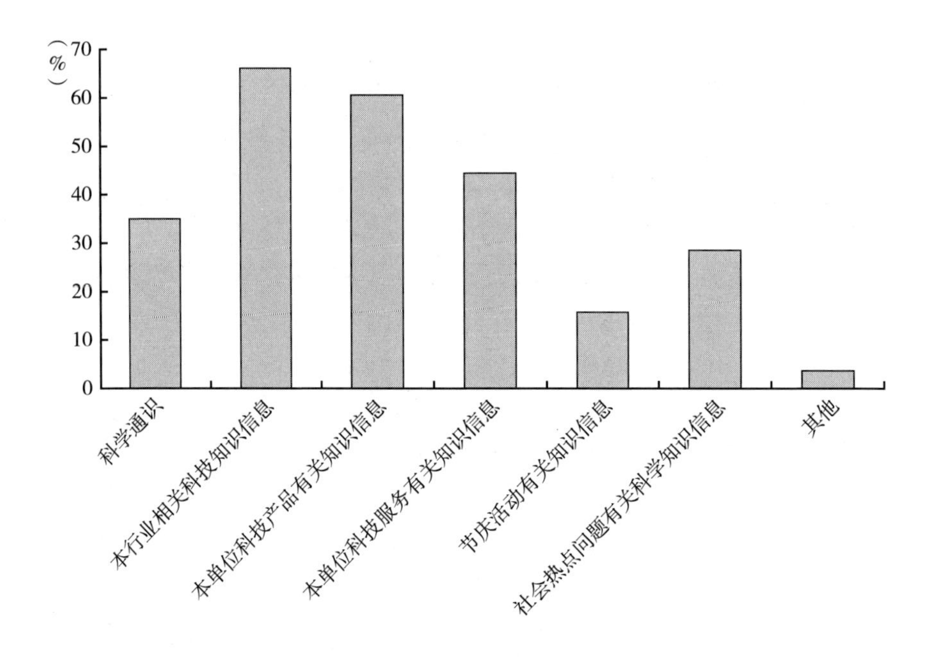

图26　被调查者认为所在（或下属）研究所、院系、实验室、企业研发中心科学传播的主要内容

调查数据显示：创新主体专业性科普内容输出比占大，而通识性科普内容输出占比小。有66.21%的被调查者认为“本行业相关科技知识信息”为其所在机构进行科学传播的主要内容，所占比例最高，其次是“本单位科技产品有关知识信息”，比例为60.67%。认为“社会热点问题有关科学知识信息”和“节庆活动有关知识信息”为科学传播主要内容的被调查者仅占28.77%和15.91%。大多数被调查者认为目前其所在机构的科学传播内容主要还是跟其相关的行业或单位有关，包括行业科技知识、科技产品知识和科技服务知识等，这些专业性科普知识的输出有助于公众接触更多专业领域的前沿知识信息。但“社会热点问题有关科学知识信息”和“节庆活动有关知识信息”等通识性科普知识传播受到创新主体的冷落，社会热点问题相关的科学知识在一定时间段内会有较高的热度，受众有获取知识的欲望和需求，相应的知识传播需求也会随之增长，迫切需要创新主体肩负起本应承担的科技新知识的社会普及使命（见表17、图26）。

表18　不同单位性质被调查者认为所在（或下属）研究所、院系、实验室、企业研发中心科学传播的主要内容

单位：%

	科学通识	本行业相关科技知识信息	本单位科技产品有关知识信息	本单位科技服务有关知识信息	节庆活动有关科技知识信息	社会热点问题有关科学知识信息	其他
企业	28.42	71.82	68.37	47.23	10.97	23.86	3.58
高等院校	57.43	47.81	33.82	33.53	29.74	42.57	4.66
学术科研机构	41.67	66.67	47.92	45.83	31.25	41.67	4.17
其他	56.29	46.36	37.09	38.41	31.13	45.70	5.30

不同单位科普活动的内容设计同样存在差异。企业的被调查者认为“本行业相关科技知识信息”“本单位科技产品有关知识信息”和“本单位科技服务有关知识信息”为其所在主体科学传播主要内容的比例分别为71.82%、68.37%和47.23%，居于前三位。高等院校的被调查者认为“科学通识”、“本行业相关科技知识信息”和“社会热点问题有关科学知识信息”为其所在主体科学传播主要内容的比例分别为57.43%、47.81%和42.57%，居于前三位。企业的被调查者较多地认为本行业和本单位相关的科学知识为其所在机构

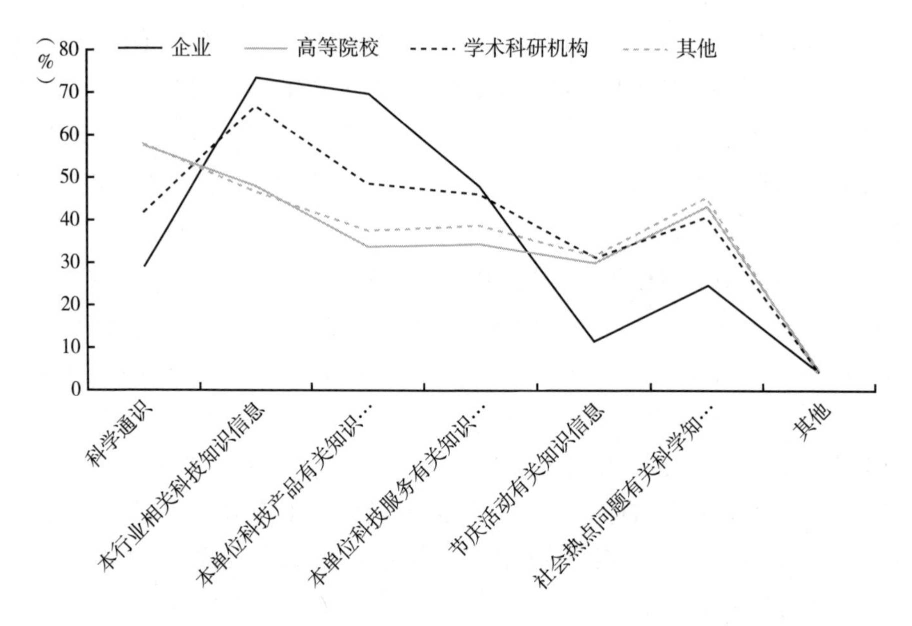

图 27　不同单位性质被调查者认为所在（或下属）研究所、院系、实验室、企业研发中心科学传播的主要内容

进行科学传播的主要内容，而对于社会热点问题和节庆活动有关的知识传播较少。这与企业的性质有关，他们更注重自己产品相关的内容，以期得到更好的收益。而高等院校的被调查者群体更为关注“科学通识”“本行业相关科技知识信息”和“社会热点问题有关科学知识信息”。这与学校群体的特殊性质有关。学校群体的研究范围较为广泛，除了专业前沿信息的研讨，高校承担着一定的科学普及职能，因此高校关注科学通识和社会热点问题的有关科学知识传播（见表18、图27）。

科普活动内容的设计应发挥产、学、研各自的优势，以兼容多种科普知识需求，突破科普知识传播壁垒。而目前随着科普传播渠道的拓增和信息网络的发展，公众角色发生了从了解科学的旁观者到参与科学的体验者的转换。专业科普知识与通识科普知识的需求壁垒被打破，公众对于科普知识的诉求走向融合。因此，企业可以进一步推动行业和本单位相关的专业科普活动内容的传播；而高校在设计科普活动的内容时注意到由社会热点所引起的专业科普知识需求具有越来越高的专业性，公众参与科学的程度不断加深。因此高校在科普基础性、通识性的科学知识的同时，可以适当增加行业、单位领域内的前沿科学知识，以满足行业或有专业渴求的公众对于专业型科普知识的需求。

（六）被调查者认为创新主体内部团队科普资金来源差异很大

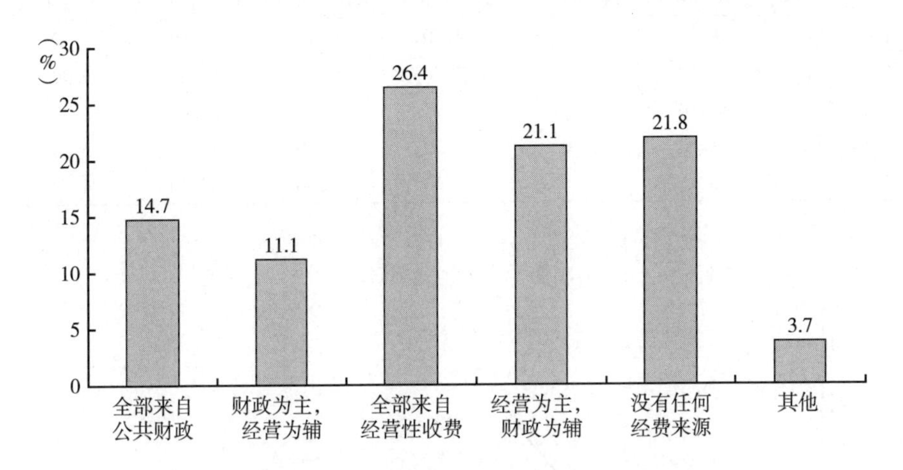

图 28　被调查者对所在团队对科普活动经费来源的判断

科普资金一般包括维持日常性科普活动的经费，大型科普设施的建设、投入以及财政拨给科协、科技、教育主管部门等单位的科普经费等几个部分，我国目前科普资金来源主要有以下几个途径：国家和地方财政拨款、科协等社会团体支持、单位或个人捐款赠送，争取社会资金支持等。

本题从调查数据整体来看，多数科技创新主体认为自己所在科普团队科普活动经费来源于财政拨款较少，“全部来源于经营性收费”“经营为主、财政为辅”以及“没有任何经费来源”占据绝大部分（见图 28）。

再从不同行业性质被调查者的调查数据来看，企业被调查者近 80% 倾向于认为其所在团队科普经费来源全部或大多来源于企业经营性费用，甚至没有任何经费来源，高等院校的经费来源则更多的来自公共财政或者没有任何经济来源；学术科研机构与企业情况恰好相反，多数被调查者的观点是，科普活动经费大多全部来源于公共财政以及财政为主、经营为辅的途径，其中“其他”（包括社会组织、党政机关、科技要素管理部门、创新服务机构等）被调查群体多数认为自身所在科普团队的科普活动资金更多来源于财政经费（见表 19、图 29）。

表 19　不同机构被调查者对所在团队对科普活动经费来源的判断

单位：%

	全部来自公共财政		财政为主，经营为辅		全部来自经营性收费		经营为主，财政为辅		没有任何经费来源		其他	
全体	318	14.70	241	11.10	573	26.40	458	21.10	473	21.80	81	3.70
全体	14.70		11.10		26.40		21.10		21.80		3.70	
企业	9.50		7.90		31.80		24.80		20.90		3.90	
高等院校	22.20		22.20		12.20		9.60		30.30		2.30	
学术科研机构	39.60		25.00		6.20		8.30		12.50		6.20	
其他	45.70		16.60		7.90		9.90		15.20		4.00	

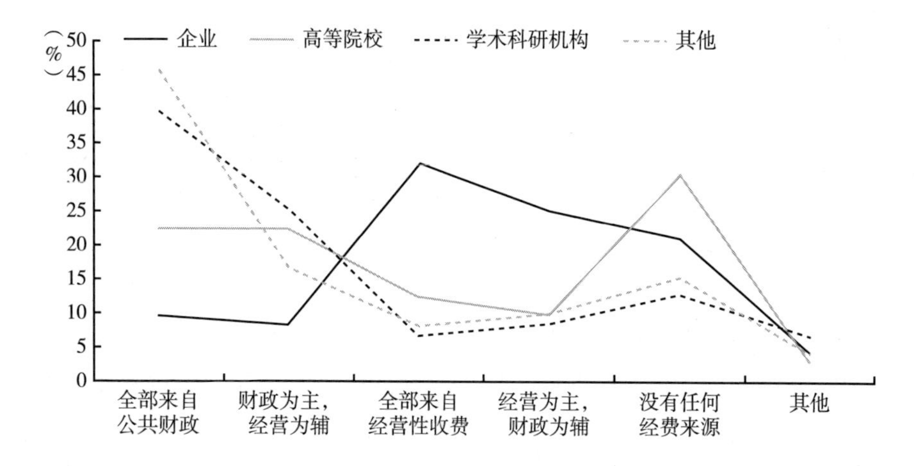

图 29　不同机构被调查者对所在团队对科普活动经费来源的判断

企业和学术科研机构的资金来源结构呈现相反的特点是存在一定原因的。一方面，学术机构通过申请科研项目的方式获得财政项目经费支持，而企业是市场的主体，学术性没有科研机构强。除此以外这也说明了，研究机构开展科普活动与市场结合程度不高，来源于科普活动的盈利资金部分较少或几乎没有。这种情况可能会导致研究人员脱离科普活动的接地气需求，所做研究型科普不“接地气”；另一方面，自然也说明该类机构开展科普活动的市场化程度不高。

2016 年度全国科普统计数据表明：2016 年全国科普经费持续稳定增长，2016 年全国科普经费筹集额 151.98 亿元，比上年增加 7.63%，科普经费政府拨款 115.75 亿元，占全部经费筹集额的 76.16%，比上年增长 0.63%，科普经费筹集的总额很高，而这其中绝大部分都是由各级政府财政提供。因而从总体上看，我国科技创新主体更多的是将科普当成产品和服务的附属品，而非可以进行市场化运作的资源本体。

科普活动的市场化程度较低，对此，可以着力的途径之一是创新性的集中政策、资金等资源建立起一批具有科普能力和市场能力的示范企业或团队，由它们做领头羊构建强市场带动能量的平台空间，带动科普事业市场化的发展。

（七）被调查者认为创新主体对科普活动合作对象选择缺乏广泛性

表 20　被调查者对所在团队近五年科普活动合作对象的认知

单位：%

	国有企业	民营企业	混合所有制企业	高校	科研机构	科技要素聚集区	社会组织	社区	国外政产学研机构	媒体	科技中介机构	都没有
全体	20.6	19.3	4.5	33.8	16.6	12.4	10.6	6.0	3.7	8.9	11.3	10.2

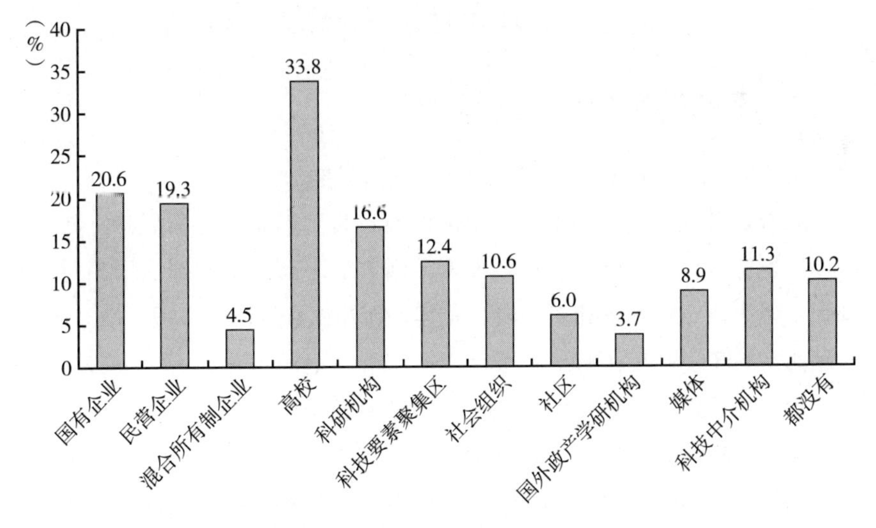

图 30　被调查者对所在团队近五年科普活动合作对象的认知

本题从总体认知数据来看，被调查者认为高校是其所在团队近五年科普活动合作对象的被调查者比例最高，其次是企业和科研机构，而一些社会组织机构包括社会组织、社区、媒体、科技中介机构以及国外科研机构则较少被当作科普活动的合作对象。

可以看出，安徽省科技创新主体在选择科普活动合作对象时，倾向于选择研究性强的高校、科研机构和创新营利性较强的科技型企业，而这正好是创新主体的主要构成模块。虽然这有助于保证科普对象合作选择时的科学性、技术性起步水平，但同时也反映出科技创新主体合作思维相对固化，对潜在优质和新型对象挖掘合作意识弱。另外，科技创新主体在进行科普活动时，很少选择社会组织、社区、混合所有制企业以及国外政产学研机构，对合作对象的选择一定程度上可能反映了不注重与基层社会工作实际相结合，选择上覆盖面不广，国际意识也不强。而从不同单位性质被调查者数据来看，认为没有科普活动合作对象的数据中，企业占比约10%，说明安徽省部分企业对科普活动合作的意识较弱，这有可能会导致科普活动的开展创造性不足。

四　安徽省创新主体开展科普活动与服务的效果认知与评价

（一）科技创新成果科普成效评价

1. 传播创新活动中的创造、创新和发现意识较弱

被调查者对于传播创新活动中形成的新发现、新知识、新思想、新方法、新技术、新应用的认知强弱，比较而言，新方法、新技术和新应用相对较好，新知识、新思想、新发现相对较弱，尤其是新知识和新思想方面欠缺。新方法评价值为2.632、新应用评价值为2.613、新技术评价值为2.609，新发现评价值为2.588、新思想评价值为2.547、新知识评价值为2.522（见图31）。

2. 青年被调查者倾向于认为传播创新活动相对较强

传播创新活动的新发现、新知识、新思想方面，青年被调查者认为相对较强。新发现选项50~59岁年龄段的被调查者评价“较好/较强”的比例最高，达到57.00%。对所在单位传播创新活动中形成的新知识和科学探索新进展选项的评价

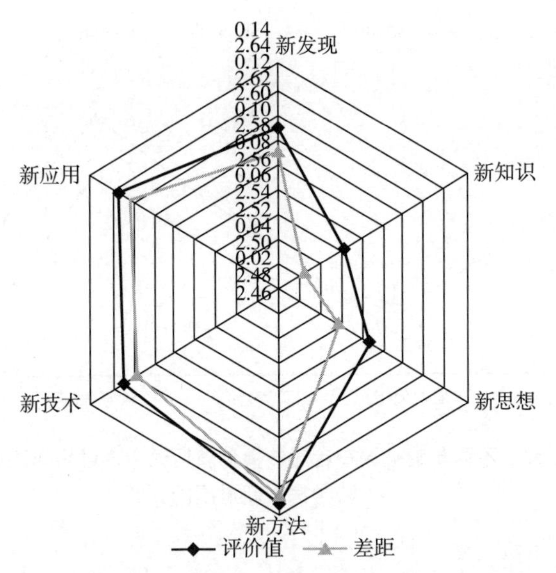

图 31　新发现、新知识、新思想、新方法、新技术、新应用的评价值和差距雷达

较多的是“较差/较弱”，评价为“很好/很强”的被调查者中，≤29 岁年龄段的被调查者比例最高，占比 16.40%。从评价值来看，≤29 岁被调查者更倾向于给出较好的评价，他们的评价值为 2.522，明显高于≥60 岁的被调查者（1.529）。调查表明，≤29 岁年龄段被调查者更倾向于对所在单位传播创新活动中形成的新知识和科学探索新进展情况做出较好的评价，这与常识的观念是一致的判断（见图 32）。

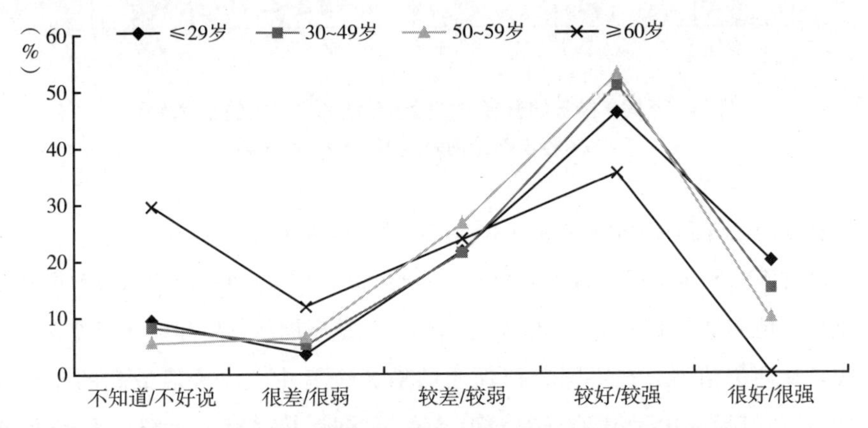

图 32　不同年龄被调查者对传播创新活动中形成的新发现和科学理论创新成果的判断

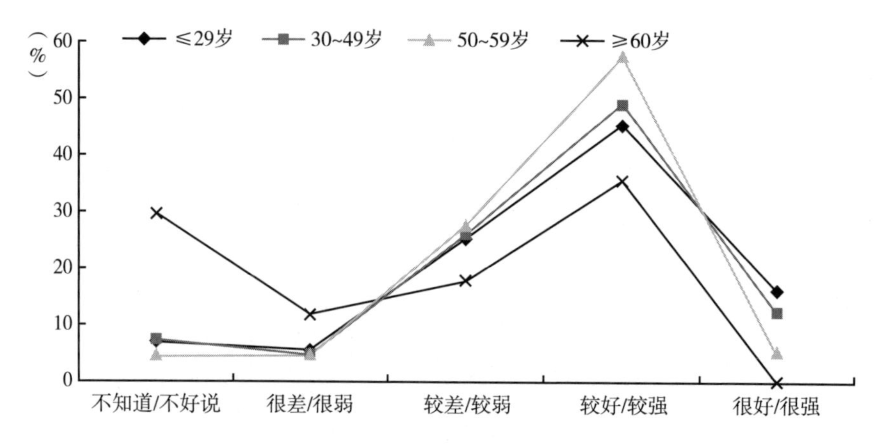

图 33　不同年龄被调查者对传播创新活动中形成新知识和科学探索新进展的判断

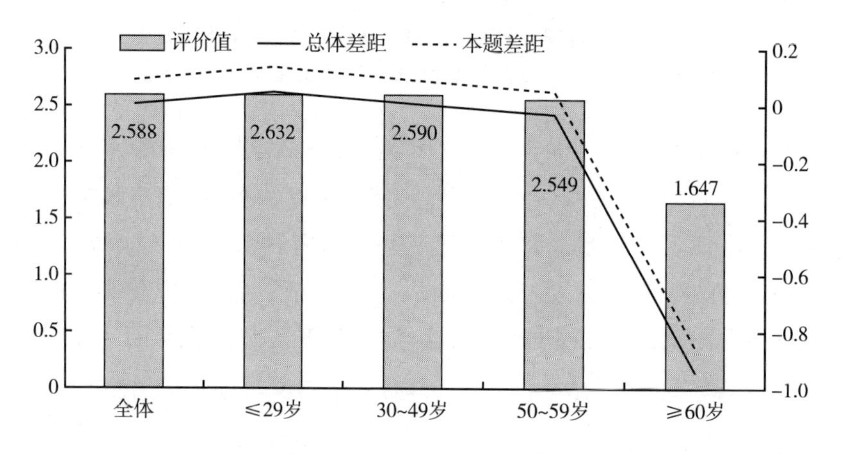

图 34　不同年龄被调查者对传播创新活动中形成的新发现和科学理论创新成果的评价值差异

3. 高校和科研机构被调查者认为科普活动传播中的创新相对较弱

高等院校和学术科研机构人员对于科普活动新思想和新理念的理解更深也更重视，他们是从事科普工作的重要人群，也是开创新思想和引导新理念的主力军。从评价值看，在不同单位性质的被调查者中，评价值最高的是企业（2. 657），其后依次是其他（2. 597）、高等院校（2. 575）和学术研究机构（2. 481）。调查表明，在所有创新主体中更经常从事科普工作的高等院校的被

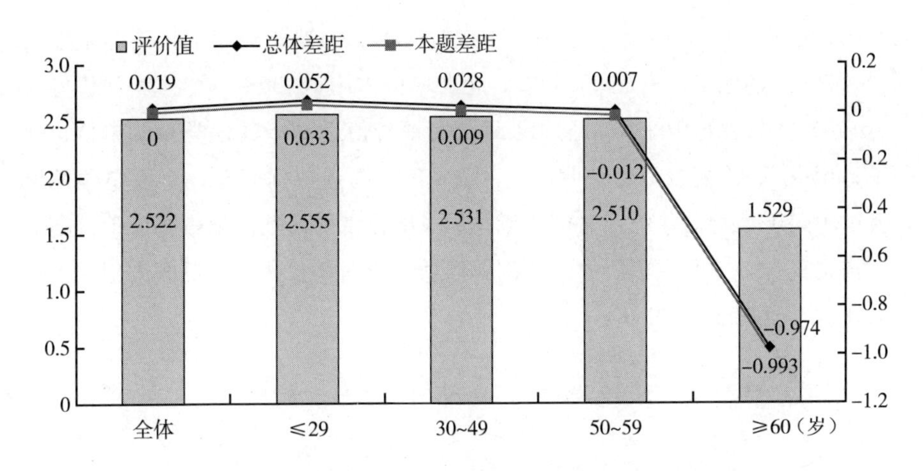

图 35　不同年龄被调查者对传播创新活动中形成新知识和科学探索新进展的评价值差异

调查者倾向于认为科普活动与服务效果较差，这实际上是对于科普活动真实效果的认知判断（见图 36）。

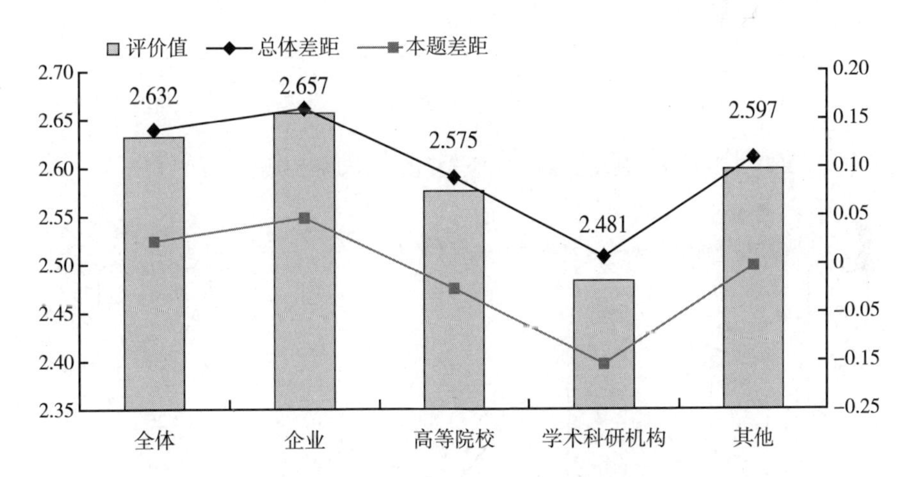

图 36　不同单位性质被调查者传播创新活动中形成的新方法、加速新产品、新服务、新商业模式开发的评价值差异

数据显示，不同单位性质被调查者大多对所在单位传播创新活动中形成新技术的情况做出“较好/较强”的评价，其中企业单位被调查者占比 50.80%，学术科研机构被调查者占比 43.80%，其他单位被调查者占比 43.70%，高等院校被调查者占比 33.80%。选择“较差/较弱”的被调查者中，高等院校占比 28.00%，其他单位占比 23.80%，企业单位占比 18.30%，学术科研机构占比 16.70%。从评价值来看，企业被调查者评价值远高于其他类型的单位，达到了 2.654。高等院校评价值最低，为 2.477。调查数据表明，企业单位被调查者更倾向于对所在单位传播创新活动形成新技术的情况做出较好评价，高等院校被调查者对于所在单位的传播创新活动形成新技术的情况更倾向于做出较弱的评价（见图 37、图 38）。

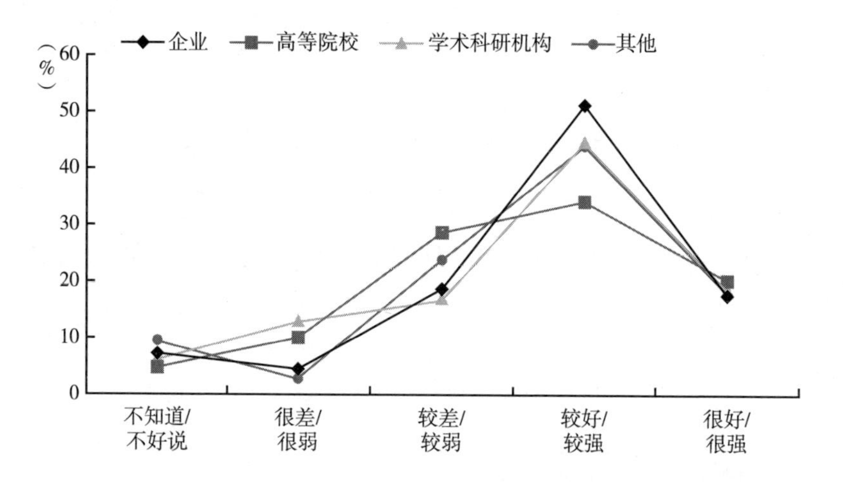

图 37　不同单位性质被调查者对传播创新活动中形成新技术的判断

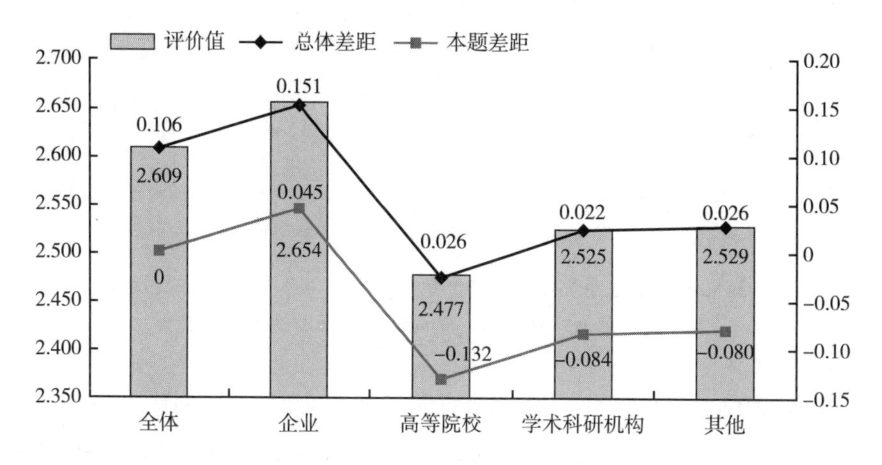

图 38　不同单位性质被调查者对传播创新活动中形成的新技术的评价值差异

4. 高创新城市被调查者对创新活动满意度较低

创新能力相对较弱的低创新指数城市的被调查者更倾向于认为其所在单位开展科普传播创新活动中形成的新应用、推广新技术、新材料、新工艺和新商业模式的情况和效果较好，创新能力相对较强的高创新指数城市的被调查者更倾向于认为其所在单位开展科普传播创新活动中形成的新应用、推广新技术、新材料、新工艺和新商业模式的情况和效果有待提高，分析组认为这或许是因为该类城市的被调查者所持的标准和要求更高的原因导致的（见图 39、图 40、图 41）。

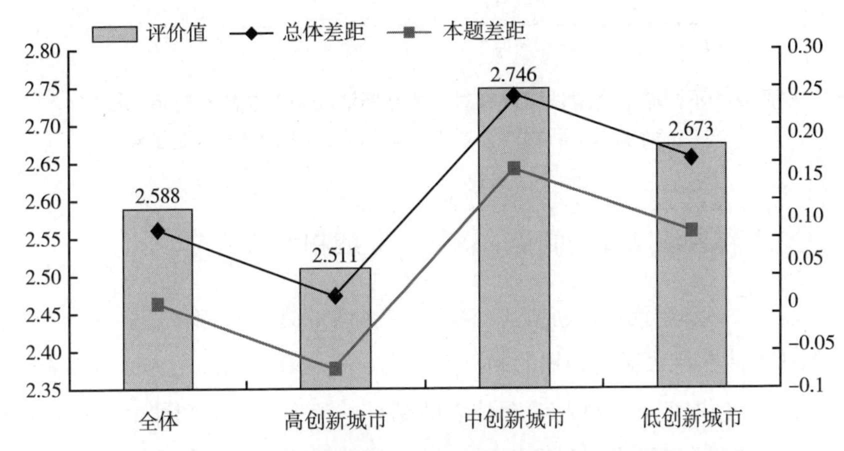

图 39　不同城市类型被调查者对传播创新活动中形成的新发现和科学理论创新成果的评价值差异

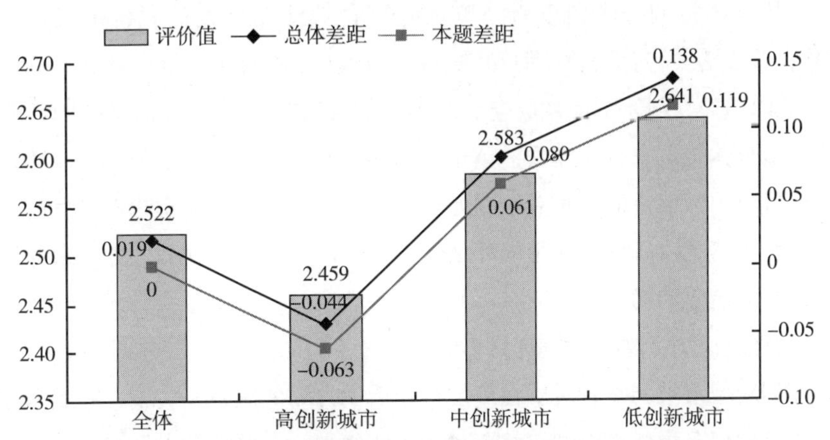

图 40　不同类型城市被调查者对传播创新活动中新知识的形成和科学探索新进展的评价值差异

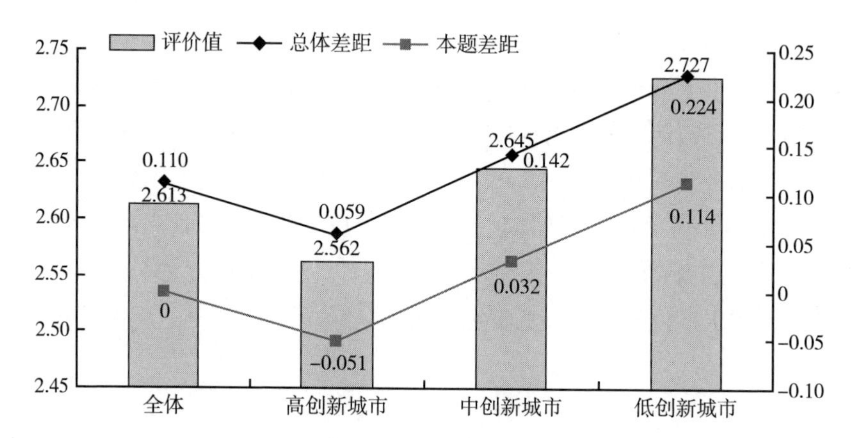

图 41　不同城市类型被调查者对传播创新活动中形成的新应用，推广新技术，新材料，新工艺和新商业模式的评价值差异

（二）科普活动计划制订、落实、完成和评估情况

1. 创新主体科普活动计划制订、落实、完成和评估情况整体较弱

创新主体在科普活动计划的制订、落实、完成和评估四个方面总体表现较弱。从图 42 数据可见，科普活动计划的制订、落实、完成和评估这四项评价值的总体差距都在负值，分别为 -0.158、-0.231、-0.184 和 -0.263。其中，创新主体被调查者对本单位科普活动计划制订、落实和完成的情况评价值较高。从全体被调查者角度看，单位制订科普活动计划的评价值最高，为 2.345；单位落实科普活动计划和完成科普活动计划的评价值也较高，分别为 2.272 和 2.319。创新主体被调查者对本单位科普活动计划评估情况的评价值较低。从全体被调查者角度看，单位评估科普活动计划的评价值为 2.240，在四项评价值中数值最低。相对较弱的科普活动评估能力可能意味着对目前科普活动和服务情况没有形成完善的评估体系，难以对科普活动和服务未来的发展形成良好的借鉴和助力。

2. 高创新城市科普活动规划力不足

高创新城市被调查者对所在单位科普活动计划的制订、实施、完成和评估情况的评价情况均低于中创新城市和低创新城市，科普活动规划能力与城市创新能力比较意外的不匹配。从数据来看，高创新城市科普活动计划的制订评价

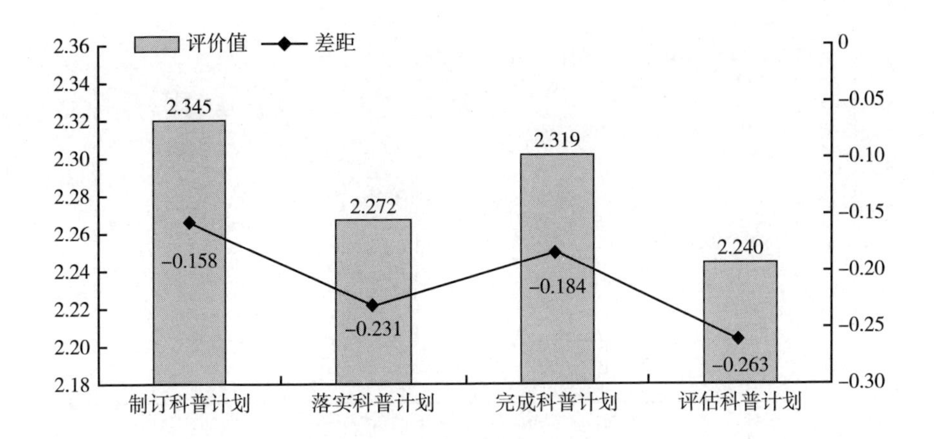

图 42　全体被调查者对科普活动计划的制定、落实、完成和评估情况的评价值差异

值为 2. 231，中创新城市评价值为 2. 453，低创新城市为 2. 543；高创新城市科普活动计划的实施评价值为 2. 22，中创新城市评价值为 2. 32，低创新城市为 2. 38；高创新城市科普活动计划的完成评价值为 2. 25，中创新城市评价值为 2. 36，低创新城市为 2. 47；高创新城市科普活动计划的评价值为 2. 16，中创新城市评价值为 2. 23，低创新城市为 2. 44。高创新城市在创新能力上是三类城市中最高的，但是其科普能力和科普活动规划能力并没有随着创新能力的提高而得到相应的发展。对于高创新城市来说，科普规划能力的比较中的明显不足确实存在影响城市创新产业长远发展的可能性（见表 21 ~ 24、图 42 ~ 46）。

高创新城市作为创新潜力、能力和综合实力较高的城市类型，对科普活动和服务具有较高的引领示范作用，其在科普活动规划方面的不足将不利于创新能力的进一步发展和城市创新示范效应的发挥。城市在重视自身创新能力发展

表 21　不同城市类型被调查者对制订单位（或部门）科普计划的评价值差异

	评价值	总体差距	本题差距
全体	2. 345	-0. 158	0
高创新城市	2. 231	-0. 272	-0. 114
中创新城市	2. 453	-0. 050	0. 108
低创新城市	2. 543	0. 040	0. 198

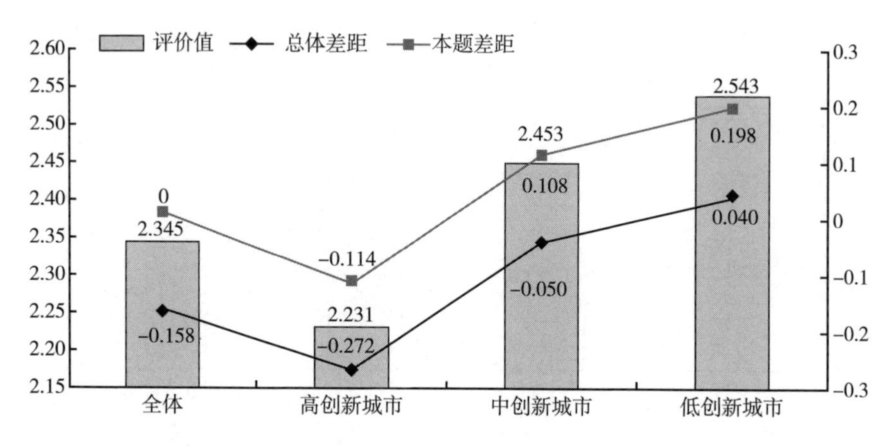

图 43　不同城市类型被调查者对制订单位（或部门）科普计划的评价值差异

表 22　不同城市类型被调查者对所在单位开展科普活动与服务效果的判断（落实计划）评价值的差异

	评价值	总体差距	本题差距
全体	2. 27	-0. 23	0. 00
高创新城市	2. 22	-0. 29	-0. 06
中创新城市	2. 32	-0. 19	0. 05
低创新城市	2. 38	-0. 12	0. 11

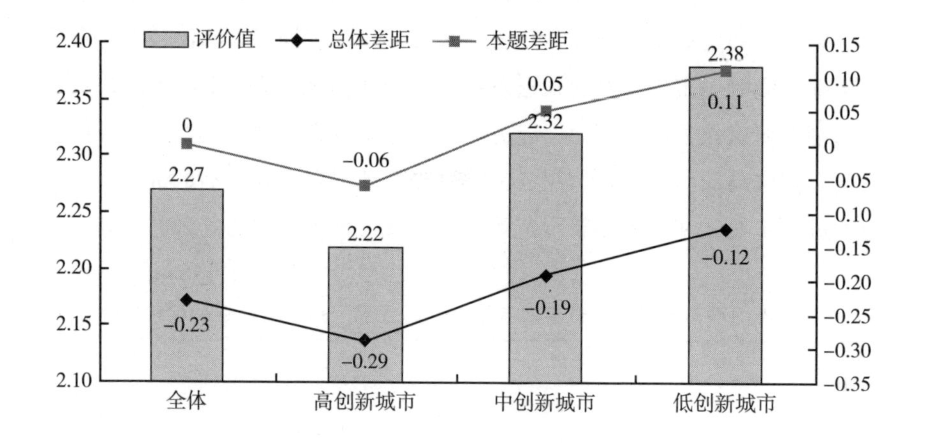

图 44　不同城市类型被调查者对所在单位开展科普活动与服务效果的判断（落实计划）评价值的差异

表 23　不同创新指数城市被调查者对所在单位开展科普活动与服务效果的判断（完成计划）评价值差异

	评价值	总体差距	本题差距
全体	2.32	-0.18	0.00
高创新城市	2.25	-0.26	-0.07
中创新城市	2.36	-0.14	0.04
低创新城市	2.47	-0.03	0.15

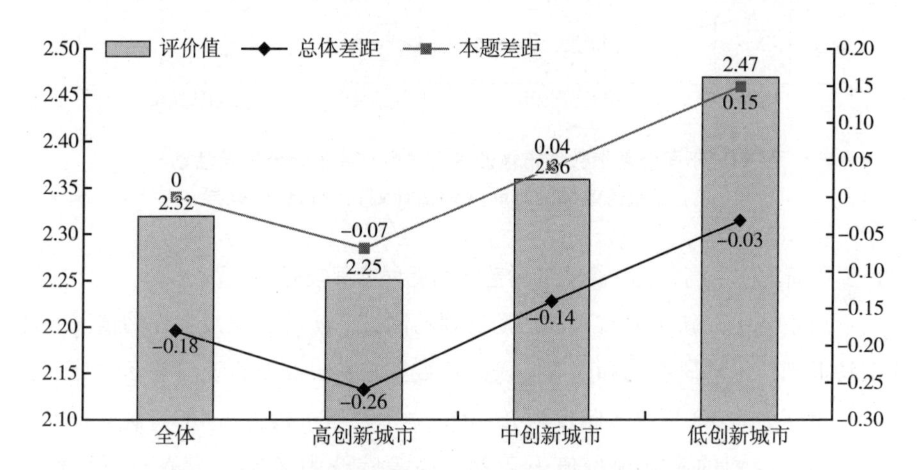

图 45　不同创新指数城市被调查者对所在单位开展科普活动与服务效果的判断（完成计划）评价值差异

表 24　不同创新指数城市被调查者对所在单位开展科普活动与服务效果的判断（评估计划）评价值的差异

	评价值	总体差距	本题差距
全体	2.24	-0.26	0.00
高创新城市	2.16	-0.34	-0.08
中创新城市	2.23	-0.27	-0.01
低创新城市	2.44	-0.06	0.20

的同时，也应当对科普活动进行有效的规划，出台相应政策确保科普活动计划的制订、实施和完成，并完善科普活动计划的相关评估体系。创新城市将科普规划能力提升到与自身创新能力相匹配的程度，有利于多样化科普活动和服务类型，促进科普文化氛围的形成，为自身的科技创新的发展打下坚实的社会文化基础。

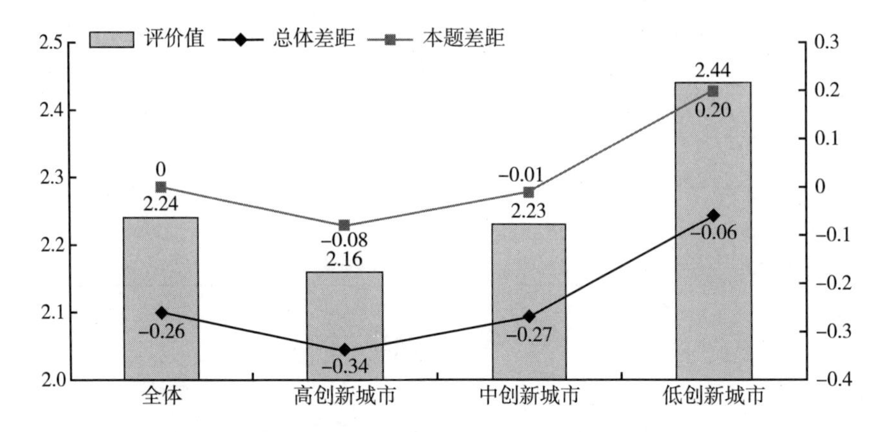

图 46　不同创新指数城市被调查者对所在单位开展科普活动与服务效果的判断（评估计划）评价值的差异

3. 创新主体中高新技术企业的科普活动规划情况较弱

创新主体中高新企业在科普活动计划的制订、实施、完成和评估情况的评价值均低于学术科研机构和高等院校。从数据来看，高新企业科普活动计划的制订评价值为2.300，高等院校为2.446，学术科研机构为2.460；高新技术企业科普活动计划的实施评价值为2.24，高等院校为2.34，学术科研机构为2.46；高新企业科普活动计划的完成评价值为2.29，高等院校为2.41，学术科研机构为2.40；高新企业科普活动计划的评价值为2.20，高等院校为2.37，学术科研机构为2.27。创新主体中的高新企业由于其自身的性质决定了其更加注重创新技术的成果转化和经济效益的实现，同时，科普活动较高的前期投入和较长的回报周期确实比较显著地影响着高新企业对于发展科普活动的态度（见表25～28、图47～50）。

表 25　不同单位性质被调查者对制订单位（或部门）科普计划的评价值差异

	评价值	总体差距	本题差距
全体	2.345	-0.158	0.000
企业	2.300	-0.203	-0.045
高等院校	2.446	-0.057	0.101
学术科研机构	2.460	-0.043	0.115
其他	2.585	0.082	0.240

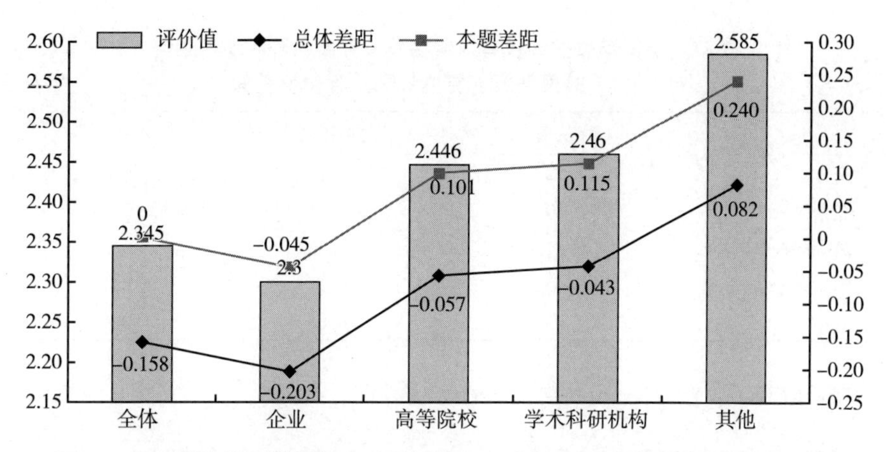

图 47　不同单位性质被调查者对制订单位（或部门）科普计划的评价值差异

表 26　不同单位性质被调查者对所在单位开展科普活动与服务效果的判断（落实计划）评价值的差异

	评价值	总体差距	本题差距
全体	2. 27	-0. 23	0. 00
企业	2. 24	-0. 26	-0. 03
高等院校	2. 34	-0. 16	0. 07
学术科研机构	2. 46	-0. 04	0. 19
其他	2. 43	-0. 07	0. 16

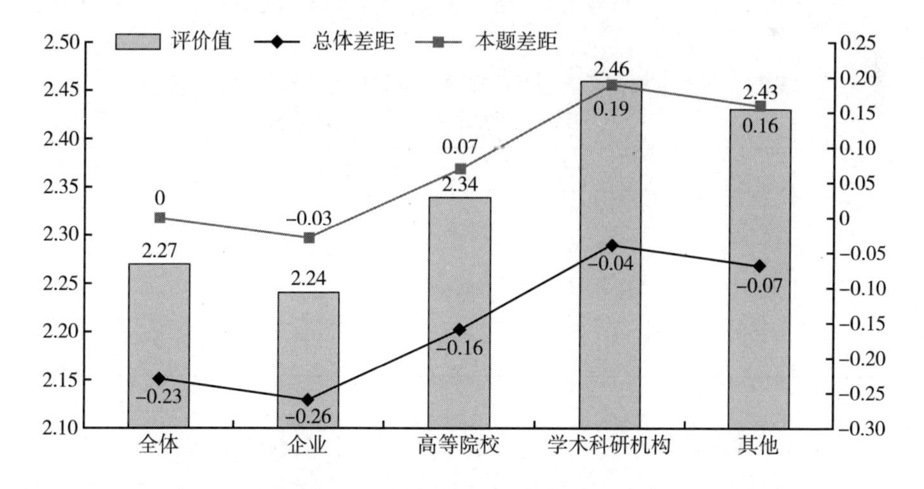

图 48　不同单位性质被调查者对所在单位开展科普活动与服务效果的判断（落实计划）评价值的差异

表 27　不同单位被调查者对所在单位开展科普活动与服务效果判断（完成计划）评价值差异

	评价值	总体差距	本题差距
全体	2.32	-0.18	0.00
企业	2.29	-0.21	-0.03
高等院校	2.41	-0.09	0.09
学术科研机构	2.40	-0.11	0.08
其他	2.46	-0.05	0.14

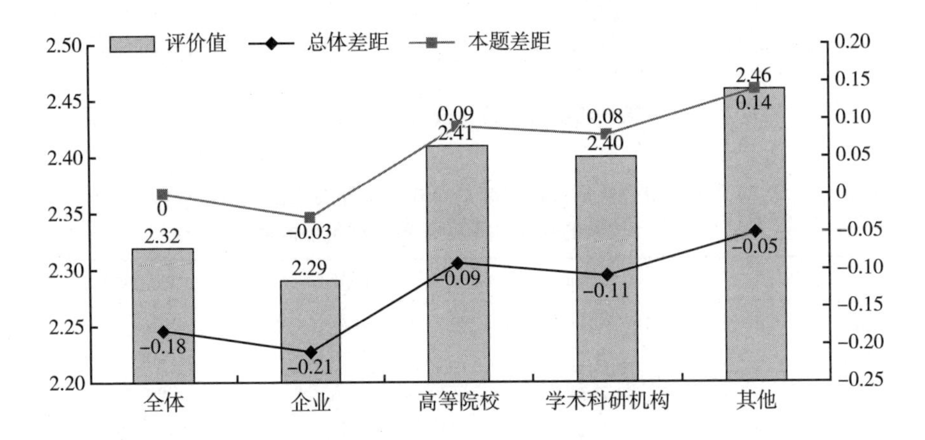

图 49　不同单位被调查者对所在单位开展科普活动与服务效果判断（完成计划）评价值差异

表 28　不同单位被调查者对所在单位开展科普活动与服务效果的判断（评估计划）评价值的差异

	评价值	总体差距	本题差距
全体	2.24	-0.26	0.00
企业	2.20	-0.31	-0.04
高等院校	2.37	-0.14	0.13
学术科研机构	2.27	-0.23	0.03
其他	2.42	-0.09	0.18

高新企业在高新技术成果转化方面具有优势，但在科普规划方面仍有不足。科普活动在提升企业经济效益方面影响有限，也导致企业对于科普活动规划的投入有所顾虑。提升高新企业在科普活动规划上的投入，可能需要政府出

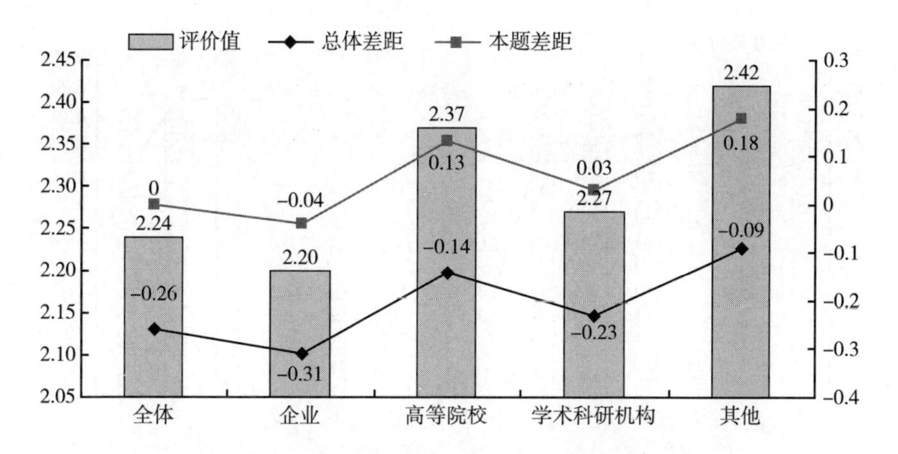

图 50　不同单位被调查者对所在单位开展科普活动与服务效果的判断（评估计划）评价值的差异

台相关政策，对企业的科普活动支出做出一定的规制性补贴和扶持。同时，企业可以和学术科研机构、高等院校开展科普活动方面的合作，形成资源共享的平台，提升自身的科普活动规划能力。

（三）创新主体开展科普活动的经济和社会影响

1. 在单位开展科普活动可以极大提升科技人员的科普意识

在单位开展科普活动与服务效果的评价值中，提升科技人员科普意识在调查问卷第三大题的 14 个指标中排第一位，为 2. 685，紧接着是提升社会形象，为 2. 684。被调查者倾向于认为单位开展科普活动与服务可以极大地提升科技人员的科普意识（见图 51）。

开展科普活动与服务提升科技人员科普意识，分析组认为应该加强以下几个方面的意识与推进实践。

第一，可以在科研项目的目标制定中增加科普服务的要求，把科研基金中的一部分用作科普工程，例如规定项目资金中的百分之多少来作为固定科普基金使用。

第二，现阶段我国的科普活动已经不完全是简单的科学知识的灌输，更多的应该是公众参与科学，做到公民与科学界进行对话，而这也是科技人员需要意识到的。实现途径如可以通过开展交互性科普活动，增加科技人员与

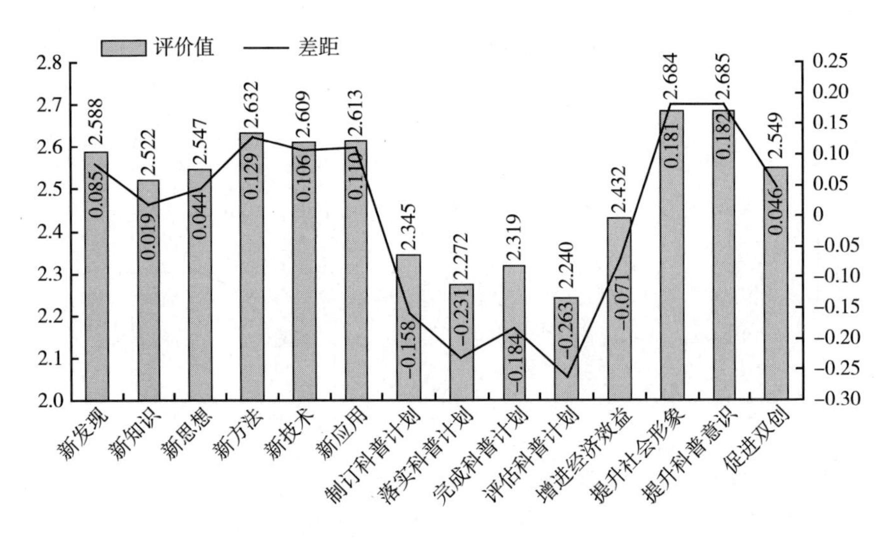

图 51　被调查者（全体）对科普活动效果的判断

公众的接触，积极创造二者对话的机会，使科技人员了解需要进行科学普及的人群的真实情况，也让公众了解科技人员的工作情况及科普意愿的方向所在。

2. 科研单位主体的创新成果转化有待加强

科研单位和高校被调查者对科普活动带来经济效益提升的评价情况明显低于企业。相较于科技型企业，科研单位在创新成果转化的评价值较弱，科普活动在提升经济效益诉求的表现也较差。

从评价值看，不同单位被调查者中，评价值最高的是其他（2.46）和企业（2.46），其次为高等院校（2.33）、学术科研机构（2.23）。一般而言，以高校和科研机构为代表的公共科研部门受到自身定位的影响，在成果转化方式上有其特殊性。与科技型企业不同，高校和科研机构受自身目标定位的影响，难以通过大规模的自行投资实施科技成果的社会化转化，更多是采取技术许可、专利转让、作价投资、衍生企业，以及对外技术服务或咨询等方式来实施间接的市场化转化。总体来说，科研部门成果转化的实际价值主要体现为科研部门通过技术许可或转让活动取得的经济收入、作价投资形成的股权市值、衍生初创企业的数量或经营效益等指标，更深入地阐释科研单位成果转化的相关情况（见表 29、图 52）。

表 29　不同单位被调查者对所在单位开展科普活动与服务效果判断评价值

	评价值	总体差距	本题差距
企业	2.46	-0.04	0.03
高等院校	2.33	-0.18	-0.10
学术科研机构	2.23	-0.28	-0.20
其他	2.46	-0.04	0.03

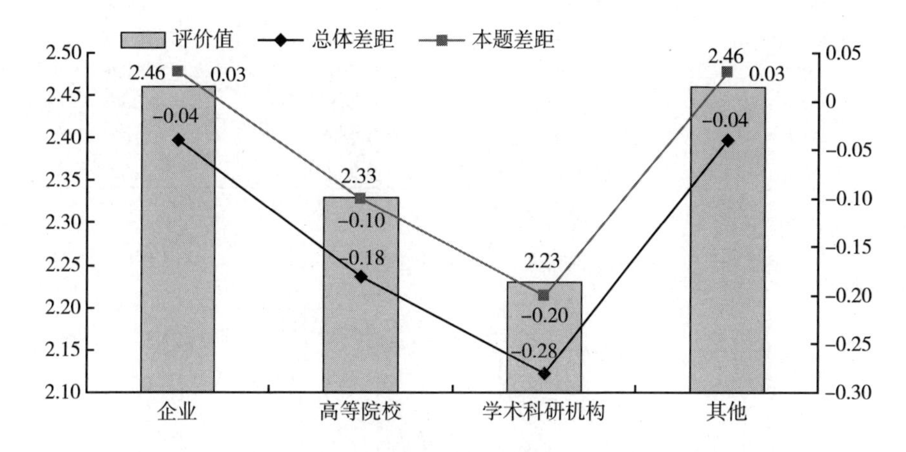

图 52　不同单位被调查者对所在单位开展科普活动与服务效果判断评价值差异

3. 目前创新主体科普活动覆盖广泛人群上有明显不足

高中及以下学历和博士学历的被调查者对单位开展科普活动对提升创新主体的社会形象、提升科技人员的科普意识和促进大众创业、万众创新方面的评价较低。学历处于两极的创新主体工作人员对单位开展科普活动的效果评价不高，这可能意味着目前创新主体所开展的科普活动不能合理覆盖较广泛人群的现状。按照传统的科普价值描述，科普活动需要覆盖尽量多人群，特别是需要考虑占大多数的弱势同质性人群。博士学历的人群有着较高的知识水平和更高的眼界，一般科普活动的水平和效果难以达到他们的心理标准，因此当大专、本科及硕士学历的被调查者认为，单位开展科普活动对提升创新主体的社会形象、提升科技人员的科普意识和促进大众创业、万众创新方面有较好的效果时，博士学历的被调查者并未对科普活动的效果给出较高的评价。高中及以下学历的人群所需求知识的覆盖面相对更窄，他们会更注重与自己从事的工作息息相关的现实内容，因此很有可能不够关注其他开阔空间知识的科普活动，从而对其效果和作用的评价由于缺乏关注而不高。

表 30　全体及不同学历被调查者对单位开展科普活动与服务提升科技创新主体形象程度的评价值

	评价值	总体差距	本题差距
全体	2.684	0.181	0.000
≤高中	2.369	-0.134	-0.315
大专	2.710	0.207	0.026
本科	2.678	0.175	-0.006
硕士	2.759	0.256	0.075
博士	2.655	0.152	-0.029

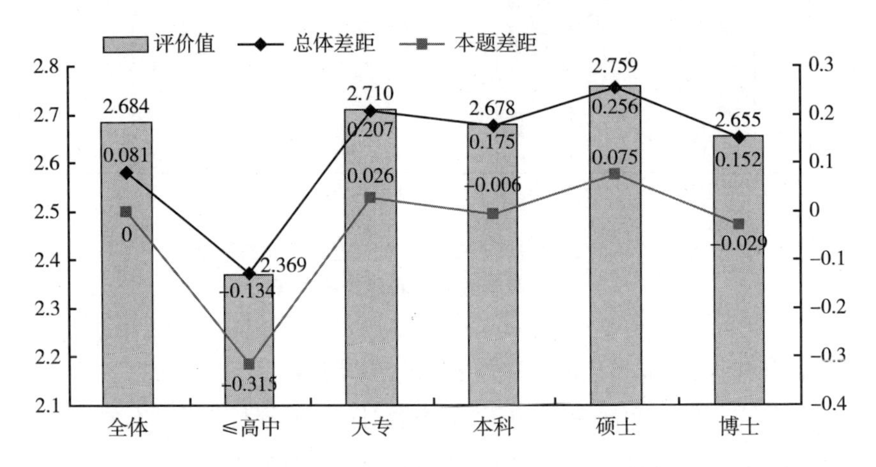

图 53　全体及不同学历被调查者对单位开展科普活动与服务提升科技创新主体形象程度评价值差异

从评价值看，在不同学历的被调查者中，硕士（2.759）和大专学历人群（2.710）的评价值最高，其次是本科（2.678）、博士（2.655）和≤高中（2.369）（见表 30、图 53）。

从评价值看，不同学历被调查者中，评价值最高的是大专（2.751），其后依次是本科（2.701）、硕士（2.661）、博士（2.531）、≤高中（2.467）（见表 31、图 54）。

表 31　全体及不同学历被调查者对所在单位开展科普活动与服务提升科技人员科普意识的评价值

	评价值	总体差距	本题差距
全体	2. 685	0. 182	0. 000
≤高中	2. 467	-0. 036	-0. 218
大专	2. 751	0. 248	0. 066
本科	2. 701	0. 198	0. 016
硕士	2. 661	0. 158	-0. 024
博士	2. 531	0. 028	-0. 154

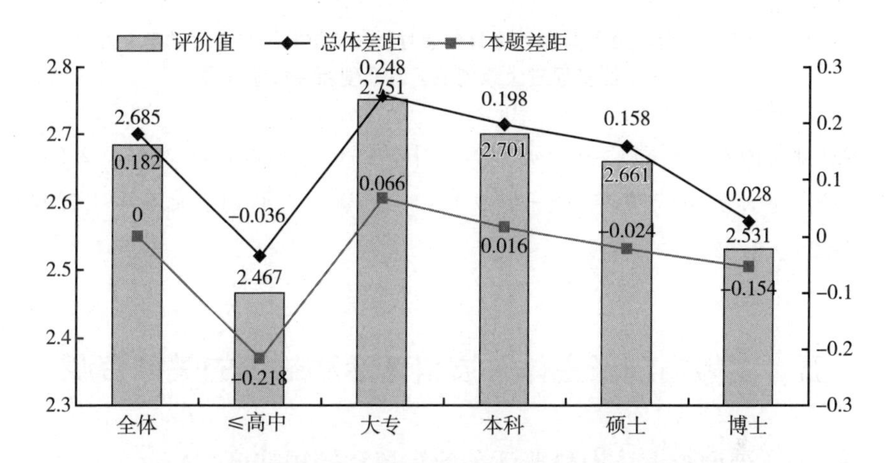

图 54　全体及不同学历被调查者对所在单位开展科普活动与服务提升科技人员科普意识评价值差异

表 32　全体及不同学历被调查者对所在单位开展科普活动与服务促进大众创业、万众创新的评价值

	评价值	总体差距	本题差距
全体	2. 549	0. 046	0. 000
≤高中	2. 449	-0. 054	-0. 100
大专	2. 576	0. 073	0. 027
本科	2. 581	0. 078	0. 032
硕士	2. 481	-0. 022	-0. 068
博士	2. 495	-0. 008	-0. 054

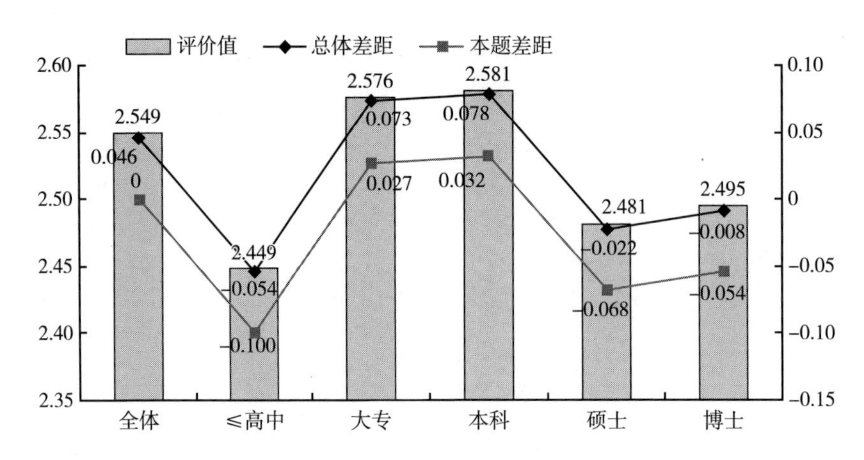

图 55　全体及不同学历被调查者对所在单位开展科普活动与服务促进大众创业、万众创新评价值差异

从评价值看，不同学历的被调查者中，评价值最高的是本科（2.581），其后依次是大专（2.576）、硕士（2.481）、博士（2.495）、≤高中（2.449）（见图 55、表 32）。

五　安徽省创新主体开展科普活动缺少的关键资源

（一）被调查者认为科普活动前端资源的短缺度较高

从数据调查结果看，创新主体对科普活动关键资源的短缺程度评价高低不一，资源需求差异较为明显。其中，被调查者对于科普活动的前端资源短缺感知强烈。具体而言，创新主体对科普活动规划计划与科普政策支持、科普经费、科普人才和科普技术、设备与设施等四项资源短缺评价值分别为 2.656、2.736、2.859 和 2.698，而对科普项目或科普内容、科普产品与服务市场认可、科普社会组织支持和市场化科普中介服务等四项资源短缺评价值分别为 2.384、2.381、2.453 和 2.425。比较可知，前四项科普活动资源短缺评价值明显高于后四项（见图 56）。

从与均值的差异来看，前四项科普资源的短缺评价值均高于总体平均值，而后四项科普资源的短缺评价值均低于总体平均值，表明后四项资源的短缺程度不及前四项资源显著。从资源属性和功能看，规划计划与科普政策支持、科普经费、科普人才和科普技术、设备与设施等资源对于科普活动的开展具有重要的基础性作用，属于资源支持性较强的前端资源；科普项目或科普内容、科普产品与服务市场认可、科普社会组织支持和市场化科普中介服务则属于科普活动支持的后端资源，明确的感知是：被调查者对于前端资源的短缺感知度高于后端资源。

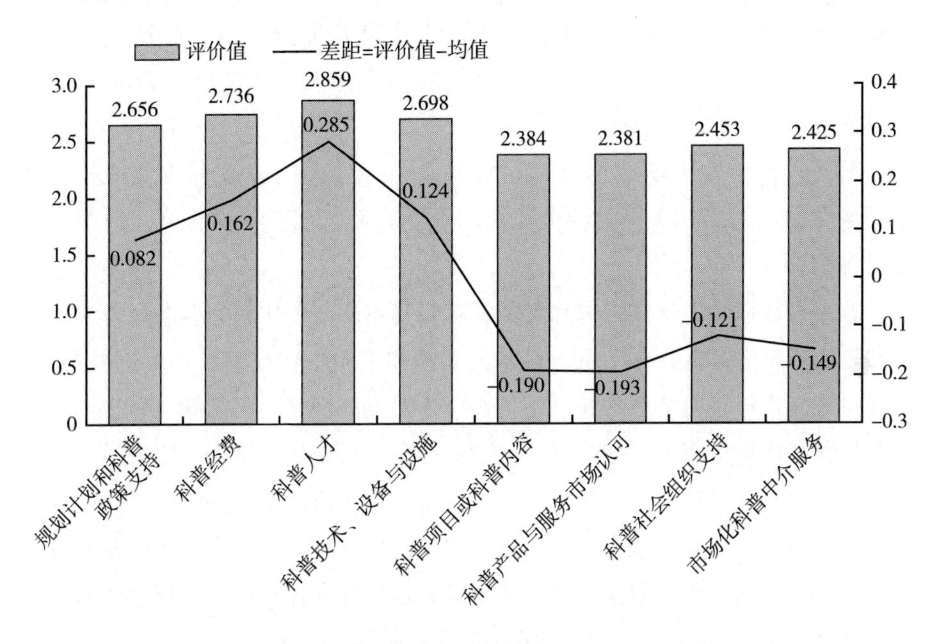

图 56　全体被调查者对科普活动短缺资源的判断

究其原因，一方面可能是因为当前创新主体开展科普活动中，规划、计划和科普政策支持、科普经费、科普人才、科普技术、设备和实施等资源确实是迫切需要的关键资源，是影响科普活动开展的最主要因素，而科普项目或科普内容、科普产品与服务市场认可、科普社会组织支持和市场化科普中介服务等资源的需求程度并没有那么高。另一方面，可能是后端的科普资源尚未引起足够的重视，科普活动的影响因素仍然集中在前端的科普资源上，被调查者对科普项目与内容、科普产品和市场化等因素的重视程度不足。

因此，在科普活动关键资源的投入供给上，当前阶段确实可优先考量科普规划、计划和科普政策支持、科普经费、科普人才、科普技术、设备与设施等资源需求迫切性较强的因素。

（二）科普人才资源短缺程度相对最高

被调查者更倾向于认为科技创新主体开展科普活动时的人才资源短缺。从评价值看，科普人才的短缺评价值为2.859，在所有的科普关键资源短缺评价值中最高。毫无疑问，科技创新活动的全面发展离不开科普传播人才的支撑，而总体被调查者对于科普人才资源的短缺感知度在各要素中最高，一定程度上凸显了科普人才是科普活动需求最为迫切的资源要素的现实诉求。

科普人才作为具备一定科学素质和科普专业技能、从事科普实践并进行创造性劳动、做出积极贡献的劳动者，是开展科技创新活动的第一资源和关键支撑。

改革开放以来，虽然国家和安徽省已经基本形成了比较完善的科普组织体系和一定规模的科普人才队伍，科普人才整体素质也在政策促进下不断提升。但通过调查数据也应清醒地看到，科普人才的发展现状仍不能满足科技创新主体开展科普活动的需求，如从事科普产业经营、科普活动策划与组织的高水平科普人才匮乏，科普人才选拔、培养、使用的体制机制不够完善等。被调查者倾向认为科普人才资源最为短缺，这或许反映出科普人才是创新主体开展科普活动的关键掣肘因素，专业型科普人才或高端科普人才仍然是创新主体最为迫切的共性需求。

对此，创新主体可以围绕发展目标和科普工作实际，制定有针对性的人才发展战略，建立健全人才选拔、培训和任用机制，并采取相应的激励措施，提升单位对科普人才的吸引力。与此同时，创新主体应加强行业高端科普人才的培养力度，实施重点科普人才工程，对科普活动急需的关键人才，可形成跨行业联合培养与共享机制，加强跨界人才的合作交流。

（三）低创新城市被调查者更倾向于认为科普人才短缺

科普人才在低创新城市的被调查者的感知程度最高，低创新城市的被调查者对科普人才短缺程度的评价值为3.118，大幅度高于总体平均值0.544，是三种城市类型被调查者评价值当中最高的数值；其后才是高创新城市的被调查者，短缺程度的评价值为2.839；最后是中创新城市的被调查者，短缺度的评价值为2.582（见表33、图57）。

当然，全体被调查者对科普人才的缺乏度感知都非常高，在八项关键资源当中是短缺度评价值最高的一项，说明科普人才资源普遍缺乏是共性的问题，也就是说，科普人才资源存在很大的共性缺口。在这样的背景之下，低创新城市对于科普缺乏程度的评价值在三类不同创新指数城市中最高，这种情况可能因为在低创新城市中科普活动的人才比其他两种类型的城市更加少，活跃在低创新城市的科普活动中的科普人才数量更为稀少，导致低创新城市的被调查者对于科普人才的存在与效用的感知程度都非常低，造成了对其短缺程度的认知非常高的研判。还有一种可能的原因是：低创新城市的科普人才做了比较多的无用功，也就是说，造成低创新城市被调查者更倾向于认为科普人才短缺的缘由可能是因为低创新城市中的科普人才所发挥的有效作用不足。

表33　不同城市类型被调查者对科普人才短缺程度评价值的差异

	评价值	总体差距	本题差距
全体	2.859	0.285	0.00
高创新城市	2.839	0.265	-0.02
中创新城市	2.582	0.008	-0.277
低创新城市	3.118	0.544	0.259

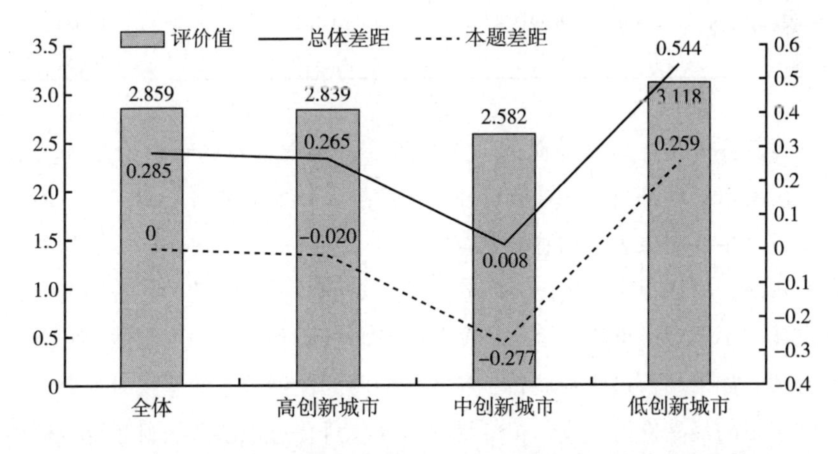

图57　不同城市类型被调查者对科普人才短缺程度评价值的差异情况

（四）高等院校科普经费需求感知度较高，明确表示缺乏科普经费投入

调查数据显示，尽管高等院校目前的科普经费来源渠道较为灵活多元，但缺乏科普经费的明确保障仍然是共性缺失。从评价值看，在不同单位性质的被调查者中，对科普经费短缺评价值最高的是高等院校（2.957），其次是学术科研机构（2.791）、企业（2.698）和其他（2.685）。而从科普活动经费的来源看，高等院校被调查者认为“没有任何经费来源”的占30.3%，认为“全部来自公共财政”和“财政为主，经营为辅”的各占22.2%，前者比例高于后两者；企业被调查者认为“全部来自经营性收费”的占31.80%，在该群体所有经费来源中占比最高；学术机构被调查者认为“全部来自公共财政”占39.60%，在该群体所有经费来源中占比最高。综上可知，高校对于科普经费需求的感知程度最为强烈，尽管科普经费来源形式不一，有的全部来自公共财政，有的以财政为主，但多数高校却表示并没有任何明确的科普经费资源，缺乏必要的专项经费支持是很令人困扰的现实（见表34、图58）。

表34　不同单位性质被调查者对科普经费短缺程度评价值

	评价值	总体差距	本题差距
企业	2.698	0.124	-0.038
高等院校	2.957	0.383	0.221
学术科研机构	2.791	0.217	0.055
其他	2.685	0.111	-0.051

值得关注的是，高校特别是研究型高校是科学普及的重要力量和关键阵地，开展科普活动是高校的社会责任，理应投入较大的科普资源支持。但以研究型高校为主要对象表述的感知调查结果显示，高等院校更倾向于认为科普经费资源短缺，这在很大程度上表明高等院校对开展科普活动的科普经费资源支持状态认知不乐观。推论原因，可能与高校以科研和教学的内部性导向为自身定位有关。如果高校过于强调教学和科研的内部性诉求，而忽视对社会公众进行科学普及的经费支持力度，很容易导致高校科普意识淡薄、科普定位模糊等问题，造成高校和科普使命之间的脱节。如果缺少计划内有一定强度的科普经

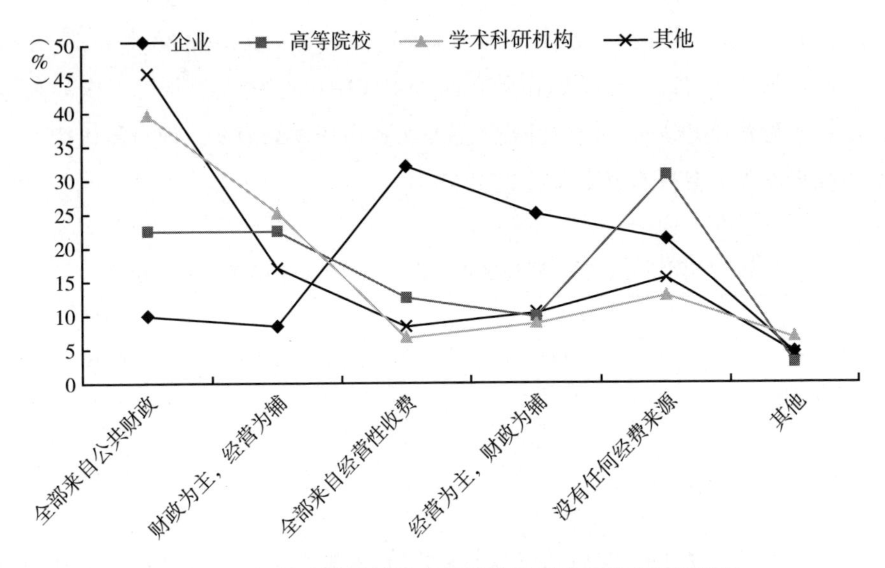

图 58　不同单位性质被调查者对科普活动经费来源的判断

费安排，高校中的各类科普力量就难以将科普工作当成专项任务，导致常态化科普活动保障力不足。

在科教经费近年来持续快速出现增量的前提下，加大和保障科普经费投入力度势在必行，这样才能更好地使科技创新与科学普及两翼并重的战略得到落实。对此，需要明确研究型高校具有向社会公众宣传科学技术及其新进展（包括新产品、新服务）的科普功能使命。只有使命和目标清晰，才能引导研究型高校在推动科普工作方面出台相应对策，并采取必要的措施。高校要从常规和专项经费安排、工作与成果激励等方面鼓励和支持从事基础研究、技术研发、工程化创新、产品与服务创新的团队（实验室/研究所/技术中心等）或科技工作者个人，积极向社会公众传播科学研究和产品创新成果，鼓励高新技术企业的青年科技教师、科学家和院士等群体开展科普工作。同时，鼓励研究型高校多渠道筹集科普经费或赞助支持，保障科普工作开展有来源相对稳定、数量充足的科普经费，如采取科普服务合理收费有偿服务模式、与赞助企业合作承担科普活动等。

（五）高等院校对于科普产品与市场服务的需求感知远高于企业

从评价值看，在不同单位性质的被调查者中，对科普产品与市场服务资源短缺值评价值最高的是高等院校（2.625），其后依次是学术科研机构（2.498）和企业（2.329）。即在所有创新主体中更经常从事科普工作的高等院校的被调查者更倾向于认为科普产品与服务市场供给短缺，而科研机构和企业的被调查者认为不太短缺（见表35）。

表35　不同单位性质被调查者对科普产品与市场服务的短缺评价值

	评价值	总体差距	本题差距
企业	2.329	-0.245	-0.052
高等院校	2.625	0.051	0.244
学术科研机构	2.498	-0.076	0.117
其他	2.395	-0.179	0.014

推论原因，这可能与高等院校的自身功能和科普定位有关。作为从事基础研究的单位，高校主要从事科学研究和技术研发，其科普事业型的定位则主要承担向公众传播科学知识、提升科学素养的科普功能，科普产品和市场服务的需求不是其主要目的。

由于高校可能在技术攻关、产品研发和科技成果转化方面的力量不及企业科普主体，缺乏相应的科普产品和市场服务的路径和渠道，而企业又有较强的产品研发需求。因此，可以考虑充分发挥各自优势，实现资源互补，加强产学研方面的合作和协同创新力度，积极推动高校科技成果的转化。

（六）科技创新主体中低职称者比高职称者更认为科普项目短缺

表36　不同职称被调查者对科普项目或内容短缺评价值差异

	评价值	总体差距	本题差距
全体	2.384	-0.19	0.00
正高职称	2.304	-0.27	-0.08
副高职称	2.308	-0.266	-0.076
中级职称	2.379	-0.195	-0.005
初级职称	2.470	-0.104	0.086
无职称	2.395	-0.179	0.011

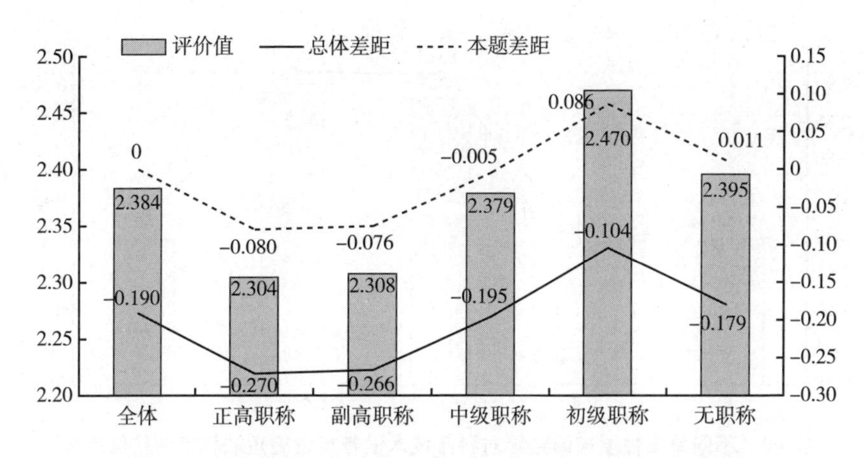

图 59　不同职称被调查者对科普项目或内容短缺评价值差异

数据显示，从评价值看，在不同职称的被调查者中，评价值最高的是初级职称（2.47），其后依次是无职称（2.395）、中级职称（2.379）、副高职称（2.308）和正高职称（2.304）。调查表明：科技创新主体中的初级职称及无职称者倾向于认为所在单位科普项目或内容较为短缺，而正高职称、副高职称则倾向于认为不太短缺（见表 36、图 59）。

分析原因，科技创新主体中，相对于高级职称群体来说，初级职称及无职称的低职称群体科普项目资源较少，申请难度大，而科普项目资源可能多数掌握在高级职称群体手中，因此，科技创新主体中的低职称群体可能在科普项目申请、参与中被“边缘化”。

（七）高等院校、学术科研机构对科普技术、设备的需求度更高

表 37　不同单位性质被调查者对科普技术设备与设施短缺程度评价值差异

	评价值	总体差距	本题差距
全体	2. 698	0. 124	0
企业	2. 657	0. 083	-0. 041
高等院校	2. 887	0. 313	0. 189
学术科研机构	2. 894	0. 32	0. 196
其他	2. 697	0. 123	-0. 001

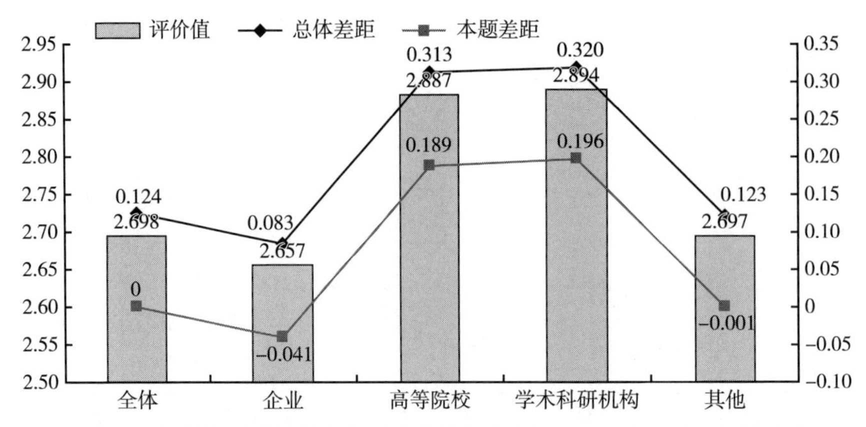

图60　不同单位性质被调查者对科普技术设备与设施短缺程度评价值差异

数据显示：从评价值看，在不同单位性质的被调查者中，评价值最高的是学术科研机构（2.894），高于总体平均值0.32；其后依次是高等院校（2.887）、其他（2.697）和企业（2.657）。调查显示，在所有科技创新主体中，学术科研机构、高等院校的被调查者更倾向于认为科普技术设备与设施资源短缺，而企业中的被调查者则倾向于认为科普技术设备与设施不太短缺（见表37、图60）。

分析组认为：一方面，这可能与科技创新主体中的企业资金雄厚，或本身是科普技术设备与设施的生产者或供货商有关，自身科普技术设备设施较充足；另一方面，可能与科研机构、高等院校对科普项目、活动较为重视，进行的科普项目、活动较多，因此对科普技术设备设施的渴求度较高有关。相对而言，企业对社会公益性科普活动相对重视度不足，对科普技术设备设施的渴求度相对较低有关。另外，这也可能与企业与高校科研机构的科普活动诉求方向有较大差异有关，企业所做的科普活动内容多为产品科普的诉求。

（八）创新能力相对较弱的低创新城市对科普设备的需求度更高

表38　不同城市类型被调查者对科普技术设备与设施短缺程度评价值差异

	评价值	总体差距	本题差距
全体	2.698	0.124	0
高创新城市	2.666	0.092	-0.032
中创新城市	2.449	-0.125	-0.249
低创新城市	2.952	0.378	0.254

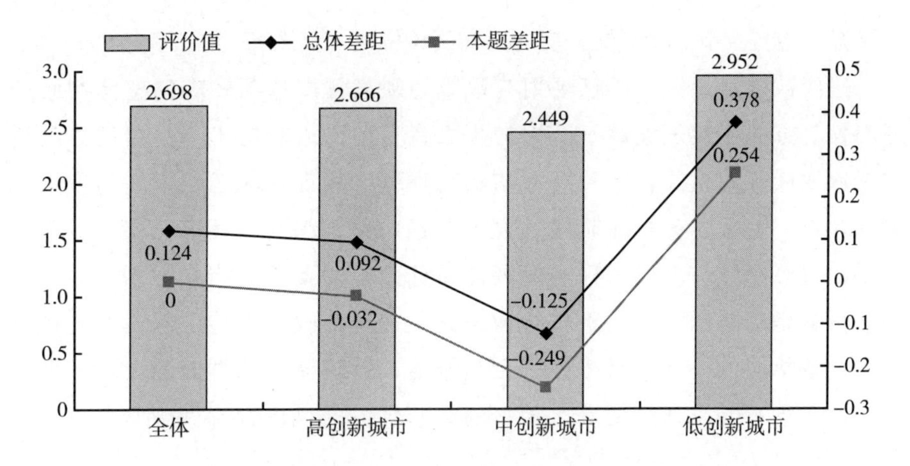

图 61　不同城市类型被调查者对科普技术设备与设施短缺程度评价值差异

数据显示：从评价值看，在不同创新指数城市的被调查者中，评价值最高的是低创新城市（2.952），高于总体平均值 0.378；其后依次是高创新城市（2.666）和中创新城市（2.449）。调查表明，创新能力相对较弱的低创新指数城市的被调查者更倾向认为科普技术设备与设施资源短缺（见表 38、图 61）。

不同创新水平的城市类型的科普技术、设备与设施资源存在现实需求满足差异的问题，低创新指数城市的科普技术、设备与设施资源配置和供给相对较弱，被调查者或许更能感受到资源短缺；而中高创新指数城市认为科普技术、设备与设施资源短缺程度较低，这或许与它们的科普资源供给能力相对较强有关。

（九）被调查者认为科普规划与政策短缺程度较高

从全体被调查者对科普规划与政策的短缺程度的判断选项来看，被调查者倾向于认为科技创新主体从事科普活动过程中的科普规划和科普政策支持的缺乏程度比较高。从全体被调查者的判断选项的数据来看，选择科普规划和科普政策支持“比较短缺”选项的最多，占 49.3%，选择科普规划和科普政策支持“非常短缺”选项的次之，占 20.1%。选择这两个选项的被调查者总计占全体被调查者的 69.4%，是具有相当大比重的选项数据。被调查者做出对科普规划与政策短缺程度判断选项的集中程度体现了全体被调查者对于科普活动中科普规划与政策支持短缺程度的感知明显偏强（见图62）。

造成被调查者对于科普规划与政策短缺度程度选项较高的整体判断的原因，一方面可能是被调查区域的决策者目前尚未制定出一整套清晰的科普行业发展规划，并且这种规划的不清晰可能表现在缺乏长期性与全局性的立足点，缺乏科普行业阶段性发展目标的路线图与时间表，缺乏对重要学科、重点领域、重大工程的发展性目标内容的覆盖等诸多方面。另一方面也可能是当前的科普政策供给比较缺乏，科普政策支持可能没有处理好科普产业相应的人才、技术、平台、传播、财政等各个方面的要素，而且政策的条款不够具体、明确，相关的政府部门的执行没有做到坚决、有效有关。

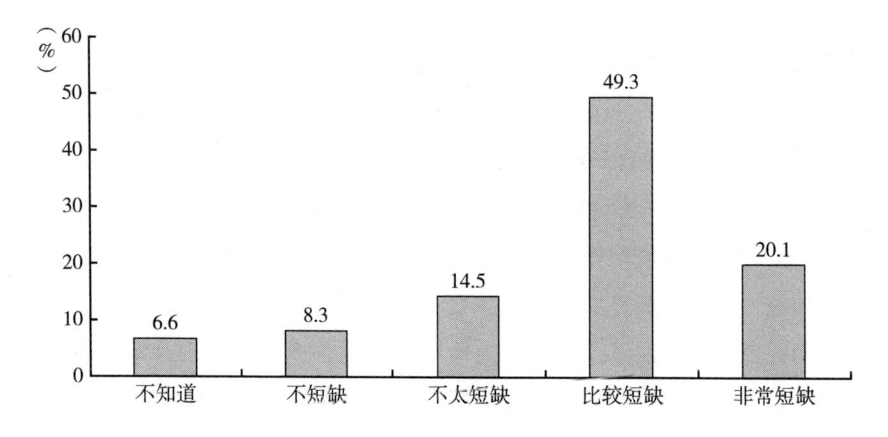

图62　全体被调查者对科普规划和政策在科普活动中短缺程度的判断选择情况

习近平总书记指出："我们说一张蓝图抓到底，不仅需要科学决策，也需要思想境界。什么思想境界？就是功成不必在我。"科普规划与政策在科普活动中有着总领全局的作用，同时科普活动的收益是长期的，这就需要更加科学的规划，更加精准的政策，更加坚定的执行。对于科普活动的规划来说，就是要从对历史负责的高度，来看待科普规划的制定。是否有总体的战略框架，是否有明确的阶段性目标，是否有重大科技知识传播节点的判定，都需要有深刻的研究。

（十）博士群体被调查者更倾向于认为科普规划与政策资源短缺

在不同学历的被调查者中，学历越高，其对创新主体开展科普活动关键资源的科普规划与政策短缺程度的认知越明显，被调查者对科普规划、计划和科普政策支持在科普活动短缺程度评价值的大小与他们学历的高低是正相关的。特别是拥有博士学历的被调查者对科普规划、计划和科普政策支持在科普活动短缺程度的评价值是最显著的，数值为3.235。而拥有博士学历的被调查者与拥有硕士学历的被调查者的评价值之间的相差是0.470，与即便是硕士学历被调查者的评价值之差也要高得多（见表39、图63）。

博士学历的被调查者对于科普规划与科普政策短缺度认识更明显的原因可能是由于大部分具有博士学历的人群经受过更多、更系统的知识训练与逻辑训练，学术背景更强，对于更需要多层次与系统化设计的规划、计划和政策具有更强的感知能力与解读能力。另外也可能是因为具有更高学历的被调查者在对于科普规划、计划和科普政策方面的敏感性更强，深层次的思考更多，更加能够认识到科普规划与科普政策的缺失与乏力，因此，被调查者对于科普规划和政策的短缺程度评价与他们的学历水平呈正相关关系。

还有一种可能的因素，较高学历的人群没有充分参与到相关的科普规划与政策的制定中去。可能由于决策机构中的人员结构存在较大的局限性，没有吸纳学术训练背景更深、知识能力更强的博士学历人才进入规划、政策制定的流程之中，相应的，人员结构的不完善使科普规划与政策的供给不足。

表39　不同学历被调查者对科普规划与政策短缺程度的评价值的差异

	评价值	总体差距	本题差距
全体	2.656	0.082	0
≤高中	2.406	-0.168	-0.250
大专	2.567	-0.007	-0.089
本科	2.660	0.086	0.004
硕士	2.765	0.191	0.109
博士	3.235	0.661	0.579

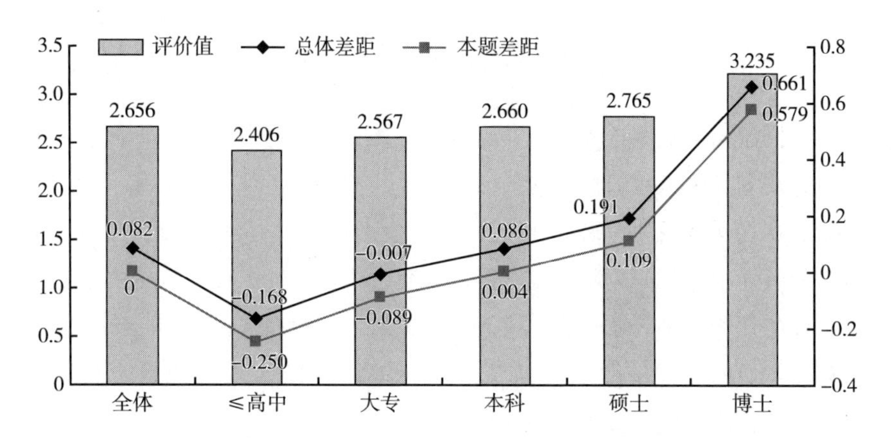

图 63　不同学历被调查者对科普规划与政策短缺程度的评价值的差异情况

（十一）高等院校被调查者对科普中介服务需求感知远高于企业

在不同单位性质的被调查者中，任职于高等院校的被调查者对科普中介服务在科普活动短缺程度的评价值最高，为2.711；任职于其他单位的被调查者对科普中介服务在科普活动短缺程度的评价值次之，为2.582；任职于学术科研机构的被调查者对科普中介服务在科普活动短缺程度的评价值再次之，为2.561；任职于企业的被调查者对科普中介服务在科普活动短缺程度的评价值最低，为2.352。任职于高等院校的被调查者对科普中介服务短缺程度的感知远远高于任职于企业的被调查者（见表40、图64）。

造成这种现象的可能原因有两个分析方向，一个方向是因为任职于高校的被调查者的日常工作与科普活动的关联性使得他们对科普中介认识得到强化。一般情况下，任职于高等院校的人员有较大可能性直接或间接承担较多与科普相关的任务，这些被调查者的工作与科普活动的工作有较强的关联性，其间存在着很大的共同特点，都侧重于知识的管理与传递。在企业任职的被调查者则通常较少承担与公益性科普相关的工作。还有一个分析方向：导致高等院校被调查者对科普中介服务短缺程度的感知远高于企业被调查者的原因是因为高校与企业的科普对象不同，企业是市场化、利润化导向，在面向产品的科普方面做了很多工作，对于消费者的服务性强，与中介服务的交集多，所以在科普中介这一资源上不觉得短缺。高校是研究型导向，面向公众，较少开展市场化的科普活动，与中介服务的交集因此可能少。也就是说，科普对象的不同导致高等院校被调查者对科普中介服务短缺感知远高于企业的被调查者。

表 40　不同单位性质被调查者对科普中介服务短缺程度评价值的差异

	评价值	总体差距	本题差距
全体	2. 425	-0. 149	0
企业	2. 352	-0. 222	-0. 073
高等院校	2. 711	0. 137	0. 286
学术科研机构	2. 561	-0. 013	0. 136
其他	2. 582	0. 008	0. 157

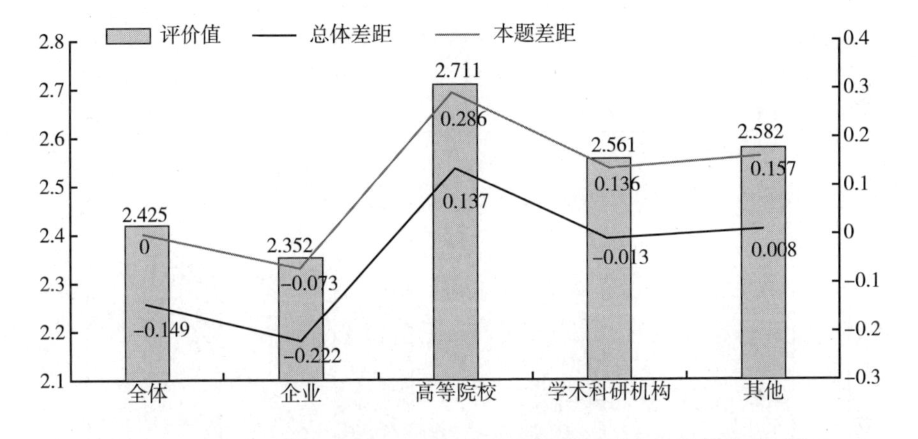

图 64　不同单位性质被调查者对科普中介服务短缺程度评价值的差异情况

（十二）低创新城市被调查者认为科普中介服务短缺程度最高

从不同创新指数城市的被调查者对科普活动短缺资源的评价值来看，在具有不同创新指数城市的被调查者中，评价值最高的是低创新城市，其被调查者对科普中介服务短缺程度的评价值是 2. 889；其后依次是中创新城市，其被调查者对科普中介服务短缺程度的评价值是 2. 379；高创新城市其被调查者对科普中介服务短缺程度的评价值是 2. 251。创新能力相对较弱的低创新城市的被调查者更倾向于认为科普中介资源短缺。

造成低创新城市的被调查者更倾向于认为科普中介资源短缺的原因可能

是：低创新城市中工作有成效的科普中介服务组织很少，科普中介服务效果不好。也可能是：低创新城市由于在科技创新方面建树不多，反而更加能够体会到缺乏科普中介服务对于城市创新能力发展的限制，感知因此特别深刻。从全体被调查者对于科技创新主体开展科普活动时缺少的关键资源评价情况来看，科普中介服务短缺程度的评价值在 8 个评价项中排序第 6 位，属于短缺程度相对偏小的范畴。被调查者的整体认识情况是：科普中介服务在创新主体开展科普活动的过程中的紧迫性相对较弱。

表 41　不同城市类型被调查者对科普中介服务短缺程度评价值的差异

	评价值	总体差距	本题差距
全体	2. 425	-0. 149	0
高创新城市	2. 251	-0. 323	-0. 174
中创新城市	2. 379	-0. 195	-0. 046
低创新城市	2. 889	0. 315	0. 464

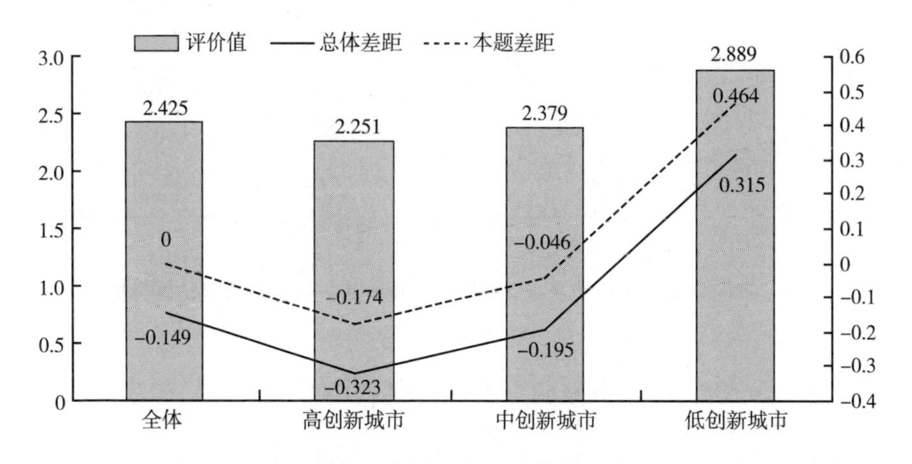

图 65　不同城市类型被调查者对科普中介服务短缺程度评价值的差异情况

六　重要问题讨论与若干建议

综合本轮安徽省区的实验性大样本调查数据分析和认知态度提炼，比较突出的待深化讨论问题与初步感知结论为以下几方面。

（1）高新技术企业履行新时代科普职责的意愿和行动明显不足，需要从主体责任、组织目标、利益诉求多方面进行政策引导性的引导与行为调整。

据调查结果显示，在“被调查者印象中所在地开展科普活动的创新主体”是谁的多选题中，全体被调查者中选择“企业”“高校”“科研院所”的比例分别为54.69%、56.66%、50.16%，即超过五成以上的被调查者选择了产、学、研为当地开展科普活动的主要创新机构。从表面数据看，均衡度接近并无异常。但值得注意的是：①全体被调查者中高新技术企业样本占比接近80%，这一数据表明有相当比例的企业样本并没有认为自身机构平台是主体，这是反常的。②在产学研三类创新主体中，被调查者选择“企业”的比例居中，而在当前社会大背景要求科技创新与科普两翼并重的国策下，高新技术型企业作为国家定位的创新主力军，被要求更多地承担开展科普创新活动的职责，上述数据反映出安徽省被调查的高新技术企业科普职责履行的不足。

此外，从不同单位性质来看，高等院校和科研机构被调查者认为科技创新主体在科普活动中的角色是“公众科普服务的资源提供者”的占很高比例，分别为54.2%和45.5%，企业被调查选择该项的比例则仅为37.5%。与此同时，企业被调查者认为科技创新主体在科普活动中的角色是“政府科普政策关键执行者”的比例为39.5%，高于“公众科普服务的资源提供者”选项2个百分点。企业相较于高等院校和科研机构的不同认知态度，反映出企业认识自身在社会化科普活动中的主动角色的意识较弱，更多是偏被动地认为自己是科普政策的执行者而非科普服务的积极推动者。综上数点认知分析可见，安徽省高新技术企业主动履行新时代面向公众科普职责的意愿和积极行动均明显不足。

究其原因，课题组认为，原因可能与传统思想认知和企业已经习惯的科普定位有关。传统认知上，企业一直被要求以利润创造为首要目标，所以造成“以我为主”的经济目标与现实社会公益性导向的科普活动核心追求确实存在错位；科普工作以公共服务为首要目标，这使得高新技术企业开展科普活动的动力在利润目标压制下通常难以激发，主要靠来自政府公共部门如科协、科技厅等的外部推动和责任要求的牵引。

事实上，高新技术企业开展科普工作的动因很复杂，除了来自公共部门的支持、要求所产生的动力，社会强调履行科普服务社会责任呼声的压力外，许多企业往往出于自身科技产品与科技服务的利益外溢需求而会积极开展科普工作。但在既往的科普工作定位中，后者的性质经常会遭到动机和纯粹性的质疑。因此，从政策设计与引导而言，需要按照“两翼论”的精神解放思想，进一步加强企业科普政策性空间的释放，明确企业科普活动开展中的主体责任和关键目标，关注其合理的主体利益诉求并激发内生动力，发挥科普产品和服务消费市场在科普活动资源配置中的决定性作用。

（2）创新研究内涵丰富的研究型高校的科技传播资源和优质科普人才的社会化协同利用明显不足，这不仅是各创新主体分割化运营惯性问题，也与研究型高校与作为经营性组织的高新技术企业的核心诉求差异的弥合不良相关。

研究型高校作为中国从事基础科学研究和高等教育的代表性阵地，拥有丰富的科技创新资源和优质科研—科普人才，在科学教育和科研成果产出方面具有很强的优势。国家依托研究型高校资源开展公益性科普活动是科普工作相当重要的环节，而目前语境下社会公众对于该科技创新知识—科普人才资源库的期待与依赖也是几乎是最高的。尽管研究型高校这一创新主体在当前中国的科普服务事业中发挥着重要功能，并取得了面向社会公众的系列成果，但调查中反映出的突出问题是科技传播资源和优质科普人才的社会化协同利用明显不足。例如，从创新主体对科普产品和市场服务资源短缺程度的认知来看，在不同单位性质的被调查者中，高等院校被调查者认为的短缺程度评分为2.625，明显高于科研机构（2.498）和高新技术企业（2.329）的集合评价。即在所有科技创新主体中，从事科普工作频度最高的高等院校的被调查者反而更倾向于认为科普产品与服务市场供给短缺，而科研机构和企业的被调查者却相对认为不太短缺。

推论原因，这可能与研究型高校的自身功能和科普诉求的传统定位有关。作为从事基础科学研究＋科学教育的单位，高校的科技创新主要偏向基础科学研究和前沿技术实验，其科普事业型的诉求则主要承担面向公众传播科学知识、提升科学素养的公共科普功能；而针对新科普产品和技术市场服务的需求通常在产学研分工＋科技成果转移转化的格局中并不明显。按照传统的定位模式，研究型高校在广域的基础科学研究和创新型人才培养储备方面的力量明显要强于绝大多数的高新技术企业和科研院所，但在技术攻关、产品研发和科技成果转化落地方面的力量不及经营性目标的高新技术企业，相应的科普产品和行业市场服务通道也较薄弱。

高新技术企业有较强的产品研发和应用人才优势，科研院所有科技资源行业定向优势，研究型高校科技创新知识—科普人才资源库优势强，因此，如何调整立足“两翼论”的新定位、新空间，加强多方资源优势开放性协同互补的力度，使科技创新+科技传播链条和生态能够实现前段—中端—后端—公众共享消费的一体化连接，将研究型高校的科技成果资源和优质科技知识传播教育+科普人才与高新技术企业的科普产品产出和科技市场服务通道优势相结合，进而推动高校、企业、科研院所的创新资源在服务公众上的共享共融利用。

（3）现阶段，来自企业诉求的技术产品科普和市场服务科普虽然与政府主导的公众科普的宗旨有差异，但是从科技企业是创新主体的当前国家定位来考虑，必须思考在科普活动和科普动员中纳入企业本体诉求的合理方式与建设渠道。

调查结果显示，在不同单位性质的科技创新主体中，高新技术企业对产品和服务科普资源的短缺程度评价低于高校和科研机构，这可能与不同创新主体的核心利益有关。中国当代（改革开放后）企业被定位为经营性组织的强度很高，企业自身对此定位的认同度也高，其核心利益诉求是产品和服务市场的拓展，以经济效益最大化为宗旨，所以在产品和服务科普方面的动力很强，组织在核心利益方面的投入力度较大，因此约占调查样本80%的企业对象感觉这一方面资源短缺程度相对较低。

中国科普领域正在发生的一个很大的变化是，国家从决策层面开始提出坚持“公益性科普事业和经营性科普产业并举”的新型科普机制建设。虽然经营性的科技产品和市场中心的服务科普与很长一个历史阶段政府主导的公益性科普宗旨差异较大，但从国家战略定位看，强调发挥市场在资源配置中起决定性作用，强化科技型企业作为国家创新体系的主要构成部分。在明确促进企业作为最主要的市场主体和创新主体的“双主体”建构战略中，虽然坚持什么样的科普立场仍有不小的争议，对融入营销传播的企业科普反对之声一直未绝，但依托科技产品和服务科普进行创新传播+产品传播+市场推广成为已有一定主流认同的科学普及主途径。因此，确实在科技创新主体开展科普工作的绩效考评中需要作新的思考和设计，需要在“双主体”科普活动和科普动员中纳入企业的核心诉求，将企业的宗旨与科普活动有机结合，积极引导和推动科技产品和服务科普力量的快速发育。

（4）针对创新主体科普工作的考核机制已经迫在眉睫需要构建，否则只是科协与相关政府、群团系统的科普工作在评估，而真正的主力军高新技术企业、研究型高校、科研院所近乎自由化的科普动员已与“两翼论”背道而驰，实操的关键在于用什么样的指标体系和过程控制来实现科学管理与积极治理。

从安徽省被调查者对创新主体开展科普活动的认知情况看，年轻、正在受教育、高学历群体均感到科普活动的信息资源短缺；从创新主体开展科普活动情况看，被调查者认为创新主体开展科普活动自发性较弱；从创新主体开展科普活动服务效果看，除了传播创新活动中的创造、创新和发现意识较弱外，科普活动计划制订、落实、完成和评估情况整体也弱。以上调查结果均表明，科技创新主体开展科普活动的效果在自我认知上不佳，科技创新主体科普活动的原生动力不足，从制度建设来说，缺乏相应的考核机制是核心缺陷之一。

习近平总书记在2015年“科技三会”上明确定调，“科技创新、科学普及是实现创新发展的两翼，要把科学普及放在与科技创新同等重要的位置。”而目前科技创新主体均未被纳入引力与压力系统，仅仅依靠责任自觉和自由化的科普动员无法高效稳态、可持续、可量化管理地发挥科学普及在“两翼论”中的重要功能，科普的落地性和实效性已经与当前国策的要求不相匹配。因此，迫切需要建立对创新主体科普一翼的考核机制，制定明确的评价指标和管理制度，将科普考评与创新主体的本体诉求和岗位工作紧密结合，同时采取制度化、明确化的激励机制，保障科学普及的过程管控和功能发挥。

（5）与大众传播时代不同，分众化（社群化）人群的科普需求和意愿的差异在社交化的环境中已经非常突出，如何积极因应分众化（社群化）人群在新媒介空间的知识学习需要，设计新的科技知识多渠道、多介质协同普惠方案已经需要提上议事日程。

据安徽省的调查结果显示，存在多维度科普人群需求与实际媒介需求的复杂错位现象。例如，在“科技创新成果科普成效评价”相关选项当中，科普人群方面，50～59岁年龄段的被调查者评价“较好/较强”的比例最高，达到57.00%，选择“较差/较弱”的被调查者中，高等院校占比28.00%，其他单位占比23.80%，企业单位占比18.30%，学术科研机构占比16.70%，高校和科研机构被调查者认为科普活动传播中的创新相对较弱。

媒介方面，“科普刊物”是创新主体选择比例最高的科普活动载体，占37.48%；其次是“微信微博和客户端”，占33.20%；再次是“科普场馆或参与式体验中心”，占32.73%；紧随其后的是“科普网站”与“科普报纸”，分别占30.52%和29.41%。虽然部分科普刊物已然开始实行电子刊物和纸质刊物同步发展的双行道，但“科普刊物”“科普报纸”和“科普电视”三类传统载体选择率加权达82.98%，而科普网站、科普微信和微博或客户端三类新媒体选择加权比为63.72%，比传统载体的选择比率低了近二成。

课题组认为当前安徽省被调查者出现的状况可能存在以下几点原因。

①人口基数大、地域发展差别大，科普人群需求层次不均匀，不同年龄、性别、职业、行业、城市类型和创新度高低等因素直接影响科普人群的直接需求和潜在需求。

②不同地域空间、用户群体的媒介接受、更新和使用速度不同，形成了新旧媒介共存的现象，传统媒介老用户群基数庞大，年轻用户群体使用的新媒介又具有多元性，形成了多种媒介复杂共存的局面。

③社交化媒介环境成为主要推动力，需要利用网络媒介整合新旧媒介的基本功能，逐步过渡到网络+社交的混融媒介平台，推动多态媒介科普需求用户群体，提高多元科普知识的精准传播，实现多渠道科技知识的普惠消费。

（6）科普的全民动员迫切需要在理想建设、兴趣开发、责任明晰等方面进行底层设计与激发。

据调查结果显示，在“科普活动计划的制订、落实、完成和评估”选项评价中，这四项评价值的总体差距都为负值，分别为-0.158、-0.231、-0.184和-0.263，在科普活动计划的制订、落实和完成方面被调查者整体评价均不好。在“传播创新活动中形成的新发现、新知识、新思想、新方法、新技术、新应用”选项评价中，新方法、新技术和新应用相对认知较好，新知识、新思想、新发现相对较弱，尤其是新知识和新思想方面欠缺。在“单位开展科普活动与服务效果”选项的评价值中，提升科技人员科普意识在调查问卷第三大题的14个指标中排第一位，为2.685，说明被调查者认为单位开展科普活动与服务可以较大地提升科技人员的科普意识。由此形成的思考和启发是：意识和动力的强弱不仅关联到理想、责任、追求，同时也需要体系化的规划及促进。

课题组认为，存在问题可能的深层原因及建设方向如下。

①科普活动从国家各级工作平台到受众消费获得层面的认知程度与实际需求存在偏差，在开展相关科普活动时的理想认知与现实执行不吻合；在科普情怀和兴趣培养，科普活动中新发现、新知识、新思想的传播层面存在惯性跟随的固有模式，缺少科普自主兴趣酝酿、培养、发展的创意动员机制。

②科普活动领导者、执行者和参与者的责任制欠缺，缺少科普活动动员机制的黏性与动力。领导者如何主导形成科普活动全局的把控和协同运控体系，连接执行者与受众对科普活动的兴趣培养、参与互动、演绎开发与推动共享是“两翼论”下的当前使命；执行者如何做到上传下达、融会贯通，将上层思想实际执行、下层需求精准提炼反馈是“两翼论”下的当前使命；参与者如何做好科普活动的反馈、监督、参与和改造的责任，更好地从需求消费和共享角度促进科普活动的实际成效是“两翼论”下的当前使命。

③制定强有力的实施法规和机制保障体系，保障科普活动实操的法理化、对象化、稳态化和绩效化，让科普活动领导者、执行者、参与者把科普活动体系保障和约束全链条提升到新的认知高度，做到功有所奖、做有所得、停有所警、失有所罚、错有所惩，打通科普活动整条链上的领导者、执行者、参与者的协作路径，打造科普活动精准融通、和谐共赢的命运共同体。

（7）对于多主体科普对象的诸多差异性认知意愿表达，需要建立以服务对象需求贴近服务为目标的特征研究，尽可能规避从上往下线性推动的灌输化工作方式。

据安徽省域的调查结果显示，在“创新主体开展科普活动缺少的关键资源”相关的选项中，不同人群的感知差异明显，具体如：低创新城市被调查者更倾向于认为科普人才短缺、高等院校科普经费需求感知度更高、中低职称者比高级职称者更认为科普项目短缺、博士群体被调查者更倾向于认为科普规划与政策资源短缺、低创新城市被调查者认为科普中介服务短缺程度更高等。

针对差异化的人群需求特征，新的服务模式需要关注的问题如下。

①中国不同科普活动受众群体需求不同本为常态，反映了社会人群发展不

均衡的现状，但在当前新媒介传播和社会大转型环境下，这一差异变得更加强烈，比如在科普资源、科普人才、科普经费等短缺程度的感知上，创新城市类型、行业、机构、职称、年龄、职业群体等综合因素存在认知选择不统一、不匹配反差很大如何通过服务设计来消弭。

②一种操作思路是在整体推动的基础上，针对服务对象感知特征精准解析、对症下药，即先从面上根据不同问题分类提炼工作方案，从整体把控科普活动的全局目标和效果；再从点上针对具体需求具体提炼，从局部调整科普活动的落实计划及措施。

③建立多平台的协同监督机制，针对领导者、执行者、参与者的不同群体服务对象，构建自循环的科普活动生态供需关系网，实行服务对象之间内部的互相关联调控，在平台基础之上自主链接供需关系，做到科普活动的产、学、研协同创新，规避既有的灌输性科普活动工作方式。

B.8
北京市新媒体科普能力研究

牛桂芹　金兼斌　陈安繁*

摘　要： 本文从引导好、利用好新媒体发展科普事业的角度出发，在梳理国内外相关研究的基础上，对北京市新媒体科普实践现状进行了全面调查和梳理，描绘其全景图，并以北京科普网站、科普微博和科普类微信公众号为重点进行深入研究。借鉴各种新媒体环境下科学传播调查数据指标，结合科学传播学、传播学领域相关理论，构建了科普网站、科普微博、科普类微信公众号传播能力和新媒体矩阵科普能力的指标体系。依托北京清博大数据科技有限公司的舆情平台，综合网络爬虫、“人工清洗”等各类网络数据采集手段进行数据发掘，运用 stata14.0 统计分析软件进行统计分析和交叉分析，运用定性、定量的方法综合考量和评价北京市新媒体的科普能力现状，分析讨论北京新媒体科普中存在的问题，提出创新发展的对策建议，为新时代提升新媒体科普平台建设和管理工作的实效性提供理论依据，为新媒体环境下科普事业的发展提供引领理念和可行性对策建议，最终为实现全民科学素质的跨越式提升，以及创新型国家和文化强国建设提供有力支撑。

关键词： 北京市　新媒体　新媒体矩阵　科普能力

---

* 牛桂芹，北京市科协科普发展中心副研究员，科技哲学博士，研究方向为科学传播、科技政策、科技与社会；金兼斌，清华大学新闻与传播学院教授，博士生导师，研究方向为新媒体传播、科学传播与普及；陈安繁，清华大学新闻与传播学院博士研究生，研究方向为新媒体传播、科学传播。

一 引言

（一）研究背景

1. 新媒体日益成为重要的科普载体

互联网，尤其是移动互联网发展迅速，成为公众获取科技信息的重要渠道。根据中国科协公布的公民科学素质调查报告，2001～2015 年，通过网络获取科技信息的公民数量一直呈指数上升趋势（见图 1）。2015 年利用互联网获取科技信息的公民比例（53.4%）仅次于电视（93.4%）。近些年互联网已成为增长最快的渠道，超过半数（53.4%）的公民利用互联网及移动互联网获取科技信息。[①] 截至 2017 年 6 月，仅手机网民规模就达到了 7.24 亿人。[②] 科普手段也伴随着信息传播方式的升级而升级，微博、微信、移动手机 APP 等，形式不断丰富。截至 2016 年 6 月 30 日，微信月活跃用户已经超过 8 亿人，成为亚洲地区拥有最大用户群体的移动即时通信软件。2012 年微信公众号也开始崛起，越来越多地出现在科普领域。

2. 科普信息化不断提出新要求

自 2014 年以来中国科协牵头大力推进科普信息化建设工作，目前已经成为引领科普创新升级的重要手段。2015 年《中共中央办公厅国务院办公厅关于印发〈深化科技体制改革实施方案〉的通知》提出了“推进科普信息化建设，实现到 2020 年我国公民具备基本科学素质的比例达到 10%”的目标，达到创新型国家水平。2016 年国务院办公厅发布的《全民科学素质纲要》“十三五”时期的实施方案，提出了实施科普信息化工程的具体措施。同年印发了《中国科协科普发展规划（2016～2020 年）》，明确提出实施“互联网 + 科普”建设工程，对微信、微博等新媒体平台建设和运行提出了具体要求。此外，各级领导人也在重要会议上对科普信息化提出要求。2015 年时任国家副主席李

① 中国科学技术协会，《第九次中国公民科学素质调查》，2015 年 9 月 1 日，http://education.news.cn/2015-09/19/c_128247007_3.htm。

② 中国互联网络信息中心（CNNIC）：《中国互联网络发展状况统计报告》，2017。

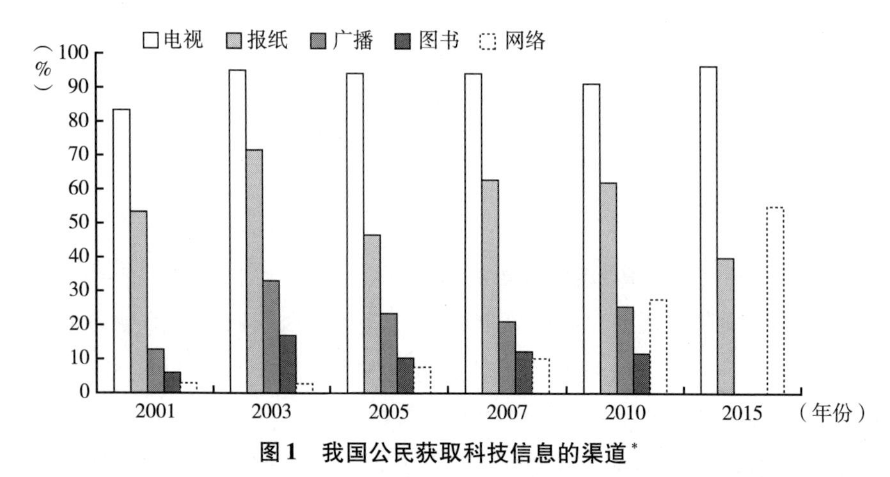

图1 我国公民获取科技信息的渠道*

李楠、祖宏迪、敖妮花等：《新媒体背景下的中国科普能力建设研究》，载李富强、李群主编《中国科普能力评价报告（2016~2017）》，社会科学文献出版社，2016。

源潮在出席中国科协科普信息化工作座谈会时发表重要讲话指出了科普信息化建设的重要性，2017年刘云山在参加全国科普日活动时结合科普内容、方式等强调了互联网、手机等的积极作用。

3. 已有研究不足以支撑实践的发展

新媒体科普发展迅速，已经越来越多地受到学界和业界的关注，但整体上相关研究较匮乏，而对于新媒体科普能力的研究更是罕见，还处于起步阶段。对于微博、微信、网站等新媒体科普能力的评估研究虽然已经开始兴起，但成果很少。专门针对北京地区新媒体科普能力的研究更是欠缺。另外，虽然国内外关于新媒体传播效果的研究理论已经有了较好基础，但依然缺少从新媒体组合、新媒体传播路径和新媒体与受众互动维度对新媒体科普能力的具体探讨，同时从矩阵的角度对新媒体科普能力的研究更是鲜见。因此本文基于以上三个角度，运用"新媒体矩阵传播力"的概念，对科普新媒体的整合传播力（或科普能力）做相应的考察。

（二）相关概念及研究内容

1. 相关概念

（1）新媒体科普

新媒体是相对于传统媒体而言的，相对于报纸、广播、电视、杂志四大传统意义上的媒体，被称为“第五媒体”。我们统合新媒体和科普的概念，认为新媒体科普指的是，将包含科学知识、科学方法、科学思想和科学精神的具体内容，例如文字、音频、视频以及互动游戏等资源进行数字化处理，然后通过互联网，在各种新媒体途径的运作下向各种不同类型的受众进行传播的科普方式。这种方式呈现即时性、互动性、共享性和碎片化特点，信息海量化，类型众多，强调受众的自主选择性，信息的生产者与消费者界限越来越模糊化，科普在网络条件下增强了受众的参与感。①

（2）科普类微信公众号

科普类微信公众号是国内特有的称谓，随着我国微信公众号的出现和科普信息化的推进而产生。由于科普概念的不统一性，科普类微信公众号的概念也不可能达到统一，目前虽有人在使用，但对其含义的界定几乎还没有。本文所称的科普类微信公众号，是在微信公众号和科普概念（沿用了《科普法》第二条）基础之上进行的划分，指的是面向公众以科技类信息为传播内容的微信公众号，能够起到普及科学技术知识、倡导科学方法、传播科学思想、弘扬科学精神、提升全民科学文化素质等方面的作用。因而，除了科协系统在推进科普信息化过程中专门开通的微信公众号之外，也包括其他一些传播科普内容的微信公众号。

（3）科普网站

按照《中国科普统计》中的规定，科普网站指的是由政府财政投资建设的专业性科普网站。② 张增一教授等则认为，科普网站所涵盖的内容比较明确，包括通过网络的形式向公众开展科普的网站或栏目（频道），是普及科学知识、倡导科学方法、传播科学思想、弘扬科学精神的重要平台。③ 在研究中发现有很多企业和个人出于兴趣和公益乃至商业目的而建设的，以科学普及为导向的网站，根据其具有的功能，我们认为也应该纳入研究对象范围。因此本文中科普网站指的是由政府、企业和个人等投资建设的具有

---

① 严俊、刘兵：《北京地区科普产业发展状况调研——以网络科普产业为例》（研究报告，未公开出版或发表），2015 年 6 月。

② 中华人民共和国科学技术部：《中国科普统计 2017 年版》，科学技术文献出版社，2015。

③ 张增一、李亚宁：《科普网站与社会化媒体科普能力现状及评价》，载王康友主编《国家科普能力发展报告（2006～2016）》，社会科学文献出版社，2017。

科普功能的网站。

（4）新媒体矩阵

新媒体矩阵是近几年才出现的新名词，目前学界仍没有统一的定义。“媒体矩阵”在电子信息处理系统中指的是一种音频处理技术。[①] 具体到媒介管理，媒体矩阵更多指的是同一媒介系统内多个子系统进行协作，达成动态平衡的循环体系。基于媒体矩阵的提出，大约自2011年也有一些研究者开始讨论新媒体矩阵概念，更多的是在媒介融合的大背景下提出来的。比如，肖珺在“新媒体与社会”国际会议中提出“微信矩阵”概念，指的是“在同一媒介集团的内部，官方微信号和多个子号垂直运营并相互协作的内容生产与运营方式”[②]。

通过总结文献研究和实践，我们把新媒体矩阵界定为：把网站、微博、微信、论坛等多个新媒体平台整合起来，构建协同互动的新媒体群，结合各自的功能和特点，把各类信息通过多种形式发布于多个平台，实现不同消费群体对信息的共享，最终达到整合化传播效果。对应于本文，我们将科普新媒体矩阵指向由科普网站、微博和微信公众号等新媒体平台组成的传播协同生态系统，其根据受众和平台特性整合科学信息从而发挥系统的效果，并在考虑媒介特性的基础上进行科普资源的优化配置。

（5）新媒体科普能力

对于科普能力，往往以科普的主体和载体为依据进行分类。主体包括国家和地区等责任主体和企业、高校和科研院所等创新主体；科普载体是在科普过程中，科技信息赖以附载的物质基础，诸如科普场馆、报纸、书籍、影视等传统科普媒体以及以互联网为支撑的新媒体。国家或地区的科普能力，一般从供给侧角度考量。比如国家科普能力表现为，一个国家向公众提供科普产品和服务的综合实力。[③] 而对于新媒体科普能力，简单而言就是新媒体作为载体的科

---

① 钟衣光、梁兰华：《图像处理中掩模矩阵的快速算法》，《网络新媒体技术》1990年第2期，第16~19页。

② 2015“新媒体与社会”国际会议分论坛，原文载于树洞传媒微信公众账号，2017年12月10日，http://mp.weixin.qq.com/s?__biz=MzA4NTU2MDgzMw==&mid=212177004&idx=1&sn=6c6b0132fb971d63e804b2cd6638de9a&3rd=MzA3MDU4NTYzMw==&scene=6#rd。

③ 李富强、李群主编《中国科普能力评价报告（2016~2017）》，社会科学文献出版社，2016。

普能力，从传播效果的角度进行评价。根据很多相关研究总结传播效果包括两层含义，一是指传播行为在受传者身上引起的心理、态度和行为的变化，二是指传播活动对受传者和社会所产生的影响和结果。那么，新媒体科普能力也应该包括两个层面，在本文中采用新媒体效果研究领域使用较广泛的传播力的概念。

（6）媒介传播力

在新媒体传播效果方面，国内外学者提出了“媒介传播力”的概念。Graham Williamson 认为，“传播力是传者和受众成功对信息进行编码和解码的能力”（Ability），也就是传播的能力（Communication Capacity）；Manuel Castells 则认为传播力主要是指传播主体的实力；在国内也有一定的研究基础，比如：刘建明将“传播力”界定为“媒介的实力及其搜集信息、报道新闻、对社会产生影响的能力，包括媒介的规模、素质、传播的信息量、速度、覆盖率及其影响效果”；张春华在《传播力：一个概念的界定和解析》中提出：“传播力是一种到达受众、影响社会、充分发挥大众传媒社会功能的能力。”因而，“媒介传播力”所考察的是媒介本身所具备的信息传播方面的素质和能力，反映了媒介的传播效果或传播能力。那么对于科普媒介，其科学传播能力或科普能力就可以通过它的传播力指标来评价。

（7）新媒体矩阵科普能力

目前在国内已经出现了在媒介融合大背景下整合新媒体资源构建新媒体科普生态系统提升科普能力的研究和实践。比如：詹正茂提出了科普媒体的系统性工程，将科普网站、科普图书、科普期刊、科普影视整合起来，特别强调科普的系统性和协同性，提升媒体协同科学传播的影响力。[①] 李楠等人（2017）分析了科普网站、数字电视（科普视频点播）、移动网络（科普 APP）和自媒体（新浪微博和微信公众平台）四种新媒体科普的特点、现状和趋势，分析了媒介融合模式和科普信息化背景下我国科普工作的现实与创新。[②] 丁柏铨和蔡雯等认为，媒介融合描述的是当今媒介一体化的发展趋势，不同形态的媒体

---

① 詹正茂：《中国科学传播报告 2015～2016》，社会科学文献出版社，2017。

② 李楠、祖宏迪、敖妮花、龚惠玲：《新媒体背景下的中国科普能力建设》，载《中国科普能力评价报告（2016～2017）》，社会科学文献出版社，2016，第 84～105 页。

之间的信息和技术壁垒被打破，媒介的信息生产、传输手段、接收手段都在同一个平台上得到了整合，不同媒介之间的互联性和互换性得到加强。①② 借鉴已有研究可以总结出新媒体矩阵的科普能力，其落脚点是新媒体资源的整合、科普能力的协同构建。

2. 研究内容

从引导好、利用好新媒体发展科普事业的角度出发，在整体定性调研、描述的基础上，以科普网站、微博、科普类微信公众号和新媒体矩阵为重点，构建指标体系进行定量研究。

具体内容如下：其一，从定性角度对北京市新媒体科普实践现状进行全面调查和梳理，勾画出整体现状图景；其二，构建科普网站、科普微博、科普类微信公众号及新媒体矩阵传播能力评价指标体系；其三，基于指标体系对北京市科普网站、微博、科普类微信公众号及其构成的矩阵的传播能力进行定量研究；其四，总结北京市新媒体科普能力现状、存在问题，提出进一步提升新媒体科普能力的对策建议。

（三）研究方法及资料来源

本文是在综合分析此前有关传播能力研究和各种新媒体环境下的科学传播调查数据基础上进行的创新研究，主要采用以下方法进行数据收集和分析。

1. 研究方法

一是数据挖掘法。利用清博大数据的数据采集和整合能力，对所要研究的科普网站、微博和微信公众号进行数据挖掘，并利用其算法，计算出相应的综合性指标，度量这些新媒体及科普机构的科普能力。

二是内容分析法。由于科普网站、科普微博和科普微信公众号存在大量的非结构化数据，因此需要对其进行处理转换为结构化数据。在编码表的基础上由研究者对科普网站资源层面的影响因素指标包括网站建设、网站内容、网站

① 丁柏铨：《媒介融合：概念、动因及利弊》，《南京社会科学》2011 年第 11 期，第 92 ~ 99 页。

② 蔡雯、王学文：《角度·视野·轨迹——试析有关“媒介融合”的研究》，《国际新闻界》2009 年第 11 期，第 87 ~ 91 页。

管理和网站功能进行人工编码，为了确保编码结果的信度，在编码前进行了统一培训，并且进行了信度检验。同样，对微信公众号的运营主体类型、新媒体程度、内容拟合度、原创度、科学度和趣味度进行了概念化操作，并且在此基础上进行了人工编码。

2. 数据获取

本文以运营机构属地为标准划定获取数据的对象范围。首先确定网站，根据网站的 IP 所在地来确定其是否为北京网站。然后，微博和微信根据相应的运营网站属地是否为北京来确定。

（1）科普网站数据采集

科普网站的数据采集涉及两个部分，一是样本网站名单的获取，二是样本网站运营数据的采集。

一是网站样本的获取。由于未发现既有的较权威的北京市科普网站大全（或名录）作为参考，因此采用滚雪球抽样（Snowball Sampling）的方法获取网站样本。具体过程为：首先，利用搜索引擎、相关科普网站导航和以往研究的成果获取初始样本；其次，在完成上一个步骤的基础上，查询每个网站相应的友情网站链接，将这些友情链接网站中的科普网站再次纳入样本，称其为二级样本。再次，将二级科普网站样本的友情链接网站中的科普类网站纳入我们的样本，依此循环，直到友情链接网站中不再有新的科普网站，即所谓的“饱和”（Saturated）。最后，通过在网站 Alexa 中查询样本网站的 IP 所在地，将前几个阶段获取的科普类网站样本中 IP 地址不属于北京区域的剔除，最终获得北京市科普网站样本数量为 396 个。

二是样本网站数据的获取。由于涉及网站的运营数据，所以本文参考权威的第三方机构提供的数据，包括 Alexa 和中国的“站长之家”（http：//link. chinaz. com/）。为了保证数据的完备性和有效性，由 4 名经过培训的研究者共同完成，且将他们的数据进行调换，交叉验证。本文的科普类网站数据主要分为两个部分：网站层面科学传播力指标数据和网站优化运营层面科学传播力影响因素指标数据。具体数据的获得参照表 1。

（2）微信公众号数据采集

一是微信公众号样本数据采集。样本有两个来源，一是 2016 年北京科协调宣部委托课题“新媒体科学传播效果研究——以科普类微信公众号为例”

表1　样本网站数据的获取

网站层面的科学传播力指标	资料来源
全球排名	参考 Alexa. com 的全球网站排名结果
中国排名	参考 Alexa. com 对域名为中国境内网站的排名结果
页面浏览量	参考网站 http://link. chinaz. com/的结果
访问网站的 IP 数量	参考网站 http://link. chinaz. com/的结果
人均日浏览量	参考 Alexa. com 提供的结果
网页跳出率	参考 Alexa. com 提供的结果
人均在线时间	参考 Alexa. com 提供的结果
外链数	参考 Alexa. com 提供的结果
百度收录数	参考网站 http://link. chinaz. com/的结果
百度 PC 指数	参考网站 http://link. chinaz. com/的结果
百度移动指数	参考网站 http://link. chinaz. com/的结果
访问网站的国家来源数	参考网站 http://link. chinaz. com/的结果
网站优化运营层面科学传播力影响因素指标	
出站链接数	参考网站 http://link. chinaz. com/的结果
站内链接数	参考网站 http://link. chinaz. com/的结果
子域名数	参考网站 http://link. chinaz. com/的结果
网站运营年限	参考网站 http://link. chinaz. com/的结果
运营主体类型	参考网站 http://link. chinaz. com/的结果

中的 783 个科普类微信公众账号名单；二是科普类网站同时运营的微信公众账号，通过以网站关键词在搜狗浏览器微信数据库中检索，获得其运营的官方微信公众账号，同时通过科普类网站首页链接的官方微信公众号二维码也可以获得其微信公众号信息，最终将 991 个微信公众号纳入研究范围。

二是微信公众号科普能力评价指标数据。通过清博大数据平台进行抓取，抓取时间段为 2017 年 10 月 1 日至 11 月 1 日。第一，基本数据。包括每个公众号在所抽取日期中每日发布的具体指标；第二，汇总数据。每个公号在最近一个月内的指标数据，包括 WCI 指数。

（3）微博账户数据采集

一是微博账户样本数据。选取的是上面所确定的科普类网站所运营的微博账户，其具体操作是将网站的关键词在微博搜索栏中进行检索，如果检索结果中出现了与对应科普网站相关的账户，则将其纳入我们的微博账户研究样本。

需要指出的是，一个网站可能运营多个微博账户。此外，部分网站会在首页链接其官方运营的移动端微博二维码，通过移动端扫描我们可以采集其信息。两部分共同组成本文的微博账户样本，最终确定的有 164 个。

二是微博账户科普能力评价指标数据。分为两部分：微博账户层面的数据和微博发文层面的数据。主要采用网络爬虫[①]的方法，爬取每个新浪微博账户 ID 的粉丝数、微博数，以及一年内（2016 年 11 月 1 日至 2017 年 11 月 1 日）具体账户的每篇博文的转发数、点赞数和评论数。由本文课题组成员根据研究需求集体讨论制定微博账户爬取规则，委托清博大数据进行抓取。

二　北京市新媒体科普能力概况

随着科普信息化的推进和互联网的发展，北京市科普事业中新媒体的应用发展迅速，出现了越来越多的科普网站，同时移动应用终端科普也日渐繁荣，（如微信科普、微博科普、移动 APP，通常称“两微一端”），甚至科普云、数据资源中心也已经开始筹建，新媒体科普能力明显提升，社会效果逐步显现，社会认知度和用户满意度均有所提高。此部分主要从定性的角度进行整体调研、总结，勾画出北京市新媒体科普能力的概貌。

（一）新媒体科普政策环境日渐优化

总体而言，科普信息化背景为新媒体科普的发展提供了肥沃土壤。政府在这方面越来越重视，投入的资源越来越多，近年来相关的支持政策和规划也不断出台。

1. 许多政策文件、领导讲话为新媒体科普的发展提供了保障

2015 年中共中央办公厅 国务院办公厅提出了“推进科普信息化建设，实现到 2020 年为我国公民具备基本科学素质的比例达到 10%”的目标。[②] 2016 年国

① 网络爬虫，又称为网页蜘蛛、网络机器人，在 FOAF 社区中间，更经常地称为网页追逐者，是一种按照一定的规则，自动地抓取万维网信息的程序或者脚本。

② 中共中央办公厅 国务院办公厅：《中共中央办公厅 国务院办公厅关于印发〈深化科技体制改革实施方案〉的通知》，2015 年 9 月。

务院办公厅提出实施科普信息化工程的具体措施。[①] 2016 年中国科协印发《中国科协科普发展规划（2016～2020 年）》，明确提出了以科普信息化为龙头的新时期科普工作理念，并把“互联网+科普”建设工程作为重点工程之一。具体要求涉及了推动科普大数据开发开放、互联网企业等专业机构的主体作用发挥、网络科普大超市建设完善、主流门户网站科普栏目（频道）开设、科普中国系列 APP 和微信订阅号开发运行，以及建设科普中国服务云、拓宽网络特别是移动互联网的科学传播渠道等。2014 年中共中央政治局委员、国家副主席李源潮在中国科协八届五次全委会议上提出了“让科学知识在网上流行”的论断。他指出“把握互联网在人们获取信息中作用越来越重要的趋势，建设好新一代数字科技馆，加快推进科普信息化，让科学知识在网上流行”。2015 年 11 月 17 日，李源潮在出席中国科协科普信息化工作座谈会时再次强调了推进科普信息化建设的重要意义。

2. 北京市地方性政策文件提出了新媒体科普发展目标任务

早在 2010 年，由北京市科学技术委员会、中共北京市委宣传部等五个单位联合发布的《关于加强北京市科普能力建设的实施意见》在其加强科普能力建设的主要任务中要求构筑科技传播体系。明确指出：“发挥网络等新兴媒体的科技传播作用，打造和扶持一批富有特色的、高水平的科普网站或栏目。”2016 年北京市全民科学素质行动计划纲要“十三五”时期工作方案明确了新媒体科普发展目标，要求“树立‘互联网+’思维，以信息化手段创新科普形式和载体，推动移动互联网、云计算、大数据等与公民科学素质建设有机融合，促进科普资源共建共享，大力提升科普公共服务能力和科技传播能力，形成互联网时代科普工作新格局”。提出了科普信息化工程，规定了多项具体任务，如：“推动传统媒体与新媒体深度融合，实现多渠道全媒体传播。通过社交网络平台、即时通信工具、手机应用软件等，建立移动端科普传播平台，广泛开展移动端科普工作。”[②] 另外，《北京市科学技术协会事业发展“十三五”规划》也明确了科普信息化的目标任务，提出建立“科普网络体系”和推动科普资源网上交易等具体要求。

---

① 国务院办公厅：《国务院办公厅关于印发全民科学素质行动计划纲要实施方案（2016～2020 年）的通知》，2016 年 3 月 14 日。

② 北京政府办公室：《北京市全民科学素质行动计划纲要实施方案（2016～2020 年）》（京政办发〔2016〕31 号），2016。

（二）随着信息化推进，新媒体科普体系机制日渐完善

1. 结合信息化试点工作，完善科普信息化组织建设

配合《全民科学素质行动计划纲要》的实施，随着科普信息化的推进，北京市实施了“互联网 + 科普”专项工程[①]，在前期建立的“大联合、大协作”的社会化科普工作体系的基础上进一步成立了北京地区科普信息化建设工作领导小组。2016 年中国科协开始推进全国科普信息化建设试点工作，北京市成为试点之一，北京市科协随即出台了《北京市科普信息化（试点）建设实施方案》，确定了试点建设项目及承担单位，建立了信息化建设运行机制，形成了科普信息化网络体系框架。目前已开始着手建立科普信息化评估机制，健全科普信息化工作推进与服务机制。

2. 加强科普信息化社会动员，构建科普新媒体信息资源共享和协作体系

推进各类联盟机制的建立，引导社会力量共同参与科普信息化建设，促进科普信息资源共建共享，实现优质信息资源的互联互通，创新和完善科普信息化公共服务供给模式，目前已经形成了互联互通的协作运行体系和信息资源共享机制。主要包括北京科普资源联盟、北京科普信息化联盟、北京科普基地联盟、首都博物馆联盟，以及北京数字科普协会、首都互联网协会、首都互联网协会新闻评审专家委员会。近几年进一步扩大联盟组织规模，调动联盟成员单位积极性，鼓励包括科技企业、公益组织等在内的社会力量参与科普工作，扎实推进科普社会化格局的形成；另外还搭建了科普资源交汇和科学家建言献策的双向互助平台。

3. 围绕新媒体科普特点，探索数字内容建设管理机制

主要从两个方面着手。一是构建数字内容传播的市场引导机制。搭建数字内容企业与科协推动科普信息化工作的桥梁和纽带，引导企业从以市场主导业务发展向市场与责任主导业务发展转移，鼓励数字内容企业创作、开发数字科普精品，推动科普产业发展。二是构建新媒体科普内容的科学性把关机制。目前已开始着手搭建专家审核平台，畅通公众纠错渠道，加强对新媒体传播科普内容的权威审核。

---

① 资料来源：北京市“十三五”时期科学技术普及发展规划。

（三）北京科普新媒体平台发展迅速

北京市已经形成了以“蝌蚪五线谱”网站为龙头，以手机 APP 终端、社区数字科普视窗、楼宇电视、地铁公交电视为延伸，以“科普中国”为重点的新媒体传播平台网络。充分发挥以“两微一端”为代表的新媒体在科普中的影响力和引导力，通过对优质资源的再开发，制作移动客户端、科普微视频、科普轻游戏等，实现资源的高效共享和再利用，促进了首都整体科普能力的提升。

1. 北京科普网站种类、规模及影响力显著增长

近年来科普网站建设规模不断扩大，种类走向多元化，类别划分方式也难以达到统一。有完全意义上的科普网站，如果壳网、果脯网等；有综合网站的科普频道，如新浪科技、网易科技、百度百科等；也有背景是产业、企业的科普网站，履行企业面向社会科普的义务，如三元牛奶的科普网站、勤邦生物、燕京啤酒的科普网站等；还有提供新媒体科普产品的公司运营的网站，提供科普视频、动漫、课件、APP、游戏、展教品等信息内容。从网络建设运维主体角度，既有在科学传播领域有着广泛影响力的科普网站，又有北京市科协全力打造的专业科普网站，如蝌蚪五线谱，还有民间主体建设运维的果壳网等，思想活跃、创新力强，深受公众的喜爱。其他的科普网站还包括各大门户网站的科技频道，传统科学传播媒体的网络版，数字科技馆和数字博物馆等。下面以专业科普网站为例介绍北京市科普网站的发展情况。

表 2　2015 年全国所建专业科普网站数量超过 100 的省份及数值

序号	省区市	科普网站数	序号	省区市	科普网站数
1	北京	343	9	福建	123
2	上海	256	10	浙江	115
3	山东	194	11	四川	114
4	江苏	182	12	甘肃	110
5	重庆	177	13	辽宁	100
6	天津	158		全国	3062
7	广东	145		全国平均	98.77
8	湖北	144			

本部分统计分析依据《中国科普统计》数据，科普网站是指由政府财政投资建设的专业科普网站，政府机关的电子政务网站不在统计范围之内。[①]

截至2015年底，我国所建专业科普网站超过100的有13个省，其中北京建成专业科普网站343个，在各省中名列第一，是全国平均值的3.47倍（见表2）。同时，北京专业科普网站数量整体呈逐年上涨趋势，2015年大幅度增长，但2009年、2013年、2014年有些波动（见图2）。

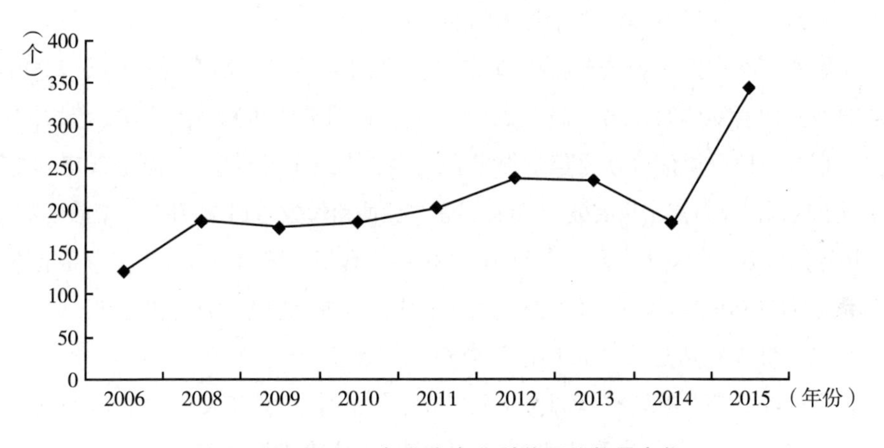

图2　2006~2015年北京专业科普网站数量变化

2. 移动网络科普渠道走向多元："两微一端"日益繁荣

移动网络科普主要指的是"两微一端"科普，即：通过微信、微博和移动客户端（如移动APP）进行科普。北京市科协及所属事业单位、区科协现有科普APP 4个，科普微信账号20个。[②]

（1）北京市科协建设运营"蝌蚪五线谱"

蝌蚪五线谱由北京市科学技术协会信息中心管理运维，专注于权威、有趣、生活化的互联网科学传播。该公号的内容与其定位十分相符，公号更新频次稳定，每天发布1~2篇文章，排版图文结合、统一合理。其运维已经达到了常态化、规范化，体现了较强的科普能力和特点。其一，专家的参与保证了

---

① 中华人民共和国科学技术部：《中国科普统计2016年版》，科学技术文献出版社，2016，第55页。

② 资料来源：北京科协内部工作资料。

信息的权威性。蝌蚪五线谱成立了“蝌蚪五线谱专家委员会”，邀请了一批各领域的专家学者为该公号建言献策。其二，选题入时，紧跟新闻热点，且非常擅长于截取新闻中的科学知识。比如《槽点最多的里约奥运会，却有一样得到一致好评!》一文介绍的是奥运奖牌的环保性。其三，文章切入点十分生活化，在潜移默化中实现了科普的效果。大部分的文章都遵循同一规则，由浅入深，先吸引住读者，再展开科学传播。其四，语言、配图都相当娱乐化且大胆，这是与其他科普类公号非常不同的特色。

蝌蚪五线谱网站曾荣获腾讯 2015 “互联网 + 科普” 峰会评选的十大科普影响力机构自媒体第一名。截至 2014 年底，蝌蚪五线谱网日点击量达到 13 万次，官方微博、微信公众号等传播平台关注人数超过 61 万。① 截至 2015 年底，蝌蚪五线谱网站日点击量突破 13 万次，官方微博粉丝数达到 38 万人，微信公众号及自媒体传播平台关注人数达到 25 万。“蝌蚪找真相” 辟谣团队关于 “草莓有毒” 的辟谣行动得到了国家网信办领导的肯定，中央电视台进行了跟踪报道。②

（2）北京科协运维 “京科普” 公众号

京科普，即北京科普资源共享服务平台，由北京科普发展中心运维管理，其功能定位是集成北京科普资源，提供北京科普资源信息服务。京科普自 2015 年 8 月 20 日开通，2016 年在原有基础上建立了京科普微博、微信平台，并策划、推出了《科学麻辣酱》微视频节目。其更新频率逐渐增加，运营逐渐走向正轨。特点主要有三个：一是内容选择紧跟热点潮流，趣味性浓厚。二是注重互动机制的建立，试图通过一种比较幽默与轻松的方式与读者沟通。三是在公号中嵌入、发布科普活动信息等。京科普微信、微博平台虽发展起步较晚，但运维能力不断提升。截至 2017 年 6 月，京科普微博粉丝数为 18000 余人，阅读量超过 2227000 次；京科普微信公众号粉丝数 2300 多人，阅读人数 44000 人，阅读次数 124000 左右。③

（3）北京市科委建设运营 “科普北京” 微信公众号

2016 年北京市科委开始着手建设 “科普北京” 微信公众号。2016 年 5 ~ 6

---

① 资料来源：北京市科协 2014 年工作总结和 2015 年工作安排。

② 资料来源：北京市科协 2015 年工作总结和 2016 年工作安排。

③ 资料来源：北京科普发展中心内部工作总结。

月，公众号正式上线，各栏目陆续推出。至2017年7月，经一年时间完成了“科普北京”微信公众号的“框架搭建、整体建设、日常运维、宣传推广、运营评估”等工作，“科普北京”微信公众号上线并有序运行，逐步走向常态化。制定并实施了《科普北京微信公众平台运行、管理办法》，规范了微信公众号的工作机制；积极开展线上线下科普活动，加强公众号品牌推广，提升影响力和知名度；整合北京乃至全国、海外科技科普资源，推出相关的微信特色栏目，展示前沿科技成果，解读重大科技政策，传播丰富科普知识；建立了“线上”+“线下”推广渠道，组织开展各类科普互动活动；对微信的选题、内容、运行机制等分析和研讨，不断提升“科普北京”的整体运行水平和传播能力。

除了上述新媒体科普形式以外，其他各类科普新媒体也发展迅速。比如：2012年，与北广传媒合作，开设了北京数字电视科普栏目，运用微博、微信、LED大屏、公交候车亭灯箱公益广告等方式，面向公众广泛宣传普及科技知识；2013年起，运营了全国科普日的官方微博、微信平台，截至“十二五”末粉丝13万人；[①] 依托社区科普益民计划，推动社区全媒体科普视窗、科普网络书屋、虚拟现实体验中心等科普信息化设施建设。

3. 大力推动“科普中国”平台的建设完善

（1）探索建设具有承上启下功能的科普中国落地服务平台——科普中央厨房。汇聚科普中国和首都各类机构丰富的科普资源，结合北京市特点对科普中国资源进行甄选和加工，生产具有首都特色的科普产品，提供精细分类、精准推送、自主定制、实时高效的科普服务。

（2）利用“科普大屏”促进“科普中国”落地应用。截至2017年6月，全市可播放科普内容的大屏1290块，分布于12个区，从中选取了330块作为科普中国V视快递的落地阵地。至2017年6月已累计播放科普中国资源800余部，日均播放时长240分钟。[②]

（3）稳步推动“科普中国e站”建设。在充分调研的基础上，与全市多家单位合作，以历年获得全国和北京市基层行动计划奖补的社区、农村、农业

---

① 资料来源：北京科普发展中心五年（十二五期间）工作总结。

② 资料来源：北京科协内部工作资料。

技术协会为重点推进“科普中国 e 站”建设。

（4）开展科普中国百城千校万村行动工作，扩大科普中国的影响力。将“百千万行动”有关要求纳入 2017 年纲要工作任务，动员纲要办成员单位推进科普信息化落地，加快科普中国优质内容在移动端的传播。

三　新媒体科普能力指标体系构建

本部分聚焦于科普网站、科普微博和科普微信公众号及其组成的科普新媒体矩阵，并进行评估指标体系的构建，作为对北京市新媒体科普能力评估的基础。

（一）科普类网站科普能力分析指标体系构建

科普类网站的传播力研究，不得不依托于网站分析的模式，也就是网站评价体系。一般认为，科普网站传播能力的分析主要包括两个方面：网站科学传播力指标体系和网站运营科学传播力指标体系。

1. 科普类网站科学传播力指标体系

网站传播力指的是网站的影响力指数，例如 2010 年中国科协委托北京市科学技术情报研究所在全国网络科普设施监测分析工作中通过页面数量、日浏览量、日访问量、百度收录数、站内链接转向时间、首页打开速度、超文本链接数七个二级指标进行度量，评价一个科普网站的传播力。[①] 刘彦君借鉴其指标构建了网站类科普平台传播力指标体系，包括流量指标（人均访问页面数）、用户数量指标（人均日浏览量、网页跳出率、人均在线时间）、网络链接指标（链接其他网络平台数、反向链接数）和网络可见度指标（百度搜索量）。[②]

在以往相关研究的基础上，我们构建了由排名指标、流量指标、用户数量指标、网络可见度和国际影响力构成的科普类网站科学传播力指标体系（见表3）。

---

① 吴晨生、谢小军、董小晴等：《互联网科普理论探究》，中国科学技术出版社，2011，第 285 ~ 288 页。

② 刘彦君：《网络科普平台内容质量及传播力评价》，载《中国科学传播报告（2015 ~ 2016）》，2017，第 90 ~ 104 页。

表 3　科普类网站科学传播力指标

一级指标	二级指标	指标说明
排名指标	全球排名(Global Rank)	网站排名指的是搜索引擎(国内主要是百度,外国是google)对网站展示出来的先后次序
	中国排名(Rank in China)	
流量指标	页面浏览量(Page View,PV,单位:次)	PV 即页面浏览量或点击量,是衡量一个网站或网页用户访问量。具体来说,PV 值就是所有访问者在 24 小时(0 点到 24 点)内看了某个网站多少个页面或某个网页多少次。PV 是指页面刷新的次数,每一次页面刷新,就算做一次 PV 流量
用户数量指标	访问网站的 IP 数量(IP number,IP,单位:个)	IP 可以理解为独立 IP 的访问用户,指 1 天内使用不同 IP 地址的用户访问网站的数量,同一 IP 无论访问了几个页面,独立 IP 数均为 1。但是假如说两台机器访问而使用的是同一个 IP,那么只能算是一个 IP 的访问
	人均日浏览量(Daily Pageviews per Visitor,单位:次)	每个独立的 IP 一天内在某一网站内浏览页面的平均数量
	网站跳出率(Bounce Rate,单位:%)	某个时间段内,只浏览了一页即离开网站的访问次数占总访问次数的比例,某个页面的跳出率 = 单个页面访问人数/网站总访问人数,因此跳出率的区间是0 ~ 100%
	人均在线时间(Daily Time on Site,单位:分钟)	每个独立的 IP 一天内访问某一网站的平均时长
网络可见度	百度收录数(collecting number By Baidu,单位:个)	一个网站实际被百度建倒排索引的网页数量
	百度 PC 指数(PC Searching Index,单位:个)	由百度统计的某一网站在 PC 端(包括使用台式电脑等固定终端等)被检索的数量
	百度移动指数(Mobile Searching Index,单位:个)	由百度统计的某一网站在移动端(包括手机、iPad 等移动终端)被检索的数量
国际影响力	访问网站的国家来源(Number of Visiting Country,单位:个)	访问某一网站的 IP 有不同的域名,每一域名有其注册地,每个注册地分属不同国家,访问网站的国家来源数指的是不同域名注册地所属国家的数量

2. 科普类网站运营传播力指标体系

科普类网站运营传播力指标体系指的是优化运营等因素所代表的网站传播力因素，网站的优化运营可以给网站带来更好的传播效果，在我们的研究中包括网站链接（包括出站链接、站内链接和外链数）、网站运营优化（包括子域名、网站运营年限和网站运营主体类型）两个一级指标，具体标准见表 4。

表 4　科普类网站运营传播力指标体系

一级指标	二级指标	具体标准
网络链接指标	出站链接数（Outbound Link Number，单位：个）	出站链接数就是你网站链接就是向外的链接（outbound link），从网站链出去的，链到互联网上的不同页面的链接，也叫导出链接。参考网站 http://link. chinaz. com/的结果
	站内链接数（Station link number，单位：个）	指的是首页指向某网站的其他页面链接数量。参考网站 http://link. chinaz. com/的结果
	外链数（Total Sites Linking In，单位：个）	外链数就是指从别的网站导入某网站的链接数量。本文参考 Alexa. com 提供的结果
网站运营优化指标	子域名数	子域名是相对根域名来说的，如 baidu. com 是根域名，则 zhidao. baidu. com 为子域名。子域名数指的是某一网站根域名下子域名的数量。参考网站 http://link. chinaz. com/的结果
	网站运营年限	网站域名创立到目前的年限。参考网站 http://link. chinaz. com/的结果
	网站运营主体类型	也就是网站主办主体的性质，包括政府机关、事业单位、企业和个人四种类型，根据网站网址查询其域名管理主体来确定

（二）科普类微博科学传播力指标体系构建

1. 科普类微博科学传播力指标

有关科学微博账号传播力的研究中，微博用户影响力作为社交媒体传播力研究在微博领域的延伸，始于链接分析，Cha 等（2010）根据用户的行为，将用户粉丝数量、微博被转发数以及用户被提及数作为指标对微博账户的传播力进行考察。Ye 等（2010）将用户粉丝数量影响力、回复影响力、转发影响力、粉丝数、微博数、回复和转发数纳入了计算微博账户传播力的指标体系。原福永等人（2012）为度量微博账户的科学传播力，将粉丝数量和微博发文数量作为微博账户层面的科学传播力指标，将转发数、评论数和点赞数作为衡量博文层面的科学传播力指标。清博大数据采用活跃度和传播度两个维度来评价一个微博账户的传播力，活跃度主要由总微博数和原创微博数来度量，传播度由所有微博的转发数、评论数以及原创微博的转发数和评论数来衡量。[①] 金兼斌

① 清博大数据舆情指数，http：//home. gsdata. cn/data - products. html。

等（2017）认为影响力的度量可以分为两个部分，包括关注度和参与度，前者包括阅读此类的指标，后者应该包括点赞、评论和转发类似的指标，并以此来测量一个话题、事件或者事物的影响力。

在本文中，考虑到数据的获取原因，主要采用清博大数据的微博传播指数（Blog Communication Index，BCI）的指标体系来度量微博账户的科学传播力，将粉丝数量和微博发文数量作为微博账户层面的科学传播力指标，将转发数量、评论数量和点赞数量加权作为博文层面的科学传播力指标（见表5）。

表5 微博科学传播力指标

一级指标	二级指标	指标说明
微博账户层面科学传播力指标	粉丝数量	粉丝数量指的是具体某个微博账户截至目前的关注人数（单位：个）
	微博发文数量	指的是某个微博账户单位时间内（本文定义的是一年，即2016年11月11日～2017年11月11日）发表微博博文的数量（单位：条）
微博博文层面科学传播力指标	转发数量	指的是具体的微博账户某一微博博文被其他微博账户转发的数量（单位：条）
	评论数量	指的是具体的微博账户某一微博博文被其他微博账户评论的数量（单位：次）
	点赞数量	指的是具体的微博账户某一微博博文被其他微博账户评论的数量（单位：次）

2. 微博科学传播力度量方案：BCI指数

微博传播指数BCI（Micro-blog Communication Index），通过微博的活跃度和传播度来反映微博账号的传播能力和传播效果。BCI重在评估账号的原发微博传播力，旨在鼓励高质量原创内容。[①] 其指标构成体系如图3所示。

其中由两部分构成：活跃度W1和传播度W2，发博数X1、原创微博数X2、转发数X3、评论数X4、原创微博转发数X5、原创微博评论数X6、点赞数X7。相关指标的权重赋予如表6所示。

① BCI指数的相关内容及其算法来自清博大数据（gsdata），2017年11月24日，http：//www.gsdata.cn/。

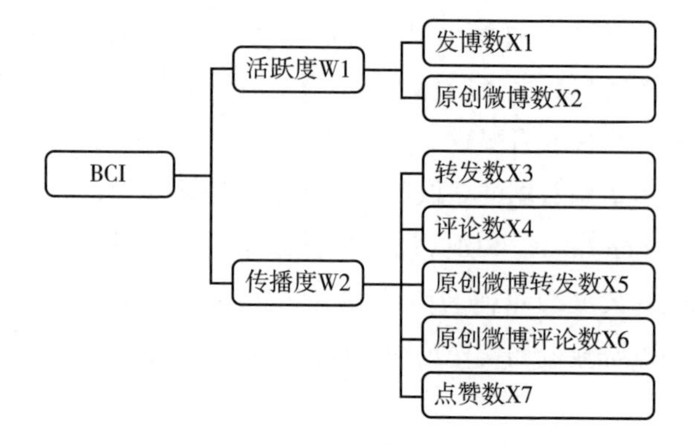

图 3　BCI 指标体系

表 6　BCI 相关指标及权重

活跃度 w1（20%）	发文数 x1（30%） 原创微博数 x2（70%）
传播度 w2（80%）	转发数 x3（20%） 评论数 x4（20%） 原创微博转发数 x5（25%） 原创微博评论数 x6（25%） 点赞数 x7（10%）
	标准化：X' = ln（X + 1）

计算方法如下：

$$BCI = (20\% \times W_1 + 80\% \times W_2) \times 160$$

$$W_1 = 30\% \times \ln(X_1 + 1) + 70\% \times \ln(X_2 + 1)$$

$$W_2 = 20\% \times \ln(X_3 + 1) + 20\% \times \ln(X_4 + 1) + 25\% \times \ln(X_5 + 1) + 25\% \times \ln(X_6 + 1) + 10\% \times \ln(X_7 + 1)$$

（三）科普类微信公众号传播力分析指标构建

基于相关文献综述，我们梳理了影响微信公众号科普能力的可能因素，并提出本文的总体分析指标框架如下。

1. 科普类微信公众号传播力指标体系

科普类微信公众号的传播力指标体系，涉及两个层面，具体包括微信公众号文章层面和微信公众号层面，本文主要集中于微信公众号层面。

（1）文章层面的指标

主要包括阅读量、点赞量两个方面，具体指标的解释如表7所示。

表7 文章层面传播力指标

序号	指标	指标说明
1	阅读量	文章获得的阅读数
2	点赞量	文章获得的点赞数
3	发布位置	文章是否原创

（2）微信公众号层面的指标

在微信公众号层面，衡量其传播力的指标有6个（见表8）。

表8 微信公众号账号层面传播力指标

序号	指标	指标说明
1	平均阅读数	公众号在一年中获得的阅读总数除以发布文章总数之所得
2	最大阅读数	公众号当期最高阅读数(数据为10万+的,系统以100001指代)
3	点赞总数	公众号在一年中发布所有文章所获得点赞总数
4	平均点赞数	公众号在一年中获得的点赞总数除以发布文章总数之所得
5	最大点赞数	公众号当期最高点赞数
6	WCI微信传播指数	由清博大数据提供,它是考虑各维度数据后,通过计算推导而来的标量数值

本文将主要着重微信公众号层面的传播力分析。

2. WCI：衡量单个公众号传播力的综合性指标

微信传播指数WCI是由清博大数据（gsdata.cn）提出来的，是清博数据团队在考虑各维度数据后，通过一系列复杂严谨的公式推导出的具体指数，较其他指标而言更能权威地反映微信公众号的整体传播力和影响力。WCI衡量一个微信公账号传播力的综合性指标，是指通过微信公众号推送文章的传播度、覆盖度、账号的成熟度和传播力来反映微信整体热度和公众号的发展走势。[①] 其具体指标构成如表9所示。

① 清博大数据WCI指数计算方法，2017年11月19日，http://www.gsdata.cn/site/usage。

表 9　WCI 指标体系与权重

一级指标及权重	二级指标	二级权重	标准化得分
整体传播力（30%）	日均阅读数 R/d	85%	$O=85\%\times\ln(R/d+1)+15\%\times\ln(10\times Z/d+1)$
	日均点赞数 Z/d	15%	
篇均传播力（30%）	篇均阅读数 R/n	85%	$A=85\%\times\ln(R/n+1)+15\%\times\ln(10\times Z/n+1)$
	篇均点赞数 Z/n	15%	
头条传播力（30%）	头条（日均）阅读数 Rt/n	85%	$H=85\%\times\ln(Rt/d+1)+15\%\times\ln(10\times Zt/d+1)$
	头条（日均）点赞数 Zt/n	15%	
峰值传播力（10%）	最高阅读数 Rmax	85%	$P=85\%\times\ln(Rmax+1)+15\%\times\ln(10\times Zmax+1)$
	最高点赞数 Zmax	15%	

WCI 的具体计算方法如下：

$$
\begin{aligned}
WCI = \{&30\%\times[0.85\times In(R/d+1)+0.15\times In(10\times Z/d+1)]+30\%\times\\
&[0.85\times In(R/n+1)+0.15\times In(10\times Z/n+1)]+30\%\times\\
&[0.85\times In(Rt/d+1)+0.15\times In(10\times Zt/d+1)]+10\%\times\\
&[0.85\times In(Rmax+1)+0.15\times In(10\times Zmax+1)]\}^{2}\times 10
\end{aligned}
$$

其中：

R 为评估时间段内所有文章（n）的阅读总数；

Z 为评估时间段内所有文章（n）的点赞总数；

d 为评估时间段所含天数（一般周取 7 天，月度取 30 天，年度取 365 天，其他自定义时间段以真实天数计算）；

n 为评估时间段内账号所发文章数；

Rt 和 Zt 为评估时间段内账号所发头条的总阅读数和总点赞数；

Rmax 和 Zmax 为评估时间段内账号所发文章的最高阅读数和最高点赞数。

（四）新媒体矩阵科学传播力指标体系的构建

本文的科普新媒体矩阵指科普网站、微博和微信公众号所组成的整合系统，其中网站、微博和微信公众号为新媒体矩阵的子系统。这些子系统之间相互影响、协调并发，构成一个新媒体生态圈，协同发挥其科学传播效应。其科普能力的指标体系综合三个子系统科普能力的指标构成（见图 4、表 10）。

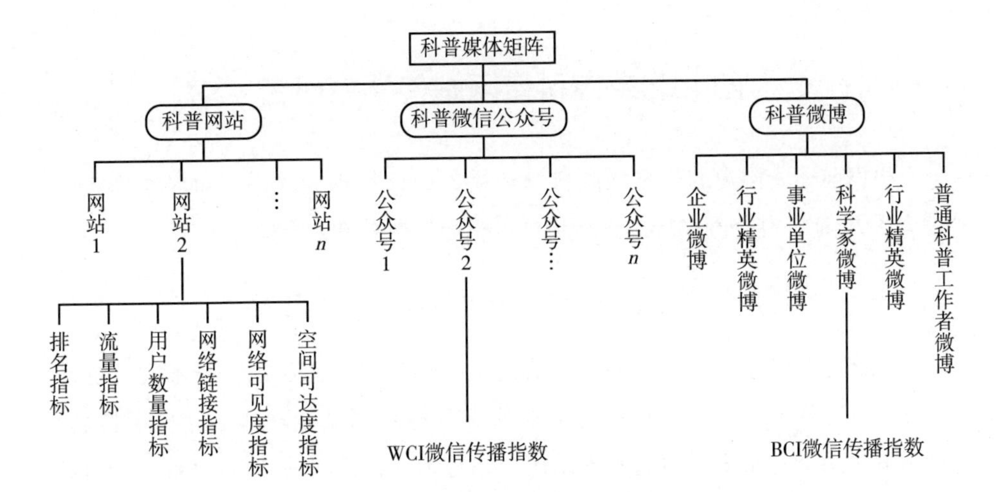

图4　科普新媒体矩阵结构示意图

表10　新媒体矩阵科学传播力指标

新媒体类型	新媒体传播力评估指标
网站	排名指标 流量指标 用户数量指标 网络链接指标 网络可见度 空间可达度指标
微博	粉丝数量 微博发文数量 转发数 评论数 点赞数 BCI 微博传播指数
微信公众号	阅读总数 平均阅读数 最大阅读数 点赞总数 平均点赞数 最大点赞数 WCI 微信传播指数

四　北京市科普网站传播力研究

根据前述所构建的科普网站科学传播力的评价指标体系，对已经确定的396个[①]北京市科普网站样本进行传播力指标数据采集和定量分析。

（一）北京市科普网站传播力指标统计

此部分数据经人工数据整理和清洗后，成为本文的基础。在本文的统计指标中，包括五个部分，分别是网站排名指标：网站全球排名、中国排名；网站流量指标：页面浏览量；网站用户数量指标：访问网站IP数量、人均日浏览量、网站跳出率、人均在线时间；网站网络可见度指标：百度收录数、百度PC指数、百度移动指数；网站地理空间可达度指标：访问网站的国家来源。这些指标都是反映科普网站传播力的不同维度，可以视作一个科普网站在科学信息传播上的地位和特点，也可以相应地作为一个科普网站评价的标准，为科普网站的建设提供了参考的指标和方向，具有实操风向标的意义。

1. 北京市科普网站排名指标统计

（1）北京市科普网站全球排名统计

Alexa每天在网上搜集超过1000GB的信息，然后进行整合发布，所搜集的网址链接数量已经超过了Google。这个参数是Alexa根据统计到的数据综合分析后，对一个网站给出的最后排名，其中流量排名（Traffic Rank）占主要。网站全球排名指的是将具体科普网站放在全球各国域名的网站盘子中进行排名的结果，而网站中国排名则是将其与收录的域名所在地为中国的网站进行比较后排名（见表11）。

（2）北京市科普网站中国排名统计

科普网站中国排名与全球排名相类似，不同的是，只收录域名管理地址在中国的网站并进行排名（见表12）。

---

① 由于部分网站数据在Alexa和站长之家无法获取，因此每个指标统计的网站样本数量可能会少于396个。

表 11 北京市科普网站全球排名

网站世界排名表现	排名区间	网站数量	所占百分比(%)
世界顶尖网站	1~100	7	2.34
中国顶尖网站	100~1000	16	5.35
中国一流网站	1000~10000	50	16.72
优秀网站	10000~50000	29	9.70
良好网站	50000~500000	69	23.08
普通网站	500000 以上	128	42.81
总数		299	100.00

表 12 北京市科普网站中国排名

网站中国排名统计	排名区间	网站数量	所占百分比(%)
顶尖网站	1~100	21	12.14
一流网站	100~500	10	5.78
优秀网站	500~5000	70	40.46
良好网站	5000~10000	19	10.98
一般网站	10000 以上	53	30.64
总数		173	100.00

2. 北京市科普网站流量指标统计：页面浏览量

PV——即 Page View，页面浏览数，页面被打开（打开新页面/刷新老页面）的次数，是网站分析中最常见的度量。PV 与来访者的数量成正比，但并不直接决定页面的真实来访者数量。比如一个网站就一人进来，通过不断刷新页面也可以制造出非常高的 PV。因此，页面浏览量是衡量科普网站的粗略但是重要的指标（见表 13）。

表 13 北京市科普网站页面日浏览量

页面浏览量	网站数量	所占百分比(%)
1 亿及以上	2	2.41
1000 万~1 亿	4	4.82
100 万~1000 万	8	9.64
10 万~100 万	20	24.10
1 万~10 万	28	33.73
1 万以下	21	25.30
总数	83	100.00

3. 北京市科普网站用户数量指标统计

（1）访问网站 IP 数量

IP 即 Internet Protocol，独立 IP 是指访问过某站点的 IP 总数，以用户的 IP 地址作为统计依据。00∶00～24∶00 内相同 IP 地址只被计算一次。IP 来源分析功能，可以记录并分析访问网站的 IP 信息，记录各 IP 访问的 PV 量，有助于深入分析来源 IP 所对应用户的访问行为。

表 14　北京市科普网站访问 IP 数量

人均日浏览量	网站数量	所占百分比(%)
100 万及以上	7	8.43
10 万～100 万	16	19.28
1 万～10 万	35	42.17
1 万以下	25	30.12
总数	83	100.00

（2）人均日浏览量

表 15　北京市科普网站人均日浏览量

人均日浏览量	网站数量	所占百分比(%)
20 及以上	1	0.34
10～20	4	1.35
5～10	31	10.47
2～5	184	62.16
2 以下	76	25.68
总数	296	100.00

（3）网站跳出率统计

网站跳出率（Bounce Rate），被定义为不继续查看网页或使用网站上提供的链接，也就是离开网站（反弹）的访问者的百分比。它代表进入网站然后立即离开而不是继续查看同一网站中的其他页面的访问者的百分比。跳出率是衡量网站在鼓励访客继续访问方面的有效性的一个指标，可用于帮助确定入口页面的有效性或性能，以产生访问者的兴趣。一般来说，跳出率越高，说明网站传播力越差。因此，网站跳出率是一个度量网站质量和对于访问者价值的指标。

表 16　北京市科普网站跳出率

网站在跳出率方面表现	跳出率区间	网站数量	所占百分比(%)
非常好	20%以下	12	5.74
好	20%～50%	60	28.71
一般	50%～70%	94	44.98
差	70%～80%	26	12.44
非常差	80%以上	17	8.13
总数		209	100.00

（4）人均在线时间

表 17　北京市科普网站人均在线时间

人均在线时间	网站数量	所占百分比(%)
10 分钟以上	4	1.67
5～10 分钟	26	10.88
1～5 分钟	205	85.77
1 分钟以下	4	1.67
总数	239	100.00

4. 北京市科普网站网络可见度指标统计

（1）百度收录数

收录量指搜索引擎的蜘蛛从索引区出发抓取网页，并将抓取到的网页存在临时库中进行处理之后再进行分类排挡反馈给客户，所以收录量决定了有多少搜索结果反馈给用户，也决定了用户搜索到这个网站的概率，也即网站的可见度。①

① 百度抓取量、收录量、索引量三者有什么区别，2018 年 4 月 16 日，http：//www.sohu.com/a/155942780_ 99945063。

表 18　北京市科普网站百度收录数

人均日浏览量	网站数量	所占百分比(%)
100 万及以上	14	4.33
10 万～100 万	33	10.22
1 万～10 万	66	20.43
1 万以下	210	65.02
总数	323	100.00

（2）百度 PC 指数

搜索指数是以网民在百度的搜索量为数据基础，以关键词为统计对象，科学分析并计算出各个关键词在百度网页搜索中搜索频次的加权总和。根据搜索来源的不同，搜索指数分为 PC 搜索指数和移动搜索指数。百度指数基于百度海量数据，一方面进行关键词搜索热度分析，另一方面深度挖掘舆情信息、市场需求、用户特征等多方面的数据特征。百度指数每天更新，并且提供自 2006 年 6 月至今任意时间段的 PC 端搜索指数，2011 年 1 月至今的移动端无线搜索指数。①

表 19　北京市科普网站百度 PC 指数

人均日浏览量	网站数量	所占百分比(%)
100 万及以上	2	0.55
10 万～100 万	10	2.73
1 万～10 万	18	4.92
1000～1 万	50	13.66
1000 以下	286	78.14
总数	366	100.00
移动指数 VS PC 指数	移动指数 > PC 指数的网站比例 75.84%	

① 百度 PC 指数和百度移动指数，2017 年 11 月 24 日，http：//index.baidu.com/Helper/？tpl=help&word=#h2use。

（3）百度移动指数

表 20　北京市科普网站百度移动指数

人均日浏览量	网站数量	所占百分比(%)
10 万及以上	5	1.40
1 万 ~ 10 万	12	3.37
1000 ~ 1 万	26	7.30
100 ~ 1000	73	20.51
100 以下	240	67.42
总数	356	100.00
移动指数 VS PC 指数	移动指数 > PC 指数的网站比例 24.16%	

5. 北京市科普网站国际传播力指标统计：访问网站的国家来源数

根据表 21，我们可以看到，在科普网站访问国家来源中，根据 Alexa 的数据，中国 IP 的访问是最主要的，占据了 41.16% 的比例，剩下的分别是美国、日本和中国香港地区等。与我们的预设有点儿出入的是，北京市科普网站的辐射力不仅仅局限于北京或者中国地区，其开始扩散到全世界各国，且潜力不俗。

表 21　北京市科普网站访问来源国家和地区比例

单位：%

人均日浏览量	所占百分比	人均日浏览量	所占百分比
中国	41.16	澳大利亚	0.48
美国	24.70	俄罗斯	0.48
日本	19.85	伊朗	0.24
中国香港地区	4.36	葡萄牙	0.24
韩国	3.87	意大利	0.24
中国台湾地区	3.65	总数	100.00
加拿大	0.73		

（二）科普类网站运营传播力指标体系

科普类网站运营传播力指标，包括网站主办和运营单位性质、网站域名运营年限、出站链接数、站内链接数、子域名数，在统计相关网站数据之后，其结果如下。

1. 科普类网站主办和运营单位统计

表 22 科普类网站主办和运营单位

序号	主办单位名称	主办和运营网站数量
1	中国科学院	60
2	北京市科学技术协会	20
3	中国科学技术协会	19
4	科学普及出版社	4
5	国家航天局	4
6	新华网	4
7	中国数字科技馆	3
8	人民网	3
9	北京数字科普协会	3
10	北京科技报社	3
11	北京自然博物馆	3
12	腾讯网	3

2. 科普类网站主办和运营单位性质统计

表 23 科普类网站主办和运营单位性质构成

序号	主办单位性质	主办和运营网站数量	百分比(%)
1	事业单位	205	51. 77
2	企业	128	32. 32
3	社会团体	26	6. 56
4	政府机关	23	5. 81
5	个人	12	3. 03
6	军队	2	0. 51
总计		396	100. 00

3. 北京市科普网站域名运营年限

表 24　北京市科普网站域名运营年限

网站域名运营年限	网站数量	所占百分比(%)
20 年及以上	22	5.68
10～20 年	235	60.72
10 年以下	130	33.59
总数	387	100.00

表 25　北京市科普网站运营时间前十名

排序	微信名	运营年限(单位:年)
1	中华网科学探索	23
2	科幻空间	22
3	腾讯科普	22
4	健康中国	21
5	中国科技网	20
6	翠湖国家城市湿地公园	20
7	海淀区人口计生委	20
8	人与自然	20
9	央视网科教	20
10	走近科学	20

4. 出站链接数

出站链接就是从某个网站找到对方网站的链接，这就叫作出站链接。网站链接就是向外的链接（outbound link），从某个网站链出去的，链到互联网上的不同页面的链接，也叫导出链接。

表 26　北京市科普网站域名运营年限

出站链接数	网站数量	所占百分比(%)
100 及以上	4	1.24
10～100	147	45.03
10 以下	173	53.73
总数	324	100.00

5. 站内链接数

站内链接指的是首页指向某网站的其他页面链接数量（导航，新闻类的），这个指标反映的是网站内优化的情况。

表 27　北京市科普网站域名运营年限

站内链接数	网站数量	所占百分比(%)
500 以上	3	0.95
100～500	93	29.43
100 以下	220	69.62
总数	316	100.00

6. 子域名数

搜索引擎往往将二级域名当作一个独立的站看待，同时会视情况将主域名的评价传递一部分给二级域名。使用二级域名会使同 domain 下站点变多，但是每个站点的体量变小。二级域名对用户来说也是一个完整的域名，显得更有权威性，二级域名页之间相关性更强，对于搜索引擎来说主题更集中，相较子目录更易形成品牌。在内容没有丰富到可以作为一个独立站点之前，使用子目录更能在搜索引擎中获得较好表现。内容差异较大、关联度不高的内容，建议使用二级域名的形式。搜索引擎会识别站的主题，如果站中各子目录的内容关联度不高，可能导致搜索引擎错误地判断站的主题。所以，关联度不高的内容放在不同的二级域名中，可以帮助搜索引擎更好地理解站的主题。

表 28　北京市科普网站子域名数

子域名数	网站数量	所占百分比(%)
1000 及以上	3	2.17
100～1000	235	16.72
100 以下	130	81.11
总数	368	100.00

五　北京市科普微博传播力研究

根据对应运营主体的情况，总共有 164 个微博账户。由于微博的传播力分析不是本文的重点，重点在于新媒体矩阵科普能力的研究，因此并没有对微博账户的样本采用概率抽样的方法。

（一）北京市科普微博账户层面传播力指标统计

在科普微博账户的研究中，我们将其科学传播力分成了两个部分来研究，一是微博账户层面的科学传播力指标，二是博文层面的科学传播力指标，前者是对一个账户传播力的综合性考察，后者是对其所发的每一篇文章做具体的考察。

1. 基于科普微博注册和运营单位层面的微博账户数量统计

在对科普微博的数据统计后发现，在北京市注册运营科普微博数最高的是果壳网，其微博数达到了 20 个，构成了强大的微博矩阵，这也是与其强大的业界口碑相匹配的。其次是中科院、中国国家地理等，分别有 16 个和 7 个（见表 29）。

表 29　按照注册运营科普微博数量的机构排行

序号	注册和运营单位名称	注册和运营微博数量
1	果壳网	20
2	中国科学院	16
3	中国国家地理	7
4	北京南昊科技股份有限公司	2
5	中国房山世界地质公园	2
6	北京天葡庄园农业科技发展有限公司	2
7	海淀区人口计生委	2
8	科普中国网	2
9	科学网	2
10	中国环境科学学会	2

2. 科普微博账户粉丝数量统计

微博账户的粉丝数量是衡量一个微博账户传播力的重要指标，研究发现粉丝数在 100 万以上的有 14 个，10 万 ~ 100 万的有 41 个，1 万 ~ 10 万的有 31 个，这些在科普公众号中属于传播力巨大的账户，其表现不俗（见表 30）。

表 30　北京市科普微博粉丝数量统计

粉丝数量	微博账户数量	所占百分比(%)
100 万及以上	14	8.54
10 万～100 万	41	25.00
1 万～10 万	31	18.90
1000～1 万	46	28.05
1000 以下	32	19.51
总数	164	100.00

3. 科普微博发文数量统计

微博发文数，反映了一个微博账号的活跃程度和资源投入的状况，也是一个具备高传播力的账号的典型特征，在我们研究的 164 个微博账户中，我们发现历史总发文数在 1 万以上的有 21 个，1000～10000 的有 83 个，100～1000 的有 43 个，100 以下的 17 个（见表 31）。

表 31　北京市科普微博发文数量统计

发文数量	微博账户数量	所占百分比(%)
1 万及以上	21	12.80
1000～1 万	83	50.61
100～1000	43	26.22
100 以下	17	10.37
总数	164	100.00

4. 科普微博原创发文数量统计

科普微博原创发文数，反映的是一个微博账户自身内容生产的能力，也是一个高传播力微博账户的应有特征，在 164 个账户中，原创在 1 万以上的只有 1 个，1000～10000 的有 22 个，100～1000 的有 64 个，100 以下的有 77 个（见表 32）。

表 32　北京市科普微博原创发文数量统计

发文数量	微博账户数量	所占百分比(%)
1 万及以上	1	0.61
1000～1 万	22	13.41
100～1000	64	39.02
100 以下	77	46.95
总数	164	100.00

（二）北京市科普微博博文层面传播力指标统计

微博博文层面的传播力指标，包括微博转发数、微博评论数和微博点赞数，这些都是在微博传播力中应用较广的指标。具体内容可见表33、表34和表35。

1. 微博转发数

表33　北京市科普微博转发数统计

转发数	微博账户数量	所占百分比(%)
100万及以上	2	1.22
10万~100万	8	4.88
1万~10万	24	14.63
1000~1万	22	13.41
1000以下	108	65.85
总数	164	100.00

2. 微博评论数

表34　北京市科普微博评论数统计

评论数	微博账户数量	所占百分比(%)
100万及以上	1	0.61
10万~100万	8	4.88
1万~10万	16	9.76
1000~1万	27	16.46
1000以下	112	68.29
总数	164	100.00

3. 微博点赞数

表35　北京市科普微博点赞数统计

点赞数	微博账户数量	所占百分比(%)
10万~100万	10	6.10
1万~10万	17	10.37
1000~1万	25	15.24
1000以下	112	68.29
总数	164	100.00

（三）北京市科普微博综合传播力指数 BCI 统计

根据清博大数据的 BCI 指数进行整体评价，其是一个绝对指数，可以综合度量一个科学类微博账号的传播力。从表 36 可以看出，BCI 在 1000 以上的有 56 个，100 ~ 1000 的 83 个，100 以下的 25 个。

表 36　北京市科普微博 BCI 指数统计

BCI 指数	微博账户数量	所占百分比(%)
1000 以上	56	34.15
100 ~ 1000	83	50.61
100 以下	25	15.24
总数	164	100.00

六　北京市科普微信公众号传播力研究

运用前述已经建立的指标体系，主要借助清博大数据平台提供的科普类公众号发布信息，以一般公众号的传播情况作为参照系，力图从公众号的内容特点、内容消费特点、经营方式以及这些因素之间可能的关系等角度进行分析和描述，以全景式刻画科普类微信公众号的具体情况、发展态势，并对之进行评价，指出存在的问题（见表 37 ~ 58）。

1. 发文篇数

表 37　北京市科普公众号发文篇数统计

发文篇数	微信公众号数量	所占百分比(%)
500 以上	1	0.11
100 ~ 500	53	5.82
10 ~ 100	392	43.03
10 以下	210	23.05
0	255	27.99
总数	911	100.00

表 38　北京市科普公众号发文篇数前十名

排序	微信名	微信号	发文篇数
1	中国经济网	ourcecn	539
2	腾讯科技	qqtech	266
3	科学解码	kexuejiema	235
4	极客公园	geekpark	221
5	创新社	chuangxinshe	192
6	UFO 探索	ufo - 2050	190
7	中国钢研战略所	GangTieYanJiuXueBao	185
8	农业技术	nyjs123	184
9	科普中国	Science_China	183
10	生物谷	BIOONNEWS	183

2. 发文次数

表 39　北京市科普公众号发文次数统计

发文次数	微信公众号数量	所占百分比(%)
100 以上	1	0. 11
50 ~ 100	9	0. 99
10 ~ 50	371	40. 72
0 ~ 10	275	30. 19
0	255	27. 99
总数	911	100. 00

表 40　北京市科普公众号发文次数前十名

排序	微信名	微信号	发文次数
1	中国经济网	ourcecn	147
2	科普中国	Science_China	90
3	极客公园	geekpark	79
4	果壳网	Guokr42	78
5	丁香医生	DingXiangYiSheng	66
6	腾讯科技	qqtech	65
7	科协改革进行时	kxgg_2016	65
8	中国食事药闻	CFDAnews	62
9	今日科协	gh_7baf8471087f	56
10	中科院之声	zkyzswx	50

3. 阅读数

表 41　北京市科普公众号阅读数统计

发文次数	微信公众号数量	所占百分比(%)
10000000 以上	2	0. 20
1000000 ~ 10000000	13	1. 43
100000 ~ 1000000	63	6. 92
10000 ~ 100000	159	17. 45
1000 ~ 10000	235	25. 80
0 ~ 1000	183	20. 09
0	256	28. 10
总数	911	100. 00

表 42　北京市科普公众号阅读数前十名

排序	微信名	微信号	阅读数
1	中国经济网	ourcecn	18750810
2	丁香医生	DingXiangYiSheng	13416601
3	果壳网	Guokr42	9817261
4	酷玩实验室	coollabs	6906024
5	科学解码	kexuejiema	3243342
6	腾讯科技	qqtech	2453264
7	科普中国	Science_China	1987791
8	中科院物理所	cas-iop	1949732
9	中国国家地理	dili360	1897425
10	小大夫漫画	zhongshanbajie	1798824

4. 平均阅读数

表 43　北京市科普公众号平均阅读数统计

发文次数	微信公众号数量	所占百分比(%)
100000 以上	1	0. 11
10000 ~ 100000	27	2. 96
1000 ~ 10000	138	15. 15
100 ~ 1000	281	30. 85
0 ~ 100	209	22. 94
0	255	27. 99
总数	911	100. 00

表 44　北京市科普公众号平均阅读数前十名

排序	微信名	微信号	平均阅读数
1	兔 two 酱	ITzxzbHEIIN	100001
2	丁香医生	DingXiangYiSheng	93822
3	果壳网	Guokr42	78538
4	全球智能家居播报	zhinengjiajubobao	60267
5	酷玩实验室	coollabs	53123
6	小大夫漫画	zhongshanbajie	52907
7	硅谷科技频道	guigu-channel	42285
8	中国经济网	ourcecn	34788
9	微故宫	weigugong	32161
10	中国国家地理	dili360	27499

5. 点赞数

表 45　北京市科普公众号点赞数统计

点赞数	微信公众号数量	所占百分比(%)
100000 以上	4	0. 44
10000 ~ 100000	8	0. 88
1000 ~ 10000	59	6. 48
100 ~ 1000	204	22. 42
0 ~ 100	350	38. 46
0	285	31. 32
总数	910	100. 00

表 46　北京市科普公众号点赞数前十名

排序	微信名	微信号	点赞数
1	丁香医生	DingXiangYiSheng	267998
2	果壳网	Guokr42	249857
3	酷玩实验室	coollabs	154463
4	中国经济网	ourcecn	133589
5	科普中国	Science_China	22568
6	科学解码	kexuejiema	20378
7	中国国家地理	dili360	17606
8	中科院物理所	cas-iop	14078
9	小大夫漫画	zhongshanbajie	12494
10	环球科学	huanqiukexue	11124

6. 平均点赞

表 47　北京市科普公众号平均点赞数统计

平均点赞数	微信公众号数量	所占百分比(%)
1000 以上	3	0.33
100～1000	19	2.09
10～100	182	20.00
1～10	356	39.12
0	350	38.46
总数	910	100.00

表 48　北京市科普公众号平均点赞数前十名

排序	微信名	微信号	平均点赞数
1	果壳网	Guokr42	1999
2	丁香医生	DingXiangYiSheng	1874
3	酷玩实验室	coollabs	1188
4	全球智能家居播报	zhinengjiajubobao	608
5	兔 two 酱	ITzxzbHEIIN	524
6	小大夫漫画	zhongshanbajie	367
7	博物	bowuzazhi	305
8	科学松鼠会	SquirrelClub	301
9	中国军事博物馆	zgjsbwg	272
10	中国国家地理	dili360	255

7. 最大阅读数

表 49　北京市科普公众号最大阅读数统计

最大点赞数	微信公众号数量	所占百分比(%)
100000 以上	13	1.43
10000～100000	85	9.34
1000～10000	197	21.65
100～1000	253	27.80
0～100	107	11.76
0	255	28.02
总数	910	100.00

表 50　北京市科普公众号最大阅读数前十名

排序	微信名	微信号	最大阅读数
1	果壳网	Guokr42	100001
2	丁香医生	DingXiangYiSheng	100001
3	酷玩实验室	coollabs	100001
4	兔 two 酱	ITzxzbHEIIN	100001
5	小大夫漫画	zhongshanbajie	100001
6	中国国家地理	dili360	100001
7	中国经济网	ourcecn	100001
8	中科院物理所	cas-iop	100001
9	果壳科学人	scientific_guokr	100001
10	骨科大夫	gukedf	100001

8. 最大点赞数

表 51　北京市科普公众号最大点赞数统计

最大点赞数	微信公众号数量	所占百分比(%)
10000 以上	2	0. 22
1000 ~ 10000	6	0. 66
100 ~ 1000	76	8. 35
10 ~ 100	541	59. 45
0	285	31. 32
总数	910	100. 00

表 52　北京市科普公众号最大点赞数前十名

排序	微信名	微信号	最大点赞数
1	酷玩实验室	coollabs	20370
2	丁香医生	DingXiangYiSheng	16927
3	果壳网	Guokr42	7615
4	中国经济网	ourcecn	4809
5	小大夫漫画	zhongshanbajie	1290
6	环卫科技网	cnhuanwei	1240
7	荣格科技	szrgwx	1133
8	腾讯科技	qqtech	1081
9	博物	bowuzazhi	973
10	中国国家地理	dili360	888

9. 头条阅读数

表 53　北京市科普公众号头条阅读数统计

头条阅读数	微信公众号数量	所占百分比(%)
1000000 以上	10	1.10
100000 ~ 1000000	58	6.37
10000 ~ 100000	140	15.38
1000 ~ 10000	235	25.82
100 ~ 1000	167	18.35
0 ~ 100	45	4.95
0	255	28.02
总数	910	100.00

表 54　北京市科普公众号头条阅读数前十名

排序	微信名	微信号	头条阅读数
1	中国经济网	ourcecn	9196187
2	果壳网	Guokr42	7581708
3	丁香医生	DingXiangYiSheng	6594620
4	酷玩实验室	coollabs	2993709
5	小大夫漫画	zhongshanbajie	1771357
6	中国国家地理	dili360	1412096
7	腾讯科技	qqtech	1331608
8	中科院物理所	cas-iop	1063011
9	科普中国	Science_China	1020365
10	环球科学 ScientificAmerican	huanqiukexue	1001890

10. 头条点赞数

表 55　北京市科普公众号头条点赞数统计

头条点赞数	微信公众号数量	所占百分比(%)
100000 以上	3	0.33
10000 ~ 100000	4	0.44
1000 ~ 10000	50	5.49
100 ~ 1000	173	19.01
0 ~ 100	391	42.97
0	289	31.76
总数	910	100.00

表 56　北京市科普公众号头条点赞数前十名

排序	微信名	微信号	头条点赞数
1	果壳网	Guokr42	211262
2	丁香医生	DingXiangYiSheng	172505
3	酷玩实验室	coollabs	105786
4	中国经济网	ourcecn	71835
5	科普中国	Science_China	12971
6	中国国家地理	dili360	12563
7	小大夫漫画	zhongshanbajie	12138
8	科学松鼠会	SquirrelClub	9875
9	博物	bowuzazhi	7238
10	中科院物理所	cas-iop	6845

11. WCI 指数

表 57　北京市科普公众号 WCI 统计

平均点赞数	微信公众号数量	所占百分比(%)
1000 以上	10	1.10
500～1000	102	11.21
100～500	412	45.27
0～100	131	14.40
0	255	28.02
总数	910	100.00

表 58　北京市科普公众号 WCI 前十名

排序	微信名	微信号	平均阅读数
1	丁香医生	DingXiangYiSheng	1431
2	果壳网	Guokr42	1409
3	中国经济网	ourcecn	1369
4	酷玩实验室	coollabs	1296
5	小大夫漫画	zhongshanbajie	1123
6	中国国家地理	dili360	1078
7	科学解码	kexuejiema	1025
8	中科院物理所	cas-iop	1018
9	腾讯科技	qqtech	1004
10	环球科学 ScientificAmerican	huanqiukexue	1000

七　存在问题及对策建议

（一）存在问题

本文在整合大量数据的基础上，对北京市411家科普机构的新媒体矩阵科普现状进行了系统研究，总结了北京市目前的“互联网+科普”和科普媒介融合的现状，对其新媒体科普能力进行综合评价，针对存在的问题提出了未来发展的对策建议。

1. 北京市大部分科普机构没有构建协同传播的新媒体矩阵，未发挥出新媒体应有的科普效果

（1）北京市科普新媒体矩阵基本情况

根据表59，通过对411个北京市科普机构新媒体科普状况的研究可以发现，具备新媒体矩阵结构特征（也就是网站、微博、微信公众号皆备）的较少，114个，仅占了27.74%；只有网站的占比最高，129个，达31.39%；有网站和微信公众号而没有微博的较多，100个，占比是24.33%；其次是有网站和微博而没有微信公众号的54个，占比12.90%。其余形态都寥寥数个，只具备微博的是3个，只有微信公众号的是4个，具备微信公众号和微博的是7个（见表59）。

表59　基于运营主体的北京市科普新媒体矩阵结构

新媒体矩阵结构	数量(个)	百分比(%)
网站、微博、微信公众号	114	27.74
网站、微博	54	13.14
网站、微信公众号	100	24.33
网站	129	31.39
微博	3	0.73
微信公众号	4	0.97
微博、微信公众号	7	1.70
总数	411	100.00

（2）北京市科普新媒体矩阵类型

在我们的研究中，根据科普网站、科普微信公众号和科普微博的组成结

构，将新媒体矩阵划分为三种类型。一是网站中心型：依托科普网站，发展出相应的微信公号和微博账户，但是网站是作为中心来组织这个新媒体矩阵的。二是全面发展型：这样的科普新媒体矩阵指的是网站、微信公众号、微博全面发展，都具备很强大的传播力，良性互动和协同发展的新媒体矩阵类型。三是无矩阵特征型：这一类基本还未形成新媒体矩阵，也没有明显的结构，因此属于未构建矩阵类型。

（3）北京市新媒体矩阵科普能力现状

在我们研究的411个北京市科普机构中，114个是属于全面发展型，154个属于网站中心型，143个属于无矩阵特征型。可以看到，大部分的科普机构并没有完全意识到整合资源、构建协同传播的新媒体群，并未发挥出新媒体在科普中的应有效果（见表60）。

表60　基于运营主体的北京市科普新媒体矩阵类型

新媒体矩阵类型	数量(个)	百分比(%)
网站中心型	154	37.47
全面发展型	114	27.74
无矩阵特征型	143	34.79
总数	411	100.00

2. 就北京市整体新媒体科普能力来讲，信息化水平有待提高

随着科学技术的发展，科普信息化在科普工作中扮演着越来越重要的角色。为了更好开展科普服务工作，减轻科普管理工作量，很多科普业务工作都需要移到互联网上进行处理。在科普信息化过程中，软件和硬件的建设投入亟待加强，数据的沉淀和挖掘可以为科普信息化服务提供重要的支撑。但是，根据我们的研究，整个北京市的科普“两微一端”建设还处于起步阶段，其移动化和智能化科普成为未来建设的方向。

3. 在科普新媒体应用技术水平方面，存在着不均衡现象

（1）整体上北京市科普新媒体多是科普网站或栏目，移动互联网应用不够

面对移动互联网的快速发展，北京地区移动互联网应用水平还比较低。微信、微博等虽然已经有些应用，并得到了官方的推动，比如“科普中国”。但

是目前效果还十分有限，即使中国科协作为主要推进主体的“科普中国”品牌在中国科协的网站上也仅被置于并不十分显眼的网页位置上，在北京市科协网站首页没有“科普中国”微平台，蝌蚪五线谱微平台也只是隐藏于网站首页右下角所有微平台之中（见图5）。

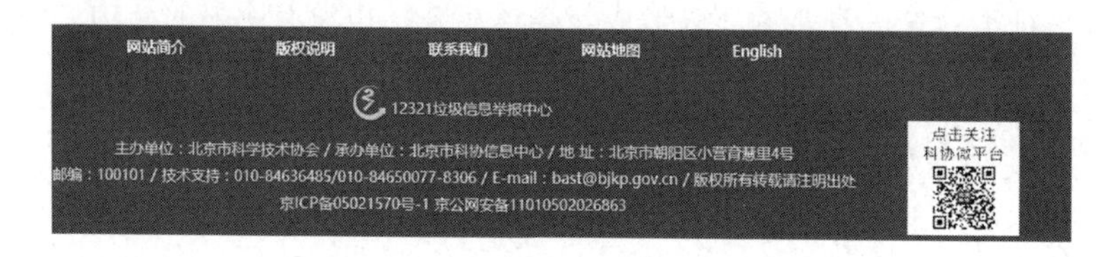

图5　北京科协网首页部分内容

部分网站开始重视了网站的互动性，采用动态和静态多种形式来传达信息，给受众带来了耳目一新的感观，然而依旧存在一些问题。例如信息和数据的丰富性不够，信息的查询和获取也是一大瓶颈。仅适合初级水平的建站运行需要。有部分网站还加入了数据库操作的元素，互动性大为增强，然而开发的投入和周期偏长，操作系统也较为复杂，科协工作未能系统性地整合到网站建设的过程之中，效果也难以满足预期目标。目前，掌上科技馆建设已经取得了初步的成就，不少单位也推出了移动互联网科普平台。但是，整体上看缺乏知名度高、用户量大、服务丰富的移动互联网科普平台，难以发挥移动互联网科普领域的示范引领作用。北京地区网站还停留在“内容为王”的阶段，多渠道建设进展缓慢。能够涵盖媒体融合的信息分发终端体系还比较薄弱，多渠道的协同建设工作也是难以令人满意。例如移动终端APP的建设数量远远不能满足移动互联网时代的需求。据统计数据，北京市科普移动APP的数量不过百，另外内容也停留在资讯的推介，同质化现象十分严重。从这个角度看，移动科普在数量和质量上难以满足受众需求，还有很长的路要走。

（2）就某一种新媒体本身而言，依然存在发展的不平衡性问题

就科普网站来讲，目前北京地区网站建设水平不均衡，表现在网站规模、内容、功能等方面。科普网站规模偏小，缺乏品牌化、规模化、旗舰型的网站。调查结果显示，北京市科普网站存在内部错误链接的超过了100个（25%），访问成功率达到100%的也就76.8%，还有一大部分科普网站访问服

务不尽如人意。访问成功率在50%以下的科普网站仍占7.19%，网站内部链接没有出现错误的仅占26.14%。W3C HTML没有错误的仅占15.69%，W3C CSS没有错误的仅占31.37%。这说明绝大多数北京地区科普网站都属于小型网站。

网站技术水平、管理水平发展不平衡。各网站之间独立运维，采用的技术和标准不一致，难以实现统一管理和信息分享，缺乏协作和资源共享，造成同一水平的网站重复建设。有的网站建设水平较高，不仅栏目多，内容丰富、分类清晰，而且信息更新及时，有较强的在线服务和互动功能。而有的网站仅有简单的页面，栏目数量有限，内容更新也不及时，这些网站在网站功能方面比较欠缺，尤其是在线服务方面。另外，有些网站的页面设计也比较简单，页面文字字体庞大且行间距小，影响用户阅读体验，这些都不利于吸引用户。

4. 新媒体科普内容方面，原创少更新速度慢

从目前的情况来看，科普内容的生产还是一个有待突破的方面。信息更新缓慢、内容同质化程度高、缺乏原创内容和高质量科普产品，成为诸多科普网站的通病。部分区域和科协网站，仅限于工作的通告、活动通知和转载其他网站、书籍、杂志、期刊的内容，内容创作的短板使得科普信息单一、僵硬和呆板。这些问题归根结底在于内容创作队伍建设的缺乏，高水平创作队伍建设长期滞后，优秀的科普工作人员依然短缺。这影响了科学传播和普及工作的展开，大大降低了科普工作的即时性和有效性。

5. 新媒体科普服务平台方面，缺乏线上线下互动

互联网已逐步从早期桌面互联网的单一终端、单一功能转向3G/4G＋社交＋视频＋网络电话＋日新月异的移动装置五大趋势融合服务发展，线上线下互动整合（Online to Offline，O2O）已成为未来发展的趋势，获取资讯、互动体验、游戏娱乐、社会动员、公众行为将逐步在互联网平台进行全面一体化发展。

然而，北京科普新媒体平台的线上线下互动整合服务还需提升，互动体验式平台的建设较匮乏，大大降低了科普能力。特别是对于科普网站来讲，用户黏度较差，并未突破传统单向灌输的特点，主要以科技发展动态、一般科学知识的简单介绍为主，系统深入的专题性分析非常欠缺。同时，通过先进信息技术，与受众交互、动态的沟通机制没有形成，公众参与度依然较低。调查显

示，有一半以上的用户仅通过搜索引擎查找科普网站，而绝大多数受众只有在借助搜索引擎查询自己需要的某方面信息时才无意中进入了科普网站或科普频道，他们很少有意识定期浏览科普网站。因此我们得出的结论是，目前的科普信息化停留在“看网站”而非“用网站”的阶段，缺乏深度应用，对于重点科普人群科学素质的提升作用还十分有限，其科普能力需大大提高。

6. 就新媒体科普资源来讲，整合利用水平有待提高

北京地区科普信息化发展需进一步统筹协调，有效整合，形成发展合力。虽然充分发挥政府引导作用，积极调动社会各方的主动性，通过“大联合、大协作”的模式，促进全社会共同参与建设已经成为科普信息化发展的共识，并且取得了一定的成就。但总体上科普信息化资源缺乏整合和具备操作性的实时更新机制，同时，资源评价、共享及数字化标准规范没有很好建立起来，未能形成良好的资源可持续的共建共享态势。

可视化互动、数字化、定制化、科普资源的挖掘与整合这些方面的实践还较薄弱。科普信息化平台的建设无法协同、单兵作战、独立运作，机构之间的合作和互联有限，使得科普建设的资源无法得到有效共享，甚至出现“信息孤岛”的现象。资源和人员的缺乏，部分协会和区域的科普网站被整合到非专业的网站当中，甚至在市场化的运营过程中直接被取消，这都是基层科普网站的生存现状。

7. 从公众科普效果的角度，精准化个性化服务有待提升

在新的科普时代，个性化和定制化的服务越来越成为各领域的迫切需求，高大全的科普网站已经成为少数，由于资源的有限性，定位清晰成为科普网站的建设要求。目前不少北京地区的科普网站定位模糊、目标用户不明确、网站架构呈现普适性、内容组织针对性不强。这些最后都表现为未能从受众的角度出发，也难以满足公众需求。从结果来看，科普网站的整体生态呈现对一般信息的传递、未能解读受众深层次的需求。网站的深度应用较为欠缺，基本停留在“看网站”的阶段，还没有达到“用网站”的层次。

另外，科普网站公众呈现了一种年轻、低学历化的趋势，然而并未能满足年轻人获取科技信息的需求。具体体现在难以应对不同知识结构的受众，服务的针对性还存在短板。

8. 新媒体科普机制方面，产业化市场化水平有待提升

其一，北京地区数字科普产业还不够成熟，科普信息联盟单位的作用发挥十分有限，有待于进一步挖掘；其二，科普信息化经费来源相对单一，市场化机制没有很好建立起来，建设经费主要以财政拨款为主，运维经费更加不足；其三，北京地区新媒体产业信息资源匮乏，新技术应用水平不高；其四，很多新媒体科普平台，尤其是科普网站，目前仅有少数在探索市场化的运营模式，多数网站仍然以公益性为主。

（二）对策建议

1. 优化要素配置，协同建设科普新媒体矩阵

新媒体矩阵是在目前媒介环境变化、媒介融合背景下，依靠自身的资源投入而建设新媒体网络集群，激发其共振效应从而使得科普的效果最大化。建设一定规模的新媒体矩阵，对于科普机构甚至一个地区来讲，在于科普资源包括人员、基础设施和资金的优化配置，在此基础上为受众提供全新的科普体验和便捷的信息消费平台。在我们的研究中包括微博、微信公众号和网站，然而根据新媒体矩阵的内涵以及新媒体的生态，新媒体矩阵的建设应该包括社交媒体、两微一端，以及论坛和贴吧等，随着新媒体环境的发展变化，其定义也会有不同的更新。

多样化新媒体矩阵的建设，从基本上讲，应该考虑多样化和中心性两个原则，多样化指的是新媒体多渠道，中心性指的是有重点，在基于有限资源的基础上，将新媒体矩阵建设内部的资源优化配置，协同建设科普新媒体矩阵，才能最大程度上发挥科普新媒体矩阵的传播力。

2. 优化科普新媒体矩阵结构，发挥最大传播效果

（1）将集中与分散策略结合起来

媒体矩阵之所以能够形成更强的传播力，一个很重要的原因是其细分化、个性化的内容。当用户变得越来越个性化、分众化时，主体需要为其量身定做满足、适合其消费需求的信息。新媒体矩阵可以发挥不同平台的优势，在各自的平台上深耕内容，从而把最合适的信息传播到用户，准确地向目标用户发送个性化推送，更加直接地吸引特定人群，同时优化其结构，发挥好对科普信息的整合作用，实现有限科普资源内容的高效率利用，同时增强了子平台之间的

传播连接性。

可以参考中国科学技术协会的新媒体矩阵，其开设了科普中国网、中国科学技术协会、中国科学技术出版社科学普及出版社、中国科学技术馆等几个网站，之后又围绕“科普中国”网建立了子品牌新媒体矩阵，着力将“科普中国”打造为科学传播领域的知名品牌。在科普中国的子品牌之下，又设有阳光动力科普中国行，V视快递、科幻空间、科学大观园等19个子品牌网站。各个网站首页均有“科普中国”的标识，在这些网站之下，还分设有一些微信公众和微博账号，共同打造了“科普中国”的品牌。这在极大程度上这些网站共同打造其“科普中国”的科学传播品牌。这样的新媒体矩阵构建，以网站为中心，同时又兼顾垂直的子品牌新媒体平台，最大化了中国科协的科普辐射力。

（2）实现结构和整体的最优化

Owyang（2009）认为企业社会化媒体战略主要有五种形式，包括自上而下分配任务和命令的集权式、无统一组织的分布式、一个部门制定规则的HUB式、贯穿更多子系统的蒲公英式和以人为中心的蜂巢式。新媒体矩阵的建设，应该从垂直和水平两个角度去考虑，既要将更多的新媒体平台考虑到矩阵的建设中去，又应该集中更多资源投入部分有潜力的平台，在两者之间达到一个平衡，也就是整体和结构最优化的问题。

可以参考北京自然博物馆。其设有官方网站、微博、微信，这构成了博物馆的一级新媒体矩阵。同时，博物馆还链接有很多其他的网站，微博也联结到其他个人或组织的微博，可以将这种不是博物馆自身建立的新媒体矩阵称作二级新媒体矩阵。如果说，一级新媒体矩阵之间的互动能够扩大受众覆盖度、深联结，二级新媒体矩阵能够实现平台间信息的共享，增加主体公信力和影响力。新媒体矩阵的内部协作和优化配置，实现了整个新媒体矩阵的最大传播力。

（3）达到主体和侧翼的合理配合

科普新媒体矩阵的战略布局，有重点有辅助，一个中心统领多个侧翼，两者互相补充，协同发挥出科普新媒体矩阵的辐射力。由于包括人员、经济、组织的资源是有限的，因此科普资源的分配必须科学合理，既要有中心，也要照顾到侧翼，在科普新媒体矩阵的不同组成部分，投入相应的科普人员、基础设施、经费和活动组织资源，优化科普新媒体矩阵的资源配置。

可以参考“果壳传媒”。作为一个拥有多层次产品体系的科普公司，以其为主体或与之相关的微博账号大致可分为两类，一类是官方账号，主要是果壳网及其旗下栏目、品牌、活动或产品账号；另一类是微博大V，这类账号多是在个人微博主页的信息介绍中添加“果壳网”关键字，结合意见领袖的概念，因其所具有的辐射作用。第一类微博账号共有20个，如品牌账号@果壳网、主题站账号@谣言粉碎机、产品账号@MOOC学院、线下活动账号@万有青年烩等；第二类账号中笔者仅计算了粉丝数在百万级以上的大V，共有11个，多为果壳网核心成员或相关领域知名人士，如果壳网CEO@姬十三、果壳网总编@拇姬、果壳网心理学领域达人@科学家种太阳等。这样的产品体系，子品牌补缺了主体品牌的盲点，共同协作使得“果壳”成为科普领域的行业标杆。

3. 发挥好中心和长尾（科普大V和普通账户）作用，提升整体科普能力

（1）努力提升作为中心和长尾的个人微博账户的科普能力

作为中心和长尾的个人微博账户的传递作用非常强。因而，要充分挖掘社会化媒体力量，特别是有广泛社会影响力的科学家和科普工作者作为特定领域舆论领袖（Key Opinion Leader，KOL）也就是所谓大V的影响力。用好KOL及其社交媒体账户的强大传播力，将科学信息、知识和观念传达出去，并依靠互动性，达到与受众的交流反馈效果，正向传递科学信息，提高自媒体的科普能力。此外，中V甚至是普通科普账户的传播力也不容小觑，他们配合大V，达到双向的互通互联。

（2）发挥意见领袖的引导作用

专业领域的新媒体平台，在这个领域具有较大影响力的个人账户。科普新媒体矩阵中，特别是社交化媒体中，其地位不可替代，是科普矩阵中不可取代的一部分。以果壳网的微博矩阵为例，其中微博账户“姬十三”（果壳网创始人，122万粉丝）、“瘦驼”（果壳网主笔，科学松鼠会成员，微博签约自媒体，475万粉丝）、“拇姬”（果壳网总编徐来，著有小说《想象中的动物》《碎前故事》，微博签约自媒体，230万粉丝）、“游识猷”（果壳网主笔、科学松鼠会成员，微博签约自媒体，212万粉丝）等分别作为果壳网的核心人员，他们在社交媒体上具备的影响力，可以使得有限的资源投入产生强大的杠杆效应。在科普新媒体矩阵中，要充分发挥知名科普自媒体人的巨大影响力，拉动企业科普新媒体矩阵的向心力，聚合科普新媒体矩阵的传播力。

(3) 发挥好普通科普爱好者的长尾效应

与科普自媒体大V相比，这部分账户显得无足轻重，影响力相对较小，但是由于其数量巨大，在某一领域深耕并且有影响力，其渗透力不容小觑。科普是一项系统工程，普通科普爱好者的自媒体科普账户，一定程度上产生的科普长尾效应，对于科普新媒体矩阵意义重大。

4. 提升新的信息技术应用水平，创新新媒体科普供给模式

数字科普是未来科普信息化的大方向，这意味着科普的形式不断地创新变革，目前VR、AR和MR技术的门槛不断降低和市场化，搭载这些技术的科普性不断反馈到实践中来。科普的“供给侧”改革，也就是围绕着新的科学信息消费习惯和环境，不断创新科普信息的呈现形式。当然，这离不开资源的投入，政府和相关机构应该发挥政策的驱动效应，探索科学传播新技术的资本投入模式，引入社会资本参与到整个科普建设过程中，引导科学的市场化，实现需求和市场的有效对接。

围绕着科普信息化新技术，在内容生产、渠道和平台建设方面进行深度融合，将普通公众的科普需求和科普渠道的建设打通，实现全平台的融合。

5. 以科普大数据开发为抓手，推动新媒体科普资源的共建共享

抓好京津冀一体化发展机遇，用好北京各类科普联盟，充分发挥首都科技资源优势，协同整合科研院所、高校、科技组织、社群、个人的资源，壮大科普基础设施和服务供给体量，实现“供给侧”改革。

依托“科普云”，建立完善专门的科普信息化服务系统、科普业务管理系统、科普信息化应用功能嵌入式增强服务、科普资源、(大)数据整合和处理服务、科普服务联合协同支持平台。

发展以互联网为代表的科普信息化体系，建设网络科普互动空间，扩大新媒体科普资源的公众到达率、使用率，提高服务效率，降低服务成本。

6. 构建科学性把关机制，加强新媒体平台的科普内容建设

科普内容建设是新媒体科普能力提升的最关键最重要的工作之一，因而北京市需要建立科学完善的科普内容生产和分发体制，实现科普工作的有效内容审查和把关，具体做法如下。

一要按专业、行业领域划分类别遴选专家，搭建专家审核平台，实现内容发布前的严格审核；二要组建专家团队进行定期与不定期相结合的新媒体平台

科普内容的权威审核；三要畅通公众纠错渠道，构建基于互联网的机构、专家和公众协同参与的新媒体科普内容审核、把关机制，即时反馈、跟踪审查，确保科普信息的供给有效性。

7. 建立北京市科普监测评估体系，为新媒体科普能力提升提供保障

为实现科学化管理，结合《科普法》要求，根据《科学素质纲要》提出的中长期目标和各项相关规划提出的阶段性目标，以公民科学素质基准为基础，结合首都特色、现实环境和实际需求，研制北京市公民应具备的科学素质指标，研判新媒体应该发挥的作用并检测评估其科普效果。

由科协牵头，联合科委、教育等逐步建立一个基本覆盖首都的科普监测工作网络，对首都科普资源、基础设施、政策环境、实施效果等多个方面进行综合性、系统性的监测和评价，掌握首都科普资源概况和配置状况，为整合科普资源、提升科普能力提供数据支撑。

参考文献

Bauer, M. W. , Allum, N. , & Miller, S. (2007). What can we learn from 25 years of PUS survey research? Liberating and expanding the agenda. Public understanding of science, 16 (1), 79 –95.

Coleman M C. Courage and Respect in New Media Science Communication. *Journal of Media Ethics*, 2015, 30 (3): 186 –202.

Curtis V. Motivation to Participate in an Online Citizen Science Game A Study of Foldit. *Science Communication*, 2015, 37 (6): 723 –746.

Dalrymple K E, Young R, Tully M. “Facts, Not Fear” Negotiating Uncertainty on Social Media During the 2014 Ebola Crisis. *Science Communication*, 2016, 38 (4): 442 –467.

Holliman R. Telling science stories in an evolving digital media ecosystem: from communication to conversation and confrontation. *Journal of Science Communication*, 2011, 10 (4): 1 –4.

Jensen P, Rouquier J B, Kreimer P, et al. Scientists who engage with society perform better academically. *Science and public policy*, 2008, 35 (7): 527 –541.

Jensen, P. , Rouquier, J. B. , Kreimer, P. , & Croissant, Y. (2008). Scientists who engage with society perform better academically. *Science and public policy*, 35 (7), 527 –541.

Jia H, Liu L. Unbalanced progress: The hard road from science popularisation to public engagement with science in China. *Public Understanding of Science*, 2014, 23 (1): 32 – 37.

Lee N M, VanDyke M S. Set It and Forget It: The One-Way Use of Social Media by Government Agencies Communicating Science. *Science Communication*, 2015, 37 (4): 533 – 541.

Liang X, Su L Y F, Yeo S K, et al. Building Buzz (Scientists) Communicating Science in New Media Environments. *Journalism & Mass Communication Quarterly*, 2014: 10776990 14550092.

Liang, X., Su, L. Y. F., Yeo, S. K., Scheufele, D. A., Brossard, D., Xenos, M., ... & Corley, E. A. (2014). Building Buzz (Scientists) Communicating Science in New Media Environments. *Journalism & Mass Communication Quarterly*, 91 (4), 772 – 791.

Luzón M J. Public communication of science in blogs: Recontextualizing scientific discourse for a diversified audience. *Written Communication*, 2013: 0741088313493610.

Mogos A. Scientific images and visualisations in digital age. From science to journalism. *Journal of Media Research-Revista de Studii Media*, 2012 [3 (14)]: 10 – 20.

Segerberg A, Bennett W L. Social media and the organization of collective action: Using Twitter to explore the ecologies of two climate change protests. *The Communication Review*, 2011, 14 (3): 197 – 215.

Willoughby J F, Smith H. Communication Strategies and New Media Platforms Exploring the Synergistic Potential of Health and Environmental Communication. *Science Communication*, 2016: 1075547016648151.

曹雨骋、李浩鸣：《科普网站的社交功能对科技传播的影响研究——以知乎网为例》，《出版广角》2015 年第 6 期。

曾繁旭、王宇琦：《新媒体时代的环境风险，环境事件和参与式沟通》，《世界环境》2014 年第 1 期。

陈方正：《微信自媒体的传播特性与盈利模式分析》，《华中人文论丛》2013 年第 6 期。

黄彪文、胥琳佳：《社会化媒体对科学传播的影响与因应策略》，《科普研究》2015 年第 1 期。

黄冬：《微时代下科技传播的现状、问题及对策——以微信传播为例》，《科技传播》2014 年第 1 期。

贾鹤鹏、范敬群、彭光芒：《从公众参与科学视角看微博对科学传播的挑战》，《科普研究》2014 年第 2 期。

蒋建科：《微信科普不可忽视，发明与创新·大科技》2014 年第 1 期。

科学媒介中心：《中国网民科普需求搜索行为报告（2015 年第三季度）》，2016。

李富强、李群：《中国科普能力评价报告（2016 ~ 2017）》，社会科学文献出版社，2016。

李婷：《地区科普能力指标体系的构建及评价研究》，《中国科技论坛》2011 年第 7 期。

刘春柏：《新媒体的界定及特征研究》，《新闻传播》2015 年第 9 期。

邱焱：《社会化媒体口碑传播效果研究——以美丽网站为例的网络口碑效果研究》，华中科技大学硕士学位论文，2013。

阙子毅：《传统媒体微信公众账号的发展现状与策略研究》，内蒙古大学硕士学位论文，2014。

陶贤都、范雪妮：《微信科技传播的机制：基于科技类公众号的研究》，《科技传播》2015 年第 11 期。

佟贺丰、刘润生、张泽玉：《地区科普力度评价指标体系构建与分析》，《中国软科学》，2008 年第 12 期。

王康友主编《国家科普能力发展报告（2006～2016）》，社会科学文献出版社，2017 年 5 月。

王璇：《媒体微信账号如何运营 20 万粉丝》，《新闻实践》2013 年第 8 期。

文艳霞：《微信公众平台自媒体的发展及其对传统出版的影响》，《出版发行研究》2013 年第 11 期。

吴国盛：《什么是科学》，《民主与科学》2016 年第 4 期。

谢新洲、刘京雷、王强：《社会化媒体中品牌传播效果评价研究》，《图书情报工作》2014 年第 7 期。

徐慧、张广霞：《新媒体时代科普工作原则——基于 CAS 理论视角》，《绿色科技》2015 年第 3 期。

杨鹏、史丹梦：《真伪博弈：微博空间的科学传播机制——以“谣言粉碎机”微博为例》，《新闻大学》2011 年第 4 期。

赵莉、韩新明、汤书昆：《新媒体科学传播亲和力的话语构建研究》，《科普研究》2014 年第 6 期。

中国互联网络信息中心，第 36 次《中国互联网络发展状况统计报告》，http：//www. cnnic. net. cn/hlwfzyj/hlwxzbg/hlwtjbg/201507/t20150722_ 52624. html。

中国互联网络信息中心，第 38 次《中国互联网发展状况统计报告》，http：//cnnic. cn/hlwfzyj/hlwxzbg/hlwtjbg/201608/P020160803367337470363. pdf。

中国科学技术协会，《第九次中国公民科学素质调查》，2015 年 9 月 1 日，http：//education. news. cn/2015 －09/19/c_ 128247007_ 3. htm。

周荣庭、韩飞飞、王国燕：《科学成果的微信传播现状及影响力研究——以 10 个科学类微信公众号为例》，《科普研究》2016 年第 2 期。

朱世龙：《北京科普工作特点及对策研究》，《科普研究》2015 年第 4 期。

B.9

“科普中国”网络平台传播内容研究

张增一*

摘　要： 本文根据科普网络平台的特点，针对网站、微博、微信等平台设定研究框架和分析指标，对“科普中国”网络传播平台的内容进行定量分析和定性分析，分析其传播内容、传播现状和传播效果，对“科普中国”网络传播平台进行整体性评价，针对存在的问题，分析其原因并给出具体的建设建议。

关键词： “科普中国”　网站　微博　微信　科普内容

前　言

为全面推进《全民科学素质行动计划纲要（2006～2010～2020）》实施，充分发挥我国优秀科普网站（频道、应用）的领导力、传播力和影响力，实现我国公民科学素质的跨越提升，依据《中国科协办公厅关于印发〈科普中国品牌使用与维护管理办法（暂行）〉的通知》（科协办发普字11号），中国科协开展了科普中国品牌网站（频道、应用）认定工作。

从2004年开始，中国科协会同社会各方面，以“科普中国”品牌为引领，强化互联网思维，大力推动“互联网＋科普”行动计划和科普信息化建设工程。

作为这一工程的全新品牌之一，2015年9月14日，“科普中国”网站上线试运行，“科普中国”各网络平台（如微博、微信、APP等）也陆续开通。“科普中

---

* 张增一，中国科学院大学人文学院联合党委书记兼副院长，新闻传播学系主任、教授，博士生导师，研究方向为科学传播、科技舆情分析、科学方法论。课题组主要成员还有李亚宁、迟妍玮、温家林、李力、黄楠、杨恋洁和赖明东。

国”各网络平台着力于科普内容建设，充分依托现有的传播渠道和传播平台，深度融合科普信息化建设与传统科普，以提高公众关注度和科普内容的科学传播效果。

从上线至今，“科普中国”的主网站已经运行了两年多，其他网络平台亦正常运行。但是，“科普中国”网站及各网络平台的传播效果和科普能力如何？是否与当初设计规划的期望相符？目前的亮点有哪些？还存在哪些需要完善的地方？为了比较客观地对这些问题进行探究，特进行此项研究。

一　研究的内容和方法

“科普中国”网络传播平台包括“科普中国”的主网站、合作网站的“科普中国”专区、“科普中国”微博、“科普中国”微信公众平台以及“科普中国”APP 等。

本文以上述“科普中国”不同类型网络传播平台作为研究对象，分别针对网站、微博、微信等平台的不同特点，设定研究框架，设置研究指标，以便进一步对“科普中国”网络传播平台的传播效果进行研究和分析。在确定研究指标后，首先对样本进行了预编码，确保研究指标可行和有效。

在充分了解“科普中国”各个网络传播平台的定位特点、结构设置、内容体量，并对其内容进行概览、通读后，考虑到样本量和可操作性问题，研究样本数据的选取时间段为 3 个月，即 2017 年 4 月 1 日至 6 月 30 日。

（一）网站的研究指标

我国科普网站，包括专业科普网站、科技类报纸杂志网站、科研机构和科普场馆官方网站、门户网站科技频道、科技论坛、科技博客及许多企业和个人建立的科普网站。科学合理的评估指标体系是开展科普网站评估的重要依据，科普网站评估指标体系的构建应遵循科学性原则、系统性原则、可行性原则、前瞻性原则。

对于科普中国网站科普能力的分析，可以借鉴对于一般网站传播能力的评价指标体系来进行。本文所采用的“科普中国”网站科普能力的评价指标，是在已有的《科普网站与社会化媒体科普能力现状及评价》的理论指标体系的基础上，结合科普中国网站的特点和可操作性，进行了修改和完善。同时，这些指标参考了北卡罗来纳州立大学的“网络科普资源评价标准”及中国互联网协会“科普网站评价指标体系”，从其划定的一、二、三级指标中结合网站实际选择了相关指标。最后形成的评价指标如图 1 所示。

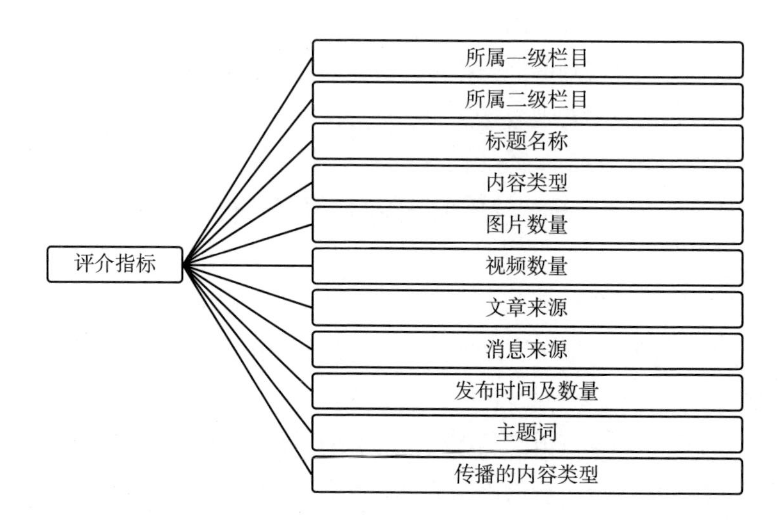

图 1　科普中国网站的评价指标

其中，内容类型、图片数量、视频数量，主要考察的是网站文章的表现形式，看其表现形式是否多样，是否具有吸引力；文章来源、消息来源等，主要考察的是网站文章的内容质量是否有保障，是否具有科学性和权威性，是否为原创等；发布时间及数量，主要考察的是网站文章的更新情况，内容是否新鲜；主题词，主要考察的是网站文章的内容涉及的学科、领域分布是否齐全；传播的内容类型，主要考察的是网站文章在科普中侧重于哪一方面（见图 1）。

（二）微博的研究指标

微博的研究指标以每条微博为一个分析单位，包括微博文本、话题栏目、评论数、转发数、点赞数、发布时间及数量、内容形式（纯文字、图文、视频）等信息，研究类目分为以下几种。

（1）基本信息：微博文本、内容来源、话题栏目、评论数、转发数、点赞数、发布时间及数量、内容形式（纯文字、图文、视频）。

（2）传播议题：所传播的内容类别和学科属性。通过阅读所选取文本，采用开放式编码的方法，将内容类别具体操作化为科普内容与非科普内容，科普内容分为科学知识、科学方法、科学精神、科学与社会，非科普内容分为日常问候、节日、会议、倡议等。

（3）传播特点：原创性、专业性、客观性、趣味性、延展性（公众参与讨论、加工再产生新的有趣科学话题）。

（三）微信平台的研究指标

微信的研究指标参考《评估网络科学资源》一书中提出的指标，结合WIC指标及“科普中国”微信公众平台的特性提出，具体指标包括以下几点

（1）公众号基本情况：更新频率、发布数量。

（2）发布文章基本概况：文章标题、内容分类、文章所属栏目、是否头条、作者、发布时间及数量、是否原创、阅读量、点赞量、传播内容属性。

（3）传播形式：文字、图片、视频、音频、H5等。

（4）科学性：消息来源、消息类别。

（5）互动：评论及评论数、评论态度、回复与互动。

二　“科普中国”主网站内容分析

科普中国网站的内容分为27个一级栏目及149个二级栏目。在样本时间段内，即2017年4～6月，总共获取2230条样本量，依据上述指标体系对这些样本进行内容分析。

（一）“科普中国”网络平台词频分析

1.“科普中国”主网站词频分析

运用Nvivo对样本中网站文章的所有标题进行词频分析，并结合词频统计结果梳理科普中国网站文章关注的焦点。

（1）国别

从国别来看，排名靠前的关键词依次包括：中国、美国、日本、英国、印度、朝鲜。一方面体现出网站立足本国的宣传报道策略，关于中国的内容占比较大；另一方面也显示了近年来中国在科技方面不断取得巨大成就，整体科技

图2 “科普中国”网站文章排名前100的词频

硬实力和影响力有显著提升。而美国、日本等国家出现频次较高，反映其科技发展和成果强势，与日常经验相符。

（2）内容对象

从内容对象来看，排名靠前的关键词包括：机器人、健康、人工智能、航母、手机、互联网、导弹、飞机、基因、治疗等。从这些关键词中，可看出这段时期科学界研究关注的重点。

（3）参与主体

从参与主体来看，排名靠前的关键词依次包括：专家、科学家、公司，说明了网站关注的科学研究的参与主体，既有主流的科学家，也有公司，参与主体多元。

（4）修饰语

从修饰语来看，词频统计结果排名靠前的词频包括：发现、成功、第一、未来、新型、国产、时代、创新、研发、诞生等，说明网站内容紧跟科学前沿，关注一些具有时效性、开创性和重要性的发现和事件，尽量把最新资讯呈献给受众。

2. “科普中国”其他网络平台词频分析

借助 Nvivo 质性分析软件，以科普中国网站、微信公众平台、APP、微博等四个平台发布的文章标题为对象，得出的词频分析图，可反映各平台文章关注的焦点。

图 3　“科普中国”网站词频

图 4　微信公众号词频

图 5　APP 词频

图 6　微博词频

四个平台中出现了一些共同的词汇，如中国、世界、机器人、专家、科学、科学家、人类等，指出了共同关注的焦点，从国别来看，中国备受关注，从参与主体来看，专家、科学家是主要参与者，从研究内容来看，以机器人、人工智能为代表的新兴科学技术引来了大家的广泛关注和研究，体现了当代科技发展的趋势。

3. “科普中国”网络平台文章样本筛选与分析

对各平台发布的文章进行筛选统计，结果如下。

（1）网站与微信公众号，重复文章有 51 篇，占整个微信公众号文章的 8.23%。

（2）网站与 APP，重复文章有 276 篇，占整个 APP 文章的 28.72%。

（3）网站与微博，重复文章有 14 篇，占整个微博文章的 3.74%。

（4）微信公众号与 APP 这两个平台，重复文章有 11 篇，占整个微信公众号文章的 1.74%。

（5）微信公众号与微博，重复文章有 138 篇，占整个微博文章的 36.90%。

（6）APP 与微博，重复文章有 5 篇，占整个微博文章的 1.34%。

由此看出，网站、微信公众号、APP、微博在发布的内容方面互有借鉴，从文章重复数量来看，其中网站与 APP 重复文章数最高，APP 与微博重复文章数最低。从文章内容选取方面来看，网站与 APP 之间的联系最紧密，APP 与微博之间的联系最弱。从重复率来看，微信公众号与微博重复率最高。

以“科普中国”网站上发布的文章为参考系，具体统计不同平台之间重复文章的数量、标题、发布时间，发现：①10.7%的文章网站发布时间先于微信公众号，18.9%的文章在两个平台的发布时间为同一天，其余 71.4%的文章，网站晚于微信公众号；②微信公众号与微博发布文章的时间基本一致；③APP上发布的时间多数要比网站、微信公众号、微博的时间稍晚一点。因此，从总体上说，同一篇文章在各平台上发布的时间顺序大致如下：微信公众号、微博、网站、APP。这一结果与新媒体时代的实际情况相吻合，同时，与我们的刻板认知不同，抛开内容的重复性，单从时间关系上看，微信公众号、微博等平台并不是网站的“搬运工”，依托于其快速广泛传播的特点，为了提高内容的时效性，微信公众号与微博显然是比网站更好的选择。

（二）样本数据及内容分析

在科普中国的网站上，3 个月内共抓取了 2230 篇有效样本，具体结果如下。

1. 表现形式

从表现形式来看，纯文字的文章占整个样本量的 35.0%，图文结合的文章占整个样本量的 63.7%。由此可以看出，科普网站的文章图文类的占了很大比例，在表现形式上努力呈现多样化，以吸引读者注意力和阅读兴趣。其中以每篇文章配图 1 幅为主，配图数整体偏低。考虑到图片普遍比文字更具有表现力，配图数有待改善。视频内容方面，2230 篇文章中，只有 29 篇使用了视频的表现形式，占整个样本量的 1.3%，在如今快消费、碎片化、形象化的阅读需求下，这一比例明显低很多，具体统计结果如表 1 所示。

表 1　“科普中国”网站内容表现形式统计

表现形式	总数量篇	具体分类	分类数量篇	占比(%)	
纯文字	781			35.02	
图文	1420	1 张图片	843	63.68	37.80
		2 张图片	229		10.27
		3 张图片	109		4.89
		4 张图片	93		4.17
		5 张图片及以上	146		6.55
视频	29	1 个视频	29	1.30	1.30
		2 个视频及以上	0		0

2. 文章来源、消息来源

从文章来源、消息来源来看，“科普中国”自己原创生产的内容占 24.3%，相对于其他文章来源来说，占了比较大的比重。同时，科技日报（17.4%）、新华体系（9.3%）、人民体系（6.0%）、百度体系（3.4%）、光明体系（1.5%）、腾讯体系（1.4%）等也逐渐成为“科普中国”网站的重要文章来源，其他来源占比 36.7%。在消息来源方面，53.3% 的文章中的信息都来自于专业机构或专业人士，0.4% 的文章信息来自非专业人士，但也有 46.3% 的文章没有明确的消息来源，不利于读者判断内容和数据是否真实可靠。

3. 发布时间及数量

从发布时间来看，“科普中国”网站的内容基本每天都有更新，日均更新25篇，更新数量和速度较高，保证了网站内容的信息量和时效性。具体如表2所示。

表2　“科普中国”网站的文章更新情况统计

单位：篇

发布时间段	数量	平均每天更新篇数
4月	662	22
5月	394	13
6月	1174	39
总计	2230	25

4. 主题词

从主题词来看，网站内容涉及的范围广泛，学科分布齐全，既有历来人们关注的如健康、饮食等重要话题和事件，又有引力波、人工智能、量子技术等科学研究新进展，满足受众不同兴趣需求。

5. 传播内容

从传播的内容来看，关于科学知识的内容占比较大，另一部分占比较高的内容是关于科技与社会的，但是关于科学方法的内容几乎没有。具体统计结果如表3所示。由此可以看出，“科普中国”网站在向受众传播内容时，存在片面性，科学传播要传播的除了科学知识以外，还有科学方法、科学精神，后面两方面在某种程度上甚至更加重要，也是当前我国受众比较缺乏的，需要在这两方面补课。不仅要让受众知道是什么，还要让其明白为什么，学会怎么做。

表3　“科普中国”网站的文章传播的内容属性（总数：2230）

传播的内容属性	数量(篇)	占比(%)
只关于科学知识	1265	56.73
只关于科学精神	277	12.42
只关于科学方法	1	0.04
只关于科技与社会	467	20.94
关于科学知识、科学精神	17	0.76

续表

传播的内容属性	数量(篇)	占比(%)
关于科学知识、科技与社会	179	8.03
关于科学精神、科技与社会	16	0.72
关于科学知识、科学精神、科技与社会	7	0.31
关于科学知识、科学精神、科学方法、科技与社会	1	0.04

6. 学科分类

结合“科普中国”网站定位，将其文章内容按《中华人民共和国学科分类与代码国家标准（GB/T 13745 －2009)》标准，按照自然科学、工程与技术科学、农业科学、医药科学、人文与社会科学等大类进行划分统计。结果显示文章类型最多的是工程与技术科学类，占 42.4%；其次为医药科学，占比 18.1%；自然科学为 16.9%；人文与社会科学为 7.7%；农业科学数量最少，不到 1%。其他非科普内容占 14.8%。

三 “科普中国”合作网站内容分析

按内容特点和定位，“科普中国”分为不同栏目，每个栏目的内容由不同的合作单位提供。合作单位则根据合作要求和栏目定位，在本单位的网站上建立“科普中国”专区，更新合作栏目的内容，同时将更新的内容提供给“科普中国”主网站。根据“科普中国”网站首页显示，合作栏目共计 54 个，本文逐一对各合作栏目进行浏览，并对其在 2017 年 4 ~6 月更新的内容进行统计和分析，分别从网站“科普中国”专区概况、栏目内容分析等方面展开描述和讨论。

在研究指标的基础上，对各平台的内容进行统计分析，有效样本包括：①明确标明了更新时间的文章或视频；②明确标明了是“科普中国”专区的网站栏目。符合上述条件的合作网站共 7 家，统计结果见表 4。

（一）新华网“科普中国”专区

新华网承接“科普中国”项目，定位于“魅力科学、权威表达”，其中承接的 3 个栏目分别是：科技前沿大师谈、科学原理一点通、科技名家里程碑。

表4　各平台更新文章数量

平台名	栏目数	更新文章数
新华网	3	501
山西科技新闻出版传媒集团	1	522
人民网	3	1390
科学传播网	3	122
光明网	1	263
百度网	2	52
腾讯网	5	15

注：其中需要说明的是：①百度网“科普中国”专区中科学百科以词条形式呈现，无明显更新时间，因此未纳入统计，科学大观园中大量科普教育基地资料无明显更新时间，因此未纳入统计；②腾讯网“科普中国”专区部分栏目承接时间较晚，部分内容时效性较强，在时间段内符合条件的样本数量较少，但截至报告形成时，已经有大量内容更新。

1. 内容总体特征

新华网“科普中国”专区的3个栏目定位和特色各有不同，其中科技前沿大师谈着眼于科学大家对特定内容的权威见解和分析，科学原理一点通对不同学科的科学知识进行深入浅出的讲解，科技名家里程碑记录了科技名家的科研经历和人生感悟。新华网“科普中国”专区的文章最早发布于2014年11月13日。

对新华网“科普中国”专区2017年4～6月更新的相关内容进行统计分析，3个月期间共更新文章501篇，其中197篇明确标明为栏目原创，占比39.3%。

（1）科技前沿大师谈

科技前沿大师谈的内容以视频为主，且文章的内容和制作均来自新华网，由专业人士提供文章内容，内容关注健康、心理、科技创新、质量管理、基础研究等多个领域或方向。该栏目包括空间与海洋、航空航天等12个子栏目。从更新数量上看，共有5个栏目在此3个月期间更新了内容，共计15篇。

（2）科学原理一点通

科学原理一点通栏目包括文字、图片、视频等多种表现方式，包括地理、化学、生物、数学等12个子栏目，各子栏目内容贴合学科特点，通俗易懂，以普及科学知识为主。

科学原理一点通在4~6月，共有7个子栏目更新共计308篇文章，更新的内容主题包括：气候、水资源、沙漠、地震、大脑、DNA等上百种主题，均为图文形式。其中生物子栏目更新的文章数量最多，数学子栏目最少。

（3）科技名家里程碑

科技名家里程碑的内容多以科技名家为采访对象，包括精彩人生、走近大师等6个子栏目。

科技名家里程碑在4~6月，共更新文章176篇。其中精彩人生均为科学家采访视频；史上今天每日连续更新；走近大师均为图文形式。这些文章的内容均来自于专业人士，关注对象主体均为科学家。

2.基础数据及内容分析

此节分别从表现形式、文章来源、消息来源、作者情况、发布时间及数量、主题词、学科分布等具体研究指标的统计数据入手，对新华网“科普中国”专区进行内容分析。

（1）表现形式

新华网“科普中国”专区共更新文章501篇，其中图文形式的共计463篇，占比92.4%；视频共计38篇，占比7.6%。

在更新的内容类型为图文形式的文章中，配图数为1幅图的文章占比最多，而文章的配图数超过3幅图的文章占比仅为1.6%（见图7）。可以看出，其科普内容以图文形式为主，且配图数量较少，配图多以人物像、与主题相应的图片为主，解释说明类型的配图较少。更新的视频均为原创视频，制作方为新华网或科普中国－科技名家·里程碑，视频具有相对鲜明的品牌特色。

（2）文章来源

从文章来源上看，文章来源共计22家媒体或网站，其中原创文章共计197篇，占比39.3%，分别来自科普中国－科技名家·里程碑、科普中国－科技名家风采录、科普中国－科学原理一点通。

文章来源最多的为新华社，共计119篇，占比23.8%。其次为图书《十万个为什么》，占14.8%。另有来自《人民日报》、《光明日报》、《北京晨报》等15家媒体的文章，数量小于10篇，占比较少。文章来源相对固定。

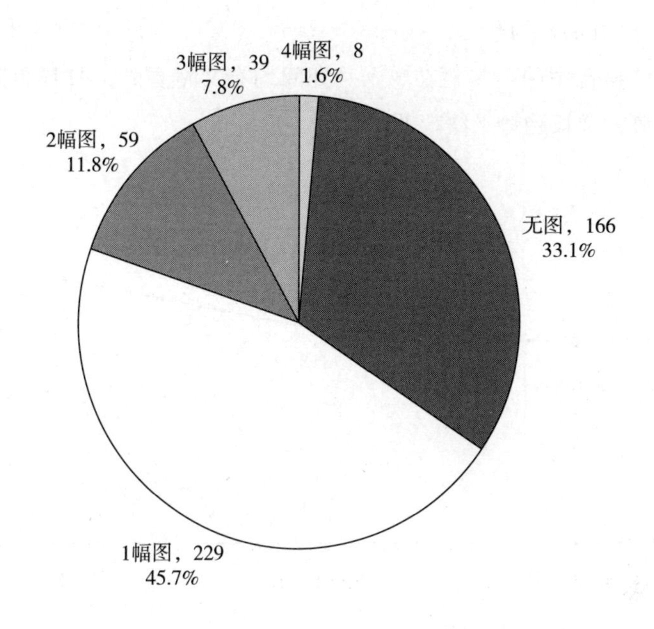

图7　新华网"科普中国"专栏文章配图数

（3）消息来源

在更新的文章中，有48%的文章在行文中明确表示由专业人士撰写或提供消息，相关描述包括英国牛津大学和埃克塞特大学的科学家或电子光学与光电子成像技术专家、中国工程院院士周立伟等，几乎无重复；25%的文章信息来自于专业机构，如大学、研究机构、科研团体等，包括《全球和行星变化》杂志、美国《国家科学院学报》《科学进展》杂志等，几乎无重复；23%的文章来源于其他，可推测为科普作家或科普工作者，如在科学原理一点通专栏多次出现十万个为什么等；还有4%的文章来源未标明，或可推测为新闻记者。

在更新的文章中，51.7%的文章内容涉及科学知识，其次28.1%的文章内容涉及科学与社会，18.6%的文章涉及科学精神，涉及科学方法的文章仅为1.6%。

（4）作者

新华网"科普中国"专栏上的作者信息不明确，文章均有标明作者，包括人名或机构名，但没有其他辅助信息，如作者单位、职务等。

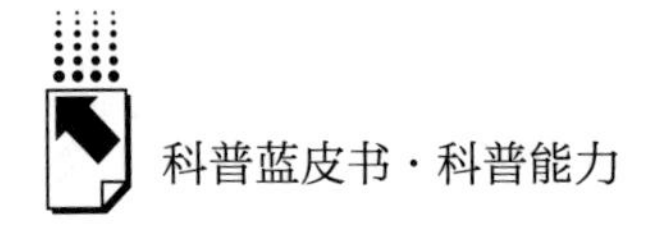

（5）发布时间及数量

新华网“科普中国”专栏在 3 个月期间均有文章更新，日均更新 5.5 篇，呈现增长趋势，增长趋势平缓（见图 8）。

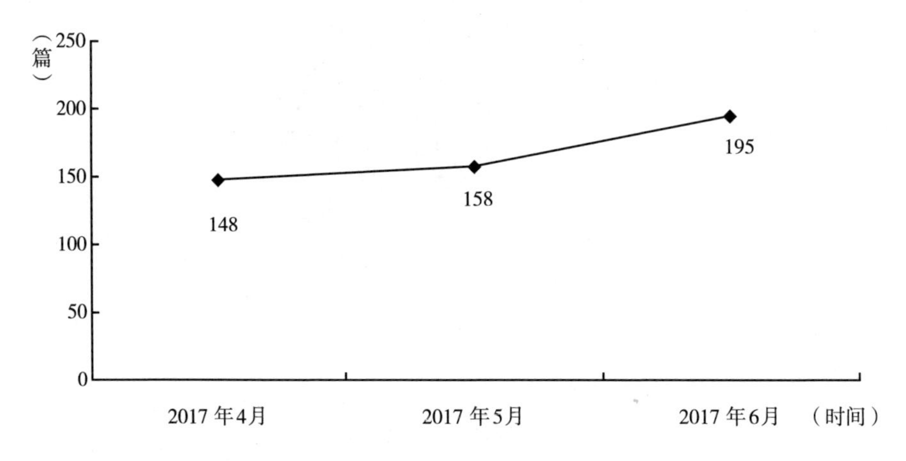

图 8　新华网“科普中国”专栏月更新文章数

（6）主题词

新华网“科普中国”专栏更新文章的关键词较多，分布分散，其中出现频次最多的关键词为大脑 7 次、海洋 6 次、恒星 5 次、行星 4 次，其他关键词的频次均少于 3 次，包括 3D 打印、DNA、PM2.5、X 射线、埃博拉等。

（7）学科分布

从学科分布来看，分布不均衡，其中自然科学类的文章数量最多，为 364 篇；其次为工程与技术科学，为 106 篇；医药科学 15 篇；人文与社会科学 11 篇；农业科学类最少，为 5 篇。

（二）人民网“科普中国”专区

人民网“科普中国”专区共承担了 3 个栏目，分别是：健康伴我行、科学为你答疑解惑以及科技点亮智慧生活。

1. 内容总体特征

人民网“科普中国”专区的 3 个栏目定位明确，健康伴我行专注于普及和健康相关的科学知识，科学为你答疑解惑以问答形式解答各种生活中的问题，科技点亮智慧生活侧重于科普热点和科普实验。

其中健康伴我行现在已经更名为乐享健康，科技点亮智慧生活现在已经更名为科技让生活更美好，因样本统计时未更名，所以这里仍采用原名，其中的子栏目划分也以样本统计时为准。

人民网“科普中国”专区文章更新量较大，2017 年 4 ~6 月共更新文章 1443 篇。

（1）健康伴我行

健康伴我行栏目包括图文形式和视频形式，行文浅显易懂，定位准确。3 个月期间更新 346 篇文章，更新量较大。健康伴我行栏目下设医学百科、身体密码等 9 个子栏目。

（2）科学为你答疑解惑

科学为你答疑解惑栏目用科学的方式解答社会热点问题，分为原创平台、解惑专题、热点解读和流言破解共 4 个子栏目。2017 年 4 ~6 月共更新 190 篇，各子栏目的内容重合较多，所以做合并处理分析。

（3）科技点亮智慧生活

科技点亮智慧生活下设新鲜资讯、热点追踪等 5 个子栏目。3 个月共更新 907 篇文章。值得注意的是，截至数据统计时，人民网该栏目仅能浏览到第 100 页，无法查看到 100 页之前的内容，因此只能看到 2017 年 5 月 25 日及之后的文章，2017 年 4 月 1 日至 5 月 24 日的更新文章未纳入统计。

2. 基础数据及内容分析

（1）表现形式

人民网“科普中国”专区更新的 1443 篇文章类型包括图文形式和视频形式两种，以图片 + 文字的形式为主，其中图文 1391 篇，占比 96.4%；视频 52 篇，占比 3.6%。

在图文类型的文章中，32.2% 的文章没有配图；63.7% 的文章配图数为 1 幅；2.5% 的文章配图数为 2 幅，1.6% 的文章配有组图。人民网“科普中国”专区各文章的篇幅和形式相对统一。

（2）文章来源

从文章来源来看，人民网“科普中国”专区在 2017 年 4 ~6 月共选用了 51 家媒体或网站的文章，来源广泛。其中有 29.9% 的文章属于原创，即来自人民网－科普中国。而来自人民网其他栏目的文章有696篇，占比48.3%，将近一半。

来源第二多的媒体是新华社，占比17.5%；其次为科技日报，占比13.5%。来自中国新闻网、环球网等11家媒体或网站的文章占比在1%～10%。南方日报、扬子晚报、人民网－人民日报海外版、新民晚报等37家媒体或网站，文章选用数量少于1%。

（3）消息来源

从消息来源来看，人民网“科普中国”专区的文章的消息来源，33.4%是专业人士，这些专业人士主要由医生、研究人员、科学家组成；15.2%的文章消息来自专业机构，包括大学、研究所、政府机构等；51.4%的文章来自其他消息来源，或没有明确说明消息来源。

（4）作者

人民网“科普中国”专区的文章，大部分作者栏写的是文章的来源，如人民日报，其他写明作者名的文章，没有标明作者的具体信息，根据作者名字也无法查询到确切的作者信息和作者单位，有些可以推测为记者或专栏作者。

（5）发布时间及数量

从人民网“科普中国”专区的文章发布时间来看，2017年4月发布文章326篇；2017年5月发布文章278篇；2017年6月发布文章830篇。因2017年4月1日～5月24日的更新文章未纳入统计。所以2017年4月和5月的文章数量不准确。

以2017年6月发布的文章为依据，日均发文27.7篇，可以看出其发文数量较大，更新频率较快。

（6）主题词

人民网“科普中国”专区的主题词分布较为分散，各类型俱有，大致看来，37.2%的文章与健康相关。其他主题词包括无人机、化学元素、人脸识别、DNA等。

（7）学科分布

从科学分布来看，文章类型最多的是医药科学（505篇）相关的科普文章，包括医学进展、用药知识等多方面内容；其次为工程与技术科学类（340

篇），包括对工程技术新进展、新发现的科普内容；自然科学（206 篇）；人文与社会科学（154 篇）；而农业科学（23 篇）的科普文章是更新量最少的，少数文章关注了有关最新农业技术的领域。

同时也出现了大量非科普的内容（214 篇），比如活动通知、会议报道，和科普关系较远，与栏目定位亦不吻合。

（三）山西科技新闻出版传媒集团“科普中国”专区

山西科技新闻出版传媒集团承接了“科普中国”中的乡村 E 站栏目内容建设。

1. 内容总体特征

乡村 E 站栏目主打农业信息化建设，目标用户是需要农业技术的农民，关注种植业、养殖业等农业实用技术，提供农业技术视频、专家在线解答、部分民俗文化、科学生活等内容以及乡土人才市场等服务，包括实用技术、农技视频等 12 个子栏目。

2017 年 4 ~6 月该栏目共更新文章 522 篇（有明确时间信息的），文章的类型和结构都比较相似，均为与农业相关的科学知识，且为图文形式，1 篇文章配 1 幅图。

该栏目的设置方便明确，其中实用技术子栏目，可以按照不同的农业类型进行导航和检索，方便读者根据需要快速找到所需要的内容。

2. 基础数据及内容分析

（1）表现形式

从表现形式上看，能够明确查询到更新时间的文章中，均为图文形式，每篇文章配有 1 幅封面图片，图片均和文章内容相关。文章内容分为摘要和正文两部分。文章内容均和农业技术相关，讲述深入浅出，适合农民或需要相关专业技术的人员进行查询和阅读。

（2）文章来源

从文章来源来看，来源较为广泛，来自 28 家媒体或网站，包括各类农业报纸、网站、农技协的分支部分、科协部分单位。

从网站上的信息来看，乡村 E 站栏目没有原创文章，文章均为转载。其中转载量最大的是农业科技报，占比 36.0%；其次是河北农科 110 网，占比

27.6%。其他转载来源的占比均小于10%。如中国农业网、中国花木网、河南日报农村版、京郊日报、中国畜牧兽医报、中国农药第一网等17家网站或媒体的转载占比小于1%。

（3）消息来源

乡村E站栏目上发布的文章内容，均没有明确的消息来源，没有提及这些农业知识是谁说的、是否有相关论文或文献进行佐证。（且文章以介绍农业知识和使用农业技术为主。从内容类型来看，更新的文章均属于科学知识。）

（4）作者

在山西科技新闻出版传媒集团的“科普中国”专区乡村E站栏目上发布的文章，均没有标明作者，能查询到编辑姓名，但没有更多信息。

（5）发布时间及数量

乡村E站栏目4月更新184篇，5月更新178篇，6月更新160篇，日均更新5.7篇，4~6月呈现下滑趋势，但日更新量较大，更新频次较高。

（6）主题词

从主题词上看，乡村E站栏目更新的文章，比较全面地覆盖了农业技术相关内容，各领域的更新量与季节、突发情况等有关，包括种植业、养殖业、林业、农田水利、农业机械、农产品加工、农资等几个大类。

（7）学科分布

从学科分布上看，乡村E站栏目上更新的文章均属于农业科学。

（四）科学传播网“科普中国”专区

科学传播网，由中国科学技术协会主办，由科学普及出版社承办。除此之外，其官网上没有其他介绍信息。

1. 内容总体特征

作为非综合性网站，科学传播网并不包含除科普中国之外的内容。网站设计简洁明了，栏目设置丰富，内容广泛，包括科技前沿、科学百科、新闻资讯等12个子栏目。其中4~6月，科技前沿、新闻资讯和科普图文3个子栏目发布了文章，共计122篇。

2. 基础数据及内容分析

（1）表现形式

表现形式包括文字形式（75 篇，比例为 62%），图文形式（42 篇，比例为 34%）以及图片形式（5 篇，比例为 4%）。

从配图数量来看，62% 的文章未配图，27% 的文章配 1 张图，余下 11% 的文章配多张图。配图通常符合文章主题，但与文中的细节性信息契合度不高，不能起到帮助读者理解文章内容的作用。其中 5 篇纯图片形式的文章，只是将一系列文字和图片综合编辑成为一张长图呈现出来（见图 9）。

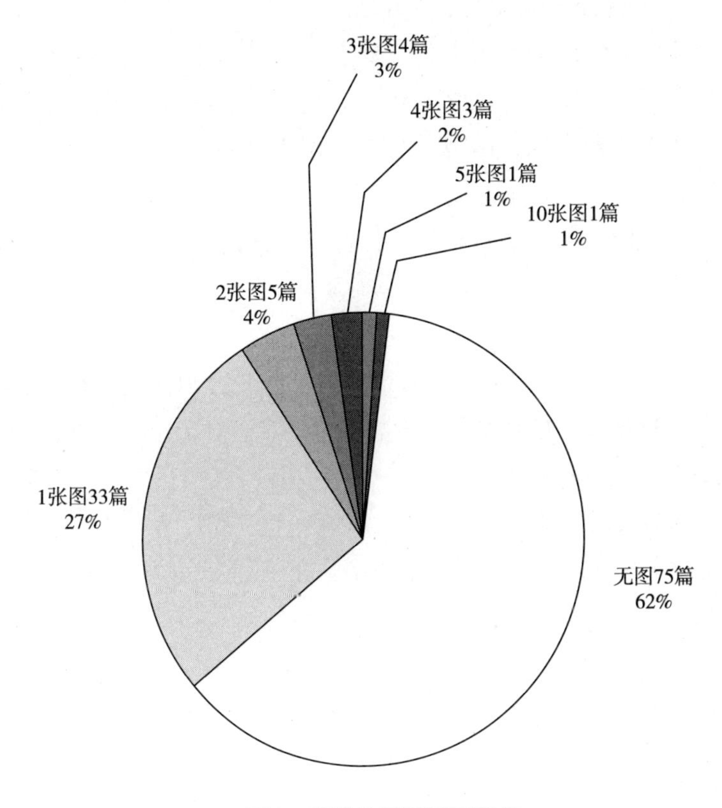

图 9　科学传播网配图数量

（2）文章来源

从文章来源上看，122 篇文章分别来源于 7 家媒体或网站，原创少，多为转载，且转载源非常集中。其中，科技日报是最主要的来源，提供了 103 篇文章，比例高达84%。其次是原创文章有10篇，比例为8%。其余文章来源包括新华社、光明网等5家媒体，占比较小。三个板块中，科普图文内容全部为原创。但数量非常少，仅有4篇。

（3）消息来源

从消息来源上看，有27篇文章都没有给出消息来源，比例达到22%。给出了消息来源的95篇文章中，有17篇文章给出了多个消息来源。

从消息来源来看，专业人士是最主要的消息来源，比如美国国会科学、空间与技术委员会主席拉马尔·史密森等，占49%。这些专业人员均从事科研工作，保障了文章内容的科学性、准确性。

第二大消息来源的主体则十分广泛，包括政府文件、行政官员、企业管理者、公众、记者等所有非科学界人士及机构，占38%。这些非科学界人士及机构作为消息来源，体现科学传播网十分注重公众理解科学、公众参与科学。

出现次数最少的消息来源是专业机构，如中国航天科技集团公司十一院等，占13%。

（4）作者

科学传播网的文章有32篇没有标明作者；余下的90篇文章给出了作者的姓名，但其中89篇除了姓名之外，没有其他信息。对于作者单位、职务和科学素养，读者都无从得知。

（5）发布时间及数量

科学传播网发布文章的时间非常集中。在4~6月，共发布文章122篇，其中6月120篇。4月、5月各一篇。

（6）主题词

科学传播网上的文章主题十分宽泛，绝大多数主题只出现一次。出现频次最多的主题词是商贸（19次），其次是医疗健康（10次），科技政策、天文、能源各6次，其余主题词出现频次均不大于5次，领域也非常分散，如三农问题、航空航天等。可以看出，密切联系生活的内容或涉及国家重点发展领域的内容会受到更多关注。

（7）学科分布

对科学传播网的文章进行学科分类，最热门的是工程与技术科学（34

篇），以材料科学、新能源、环境保护和治理等学科为代表；其次是自然科学（18篇），以天文学、基因科学为代表。以上情况与我国科学技术不同领域的发展力度和发展程度相符合，工程与技术科学最强，自然科学紧随其后，人文与社会科学（11篇）、农业科学（8篇）相对较弱。但是，近年来发展广受关注的医药科学（7篇）反而成为最冷门的学科，文章数量最少。其他类文章有44篇，比如“中国电影，成长空间不小”等非科普文章，或“浦东成立全国首个海外人才局”等新闻报道文章。

（五）光明网科技频道“科普中国”专区

光明网科技频道下设13个栏目，其中i科学和军事科技前沿为合作专栏。但i科学在4～6月并没有发布内容，因此本次研究仅涉及军事科技前沿栏目。

1. 内容总体特征

光明网科技频道军事科技前沿栏目定位明确，下设军事科技、人物志、讲武堂、军民融合、战场还原、网络硝烟、军迷社区7个子栏目。这些栏目当中，战场还原在本次研究的时间范围内无文章，军迷社区是APP下载页面，其余5个栏目都有文章，共计263篇。

（1）军事科技

军事科技栏目更新165篇文章，讲述军事领域的科学技术，热门主题是以武器为主的军事装备，有关军事局势等人文方面的内容较少。文章表现形式丰富，内容针对性、专业性都较强。需要说明的是，该网站内容检索只提供最近10页内容，因此成稿时，最早只能追溯到5月3日的内容，更早的内容无法获取。

（2）人物志

人物志栏目表彰杰出军事人才，包括优秀军人、军事科研领域的领军人物等。虽然文章数量不少，共计66篇，却只表彰了4位人物，文章主题重复率较高。

（3）军民融合

军民融合栏目的17篇文章中，大多数文章讲述的是与人民日常生活有关的技术，不全是军事技术。

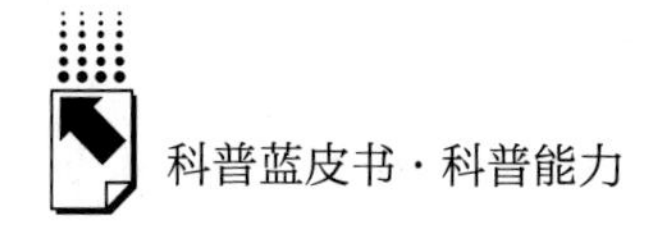

（4）讲武堂

讲武堂栏目的 9 篇文章全部是军事分析，十分符合栏目名称。但是，只有一篇文章给出了明确的消息来源。其余 8 篇文章虽没有给出消息来源，但都来自于权威媒体，比如解放军报，中国青年报。文章的可靠性还是有保障的。

（5）网络硝烟

网络硝烟栏目有 6 篇文章，均讲述网络争端，比如黑客、病毒、赛博战等。主题鲜明，针对性强。

2. 基础数据及内容分析

（1）表现形式

从表现形式上看，图文并茂的文章最多，纯图片文章最少。充分利用配图辅助读者理解文章内容，特别是有一些以图为主、以文为辅的文章，用 10 张以上的图片对主题进行详细描述，如航空母舰、战斗机、装甲车等（见图 10）。

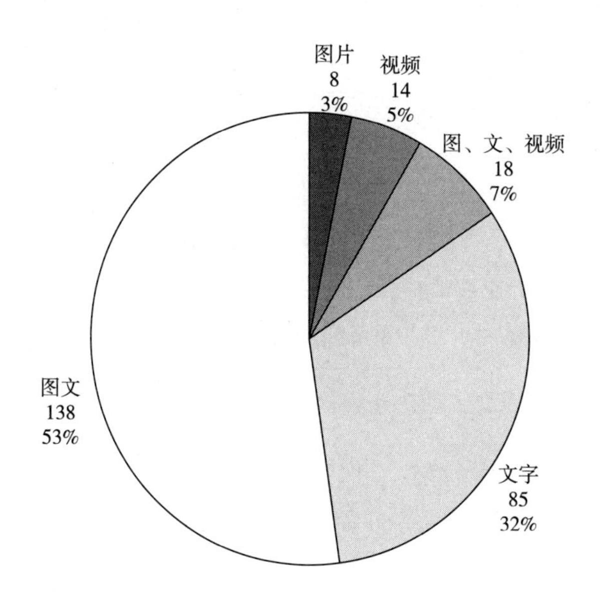

图 10　光明网文章表现形式

（2）文章来源

文章来源十分广泛，包括33个媒体或网站。其中，科普中国－军事科技前沿是最主要的来源，网站的原创率较高，达到54.9%，其余转载媒体均为大型传媒机构，包括电视台、报纸、网站等。其中不乏专业军事媒体，比如解放军报、中国军网等。转载时注重媒体的可信度与有效度，从权威媒体和军事媒体上选择内容。保证了转载文章的质量。

（3）消息来源

263篇文章中，159篇都没有给出明确的消息来源，比例达到60.5%。其余1.1%来自中国科学院等专业机构，7.6%来自军事实验室工作人员、院士、工程师等专业人士，30.8%来自媒体、政府官员、军火公司、军人等。

栏目重视文章内容契合网站定位，大量引用政府、军队、军事媒体、军事科研人员作为消息来源；但引用的专业人士、专业机构不多。

（4）作者

在263篇文章中，有27篇提供了作者信息。仅1篇标明作者职务。其他作者信息未注明。

（5）发布时间及数量

2017年4月发布文章8篇；5月发布文章109篇，日均发布量为3.5篇；2017年6月发布量为146篇，日均发布量为4.9篇。

4月样本获取不全面，从5～6月样本量来看，呈现增长趋势。

（6）主题词

从主题词上看，军事科技前沿发布的文章没有全面覆盖军事科技相关内容，并且集中程度较高，不够均衡。出现最多的主题是优秀人物表彰，科学色彩较单薄。具有科学色彩的军事科技主题，只出现了10次。

（7）学科分布

从学科分布上看，内容涉及工程、材料、能源等学科，但部分内容与科学技术无关。

最热门的学科为工程与技术科学（54%），主要包括战斗机、战斗舰艇、导弹、发动机等军备内容；其次是其他内容（35%），主要包括优秀人物、军事新闻等；随后是人文与社会科学（10%），主要是国际军事局势、军事分析等内容。自然科学（1%）内容最少，均属于天文学领域。

（六）腾讯网“科普中国”专区

1. 内容总体特征

腾讯网“科普中国”专区包含了5个栏目，分别是科普影视厅、科普创客空间、玩转科学、科普头条推送、科普大数据，每个栏目定位不同，各具特色。

2. 基础数据及内容分析

腾讯网“科普中国”专区在样本选取时间段内符合筛选条件的样本数量较少，可能原因是：①腾讯网“科普中国”专区项目承接时间较晚；②其中部分内容时效性较强；③部分栏目内容无明确更新时间。因此在取样时间段内样本数量较少，但截至报告撰写时，各栏目已有一定数量的更新。

（1）表现形式

腾讯网“科普中国”专区更新的文章中，有12篇文章为图文形式，均来自创客咨询子栏目；更新的3篇视频内容，均来自42号放映厅子栏目，内容来自腾讯视频微博。

在图文形式的文章中，没有配图的文章数为4篇，配图1幅图、2幅图、5幅图和超过10幅图的文章数均为2篇。

（2）文章来源

从文章来源上看，文章来源包括蝌蚪五线谱（5篇）、科技日报（1篇）、环球报（2篇）、网易科技（1篇）、新浪科技（1篇）、腾讯网（2篇）、腾讯视频（3篇）共7家媒体或机构，其中转载自蝌蚪五线谱的文章数量最多。

（3）消息来源

从消息来源看，3篇文章为专业机构；1篇文章为专业人士，8篇文章为其他，包括媒体、记者或未明确说明的科普作家。

从文章内容来看，这些文章中有8篇内容有关科学与社会，6篇文章内容有关科学知识，1篇文章内容有关科学精神。

（4）作者

从作者角度看，这些文章没有标明明确的作者，编辑亦为假名，无法进一步考证。

（5）发布时间及数量

2017 年 4 月更新 1 篇；5 月更新 10 篇；6 月更新 4 篇。因整体更新量较小，所以趋势不明显。

（6）主题词

主题词包括大脑、暗物质、小行星等，其他文章多以新闻报道为主，无明显的科普性关键词。

（7）学科分布

从学科分布来看，自然科学（4 篇）和新闻（4 篇）的占比最大，其次是人文与社会科学（3 篇）、工程与技术科学（3 篇）、医药科学（1 篇），没有与农业科学相关内容。

（七）百度网"科普中国"专区

百度网"科普中国"专区共有 2 个栏目，分别是百度科学百科和科学大观园。

1. 内容总体特征

百度科学百科包括热词推荐等 3 个子栏目；科学大观园包括项目介绍等 4 个子栏目。

2. 基础数据及内容分析

在样本时间段内，部分内容无明显更新时间，未纳入统计，有明确更新时间的样本数量较少。2017 年 4～6 月，科学大观园更新 52 篇文章，均来自新闻资讯子栏目，属于图文形式的有关科普教育基地的新闻，发布时间均为 2017 年 5 月 15 日。

四 "科普中国"微博

微博作为一种新的交流和传播方式，是从事科学传播的主要途径之一。而如何提升科普微博的运营质量和影响力也成为当下面临的崭新课题。作为"科普中国"网络平台构成的一部分，在新媒体科普传播中具有重要意义。中国科协的官方微博科普中国、中国科学技术出版社的官方微博科普中国网，本部分采用内容分析法，对这两类微博从运营情况和具体内容两个角度进行了研究和分析。样本选取时间为2017年4月11~7月11日，其中，科普中国共有285条样本，科普中国网共有149条样本。

（一）科普中国微博

1. 微博总体运营情况

科普中国官方微博自2014年7月23日开始更新，至2017年9月24日，共发布微博4907条，拥有164多万粉丝数。

从微博内容的形式来看，发布长文文章3299条，占比66%；纯文字微博686条，占14%；图文微博670条，占14%；视频微博315条，占6%。

从微博来源上看，以转发微博为主，转发微博3062条（62%），原创微博1845条（38%）。而在原创微博中，有很大一部分原创微博来源为科普中国微平台，首发于科普中国微信公众平台或科普中国网站，实际微博原创率低于38%。

截至2017年9月24日“科普中国”有超过164万的粉丝，微博关注度还有较大提升空间。

2. 微博内容分析

（1）微博内容来源

抽样的3个月共有285条微博，4月100条，5月95条，6月90条，呈下降趋势（截至报告撰写时，每日微博推送数量有所提升）。平均每日更新微博3.1条，最多一日发布7条，最少一日发送0条。其中原创微博共4条，其余281条微博为转载，来源最多的是科普中国微平台（140篇），其次为十万个为什么（91篇）、知识就是力量（34篇），其余包括中国数字科技馆等11个来源转载数量均不超过2篇。

（2）微博话题栏目设置及其特点

在微博话题设置方面，科普中国设有十万个为什么、图说科学、有图有真相等11个常设话题栏目，每日推送的微博中有73.3%的内容属于固定栏目，以十万个为什么为主，有89篇，占固定栏目内容的近一半，其他各栏目更新量均不超20篇。各栏目的内容来源和特点分析见表5。

表5　科普中国微博话题栏目内容来源及特点

话题栏目	内容来源	内容特点
十万个为什么	《十万个为什么》	书籍内容直接转发;长文;篇幅短,数量多,时效性较差
图说科学	科普中国微信公众号	微信内容直接转发;长图;动漫卡通;有较强的趣味性
有图有真相	科普中国微信公众号	微信内容直接转发;长图、图文;真实图片 + 动漫卡通;有一定的新颖性
每日小知识	科普中国微信公众号、其他微博	微信、微博内容直接转发;长文、图文;贴近生活
每日科普	科普中国微信公众号	微信内容直接转发;长文;涉及知识门类齐全
科普真相	科普中国微信公众号、其他微博	微信、微博内容直接转发;长文;多辟谣,贴近生活;标题吸引眼球
科普小知识	科普中国微信公众号、其他微博	微信、微博内容直接转发;长文;贴近生活;标题吸引眼球
科技前沿	科普中国微信公众号、其他微博视频网站、《十万个为什么》	微信、微博内容直接转发;视频 + 长文;科技、科学研究;有较强的新颖性、趣味性
健康小知识	科普中国微信公众号、其他微博	微信、微博内容直接转发;长文;简短;贴近生活
维吾尔文科普	新华网	维文书籍内容翻译后直接转发;长文;维语、汉语结合,可读性较差
藏文科普	《知识就是力量(藏文)》(《知识就是力量》杂志社)	书籍内容直接转发;长文;藏语、汉语结合,实效性、可读性较差

(3) 微博文本内容分析

在285条微博内容中有258条涉及科学传播、科学普及的内容。其中医药科学类127条，自然科学类83条；工程与科学技术类8条；农业科学类20条，人文与社会科学类14条。

养生保健与用药是微博推送中占比最高的。动物学、植物学、航空航天、心理学、地理学基本各占总微博数的7%。而计算机科学、化学、建筑学、机械制造、资源环境、海洋学则低于平均值。

对285篇微博内容的标题进行词频分析（见图11），可以看出微博内容与日常生活联系密切，所关注的疾病有近视、血友病、高血压、贫血等，而其主要关注的人群为儿童，出现频次为14次，年轻人为2次。

在微博内容的学科分类上，医学与食品知识占据了半壁江山，这一方面体现了其贴近生活的特点，但另一方面也反映出其对前沿科技、科学研究的关注

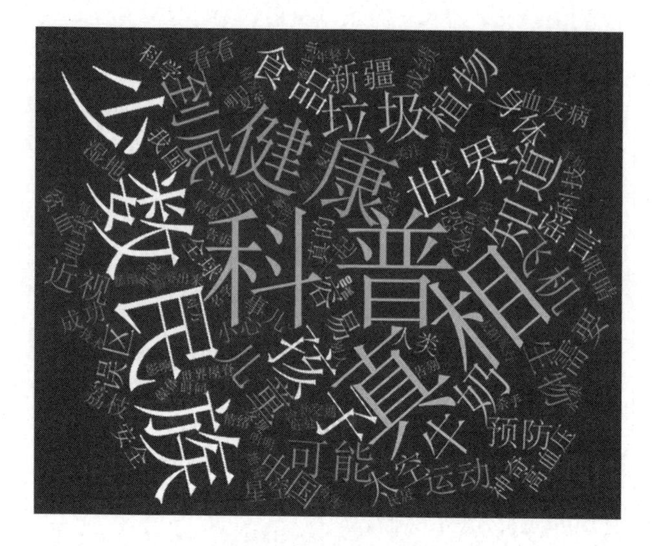

图 11　科普中国微博标题词云

不足。

对科普中国微博与科学有关的内容按照科学知识、科学精神、科学方法、科技与社会进行分类。统计发现其中 96% 的微博内容为科学知识，科学方法、科学精神、科技与社会的相关微博占比很少。

（4）客观性、可信度、独特性评价

客观性和可信度能够从侧面反映出微博的科学性与影响力，独特性则意味着科普中国的微博相较于其他科普微博之特色所在，是其获得更多关注的重要因素。

研究发现，“科普中国”微博内容具有客观性与较高的可信度。在研究的 285 篇微博中，有 278 篇可被认为具有客观性与较高的可信度。主要体现为：标题大多采取提问的方式，鲜有“标题党”；文章来源、作者皆可查，并且作者大多是在本领域进行研究并取得一定成果的专家学者；文章内容多陈述现象及原理，而非单一陈述个人观点或结论。

但微博的独特性方面则有待加强，在 285 篇微博中仅有 1/4 被认为其内容是具有独特性的，其余 3/4 被认为不具有独特性。在科普微博中，中科院之声依托中科院，能够率先发布科学院的研究成果作为其微博特色；博物杂志以其猎奇、互动性强为特色收获了 750 万粉丝，是科普中国的近 5 倍。因此，科普中国想要取得“科学可信、分享互动、公众普及”的目标，科学可信已基本实现，而分享互动，达到公众普及则需要构思出更易于传播与分享的独特内容。

（5）公众对科普中国微博内容的态度与评价

在所选研究周期内的微博中，共采集评论754条，平均每篇微博获得评论3.35条；点赞总数3775条，平均每篇点赞数13.25条；转发总数19237条，而其中有一天获得转发15306条，因此平均转发数为13.79条。对微博评论进行统计研究，在评论中呈正面态度的有60条，其中26条表示出认同微博内容的观点，有34条进行了好评或赞扬；呈负面态度的有12条，其中10条对所述文章内容持反对意见，有1条明确表示微博内容无法理解，1条留言认为微博内容较老旧。持怀疑态度的有18条，其中有15条对文章所述内容进行再次追问，有3条对文章疏漏处进行了质疑。值得注意的是，科普中国微博运营者并未对任何用户的微博留言进行回复，这着实浪费了很大一部分资源，也背离了其“分享互动”的宗旨。

（6）科普中国微博的转发数量分析

微博的传播优势之一是其具有较强的互动性，转发数大于等于10条即认为有较强的公众参与度，有57%的微博能够引发公众较强的参与，内容形式包括视频、长图和图文。有43%的微博，转发数不足10条，基本均为图文形式。

（二）科普中国网微博

1. 微博总体运营情况

科普中国网微博由中国科学技术出版社官方运营，采用了与科普中国微博一致的头像图标，截至2018年1月6日，共发布微博5542条，粉丝数为11727。

2. 微博内容分析

（1）微博内容来源

抽样的3个月共有149条微博，其中4月22条、5月48条、6月79条，现每日微博推送数量有所提升。平均日更新微博1.76条，最多一日发布6条，最少无发布。其中原创微博共28条，占比17%；转发121条，占比83%。除

8条无来源信息的微博外，其微博内容主要转发来源有：人民日报、央视新闻、中新网、科普中国等。以人民日报为主要信息来源，占全部转发内容的30.5%。

（2）微博文本内容分析

对科普中国网的内容按照科普内容与非科普内容进行编码分类，其中非科普内容82条，科普内容67条。科普内容所占比例较低，微博中推送了较多社会新闻、活动等内容。

在微博推送的科普内容中，按照学科分类，医药科学内容涵盖最多，为29条，其次为工程与技术科学21条，人文与社会科学11条，自然科学与农业科学内容较少，分别为5条与1条。

从科普内容来看，中科学知识占比高达87%，科技与社会、科学精神的内容分别为7%与6%，未有涉及科学方法的微博内容。

五　“科普中国”微信公众平台及APP

“科普中国”微信平台及APP的研究对象包括：中国科学技术协会主办的科普中国微信公众号，中国科学技术出版社主办的科普中国网微信公众号，合作单位主办的科学原理一点通、科技前沿大师谈、军事科技前沿微信公众号，以及“科普中国”APP（见图12）。

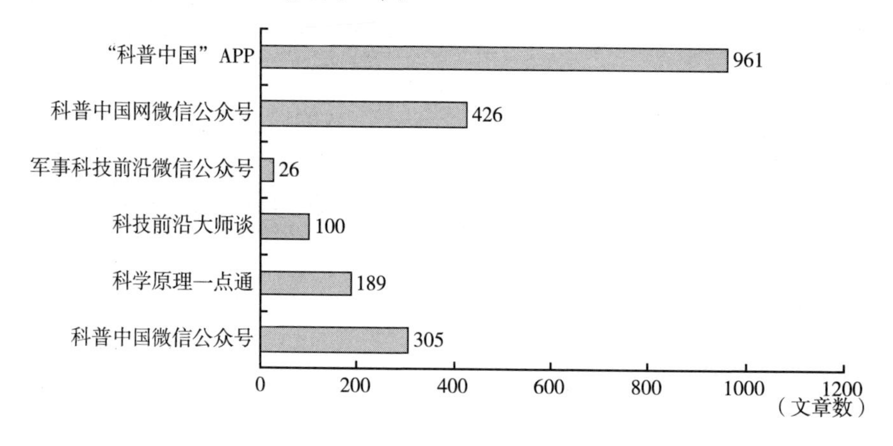

图12　“科普中国”微信公众平台及APP文章更新量

本章对以上研究对象的传播内容、总体特征和基本运营情况，根据评价指标，逐一进行分析。

（一）科普中国微信公众号

1. 内容总体特征

微信公众号科普中国的账号主体是中国科学技术协会。每天发布文章3～4篇。4～6月共有真相、十万个为什么、图说科学等14个栏目发布文章305篇。

这些栏目中，十万个为什么发布89篇，内容选自《十万个为什么》丛书，几乎每天推送一篇；科普联动窗发布50篇，该栏目内容没有明显特征，既有生活、健康、用药的知识，也有历史、科技前沿、心理学、社会学等各方面的知识，每周最少发布3篇，最多发布5篇。其余栏目发布数量均不超过15篇，发布时间不固定，文章类型包括视频、图文、长图、音频，内容基本贴合栏目主题和定位。

2. 基础数据及分析

（1）表现形式

从文章的文字篇幅来看，500～1000字占比最大，有133篇；其次为1001～1500字，有72篇；少于500字的文章有52篇；1501～2000字的文章有32篇。而大于2000字的文章较少，共计16篇。在文字篇幅上适合手机阅读不宜太长的习惯。

配有图片的文章中，大部分图片都是网络图片，只有个别科学事件的报道中才会使用一些现场配图，而且图片来源大都未注明（见图13）。

（2）原创文章与转载来源

将设置了“原创”标签的推文都作为原创推文，原创文章146篇，占总数的48%，非原创文章159篇，占52%。

但在原创推文中，有一些文章既注明了转载来源，又设置了“原创”标签，包括转载自《知识就是力量（藏文）》、山西科普网、《科普进行时》、新疆科技报等媒体的文章，对于“原创”标签的使用标准难以判断。

文章来源大致分为5类：书籍、网站、报纸、微信公众号和其他。其中书籍（106篇）作为转载来源占比最多，主要来自图书《十万个为什么》和

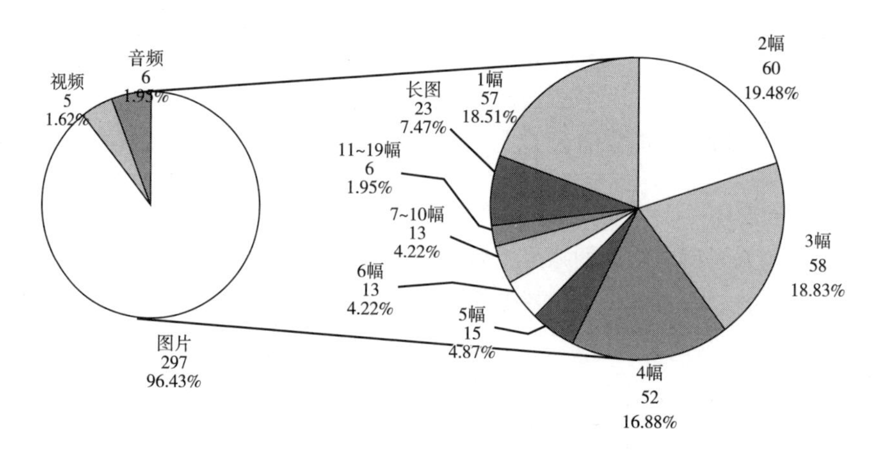

图13 科普中国微信公众号文章表现形式

《知识就是力量（藏文）》；其次是其他微信公众号（59篇），包括宝葫芦娃、地震三点通等21个公众号；转自网站的文章有21篇；转自报纸的文章有2篇；另有其他来源10篇。

（3）消息来源

在消息来源方面，266篇无明确消息来源，占84%；有18篇有专业人士作为明确消息来源，占6%；有12篇有专业机构作为明确消息来源，占4%；有6篇有书籍作为明确消息来源，占2%；有8篇有期刊作为明确消息来源，占2%；2篇以报告作为明确消息来源，占1%；其他消息来源4篇，占1%。

大部分文章中提到的结论和观点都没有明确的消息来源，只是含糊地使用"科学家称""研究人员说"等。而且也很少有研究机构、期刊论文等佐证结论，尤其是比重很大的健康知识和生活常识中，缺少明确消息来源。

（4）作者信息

这些文章中，有作者姓名且有作者身份信息的文章共计174篇，有作者姓名且无作者身份信息的文章共计34篇，未知作者的文章共计97篇。

（5）发布时间与数量

每个月推文数量较均匀，4月103篇，5月102篇，6月100篇，日均更新3.4篇。

（6）传播内容分类

传播内容中科学知识286篇，占92%，多与健康知识、生活常识等有关；科技与社会10篇，占3%；科学精神2篇，占1%；其他14篇，占4%。没有科学方法类的文章。内容分类上有重复，前沿科技科普较少，专业性较强的内容科普化程度低。

（7）学科分布

从学科分布来看，推送内容多与生活日常相关。其中医药科学136篇，自然科学59篇，工程与技术科学45篇，人文与社会科学35篇，农业科学19篇，非科普文章11篇。

（8）阅读量与点赞

科普中国微信公众号的阅读量集中在1001～5000次，占68.5%；5001～10000次的占16.7%；超过1万次阅读量的占8.9%；少于1000次阅读量的占5.9%。

从点赞数来看，大多数集中在1～50次，占68.9%；51～100次点赞的占19.3%；超过100次点赞的占11.8%。

（二）军事科技前沿公众号

1. 内容总体特征

军事科技前沿公众号的运营主体是光明网，不定期更新，每次发布1篇文章。4～6月共发布26篇文章，包括大国航母、大国空军、动科普等8个栏目，其中明确标明栏目的有12篇，未标明栏目的有14篇。该账号的基本统计数据见表6。

表6　军事科技前沿微平台统计数据

统计项目		文章数量	占比(%)
文章字数	0～500字	3	11.5
	501～1000字	8	30.8
	1001～1500字	12	46.2
	1501～2000字	2	7.7
	2000字以上	1	3.8
表现形式	图文	26	100.0
	视频	13	50.0

续表

统计项目		文章数量	占比(%)
阅读量	0~100 次	3	11.5
	101~200 次	15	57.7
	201~300 次	6	23.1
	300 次以上	2	7.7
点赞数	1~5 个赞	16	61.5
	6~10 个赞	9	34.6
	超过 10 个赞	1	3.8

大国航母和大国空军的内容与航母和空军有关；动科普把科学知识以动画片的形式进行展示和解说；短视频是视频形式的科普；军事科技前沿内容与军事方面的前沿科技知识有关；科普漫画和科普图解，前者使用漫画形式，后者是普通图片的形式；人物志内容是对军事科技有关的人物报道。

2. 基础数据及分析

（1）表现形式

字数集中在 501~1500 字，最长也只略超过 2000 字，篇幅总体上短小精悍，符合移动端的阅读习惯。

文章中使用图片较多，其中 12 篇文章的图片注明了图片来源，14 篇未注明图片来源。

此外，该公众号较多地使用了视频，有 12 篇文章中使用 1 个视频，有 1 篇文章中使用 2 个视频。

（2）原创文章与转载来源

文章的原创率很高，标识原创标签的文章有 24 篇，占 92%。只有两篇文章属于转载，分别来自光明军事网和中国青年网。

（3）消息来源

26 篇推文中，有 15 篇有明确的消息来源，11 篇无明确的消息来源。

消息来源中出现专业人士的有 12 篇文章，出现专业机构的有 1 篇文章，其他例如媒体和公司作为消息来源的有 7 篇文章。

消息来源以专业人士为主，共计 12 篇，专家较为固定。以媒体作为消息来源的情况也较多。

（4）作者信息

文章注明作者姓名的有 7 篇，未注明的有 19 篇。有 12 篇文章注明制作单位，主要来自光明网科普事业部（8 篇）、光明日报科普融媒体工作室（3 篇）和军事科技前沿（1 篇）。

（5）发布时间与数量

军事科技前沿微平台在这一时段的更新量较小，4 月推文 9 篇，5 月推文 6 篇，6 月推文 11 篇。

（6）传播内容分类

传播内容以科学知识为主，有 23 篇，占 88%；科技与社会有 1 篇；其他类有 2 篇。没有科学精神和科学方法的文章。

（7）学科分布

因为该公众号是以军事科技为主要内容，所以在学科上以工程与技术科学为主，属于单一学科结构的微信公众号，特点突出。另有 2 篇人物报道和 1 篇与军事格局有关的文章。

（8）评论与态度

虽然开通了评论功能，但是评论很少。有 23 篇文章无评论，有 2 篇文章各有 1 条评论，1 篇文章有 2 条评论。

在 4 条评论中，态度为正面的评论有 3 条，态度为中性的评论有 1 条。4 条评论中，只有 1 条后台回复。

（9）阅读量与点赞

阅读量集中在 101～200，整体阅读量偏低。点赞数较少，基本上 10 个赞以内。其中《天舟一号：中国最大牌的“快递小哥”，没有之一》的阅读量（2582 次）和点赞数（21 个）最高，该文章采用漫画的形式对天舟一号进行讲解。

（三）科技前沿大师谈公众号

1. 内容总体特征

微信公众号科技前沿大师谈账号主体是新华网股份有限公司，每日更新 1～2 篇。4～6 月共推送文章 100 篇。

文章大部分都没有栏目分类。其中栏目未知的有 97 篇，大师谈 1 篇，图解新闻1篇，组图1篇。

2. 基础数据及分析

（1）表现形式

表7　科技前沿大师谈微平台基础数据

统计项目		文章数量	占比(%)
文字篇幅	0~500字	8	8.0
	501~1000字	53	53.0
	1001~1500字	21	21.0
	1501~2000字	11	11.0
	2001~2500字	3	3.0
	2500字以上	4	4.0
传播形式	音频	2	2.0
	视频	10	10.0
	图文	97	97.0
图片数量	0幅	3	3.0
	1幅	50	50.0
	2幅	19	19.0
	3幅	5	5.0
	4幅	5	5.0
	5幅	5	5.0
	5幅以上	6	6.0
	长图	7	7.0
图片来源	网络图片	51	51.0
	媒体图片	26	26.0
	未知来源	21	21.0

从表7可以看出，文章大部分篇幅较短，适合手机阅读。大部分文章都有配图，在传播形式上比较多样，但配图数不多。配图中，网络图片只标注“图片来源于网络”；其他明确的来源包括新华社、新华网、光明网、人民日报等。

（2）原创文章与转载来源

原创文章只有6篇，原创性低。转载最多的来源是新华社，有59篇文章，占53%；其次为新华网及其他网站的23篇，占21%；转载自报纸的文章6

篇，占6%；其他来源不明确的有14篇，占12%。

（3）消息来源

100篇文章中，85篇有明确的消息来源，15篇无明确的消息来源。有明确消息来源的文章中，26篇的消息来源具体到某专业机构；63篇的消息来源有具体的专业人士；4篇的消息来源为期刊；1篇为报告；有16篇消息来源为其他，如政府机构、相关公司等。

（4）作者信息

所有文章都未注明与作者有关的信息。

（5）发布时间与数量

4月发布文章31篇，5月发布文章35篇，6月发布文章34篇。整体上3个月比较均衡。

（6）传播内容分类

传播内容分类以科学知识为主，有70篇文章，占68%；科学精神与科技与社会分别有14篇和8篇，占比14%与8%；没有科学方法类文章；另有10%的文章与科普无关。

（7）学科分布

工程与技术科学最多，有37篇；医药科学有21篇；自然科学有16篇；人文与社会科学有2篇；农业科学有1篇。学科分类比较多样。其他包括活动报道和人物报道的文章，有23篇。

（8）评论与态度

公众号开通了评论功能，但是评论很少。其中84篇文章没有评论，14篇文章有1条评论，有2篇文章分别有2条和3条评论。共搜集评论19条。

在19条评论中，有13条是正面的态度，对文章的观点或者内容认同或表扬；5条是中性的态度，表达自己知道的相关信息；1条是负面态度，是关于转基因研究的一篇推文《中国研究人员破译茶树基因组》，该评论表达了对转基因技术的反对。运营方与读者互动较少。

（9）阅读量与点赞

阅读量较低，集中在900～1500次，共计73篇；1～900次阅读量的有20篇；阅读量超过1500次的只有6篇文章，还有1篇文章阅读量为0。

点赞量较少，超过半数的文章在5个赞以内，超过20个赞的只有1篇文章，有10篇文章没有点赞。

（四）科学原理一点通公众号

1. 内容总体特征

科学原理一点通公众号账号主体是新华网。每日推送2篇。4～6月共更新189篇。

189篇文章涉及11个栏目。其中152篇文章未标明栏目。大部分栏目并无固定规律进行更新，只有实验室的魔法日常是每周六日规律更新，共21篇。

2. 基础数据及分析

（1）表现形式

表8　科学原理一点通微平台文章表现形式

统计项目		文章数量	占比(%)
文字篇幅	0～500字	50	26.5
	501～1000字	47	24.9
	1001～1500字	60	31.7
	1501～2000字	27	14.3
	2001～2500字	2	1.1
	2500字以上	3	1.6
传播形式	音频	5	2.6
	视频	29	15.3
	图片	189	100.0
图片数量	0	3	1.6
	1～3幅	50	26.5
	4～6幅	19	10.1
	7～9幅	5	2.6
	10～12幅	5	2.6
	13～15幅	5	2.6
	15幅以上	6	3.2
	1幅长图	7	3.7
	2幅长图	51	27.0
图片来源	注明来源	5	2.6
	未知来源	184	97.4

由表8可以看出，这些文章，字数在1001～1500字的最多；2000字以上的文章较少，共计5篇。

文章以文字加图片的形式为主，图片使用数量很大。但是其中只有5篇文章的图片注明了图片来源，其余都未注明图片来源。

（2）原创文章与转载来源

原创文章134篇，占比70.9%；非原创文章52篇，来自各报纸、新华社/新华网、科普中国、《十万个为什么》、各学会和科研中心、央视新闻微博。原创文章集中在4月和5月，4月只有一篇转载文章，6月的转载量增加。

（3）消息来源

88.9%的文章都没有明确的消息来源，只有21篇文章有明确的消息来源，其中专业人士9篇、专业机构8篇、报告1篇、其他来源5篇。有部分文章消息来源超过1种。

（4）作者信息

有109篇文章未注明作者相关信息，有4篇注明作者姓名，其余76篇均以“原理君”署名。

（5）发布时间与数量

时间分布上比较均匀，4月61篇，5月65篇，6月63篇。

（6）传播内容分类

传播内容上以科学知识为主，有152篇，占80%；科学精神2篇，占1%；其他35篇，占19%，主要是线下活动科学味儿大讲堂的活动预告。

（7）学科分布

在学科分类上，以自然科学为主，有87篇，占46%；医药科学有28篇，占15%；农业科学有3篇，占2%；工程与技术科学有31篇，占16%；人文与社会科学有4篇，占2%；其他类有36篇，占19%。

（8）评论与态度

共有36篇文章有评论，其中28篇有1条评论，占78%；3篇文章有2条评论，占8%；4篇文章有3条评论，占11%；1篇文章有5条评论。共有51条评论。

在51条评论中，27条态度为正面，占53%；23条态度为中性，占45%；1条态度为负面。其中有16条评论得到后台回复。

（9）阅读量与点赞

阅读量集中在 501～1000，有 164 篇文章；其次为 0～500，有 18 篇；1001～1500 有 6 篇；阅读量超过 1501 的只有 1 篇文章。

点赞量集中在 1～5 个，有 142 篇；6～10 个点赞的有 23 篇；无点赞的有 14 篇，11～15 个点赞的有 9 篇；16 个赞以上的有 1 篇。

（五）科普中国网微平台

1. 内容总体特征

微信公众号科普中国网账号主体是中国科学技术出版社，2017 年 4～6 月发文 426 篇，每日更新 4～5 篇。

文章共涉及 13 个栏目。其中人文、学院、提醒、实用、周末、测试、幽默、关注这 8 个栏目是持续更新的栏目，更新也比较规律。其他栏目，如应急避险、艺术人生、乡村等，都只有 1 篇内容。

人文栏目侧重人文知识的文章；学院栏目相对来说科学性最强，涉及一些知识原理；提醒栏目和实用栏目主推养生保健、生活常识、生活窍门等知识，前者标题从人们容易犯的错误切入，后者题目往往就已经表明了主要内容；关注栏目的文章是对一些科学大事件的报道，例如 C919、首艘国产航母等。

2. 基础数据及分析

（1）发布时间与数量

月发文数量比较均衡，4 月发布文章 139 篇，5 月发布文章 146 篇，6 月发布文章 141 篇。

（2）学科分类

其他类文章最多，有 213 篇文章，占 50%。包括日常生活小窍门、新闻报道、政策文件、活动等；医药科学 101 篇，占 24%，主要包括养生保健、饮食健康、日常用药、疾病治疗等；人文与社会科学 58 篇，占 14%，主要包括人文栏目的文章，以及涉及法律、历史、社会学、心理学等的文章；工程与技术科学 35 篇，占 8%；“自然科学” 17 篇，占 4%；农业科学只有 2 篇。

（六）科普中国 APP

1. 内容总体特征

“科普中国” APP 由科学普及出版社主办。每天发布文章 10 ~ 20 篇。本文选取的样本为其 2017 年 4 ~ 5 月 APP 首页“头条”选项中包括的所有文章，共 961 篇。

文章一共涉及 33 个栏目，其中更新量较大的栏目有头条（957 篇）、科技（193 篇）、健康（175 篇）、热点解读（165 篇）、科普热门（157 篇），其余 28 个栏目的更新量均少于 30 篇，其中有 8 个栏目只有 1 篇文章。

2. 基础数据及分析

（1）表现形式

表 9 “科普中国” APP 文章图片使用情况

统计项目		文章数量	占比(%)
图片数量	1 幅	443	46.1
	2 幅	163	17.0
	3 幅	136	14.2
	4 幅	88	9.2
	5 幅	47	4.9
	5 幅以上	84	8.7
图片来源	未注明来源	907	94.4
	报纸	9	0.9
	网站	42	4.4
	其他	3	0.3

由表 9 可以看出，文章配图以 1 ~ 3 幅为主。文章除了使用文字 + 图片的形式以外，只有 2 篇文章使用了视频。

文章中使用大量图片，但是只有 54 篇文章的图片注明了来源。其中使用网络图片的文章有 42 篇，使用报纸图片的文章有 9 幅，其他来源的文章有 3 篇。其余 907 篇文章的图片均未注明来源（见表 9）。

（2）原创文章与转载来源

961 篇文章均为转载。文章的主要转载来源有科普中国网站、人民网、百度知道日报、新华网、新华社、科技日报，还有其他转载数量少且分散的报纸、网站以及微信公众号等。其中网站为主要转载来源。

（3）消息来源

在消息来源方面，有394篇文章无明确消息来源，有567篇文章有明确消息来源。有360篇文章以专业人士为消息来源，占54%；210篇文章以专业机构为消息来源，占31%；22篇文章以期刊为消息来源，占3%；9篇文章以报告为消息来源，占1%；5篇文章以书籍为消息来源，约占1%；还有以媒体、非专业人士等为消息来源的有68篇文章，占10%。文章来源统计中，一些文章包含多种消息来源。

其中19篇文章有专家进行专业性把关，并在文末进行了说明。

（4）作者信息

有22篇文章有作者的姓名，其中有18篇文章有作者的其他信息，如工作单位、职称等。

（5）发布时间与数量

APP 4月发文455篇，5月发文506篇。日发文数量10~20篇。

（6）传播内容分类

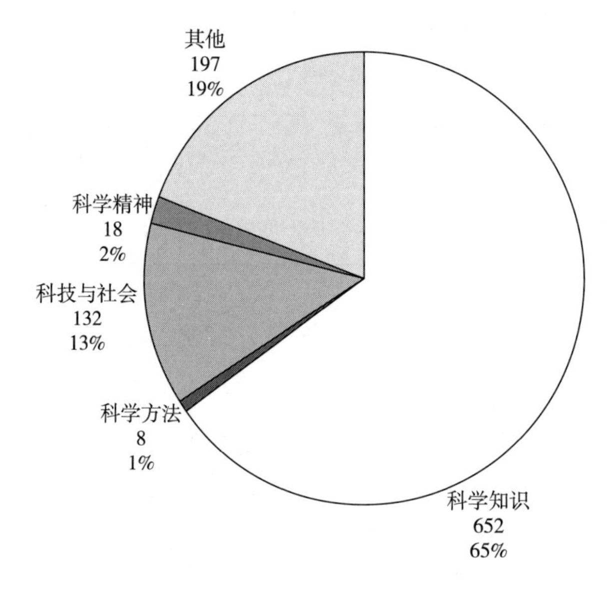

图14　“科普中国”APP文章传播内容分类

如表14所示，文章以传播科学知识为主，科学方法、科技与社会、科学精神方面的内容均有涉及，另包括一些新闻报道和活动报道（见图14）。

（7）评论与态度

文章量很多，但是评论很少，有950篇文章没有评论，只有9篇文章有1条评论，2篇文章有2条评论。

13条评论中以中性态度的评论为主，有6条，表现为客观陈述自己的观点和想法，对文章中提出的观点不表示赞同或者反对；正面态度的评论有5条，表现为赞同文章观点，对文章内容提出赞赏；负面态度的评论有2条，主要表现为对文章的观点提出反对意见，或者批评文章的错误。

（8）文章关注焦点

对样本中文章的所有标题进行了词频分析，梳理其所发布的文章关注的焦点。从研究对象来看，排名前10的词有机器人、人类、世界、地球、航母、技术、科技、人工智能、卫星、太空。

从参与主体来看，有科学家、专家、医生、公司，说明参与主体多元。

从使用的修饰语来看，排名前10的词有发现、全球、成功、未来、发射、智能、国产、揭秘、治疗、开发。

六 “科普中国”网络传播平台优点及问题分析

对“科普中国”网络传播平台的内容进行统计和分析后，结合各平台的特点，整体对“科普中国”网络传播平台的优点及不足之处进行讨论。

（一）“科普中国”网站包含提供内容的合作网站优点及问题

1. 优点

（1）原创文章比例较大

整体而言，“科普中国”各网站平台上原创文章的比例较大。

在“科普中国”网4～6月的2230篇科普文章中，原创文章为542篇，占到更新文章的24.3%，比例较大，特别是科普部落栏目中公众号子栏目的一些原创文章，文字活泼，图片丰富，通俗易懂，结合热点事件，能很好地吸引年轻人的眼球，起到很好的科普效果。

新华网“科普中国”专区中的原创文章占到更新文章的将近一半，比例较大，且原创文章集中来源自几个固定的子栏目，包括科技名家里程碑、科技名家风采录等，其中几乎所有文章或视频均为原创，科学原理一点通中也有部分原创内容。从数量上看，大多数的视频为原创，包括视频的采访、剪辑等都由所在栏目完成；图文形式的文章原创数量较少，多转自各个媒体；但是原创文章的配图多使用网络图片，使用原创图片的比例较少。

人民网“科普中国”专区的文章明确标明是人民网－科普中国的文章数量较多，原创数量较多，此外选自人民网以及人民网的其他频道的文章占比例较大，且采用的图片较多都是人民网独有版权的。如科学为你答疑解惑栏目中的原创平台以原创文章为主。大量有特色的原创文章有助于提升品牌质量，打造独特的品牌效果。

光明网科技频道过半数的文章为原创，原创文章主要集中于军事科技、人物志两个栏目，使得网站内容风格明显、特色性强。转载文章来自于环球时报、环球网、科技日报、新华网、人民网等可信度高的媒体，内容的可靠性有保障。值得注意的是，作为军事网站，转载自军事媒体的内容却不多。

（2）关注主题多样

以“科普中国”网为例，更新的文章关注主题多样，24 个栏目涉及的领域非常广泛，同时对于某些大众关注度高的主题及时设置了专题介绍。

新华网“科普中国”专区更新的文章关注主题多样，从宏观的地理环境、水资源，到微观的蛟龙号、埃博拉病毒均有所涉及，没有明显集中趋势。相对而言，生物类的关注主题最多，空间、数学相关的专题关注的较少，发布的文章能够贴合读者的兴趣点，适合多数人的知识结构。这些文章关注的主题相对较新，关注最近一段时间的科学进展或发现，或热点科学问题，或最新科学报道。

“科学传播网”上的文章主题丰富多样，绝大多数主题只出现一次。从贴近生活的健康保健知识，到遥远的空间科技成果；从轻松的儿童趣味读物，到严肃的科技政策；从农业技术，到城市规划……可以说是应有尽有。能够称得上是一家“超级市场”式的科普网站。其中，“接地气”的内容、发展水平较高的领域以及国家重点发展领域的部分更受关注，商贸、医疗健康、能源、科技政策、航空航天等词汇成为热门主题词。

山西科技新闻出版传媒集团的“科普中国”乡村 E 站栏目发布的内容，主题丰富多样，涵盖各项农业技术，且分类详细，能够让读者快速找到所需的主题，进而筛选需要的内容，也能快速查阅相关知识，栏目设置和内容更新都非常实用。

光明网科技频道以兴趣为导向，专门提供军事类内容，能够有针对性地满足特定人群的需要。虽然限制了军事主题，但内容并不单调。有军事行动介绍、军事科技成果、优秀军人事迹、军事历史故事等，可以满足军事迷们多方面的兴趣需求。

（3）科学性有保障

“科普中国”各网站平台上发布的文章多数科学性有一定的保障。

“科普中国”网和新华网“科普中国”专区文章的消息来源多数可查，超过一半的文章中明确写明了消息来自于某个专业机构、某位专业人士、某本专业领域的学术杂志等，或有其他辅助参考资料，在一定程度上保障了文章的科学性，提高了文章的可信度。

人民网“科普中国”专区中的内容，特别是来自科学为你答疑解惑栏目的文章，采用了邀请相关领域专家对即将采用的稿件进行科学性把关的机制，这项机制一方面可以保证所发布的文章的科学性和正确性，减少可能出现的对读者的误导；另一方面利用邀请专家的专业背景，提高文章的权威性，提高读者对文章的信任度，有利于进行高效的、优质的科学传播工作。

2. 存在的问题

（1）文章科普再创作程度有待加深

“科普中国”各网络平台上发布的文章在转载过程中，科普加工或科普化再创作的程度有待提高。

“科普中国”网转载的文章，或来自其他媒体，或翻译自外国科技新闻，多数是直接转载或原文翻译，然后配以少量网络图片，科普化创作程度不深，可读性相对不高，图文配合程度有待加强。

基于栏目的定位，有部分内容相对专业的文章转载自科技媒体或网站，内容有深度，行文较严谨，关注科技前沿，相对而言科普性不足，限制了受众面和读者基于兴趣的选择性阅读。同时，科普文章的核心在于其科普的内容，若转载的文章属于新闻报道，则其中的科普价值大大降低。此外，转载的文章取决于首发文章的选题定位和作者的科普水平，并不能反映出栏目本身的科普创作能力，因此这些转载的文章在科普内容建设方面仍有待加强。科普是一项需要仔细经营的长期事业，需要工作人员投入大量精力和热情。

（2）内容的科学性有待进一步明确

“科普中国”各网络平台上发布的文章普遍存在没有明确标注消息来源或提供的科学信息不明确的情况。但对科普内容来说，科学性是极重要的，否则伪科学的传播效果会与我们的预期背道而驰。

“科普中国”网所有文章中有近一半的文章没有明确的消息来源，导致部分读者不确定网站文章中提供的内容和数据的真实性和可靠性有多大。同时部分文章使用“据了解”“据悉”等词语来描述消息来源，未对具体信息来源作任何解释，这些不明确的来源不利于读者判断文章的科学性和可信任度，有待改进。

如乡村E站栏目发布的内容均较为专业，且都转载自专业的农业媒体或网站，但内容中几乎没有提及这些农业技术和农业知识的来源，且没有对内容进行科学性把关、评估，这不利于读者判断是否可以直接信任并使用该技术，同时也无法预测使用该技术对农畜造成的后果，不利于科学知识的有效传播。

部分栏目存在非科学内容或非科普文章过多的问题，有些文章对科学信息浅尝辄止，更关注的是科技事件的社会意义，而非科学知识、科学方法、科学精神等内容的传播；没有依托专业科学记者，专业机构和人士作为消息源。

（3）原创与转载的比例有待调整

“科普中国”网站文章中使用的配图有些不是特别贴合文章内容，对增强文章科普传播效果作用不明显，为提高“科普中国”的品牌效应和打造精品的力度，配图方面可以进一步改善。

人民网“科普中国”专区的视频多采用其他单位录制的视频，如中国科学技术馆录制的讲解员讲解展品的视频，或转载自央视网等其他媒体上登载的科普视频，原创视频少。

乡村E站栏目可能由于栏目定位于农业信息化建设，目标用户是需要农业技术的农民，所以其中收集大量不同农业媒体的农业技术方面的文章，注重文章的广度、涵盖的农业技术范围，忽视了原创文章的创作，多选用其他农业类网站或媒体的文章。同时值得注意的是，在非样本时间段内，可查询到一些由某农业社或单位选送的文章，并标注为原创文章，可能栏目已经注意到这方面的问题。

科学传播网的原创内容数量相对少，但质量有保障，科学性、特色性、趣味性都很明显。

（4）纯科普文章比例有待提高

在“科普中国”网上，有一些名人名言和会议政策报道之类的信息，并非科普类信息。

从学科分类上看，自然科学、人文科学、工程与技术科学等学科分布相对较为均衡，且比较符合我国不同学科的发展现状。但是，与科学技术无直接关系的内容、科技新闻报道、有关科技活动或科普活动的报道占比也较大，使得栏目内容不够专注于科学普及和传播科学知识，特别是在转载文章时，需要仔细甄别被转载的媒体是否以科普为主要目标、内容是否符合栏目定位。

（二）“科普中国”微博的优点及问题

1. 优点

（1）文章内容的科学性、客观性有一定保证

通过对全部微博内容的分析发现，微博内容的来源、大多数文章作者信息明确，并且有署名科学家进行把关。“标题党”现象较少，能够客观地陈述科学事实，文章中有一定的数据支持。

（2）平台资源丰富，具有专业科普的能力

微博内容借助的“科普中国”具他网络平台和各方合作单位，内容资源丰富，同时在视频制作等方面也有大量优秀人才与资源保证，目前已有的视频内容已受到了用户的认可，如“三分钟了解天舟一号”视频转发数过万，其他视频内容也在微博中进行了广泛的传播。

（3）每日文章推送频率与数量合适

每日微博推送 3 ~ 4 条，且科普内容占到其中很大的比例，既能够让用户对微博产生一定黏性，也不会使用户因微博刷屏而厌烦。同时，推送内容大多与科普相关，内容贴近生活，在用户日常生活中具有必要性，可逐步形成自身的独特优势与不可替代性。

2. 存在的问题

对“科普中国”微博长文显示阅读量的文章进行统计，平均长文阅读量、阅读转化率、粉丝数、平均互动率等方面均有待提高。通过研究也发现其传播中存在着以下问题。

（1）原创转载内容有待调整，内容的时效性有待加强

微博推送以转载内容为主。有1/3的内容转载自《十万个为什么》，其内容只适合一部分用户阅读，且部分知识性内容不够前沿，对受众吸引力不足。另一方面，内容与“科普中国”微信公众号存在重合，未能发挥更大的传播影响力。

（2）需要更适合微博传播的内容传播形式

微博中大多数内容采用长文形式，虽然微博可以发布长文后可传播更多深度文章，但微信、微博这两个平台具有极多不同的特点，直接转发难以取得良好的传播效果，目前推送了更多的视频内容，取得了较好的传播效果。

（3）内容丰富程度有待加强

目前微博内容以科学知识为主，且大多围绕日常生活中的问题进行科学的解答，对科学方法、科学思想、科学与社会的关注不足，未能展现科学的全貌。

（4）微博运营和互动程度有待加强

在所抽取3个月微博内容的评论中，既未回复粉丝的留言与提问，也鲜有和其他微博间的互动，也未在微博中开展线上活动如话题讨论，专家在线问答等以增强粉丝的黏性。

（三）“科普中国”微信平台和APP的优点及问题

1. 优点

“科普中国”在2017年7月中旬之后，内容、更新频率和栏目等方面进行了一些调整，此处的结论是基于对2017年4～6月内发布的文章进行内容分析所得出的。

（1）篇幅适中

“科普中国”篇幅长短与配图数量适合移动端阅读。在字数和图片数量上，大部分文章都符合移动端阅读习惯，文章不是很长，配有适量图片。

军事科技前沿微平台以短篇为主，表现形式多样。文章使用的图片数量很多，而且使用视频这一形式也很多，传播形式多样不单调。

科学原理一点通微平台文章以短片为主，表现形式多样。文章使用图片很多。视频和音频形式的使用也很多，传播形式多样，在视觉传播时代，使读者觉得活泼多变。

（2）内容来源丰富全面

“科普中国”文章转载来源以书籍为主，其他来源多样。从传播内容和科学分布来看，文章分布较为全面。

“科普中国”APP 转载来源丰富。文章的转载来源并没有固定于某一网站或者报纸，而是来源于各类媒体。传播内容全面多样。传播内容以“科学知识”为主，其他类型的内容均有涉及。

（3）推送量较高

“科普中国”月推文数量均衡，文章内容贴近生活日常。从学科上看以“医药科学”为主要学科，但是大部分文章内容和养生保健、生活常识、健康饮食等有关，不是严格意义上的“医药科学”。科学知识方面的内容需要增强其科学性。

“科普中国”APP 发文量多，文章栏目多样，大部分栏目的文章都在持续更新，部分栏目更新频繁。

2. 存在的问题

（1）各个栏目文章更新量不够均衡

“科普中国”微信平台 14 个栏目中，有固定更新时间的栏目较少。其余的栏目更新时间和更新数量随机。

军事科技前沿微平台更新频率相对较低，栏目更新时间都不固定；“科学原理一点通微平台”栏目更新无规律，定位不够清晰。虽然 3 个月内更新的文章涉及 11 个栏目，但是只有 1 个栏目是规律更新，其他栏目更新数量和时间不固定。

（2）传播形式丰富程度有待加强

“科普中国”微信平台相对固定。在文章形式上，以文字 + 图片为主要的形式，缺少视频、动图、音频等，多种形式的应用。

“科普中国”APP 大量使用图片，表现形式单一。文章以文字 + 图片的形式为主，视频、音频等其他表现形式没有得到充分的运用。

（3）原创文章比例有待加强

“科普中国”微信平台的原创判断标准比较模糊。若以文章是否设置原创标签为标准，原创文章占比将近一半，但对于公众号来说数量还是略显不足。同时，有些文章虽然有原创标签，但是也注明了转载来源，所以原创的标准不明确，对于这类文章是否为原创难以判断。

（4）科学性、可信度有待提高

“科普中国”微信平台消息来源标注不明，影响文章科学性、可信度。有84%的文章没有明确的消息来源，或者含糊使用“科学家称”“研究人员说”等作为消息来源，对于科普文章来说，这大大影响文章的科学性和权威性。这一情况可能与养生保健、饮食健康、生活常识类文章占比较大有关，这类文章确实难以给出明确的消息来源。对此，可以压缩这类文章的比例，或者与营养师、医生等专业人士建立长期合作机制，以此增加明确的消息来源的比重。同时“科普中国”微信平台的作者信息需要完善。1/3 的文章没有作者姓名和其他身份信息，在这方面需要继续完善。

“军事科技前沿微平台”等微信公众号以及 APP 的消息来源类型有限，或没有写明消息来源，作为消息来源的专家数较少，或以媒体内容作为消息来源，少有专业机构作为消息来源。文章的作者多没有明确注明。

（5）栏目定位有待进一步明确和区分

“科普中国”微信平台在更新频率比较高的栏目中，除了少数民族科普系列、十万个为什么、真相定位比较明确以外，其他栏目在内容上差异不明显。图说科学虽然形式比较特别，但是其内容的独特性不足。

“科普中国”APP 存在重复推送（43 篇）的情况，有待改善。

（6）阅读量、互动、点赞、评论情况有待改善

“科普中国”微信平台阅读量和点赞量相对不高。阅读量超过 1 万的只有 27 篇文章，点赞超过 250 个的只有 1 篇文章。截至数据统计时未开通评论功能，互动有待加强。

军事科技前沿微平台等微信公众号的评论、点赞、互动均有待加强。

“科普中国”APP 评论数量少，与用户无互动。961 篇文章只有 13 条评论，但是后台均无回复。

七 对“科普中国”网络传播平台的建议

分别针对“科普中国”网络传播平台的优点、存在的问题以及问题产生的原因进行分析后，结合各平台的特点，对“科普中国”网络传播平台提供一些改进建议，以供参考。

（一）“科普中国”网站的建议

1. 严格把关转载文章，进行科普再创作

对直接转载和直接翻译自外文科技新闻的文章严格把关：①在内容的选择上下功夫，选择更具有科普性，并能兼顾科学性、趣味性的文章，同时注意选择对象本身的定位、受众范围以及作者的专业背景、科普水平；②在选题上下功夫，选择更符合栏目定位和栏目主题的文章，关注最新、最热门的科普话题或方向，均衡不同学科的科普内容。

同时，对转载的文章进行科普化创作和加工，其中的新闻报道更适合作为整个科普文章的切入点，因为科普文章本身的时效性不强，适合读者在需要的时候反复查阅，因此更应该扩展和补充其中的科普知识。转载时对文章的消息来源描述清楚，必要时要查证文章的消息来源，补充相应的背景资料或科学佐证资料，以增加文章的科学性和可信度。

2. 善用多媒体形式，提高图片、视频的比例，多用好图、原创图

“科普中国”网络平台的图片、视频使用比例整体不高，以“科普中国”主网站为例，有超过60%的文章没有图片或者只有一张图片，建议文章内容的表现形式更加多样化，综合运用文字、图片、视频、动图、H5、表格等，以增加文章的表现力，吸引读者。

配图方面，建议栏目增加原创图片绘制工作，一方面原创图片不涉及版权，且更容易针对文章内容专门绘制，内容更贴切、更丰富、更有趣；另一方面，原创图片可以是风格相对统一的，这样更能增强“科普中国”的品牌效应，如果其他媒体对这些科普文章进行转载，也能增强读者对“科普中国”品牌的印象。

科普网站作为新媒体，原创性和特色是吸引用户、提高传播效果的必要保

障。要根据网站、栏目的定位，提供足够的、高品质的内容。

3. 建立科学性把关机制

“科普中国”网络平台发布的文章，有部分没有明确的消息来源，或请有关专家对文章的内容进行科学性把关，建议增加科学性把关机制，对内容审核后再发布，特别是一些直接关系到读者身体健康、个人利益的科普性文章，更应该慎重。

同时，科普网站的建设有其特殊的难度，需要专人专岗。需要具有科学素养、科学理想的人员，将“云端”的科学知识转化为“接地气”的科普内容。这是一个需要长期经营的事业，而不是当作按部就班的日常工作任务。

4. 提高网站的互动性

“科普中国”网络平台旨在使科普信息化建设与传统科普深度融合，新媒体的互动性特点急需体现，因此应该提供受众参与渠道，重视受众意见，根据受众需求，调整科普传播的内容和传播方式。建议在网站页面增加浏览次数统计功能、留言功能以及点赞功能，通过这些浏览次数的数据和读者的反馈可以判断读者的偏好，并以此适当地调整科普的内容和栏目设置，改善传播效果。

5. 紧贴栏目定位，专注科普文章

“科普中国”网络平台的定位是以科普内容建设为重点，对于部分与科普无关的内容，应避免转载和发布。

对于新闻报道多的情况，建议：①其中科技报道行文专业、科学性强，但科普效果相对弱，应对其进行科普化改写，而不是直接转载。②选题方面加强把关，有关科技活动或科普活动的报道虽然能反映出网站对科普活动的专注，但不能增强网站栏目本身的品牌度和科普传播效果，应弱化此方面的选题。③作为科普传播栏目，可以关注最新科技产品背后的科学知识，带领读者探寻最新的科技前沿和科技新发现、新应用，而非科技产品的发布活动或产品发言人对相关领域的见解和分析。

6. 提高原创比例和质量

“科普中国”网络平台存在大量的转载文章，提高原创内容的比例和质量，有利于增强“科普中国”的品牌认同度，提升“科普中国”整体传播效果。

可以设置专业科学记者，建立与科学共同体的有效合作机制，与专业科普机构合作，从源头上提高科普内容的科学性。同时根据栏目需要和社会热点，进行选题策划，设置选题主题，制作高质量的原创内容。

视频的表现力和传播效果优于纯文字，为了提高“科普中国”的品牌效应，建议制作一些原创视频，使得这些视频的形式、特色更鲜明、更统一。

（二）“科普中国”微博

1. 提高原创内容的比例

增加原创内容，科普中国平台资源丰富，也可利用各平台内容，进行二次整合，使之适合微博传播；同时丰富微博内容，及时挖掘社会热点中的科学话题，对与科学、科技相关的内容都可进行推送。

2. 增强与用户的互动

增强与粉丝间的互动，利用微博平台开展一些互动性强的活动，如在线问答，话题互动，也可与其他科研机构、高校、其他科普微博建立互动关系。

3. 继续增加科普视频的比例

视频形式的科普内容更有利于吸引读者、帮助读者理解科普内容，科普中国平台也有此专业能力进行制作，建议增加视频的数量，提高视频的质量。

建议“科普中国”微博能够从宏观定位，到话题设置、内容创作、形式变化、增强互动等几方面提升其科学传播的影响力水平。

（三）“科普中国”微信平台及 APP

1. 明确栏目设置和栏目定位

栏目设置上，可以明确栏目定位，重新进行调整，或者干脆取消栏目划分。将更新内容少的栏目同类合并，减少重复冗余的栏目。如 2017 年 7 月之后，“科普中国”在栏目方面的调整表现为除了早晚的新闻以外不再单独设置栏目。而类似“军事科技前沿微平台”的专栏公众号本身就是以军事科技为主的，主题和风格都很明确，可以取消栏目设置，活动或者人物报道可以设置栏目进行区分。

同时应该适当增加发文数量，固定更新频率，避免相似或重复文章的推送。文章内容上，建议减少养生类、日常生活类文章，增加前沿科学类文章和有一定深度的科普性文章。

2. 增加原创文章或视频

增加原创文章，提高原创率，减少来自书籍和其他微信公众平台的转载文章。微信平台的文章需要符合微信本身“快”与“新”的特点，来自书籍，例如《十万个为什么》和《知识就是力量》的内容太多的话，内容会稍显陈旧，缺乏对时下热点的关注。2017 年 7 月内容调整之后，已经减少了对以上书籍内容的转载，而且也取消了少数民族科普的内容，在话题选择上也更多样。

3. 增加多媒体表现形式

增加视频、音频、H5 形式的运用，使表现形式和传播形式更丰富。同时排版形式可以再活泼一点。

4. 标注消息来源，提高科学性

明确消息来源，可以增加文章的科学性与权威性。也可扩大消息来源，增加合作的专业人士和科研机构。也可邀请有关专家对文章进行专业性把关。

5. 提高科普性和趣味性

在专业性较强的文章中，叙述方式应该尽可能通俗易懂，可以采用图解或者视频的形式来帮助解说。在语言上尽量减少专业术语的使用。即使是转载文章，也要进行科普性的二次加工，再进行发布。

文章写作方式向科普文章靠拢，拒绝“鸡汤文”。文章标题可以幽默风趣，但是不要走“标题党”路线。

总之，“科普中国”网络平台从 2015 年 9 月上线试运行以来，“科普中国”主网站、合作网站、微博、微信平台和 APP 等，作为中国科协倾力打造的科普信息化全新品牌，呈现出良好的上升势头和发展优势，对于提高我国公众科学素养发挥了重要作用。如果在科普内容建设不断发挥已有的优势，克服存在的上述不足，必将引领我国科普信息化建设的快速发展，成为我国乃至世界知名的科普品牌。

参考文献

Harris Robert. Evaluation Internet Research Sources，2012 年 3 月 7 日，http：//

www. sccu. edu/faculty/R – Harris/evalu&it. html。

范雪妮：《科技类微信公众平台传播研究》，湖南大学硕士学位论文，2015。

国家技术监督局：《中华人民共和国国家标准学科分类与代码》（GB/T13745 – 2009）。

何椿：《基于微信平台的航空科学传播——以“大飞机”微信公众号为例》，《新媒体研究》2017 年第 16 期。

金会平、鲁满新：《农业科普期刊微信公众号用户黏性的影响因素及其测量》，《中国科技期刊研究》2017 年第 6 期。

金兼斌、江苏佳、陈安繁、沈阳：《新媒体平台上的科学传播效果：基于微信公众号的研究》，《中国地质大学学报》（社会科学版）2017 年第 2 期。

李丹特、莫扬：《基于微博、微信的全国科普日的影响力分析——以全国科普日官方微博、微信公众号为例》，《科普研究》2017 年第 4 期。

梁大伟：《微信时代科学传播存在问题与对策研究》，郑州大学硕士学位论文，2016。

卢佳新、黄远奕、陈永梅：《国内科普网站影响力的影响因子相关性分析》，载《科普研究》2015 年第 2 期。

鲁仪：《科普类微信公众号的传播——以“果壳网”为例》，《青年记者》2017 年第 18 期。

孙静、汤书昆：《新媒体环境下“微信”科学传播模式探析》，《科普研究》2016 年第 5 期。

吾·欧登格尔乐：《微信科技传播易读性研究——以“果壳”微信公众号为例》，《科技传播》2016 年第 22 期。

周荣庭、韩飞飞、王国燕：《科学成果的微信传播现状及影响力研究——以 10 个科学类微信公众号为例》，《科普研究》2016 年第 1 期。

B.10
新媒体科普传播效果研究

匡文波　武晓立*

摘　要： 在文献研究的基础上，通过调查分析发现，用户最关心养生、转基因和环保等科普信息，健康科普成为公众最为关心的主要话题之一。构建基于微信公众号的健康科普信息传播评价指标体系，分析健康科普类信息通过新媒体传播的深度和广度，并提出对策建议。

关键词： 科普　新媒体　传播深度　传播广度

一　文献综述

新媒体拓展了科学传播的时空范围、传播速度及效率，引发了全球范围内科学信息传播模式的重大变革。伴随移动互联网和各种智能应用的全面推进，如何推广和普及新媒体在科学信息传播和普及中的使用，如何更便捷高效地发挥新媒体手段的实际效用，就成为科普工作者和媒介工作者必须重视的现实课题。

因此，全面把握科普传播面临的时代语境，解析其面临的困难、挑战和机遇，在深度把握用户需求的前提下，努力探寻传播路径、手段和方法的革新，就成为科普工作者研究的重要使命，也是一个具有时代意义的课题。

当下，科普网站、微信、微博、智能电视、科普微电影、各大媒体官方微

---

* 匡文波，中国人民大学新闻学院教授，博士生导师，全国新闻自考委员会秘书长，中国科技新闻学会常务理事，中国编辑学会电子网络编辑专委会副主任；武晓立，中国人民大学新闻学院博士研究生。

博、公众号、APP 客户端、各大门户网站“辟谣平台”、微信“辟谣平台”等，都是科普传播中重要的传播形式。典型科普网站如“科普中国网”“微科普”“中国科普网”“丁香园”“果壳网”等，著名的微信辟谣平台如“谣言过滤器”、新浪微博“全国辟谣平台”等。由腾讯公司与新榜合作的《科普自媒体账号评估报告》显示，地方科协、专业学会利用新媒体账号在原创科普方面开始发力；微信运营效果中，自媒体公众号成为强大的新生力量，让精准、有效的传播成为可能，在自媒体行业的地位日益显现。曾静平和郭琳（2013）认为，科普传播对于社会发展和科技进步具有重要作用，是提升公民基本科学素养的重要措施。目前国内外关于新媒体如何进行科普研究的论文已有不少，但大多都是基于对策和传播方法等方面的理论思考，关于新媒体科普传播能力的实证分析相对缺乏。

（一）国内研究

在中国知网以“新媒体科普”为主题词进行文献检索，发现 825 条记录，进行期刊检索，发现 470 条记录，以“新媒体 + 科普”为关键词进行期刊检索，发现 22 条记录。从研究数量看，相对于大量的与新媒体相关的研究而言，关于新媒体科普的研究成果依然偏少。

现有文献从不同方面对新媒体科普进行了探讨。如邱成利（2013）从宏观层面概述了新媒体的概念、特点及新媒体运用于科普中的优势及问题，提出了促进新媒体科普发展的一些政策建议，内容全面，深浅适度，它对于丰富知识，开阔视野，引导基层科普工作者对新媒体科普的初步认识有一定价值。

罗希和郭健全等（2012）认为，社交媒体给科普工作带来了机遇与挑战，从社交媒体在科普中的创新应用介绍入手，总结了社交媒体的优势，分析了当前科普信息传播的困扰因素，提出应从提升公信力、实现跨平台体验及加强网络监管方面着眼突破。邓爱华（2017）认为，科普新媒体传播极大地拓展了科普渠道，但新媒体也给科普带来了挑战，让机构和个人新媒体科普传播无序发展，使得科普人才培养、科普信息科学性存疑、科普内容版权难追究等问题日益突出。作者建议应加强政策制定和环境营造，鼓励人才充分交流和资源有序融合，优化科普新媒体传播深化发展的环境

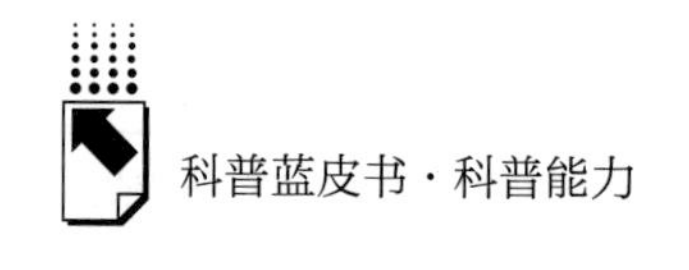

和秩序。

王林伟（2017）指出，相对于传统媒体，微博、微信等新媒体正成为人们日常联系及传播思想和科学的载体。如何有效调动人们参与科学传播的积极性，利用新媒体进行有效的科学传播，研究“互联网+科普”的现状以及未来需要解决的问题具有重要的现实意义。朱才毅和吴晶平等（2017）以广州为例研究了全媒体时代科普宣传的探索与实践，提出了更新科普宣传观念是提升中国科普能力建设的现实需要。通过建构适应新常态的全媒体科学传播矩阵，形成了一套行之有效的科普宣传经验和模式，可为我国科普宣传理论研究和实践提供借鉴。这些都是从问题和对策层面进行的相关探索。

刘洋（2017）则从创作层面探讨了新媒体科普作用的成果。他指出，移动互联网技术的飞速发展为科学知识的普及提供了新的平台，新媒体给科普宣传带来了机遇与挑战；可以把科普宣传和微信技术结合起来，形成“微科普”这种新的科普方式。在微科普创作中，既要充分发挥其优势，也要注意弥补其不足。

张梦园（2017）研究了卫生科普微信公众号的优势。卫生科普类信息成为微博、微信重要的传播内容，不仅微博大V、知名微信公众号进行卫生科普传播，官方机构也进行了不懈努力，文中以“疾控中心”微信公众号为例阐述了微信公众号为卫生科普带来的机遇与挑战。彭雪（2016）则以“博物杂志”微博为例，进行分析，认为新媒体时代下可接触到科普的受众群体逐渐扩大。从接受效果来看，对大众科学思想和科学精神的普及往往会比自上而下式灌输科学知识收效更佳。“博物杂志”作为微博平台上科普影响力较高的传播主体，其传播路径之异除互动性的提升外，还体现在传播者风格的重塑、内容和渠道的选择及对目标受众的把握。

陈红（2016）探讨了我国科普信息化工作面临的难题，以及运用大数据技术服务科普事业的方式方法。张馨方（2016）提出时政新闻应体现时效要求，《深视新闻》的新闻科普类板块《科学说》使话题成为大家都在说的热点，是时政类科普节目的典范。钟阿文（2016）和史鉴（2016）则是从微视频的视角探讨新媒体科普应用的研究成果。

耿倩（2016）探讨了如何在融媒体时代探索“精准科普”之路，融媒体背景下，社会公众的阅读方式呈现碎片化的现象，人们不再依靠简单的报纸、网站、活动来吸收科学知识，探索一条新“精准科普”之路显得更加重要，并从垂直灌输转移到跨界沟通、从单兵作战转移到矩阵传播、利用融媒体实现精准科普的措施等层面进行了阐述。孙茹（2016）指出，“融媒体”是实现“资源通融、内容兼容、宣传互融、利益共融”的新型媒体。科学普及、科技传播是提升公民基本科学素养的重要措施，在三网融合的条件下，厘清我国科普传播发展的历程及各个发展阶段的科普特点，对提高公民的科学素养、更好地进行科普传播具有重要意义。

闫剑利（2016）分析了新媒体对科普理念的影响、科普平台构建的现状以及科普平台的特征，同时对科普平台构建的原则及要求进行了归纳，并提出了新媒体时代下科普平台构建的主要途径。陆芳（2016）以《科技日报》和“科普中国”APP为例，分析了新媒体环境下科普报纸的转型思路，通过新老两代代表性媒介——报纸和移动客户端的对比，阐述了新媒体环境下科普工作如何进行和科技报纸如何转型的问题。

（二）国外研究

《国外网络科普现状及其借鉴》（2014）一文系统研究了国外网络科普发展现状。该研究对国外不同类型网站的科普内容及传播特点进行了归纳总结。研究指出，国外不同类型网站科普内容的比重差异较大，门户网站科普内容占总信息量比重很低，新闻媒体的科学新闻是重要版块，英国等欧洲国家学术机构网站的科学传播内容丰富，政府部门网站为获公众支持而重视科学传播功能展现。论文还对国外网络科普的特点进行了梳理总结。认为国外网络科普受众细分以青少年为主要对象，兼顾其他公众，提升青少年对科学技术的兴趣是国外网络科学传播的重要目的；国外网络科普供给由政府部门和学术机构主导，商业媒体较深层次介入。网络资源的形成以集成为主，也有相当数量的原创内容；国外网络科学传播方式丰富、新颖，并充分利用Web2.0的参与性和体验性；国外科学媒介中心网站搭建了网络科学传播平台，对公众科学意识的增强和对待社会热点焦点事件理性态度的形成具有重要影响；国外重视网络科学传播对于学校教育功能的弥补；国外高技术企业网站开展科学传播的动力源于内部科技创新和外部的社会形象塑造。这些理论积累为我们观测国外新媒体科普的总体情况提供了有益借鉴。

《美国互联网科普案例研究及对我国的启示》（2014）对美国互联网科普案例进行了分析研究，认为基于互联网的科普不仅是技术工具的革新，而且从根本上改变了人类的科技传播理念和方式，使科学普及从传统的居高临下的单向传播，逐步变为公众与科学家的双向交流互动。公众不是被动地接受信息，而是主动地发现、选择、使用甚至去发布信息。互联网作为信息时代科普的重要平台，使得科技传播成为公众的共同事业，而不仅仅是少数人的职业。这让我们思考如何利用新媒体发挥公众的主观能动性，从而提升传播效果。

《发达国家科普发展趋势及其对我国科普工作的几点启示》（2011）基于调研情况，首先介绍了发达国家科普工作的现状，从政府推动科普事业发展的规划和鼓励政策、国外各类科普机构的运行机制、科技界承担的科普责任、国外的重大科普活动情况、国外科普产品研发和科普作品创作情况五个方面进行了详细论述；然后对发达国家科普事业的发展趋势进行了总结，这为我们观测我国的科普发展趋势提供了有益参考。

总体上，关于国外新媒体科普的研究成果较少，这也在一定程度上反映了在这方面研究投入的力量相对不足，有待于后续研究过程中予以重视和加强。

二　实证分析

目前，新媒体的发展已经为科普信息的传播提供了更加便利的载体。其中，最具代表性的当属微信平台，根据中国互联网络信息中心（CNNIC）的统计报告，截至 2017 年 6 月，微信已有约 9 亿活跃用户，微信朋友圈已成为目前最活跃的社交平台，同时也是最容易引发裂变式二次传播的有力平台，所以，微信具有庞大的固定用户规模和强大的影响力以及广泛的传播范围，已成为人们获取信息、发布信息的重要平台。

同时，根据中国科协科普部发布的《2016 年移动互联网网民科普获取及传播行为研究报告》可知，目前，健康与医疗科普类信息位居当前公众最有兴趣了解的科普内容前三名；同时，课题组的调查结果也显示，公众更多地关注养生、转基因等与自身健康密切相关的科学性问题（如图 1）。“健康与医疗”还成为年度最热议的科普主题，成为人们广泛关注的焦点，也是最容易引发用户传播的科普信息。

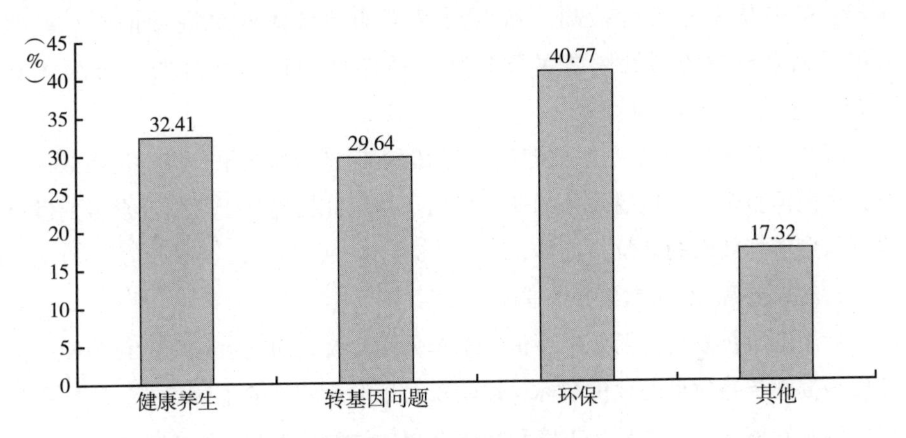

图 1　目前公众比较关注的科普信息类型

注：抽样调查的样本规模 4000 份，分别在北京、上海、广州、武汉等四个城市进行。调查时间为 2017 年 12 月，回收有效样本 3431 份。

因此，下文将以健康科普类微信公众号为典型案例研究新媒体科普传播效果。根据国家卫生计生委发布的关于《2016 我国居民健康素养》的调查结果，我国居民的健康素养总体水平仅为 11.58%，仍处于较低水平。目前，“健康中国”已上升为“十三五”期间的国家战略。因此，研究新媒体视角下如何使健康科普信息得到更好的传播意义重大。

通过检索相关文献发现，目前关于新媒体平台健康科普传播分析的文献相对偏少，并且多以政策、策略性研究为主，较少有针对传播评价指标体系、传播效果影响因素的量化研究。同时对于微信公众平台的研究也大多以理论研究为主，缺乏实证研究。因此，本报告从健康传播和科学传播的理论和方法上进行梳理，建立符合微信公众平台健康科普信息传播的评价指标体系，探讨影响传播效果的因素及其之间的关系。

（一）评价指标设计

传播效果是一个较为抽象的概念，也是传播学研究领域中的重要部分。随着新媒体的发展和新媒介的出现，统一的测量指标已无法全面的对具体案例进行衡量，需要针对不同媒介和不同信息类型的传播，设计不同的评价指标进行测量。目前，大多数对于传播效果的评判是通过对所建立的测量指标进行检测，从而对其可能的传播效果进行推测。一般来说，信息传播的测量标准主要是从传播广度和传播深度两个方面进行综合考量。

因此，首先从理论上分别梳理已有的健康信息传播效果、科学传播效果以及针对微信公众平台传播效果的评价指标。基于此提出基于微信公众号的健康科普信息传播效果的评价指标体系。

1. 健康传播的传播效果评价指标

对于健康传播的传播效果评价，基本采用知晓、认同、态度、行为四个方面作为健康传播效果的评价指标，即受众对于健康知识的了解掌握、认同所获得的健康知识内容，并且从态度和情感上相信健康信息，最终能够落实在行动上，改变自身不良的健康行为的转变过程。目前对于健康传播能力的研究，以定性的策略类研究为主，而量化研究则主要是以调查问卷和深度访谈，以及对照组实验的方法进行测量。

2. 科学传播的传播效果评价指标

首先从信息层次需要正确的传递科学信息到受众，能够清晰的接收信息；其次在情感上感到认同，产生兴趣；最终能够达到理性的认识。科学传播的最终目的是要激发公众对科学产生包括兴趣、理解、愉悦等多种情感（Burns，2003）。因此，对于科学传播的评价主要是在心理情感层面。

通过对文献的梳理发现，目前新媒体平台对于科学传播的测量指标，大多集中在以下几个评价指标：原创程度、通俗易懂、时效性、趣味性、互动性、多媒体使用以及内容的科学性等。对于这些评价指标的判定，需要通过主观编码进行评定。例如，周荣庭和韩飞飞等（2016）从概念上把影响科学类微信公众平台传播的因素分为两部分，即显性指标因素（阅读总数、平均阅读数、最高阅读数、点赞总数等）和隐性指标因素（发文质量、信息推送精准度、互动力度等）。

综上，对于科学传播的评价，大多是对信息的获取了解程度、理解程度、赞同程度等方面的主观判断。而对于行为层面的改变，受到科学影响的累积性影响，需要长期的积累观察，短时间内无法准确地进行评估。

3. 微信公众号的传播效果测量指标

新媒体平台传播能力的测量一般是通过粉丝数量、阅读量、评论数、点赞数、收藏数、转发数等指标进行评价。但是，微信公众号有其特殊性，粉丝数量只有公众号拥有者可以查看，而收藏数以及转发数等没有确切的数据指标可以衡量。微信公众号的评论机制，使得展示出来的评论均是账号主体经过筛选后的评论，因此，评论的数量和质量都不能作为传播能力的测量指标。阅读量可以说明传播的广泛程度，而点赞数可以在一定程度上表明用户的态度和认可度，是对信息的认同、喜欢、同意和感兴趣，体现用户的接受行为。

还有研究者运用清博大数据平台所提供的 WCI 指数（WeChat Communication Index，微信传播指数），分别从"整体传播力""篇均传播力""头条传播力""峰值传播力"四个维度对微信公众号的传播效果进行综合评价。运算公式中包含的指标有：文章最高阅读数、最高点赞数、日均阅读数、日均点赞数、篇均阅读数、篇均点赞数、头条日均阅读数以及头条日均点赞数，进行加权计算，最终得出 WCI 指数，结论较为客观。

4. 构建微信公众平台健康科普信息传播效果的评价指标体系

无论是对于健康传播还是科学传播，最终的传播目标，即行为的改变都无法在短时期科学、客观地进行评判。因此，在上述对健康传播、科学传播以及微信公众号传播评价指标分析的基础上，取其评价指标的交集，并综合相关研究成果，从受众对于微信公众号的健康科普信息的知晓认知情况、态度情感情况等两个维度进行测量。知晓认知情况对应传播广度，态度情感变化对应传播深度，在微信公众平台分别又对应阅读量和点赞数为具体评价指标，并结合 WCI 指数作为参考，通过定量和定性的分析，从传播的广度、传播的深度两方面对其进行推测和评价。

综上所述，提出针对微信公众平台的健康科普信息传播的评价指标体系，如图 2 所示。

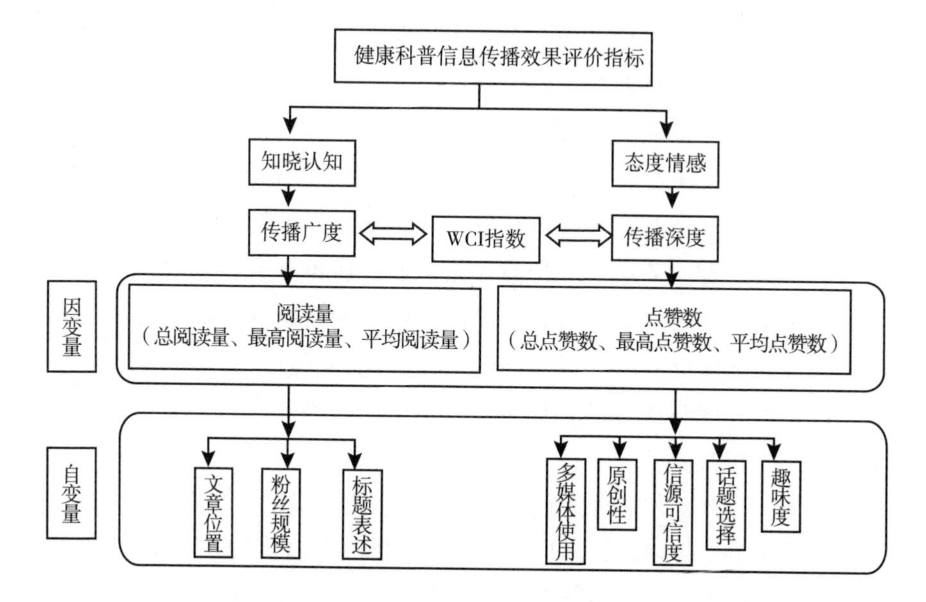

图2　基于微信公众号的健康科普信息传播评价指标体系

（二）研究假设

微信公众号的阅读量、点赞数以及 WCI 都可以获取数据进行衡量，本文将阅读量作为传播广度的测量指标，点赞数作为传播深度的测量指标，并综合 WCI 指数对传播能力进行评价，即阅读量和点赞数的值越大，说明传播能力越强。

1. 传播广度

粉丝规模。公众号的粉丝规模是提升传播效果的关键因素（冀芳和张夏恒，2015；李明德和高如，2015）。因此假设，粉丝规模越大，阅读量越高，媒体传播能力越强。

文章位置。微信公众号推送文章大多以一篇头条加下挂 N 篇文章的方式。推送信息中的“头条”也被认为是吸引受众关注并进行有效阅读的关键因素（赵文青和宗明刚，2016）。因此假设，文章所在的位置对于其阅读量有所影响。

标题表述。标题的表述方式对于用户是否点击打开文章有一定吸引作用。

因此假设，标题的不同表述方式，在提升阅读量方面有积极的促进作用。

2. 传播深度

信息传播方式的不同对受众信息的接受程度有所影响，新媒体平台使信息传播方式更加丰富。因此，信息本身的传播方式也是决定信息传播效果的因素之一。

多媒体使用情况。关于信息类型是否具有更好的说服效果，仍没有完全的定论。但是随着图片等视觉信息的发展，已经在信息传播与交流中逐渐替代文字。金兼斌和江苏佳等（2017）将多媒体使用列入对于科学类公众号的评价指标中，并证明了多媒体使用能够影响科学传播能力。因此假设，多媒体的综合使用能够增强传播能力。

原创性。有研究表明，原创内容在微信平台的传播能力显著优于转发性内容（李广欣，2017）。因此假设，文章的原创性对微信公众平台的健康科普信息的传播能力也有重要影响。

标注信源及可信度。根据传播与扩散理论，信源的可信度对于信息的说服力产生主要影响。因此假设，信源的标注以及信源可信度，对传播能力有积极影响。

话题选择。根据 Blumler 和 Katz（1974）提出的使用与满足理论，受众选择打开阅读一条信息是主动选择的结果，是因为从中可以获得满足感而增加接触。因此假设，健康科普话题的不同选择对传播能力也存在影响。

话语趣味度。对于专业的健康知识向普通大众普及时，需要关注话语的表述方式，才能在一定程度上吸引没有专业知识的受众关注。因此假设，健康科普信息的文本表述有趣程度越高，传播能力越强。

（三）研究方法

1. 研究对象的选取

通过清博大数据平台进行研究对象的选取和数据挖掘。

首先，在清博大数据平台，将类型限定为“健康”，分别以“健康”“科普”“普及”“健康科普”“健康知识”“健康知识普及”“医生”“医疗”“医学”“养生”“养身”“大夫”“医院”“医科大学”“中医”等作为关键词进行搜索。截至 2018 年 1 月 22 日，共搜索到 1213 个相关微信公众号。

其次，根据初步获得的相关微信公众号，进行二次筛选，将不符合条件的公众号进行剔除。筛选条件为：删除针对医务工作者等专业人士的公众号；删除具有广告宣传、销售、产品推广等推销内容的公众号；因关键词搜索而重复的公众号；以客服等功能性为主的公众号；以及通过阅读公众号功能简介和浏览近期发布文章，不是健康知识科普类型的公众号等；同时删除近 6 个月未有任何更新的“僵尸”公众号。按照此筛选规则，进行人工筛选，最后选出 193 个公众号。

根据健康类微信公众号排名榜单、标签及简介进行查缺补漏，避免遗漏因关键词搜索不全面而导致的缺失。最终，确定 196 个公众号作为研究对象，将其定义为健康科普类微信公众号。

2. 测量指标说明

以选出的 196 个健康科普类微信公众号作为研究对象，采用定量（内容分析法）与定性（文本分析法）相结合的方式，分别从传播广度和传播深度两方面对微信公众号推送的健康科普信息的传播进行综合分析，并探讨其影响因素。下面给出自变量和因变量指标的具体说明，如表 1 所示。

表 1　测量指标的说明

<table>
<tr><th>一级指标</th><th>二级指标</th><th colspan="2">三级指标</th><th>指标说明</th></tr>
<tr><td rowspan="6">综合情况分析</td><td rowspan="6">WCI</td><td rowspan="3">阅读量</td><td>平均阅读量</td><td rowspan="6">从清博大数据平台获得各个公众号的传播指数，以及各项指标的具体数值，作为传播能力的评价指标，对健康科普公众号的发展现状进行综合评价</td></tr>
<tr><td>最高阅读量</td></tr>
<tr><td>总阅读量</td></tr>
<tr><td rowspan="3">点赞数</td><td>平均点赞数</td></tr>
<tr><td>最高点赞数</td></tr>
<tr><td>总点赞数</td></tr>
<tr><td rowspan="3">知晓</td><td rowspan="3">传播广度：阅读量</td><td colspan="2">文章位置</td><td>统计头条文章和下挂文章的位置对于平均阅读量的影响</td></tr>
<tr><td colspan="2">标题表述</td><td>标题具有不同表述方式，通过人工编码的方式对其进行分类编码</td></tr>
<tr><td colspan="2">粉丝规模</td><td>因为公众号采取推送机制，公众号本身的粉丝规模就决定了传播广度的基本样本</td></tr>
</table>

续表

一级指标	二级指标	三级指标	指标说明
态度、情感	传播深度：点赞数	多媒体使用	统计文章的多媒体使用程度，即纯文本、文字＋图片（一般图片、原创图片、漫画、GIF 等）、视频音频以及互动游戏等方式
		原创性	统计文章的原创性文章与点赞数之间的关系
		信源标注	统计文章内是否标注信息的来源，即医生、科研人员、科普作家等
		话题选择	通过人工编码的方式，阅读文章，将文章所表述的话题进行编码
		趣味性	人工编码的方式对文章的趣味性进行评价

3. 数据采集和研究方法

选取 2017 年 12 月 1 日至 2017 年 12 月 31 日为研究时间段，对 196 个健康科普类微信公众号数据的所有检测指标进行统计。相关研究表明，微信推文在发布 10 天后进入衰亡期（方婧和陆伟，2016）。因此，样本采集开始时间为 2018 年 1 月 22 日，满足微信信息的衰亡规律。

对传播能力的研究分为三部分，并综合运用内容分析法与文本分析法进行深入研究。

第一，通过对所筛选出的健康科普类微信公众号进行基本信息的分析，以公众号为分析单位，分别从公众号认证主体、平均阅读量、平均点赞数、每日发文篇数及频率以及综合 WCI 指数，全面了解当前健康科普类微信公众号的发展现状，有助于从整体上把握现阶段此类公众号整体的传播状况。

第二，通过对健康科普类公众号传播现状的整体分析，细分为传播广度和传播深度等两个维度进行测量。因此，在此阶段，将以公众号所推送的文章作为研究单位，将文章的阅读量作为因变量，将标题表述、文章的发布位置作为自变量，探究自变量与因变量之间的关系。

第三，在传播具有一定广泛性的基础上，才能体现出传播能力的强大。每篇推文的阅读量在 10 万＋以上，是新媒体传播广泛性的标志之一。选择 10

万+以上阅读量的文章在一定程度上说明其已经具备传播的广泛性，因此，在所筛选出的196个健康科普微信公众号，对其中阅读量在10万+以上的文章进行传播深度的影响因素分析。将点赞数作为因变量，分别在多媒体使用情况、文章原创性、信源标注情况、话语趣味性以及话题选择等方面进行深入的分析。

微信公众号的相关数据均来自清博大数据平台。采用内容分析法，对相关指标进行人工编码，内容编码如表2所示。综合以上测量结果，分析影响健康科普类微信公众号的传播能力的因素。

表2 内容编码表

序号	类型	编码说明
1	公众号认证情况	1=企业;2=官方机构;3=个人;4=科研学术机构;5=未认证
2	标题表述	1=一般陈述句;2=感叹震惊句;3=疑问反问句;4=否定对比句
3	多媒体使用情况	0=纯文字;1=文字+网络图片;2=文字+漫画;3=文字+原创图片;4=文字+GIF图;5=文字+音频/视频
4	话题选择	1=养生保健;2=药品安全;3=营养膳食;4=一般疾病;5=重症癌症
5	信源标注情况	1=职业医生、医务工作者;2=科普工作者、科研人员;3=官方机构、研究所、医院等
6	话语趣味度	0=趣味度较低;1=趣味度一般;2=趣味度较高

（四）分析结果

1. 总体状况分析

以健康科普类公众号为分析单位，对196个公众号在一个月时间（31天）内的基本信息和发布情况进行分析。

（1）公众号的认证情况

统计发现，在196个微信公众号中，有93个公众号认证为企业公司，94个账号未做认证，有6个公众号的认证为官方机构。其中，有不少以医生、大夫等个人开设的公众号，但是只有一个医生账号已被认证，而其余医生账号主体并未认证。其中，WCI 指数排名前十位的公众号中，也有 2 个账号未做认证，其余均为企业公司。

（2）每日发文篇数

196 个健康科普类微信公众号在一个月的时间内一共发布文章 22650 篇。每日发布文章的篇数和发文次数能够间接说明公众号的运营情况，也是传播能力的影响因素。

数据显示，有 34.18% 的公众号能够做到平均每日发布信息一次，其中，只有“丁香医生”和“人民网健康”能够做到每日发布信息两次以上。而 65.81% 的公众号不能够做到每日发布信息。

根据公众号所发推文的观察和数据发现，大多数公众号会以一篇头条文章加 N 条下挂文章的方式进行信息的发布。而有 26.53% 的公众号无法做到每日发布文章。

（3）WCI 指数统计

WCI 指数，即微信传播指数，在一定程度上可以代表微信公众号的影响力，是对微信公众号在一段时间内的总阅读数、平均阅读数、最高阅读数、总点赞数、平均点赞数、最高点赞数等指标的综合加权考量。

根据测量结果，有 23 个健康科普类微信公众号的传播指数大于 1000，占比 11.91%。其中，WCI 指数大于 1300 的有 2 个公众号，分别为“丁香医生”和“健康头条”，并且都属于丁香园集团旗下的微信公众号。而且“丁香医生”是唯一在微信公众号总排名中跻身前 100 名的健康类公众号。

（4）平均阅读量

平均阅读量的计算是微信公众号的总阅读量除以总发文的篇数。阅读量在一定程度上可以反映出一个微信公众号的传播广度。冀芳和张夏恒（2015）研究认为，粉丝和传播方式是影响微信公众平台传播能力的关键因素。而对于微信公众平台，粉丝数量是无法得到的，因此，可用阅读量来说明传播的广泛程度。

从平均阅读量来看，有将近一半的公众号的平均阅读量较低，平均每篇文章的阅读量在 5000 以下，阅读量在 1000 以下的占比 14.28%，通过数据反映出多数公众号的传播广泛性较为有限，也间接说明其粉丝数量、活跃粉丝数量较低。

（5）平均点赞数

平均点赞数为总点赞数除以总发文篇数，点赞数能够在一定程度上说明传播的深度。根据统计数据可以看出，点赞数多集中在100以下，占比81.21%。受众只有在心理上产生对文章的认同，或者感觉有用、自己受益、感同身受等情况下，才会做出点赞的举动。平均点赞数在1000以上的只有2个微信公众号，也是排名最靠前的两个公众号，分别是“丁香医生”和“健康头条”。

2. 传播的广度分析

对于传播的广泛性，从新媒体视角看，多以阅读量达到10万+作为传播广度的标准和目标。通过对196个研究对象的数据进行深入分析发现，在共计22650篇发布的文章中，仅有292篇文章的阅读量在10万+以上，占比仅为1.29%，文章来源于其中的17个公众号，而剩余91.33%的公众号均没有出现10万+以上阅读量的文章。

（1）粉丝规模

传播广度首先受到公众号粉丝数量的影响。由于微信的传播方式是依靠熟人圈子，而微信公众号又是微信内部的一个重要信息平台，所以具有较高活跃度的粉丝数量，是传播广泛度的关键指标之一。但是，对于目前粉丝数量，只有公众号拥有者可以看到，所以我们只能通过当前的文章的阅读量来推断公众号的大致粉丝规模。

（2）标题表述

除了粉丝规模的影响外，人们阅读信息容易受到精彩标题的影响，标题的表述方式可以吸引受众点击进入阅读，所以经常出现一些人们所说的所谓“标题党”，运用一些吸引眼球的标题表述方式提高浏览量，也就是增加传播的广泛性。虽然说“标题党”的编辑方法为新媒体用户带来了一些负面影响，但是不可否认，一个好的标题对于提升传播的广度，即阅读量是有一定好处的。排除“标题党”的文不对题、碎片化信息、概念扭曲等方面的影响，标题的语气、写法在一定程度上会影响受众的关注度。

所以，将标题的表述方式分为：一般陈述句、感叹震惊句、疑问反问句、争议否定对比等四种语句表述方式，对196个公众号所发布的共计22650篇文章进行人工编码，之后对所编码的内容进行数据统计，研究发现，在健康科普类信息的标题表述方面，以疑问反问句和争议否定的句式较多，同时各类语句表述方式在对文章阅读量的影响方面也有所差异。总体来说，受众对于健康类信息关注程度较高，而运用对比、否定来颠覆受众的基本常识的题目表述方式，更容易引发受众的好奇心，点击进入阅读。

（3）文章所在位置

微信公众号发布文章多以一篇主要文章，再下挂N篇文章的形式进行每日的发布。经统计，头条文章的平均阅读量为17054，而总体的平均阅读量为10026。头条文章的平均阅读量比总体高约70.10%，在传播广度上，头条文章更容易让受众关注。

3. 传播的深度分析

在对传播深度的研究中，需要先剔除阅读量过低的文章，选择以每篇文章阅读量超过10万+以上的文章进行传播深度以及影响因素的研究对象。通过统计，从共计22650篇文章中筛选出阅读量10万+以上的文章共计292篇，占所有文章的1.29%。

对于传播深度的分析，以点赞数作为因变量，WCI指数作为参考，下设具体测量指标，分别从多媒体使用情况、原创性、信源可信度、话题选择以及趣味度等方面来分析。

首先通过阅读文章，将不符合要求，即不是健康科普类型的文章、已被发布者删除的文章、综合链接类文章等进行再次筛选、剔除，最终选出232篇文章。文章的平均点赞数为总点赞数除以文章数量，经过统计，平均点赞数为2086。而其中最高点赞量为11320，最少点赞数仅为40，均为具有一定传播广度的文章，但是在点赞量上差距较为悬殊。

（1）多媒体使用情况

根据数据统计发现，对于具有一定传播广度的文章，几乎所有均能够达到以文字搭配图片的方式进行推送，这其中以一般网络资源图片居多，有150篇文章，占比64.66%，平均点赞量为1905。以原创的海报式图片为代表的文章共有63篇，占比27.16%，这种方式能够较好地反映出主题，简明扼要，一般是主题关键词加简短的解释，类似于海报，具有原创性，平均点赞量为2326。

另外还有13篇文章（占比5.6%）选择以文字加GIF动图来代替一般的

图片。GIF 动态图片的好处是，在一定情况下，可以将文字的意思以动态表情的方式展示，具有较好的情感表达，平均点赞数为 2123。

当然也有部分公众号文章具有自身的特色，以漫画形式进行健康信息的科学普及，有 6 篇文章，占比 2.59%，具有较好的趣味性，同时也易于人们所接受，平均点赞数明显高于其他形式，达到 4010。这些文章中，获得最高点赞数 11320 的文章也是运用漫画形式进行展示的。

在所调查的时间段内的 232 篇健康科普类文章中，几乎没有应用视频、音频或者互动游戏进行科普的信息，基本均是以图文并茂的形式进行发布。

（2）原创性

在所调查的微信公众号中，标记出原创的文章被认为是原创文章，其余未标记的均被认为是非原创文章。在 232 篇推文中，共有原创文章 126 篇，占比 54.31%，非原创文章 106 篇，基本上原创文章和非原创文章的数量持平。而原创文章的平均点赞数为 2138，非原创文章的平均点赞数为 2024。原创文章的平均点赞数略高于非原创文章 5.6 个百分点。

（3）信源标注及可信度

对所研究的 232 篇文章仔细阅读后发现，对于信息来源有所标注的或者在文章内有所提及的文章数量较少，仅有 66 个，占比 28.45%，平均点赞量为 1789。而未标注的文章占大多数，数量为 166 个，占比 71.55%，平均点赞量为 2204。二者差异度不明显。

（4）话题选择

通过对每篇文章的标题、简介以及文本内容阅读，对文章的话题进行编码。将文章共分为养生保健、药品安全、营养膳食、一般疾病、重症癌症等五类话题。

经过统计，养生保健话题数为 119 个，总点赞数为 259206，平均点赞数为 2178，点赞率为 2.18%。药品安全话题数为 15 个，总点赞数为 25035，平均点赞数为 1669，点赞率为 1.67%。营养膳食话题数为 62 个，总点赞数为 136469，平均点赞数为 2201，点赞率为 2.20%。一般疾病话题数为 26 个，总点赞数为 53858，平均点赞数为 2071，点赞率为 2.07%。重症癌症话题数为 10 个，总点赞数为 9484，平均点赞数为 948，点赞率为 0.95%。营养膳食类话题的点赞率最高。

（5）趣味度

对每一篇筛选出的文章进行阅读，并完成对话语表述有趣度的人工编码。分为趣味度较高、趣味度一般和趣味度较低三档。

在本次研究中发现，仅有5.6%的文章趣味度较低，平均点赞量为623；有58.6%的文章趣味性一般，平均点赞量为1817；而35.7%的文章趣味度较高，同时对应的点赞量也较高，为2756。

三　总结与对策建议

通过建立专门针对微信公众号的健康科普信息传播评价指标体系，讨论微信公众平台上健康科普类公众号的传播能力及其影响因素，分别从总体情况、传播广度及传播深度等三个方面进行全面分析。

（一）健康科普类微信公众号发展现状

首先，从此类微信公众号的整体发展情况看，相关公众号数量较多，但是存在着大量的“僵尸”号，长时间未有更新，以及重名的公众号。公众号整体发展呈现两极化，即排名靠前的公众号的平均阅读量和平均点赞数较高，而综合排名靠后的公众号与之有较大的差距，甚至在平均阅读数以及平均点赞数上，差距百倍还多。公众号是否被官方认证并没有对公众的关注情况产生显著影响。总体来说，主要集中在几个排名靠前的公众号上，吸引了绝大部分的粉丝及阅读量。也可以说明，只有用户数量或者阅读量积累到一定程度，才能在进一步对用户的传播效果产生影响。

（二）传播广度

通过数据研究发现，公众号每次发布信息的头条文章的平均阅读量要远远高于其下挂文章的阅读量，也就是说，文章发布的位置，与其阅读量基本成正比，也就是说受众愿意将发布的头条文章作为浏览的主要选择。

标题对于吸引受众点击进入阅读起到关键作用。研究发现，当前健康科普类信息的标题主要以疑问反问句和争议否定对比的句式居多。其中，特别是在题目表述中存在颠覆受众平时的一些健康认知常识的标题，在阅读量和传播广度方面较为突出。这在一定程度上说明，受众对于健康信息的关注度很高，有意愿接收健康信息，特别是与自身认知矛盾的题目，更能够引起受众的好奇心和关注点，愿意点击进入阅读。

（三）传播深度

当前健康科普类公众号在多媒体使用方面的情况较好，几乎所有的健康科普信息的传播文章都运用文字和图片相结合的方式进行传播，其中以一般图片为主，而原创图片或漫画形式的图片较少。但是研究发现，特别是以漫画等卡通形式进行的健康科普对于人们的接受程度是有益的，点赞量相较于其他图片形式显著提升。可见，用图像代替大段文字的传播方式，能够让各种文化层次的人都能够简单轻松的理解含义，增加趣味度，同时能够降低人们信息获取难度。但是，以原创漫画形式传播信息的科普公众号或文章数量较少，这可能与制作周期、成本、创作水平等相关。

推送文章的原创性对于微信公众号的传播影响力较小。可以推论，受众在微信等新媒体平台阅读文章，对于是否是原创性文章并不在意，更多关注的是文章的内容。

从数据统计中发现，是否标注文章的信息来源或者信息来源是否具有权威性，对于受众的信息接收信任程度没有直接的影响。也就是说，受众在阅读文章时，不会因为专家的特殊标注对信息产生明显的信任或态度的转变。

通过文章话题类型的分析发现，受众对于养生保健类和营养膳食类话题具有偏好。由此推论，推文话题的选择，能够在一定程度上影响传播深度。受众对于膳食、营养、养生等自己力所能及可以做到并且和生活密切相关的话题尤为关注。但是，癌症却是一个严肃的话题，在微信公众号的推文中也较少涉及癌症等重大病症的话题。一方面可能是在微信平台上，受众倾向关注较为轻松的话题，而对严肃的话题有回避心理，营养膳食、养生保健等方面的话题易于受众接受和表示认同。另一方面，癌症等相关信息可能与医学专业知识相关度较大，这对没有医学专业知识、教育文化层次不同的受众接受起来有一定的困难。所以，对于微信平台上健康知识的科普，轻松、简单的话题能收到较好的传播效果。

另外，文章的趣味性直接影响到受众的接受程度，即与因变量点赞数成正比。目前健康科普类公众号基本可以做到不是照搬教科书似的专业知识的科普，而都能够做到表述清晰、较容易看懂。晦涩难懂的文章不受到受众的青睐，而趣味性较高的文章会收获更多的点赞，并且能够更好地被受众所接受，从而达到更好地传播效果。

综上所述，微信公众号的传播能力受到多重因素的共同影响。基于以上数据的分析发现，新媒体平台健康科普类微信公众号的传播能力主要受文章位置、标题表述、多媒体使用情况、文章话题、趣味度等因素的综合影响。

当然，微信公众号的传播能力还受到其运营主体的资金投入、运营方式、受众定位等诸多因素的影响，因此，本文仍具有一定的局限性。第一，样本量有限。选取了196个健康科普类公众号进行数据分析，得到的结果可能会因为样本的选择出现一定的偏差。在今后还需要更多的数据进行补充。第二，因公众号中推送信息复杂多样，对于健康科普类微信公众号的数据获取也具有一定的局限性，并且很多指标通过人工编码进行测量，具有一定的主观性。

目前，微信公众号发布信息在微信内部，而用户每日使用微信主要是用来沟通交流，更多的信息获取是在微信朋友圈。有研究显示，目前微信公众号的文章打开率较低。微信之父张小龙在2018年初的微信公开课上透露，微信公众号将成为独立的APP，这将使阅读公众号信息更加聚焦，可能会在一定程度上提升微信公众号的打开率，也为公众号的传播广度和深度的提高提供了机遇。

最后，提出对于微信公众平台健康科普信息传播能力提升的几点建议。

第一，在传播形式上要避免纯文字的信息发布，要注重多种类型的结合，特别是将文字转化成浅显易懂的漫画或图片的形式，并且可以借助新技术，对于提升受众的关注度，以及使受众易于接受方面有较好的帮助。第二，对于传播话题的选择目前主要集中在养生保健和营养膳食方面，而关注度较高、需要较专业的关于医学的知识普及较少，应该探索受众关注的专业问题，以便整体提升受众的医学健康知识，也可以在一定程度上减少因为对基本知识认知的差异而导致的医患关系等问题。第三，话语使用应更具有趣味性和贴近生活。专业的医学知识对于没有医学背景的人很难快速理解，而太专业的文章也不适合在快速阅读、碎片阅读为主的手机用户阅读，因此，在话语使用的趣味度上还应继续探索和提升。第四，培养更多新媒体科普人才，撰写真正具有科学性、趣味性的健康科普文章，培养受众正确的健康观念。第五，应扩大粉丝规模，特别是活跃粉丝的数量，这样能够提升传播广度，进而提升新媒体科普的综合传播能力。

参考文献

Blumler J G & Katz E, *The Uses of Mass communications: Current Perspectives on Gratifications Research*, California: Sage Publications, 1974.

Burns T W, D J O' Connor & S M Stocklmayer, "Science communication: A Contemporary Definition", *Public Understanding of Science*, 2003 (2), pp. 183 – 202.

陈红:《大数据技术对科普工作的影响》,《信息与电脑(理论版)》2016 年第 17 期。

邓爱华:《新形势下科普新媒体传播的问题与建议》,《科技传播》2017 年第 4 期。

董全超、许佳军:《发达国家科普发展趋势及其对我国科普工作的几点启示》,《科普研究》2011 年第 6 期。

方婧、陆伟:《微信公众号信息传播热度的影响因素实证研究》,《情报杂志》2016 年第 2 期。

耿倩:《如何在融媒体时代探索"精准科普"之路》,《科技传播》2016 年第 23 期。

冀芳、张夏恒:《微信公众平台传播效果评价研究》,《情报理论与实践》2015 年第 12 期。

金兼斌、江苏佳、陈安繁、沈阳:《新媒体平台上的科学传播效果:基于微信公众号的研究》,《中国地质大学学报(社会科学版)》2017 年第 2 期。

李广欣:《科技期刊微信公众号推文内容运营状况调查与分析》,《中国科技期刊研究》2017 年第 12 期。

李明德、高如:《媒体微信公众号传播力评价研究——基于 20 个陕西媒体微信公众号的考察》,《情报杂志》2015 年第 7 期。

刘洋:《浅论微科普的创作》,《记者摇篮》2017 年第 1 期。

陆芳:《浅析新媒体环境下科普报纸的转型思路——以〈科技日报〉和"科普中国"APP 为例》,《内蒙古科技与经济》2016 年第 17 期。

罗晖、钟琦、胡俊平等:《国外网络科普现状及其借鉴》,《科协论坛》2014 年第 11 期。

罗希、郭健全、魏景斌:《社交媒体时代科普信息传播的困境与突破》,《科普研究》2012 年第 6 期。

潘津、孙志敏:《美国互联网科普案例研究及对我国的启示》,《科普研究》2014 年第1期。

彭雪：《新媒体时代科普类微博的传播路径探析——以“博物杂志”微博为例》，《新闻世界》2016年第11期。

邱成利：《发挥新媒体优势创新科学普及方式》，《科普研究》2013年第6期。

史鉴：《优酷网自频道动漫科普微视频传播研究》，四川师范大学博士论文，2016。

孙茹：《科普影视传播的融媒体之行》，《科技传播》2016年第23期。

王林伟：《“互联网+科普”的现状和对策研究》，《科技传播》2017年第2期。

闫剑利：《浅析新媒体时代的科普理念与科普平台建设》，《科技传播》2016年第23期。

张梦园：《微信公众号为卫生科普带来的机遇与挑战》，《新媒体研究》2017年第5期。

张馨方：《〈深视新闻·科学说〉媒体融合呈现的时度效把握》，《电视研究》2016年第12期。

赵文青、宗明刚：《学术期刊微信传播效果影响因素分析》，《中国科技期刊研究》2016年第6期。

钟阿文：《微视频在道路安全科普中的应用研究》，华中师范大学博士论文，2016。

周荣庭、韩飞飞、王国燕：《科学成果的微信传播现状及影响力研究——以10个科学类微信公众号为例》，《科普研究》2016年第1期。

曾静平、郭琳：《新媒体背景下的科普传播对策研究》，《现代传播》2013年第1期。

朱才毅、吴晶平、钟志云：《全媒体时代科普宣传的探索与实践——以广州科普联盟为例》，《中国新通信》2017年第3期。

B.11

九三学社科研人员开展科普工作的调查分析

马冠生　严 俊　刘金缓　祖宏迪　许艺凡*

摘　要： 科学普及与科技创新是科技进步的两个基本体现，科研人员作为科技创新的主要力量和科技知识的主要生产者，也是科技知识的重要传播者。本文目的是调查我国科研人员开展科普工作的现状、了解科研人员在科普工作过程中遇到的困难和需求等，评估科普新媒体的影响力及特点，为推进科普工作的开展提出建议。方法采用问卷调查、深度访谈和影响力评估的方法，在8个省（自治区、直辖市）中完成调查问卷2565份，共访谈科研人员及相关负责人共70人，完成10个不同领域的科普新媒体影响力评估。结果发现科研人员参与科普的比例和频率不高，目前从事科普的主要动力来自服务社会的愿望和兴趣爱好。科研人员对于科普政策的知晓率较低，但大部分人认同科普是科研人员的义务，并且科研与科普的关系密切。科研人员开展科普工作存在一系列困难与问题，如单位不重视，缺乏相应的人员、经费和制度，缺乏有力的组织和平台，缺乏有效的引导和激励等。科研人员希望得到对科普工作的认可与奖励，充足的人力、物力和财力支持以及对科普工作的有效组织和规定。建议重视科普工作、落实政策、明确职责；建立健全科普的激励机制；搭建科普

* 马冠生，北京大学公共卫生学院，教授，营养与食品卫生学系主任；严俊，北京科普创作协会，中级经济师；刘金缓，九三学社北京市委，高级政工师；祖宏迪，北京市科技传播中心，中级经济师；许艺凡，北京大学公共卫生学院，硕士研究生。

平台，加强组织工作，充分对接科普资源和需求；加强科普能力建设，树立科普典范；加强科普内容的规范和审查，保障知识产权。

关键词： 科研人员　科普　九三学社

一　研究背景

（一）国内外科普人才建设及科普工作开展现状

根据最新的《中国科普统计》，2016 年我国共有科普人员 185.24 万人，其中科普专职人员 22.35 万人，兼职人员 162.88 万人，分别占科普人员总数的 12.07% 和 87.93%。2016 年全国科普专职人员比 2015 年增加 0.20 万人，兼职人员比 2015 年减少 20.35 万人，但是实际投入工作量达到 185.46 万人月，比 2015 年增加 4.02%。科普人员中有中级职称以上或大学本科以上学历的人数达 99.96 万，占科普人数总数的 53.96%。其中，科普专职人员达到 13.34 万人，占科普专职人员总数的 59.66%。我国科普人才有所增长，高素质人才队伍的培养有效弥补了过去科普人员专业知识不足、科学思想不深入的缺陷。但目前我国的科普人才队伍还存在众多不足，如科普人才队伍规模小且分布不均衡，科普队伍不稳定等。

第二次全国科技工作者状况调查显示，我国科研人员参加各类科普活动情况较为普遍，但与发达国家同行相比，我国科研人员参加科普活动的比例相对较低，我国科研人员撰写科普文章的比例仅为 8.3%，而英国高达 25%。[①]

美国每年举行“美国公众科学节”“美国科学与工程节”等活动，其中，“美国公众科学节”有近 300 多个分支机构和超过 14 万名的会员；2014 年第

① 薛姝、何光喜、赵延东：《我国科技工作者参与科普活动的现状与障碍——基于第二次全国科技工作者状况调查数据》，《中国科技论坛》2012 年第 1 期，第 126～130 页。

三届“美国科学与工程节”共举办的千余项活动，有百万人次公民参与。英国开展的“英国科学节”有170余年的历史；2014年的“伦敦科技周”有3万余人参加。俄罗斯每年举办“全俄科学节”，2013年有超过40万人次参与。由此可见，国外发达国家有效培养了大批科普人才队伍，民众对科普有较高的关注度。[①]

根据《中国科普统计》可得出近年来我国科普经费呈逐年增长趋势，且主要依赖政府投入。美国的国家科学基金会对科普项目资助强度则是视项目类别而定，一般对于媒体类项目支持强度为总经费的1/3，对于展览类项目则为2/3，经费不足部分由项目执行者从其他社会渠道获取。英国和法国的政府科普资助计划明确规定，政府资助额不超过科普项目总费用的50%。相较于国外，我国科普经费对政府拨款的依赖程度更高。

英国、德国、法国等西方国家，将科普视为国家整体文化的重要组成部分，经过长期努力，已经形成良好的社会科普文化氛围，制定了一套比较完善的科普体制。各国的科普研究组织能够直接与政府接触，从而更加方便快捷地开展科普工作。各国均重视社会公益场所的科普作用，注重各方面的创新以激发观众的科学兴趣，增强观众的参与性，尽最大努力使科普资源社会化。英国伦敦大学下属的4个学院都开设了科学传播的相关课程。英国拥有1600多家大大小小的科技博物馆。英国皇家科学研究所每年圣诞节期间举办的圣诞科学讲座，经过一代又一代的科学家传承，已经成为英国的一种文化。而拥有170多年历史的英国科学节不仅是英国群众性科学盛会，更是欧洲最大的科学节。一年一度的“科学长夜”被誉为德国的“最聪明之夜”，其内容涉及医学、语言、信息、历史、宇宙、能源等社会科学和自然科学的方方面面，旨在激发参观者的兴趣，引导青少年进入科学的大门。

（二）“互联网+”和新媒体资源成为对公众科普的重要渠道

互联网已成为公众获取科技信息的主渠道。一是超过半数的公民利用互联网及移动互联网获取科技信息，比例达到53.4%，比2010年的26.6%提高了一倍多，已经超过了报纸（38.5%），仅次于电视（93.4%），位居第二。在具备科学素质的公民中，高达91.2%的公民通过互联网及移动互联网获取科技信息，互联网已成为具备科学素质公民获取科技信息的第一渠道。①②③

在“互联网+”和新媒体资源的背景下，进一步推动我国科研人员的科普工作具有重要的现实意义。④ 2016年6月，时任中国科协主席韩启德在科协九大工作报告中指出：“大步推进科普内容、表达形式、传播方式、运营管理机制创新。加强与新华网、人民网、光明网、百度、腾讯的战略合作，与中科院、教育部联合推动科普创作、科普人才培养工作。”

（三）科研人员是科普工作的重要参与者

科学普及与科技创新是科技进步的两个基本体现，而科研院所的科研人员作为科技创新的主要力量和科技知识的主要生产者，也是科技知识的重要传播者。2016年3月，国务院颁布了《全民科学素质行动计划纲要实施方案（2016~2020年）》，把公民科学素质建设定位为坚持走中国特色的自主创新道路和建设创新型国家的一项基础性社会工程，并将提高公民的科学素质行动列入政府行为。《“健康中国2030”规划纲要》中也明确提到要把我国公民的健康素养从2008年的6.48%，提升到2030年的30%。因此，科研院所的科研人员承担着专业攻关和提高全民科学素质的双重任务。

为了解我国不同地区科研人员开展科普工作的情况、科研科普协同情况，了解科研人员在科普过程中遇到的困难、需求等，为我国科普人才队伍建设、科普模式和未来发展前景等提供合理化建议，探讨在“互联网+”和新媒体背景下如何进一步提升科学传播的技巧和影响力，寻找科研与科普之间的切合点，推动我国科研人员科学有效地开展科普工作，开展了本次调查。

---

① 董全超、李群、王宾：《大数据技术提升科普工作的思考》，《中国科技资源导刊》2016年第2期，第93~98页。

② 中国科协科普部：《中国科协发布第九次中国公民科学素质调查结果》，《科协论坛》2015年第10期，第37~38页。

③ 曾静平、郭琳：《新媒体背景下的科普传播对策研究》，《现代传播（中国传媒大学学报）》2013年第1期，第115~117页。

④ 邱成利：《推进我国科普资源开发与建设的若干思考》，《中国科技资源导刊》2015年第3期，第1~6页。

二　研究目的和意义

（一）研究目的

（1）调查我国有代表性省市科研人员开展科普工作的情况。

（2）调查科研人员开展科研与科普工作的协同情况。

（3）了解科研人员开展科普工作中的困难和需求。

（4）评估有代表性的科普新媒体开展科普工作的影响力。

（5）为科研人员开展科普工作提出建议。

（二）研究意义

通过本文可以为我国科普人才队伍建设、科普模式和未来发展前景等提供合理化建议，进一步完善我国科研人员开展科普工作的模式、方法和途径，进一步提升科学传播的技巧和影响力，推动我国科研人员科学有效地开展科普工作，推动我国国民科学素质的提升。

三　研究内容和方法

（一）问卷调查

1. 样本大小及抽样方法

问卷调查采用分层随机抽样的方法。

第一步：分别在我国华东地区、华南地区、华北地区、华中地区、西南地区、西北地区、东北地区中随机抽取一个省（自治区、直辖市）。

第二步：在抽到的省份健全中各随机抽取450名科研人员参与问卷调查。

计划样本量＝7个地区×1个省（自治区、直辖市）×450名科研人员＝3150人。

2. 问卷调查内容及方法

使用自行设计的网络电子问卷或纸质问卷进行调查，问卷内容包括科研人员的基本情况、开展科普工作的现状、开展科普活动存在的困难和问题、开展科普活动的需求。电子问卷通过设置问卷题目逻辑、必填项等方式进行质量控制，纸质问卷采用统一发放、检查、回收的方式进行质量控制。

（二）深度访谈

1. 样本抽取方法

在问卷调查抽取的省（自治区、直辖市）选取经济发展状况不同的市1～4个，每个市选取有代表性的科研人员、科研单位负责人、科研单位科普工作负责人和科普工作推广组织负责人共3～4名进行访谈。

2. 调查内容及方法

根据设计好的《访谈提纲》，就科研人员科普工作开展情况、科研科普的协同情况、在科普过程中遇到的困难、需求和政策建议等进行深度访谈，重点了解各方的态度和看法。访谈时间为1～1.5小时，选取安静、舒适的地点由1名经过培训的访谈员与其进行访谈，并对访谈内容进行记录、分析、整理、总结。

（三）影响力评估

1. 样本选取方法

在网络上选取10家有一定影响力的科普新媒体，学科主题、风格各有不同，作为影响力评估的对象。

2. 影响力评估内容及方法

利用“新榜”“清博舆情”等网络舆情分析平台以及微博、微信、今日头条、优酷的账号公开信息获取粉丝数量，发布频率、阅读数、点赞数、影响力指数等指标，进行综合评估。

四　项目实施情况

（一）项目实施进度

本项目于2017年7月12日召开项目启动会，布置了项目的调研工作，并对项目的实施内容和方法进行了充分讨论和修改。项目调研于 2017 年 8 月正式开始。项目中期会于 2017 年 9 月 14 日召开，会议总结了前期的调研情况，对项目中出现的问题提出了解决建议，并布置了下一步的调研工作。项目调研于 2017 年 12 月正式完成，本次调查采用自填式电子问卷、纸质问卷对科研人员进行了问卷调查，并访谈了北京市、安徽省、江苏省、黑龙江省、青海省、四川省、湖北省、广西壮族自治区共 8 个省（自治区、直辖市）的 18 个市（区）的人员，现场调研的时间见表 1。

表 1　项目现场调研时间及参与调研单位

调研时间	调研省(市)	调研市(区)
2017 年 8 月 16 日至 12 月	北　京	朝阳区、东城区、通州区等
2017 年 8 月 22 ~ 25 日	安徽省	合肥市、淮南市、滁州市、黄山市
2017 年 8 月 29 ~ 31 日	江苏省	南京市、常州市、镇江市、扬州市
2017 年 9 月 12 ~ 13 日	黑龙江省	哈尔滨市
2017 年 10 月 9 ~ 12 日	广西壮族自治区	南宁市、梧州市、玉林市
2017 年 10 月 9 ~ 10 日	青海省	西宁市
2017 年 10 月 10 ~ 11 日	四川省	成都市
2017 年 10 月 12 ~ 13 日	湖北省	武汉市

（二）项目内容调整

根据本项目实施过程中的发现和实际情况，结合启动会及中期会上相关领导、专家的意见，为保证项目预算合理的情况下更好地达到了解我国科研人员参与科普工作的现状、为相关工作提出建议的目的，课题组对如下项目内容做出修改。

1. 增加调研省份

将调研省份由 7 个增加到 8 个，最终选定北京、安徽、江苏、广西、黑龙江、青海、四川、湖北作为调研省（自治区、直辖市）。

2. 扩大访谈对象范围

将深度访谈对象范围由参与科普的科研人员扩大为科研人员、科研单位负责人、科研单位科普工作负责人以及科普工作推广组织负责人四类人群，人员政治面貌不限。

3. 明确访谈对象地区

根据专家意见，将访谈对象的地区确定为每个调研省份选取经济发展状况不同的 4 个城市，每个城市选取以上四类人群进行调研。在中期会上，考虑到前期访谈调查的结果有较高的一致性，结合预算情况，将调研范围改为在部分省份的 3～4 个市进行调研，其余省份选取省会城市进行调研。

4. 调整影响力评估对象

考虑到科研人员的科普方式多样，线上和线下形式相结合，线下活动数据难以详尽收集和评估，而目前互联网成为大众获取资讯的一个主要途径，许多科研人员也开始通过新媒体平台开展科普工作，故将科普传播影响力评估的对象由科研人员变更为有代表性的科普新媒体。通过网络舆情评估平台提供的综合指数等指标进行影响力评估。

五　主要发现

（一）调查对象基本情况

1. 问卷调查对象基本情况

共收回有效问卷 2565 份，调查对象的性别、年龄、地区分布见表 2，其中男性占 53.2%，女性占 46.8%，年龄主要为 31～50 岁，学历以研究生、本科生为主，分别占所有调查对象的 48.9% 和 45.1%，大专学历仅占 6.0%，工作年限主要分布在 6～35 年，具体比例详见图 1。调查对象研究的领域涉及医学、农业科学、管理科学等十几个学科，具体比例详见表 3。调查对象政治面貌以九三学社社员为主（81.8%），其次为中共党员（9.5%）和群众（4.9%）。

2. 深度访谈对象基本情况

访谈各类调查对象共 70 人，其中科研人员 37 人，科研单位总负责人 11 人，科研单位科普工作负责人 11 人，科普推广组织工作负责人 11 人。科研人员来自医学、计算机、气象等多个专业，覆盖的科研单位包括科研院所、高校、医院等。

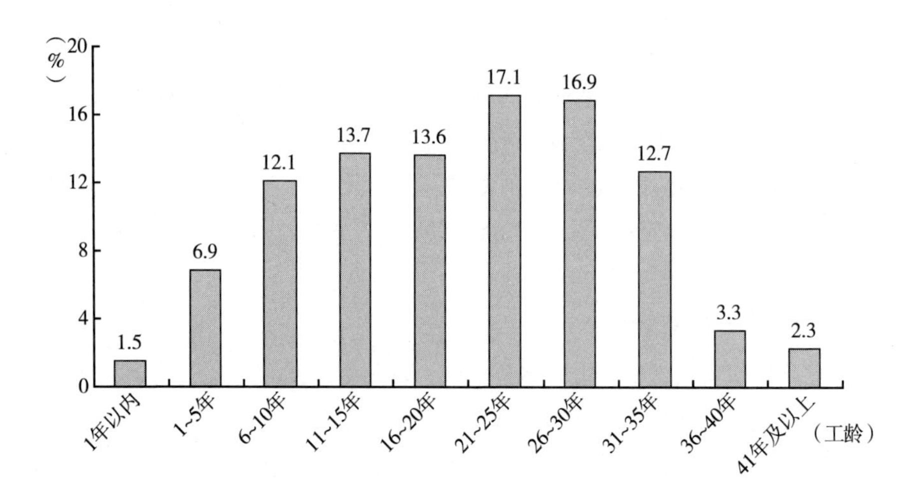

图1　问卷调查对象的工作年限分布

表2　问卷调查对象的性别、年龄和地区分布

特征	选择频数(人)	百分比(%)
性别		
男	1364	53.2
女	1199	46.7
年龄段		
30岁及以下	189	7.4
31~40岁	803	31.3
41~50岁	993	38.7
51~60岁	507	19.8
61岁以上	50	1.9
地区		
江苏	563	21.9
安徽	582	22.7
黑龙江	398	15.5
北京	499	19.5
青海	268	10.4
四川	35	1.4
广西	80	3.1
湖北	80	3.1
其他	60	2.3

注："其他"表示电子问卷来源为调研省份外的地区。

表 3　问卷调查对象的研究领域分布

研究领域	选择频数(人)	百分比(%)
医学	486	18.9
农业科学	259	10.1
管理科学	181	7.1
教育科学	141	5.5
经济学	121	4.7
工程学	125	4.9
地球科学	112	4.4
文学、艺术	99	3.9
生物科学	86	3.4
化学	85	3.3
法学	67	2.6
物理学	51	2.0
社会学	51	2.0
计算机	37	1.4
建筑学	30	1.2
数学	19	0.7
图书馆学、情报学	17	0.7
天文学	19	0.7
哲学	11	0.4
历史学	9	0.4
其他	298	11.6

3. 影响力评估对象基本情况

本次影响力评估的 10 家科普新媒体中，4 家为自媒体，为个人所运营，3 家为科普或传媒公司所运营，1 家为官方机构所运营，2 家为科普杂志的新媒体账号。调查对象均同时分布在微信公众号、微博和今日头条（头条号）三家新媒体平台，有 5 家新媒体还分布在优酷自频道。科普内容为科学通识、医药健康、地理、天文、军事等，有 4 家新媒体的发布内容为多学科结合。科普内容的载体包括图文、短视频、漫画等，基本情况详见表 4。对公众号影响力评估数据的获取时间为 2018 年 1 月 4 日，信息发布及阅读指标的统计时间段为 2017 年 12 月 25 ~ 31 日，计一周累计数值。

表4　影响力评估对象基本情况

新媒体名称	运营类别	内容	平台跨度
局座召忠	自媒体	军事	微博、微信公众号、头条号、优酷
和睦家药师冀连梅	自媒体	安全用药	微博、微信公众号、头条号
地球知识局	自媒体	地理	微博、微信公众号、头条号
steed 的星空	自媒体	天文	微博、微信公众号、头条号
果壳网	科普企业	多学科	微博、微信公众号、头条号、优酷
丁香医生	科普企业	医学	微博、微信公众号、头条号、优酷
赛雷三分钟	传媒企业	漫画文史科学	微博、微信公众号、头条号
科普中国	官方机构	多学科	微博、微信公众号、头条号、优酷
博物杂志	科普杂志	地理，物种	微博、微信公众号、头条号
环球科学	科普杂志	多学科	微博、微信公众号、头条号、优酷

（二）科研人员参与科普工作的现状

1. 科普工作参与频率

在接受问卷调查的科研人员中，有 52.2% 的人参与过科普工作，但参与频率比较低。其中 56.0% 的科研人员每年参与科普工作 1～3 次，17.6% 的科研人员每季度参与科普工作 1～2 次，10.6% 的科研人员每月参与科普工作1～3 次，只有 6.8% 的科研人员每周参与 1 次及以上的科普工作。

2. 科普活动的对象、形式与内容

被调研的科研人员科普工作主要的受众是普通群众（88.9%），也有相当一部分的科研人员开展学科间交流，36.7% 的调查对象对其他领域的科研人员开展过科普工作，7.7% 的科研人员科普对象是高层领导。72.6% 的科研人员认为对普通公众开展科学传播意义最大，19.4% 的科研人员认为对高层领导开展科普意义最大，有 8.1% 的科研人员认为对其他领域科研人员开展科普意义最大。

科研人员参与科普工作的形式主要有讲座报告（67.7%）、咨询交流（57.8%）、文字撰写（34.9%）、讲解说明（34.9%）和调查研究（31.1%）。参与科普工作的载体主要是现场活动（43.9%）、网络（26.5%）、科普图书或展品（22.1%）、刊物（14.5%）和电视（10.3%）。

科研人员参与科普工作的主要途径是直接参与科技教育（如授课、讲座）（72.7%）和参与活动传播（如策划组织活动）（51.4%），其次是媒体传播

（如文字撰写、图像拍摄制作、录制音频视频节目、在线交流）（42.4%）和设施传播（实际讲解、介绍）（33.3%）。

科研人员进行科普的主要载体是现场活动（83.3%），有47.1%的调查对象以网络（论坛、网站、微信、微博、网络课程等）作为科普内容的载体。图书（39.5%）、刊物（25.5%）、电视（18.5%）和广播（12%）也是重要的科普载体。由此可见，随着互联网和新媒体的发展，线上参与科普的方式越来越受欢迎，而线下活动和讲座依然是一种重要的科普形式。网络作为重要的科普内容载体值得引起重视，而一些传统的载体比如书本、刊物、传统媒体等的作用仍然不可忽视。

科研人员进行科普的主要内容是与本行业相关的科学知识信息（80.6%），其次是科学通识（30.8%）、本单位产品和服务相关的科学知识信息（29.0%）和社会热点问题中有关的科学知识（25.7%）。

3. 科普工作的组织

各专业学会、协会以及科学技术协会在科普工作的组织上发挥了重要的作用，各政府部门、事业单位通过职工讲座、培训的方式也组织了大量科普工作。目前科研人员参与科普工作的组织方主要是事业单位（40.9%）、各领域学会、协会（40.3%）、科学技术协会（33.8%）和政府机关（29.1%），高校（26.0%）和公益组织（23.2%）也发挥了比较重要的组织作用，科研机构（20.3%）、企业（18.2%）和社区（18.1%）主动组织的科普活动较少。另外，有15.0%的科研人员参与过个人组织的科普活动。

4. 科研人员参与科普工作的动力、支持

参与科普的科研人员中，认为自己从事科普工作的主要动力来自服务社会的愿望（87.9%）和兴趣爱好（79.7%），其次是出自组织、上级的要求（68.3%）、职业发展规划的需要（59.2%）和为了获得一定的社会影响力（54.0%），比较少的人认为科普的动力来自可以获得额外的资金报酬（15.6%），详见表4。通过访谈也得出了较为一致的结果，科研人员认为科普工作是一项比较“公益”的工作，认为自己作为科技工作者，需要做出努力来改变某些不良的社会现象，并且能够从科普活动和与科普对象的互动中获得价值感。许多科研人员开始从事科普的契机是单位、科协的科普活动，科研人员在参与科普活动的过程中获得了价值感后，参与的积极性和主动性逐渐增加。因此应充分发挥部分科研人员的兴趣爱好，创造良好的条件。同时增加科普活动的组织，使其能满足服务社会的愿望，活动结束后重视对感悟和经验的总结分享，逐渐增加科研人员参与科普工作的积极性。

表5　科研人员对参与科普工作的动力

单位：%

选择比例	非常不符合	不太符合	不确定	比较符合	非常符合
服务社会的愿望	2.6	2.1	7.1	57.9	30.0
获得社会影响力	5.6	14.6	25.4	43.1	10.9
组织、上级要求	5.4	9.7	16.1	54.2	14.1
职业发展规划需要	6.3	12.4	21.3	45.7	13.5
兴趣爱好	2.9	4.5	12.3	54.8	24.9
可以获得额外资金报酬	33.2	26.4	23.9	12.6	3.0

（三）科研人员对科普的认识与理解

1. 科研人员对科普政策的认识

科研人员对科普政策的知晓率较低。科研人员对《关于加强科学技术普及工作的若干意见》《中华人民共和国科学技术普及法》等政策的知晓率低于30.0%（见表6）。科研人员了解科普政策或法规的途径最多的是网络（40.2%），其次为上级或所在组织通知（25.6%）、电视广播（12.5%）、报纸杂志（11.1%）和书籍（4.9%）。需要进一步加强科普相关政策的普及和落实。

表6　科研人员对不同科普政策的知晓情况

科普政策	知晓人数(人)	知晓率(%)
《关于加强科学技术普及工作的若干意见》	713	27.9
《中华人民共和国科学技术普及法》	685	26.8
《全民科学素质行动计划纲要(2006~2010~2020年)》	693	27.1
《关于科研机构和大学向社会开放开展科普活动的若干意见》	707	27.7
《关于加强国家科普能力建设的若干意见》	609	23.8
《科普基础设施发展规划(2008~2010~2015年)》	537	21.0
《国家中长期科学和技术发展规划纲要(2006~2020年)》	763	29.8

2. 科研人员对科普义务的认识

问卷调查显示，对于“科研人员应该参与科普活动”，32.8%的科研人员表示非常赞同，54.2%表示比较赞同，只有5%的科研人员表示不太赞同或非常不赞同。在访谈中了解到，大部分科研人员认为科普是科研人员的一项义务，原因是科研人员作为国家培养的专业人员，要为祖国的科学普及和发展做出贡献，社会服务也是科研工作的一个重要部分。而部分科研人员认为科普不是其义务的原因主要是科普目前没有纳入科研人员的工作要求，科普主要靠的是热情与兴趣，不能强求所有科研人员都做科普，许多科研人员目前还不具备开展科普的知识水平与转化的能力。也有不少人认为应该选择适合的人做科普，不应该强求所有科研工作者都做科普。

3. 科研人员对科研与科普之间关系的认识与态度

大部分科研人员认为科普与科研之间的关系比较密切。81.6%的人认为科研和科普同等重要，86.5%的调查对象认为科普与科研能相互促进。87.7%的人认为科研人员参与科普，保证了科普的准确性和前沿性，86.2%的调查对象认为科研设施、场所等可以为科普提供物质条件。78.4%的科研人员认为科研是科普内容的来源，76.6%的人认为科普有利于科研灵感的产生，73.4%的人认为科普有利于科研方向的确定，68.8%的人认为科普影响科研政策的制定。只有不到一半的人认为科普工作会占用很多科研时间（47.4%）或精力（47.0%）。在访谈中发现，科研人员普遍反映科研与科普之间能互相影响、互相促进。科研是科普工作的基础，是科普内容的来源。而科普工作能够对科研工作和个人、单位都起到宣传推广的作用，促进多学科的交流合作，在科普过程中也能够为科研带来新的思路，加深对科研内容的理解。

而对于今后计划如何开展科普工作，问卷调查显示大部分人都表现出较为积极的态度，表示愿意在时间、精力和形式上增加对科普的投入。62.4%的人将增加时间投入，60.9%的人将增加精力投入，50.7%的人将增加经费投入，66.8%的人将增加科普形式，65.8%的人将增加科普载体。

（四）科研人员参与科普工作的困难与问题

1. 对科普工作重视不足，缺乏相应的人员、经费和制度

目前，科普工作的指导性政策在各地尤其是在地方难以落实成为制度，科

普工作的重视程度不足。问卷调查显示71.8%的调查对象认为缺少科普经费支持，69.5%的人认为我国的科研机构缺少专门的科技传播普及部门，65.2%的人认为科普工作缺少必要的硬件技术条件。科研人员的时间有限目前不是阻碍科普工作开展的主要障碍，只有49.7%的人认为没有时间从事科普工作。

访谈中也发现，大部分单位的科普工作没有专人负责，从单位层面上缺乏有效的组织。科研人员参与科普的经费也比较少，很多人自费开展科普工作。部分科研人员反映科普工作的开展频率很大程度上取决于部门领导是否支持，部分领导对科普的重要性认识不足。但是在调研的过程中也发现部分地区和单位比较重视科普工作，建立了专门的部门，组织了科普队伍，聘用了专业的人员，安排了专门的经费，大大提高了科普工作的效率和宣传能力。

2. 缺乏有效的组织和平台建设

部分科研人员和科研单位对科普工作表现出较高的积极性，但是经常苦于缺乏受众，影响力比较局限，科普资源缺乏与大众的对接和科普活动的组织。72.6%的人认为缺少科普文化氛围和习惯，63.6%的人认为科研项目中缺乏对科普工作的要求，62.3%的人认为缺少上级明确要求或没有人组织。而在对部分地方科协相关部门的访谈中也发现，科普工作常常缺乏原创、接地气的科普材料，科普活动的形式也比较单一。科普的资源与大众的需求缺乏有效的对接。

3. 缺乏有效的引导和激励

许多科研人员都反映，缺乏有效的引导方式与激励机制成为阻碍科研人员参与科普工作的主要问题。目前许多从事科普的科研人员还处在“全靠热情做科普”的阶段。问卷调查显示，67.0%的人认为缺少政策的鼓励，62.9%的人认为缺少有效的绩效考核手段。科研人员从事科普工作还未纳入现有的绩效评估体系，对科普工作量和影响力的成果都缺乏适当的评估方法和奖励机制，尤其是影响了一些年轻科研人员的积极性。

4. 科研人员缺乏科普能力建设

科普工作并不是对科研内容的简单描述，需要掌握一定的表达、传播技巧才能生产出高质量的科普内容。目前许多科研人员不具备科普的能力，对于专业知识的科普转化技能还需要加强，48.7%的人认为科研人员缺乏开展科普工作的经验和技能。83.4%的调查对象认为科研人员开展科普工作需要科普经验分享、技能培训。需要有针对性地对科研人员开展科普能力建设。

5. 科普市场化模式不成熟

目前在一些发达地区，科普工作逐渐开始探索市场化的道路。“知识经济”的概念逐渐发展，形成了一批从事科普的企业。但是目前科普的市场生态还比较脆弱，缺乏成熟的商业闭环和盈利模式，政府投资依然是主要的资金来源，科普市场化的发展仍然需要营造一些有利的政策和社会环境。

6. 科普工作能力存在地域差异

本次调研也发现全国不同地区科普工作开展情况不一致，在经济比较发达、科研院校较多的北京、江苏、四川等地，科普工作比较受重视，科研单位主动参与的积极性比较高，科研人员开展科普活动的形式、途径较为丰富。而其他地区科普工作多由科协、科研单位开展，自主性较低，科普载体主要是现场活动、科普实物如图书、展品、电视等。各地科研人员科普内容的载体分布见图2。

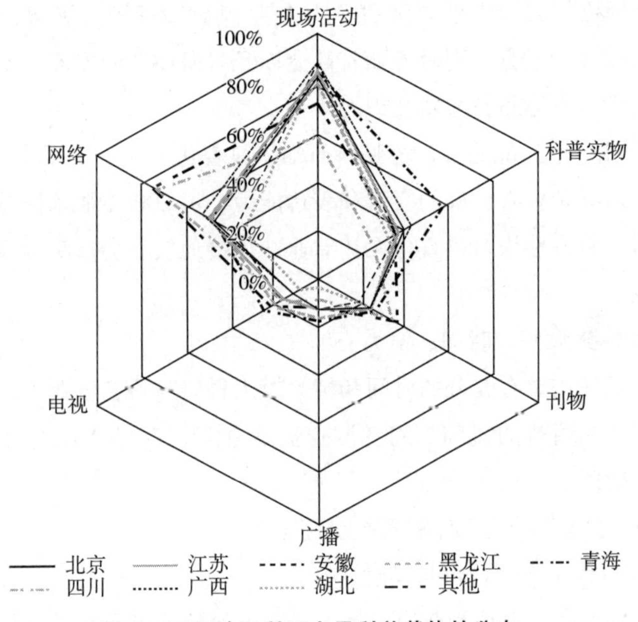

图2　不同地区科研人员科普载体的分布

7. 科普资源分布不均衡

科研单位和科研院校较多的城市地区也有更多的科普资源，而在其他三四线城市及农村地区科普资源比较稀缺。在省会城市、大城市的科普工作比较活跃，开展科普的学科比较丰富，如古生物、建筑、计算机等，而在小城市、乡镇地区的科普工作主要结合百姓需求，以农业、气象灾害、医学健康类知识为主，在其他科学领域较为缺乏。在青海、四川、广西等少数民族地区有专门的组织如“少数民族科普队”为少数民族同胞开展农业、健康类的科普活动，但是贴近少数民族生活和使用少数民族语言的科普材料仍然非常缺乏。

（五）科研人员参与科普工作需要满足的条件和得到的支持

1. 科研人员参与科普工作需要满足的条件

（1）对科普事业的热爱，有志愿者精神和社会责任感

科研人员要有社会责任感以及志愿者精神，有热情、有爱心、愿意投身于科普事业，服务大众，有为提高大众科学素养而奉献自己的精神。

（2）本专业技能较强，专业知识扎实

科研人员必须自身专业素质强，对专业领域知识较为了解，专业技能较强，专业实践经验丰富。同时能随着社会以及科研事业的发展，不断提升自身知识储备、学习掌握新技术新知识。

（3）交流、表达能力强，可将科研知识科普化

科研人员必须要有较好的交流和表达能力，可以将专业术语转变为大众可接受的语言，将专业语言科普化，让专业知识接地气，能够深入浅出，让大众更好地接受。

（4）身体素质好，时间、精力充沛

科研人员还需要有充分的时间和精力投入科研与科普事业中，并且合理分配和安排科研与科普的时间。问卷调查显示有73.1%的人认为开展科普工作需要有空余时间。

2. 科研人员参与科普工作需要得到的支持

（1）对科普工作的认可与奖励

81.8%的科研人员认为政府对个人科普工作的认可及奖励是科研人员从事科普工作的重要条件，在访谈中许多人都表示科普工作目前还未得到充分认可，领导的支持是决定科普工作开展情况的重要因素。

（2）充足的人力、物力与财力支持

82.7%的科研人员认为从事科普工作需要团队支持，82.5%的科研人员认

为需要资金支持、80.0%的科研人员认为需要媒体资源支持、78.6%的科研人员认为需要得到硬件条件支持。目前科普工作的人员大部分为自愿参加，缺乏专职、具备专业传播技能的人员，资金上也存在自费参与、资金不足或需要利用其他项目经费进行补贴的情况。而一些科研单位安排了专职人员、专项经费，使科普工作的开展难度大大下降。

（3）科普工作的有效组织和政策要求

对科普工作设立明确的要求，将提高科研人员参与科普的积极性。77.0%的科研人员认为需要将科研成果的传播作为科研项目的目标和任务之一，同时也有73.0%的调查对象认为有组织或上级要求将促进科普工作的顺利开展。但是在访谈调研中也有部分科研人员提出科普工作任务的设置应当根据科研人员的素质、能力妥善安排，并充分发挥科研人员的自主积极性，不应“一刀切”，将科普“任务化”可能会导致科普工作质量下降。

（六）科普新媒体影响力评估

科普新媒体的影响力指标详见表7，其中“清博指数”与“新榜指数”是由原始数据参照基数通过计算公式推导出来的标量数值，是用以衡量原始数据在其所属维度的相对表现的综合指标，分别由“清博舆情”与“新榜”网站提供。其中“清博指数”的微信传播指数WCI（V13.0）分为整体传播力（30%）、篇均传播力（30%）、头条传播力（30%）和峰值传播力（10%）四个二级指标，指标的计算兼顾了微信、头条上该账号文章的总阅读数、点赞总数、总发表文章数、总点赞数和最高阅读、最高点赞数。[①]“新榜指数”对于微信公众号的评估中兼顾了总阅读数、最高阅读数、平均阅读数、头条阅读数和总点赞数五个指标来进行评估。[②] 这两个指数可以用于衡量中国移动互联网渠道新媒体（此处指的是微信公众号）的传播能力，反映了该新媒体主题的热度和发展趋势。

由表7的数据可以看出，科普企业或传播集团的传播影响力相对较高，内容的发布频率相对较高，且各自具有一定的特色，形成了固定的受众和人群，

① 清博指数：《微信传播指数为此（V13.0）》，http：//www.gsdata.cn/site/usage。

② 新榜：《新榜指数NRI算法说明》，https：//www.newrank.cn/public/about/reference.pdf。

有较好的口碑。其中“果壳网”主打有趣的科学内容，旗下的多个账号分别运营不同主题的内容，借助多个平台相互配合，提高了影响力。“丁香园”主打简单易懂的医学健康类知识。这两个媒体账号的特点是都结合了专业的科研人员进行内容生产，借助专业科学家进行背书，并且严格把控文章的科学性，又结合了一定趣味性，利用互联网的传播特点，形成了比较好的科普品牌。“赛雷三分钟”形式比较新颖，采用的是适宜手机阅读的小漫画，浅显易懂，又充满趣味，迎合了许多年轻人的需求。

而官方科普机构的新媒体账号“科普中国”发布的内容最多，内容也来自于专业的科研人员，具有较高的权威性，传播的形式和内容受众不局限于年轻人，适用于更广泛的人群，还提供了部分少数民族语言的科普内容。但是传播影响力相较于科普企业弱一些，可能是因为企业应用了许多的营销手段，促进了传播影响力的提高。总的来说“科普中国”很好地抓住了网络和新媒体的平台，成为“官方做科普”的一个成功典范。

个人运营的自媒体相对来说发布内容次数较少，影响力较低。因为个人在内容生产和运营方面的精力有限，一定程度上限制了传播的影响力。但也有一些自媒体人借助互联网事件成了“网红”，大大提高了传播影响力。本身具有影响力的名人、科学家如“局座召忠”，在从事新媒体传播后将原来的影响力延伸到了互联网平台。可见科研人员个人运营自媒体开展科普工作的难度不高，但内容的生产和影响力的提升比较难，需要由运营的团队进行支持。

传统的科普杂志通过运营新媒体，提高新媒体账号的活跃度也提高了一定的影响力，实现了互联网时代的转型。比如《博物》的微博账号通过帮助网友辨认动物、植物物种的方式，结合诙谐幽默的语言，受到了广大网民的喜爱。而“环球科学”（科学美国人中文版）通过生产科普视频，讨论热点话题，也提高了自己的影响力。

互联网成为越来越多人获取资讯的主要途径，新媒体的传播是科研人员开展科普工作的一个新阵地，需要牢牢把握住。由以上分析可以总结得出，好的科普新媒体需要突出自身特色、利用互联网的传播特点、由专业科研人员生产和把关科普内容，并结合一定的互联网运营手段，组建团队可以更有效地提高影响力。

表 7　科普新媒体影响力指标

新媒体名称	清博指数	新榜指数	预估活跃微信粉丝数(个)	微博粉丝数(个)	头条号粉丝数
局座召忠	1316. 80	933. 7	1142093	8392093	494 万
和睦家药师冀连梅	741. 98	819. 8	341681	1236026	3. 9 万
地球知识局	1101. 82	847. 7	734269	944730	6. 9 万
steed 的星空	494. 55	621. 7	18861	3747083	1. 2 万
果壳网	1379. 51	943. 3	744091	7364851	21 万
丁香医生	1462. 53	968. 0	1255572	350853	32 万
赛雷三分钟	1200. 97	855. 0	1376812	76519	4. 3 万
科普中国	909. 96	828. 1	102904	2133289	20 万
博物杂志	921. 40	795. 1	324728	8249481	2251
环球科学	985. 53	788. 2	136058	393182	17 万

新媒体名称	微信发布数(次/篇)	微信总阅读数	头条阅读数	点赞数	优酷粉丝数(个)	优酷自频道播放量(个)
局座召忠	7/22	175 万 +	70 万 +	60346	7748	486286
和睦家药师冀连梅	6/6	26 万 +	26 万 +	1819	无	无
地球知识局	7/9	54 万 +	50 万 +	7629	无	无
steed 的星空	7/9	15017	14121	445	无	无
果壳网	14/32	219 万 +	136 万 +	32749	9. 3 万	4843
丁香医生	15/35	322 万 +	150 万 +	78028	5	337
赛雷三分钟	4/4	40 万 +	40 万 +	9248	无	无
科普中国	20/41	42 万 +	27 万 +	4529	120/32	1502/2277
博物杂志	5/6	18 万 +	17 万 +	3461	无	无
环球科学	7/23	21 万 +	13 万 +	1745	56	51329

六　建议

1. 重视科普工作，落实科普政策，明确科普职责

充分重视科普工作，加强科普政策的落实和宣传。充分探讨科研单位、科研人员等各方在科普工作中的职责，并将科普工作纳入单位考核体系。增加科普经费，在科研单位成立负责科普工作的机构，设立负责人，组建一支科普队伍，有组织、有计划地开展科普工作，掌握科普阵地。

2. 建立健全科普的引导和激励机制，将科普纳入科研评估体系

充分探讨将科普工作纳入科研体系的方式，建立合理有效的引导和激励机制。建立科普工作的评价标准，纳入科研人员绩效考核体系。充分鼓励科普工作，尊重科普成果，调动科研人员的积极性。

3. 搭建科普平台，加强组织工作，充分对接科普资源和需求

充分利用社会各方资源，统筹媒体、科协、科普场馆、各高校和科研单位等搭建科普平台，开展多方合作，对接各方的科普资源和社会的需求。科协等单位应做好科研人员组织工作，组建完善科普资源库，同时鼓励社会各界参与和利用平台的资源，根据需求开展各种科普工作。

4. 加强科普能力建设，树立科普典范，营造良好的社会环境

通过开展多种形式的科普能力建设，加强从事科普工作的科研人员对科普技巧和方法的掌握，提高科普内容的质量和传播效率。树立科普的示范单位、示范个人，起到带头作用，营造出各方合作、积极参与的良好环境。

5. 加强科普内容的规范和审查，保障知识产权

制定科普内容规范，建立内容审查和评价体系，鼓励专家评审、互评机制，充分保障科普内容的科学性。鼓励原创内容，建立健全科普内容知识产权保障制度，打消科研人员参与科普工作的后顾之忧。

附录

深度访谈典型案例研究系列

深度访谈典型案例研究系列之一

访谈对象：果壳网　副总编　吴欧女士

访谈时间：2017 年 11 月 20 日

访谈人：许艺凡　刘已粲

访谈内容：

果壳网的前身为“科学松鼠会”，由一群有志于科普的青年科学家组成。但是他们在开展科普工作的过程中发现以 NGO（非政府组织）的形式开展科普缺乏动力，于是转型成立了果壳网公司。果壳网公司以科普作为自己的使命和核心价值。公司于 2011 年上线网站，2012 年后开始重点发展新媒体平台，

除了线上传播还开展了一些线下的活动和沙龙。果壳网在不断跟随新媒体发展的潮流探索新的产品方向，目前正在探索科普短视频的发展。

果壳网编辑部由具有自然科学背景，从事过科学研究的人员组成，并且与科研人员有着密切的联系。科研人员参与果壳网科普工作的方式有两种，第一种称之为“科学达人”，主要由各学科奋斗在科研一线的青年博士、硕士、专业人士以及从业者组成。这类人具备基本的科学素质，对于自己研究的领域比较熟悉，对科普具有较高的热情，比较熟悉目前的网络热点和用语。这类人员负责在编辑的指导下生产自身领域相关的科普内容。而另一种科研人员称之为“科学家”，为在领域内有一定科学建树的科研人员，职称至少是副教授及以上的级别，通常作为“顾问”的形式对科普内容进行同行评议和审阅，并对有争议的问题提供见解。这两类人在科普的过程中工作形式与内容不同，但是也有大量的交叉。目前果壳的“人才库”已经有1500多名科研人员。

果壳网的“人才库”通过三种方式吸纳科研人员，第一种是通过公开征稿，由科研人员自我推荐成为“科学达人”；一种是通过熟人介绍的方式，以滚雪球的方式吸纳新队员；还有一种是通过一些运营活动，在报名、参与活动的人员中进行招募。果壳网对科研人员的科普能力建设通过两种方式进行，第一种是在编辑团队与作者进行沟通的过程中，通过与具备熟练传播技能的编辑进行一对一的交流和修改稿件，提升自身的科普能力。另一种是通过在一些科研单位组织科普培训，定向提高部分科研人员的科普能力。但是在工作中发现第一种方式对科研人员科普技能的提高的效率更高，但是果壳网仍然愿意在科研人员的科普能力建设方面做出更多尝试和努力。

果壳网的科普内容有三种：一种是新闻性的科学前沿，主要由编辑部根据最新科研成果进行选题，主动联系相关领域的科研人员进行撰写，并咨询相关领域的专家进行审核和评议完成。另一种是社会热点新闻，由编辑部进行选题，并主动向领域内科研人员进行“招标”，由感兴趣的科研人员领取相应的选题，撰写过程同上。第三种方式是合作的科研人员自报选题，一般选取自己科研领域内的有趣的科学话题进行撰写。果壳网十分鼓励科研人员对自己研究的内容进行科普。果壳网秉承国际科技期刊的通用方法论，通过同行评议、专家审核、亲自调查和咨询原作者等方式，严格保证内容的科学性。当时各大新闻媒体都在转载“马约拉纳粒子被发现”的新闻，但是果壳网经过科学的审议流程发现事实并非如此，并没有“跟风”转发，并写出了比较客观、理性的文章进行回应，得到了科学家的一致好评。

目前果壳网的受众主要是青年人，科学素质比较高，科普还没有抵达最需要的人群，这也是果壳网目前的天花板。但是果壳网的科普通过这批受众可以辐射到他们身边的人，培养年轻一代的科学兴趣和素质，也具有一定的社会价值。

在目前“知识经济”的浪潮下，果壳网也在探索恰当的科普商业化的路径。目前通过一些周边产品、知识服务和少量的广告探索出了一套商业化的体系。科普并非无价，但是由于缺乏成熟的经验和行业标准，科普的商业化发展比较困难。目前果壳网和其他科普企业一样，主要的资金来源是政府采购。政府的科普资金帮助科普企业形成了一些小的生态，但是目前仍然比较脆弱，缺乏成熟的运转模式，无法完成自我循环的商业闭环，国家在科普产业化的过程中还是发挥着最大的推动型作用。科普商业化的生态环境在逐渐变好，也需要通过逐渐提高全民科学素质，逐步使民众认可知识的价值，才能发展出更好的商业模式。

深度访谈典型案例研究系列之二

访谈对象：国家体育总局　营养中心　郭建军研究员

访谈时间：2017 年 12 月 6 日

访谈人：许艺凡　吴颖

访谈内容：

郭建军研究员从事体育医学与营养研究工作，通俗的解释就是“科学锻炼”。他倡导全部人群锻炼，生命全周期锻炼，也就是从健康人到病人，从婴儿到老人都需要有科学的锻炼。

郭建军研究员认为科普要做到“双 P”，也就是 Professional（专业）和 Popular（流行），专业是指科普内容要科学，要受到专业团队和人员的认可，而流行就是要贴近百姓的生活，能够普及更多的人，用专业知识的精华结合老百姓认可的方法做科普才能有效。他最早从事科普是参与 2007 年九三学社组织的科普，后面参与了“国民体质监测车”的宣传，并逐渐在微博、微信上开展科普。近年来他发现专业人员对于运动知识的了解程度也很低，并且具有误导性，就逐渐开始做其他领域科研人员的科普，如医生的培训等。他认为“研究专家”与“指导专家”不同，科普需要用知识指导生活，需要整合多个学科，比如运动要整合安全运动、疾病和营养等。他做科普的动力来自于意识到目前假的专家太多，误导了大众，需要专业人士出来做一些真的科普。

郭建军研究员目前认为科研人员从事科普工作存在的障碍是“科普不登大雅之堂”，没有与职称评定体系结合，并且科普文章不能够发表在核心期刊上，需要有科普的核心期刊来满足职称评定的要求，并且做到对其他领域科研人员的有效科普。另外，目前许多所谓的专家并不真正了解自己所科普的内容，科学性难以保证。科普也需要多个学科的综合，建议在科普上也建立多学科的合作交流机制和同行评议的机制，对科普内容进行专业的认可，保证科普内容真正的科学性。

他认为科普是科研人员的义务，希望能够将这条义务落实为科研人员的工作职责。认为科研人员做科普需要提供给他们专门的时间、合理的绩效评价和业内充分的认可和肯定。他建议建立科普的专家同行评议制度，不要“自娱自乐”，将科普也“专业化”，形成一系列专家共识，真正“对老百姓负责”。

深度访谈典型案例研究系列之三

访谈对象：中国气象局　公共气象服务中心　朱定真高级工程师

访谈时间：2017 年 12 月 12 日

访谈人：许艺凡

访谈内容：

朱定真高级工程师从事气象的科学传播和服务工作，主要是对天气预报的解读，提供气象信息对生产和生活的应用指导等。他出身于预报员，有着丰富的基层工作经验，20 世纪 90 年代就参与到了科普工作中。最早从事当地学校的校外辅导员，给学生讲解气象知识。1994 年在江苏省气象台工作时，通过一次记者的采访发现把气象信息给百姓讲解清楚非常重要，意识到了科普的重要性。在之后的科普工作中发现科普需要放弃一些专业术语，多使用比喻，用深入浅出的语言，才能给百姓讲清楚。他认为科普是一个再学习的过程，是将专业知识和技能重新深入理解并转化为通俗易懂的语言的过程。他科普的载体主要有电视、广播、书籍等，也会时常参与一些对大、中、小学生和政府公务员的讲座。

他从事科普工作的动力首先来自对预报员职业的热爱。预报员每天进行天气的预报压力比较大，也很辛苦，但是很多民众并不理解，认为天气预报“不准”。他希望能通过科普让更多的人理解天气预报的价值和预报员工作的辛苦，并且能够让天气预报应用于生活和生产中服务公众。另外，他发现时常有许多天气相关的谣言出现，他认为作为专业人员应当去说明问题，避免谣言惑众。他认为科普工作“热心”是关键。

他在科普工作中遇到的困难主要有：①时间不足，科普需要耗费大量的时间查找资料，设计科普内容。并且需要很广泛的知识面，不断学习最新的知识和技术，需要“有一池水舀一勺出来做科普”，要有诚恳的态度学习和拓展自己的知识。至少要做到受众知道的自己也知道，不更新知识是对受众的不负责任。②科普不受重视，有的人认为科普不重要。国家对于科普很重视，但是目前有的单位认为科普不是正式工作内容，对于科普有一些偏见，需要自己去摆平二者的关系。之前有许多人认为科普的内容专业性不强，但是后来也有人意识到传播需要放弃一些专业的术语，目前这方面传播与科学正在逐渐靠近。③媒体容易误解，科普热点问题容易成为社会矛盾的焦点，但是科学家要敢于拥抱媒体才能增加科学的传播，增进公众的理解。

他认为科研与科普过去是对立的，一个高端一个低俗，但是目前这个形势在转好，习总书记提出科研与科普是科技创新的两翼。科研与科普其实是相互促进的，告诉公众自己的科研成果对于社会发展和百姓生活的促进很有必要。而且科普能够提高社会对自己科研工作的认可，能够推动科研的发展，使科研导向为社会发展做出贡献。同时科普也能够培养青少年对科学的兴趣，为科研的发展提供后备力量。目前科普的重视程度依然不足，如果真的受到足够的重视，设立“科普院士”也不为过。需要环境和政策逐渐改善，才能有效推动科普事业的发展，起到“两翼”应有的作用。

朱定真高级工程师认为科普是科研人员的义务，因为科普对于公众科学素质的提高、社会发展的效益是很明显的。另外自己做的科研工作应当让社会了解，并且能够培养后备人才的兴趣。目前领域内科普的氛围越来越好了，但是存在一些问题，“岁数大的没精力”，“岁数小的没知识”，而“中间的有晋升压力”，科普应当在科学家中进行专门的培养，成为一项科学的基本工作。

他认为科研人员开展科普工作自身应当具备一定的专业知识储备和实践经验，在专业领域有一定的造诣，并且具有热心，具备能深入浅出地将专业知识转化为科普语言的能力。需要的外界条件一是国家对科普工作的尊重，二是单位领导对科普工作的支持。

建议科研与科普的双翼要落地，科普政策落实，改善科研人员从事科普工作的环境。另外对科研人员和媒体都要加强双向培训，对科学家促进传播技能的培训，对媒体加强科学素养的培训，双方明确分工各自承担起科普的责任。对于希望从事科普的年轻人，建议避免浮躁，先把专业搞好，否则专业人士说不专业的话会非常具有误导性。

深度访谈典型案例研究系列之四

访谈对象：北京大学公共卫生学院　钮文异教授

访谈时间：2017 年 12 月 14 日

访谈人：许艺凡

访谈内容：

钮文异教授从事健康教育与健康促进的研究工作，科普工作的领域非常广，涉及儿童青少年健康、慢病防治、健康生活方式等许多方面。他最初从事儿童青少年卫生的研究工作，并接触了许多科普的工作。他高中毕业后插队到农村当了几年的赤脚医生，因此具有与基层百姓打交道的经验，具备说话“接地气”的能力，这为他之后从事科普奠定了深厚的基础。在从事科研工作中他的一篇科普文章被广播站欣赏，于是就开始了科普的生涯。他 1982 年毕业留校后成为《父母世界》杂志的通讯员，在 1993 年到 1998 年成为北京电视台儿童频道专家门诊节目的主持人。他 1994 年初工作调动到健教系工作，正值与北京大学第六医院合作研究儿童多动症的课题，借此机会举办了一次儿童多动症的夏令营，并联合电视台完成了《寻找迷失感觉世界》科教片的制作。后续又协助完成了《青春期的奥秘》丛书、《好孩子讲卫生》系列读物等，并获取了一系列的奖励。他在从事科普中能够将科学知识紧密地结合在百姓生活中，形成实用有效的“顺口溜”“民谣”“挂历”等，收到了很好的科普效果。他从事健康教育与健康促进的理论研究时，就将“如何做好健康科普”的理论运用到课堂的讲授和实践，使学生在“感受”中学习。

他坚持做科普的动力首先是自己的兴趣，他能够在科普的过程中感受到“科学与艺术的结合”。另外他认为做科普是科研人员的社会责任，是百姓有需求、领导有要求、个人有追求才能做好，健康科普是公共卫生人应该做的事情。另外，他的母亲从事儿童研究，他受家庭的影响，自己对儿童的生长发育也很感兴趣。并且他在科普的过程中感受到了价值感和快乐。他在科普中遇到的困难首先是科普工作并没有为他晋升职称带来帮助，另外是当时许多高年资的前辈误解他，认为他不务正业，但是这种误解随着时间逐渐变成了支持。

他认为公共卫生的学科既是一门“科学”又是一门“艺术”，在非典防治期间认识到了科普的重要性，发现光靠科学还是没有办法传达给百姓有效的信息。他在反思中认识到之前的学科只重视了科学，没有重视艺术。而那些只重视艺术的人就如同“张悟本”一样会误导大众。因此在公共卫生领域科研与科普是相辅相成的，缺一不可。他认为“科技资源科普化”的意义在于将本学科的学术转化为适宜技术和实用技术。

谈到科普的义务，钮教授认为科普在于科研人员自身的追求和热爱，也在于国家的要求，但是国家要求需要讲方式方法，不能照本宣科，被迫做的不一定做得好。

目前健康领域内科研人员参与科普的形势越来越好，也有一系列支持政策出台，大家对科普的态度都有了改变。但是目前的问题是缺乏顶层设计，缺乏系统的方法和技巧的能力建设。科研人员要从事科普，一方面需要自身有足够的修炼，成为“三求人”，即“百姓有需求、领导有要求、个人有追求”，学无止境，需要经常地参与和学习。另一方面，需要政府和单位设置激励政策，能够将科普纳入职称评定、绩效考核的体系中。需要真正站在科研人员的角度，为科研人员着想。

深度访谈典型案例研究系列之五

访谈对象：北京大学公共卫生学院　马冠生教授

访谈时间：2017 年 12 月 20 日

访谈人：许艺凡　刘已粲　吴颖　刘华　张雪明　刘欣越

访谈内容：

马冠生教授主要从事公共营养、人群营养的研究，他也同时开展营养与健康的科普工作。谈起最初开始从事科普的契机，他说在 20 年前科研人员对媒体的态度比较拒绝，当时发生了一系列的“假专家”事件，如“牛奶致癌”“张悟本”事件等，发现假专家与媒体的关系更好，真正的营养专家反而丢失了在媒体的科普阵地，也进而认识到了科普的重要性。2008 年马教授受《北京青年报》之邀做了一次“马博士谈营养”的网络直播，发现观众的热情非常高涨，也认识到百姓对营养知识的需求。之后便在《北青报》开设了专栏，开始从事科普文章的写作工作。写科普文章也经历了从难到易、日积月累的过程。随着互联网的兴起，马教授也在新浪博客开始了新媒体平台的营养科普，之后逐渐开始在其他平台如新浪微博、今日头条、微信公众号等多个平台展开了形式多样的科普。之后也将之前在各个杂志专栏和博客积累的科普文章编纂成书，正式出版了《马博士谈营养》，在 2015 年进行了一次再版。

马教授从事科普工作的动力最初来自于希望从“假专家”手中夺回科普阵地，另外他也认为科普属于大学需要承担的一个重要的社会责任。他在科普的过程中收获了许多成就感，从文章阅读量逐渐提高，到新媒体平台的推荐和粉丝的鼓励，以及近 5 ~ 6 年他收获的多个科普奖项都促进了他坚持从事这份工作。他在科普工作中遇到的困难主要来自于科普的过程需要占用大量的时间与精力，另外科普团队的支持和经费的支持还有些不足。

他认为科普与科研二者的关系并不矛盾，是相辅相成的。科普能够为科研带来课题的思路和机会，科普的过程中口碑和形象也逐渐建立起来，有利于科研课题的申请，科研的成果也能够用于进一步的科普。比如之前饮酒的研究项目就是在科普的过程中获得了企业的资助和合作的机会，而饮酒的项目也成为后面科普的重要证据和素材。对于“科技资源科普化”，他认为是将科技的发现和理论知识转化为科普知识的过程，比如健康知识转化成各种形式和内容的科普知识。

马冠生教授认为科普是科研人员的社会责任，科研人员有义务开展科普工作。近年来领域内科普的形势很好，越来越多的人开始重视和参与科普，但是目前仍然缺乏一个良好的政策环境。目前科研人员参与科普工作遇到的困难主要来自缺乏有效的政策，对于科普的激励机制还不够明确。

科研人员参与科普工作需要有一个鼓励性的政策环境，将科普工作也纳入工作业绩。对于科研人员自身来说，做科普时需要本着科学严谨的态度，还要学会利用传播的特点，把握社会话题的热点和时效性。因此建议落实科普政策，将科普工作合理纳入绩效考核体系；建议科研单位组织建立科普队伍，将有兴趣、有能力、有热情的科研人员组织在一起，通过单位、团队的名义合作开展科普工作，有助于提高工作效率和影响力。

皮书起源

“皮书”起源于十七、十八世纪的英国，主要指官方或社会组织正式发表的重要文件或报告，多以“白皮书”命名。在中国，“皮书”这一概念被社会广泛接受，并被成功运作、发展成为一种全新的出版形态，则源于中国社会科学院社会科学文献出版社。

皮书定义

皮书是对中国与世界发展状况和热点问题进行年度监测，以专业的角度、专家的视野和实证研究方法，针对某一领域或区域现状与发展态势展开分析和预测，具备原创性、实证性、专业性、连续性、前沿性、时效性等特点的公开出版物，由一系列权威研究报告组成。

皮书作者

皮书系列的作者以中国社会科学院、著名高校、地方社会科学院的研究人员为主，多为国内一流研究机构的权威专家学者，他们的看法和观点代表了学界对中国与世界的现实和未来最高水平的解读与分析。

皮书荣誉

皮书系列已成为社会科学文献出版社的著名图书品牌和中国社会科学院的知名学术品牌。2016 年，皮书系列正式列入“十三五”国家重点出版规划项目；2013~2018 年，重点皮书列入中国社会科学院承担的国家哲学社会科学创新工程项目；2018 年，59 种院外皮书使用“中国社会科学院创新工程学术出版项目”标识。

中国皮书网

（网址：www.pishu.cn）

发布皮书研创资讯，传播皮书精彩内容

引领皮书出版潮流，打造皮书服务平台

栏目设置

关于皮书：何谓皮书、皮书分类、皮书大事记、皮书荣誉、

皮书出版第一人、皮书编辑部

最新资讯：通知公告、新闻动态、媒体聚焦、网站专题、视频直播、下载专区

皮书研创：皮书规范、皮书选题、皮书出版、皮书研究、研创团队

皮书评奖评价：指标体系、皮书评价、皮书评奖

互动专区：皮书说、社科数托邦、皮书微博、留言板

所获荣誉

2008年、2011年，中国皮书网均在全国新闻出版业网站荣誉评选中获得“最具商业价值网站”称号；

2012年，获得“出版业网站百强”称号。

网库合一

2014年，中国皮书网与皮书数据库端口合一，实现资源共享。

中国社会发展数据库（下设12个子库）

全面整合国内外中国社会发展研究成果，汇聚独家统计数据、深度分析报告，涉及社会、人口、政治、教育、法律等12个领域，为了解中国社会发展动态、跟踪社会核心热点、分析社会发展趋势提供一站式资源搜索和数据分析与挖掘服务。

中国经济发展数据库（下设12个子库）

基于"皮书系列"中涉及中国经济发展的研究资料构建，内容涵盖宏观经济、农业经济、工业经济、产业经济等12个重点经济领域，为实时掌控经济运行态势、把握经济发展规律、洞察经济形势、进行经济决策提供参考和依据。

中国行业发展数据库（下设17个子库）

以中国国民经济行业分类为依据，覆盖金融业、旅游、医疗卫生、交通运输、能源矿产等100多个行业，跟踪分析国民经济相关行业市场运行状况和政策导向，汇集行业发展前沿资讯，为投资、从业及各种经济决策提供理论基础和实践指导。

中国区域发展数据库（下设6个子库）

对中国特定区域内的经济、社会、文化等领域现状与发展情况进行深度分析和预测，研究层级至县及县以下行政区，涉及地区、区域经济体、城市、农村等不同维度。为地方经济社会宏观态势研究、发展经验研究、案例分析提供数据服务。

中国文化传媒数据库（下设18个子库）

汇聚文化传媒领域专家观点、热点资讯，梳理国内外中国文化发展相关学术研究成果、一手统计数据，涵盖文化产业、新闻传播、电影娱乐、文学艺术、群众文化等18个重点研究领域。为文化传媒研究提供相关数据、研究报告和综合分析服务。

世界经济与国际关系数据库（下设6个子库）

立足"皮书系列"世界经济、国际关系相关学术资源，整合世界经济、国际政治、世界文化与科技、全球性问题、国际组织与国际法、区域研究6大领域研究成果，为世界经济与国际关系研究提供全方位数据分析，为决策和形势研判提供参考。

法律声明